U0243603

国家出版基金项目
NATIONAL PUBLICATION FOUNDATION

"十三五"国家重点图书出版规划项目
2017年主题出版重点出版物

复兴之路
中国改革开放40年回顾与展望丛书

绿色抉择

中国环保体制改革与绿色发展40年

李晓西◎主编

SPM
南方出版传媒
广东经济出版社
— 广州 —

图书在版编目（CIP）数据

绿色抉择：中国环保体制改革与绿色发展40年/ 李晓西编著.
—广州：广东经济出版社，2017.9
ISBN 978 - 7 - 5454 - 5825 - 1

Ⅰ．①绿… Ⅱ．①李…Ⅲ．①环境保护 - 体制改革 - 研究 - 中国
Ⅳ．①X - 12

中国版本图书馆 CIP 数据核字（2017）第 237693 号

出 版 人：姚丹林
责任编辑：易伦　高文彪
责任技编：许伟斌

Lüse Jueze
Zhongguo Huanbao Tizhi Gaige Yu Lüse Fazhan 40 Nian

出版发行	广东经济出版社（广州市环市东路水荫路 11 号 11 ~ 12 楼）
经销	全国新华书店
印刷	中华商务联合印刷（广东）有限公司 （深圳市龙岗区平湖镇春湖工业区中商大厦）
开本	787 毫米 × 1092 毫米　1/16
印张	37　2 插页
字数	575 000 字
版次	2017 年 9 月第 1 版
印次	2017 年 9 月第 1 次
书号	ISBN 978 - 7 - 5454 - 5825 - 1
定价	98.00 元

坚定不移推进改革开放
实现中华民族伟大复兴

　　实现中华民族伟大复兴，是中华民族近代以来最伟大的梦想。这个梦想，凝聚了几代中国人的夙愿，体现了中华民族和中国人民的整体利益，是每一个中华儿女的共同期盼。为了实现中华民族伟大复兴的中国梦，中国共产党人进行了长期不懈的奋斗和极为艰辛的探索。经过深刻总结历史经验，科学认识中国国情，顺应时代发展潮流，终于找到了一条正确道路。这条道路，就是中国特色社会主义道路，而改革开放则是中国特色社会主义道路最鲜明的特征。

　　1978年底，中国共产党召开具有重大历史意义的十一届三中全会，开启了改革开放的伟大征程。改革开放是我们党在新的时代条件下带领人民进行的新的伟大革命，目的就是要解放和发展生产力，加快推进国家现代化；就是要推动我国社会主义制度的自我完善和发展，赋予社会主义新的生机活力；就是要在坚持和发展中国特色社会主义的伟大事业中，实现国家富强、人民幸福、民族振兴。回顾改革开放的历史进程，我们党和人民锐意推进改革，从农村到城市、从经济领域到其他各个领域，成功实现了从高度集中的计划经济体制到充满活力的社会主义市场经济体制的伟大历史性转变；我们不断扩大对外开放，从建立经济特区到开放沿海、沿江、沿边、内陆地区，再到加入世界贸易组织、主动参与经济全球化和提出"一带一路"倡议，从大规模"引进来"到大踏步"走出去"，成功实现了从封闭半封闭到全方位开放的伟大历史性转变。我们在深化经济体制改革的同时，不断深化政治体制、行政体制、文化体制、社会体制、生态文明体制改革和党的建设制度改革，在推进国家治理体系和治理能力现代化方面不断迈出新的步伐。

改革开放以来，我国经济社会发展创造了人类史上的伟大奇迹，经济总量连续跃上几个大台阶，综合国力大幅提升，全国人民总体上过上小康生活，城乡面貌焕然一新。同时，我国政治建设、文化建设、社会建设、生态文明建设等各领域各方面都取得了举世公认的巨大成就，中国的国际地位越来越高，影响力越来越大。现在，我们比历史上任何时期都更接近中华民族伟大复兴的目标。实践充分证明，改革开放是当代中国一切发展进步的动力之源，是全国人民大踏步赶上时代潮流的重要法宝，是坚持和发展中国特色社会主义的必由之路，是实现国家现代化和中华民族伟大复兴中国梦的关键抉择。

习近平总书记指出："改革开放只有进行时，没有完成时。没有改革开放，就没有中国的今天，也就没有中国的明天。"这是对我国改革开放以来走过道路的深刻总结，也是实现未来更加美好目标的根本遵循。无论过去、现在和将来，坚持和发展中国特色社会主义都必须坚定不移地依靠改革开放。具有重大历史意义的中国共产党第十九次全国代表大会即将隆重召开，这是在全面建成小康社会决胜阶段召开的一次十分重要的大会。当前，我国不仅处于全面建成小康社会、实现第一个百年奋斗目标的决胜阶段，还处于为实现第二个百年奋斗目标，即建成社会主义现代化强国奠定基础的关键时期。我们必须按照习近平总书记治国理政新理念新思想新战略，在已经取得历史性成就的基础上，不忘初心，继往开来，坚定不移地推进改革开放的伟大事业，为我国未来发展开辟更为广阔的前景，继续沿着中华民族伟大复兴的康庄大道奋勇前进。

2018年，我国将迎来改革开放40周年。为此，广东经济出版社、中国（海南）改革发展研究院联袂策划并组织出版"复兴之路——中国改革开放40年回顾与展望丛书"，献礼党的十九大，献礼我国改革开放 40 周年。这套丛书共 13 本，分别针对行政体制改革、计划投资体制改革、现代市场体系建设、所有制结构改革、农村改革、财税体制改革、金融体制改革、对外开放、社会体制改革、文化体制改革、环保体制改革等重点领域，从不同角度客观记录我国改革开放 40 年的历史进程，并展望改革开放的未来趋势。

这套丛书的主编和作者大多是相关领域知名的专家学者，也是我国改革开放的亲历者、见证者，这套丛书集结了他们长期亲历和研究我国改革开放的重要成果，凝聚了他们对改革开放伟大事业的一腔热情。广东经济出版社对这套丛书的出版给予了全力支持；作为以直谏中国改革为己任的改革智库，中国（海南）改革发展研究院为此书的策划、出版作出了重要贡献。作为编委会主任，我对为这套丛书付出艰辛努力的各位编委会成员、作者，对出版社的领导、编辑表示由衷的感谢！

这套丛书跨越多个领域，力图客观地反映改革开放伟大历程中的理论探索与实践经验，意义重大且任务艰巨，难免有不足之处，欢迎读者批评指正。

魏礼群

2017 年 7 月

目 录

第二篇　环境保护与绿色发展：制度、阶段、国际的影响（1992—2012 年）

第三篇　深化环保体制改革：绿色发展管理体制的现代化（2012—2015 年）

第四篇　创新环保管理体制实现 2030 年
可持续发展目标（目标与前景）

前　言

　　中国改革开放 40 年来，社会经济发展取得了伟大成就，在党的十九大召开之前，魏礼群主任和迟福林院长组织编写关于改革开放 40 年回顾与展望的一套丛书，非常有意义。2015 年底，承蒙二位老领导盛情相邀，我承担了本丛书中关于环境保护与绿色发展的一本论著。此时，也正是我承担的国家自然科学基金重点项目《中国经济绿色发展的评价体系、实现路径与政策研究》（项目批准号：71333001）将要提炼和汇编成果的收官之际。历史为现实服务，回顾旨在创新。在一年半时间集中精力完成本书的时候，仿佛也在完成着国家自然科学基金重点项目。两书主题，关系密切，各有重点，写作时颇有交叉进行、相互充实的感觉。

　　恩格斯在《劳动在从猿到人转变过程中的作用》一文中对人与自然的关系有非常精辟的论述，他说："一句话，动物仅仅利用外部自然界，单纯地以自己的存在来使自然界改变；而人则通过他所作出的改变来使自然界为自己的目的服务，来支配自然界。"紧接着，恩格斯深刻指出："但是我们不要过分陶醉于我们对自然界的胜利。对于每一次这样的胜利，自然界都报复了我们。每一次胜利，在第一步都确实取得了我们预期的结果，但是在第二步和第三步却有了完全不同的、出乎预料的影响，常常把第一个结果又取消了。美索不达米亚、希腊、小亚细亚以及其他各地的居民，为了想得到耕地，把森林都砍完了，但是他们梦想不到，这些地方今天竟因此成为荒芜不毛之地，因为他们使这些地方失去了森林，也失去了积聚和贮存水分的中心。阿尔卑斯山的意大利人，在山南坡砍光了在北坡被十分细心地保护的松林，他们没有预料到，这样一来，他们把他们区域里的高山畜牧业的基础给摧毁了；他们更没有预料到，他们这样做，竟使山泉在一年中的大部分时间内枯竭了，而在雨季又使更加凶猛的洪水倾泻到平原上。在欧洲传播栽种马铃薯的人，并不知道他们也把瘰疬症和多粉的块根一起传播过来了。因此我们必须时时记住：我们统治自然界，决不像征服者统治异民族一样，决不像站在自然界以外的人一样，相反地，我们连同我们的肉、血和头脑都是属于自然界，存在于自然界的；我们对自然界的整个统治，是在于我们比其他一切动物强，能够认识和正确运用自然规律。"①
恩格斯深刻揭示了人类与自然的辩证依存关系。

40 年来，在改革开放引领下，我国经济实力、综合国力显著增强，经济社会
结构明显改善，人民生活从解决温饱发展到总体小康，国际影响力大幅度提升，伟
大成绩举世瞩目。但是，新的社会主义市场经济体制仍待完善，经济发展的高投入
格局急需扭转，环境与生态文明需要我们这一代人用生命来维护。如果我们把水和
空气都污染了，把大地挖得千疮百孔，把自然资源都消耗完了，把可爱的生物捕捉
滥伐无踪影了，我们的后代如何继续生存与发展？为了未来，为了子孙后代，我们
必须让发展模式变成绿色的，把生活方式变成绿色的。绿色经济与传统经济的根本
区别在于，不再是破坏生态、大量消耗能源与资源的唯 GDP 经济，而是以维护人
类生存环境、合理保护资源与能源、有益于人体健康为特征的可持续发展经济。

党的十八大标志着党和国家走向新阶段。面临深刻变化的时代，迫切需要在改
革与发展的总体战略上有创新和突破。建设生态文明与环保体制的现代化管理制
度，把绿色发展作为国家的战略与发展理念，对我们和我们的后代都太重要了。

本书回顾了从党的十一届三中全会至今近 40 年时间里，在改革开放的推动下，
环境保护理念与体制是如何一步步发展与完善的。当然，也具体分析了环境、资
源、生态如何一步步恶化，如何在保护下仍然被污染。环保体制改革与绿色经济国
际合作是同时进行与互动影响的。环境保护在改革开放后，一步步形成了规范的管
理体制，也形成了国际合作的机制。因此，本书既突出改革的作用，也突出开放的
意义。全书共有五篇。第一篇分析 1978—1992 年这段改革开放的关键时期，中国
从"以阶级斗争为中心"走上"以经济发展为中心"后，经济发展与环境保护的
矛盾如何显现，又如何通过推进中国环境管理体制的进步而协调解决。第二篇主要
分析环境问题与经济发展阶段的关系、经济体制改革和环境可持续发展的相互影
响。时间跨度是 1992—2012 年。第三篇重点介绍党的十八大后，中央如何从国家
管理现代化的高度，深化环保体制改革，使环保管理与绿色发展战略更紧密结合，
绿色产业与绿色金融在国际绿色经济潮流的推动下快速发展。第四篇是对国内外绿
色发展及环保合作的前景分析，力求解读联合国《2030 年，可持续发展议程》的
意义、实现途径及中国的落实方案，分析了与国际绿色经济合作发展的路线图。第
五篇借力生态文明建设的战略，展望未来改革方向，立足"天地水林"，对环境、

---

① 《马克思恩格斯选集》第 3 卷，人民出版社，1972 年版，第 517—518 页。

资源、生态管理体制的创新进行了探索。附录中的"环境保护大事记"为本书提供了客观基础。这里特别要说明的是，以上是从经济体制改革的大事件作的分类，力求突出环保体制与整体经济体制在改革开放中的协调发展。如果严格按照重大环境事件、重要环保决策、重点环保行动等典型因素来划分，我国环境保护的成长与完善历程大体应分为以下三个阶段：点源治理、制度建设阶段（1973—1993 年），流域整治、强化执法阶段（1994—2004 年）和全防全控、优化增长阶段（2005 年至今）。

中国环境保护事业经历了几代人的艰苦奋斗，从无到有，逐步发展，取得了显著成就，这里谨向所有为中国环境保护事业作出贡献的人士表示深深的敬意。本书中列举引用了一些从事环保事业的领导与专家的观点与案例，从这些宝贵的观点中受益很大。环保部原总工程师杨朝飞先生认真审阅了本书前两篇，提出了极为宝贵和具体的修改意见；环保部毛玉如处长编纂了环保大事记，提供了环保事业发展的历史轨迹。在此对二位环保专家的指点与支持，表示诚挚的谢意。

还要感谢中国环境保护与发展国际合作委员会的关心与支持。作为中方委员，我从国内外权威的环境、社会、经济专家们的讲演及与他们的交流中学到了很多知识，提升了环境保护与发展的知识水平，开拓了绿色经济的国际视野，深化了对各国环境规划与政策的了解。特别是 2016 年 12 月国合会第 5 届第 5 次年会，在理论和实践的结合上，为我完成本书前景与展望提供了及时的定位和重要资料的支持。

我于 2001 年从国务院研究室调入北京师范大学，之后成立了经济与资源管理研究所，后改成院，一晃已经 16 年。在此期间，我首先主持翻译了诺贝尔经济学奖得主 K. J. 阿罗总主编的《经济学手册》中 3 卷本的《自然资源与能源手册》，较系统地接触了资源学科的前沿知识。提出绿色发展并开始较深入地研究，则是在 2009 年学校成立了可持续发展 985 基地并聘请我担任主任后的事了。2010 年，我主持完成并出版了国内第一本《中国绿色发展指数报告——区域比较》，现在已出版了 7 本。这些年，围绕资源、环境与生态，围绕绿色发展，我在国内外作过不少调研，发表了不少论文与著作。这些研究，为我本次参加丛书关于绿色发展与环保体制建设课题，提供了相当重要的基础。但这里更想表达的是：虽然曾作了很大努力，但仍有不准确甚至错误的引用与论述，希望专家和读者不吝指教。

最后，请让我引一段 13 年前即 2004 年在参加亚太环境记协第十六次代表大会上的发言。会上我非常感慨地说："环保——是人对造物主的敬意！环保——是使时空永续、地球年青的伟大事业！环保——是我们对先辈的尊重和对后代的关爱！

环保——是提高生活质量的理论，是经济学家对人类本性的引导、对优良生存环境的怀念！环境保护者——是人类永恒利益的卫士！经济可持续发展成本，是环保工作任重道远的预警！让我们为此贡献点微薄力量！"今天，在纪念改革开放 40 周年之际，让我再用这段话来表达我内心深处多年的环保或说绿色情结！

2017 年 3 月 4 日于北京

第一篇

以经济发展为中心时期的环保体制改革

（1978—1992 年）

第一章
1978 年中国走上以经济发展为中心的新时期

本章摘要：迎接改革开放 40 周年的时候，我们回顾党的十一届三中全会的决定，深感意义重大。改革开放由此正式起步，全党全国的工作重心转移到社会主义现代化建设上来，于是成就了今天中国新的崛起。40 年时间，经济增长与环境保护的关系一直涉及国家的战略，涉及人民生活以及中国与国际社会的关系。本章重点分析那个转折年头的重大决策，同时，回顾转折时点上中国环境问题的现状。中华人民共和国成立后到 1978 年的环境问题，是一段容易被人忽略或忘记的故事，但它却是改革开放新时期的起点与基础。最高决策层对环境问题严重性的认识，从 20 世纪 70 年代初就开始了，几乎与国际上的环境保护运动同步。记住这些历史，感谢那些为中国环境保护开创与奠基的人物，也从中吸取正、反两方面的经验，是很有必要的。因此，本章就重点以党的十一届三中全会召开、1949—1978 年中国环境问题与保护工作的起步、党和国家领导人对环境保护工作的高度重视三个方面展开论述。

第一节
党的十一届三中全会召开

一、全党工作的着重点转移到社会主义现代化建设上来[①]

中国共产党第十一届中央委员会第三次全体会议于 1978 年 12 月召开。十一届

[①]《中国共产党第十一届中央委员会第三次全体会议公报》（1978 年 12 月 22 日通过），引自网页：http://cpc.people.com.cn/GB/64162/64168/64563/65371/4441902.html.

三中全会认为，当前国民经济得到了一定的恢复和发展，全国出现了安定团结的政治局面，为全党把工作着重点转移到社会主义现代化建设上来准备了良好条件。下一步把全党工作的着重点和全国人民的注意力转移到社会主义现代化建设上来，对于实现国民经济三年、八年规划和二十三年设想，实现农业、工业、国防和科学技术的现代化，具有重大的意义。

为了迎接社会主义现代化建设的伟大任务，会议回顾了中华人民共和国成立以来经济建设的经验教训。会议指出，粉碎"四人帮"以后，我国国民经济恢复和发展的步子很快，1978 年的工农业总产值和财政收入都有较大幅度的增长。但是必须看到，由于"文化大革命"的长期破坏，国民经济中还存在不少问题。一些重大的比例失调状况没有完全改变过来，生产、建设、流通、分配中的一些混乱现象没有完全消除，城乡人民生活中多年积累下来的一系列问题还有待妥善解决。在这几年中，要认真地逐步地解决这些问题，切实做到综合平衡，以便为迅速发展奠定稳固的基础。要充分发挥中央部门、地方、企业和劳动者个人四个方面的主动性、积极性、创造性，使社会主义经济各个部门各个环节普遍地蓬蓬勃勃地发展起来。十一届三中全会讨论了加快农业生产问题①和 1979 年、1980 年两年国民经济计划的安排，审查和解决了历史上遗留的一批重大问题。十一届三中全会决定，全党工作的着重点应该从 1979 年开始转移到社会主义现代化建设上来。

十一届三中全会作出了否定"以阶级斗争为纲"的理论和实践，并把党和国家工作中心转移到经济建设上来的决定，实现了从"以阶级斗争为纲"到以经济建设为中心、从封闭半封闭到改革开放、从计划经济到市场经济的深刻转变。这不仅仅是经济工作得到高度重视，也具有重大政治意义。实现四个现代化，要求大幅度地提高生产力，也就必然要求多方面地改变同生产力发展不适应的生产关系和上层建筑，改变一切不适应的管理方式、活动方式和思维方式，因而是一场广泛、深刻的革命。

党的十一届三中全会召开以后，以邓小平为核心的党的第二代中央领导集体，

---

① 会议深入讨论了农业问题，同意将《中共中央关于加快农业发展若干问题的决定（草案）》和《农村人民公社工作条例（试行草案）》发到各省、市、自治区讨论和试行。

在过去社会主义建设经验的基础上，总结国际社会主义实践的正反两方面经验，带领中国人民走上以经济建设为中心的道路，开创了改革开放的新时期。

二、以经济发展为中心的历史意义

18 世纪和 19 世纪初期，工业化发展迅速，但资本对劳动处于优越而不平等的地位上，劳动者的合法权益得不到保护。为反对剥削和保护劳工利益，从阶级斗争史中寻找历史发展的动力，产生了以马克思、恩格斯为代表的一批社会主义思想家。此后，马克思主义广泛传播，社会主义国家纷纷建立。社会主义国家经济欣欣向荣，快速发展，为社会主义理论增添了新的证据。但是，正如中国改革开放初期有西方学者形容的，以公平为旗帜的社会主义大船，方向明确，但动力越来越不足；而资本主义这只旧船，虽然方向不明，但动力却十足。在经过一个相当长的时间后，人们发现，资本主义国家的经济实力和人民生活水平，超过了社会主义国家。社会主义要继续前进，就需要改革，需要有新的思想武器。正是在这种背景下，富有革命与改革精神的中国共产党人，在全面反思走过的道路。

大家认识到，在中华人民共和国成立后 30 年的建设探索过程中，取得了一定成就，也经历了重大挫折，发生了严重失误。1949—1978 年，我国一步步地实现了以公有制为基础的计划经济体制，一步步使计划成为资源配置的主要方式，财政统收统支，价格国家制定，企业由政府管理。虽然集全中国之力办成了一些有益于当代与后人的大事，但失误也不少，更重要的是经济发展后劲不足、动力不足，人民生活水平提高很慢，与发达国家的经济差距拉得很大。在十年"文化大革命"中，经济工作完全被当作"唯生产力"而被妖魔化了，结果是工农业生产大幅下降，人民生活多年维持在很低水平的配给制上。"以阶级斗争为纲"路线的全面推行，压抑了各方面力量投身社会主义建设的热情；僵化地实行社会主义计划经济体制，绝对否定和排斥市场的作用，使微观经济丧失活力，严重制约和阻碍了经济和社会的健康发展。

中华人民共和国成立以来正反两方面的经验告诉我们，以阶级斗争为中心只能使社会经济发展受到损害，使人民生活水平长期得不到提高，使社会主义失去吸引力，最终失去人民的支持。既要承认阶级斗争还没有结束，同时更要承认今后再不需要也再不应该进行大规模的急风暴雨式的群众阶级斗争。强调要以经济建设为中心，把解放和发展生产力始终放在首位，根本出发点在于消除贫困，使全体人民富裕起来。社会主义只有为人民创造了幸福生活，才能得到人民的拥护，才能坚持下去，在不断完善中得到发展。这就要求我们要以经济建设为中心，将不适应社会主义生产力发展的那些体制弊端加以改革，使之保护和促进生产力的发展。回顾这段历史，我们深刻地认识到，1978 年确实是中国国民经济发展具有转折性重大意义的一年。

第二节
1949—1978 年中国环境问题与保护工作的起步①

本节回顾中华人民共和国成立后到十一届三中全会这段时期的经济与环境问题，旨在了解，当我们走向以经济发展为中心时，环境、资源、生态情况与环境保护工作具有的基础。在 1978 年改革开放前，中国选择了重工业优先发展的工业化模式，走的是内向型发展道路，当时工业生产的规模还比较小，以人力高投入、资源高消耗促粗放型增长，在低技术水平基础上中国取得较快的经济增长，快速建立起比较完整的工业体系。但中国工业化出现的环境问题已不容忽视。让我们把中华人民共和国成立后至 1978 年近 30 年时间里的环境问题及保护工作分为四个阶段，

---

① 本部分重点参考编选了曲格平先生《中国环境保护事业发展历程提要》一文和《中国环境保护四十年回顾及思考》。曲格平是第一任国家环保局局长，第一任人大环境与资源保护委员会主任委员，中国第一位常驻联合国环境规划署首席代表。曲格平：《中国环境保护事业发展历程提要》，《环境保护》，1988 年第 3 期；曲格平：《中国环境保护事业发展历程提要（续）》，《环境保护》，1988 年第 4 期；环境保护部：《开创中国特色环境保护事业的探索与实践——记中国环境保护事业 30 年》，《环境保护》，2008 年第 15 期；胡鞍钢：《中国：创新绿色发展》，中国人民大学出版社，2012 年版；张坤民：《中国环境保护事业 60 年》，《中国人口·资源与环境》，2010 年第 6 期；陈阿江：《剧变：中国环境 60 年》，《河海大学学报（哲学社会科学版）》，2012 年第 4 期。

对中国环境问题作一简单回顾（第四个阶段在第三节专门阐述）。

一、"一五"时期是经济发展与环保工作取得明显成绩的阶段

1949—1956 年，国民经济持续发展，经济效益也比较好。特别是在环境保护方面，做了许多工作，取得了很大成绩。与环保相关的法规包括：1956 年卫生部、国家建委联合颁发的《工业企业设计暂行卫生标准》，1957 年国务院颁发的《中华人民共和国水土保持暂行纲要》，这两部法规均提出了环境保护的要求。在城市基础设施建设、兴修水利、抗御自然灾害、植树造林、防治水土流失、废弃物资的综合利用、爱国卫生运动等方面，取得了进展。虽然在这个阶段没有专门的环境保护管理部门，还没有形成系统的环境保护理论及意识，但经济建设与保护环境仍实现了比较协调的进展，主要原因是比较正确地处理了重工业、轻工业和农业的关系，经济建设与改善人民生活的关系。在工业建设中，注意工业建设的合理布局，将有污染危害的工业项目摆在离开市区的工业区内，市区与工业区之间还建有以树林为屏障的隔离带，避免了工业排放物对市区特别是居民区的污染危害。许多有污染危害的工业企业，特别是集中建设的 156 项大中型工矿企业，都采取了某些工程措施，如污水处理和消烟除尘装置等。另外，还采取了一定的防治工程措施，这些措施大大减轻了工业污染的危害性。

但是在这一时期，仍然存在环境被破坏的问题。从 20 世纪 50 年代开始的大规模工业化建设，需要解决木材供应问题，国家为此先后投资建设了 135 个林业局，即森工采伐企业。其中东北及内蒙古 3 省区重点国有林区 84 个，其他 6 省区 51 个。[①] 大量森林被砍伐，直接影响了环境。草原滥伐滥垦、植被遭到破坏，导致水土流失和土壤侵蚀等问题一直存在。若干主要城市，也出现了程度不同的工业污染和城市污染。这一时期，能源消耗增长率大大超过了经济增长率，单位 GDP 能耗上升了 32%。

---

① 张志达等：《天保工程全面停伐森工企业改革思路及若干政策问题——关于四川、云南两省重点森工企业的调研报告》，引自网页：http://www.forestry.gov.cn/portal/trlbh/s/1876/content - 147843.html.

二、1958—1965 年是经济与环境严重损害的阶段

在主观主义盛行的战略指导下，盲目"大跃进""大办钢铁"，经济惊人浪费，环境大受破坏。仅 1958 年下半年，各地就动员了数千万社员大炼钢铁和大办工业，建成了简陋的炼铁、炼钢炉 60 多万个，小煤窑 59000 多个，"村村冒烟""镇镇点火"，全民大炼钢铁，单位 GDP 能耗大为增长。在工业布局上，冲破一切规章制度，完全不顾环境保护的要求，放任工业"三废"自流排放，在许多地方出现了烟雾弥漫、污水横流、渣滓遍地的局面。对矿产资源滥挖滥采，不仅破坏了许多地方的地貌和景观，更为严重的是对生物资源的破坏，特别是使森林资源锐减，给生态环境带来了一系列严重后果。典型的是"大跃进"时期森林砍伐对水土流失所造成的影响。有专家对云南楚雄九龙甸水库沉积的研究表明，由于 1958—1959 年森林砍伐引起了土壤侵蚀，水库淤积严重。① 这是我国自然环境受到的一次大范围的冲击时期。结果是国民收入下降，国民经济大幅度倒退，人民生活受到很大损害，造成三年严重困难时期。"大跃进"时期造成的环境资源与生态破坏的影响，多年也未消除。

三、1966—1972 年是经济发展与环境保护的灾难时期

"文化大革命"使"左"倾错误发展达到顶峰，国民经济到了崩溃的边缘，环境污染和破坏也达到惊人的程度。那一时期，有利于环境保护的有限的规章制度，被当作资本主义和修正主义的管、卡、压受到批判。工业建设中，原料和能源无约束地大量浪费。在"变消费城市为生产城市"的口号下，几乎所有的大中城市都建起了一批工业企业，许多文化古城建设了一批重污染型的工业。许多不控制污染的"五小"工业，加之城市规划工作废弛，建设布局混乱，使城乡环境质量迅速恶化。在三线建设中实行了"靠山、分散、进洞"的方针，把许多排放大量有害物质的工厂摆在了深山峡谷之中，由于扩散稀释条件太差，造成了严重的大气和水

---

① 文安邦，张信宝，李豪，D. E. Walling，齐永青：《云南楚雄九龙甸水库沉积剖面 137Cs、210Pbex 和细粒泥沙含量的变化及其解译》，《泥沙研究》，2008 年第 6 期。

质污染。在农业生产方面，片面强调"以粮为纲"，提出"种田种到山顶，插秧插到湖心"等口号，毁林、毁牧、围湖造田、搞人造平原等，破坏了粮食生产同其他经济作物相互依赖的生态系统，生态环境恶性循环。另外，对野生珍稀动物、植物资源滥采滥猎成风，许多珍稀生物临近濒危状态。虽然以周恩来总理为代表的党和国家领导人，对控制污染、改善环境质量作了许多指示，解决过大连湾、官厅水库等污染事件，但在那个年代，环保指示很难得到全面贯彻。

第三节
党和国家领导人对环境保护工作的高度重视

一、1972—1978 年既是环境污染严重也是中国环境保护的起步时期①

1. 环境污染严重

1972—1978 年的 7 年，中国仍处于极为混乱的"文革"劫难时期，环境问题趋于严重。工业生产需要大量的原料，除木材外，还有能源、矿产资源等。但露天矿藏的开采会破坏地表植被，而矿山排出的废水及堆放的矿渣，工业品加工制造过程中产生的废水、废气、废渣，会直接影响环境。一些矿山周围的农村常因为矿山排放的污水影响农业生产，而与矿山发生矛盾与冲突。因"癌症村"现象而备受注目的粤北大宝山多金属矿，出现癌症高发及部分村民出现疑似"痛痛病"的症状。化工行业的污染更引人注目，如受吉林化学工业公司电石厂醋酸车间的影响，

---

① 曲格平：《中国环境保护事业发展历程提要》，《环境保护》，1988 年第 3 期；曲格平：《中国环境保护事业发展历程提要（续）》，《环境保护》，1988 年第 4 期；曲格平：《中国环境保护四十年回顾及思考（回顾篇）》，《环境保护》，2013 年第 5 期；曲格平：《中国环境保护四十年回顾及思考（思考篇）》，《环境保护》，2013 年第 6 期；胡鞍钢：《中国：创新绿色发展》，中国人民大学出版社，2012 年版（第三章"中国绿色发展之路"的第三节"工业化时期：生态赤字迅速扩大"的内容）。

一段时期，松花江水体受到严重的汞污染，出现疑似日本水俣病患者①。城市环境污染达到了严重程度，据一些主要城市的测定，每月每平方公里的降尘量在100～400吨之间，局部地区甚至高达上千吨，北京、天津、淄博、沈阳、太原、兰州等城市大气污染引起议论。自然生态破坏加剧，森林资源大量减少，草原退化、沙化、水土流失日趋加重。当时大力推行寒冷干旱地区开垦草场种粮食，结果不但没有什么收成，反而导致了草原的沙漠化。② 内蒙古鄂尔多斯市的乌审召当年被树立为"牧区大寨"，开地种树、种粮食、种牧草，但后来出现了水流减少、沙化面积增大、动植物种类减少。③ 这一时期中国还出现了新的人口增长，由1965年的7.2亿增至1978年的9.63亿。人口剧增对环境带来非常大的冲击和压力。随着人口急剧增长、人均耕地不断减少，对森林、草原、矿产资源、水资源、能源供给、环境质量等都带来危害。④ 改革开放前的较长时期，对森林资源的砍伐速度超过了历代王朝，达近4亿立方米。总体上讲，改革开放前中国走的是资源密集、能源密集的粗放型增长的工业化道路，资源高消耗，污染高排放，工业化过快盲目发展，管理又长期陷入瘫痪。因此，在相当长的一段时间里，生态破坏加剧，环境急剧恶化，自然生态调节功能降低，水、旱、风灾频繁。

2. 中国环境保护的起步

当时，中国人均GDP只有100多美元，工业化还处于初期阶段，国人对环境污染、环境公害知之甚少。而西方世界特别是日本，在经济发展实现工业化并快速发展的同时，环境问题突出了，尤其是日本被公认为环境公害之岛，出现了大规模的

---

① 包礼平等：《大量间歇地吃松花江汞污染的鱼，引起慢性潜在型甲基汞影响》，《环境科学》，1982年第1期。

② 潘乃谷，马戎：《社区研究与社会发展》，天津人民出版社，1996年版，第551－552页。参考文章为马戎教授的《体制变革、人口流动与文化融合：一个草原牧业社区的历史变迁》。北京大学社会学系马戎教授曾在内蒙古草原插队。1969—1974年政府号召牧民生产粮食实现自给自足。他所在的沙麦公社三个大队选择了一块河谷地，开垦为"粮食饲料基地"，但"事实证明：在北部这种寒冷干旱地区开垦草场种粮食不但没有什么收成，反而导致了草原的沙漠化"。

③ 阿拉坦宝力格：《从游牧文明走向工业文明的时候——演变中的"牧区大寨"神话故事》，《广西民族大学学报》（哲学社会科学版），2010年第4期。

④ 张坤民：《中国环境保护事业60年》，《中国人口·资源与环境》，2010年第6期；潘乃谷、马戎：《社区研究与社会发展》，天津人民出版社，1996年版，第551－552页。

环境诉讼活动和反对公害的舆论浪潮。1970 年，美国开展了旨在保护环境的"地球日"活动，喊出了"不许东京悲剧重演"的口号。1970 年底，周总理在听取了一位日本记者介绍日本环境公害情况后，指示组织一次报告会，请这位日本记者向各个部委的负责人介绍日本环境污染问题，并指示把日本记者的报告作为当年全国计划会议的交流材料。这是在高层次会议上出现的第一份有关环境保护的材料。1970 年 12 月，周恩来总理对有关负责人说："我们不要做超级大国，不能不顾一切，要为后代着想。对我们来说，工业公害是一个新的问题。工业化一搞起来，这个问题就大了。"① 1972 年 6 月 5 ~ 16 日，联合国在斯德哥尔摩召开了人类环境会议，根据周恩来总理的指示，中国派代表出席了会议。这是中国恢复联合国席位后参加的第一个大型国际会议。

二、1972—1978 年党和国家对环境保护的系列重大决策

1. 第一次全国环境保护会议拉开了中国环境保护事业的序幕

面对国内触目惊心的环境污染和自然生态恶化，周恩来总理直接提议，并经中央批准，1973 年 8 月 5 ~ 20 日在北京召开了第一次全国环境保护会议。出席会议的代表反映了各地区和各方面的环境污染和生态破坏的大量事实。1972 年发生的大连湾污染事件、蓟运河污染事件、北京官厅水库鱼污染事件，以及松花江出现类似日本水俣病的征兆，表明我国的环境问题已经到了危急关头。其中北京官厅水库鱼污染事件直接引发我国第一项污染工程的开展。1972 年 3 月，一些北京市民在食用了市场出售的鲜鱼后，出现了恶心、呕吐等症状。因为当时特殊的政治环境，有人认为是阶级敌人在搞破坏，该事件引起周恩来总理的高度重视，当时国家计委、国家建委立即组成调查组开展调查，结果显示官厅水库的鱼受到了污染，是由河北宣化地区以及张家口、大同等地区的污水进入水库造成的。调查报告还指出，官厅水库的水污染呈现急剧加重趋势，水库盛产的小白鱼、胖头鱼体内 DDT 含量每千克达 2 毫克（当时日本标准为 0.11 毫克）。为妥善解决这次污染事件，当时由北京、

---

① 李琦：《在周恩来身边的日子》，中央文献出版社，1998 年版，第 332 页。

河北、山西和中央有关部委共同组成领导小组，万里同志任组长，对官厅水库污染整治进行全面推动。经过分期治理，控制住了官厅水库的污染。这是中华人民共和国成立后由国家组织进行的第一项污染治理工程。类似的环境污染给了与会领导与代表们深刻的印象。这次会议首次承认我国也存在环境问题，而且还比较严重。在政治动乱、极"左"思潮泛滥、"四害"横行的"文化大革命"中做到这一点是很不容易的。周恩来总理在会上提出了"三同时原则"，要求：（1）同时设计防止污染的方法；（2）在建工厂的同时建防止污染设施；（3）在工厂运作同时，防止污染设备也要运作。这次大会审议通过了"全面规划，合理布局，综合利用，化害为利，依靠群众，大家动手，保护环境，造福人民"的 32 字环境保护工作方针，体现了预防为主、充分利用资源和公众参与的思想，直到今天仍然具有积极意义。会议还通过了中华人民共和国成立以来第一个环境保护法规性的规定即《关于保护和改善环境的若干规定（十条）》，明确了做好全面规划、工业合理布局、逐步改善城市环境、综合利用除害兴利、加强对土壤和植物的保护、加强水系和海域的管理、植树造林绿化祖国、认真开展环境监测工作、大力开展科研与宣教工作、安排落实环保投资等十个方面的规定，环境保护工作在全国逐步开展起来。在"文化大革命"极"左"思潮统治下，能召开环境保护这样的会议，允许人们在那里议论这样的议题，真可称为一个奇迹。

2. 成立国务院环境保护领导小组，领导和推动环保事业向前发展

1973 年第一次全国环境保护会议之后，国务院在批转国家计委《关于全国环境保护会议情况的报告》和《关于保护和改善环境的若干规定》，强调了开展以"三废"治理和综合利用为特点的污染防治，指出：对所有的城市、河流、港口、工矿企业、事业单位的污染，要迅速作出治理规划，分批分期加以解决。1974 年 5 月成立了国务院环境保护领导小组，由计划、工业、农业、交通、水利、卫生等有关部委的领导组成，下设办公室（简称国环办）。各省（市）、自治区和国务院有关部委也陆续建立起环境管理机构和环保科研、监测机构。为了在短期内控制环境恶化，改善环境质量，自 1974 年国务院环境保护领导小组成立后，1974 年、1975 年、1976 年连续下发了《环境保护规划要点》《关于环境保护的 10 年规划意

见》与《关于编制环境保护长远规划的通知》三份文件，并要求从 1977 年起，切实把环境保护纳入国民经济的长远规划和年度计划，为有计划地逐步解决环境污染问题奠定了基础。1976 年由国家计委和国务院环境保护领导小组联合下发的《关于编制环境保护长远规划的通知》，首次对环境保护的资金渠道提出了明确要求：其一是新建、扩建、改建项目的"三废"治理工程所需投资，随主体工程由各部门、各地区在建设投资中安排。其二是现有企业治理污染所需资金，主要在"固定资产更新和技术改造资金"中解决。工程量大、费用多的治理项目，应分别纳入各部门、各地区的基本建设计划。国务院各部直属、直供企业，由各部负责安排解决；地方企业由地方负责安排解决。城市排水管网的污水处理设施建设，在城市建设费用中安排解决。其三是凡属"三不管"的污染治理项目和事情，其所需资金在国家"五五"规划已分配给各省、市、区的环境保护补助投资中解决。

此期间，国环办督促各地环保机构，对环境污染严重的地区开展了重点治理。根据城市煤烟型污染的特点，城市环保工作主要开展了以点源治理为主的锅炉改造和安装除尘设备的消烟除尘工作。1975 年印发的《关于环境保护的 10 年规划意见》指出，对工矿企业不适当地排放"三废"，解决的办法：其一是对现有工矿企业的污染进行积极治理，逐步消除；其二是新建、扩建、改建的工业项目，要同时采取防止措施，不再造成新的污染；其三是按照环境保护的要求，注意工业的合理布局。1977 年印发的《关于治理工业"三废"，开展综合利用的几项规定》，从经营管理、防治新污染、加强考核、合理利用、规划制定、收费规定、税收优惠、盈利规定、污染企业、科研监测、物资供给和人员需求 12 个方面作出了明确的规定。各地和有关部门治理工作主要是开展"三废"的综合利用，包括北京、天津、沈阳、太原、兰州等城市以消烟除尘为主要内容的城市大气污染治理。1978 年，由国家计委、国家经委、国务院环境保护领导小组针对严重污染环境的工矿企业，确定了 167 个企业、227 个重点项目。在此期间，各省市自治区也相继下达了 12 万个地方限期治理项目。

国环办督促的环境治理项目还有：1974 年蓟运河、富春江、白洋淀和官厅水库污染调查，1976 年湖北鸭儿湖和桂林漓江污染调查，1977 年渤海、黄海污染调查等。中央政府还提出了"普遍护林、重点造林",促进了森林面积的扩大。1973—1976 年的第一次全国森林资源普查表明,森林面积由 1949 年的 0.83 亿公顷上升到 1.22 亿公顷,森林覆盖率由 8.6% 提到 12.7%。但是天然林面积和蓄积量还在减少。该阶段,大力加强环境保护,城市烟尘治理、环境卫生等取得积极进展。

3. 党中央对环境工作作出批示

1978 年 12 月 31 日,中共中央批转了国务院环境保护领导小组的《环境保护工作汇报要点》(以下简称《汇报要点》)。《汇报要点》指出:"我国环境污染在发展,有些地区达到了严重的程度,影响广大人民劳动、工作、学习和生活,危害人民群众健康和工农业生产的发展,群众反映强烈。""消除污染,保护环境,是进行社会主义建设,实现四个现代化的一个重要组成部分……我们绝不能走先建设、后治理的弯路。我们要在建设的同时就解决环境保护污染的问题。"这是中国共产党历史上第一次以党中央的名义对环境保护工作作出的批示。《汇报要点》的转批加快了全国各级环保系统的机构建设步伐,切实推动了我国环境保护事业的发展。

小结:

从中华人民共和国成立至 1978 年的这个时期,中国基本实现了 20 世纪 50 年代和 60 年代制定的国家工业化的初期目标,完成了国家工业化的原始积累,建立了比较完整的工业体系和国民经济体系。根据国家统计局提供的数据,按不变价格计算,1952—1978 年我国 GDP 平均增长率为 6.0%,用了 27 年使经济总量翻了两番多。这一时期,中国选择了以优先发展重工业为目标的发展战略,移植了苏联的发展模式。1952—1978 年,中国工业总产值增长了 16 倍,年均增长 11.3%,其中重工业增长了 28 倍,年均增长率为 13.7%;工业产值占整个国民收入的比重由 1952 年的 19.5% 上升为 1978 年的 46.8%。但是,付出的环境代价也是沉重的。我们看到,周恩来总理以他的远见卓识,敏感地意识到环境问题的严重性以及对于未来中国的紧迫性,适时地抓住这个问题,未雨绸缪,开启了中国环境保护事业的航程。所以说,周恩来总理是中国环境保护事业的开创者和奠基人。但要指出,在政治动乱的形势下,环境治理的一切努力,只能减缓某些地区和某些方面的污染程度,却无力阻挡污染急剧恶化的趋势。

专　　栏

中央领导同志在第一次全国环境保护大会上的讲话①

这次会议很重要。先念同志说会议开得很好，很重要。虽然不是很及时，但也正是需要大抓的时候。我国工农业生产二十多年来有很大发展。工业发展很快。今年钢要达到二千五百万吨，石油五千四百万吨，煤炭、化工及其他工业都取得很大成绩。化肥，今年完成得不错，可以达到二千三百万吨。但这些同我们这样大的国家的需要来说，同我们有七亿多、八亿人口来讲，水平还很低，我们还是一个发展中国家。尽管这样，但已经感到在发展工业中，环境污染问题已明显地表现出来了。北京是首都，已经明显地感到这个问题要认真抓。东方红炼油厂在防治"三废"污染方面做出了成绩，但还需要继续抓，有很多事情要做，如果不注意，对首都是有影响的。

工业要发展，污染问题要认真解决。从东北的松花江到黄河、长江、珠江，我们几大河流都发现有污染问题，有些江段污染还比较严重，就连官厅水库也发现了污染。我们的炼油厂还不多，石油产量才五千四百万吨，发展到一亿、两亿、五亿吨时，那问题不就更大了？我看了几个材料，湖南二三四八厂也不算大，才炼油二百五十万吨，但工厂排出的废液把一万多亩水面的湖泊全污染了，鱼都死了。

废渣问题也很大，刚才株洲的发言，利用废渣是有成绩的。但有的地方煤矸石堆积如山，用皮带运输机往上堆，塌下来会砸死人。我们的化工还很不够，三酸三碱还很缺，苯还进口，但化工污染在一些城市中很严重。我们工业在全国还要有大的发展，但现在已暴露出污染的严重。当然，像日本等资本主义国家，污染就更严重。日本国内的湖泊、沿海都严重污染。美国、苏联的问题也很大。消除污染，保护环境问题，必须引起我们高度重视。污染问题，资本主义国家不好解决，看了资料介绍，美国不在国内搞化工，而去苏联搞化工，把污染弄到别的国家去。我们是社会主义国家，自己要发展工业，而且要尽快发展，钢、煤、石油、化工、焦炭等

---

① 这是华国锋同志 1973 年 8 月 19 日在大会上的讲话。华国锋：《华国锋同志在全国环境保护大会上的讲话》，《环境保护科学》，1977 年第 1 期。

都要搞上去，化纤也要快点搞，所以必须注意防止污染。必须重视综合利用，既充分利用资源，又减轻环境污染。工业"三废"，弃之是害，用之为宝。解决环境污染，要变废为宝，要按主席路线来办，要提到路线高度，这个问题同志们讲了，先念同志也讲了。

我们要发展社会主义工业，为全中国、全世界人民服务。我们发展工业，是为人民造福，绝不是为了盈利。资本主义只是为了利润，修正主义也强调利润原则。我们要加快国民经济建设，造福于人民。我们经营工业的思想、路线，是要为广大人民造福，绝不能单纯为了利润。

办工业必须一业为主，兼营别样。要批判那种"综合利用是不务正业"的说法。首钢原来安排了副产品尿素，但有人只抓钢铁，对生产尿素思想上不重视，结果尿素生产不出来。后来市委做了工作，把尿素生产搞上去了。把废气综合利用起来了，造福人民，这是正业。你把废气排出去，危害自己，危害人民，不讲财富的综合利用，这是资本主义的经营思想。我们工业应该考虑到一业为主，兼营别样，怎样化害为利、变废为宝，要注意综合利用。首钢产化肥，是正业，而且搞得好。是不是这样就影响我们抓主要的东西呢？是不是这样就拣了"芝麻"丢了"西瓜"了呢？先念同志说，拣的不是"芝麻"，而是国家需要的宝贵财富。吉林造纸厂回收了两万吨烧碱，是很大的一笔财富，哪有这样大的"芝麻"？再说，你不拣这个"芝麻"，你工业就办不下去。你放出废水、废气、废渣，危害人民健康，破坏农业生产，你就办不下去。刚才说的马霸冶炼厂，试生产才几天，农民就有意见。不搞综合利用，就办不下去。株洲冶炼厂原来不搞废气回收，影响周围农业生产，年年赔款，农民要把它砸掉。

搞综合利用不是副业，是正业；不是"芝麻"，而是"西瓜"，是宝贝。有的单位只考虑本身利润，认为搞"三废"治理要花点钱，实际上只要依靠群众，自己动手，投资少、见效快、贡献大。株洲市从废渣中回收的产品，价值达二千七百多万元。吉林造纸厂通过综合利用，给国家创造了一千四百万元的财富。要把问题提到路线高度来认识。一种是认识不到，另一种是错误思想的抵制、干扰，要纠正错误思想、提高觉悟、依靠群众，事情就可以办好。只要真正在思想上重视，照毛主席路线办事，就会有大发展。在解决思想问题的同时，国家还要考虑奖励综合利用的政策。对影响综合利用的政策、规章制度要修改。株洲冶炼厂未搞尾气回收时，每年赔钱，后来别人搞了工厂，用它的废气生产硫酸，冶炼厂却提出用它的废气要给钱。过了一段时期，看见生产出了硫酸，废气还要涨价。水口山矿务局原来把大量废渣倒了湘江，污染湘江，每年向渔民赔款，市里还要罚他。后来别人用他的废渣生产硫酸，他就要一吨废渣卖四百块钱，这是资本主义经营思想在作怪。当"三废"造成危害时，他苦苦哀求市里帮他解决问题；但当别人把"三废"综合利用后，他又要提价要钱，这怎么行呢？利用废气、开展综合利用，变"三废"为"三宝"有障碍的规章制度，政策应该鼓励修改，要支持变"三废"为"三宝"。

这次会议，是正在需要认真抓"三废"治理的时候，中央批准召开的。这个万人大会的目的，是要全党、全国引起重视，首先是北京市要做出成绩来，会后要大力宣传。先念同志建议，把会议上的典型和发言印成书出版。会后要认真传达、认真抓，要求各个城市、所有工业企业要做到家喻户晓。把广大工人、技术人员、干部发动起来，大家动手来办这件事情。只要认真抓，随着国民经济的迅速发展，工业的迅速发展，不仅不会带来污染危害，而且综合利用搞得好，工业可以取得更大的成绩。这件事，不但是这一代的事，而且关系到后代，不能叫子孙后代骂我们。我们一定要重视起来，积极工作，争取更大的胜利！

第二章

经济发展与环境保护矛盾的显现与思考

本章摘要：从 1978 年到 1992 年，即从党的十一届三中全会到党的十八大，这段时期我国对经济发展与环境保护的关系如何处理非常重要。经济增长是很快的，虽然过程中有起伏；环境保护在不断加大力度，虽然污染问题仍困扰着我们。本章主要是对这一时期中，国内外出现的环境问题与解决思路进行反思与概括。重点是要分析中国环境管理的最初状态与特点，以及环境保护理念如何在国际交流中提高。特别要指出的是，环境问题的理论探索在这一章中有较大篇幅的论述与分析，而这对我们一步步确立"绿色发展"的战略提供了基础性、系统性的理论支持。因此，本章分为三节来论述，即经济增长对环境影响的全球环视、1978—1992 年中国经济增长对环境影响的分析与评价、绿色经济相关理论研究的开始。

第一节

经济增长对环境影响的全球环视

本节重点比较分析了工业发达国家与发展中国家在经济增长中出现的环境问题各有什么特点，是如何应对的。

一、工业发达国家经济增长中出现的环境问题[①]

18 世纪中叶的工业革命在给人类带来工业文明的同时，也给人类带来了严重

---

① 张春霞：《绿色经济发展研究》，中国林业出版社，2002 年版，第 23－25 页。

的环境危机。以蒸汽机的发明和广泛应用为起点的工业革命使人类的生产能力得到大大提高，这对自然环境造成了双重不利影响：一方面，随着人类向自然索取能力的提高，引起了资源的枯竭，自然生态系统的平衡受到严重破坏（如为了发展工业、农业、交通运输业而大规模地砍伐森林，使森林资源大大减少，从而破坏了陆地上最大的生态系统）；另一方面，随着大规模的工业生产的发展，人口逐渐集中，使得生产和生活的废弃物大量增加和集中，对土地、江河、海洋、大气造成严重的污染。环境问题是工业化进程的伴生物，工业污染和城市污染积累到一定的程度时，就产生了环境危机。从历史现实看，在整个 19 世纪，环境问题日趋严重，一直到 20 世纪，环境问题终于酿成危及人类生产与发展的危机。在 20 世纪 80 年代前，许多工业发达的国家都先后发生了触目惊心的环境灾难，生态灾难频繁发生。如表 1 - 1：

表 1 - 1

1902 年 5 月 8 日	加勒比海东部马提尼克岛培雷火山喷毒气，死 3 万人
1930 年 12 月	比利时马斯河谷有毒气体事件，死 60 人
1942 年 3 月	日本滨名湖畔中毒事件，死 114 人
1948 年	美国宾州多诺拉烟雾事件
1952 年 12 月 5 日	英国伦敦烟雾事件，前 4 天死 4000 人
1954 年 3 月 1 日	美国在太平洋比基尼岛进行代号 "布拉沃" 的氢弹试验，受灾人员 290 人
1955 年	日本富士山县骨痛病事件
1960 年	日本富士镉污染事件，死 34 人
1961 年	日本四日市二氧化硫烟雾事件，中毒 500 人
1962 年 12 月	黄色大雾在伦敦上空三天三夜，死 136 人
1968 年 3 月	日本九州多氯联苯污染中毒，中毒上万人、死 30 人
1975 年	北美成为世界最大的酸雨降落区，该地区半数以上湖泊无鱼

（续表）

1977—1987 年	地中海严重污染，共发生 94 起石油泄漏事件，海水中焦油含量为 0.5 克/千米^2
1983 年 3 月 14 日	美国埃克森石油公司阿拉斯加原油污染，6 个月内 3.3 万只海鸟死亡

发生在发达国家的生态灾害都直接同工业污染有关，尤以大气污染最为严重。这些动辄令多人患病甚至死亡的环境事件、一系列充满死亡气息的公害事件促发人类大反思，也冲击着一味掠夺自然进而破坏环境的黑色发展模式。

1962 年，美国海洋生物学家蕾切尔·卡逊（Rachel Carson）在《寂静的春天》一书中为我们描绘了一幅可怕的场景："春天来了，唱歌的鸟儿却不见了踪影，路边的不知名的野花野草无精打采，家养的鸡有的不再生蛋，生出的蛋也孵不出小鸡，猪变得病快快的，小猪生病后几天就死去。本来应该是生机勃勃的春天变得异常的寂静，找不到生命萌动的气息。"卡逊在书中说道："现在我们正站在两条道路的交叉口上。我们长期以来一直行驶的这条使人容易错认为是一条舒适的、平坦的超级公路，实际上在这条路的终点却有灾难等待着；另一条路很少有人走过，但为我们提供了最后的机会——请保住我们的地球。"① 卡逊在这里呼吁，要认真审视和反思工业化进程，要从大量施用农药、化肥的后果中想想人类生存和发展的前景。蕾切尔·卡逊的书将环境问题诉诸公众，它首次唤起了人们对经济与环境关系的关注，被认为是环境保护理念与行动的先驱之作。

20 世纪 60 年代后期，西方国家展开了大规模的环境保护抗议运动。尤其在日本，以健康损害问题为焦点，以被害者为中心，展开了大规模的环境诉讼活动和反对公害的舆论浪潮。1970 年，美国开展了旨在保护环境的"地球日"活动，喊出了"不许东京悲剧重演"的口号。这一运动还导致第一个国家环保建制——美国环境保护署（Environmental Protection Agency）于 1970 年设立。1972 年，联合国为顺

---

① 蕾切尔·卡逊：《寂静的春天》，科学出版社，2007 年版。

应全球兴起的环保浪潮，在斯德哥尔摩召开了人类环境会议，拉开了全球环境保护运动的序幕。

专 栏

可持续发展理念早期的探索过程

可持续发展关系人类的前途命运，是人类为了克服一系列环境、经济和社会问题，特别是全球性的环境污染和广泛的生态破坏，以及它们之间的关系失衡所作出的理性选择。为便于读者把握"可持续发展"理念的步步深化，特列下面的简表（表1-2）：

表1-2　可持续发展理念早期的探索过程

时间	倡导者	主要报告、文件、著作	主要观点和历史意义
1962年	蕾切尔·卡逊	《寂静的春天》	引起人们对野生动物的关注，唤起了人们的环境意识，引发了公众对环境问题的注意①
1966年	鲍尔丁	《即将到来的宇宙飞船世界的经济学》	我们的地球只是茫茫太空中一艘小小的宇宙飞船，人口和经济的无序增长迟早会使船内有限的资源耗尽，而生产和消费过程中排出的废料将使飞船污染，毒害船内的乘客，此时飞船会坠落，社会随之崩溃②
1972年	巴巴拉·沃德、雷内·杜博斯	《只有一个地球》	从整个地球的发展前景出发，从社会、经济和政治的不同角度，评述经济发展和环境污染对不同国家产生的影响，呼吁各国人民重视维护人类赖以生存的地球③

① 蕾切尔·卡逊：《寂静的春天》，科学出版社，2007年版。
② 赫尔曼·E.戴利，肯尼思·N.汤森：《珍惜地球》，商务印书馆，2001年版。
③ 芭芭拉·沃德，勒内·杜博斯：《只有一个地球：对一个小小行星的关怀和维护》，吉林人民出版社，1997年版，第12页。

（续表）

时间	倡导者	主要报告、文件、著作	主要观点和历史意义
1972 年	罗马俱乐部	《增长的极限》	在未来一个世纪中，人口和经济需求的增长将导致地球资源耗竭、生态破坏和环境污染。除非人类自觉限制人口增长和工业发展，否则这一悲剧将无法避免①
1972 年	联合国人类环境会议	《人类环境宣言》	阐明了七点共同看法和二十六项原则，以鼓舞和指导世界各国人民保护和改善人类环境②
1976 年	卡恩	《今后 200 年——美国和世界的一幅远景》	从长远来看，现存的一切重大问题在原则上都可以解决③
1981 年	朱利安·林肯·西蒙	《没有极限的增长》	认为人类能力的发展是无限的。依靠技术进步可以解决一切问题④
1984 年	朱利安·林肯·西蒙、凯恩	《资源丰富的地球》	地球上的资源是丰富的，只要政治、制度、管理和市场等多种机制较好地发挥作用，从长期看，人口的增长就有利于经济发展和技术进步⑤
1987 年	戈德史密斯	《生存的蓝图》	作者提出了悲观论点，即在高度工业化社会的末日在半个多世纪内将不可避免地会出现，主张对现存社会发展方向作战略转变⑥

---

① 丹尼斯·米都斯等：《增长的极限》，吉林人民出版社，1997 年版。
② 联合国：《斯德哥尔摩人类环境宣言（1972）》，《世界环境》，1983 年第 1 期。
③ 赫尔曼·卡恩，威廉·布朗，利昂·马特尔：《今后二百年——美国和世界的一幅远景》，上海译文出版社，1980 年版。
④ 朱利安·林肯·西蒙：《没有极限的增长》，四川人民出版社，1985 年版，第 27 页。
⑤ 朱利安·西蒙，哈尔曼·卡恩：《资源丰富的地球——驳〈公元 2000 年的地球〉》，科学技术文献出版社，1988 年版，第 81 页。
⑥ E. 戈德史密斯：《生存的蓝图》，中国环境科学出版社，1987 年版，第 15 页。

（续表）

时间	倡导者	主要报告、文件、著作	主要观点和历史意义
1987 年	世界环境与发展委员会（UNCED）	《我们共同的未来》	报告在探讨了人类面临的一系列重大经济、社会和环境问题的基础上，提出了"可持续发展"的概念："既满足当代人的需求，又不对后代人满足其自身的需求能力构成危害的发展"①
1992 年	联合国环境与发展大会	《21 世纪议程》②	把发展与环境密切联系在一起，提出了可持续发展的战略，并将之付诸为全球的行动
2011 年	基础四国	《公平获取可持续发展》	强调发展中国家需要获得公平的谈预算额度，公平地享有减缓成果，为提高基础四国人民生活质量摆脱贫困争取发展时间③
2012 年	全球可持续发展高级别小组	《人与地球的可持续发展：值得选择的未来》	报告就如何落实促进可持续发展并尽快将其纳入经济政策提出 56 条建议④

本表摘自：李晓西等：《中国：绿色经济与可持续发展》，人民出版社，2012 年版，第 19 - 20 页。摘自原书第一章"绿色经济与可持续发展"，作者：李晓西、宋涛、荣婷婷和朱磊。

---

① 世界环境与发展委员会：《我们共同的未来》，吉林人民出版社，1989 年版。
② 《21 世纪议程》，引自网页：http://www.un.org/chinese/events/wssd/agenda21.htm.
③ 基础四国专家组：《公平获取可持续发展——关于应对气候变化科学认知的报告》，知识产权出版社，2012 年版。
④ 联合国报告指出可持续发展比以往任何时候都重要，引自网页：http://world.people.com.cn/GB/16978795.html.

二、发展中国家经济发展中出现的环境问题[①]

发展中国家在解决环境问题方面取得了重大进展，但它们面临的环境问题依然十分严重，在环境方面面临的主要挑战因地区不同而异。

发展中国家经济发展中出现的环境问题主要有：

1. 土地退化

土地是发展中国家主要的自然资源之一。大多数发展中国家位于热带及干旱和半干旱地区。绝大多数人口直接依赖于土地。由于这些地区生态系统脆弱、土地贫瘠、生物产量低，加上土地管理不当，土地退化日益严重。其主要表现形式有：土坡遭受侵蚀、水库淤积、水灾频繁、土壤盐渍化等。城市的持续扩张也在大大缩小具有较好植被的城郊和农村土地。由于滥伐森林、草原开垦、草原植物砍挖，过度放牧和不适当地利用水资源，使不少发展中国家同时面临土地沙漠化快速扩延的威胁。发展中国家的饮用牛奶、奶油以及脂肪中的农药含量上升速度很快，发展中国家为提高农业产量的努力而使此问题难以解决。

2. 水污染

水污染是发展中国家普遍存在的问题。工业废水与人类居住区生活污水排放日益增长，降低了人口密集区的江河湖泊水质。大规模快速的城市化和工业化却无相应的环境保护措施，加剧了水污染。直接排放未处理的污水影响了地下水水质，加上水消耗增长，径流量减少，降低了城乡饮用水的可取性。1984 年 12 月 3 日印度博帕尔市剧毒化学物质泄漏，死 2500 人。

3. 森林减少

由于大部分发展中国家位于半干旱农业气候区，森林植被对这些农业区的储水程度起着关键作用。但发展中国家由于贫穷所迫，不得不大量砍伐森林出口木材以换取外汇，既使自身的环境更加恶化，又给全球的生态环境造成了不良影响。滥伐

---

① 《世界银行认为发展中国家环境问题依然突出》，《领导决策信息》，1999 年第 41 期；B. 博万德，马敏：《发展中国家的环境问题》，《地理译报》，1989 年第 4 期；梅雪芹：《20 世纪 80 年代以来世界环境问题与环境保护浪潮分析》，《世界历史》，2002 年第 1 期。

森林的后果是，水土大量流失、河流流量减少、山洪泥石流频发等。发展中国家每年滥伐森林面积 1130 万公顷，印度、海地、印度尼西亚、马来西亚、坦桑尼亚和巴西的滥伐均很严重。引起森林退化的主要原因是人口中的贫穷阶层对木柴需要量太大。肯尼亚、苏丹、坦桑尼亚、利比里亚、喀麦隆、塞拉里昂每人每年木柴消费量超过 1 立方米。许多发展中国家的人均木柴消耗量还在增长。布隆迪、埃塞俄比亚、几内亚、肯尼亚、卢旺达、乌干达、加纳、突尼斯、巴基斯坦、塞拉里昂、斯威士兰、埃及等国的薪炭林开采超过了应维持的森林产量。还有造纸工业的失控，将进一步加快非法的森林采伐。①

4. 大气污染

发展中国家的工业造成的大气污染日益严重。汽车尾气的铅污染在发展中国家的城市很严峻。实施污染控制条令不力，使用一大批过时的旧汽车均有影响。据报告，印度主要城市中心及其周围大气中的二氧化硫浓度正在增加。泰国、马来西亚、尼日利亚、埃及亦有类似情况。乡村地区的大气污染来自农户的炊烟，而城市则来自棚户区，因为炊用燃料主要是木柴、木炭以及煤炭②。

5. 生物多样性锐减

环境不可逆的变化之一是物种灭绝。随着森林面积的缩小，动植物赖以栖息的环境受损，加之滥捕、过度开发和环境污染等，使生物物种以惊人的速度在灭绝。以哺乳动物为例，17 世纪平均 5 年灭绝一种，到 20 世纪每两年就要灭绝一种。珊瑚礁、红树林沼泽以及马魁群落（地中海夏旱灌木群落）等典型的生态环境都受到人类活动的强烈干扰。获取近期利益而破坏有关生态系统的活动在延续，生物多样性的损失问题愈演愈烈。

6. 危险废物的越境接纳

危险废物的处置是一个涉及国家安全的大问题。一些发展中国家出于经济方面的考虑，表示愿意接受一定的费用以进口发达国家的危险废物；还有一些不法分子

---

① 涉及具体国家这部分，见梅雪芹：《20 世纪 80 年代以来世界环境问题与环境保护浪潮分析》，《世界历史》，2002 年第 1 期。
② B. 博万德，马敏：《发展中国家的环境问题》，《地理译报》，1989 年第 4 期。

非法进口或处置危险废物，向他国或公海或看管不严的发展中国家转移，形成了危险废物的全球转移。

7. 海洋污染

影响海洋环境的两大主要问题：一是因石油运输中油滴漏、陆架钻探开发活动、排放工业废物及有毒废物、海岸城市的生活废水排放等原因，造成大洋污染，海底采矿进一步加速恶化过程。二是对海洋生物的过度捕捞，破坏了海洋生物系统和环境的循环系统，降低了海洋的自净能力。

8. 人口迅速增长，资源和能源消耗过快

在过去的 300 年里，世界人口增加了 10 倍。1700 年的世界人口不到 7 亿，1987 年 7 月 11 日世界人口则突破 50 亿大关。人口增长的这种速度是史无前例的。人口不断地增加，就要不断地开垦荒地、种植庄稼、砍伐森林；水资源缺乏和水污染会因用水量加大而更加严重，能源消费量的猛增，在加快促使能源面临枯竭。而发展中国家人口在全世界人口中的比重最大，而且人口增长率也最快，因此，因人口问题加剧的环境、资源与生态压力就更为显著。

发展中国家遇到的环境问题，不是只靠提高环境意识、加强环境保护措施就能解决的。其中一个最突出的矛盾是：要解决穷困与落后，就必须发展，要走工业化与城市化的道路；而经济的增长尤其是工业化又往往会带来环境污染与生态条件恶化。在国际社会协调中，发展中国家同时也提出一个要求，就是在对待环境保护上，应为"共同但有区别的原则"，不能因环境问题而剥夺落后国家经济发展的权利。因此，如何做到既要发展，又要绿色，解决好金山银山与绿水青山的兼顾与统一，需要辩证的思维和高超的领导与管理。显然，这一切面临着复杂的判断，经历着史无前例的过程。在中国这个最大的发展中国家，我们对这对矛盾的认识与理解，从理论到实践，有着深刻的体会。

第二节
1978—1992 年中国经济增长对环境影响的分析与评价

改革开放后，中国进入经济增长和工业化快速发展的历史时期，早期发达国家经历几个世纪才完成的工业化过程，中国短短几十年内就出现了全面工业化的态势。环境污染和经济同时在快速增长，并呈现出浓缩性、交织性的恶化趋势。主要污染物排放量大大超过环境承载能力，生态破坏范围在迅速扩大。环境治理还在进行中，新的更大的环境问题又接踵而至。显然，这是典型的传统的经济发展模式，即通过工业化来实现经济增长。正如经济学家钱纳里所说："多国分析和时序研究都证实，结构转变最值得注意的特征是国民生产总值中制造业所占的份额上升，农业所占的份额相应下降，生产结构的这种基本变化引起资本和劳动自农村向城市转移，其他许多工业化的有关现象也随之发生。"① 这种传统的经济增长和工业化虽然在物质财富的增长方面，以及预期寿命和识字率提高等社会发展的某些方面取得了长足进步，但环境质量进而也包括生活质量的许多方面却下降了。

下面我们分别对这一时期中国经济增长的态势与环境问题的严重化进行分析和评价。

一、1978—1992 年 GDP 以 9% 的速度快速增长

从 1978 年到 1992 年的 15 年，我国改革开放和现代化建设取得了举世瞩目的成就，现代化建设的第一步战略目标已经实现，国家经济实力显著增强，城乡人民的生活明显改善。15 年间，我国国民生产总值和城乡居民收入翻了一番还多，成为中华人民共和国成立以来国家经济实力增长最快、人民得到实惠最多的时期。如

---

① H. 钱纳里等：《工业化和经济增长的比较研究》，上海三联书店，1989 年版，第 58 - 59 页。

表1-3所示：

表1-3 1978—1992年我国GDP和三次产业增长指数表

年份	国内生产总值	第一产业	第二产业	第三产业	人均国内生产总值
1978	100.0	100.0	100.0	100.0	100.0
1979	107.6	106.1	108.2	107.8	106.1
1980	119.0	104.6	122.9	114.2	113.0
1981	122.1	111.9	125.2	126.2	117.4
1982	133.1	124.8	132.1	142.6	126.4
1983	147.6	135.1	145.8	164.3	138.5
1984	170.0	152.6	166.9	196.1	157.6
1985	192.9	155.4	197.9	231.9	176.0
1986	210.0	160.5	218.2	260.0	188.2
1987	234.3	168.1	248.1	297.4	206.5
1988	260.7	172.3	284.1	336.7	226.1
1989	271.3	177.6	294.8	354.8	232.1
1990	281.7	190.7	304.1	363.0	238.4
1991	307.6	195.2	346.3	395.0	256.6
1992	351.4	204.4	419.5	444.0	289.1

数据源于：国家统计局：《改革开放十七年的中国地区经济》，中国统计出版社，1996年版，第132-133页。摘自原书"A-4全国国民生产总值表""A-5全国国民生产总值指数"，此表按可比价格计算。

从上表中可知，从1978年到1992年的这段时期，我国GDP年均增长率在9%以上，真正实现了快速增长。为更直观地反映这一时期经济的巨大进展，再以下图来表示这种发展态势：

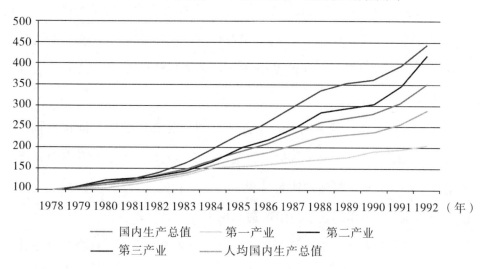

1978—1992年我国GDP和三次产业增长指数图

注：此图是根据表1-3数据所做。

图 1-1

从上图中看到，1978—1992 年，国内生产总值和三次产业产值都在向上快速
地增长。其中，第二产业和第三产业的增长尤其强劲。这段时期，经历了两个五年
计划，因此，我们就重点从这两个五年计划入手分析经济增长中的正反经验。

二、1978—1992 年两个五年计划经验的解析①

1. "六五" 期间经济增长的成功与困难分析

从上面的统计图表中，我们看到了经济增长的业绩，但如果仔细分析其中的过
程，会加深对这一时期重点工作的艰巨性的认识，也会加深我们对成功来之不易的
理解。

"六五" 计划（1980—1985 年）与 "七五" 计划（1986—1990 年）的经济发
展情况是 1978—1992 年这一时期最有代表性的。可以说，"六五" 计划是拨乱反正
后的第一个五年计划，是在 "文革" 后认真总结长期的社会主义建设中正反两方
面的经验教训，按照中央提出的从 1981 年到 20 世纪末 20 年内力争实现我国工农

---

① 本部分内容主要根据我国 1979—1992 年期间的《政府工作报告》进行摘编与归纳。

业总产值翻两番的战略部署制定的。"七五"计划（1986—1990 年）中最显著的特点是改革闯关和治理整顿。"六五"后期，经济发展过程中出现了一些问题：固定资产投资规模过大，消费基金增长过猛，货币发行过多，出现了历史上少有的经济过热。这些也成为"七五"开局的基础条件。经济过热局面成为整个"七五"期间不得不认真对待的难题。

经五届人大五次会议批准的第六个五年计划，要求"继续贯彻执行调整、改革、整顿、提高的方针，进一步解决过去遗留下来的阻碍经济发展的各种问题，取得实现财政经济状况根本好转的决定性胜利"。五年来，"六五"计划规定的工农业生产、交通运输、基本建设、技术改造、国内外贸易、教育科学文化、改善人民生活等方面的任务和指标，绝大部分都已提前完成或超额完成，社会主义现代化建设取得了巨大成就。

在过去的五年中，我国工农业总产值平均每年增长 11%，是中华人民共和国成立以来农业发展最快的时期，较快地实现了粮食自给，棉花自给有余；全民所有制单位固定资产投资总额达到 5300 亿元，建成投产大中型项目 496 个，铁路通车里程超过 5000 公里，港口深水泊位吞吐能力一亿吨。财政收入由下降转为上升，化解了前五年留下的较大的财政赤字，实现了收支平衡。"六五"期间，国家财政用于科技、教育、文化事业的经费达 1172 亿元，比"五五"时期增长了一倍。对外开放的广度和深度都超过了历史上的任何时期。"六五"期间，进出口贸易总额合计达到 2300 亿美元，比"五五"时期翻了一番，吸收外商直接投资 53 亿美元，在各地建立了一批中外合资企业、合作经营企业和外商独资经营企业。人民生活得到显著改善，改善幅度之大是中华人民共和国成立以来没有过的：农民人均纯收入平均每年增长 13.7%，城镇职工家庭人均收入平均每年增长 6.9%。五年合计在城镇安排就业的劳动力达到 3500 多万人。城乡人民的消费水平迅速提高，消费结构发生明显变化，居住条件有了改善，城乡居民储蓄大幅度增加，1985 年末达到 1623 亿元，比 1980 年末增长了 3 倍。

"六五"期间取得的各项巨大成就，充分证明了摒弃"以阶级斗争为纲"的错误理论是完全正确的，这提供了国民经济持续、稳定、协调发展的根本保证和重要前提。在经济和社会的发展战略上，从片面追求工业特别是重工业产值产量的增长，开始转向以提高经济效益为中心，注重农业和轻、重工业协调发展，注重经济、科技、教育、文化、社会的全面发展。在经济体制上，从管得过多、统得过死的僵化体制，开始转向适应在公有制基础上有计划发展商品经济要求的、充满生机和活力的新体制。改革首先在农村取得重大突破，农村经济开始向专业化、商品化、现代化转变。城市的改革紧紧围绕搞活企业这个中心环节，在政府管理多方面进行了程度不同的改革，调动了广大群众的积极性和创造精神，使城市经济生活出现了活跃向上的局面。在对外经济关系上，从封闭半封闭开始转向积极利用国际交换的开放型经济。在利用国内国外两种资源、开拓国内国外两个市场方面，取得了显著成效。

困难和问题：对有效控制社会总需求过度增长时有不力，对提高经济效益特别是产品质量还缺乏有力的措施和有效的监督，解决增强企业活力和宏观管理的措施有很大不足。经济一度出现追求超高速的现象，固定资产投资和消费基金增长过猛，货币发行过多，进口控制不严，经济生活中产生了某些不稳定因素。

2. "七五"期间经济增长的成功与困难分析

"七五"计划时期（1986—1990年），经济继续保持较快增长，完成了各项经济增长指标，但经济波动剧烈。国民生产总值平均每年增长7.8%，国民收入平均每年增长7.5%，工农业总产值平均每年增长11%，均超过"七五"计划的要求，提前实现了第一步战略目标。这一时期，体制改革成为中心的任务。在重要领域开始推进市场化改革：以价格改革为核心，利用双轨制冲击计划价格，并逐步放开各类商品价格，促进建立市场对资源的配置机制；经济体制改革开始由农村转向城市，以城市为重点的全面经济改革开始推进；鼓励私营经济与外资经济发展，建立多种所有制共同发展的所有制结构；国有企业改革开始起步，试行承包经营责任制与"股份制"，以增强企业自主权，探索经济运行新体制。

这一时期的主要问题是：由于"七五"计划末期发生的政治危机，1989—1990年不得不对国民经济结构失衡与改革过程中出现的问题进行治理整顿，影响了改革开放的进程。经济发展一度过热，价格闯关助推通货膨胀，国民经济的某些方面比例失调再度凸现，因此，"七五"计划较多方面的完成情况不尽理想。人民生活水平提高趋缓，是改革后城乡居民收入增长较慢的时期。

三、经济快速增长对环境影响的分析

在由计划经济向市场经济转型的时期，传统的粗放型增长方式成为经济发展的主导模式，并产生着强大的惯性，许多地方的经济增长都是以破坏生态和牺牲环境为代价的。"50 年代淘米洗菜，60 年代洗衣灌溉，70 年代水质变坏，80 年代鱼虾绝代"，正是这一发展方式对环境造成严重后果的真实写照。粗放型增长方式带来严重的环境污染和生态破坏等一系列环境问题，对人民群众的生产生活和中国经济社会发展的可持续性造成了严重的威胁和危害。如制造业率先发展起来的长三角和珠三角地区，环境污染触目惊心。从规划看，工业布局缺乏环保的考量；从产品消费者看，最终以垃圾的形式被废弃而影响环境。

下面，从我国环保工作资深领导和专家学者两方面的研究成果中，对 1978 年及之后时期的环境问题进行概述。①

1. 空气污染

我国许多城镇，特别是工业集中区，烟雾弥漫，空气质量下降。如每月每平方公里面积上的降尘量，国家卫生标准是 6 ~ 8 吨，但几乎所有的城市都超过了这项标准，一般都在三四十吨，有的高达百吨，某些工业区甚至高达数百吨至上千吨。全国 50 多座城市中大气环境质量符合国家一级标准的很少，某些城市总悬浮微粒浓度超过世界卫生组织标准十几倍，个别城市甚至成了"卫星上看不见的城市"。除了眼睛看得见的烟尘外，空气中还弥漫着大量飘尘，这种飘尘长时间地飘浮在大气中，并且使一些有害物质，如二氧化硫、一氧化碳、二氧化碳、氮的氧化物等附着其上，随人的呼吸进入肺部，对健康危害很大。以城市为中心的环境污染在加

---

① 本部分前 5 个问题主要根据曲格平同志 1979 年 12 月在北京"工业经济与工业管理知识讲座"上的报告和解振华"中国的环境问题和环境政策"的精神与观点进行概括与整理。参见曲格平：《工业生产与环境保护》（上）（中）（下），《环境保护》，1980 年第 2、第 3、第 4 期；解振华：《中国的环境问题和环境政策》，《中国人口·资源与环境》，1994 年第 3 期。

剧，并通过乡镇工业扩散到农村，由城市向农村蔓延，一些经济发达、人口稠密地区的环境污染尤为突出。城镇噪声超标问题比较突出，汽车尾气和有毒有害废物的污染问题在局部地区有加重的趋势。

2. 水污染

我国的水利资源是比较丰富的，全国地面水通流量为 2.6 万亿米/年，占世界第三位，但是，按人头计算的通流量仅为 2700 米^3/人，约为世界各国按人头计算的平均流量 10000 米^3/人的 1/4。由于降雨量主要集中在夏季，又多集中在长江以南，因此，许多地区常受到干旱的威胁。全国酸雨区面积有所扩大，局部地区比较严重，1990 年以来酸雨侵蚀中国重庆，因酸雨造成的损失达 4.5 亿元。流经城市的河段遭到比较严重的污染，出现明显的"岸边污染带"。随着国民经济的发展，加上环境管理工作的落后，工业生产和人民生活排放的污水越来越多，仅工业污水每天即高达 7000 多万吨，多数不加处理任意排放，使水源受到了不同程度的污染。在全国 27 条主要河流中，有 15 条受到比较严重的污染，有的江河（或其段落）、湖泊成了鱼虾绝迹的"死水"。作为上海饮用水源的黄浦江，每天要接纳 200 万吨的工业和城市污水，每到夏季江水就发黑发臭。由于水质不好，有些居民在水龙头上安上了过滤装置。许多重要的大型湖泊如巢湖、滇池等，其污染程度已影响城市正常供水；在一些农村地区"一个小纸厂污染一条河"的现象十分普遍。有些地区以江河为工业水源和饮用水源，由于水质变坏，不得不停产或另找其他水源。受污染的不仅是地面水，许多地方的地下水源也受到了污染。据对 44 个城市地下水源的调查，有 41 个受到污染，许多有害物质的含量超过了饮用水标准。有些地方和行业把废渣用水冲至江河湖海，污染范围和危害就更大。如火力发电厂每年有 1400 万吨的粉煤灰直接排入江河湖海，不仅严重污染了水源，而且妨害了排洪，淤塞了航道。1983 年 9 月 11 日，中国引滦入京工程从开始便受到污染，共有 55 个重点污染源。1987 年 7 月 25 日，中国长江黄磷污染事故，导致 100 人中毒。1989 年 2 月，淮河流域发生第一次重大污染事故，100 万人饮用水发生危机，标志着环境污染开始向流域蔓延。水污染对人体健康、对工农渔业都造成很大损失。如淡水鱼的捕获量，我国 50 年代每年为 60 万吨，60 年代下降为 40 万吨，70 年代又下降为 30 万吨，这种直线下降，工业污染是主要原因。污水中的有害物质在土壤中积累，加上不适当地使用化学农药，大量残留有害物质散布到田间，污染了粮食、蔬菜、烟叶等农副产品。[①]

3. 森林的破坏

我国自然环境的破坏比较严重。以森林为例，我国森林覆盖率本来就低，只有12.7%，在世界上约占第 120 位，人均林地面积不及世界平均水平的15%；再加上乱砍滥伐、毁林开荒，森林资源日趋减少，并导致自然灾害频繁。如甘肃子午岭林区，是陇东主要水源涵养林，毁林开荒后林区面积缩小，年降雨量减少了 17～42 毫米，相对湿度降低了 3%～4%，洪水含沙量增大一倍，给农业生产带来严重危害。乱砍滥伐、毁林开荒的现象各地都有发生，甚至被誉为世界天然植物园的西双版纳也不能幸免。由于森林植被破坏造成了严重的水土流失，仅黄河、长江每年带走的泥沙量就有 26 亿吨，相当于冲走了 600 万亩良田的表土。对这种不顾后果的掠夺性的采伐，周总理曾语重心长地指出这是"吃祖宗饭、造子孙孽"，但是毁林现象一直没能完全制止住。

4. 土壤的退化

那时，全国约有 1/3 的耕地受到水土流失的危害。草原开荒，破坏了植被，使得草原以每年 10 多万公顷的速率在退化，沙化严重。据估计，内蒙古的天然草场约有 1/3 处于退化状态，产草量减少40%～60%。而我国每年排放各类工业废渣 4 亿多吨，综合利用的很少。仅煤矸石积存量就达 10 亿吨以上，占用了大量田地。工业废渣经风吹雨淋，污染周围环境。工业固体废物每年堆存 6 亿余吨，历年总占地 5 万多公顷。

5. 生态的恶化

我国风景游览区和自然保护区的破坏也很严重，不少地方的园林、名胜古迹和自然风景区被侵占、损坏。为保护珍贵野生动植物的自然保护区，由 58 处减少到36 处，加之乱捕滥猎，野生动植物资源遭到严重破坏，已经有近十种鸟兽绝迹。

---

① 水污染中有三个例子来自张春霞：《绿色经济发展研究》，中国林业出版社，2002 年版。

珍贵的野牛、大象、老虎、豹、大熊猫等，也濒于灭绝中。海洋近海海域污染和过度捕捞有加重的趋势。

6．中国的"三废"排放①

对这一时期的环境问题，有不少学者进行过研究。这里选取几位学者的研究成果来进行分析。首先我们选用侯伟丽博士对 1985—1992 年中国的"三废"排放量的两张表。表 1 - 4 是根据历年《中国环境年鉴》整理的，如下：

表 1 - 4　1985—1992 年中国的 "三废" 排放量 （统计数据）②

年份	废气（亿标立方米）	工业 SO₂（万吨）	烟尘（万吨）	工业粉尘（万吨）	废水（亿吨）	工业固体废弃物（万吨）
1985	73970	—	—	—	342	52590
1986	69679	—	—	—	339	60364
1987	77275	—	—	—	349	52916
1988	82380	—	—	—	367	56132
1989	83065	1564	1398	—	354	57173
1990	85380	1495	1324	781	354	57797
1991	101416	1622	1314	579	336	58759
1992	104787	1685	1111	576	459	61884

资料来源：历年《中国环境年鉴》和环境保护部网站（http：/www.zhb.gov.cn）。

注：在 1989 年以前的中国环境统计资料中，没有公布工业 SO₂、烟尘、工业粉尘排放的统计数据。

① 侯伟丽：《中国经济增长与环境质量》，科学出版社，2005 年版。
② 侯伟丽：《中国经济增长与环境质量》，科学出版社，2005 年版，第 81 页。

表1-5是侯伟丽博士为补充第一张表做的，如下：

表1-5　1984—1992年乡镇工业企业污染排放物排放情况①

年份	产值（亿元）	工业废气（亿立方米）	工业 SO_2（万吨）	烟尘（万吨）	工业粉尘（万吨）	工业废水（亿吨）	工业固体废弃物（亿吨）
1984	1366	12800	271	265	432	27	0.34
1985	1846	13212	283	293	436	27	0.46
1986	2444	13724	299	327	440	27	0.51
1987	3412	14556	324	384	448	27	0.57
1988	4993	15912	366	476	461	27	0.68
1989	6145	16900	396	543	470	27	0.76
1990	7097	16924	400	551	493	27	0.77
1991	8709	16965	407	565	532	28	0.79
1992	13193	17079	426	604	640	30	0.85

根据制表者侯伟丽博士的说明，她为了弥补中国的"三废"排放量（统计数据）表中缺少乡镇工业企业污染排放物排放情况，特采用污染排放量和乡镇工业产值的关系分析，估算了乡镇工业企业污染排放物排放情况。

从上述两张表中，我们看到，在改革开放初期，随着经济的快速增长，中国主要污染物的排放量不断增加，环境质量指标下降，而乡镇企业在污染排放上面的问题更大。在农村体制改革带动下的农业快速发展，以及以轻工、纺织为主导的乡镇企业迅速崛起。一些地方能耗高、效率低、浪费资源、污染严重的项目盲目上马，小造纸、小电镀、小炼焦、小冶炼等泛滥，乱采滥挖、破坏资源等行为普遍。由于乡镇企业数量多、布局混乱、产品结构不合理、技术装备差、经营管理不善、资源和能源消耗大，绝大部分没有防治污染措施，使污染危害变得更加突出和难以防范，导致污染由点到面，环境保护工作严重滞后于经济发展。侯伟丽博士分析道：

---

① 侯伟丽：《中国经济增长与环境质量》，科学出版社，2005年版，第82页。

"改革开放后中国工业化的主要特点是市场主导的农村工业迅速发展，但这种以中小型企业为主的分散的工业化产生了较严重的环境污染。粗放型增长方式、布局分散和污染转移是造成农村工业污染严重的原因。"①

环境污染造成的损失有多大呢？② 在著名学者胡鞍钢著的《中国：创新绿色发展》第三章"中国绿色发展之路"的第三节"工业化时期：生态赤字迅速扩大"中，根据世界银行的数据库等，计算了 1978—2010 年的中国自然资产损失和能源损耗占 GNI（国民总收入）的比重。他说，改革开放初期"经济增长付出了巨大的自然资产损失代价，自然资产损失占国民收入的比重高达 10% ~ 20%，其中主要是能源损耗占国民收入比重居高不下"。胡教授还指出：中国自然资产损失和能源损耗在 20 世纪 80 年代初尤其是 1981 年达到高峰，占比达 20%。从 1978 年后的 10 年，中国自然资产损失和能源损耗走的是"V"形轨迹；此后，从 1988 年后至 1992 年，中国自然资产损失和能源损耗占比基本平稳，自然资产损失占比 10% 左右，能源损耗占比 6% ~ 7%。③

表 1 - 6 也是部分学者对环境污染经济损失的估算数：

表 1 - 6　中国环境污染经济损失的估算数

年份	研究者	损失合计（亿元）	占 GDP 的比重（%）
1983	过孝民等	382	6.75
1990	美国东西方中心	367	2.17
1992	夏光等	986	4.04

资料来源：中国社会科学院环境与发展研究中心：《中国环境与发展评论（第二卷）》，社会科学文献出版社，2004 年版。

综上，改革开放初期，在经济增长的同时，环境在付出代价是肯定的，其大小

---

① 侯伟丽：《农村工业化与环境污染》，《经济评论》，2004 年第 4 期。

② 胡鞍钢：《中国：创新绿色发展》，中国人民大学出版社，2012 年版；张春霞：《绿色经济发展研究》，中国林业出版社，2002 年版。

③ 胡鞍钢：《中国：创新绿色发展》，中国人民大学出版社，2012 年版，第 110 - 113 页。

虽难有一个绝对准确的答案，但结合诸多文献和有关领导讲话，可以说是相当大的，不能再继续下去了。

四、1979—1992 年中国环境工作的政府论述[①]

表 1 - 7　1979—1992 年《政府工作报告》中环境问题提法摘汇

年份	环境问题有关论述
1979	新建工程必须解决好环境保护问题，现有企业的环境污染问题也要认真负责地有步骤地切实解决。
1980	长期积累下来的职工住宅、医疗卫生、城市公用事业和环境保护等问题，还要经过多年努力逐步解决。1981 年要大力加强科学技术、教育卫生、城市建设、环境保护和劳动保护。
1981	十分珍惜每寸土地，合理利用每寸土地，应该是我们的国策。我国水资源分布很不均衡，利用得也不充分、不合理。大力提倡节约用水，防止水质污染。我国森林面积小，覆盖率低，水土流失严重，生态平衡的状况越来越差。这个问题，如果再不加以有效地解决，就将犯下影响子孙后代的历史性错误。解决能源问题的方针，是开发和节约并重，近期把节约放在优先地位。有水力资源的农村要发展小水电，以解决能源短缺的问题，减少环境污染，降低发电成本。
1982	"六五"计划期间要积极加强地质勘探工作，加快找矿和资源评价的进度，同时做好水文、工程和环境地质工作。加强城市公用设施的建设，坚决制止环境污染的加剧，并使重点地区的环境有所改善。在保证粮食生产稳定增长和保持生态环境不恶化的前提下，放手发展多种经营。

[①] 本部分内容主要根据我国 1979—1992 年期间的《政府工作报告》进行摘编与归纳。

（续表）

年份	环境问题有关论述
1983	由于调整轻重工业结构、加强能源管理和进行节约能源的技术改造，仅 1981 年、1982 年两年就少用了 4000 万吨标准煤。正因为工业结构经过调整和整顿而日趋合理，尽管前四年内我国能源消费总量平均每年只增长 1.9%，而整个工业却以每年递增 2.7% 的速度向前发展，这是经济调整的一个重大胜利。解决能源问题必须继续贯彻执行开发和节约并重的方针，凡是新建项目都要采用节约能源的新工艺、新技术，合理利用能源。今后五年要在统一规划的基础上，以提高产品的性能和质量、降低能源和原材料的消耗为中心，加快现有企业特别是重点行业、重点城市的骨干企业的技术改造，使它们的生产技术水平有一个显著的提高。要抓紧扩大一些大城市的供水能力和煤气供应能力，进一步改善公共交通条件。积极发展城乡医疗卫生事业和社会福利事业，搞好环境保护。
1984	在能源、交通建设的安排上，要坚持大中小相结合、长期和短期兼顾的方针，并正确处理新建和改造、扩建、挖潜的关系。长期以来，建筑业缺乏独立经营的必要条件，普遍存在着工期长、消耗高、浪费大、技术上不求进步等问题。这种状况不改变，就会严重影响大规模经济建设的开展和城乡人民居住条件的改善。（讲改革多，环境涉及少）
1985	1984 年更新改造项目 7.4 万个，全部建成的 3.9 万个，对增加生产、提高质量、改进品种和节约能源，都发挥了重要作用。追求过高的速度，即使一时勉强搞上去了，也会因为能源、交通等基础设施和原料、材料的供应无法承受而难以为继，那将会对整个国民经济带来极其不利的影响。（讲改革多，环境涉及少）
1986	"七五"计划草案还对文化、卫生、体育等各项事业，以及对人口控制、社会保障和环境治理等方面，都在认真研究的基础上作了适当的安排。

（续表）

年份	环境问题有关论述
1987	要切实保护农业耕地和森林、草原，大力加强农田基本建设，积极推广科学技术成果，不断提高农业生产的科技水平。无论是从当前还是从长远来看，要真正使经济建立在长期稳定发展的基础上，必须广泛、深入、持久地开展增产节约、增收节支运动。
1988	工业生产中物质消耗水平有所下降，五年节约能源折合标准煤1.6亿吨。今后农村产业结构的调整要向两个方面发展：一是资源的开发，要向滩涂、水面、丘陵、山区、庭院和中、低产田进军，加强草原建设，坚决保护和合理利用森林资源，开展内陆水域和沿海滩涂养殖，全面发展农林牧渔业；二是根据当地的资源特点和社会条件，继续发展乡镇企业和社会服务业，使之成为支持农业生产发展的重要力量。基础工业和基础设施是我国经济的薄弱环节。加强基础工业和基础设施的建设，要在改善经营管理，充分发挥生产潜力，注重资源合理利用和资金节约的基础上，进行必要的技术改造、扩建和新建。加快原材料工业的发展，提高自给能力，增加品种和提高质量，充分重视原材料的节约和合理使用。
1989	在供求总量不平衡的同时，经济结构失调，农业发展滞后，有限资源过多地投入加工工业和非生产性建设，在工业生产高速增长的情况下加剧了能源、原材料和运输能力的紧张程度。我们的国家是发展中国家，需要有一定的经济增长速度，但往往忽视国家人口众多、资源相对短缺、经济发展很不平衡的实际情况，在指导上对盲目扩大建设规模、片面追求产值产量、攀比发展速度等现象注意防止不够，纠正不力。鼓励广大农民积极增施农家肥，改善土壤结构。乡镇企业在治理整顿期间要适当降低发展速度，调整产品结构，提高产品质量，降低物质消耗，提高劳动生产率，积极防治污染。对那些能耗高、效率低、污染大的小电石、小铁合金、小高炉、小电炉、小电解铝、土炼油厂等，要严格

（续表）

年份	环境问题有关论述
	控制生产和建设。所有的地方、部门和企业，都要把原材料的节约和综合利用，当作提高经济效益的一件大事抓紧抓好。产业结构的调整上，大力促进整个经济结构的合理化和资源的优化配置。调整出口结构，逐步减少资源性产品、初加工产品的出口比重，增加机电产品等工业制成品的出口，发展创汇农业产品的出口，增加深度加工和高技术产品的出口；切实加强环境保护，也是我国的一项基本国策。各级政府必须把环境保护作为关系经济发展和社会发展全局的重要问题来抓，切实加强领导，采取坚决措施，控制环境污染的发展。要广泛动员各方面的力量，植树造林，绿化祖国，进一步改善生态环境。
1990	坚持抓好计划生育，严格控制占用耕地，节约使用矿产资源，继续加强环境保护。控制人口增长，保护耕地、矿产资源和生态环境，是关系我国经济和社会发展全局的重要问题，也是关系子孙后代的大事。要依法整顿矿业秩序，严禁乱采滥挖等破坏行为，节约与保护矿产资源。在治理整顿中努力推进环境保护工作。今年重点抓好城市环境的综合整治，继续抓紧企业污染的防治和"三废"综合利用。动员社会各方面的力量，广泛开展植树造林活动，绿化祖国，保护和改善自然生态环境。各级政府必须坚决贯彻有关环境保护的法律和法规，努力完成环境保护的目标和任务。
1991	能源节约取得较好成绩，全国节约能源总量完成 1000 万吨标准煤。加强电网的统一调度，充分利用水力资源，尽量减少火电厂超负荷、水电站弃水的现象。要大力抓好全面降低能源消耗的工作，努力克服浪费能源的现象，计划要求全国节约能源总量达到 1000 万吨以上标准煤。机械工业，要着重围绕加强基础产业的要求，搞好重大技术装备的开发和制造，发展节能、节材和节约外汇产品的生产。

（续表）

年份	环境问题有关论述
1992	乡镇企业在农村经济中具有十分重要的作用，并已成为整个国民经济的重要组成部分。要根据国家的产业政策、市场需求和资源条件，鼓励它们继续发展。搞好城乡节水，缓解水资源紧张的矛盾。进一步搞好水土保持，保护森林和草原植被。全民植树造林活动，功在当代，福及子孙，要长期不懈地坚持下去。在全国各地，都要十分注意积极保护和合理利用矿产资源。计划生育和环境保护是我国的两项基本国策。去年由于各方面的努力，人口出生率有所降低。各级政府要继续加强领导，落实控制人口的法规和政策。坚持环境保护与经济建设协调发展的方针，加强环境监督、管理和服务，使更多的地区和城市的环境质量得到改善。

资料来源：根据 1979—1992 年的《政府工作报告》进行摘要集萃。

我们从以上摘要集萃中可以看到这样四个特点：

一是这 14 年间的《政府工作报告》对环境问题的提法上有多少之别。最长最全面的描述是 1989 年，达 570 多字，其次是 1983 年，近 500 字。最少字数的是 1979 年，仅 43 个字，1980 年也才 75 个字。虽然不能仅据此判断政府的重视程度，但可以看到一个规律，从 1979 年到 1989 年的 11 年间，环境问题得到越来越多的关注与重视。

二是这 14 年间的《政府工作报告》对环境问题的提法上有轻重之别。1989 年的报告中提到"切实加强环境保护，也是我国的一项基本国策"；1990 年报告中提到"保护耕地、矿产资源和生态环境，是关系我国经济和社会发展全局的重要问题，也是关系子孙后代的大事"；1992 年报告中提到"计划生育和环境保护是我国的两项基本国策"；而在 1979 年和 1980 年，仅仅作为众多工作中的一项而提到"环境保护"。还有很多年份，是从具体工作或领域来提环境保护的，如新建工程的、地质的、电力的等，没有作为全局性和战略性的工作来提环境保护。可见，从这 14 年的发展过程看，环境保护确实越来越受到重视，越来越被作为国家战略来对待。

三是在那些提环境问题很少或较少的年度的《政府工作报告》中，确实当时强调的重点多在改革上，或在政治上。在报告中用"查找"功能来找"环境"，这些年份的环境多指政治的、国际的，或者是企业的。而"污染"一词，很多年没有提到，但有一年提的是"精神污染"。我们能理解当时的国内外政治环境，但同样感到，环境问题能一步步得到重视，也确实走过了曲折的道路。

四是需特别关注 1981 年的报告，其中提到水、土、林、生态和能源等方面。特别有一句"十分珍惜每寸土地，合理利用每寸土地，应该是我们的国策"，这在当时很难得，虽然还没上升到整个环境与生态的保护是国策。1989 年和 1990 年连续两年的报告中都提到保护和改善生态环境，这也是环境工作中的一项中心内容，非常重要。

总之，每年的《政府工作报告》都会根据刚过去的一年和刚开始的一年，在总结与安排工作上有现实的侧重点，但环境保护从不太被重视到受到越来越高程度的重视，可以反映出政府的态度与理念的转变与进展。

第三节
绿色经济相关理论的研究

20 世纪 50 年代以来，在世界经济飞速发展的同时，人口剧增、资源消耗过度、环境恶化、生态破坏、贫富悬殊等问题凸显和加剧，迫使一些敏锐的思想家、理论家开始积极反思和总结传统经济发展模式不可克服的弊端，从而催生了可持续发展观。在经过了"有机增长""全面发展""同步发展""协调发展"等一系列概念观念的演变之后，[1] 联合国最终从民间机构手中接过了"可持续发展"的大旗。

---

[1] 罗马俱乐部与《增长的极限》出版，引自网页：http://www.people.com.cn/GB/huanbao/56/20011219/630304.html.

1989 年，英国环境经济学家戴维·皮尔斯（David Pierce）等在《绿色经济蓝皮书》中首次提到"绿色经济"一词，认为经济发展必须是自然环境和人类自身可以承受的，不会因为盲目追求生产增长而造成社会分裂和生态危机，不会因为自然资源耗竭而使经济无法持续发展，主张从社会及其生态条件出发，建立一种"可承受的经济"，并首次主张将有害环境和耗竭资源的活动代价列入国家经济平衡表中。在气候变化和自然资源日益稀缺的背景下，发展绿色经济的提法越来越普遍，并逐渐成为各国解决多重挑战的共识方案。进入 21 世纪以来，尤其是金融危机爆发后，联合国环境规划署适时提出了发展"绿色经济"的倡议，这一概念进入人们关注的视野。面对新的形势，联合国也越来越多地强调发展绿色经济，将"可持续发展和消除贫穷背景下的绿色经济"确定为可持续发展大会会议主题之一[1]。那么，绿色经济与可持续发展到底有什么联系呢？二者之间是一回事还是不尽相同呢？

一、绿色经济与可持续发展的联系与区别[2]

发达国家绿色发展中强调减少碳排放，发展中国家强调提高资源利用效率和解决环境污染，但都认同"绿色经济是可促成提高人类福祉和社会公平，同时显著降低环境风险与生态稀缺的经济"[3]。绿色经济并不替代可持续发展，它与可持续发展在加强环境保护、坚持以人为本以及促进生态与经济的协调发展方面是一脉相承的。

1. 绿色经济与可持续发展都强调环境保护

不管是人口学家马尔萨斯的资源绝对稀缺论还是经济学家李嘉图的资源相对稀缺论，再到后来的穆勒"静态经济论"，都蕴含着环境保护、为子孙后代着想，实质上都体现了可持续发展的思想。可持续发展要求人类改变对环境的态度，即从破

---

[1] 联大绿色经济专题辩论会在纽约联合国总部召开，引自网页：http://dqs.ndrc.gov.cn/gzdt/201106/t20110608_416874.html.

[2] 李晓西：《中国：绿色经济与可持续发展》，人民出版社，2012 年版。本部分内容参见第一章"绿色经济与可持续发展"，作者为李晓西、宋涛、荣婷婷、朱磊。

[3] 联合国环境规划署（UNEP）：《迈向绿色经济：通向可持续发展和消除贫困的各种途径》，UNEP，2011 年版，第 5 - 7 页。

坏环境、污染环境改变为保护环境，与环境和谐相处，以实现人类的永续发展。绿色经济作为一种现实的经济增长模式，是以经济的增长无害于环境为指导思想，以维护人类生存环境，以生态环境容量、资源承载能力为前提，以实现自然资源持续利用、生态环境持续改善为目标。因此，绿色经济与可持续发展在本质上都以环境保护为前提，具有内在统一性。

2. 绿色经济与可持续发展都坚持以人为本

可持续发展概念自提出以来就一直在演变。根据《我们共同的未来》中的定义，"可持续发展的目的是既满足当代人的需要，又不对后代人满足其需求能力构成危害的发展"[①]。显然，这是一个以人为本的理念。发展绿色经济则是要扭转忽视资源环境问题而片面追求经济增长的褐色经济，其出发点也是在于消除贫穷、提高人民生活水平。当前，世界上仍有约 10 亿人口生活在贫困线以下，离实现千年发展目标还有很大差距。在国际金融危机爆发以后，以往的发展模式的背离人民福祉的问题更为突出。为此，发展绿色经济、实行绿色新政成为各国共同的实践，可见，从以人为本这一宗旨来看，绿色经济与可持续发展是一脉相承的。

3. 绿色经济与可持续发展都体现生态与经济的协调发展

可持续发展的核心就是要处理好经济与生态的协调发展。1989 年，世界银行提出人类发展最低安全标准，即社会使用可再生资源的速度，不得超过可再生资源的更新速度；社会使用不可再生资源的速度，不得超过作为其替代品的、可持续利用的可再生资源的开发速度；社会排放污染物的速度，不得超过环境对污染物的吸收能力。[②] 这三大标准正体现了生态与经济协调发展的核心。而绿色经济的提出，反映了人们对生态环境与生态资源的关注与保护，体现了以科技进步为手段实现人与自然、人与环境的和谐共处。绿色经济要求在生产、流通、消费等社会经济各个环节都是绿色与生态的，这需要通过大力推行清洁生产、循环经济来实现，为后代人创造更好的生活环境和更高的发展平台。因此，从生态与经济协调发展这一核心

---

① 世界环境与发展委员会：《我们共同的未来》，吉林人民出版社，1989 年版，第 12 页。
② 陈勇鸣：《绿色经济与可持续发展》，《上海企业》，2001 年第 9 期。

来看，绿色经济与可持续发展具有内在一致性。

当然，在充分肯定绿色经济与可持续发展内在一致性的同时，也应看到二者之间存在着一定的区别，毕竟可持续发展理念的产生早于绿色经济概念近半个世纪。

可持续发展是人类发展长期形成的理念，是人类一步步达成的共识，我们必须在这一理念之下发展绿色经济。而绿色经济的出现，从一定程度上讲，是由于在遇到了经济、能源、人口、粮食、金融危机等多重危机的情况下，人们为了解决这些现实问题而提出的方法，是为了解决阻碍可持续发展目标实现的具体手段，是区别于以往褐色经济即损耗式经济发展模式的一种新的发展模式。因此，我们必须坚持用可持续发展来指导绿色经济发展，又必须认识到发展绿色经济能推动可持续发展理念成为现实。当然，这种区别只具有相对意义，二者替代着使用并不存在根本性的问题，甚至有可能出现一种趋势，通俗易懂又形象的"绿色经济"提法，可能成为"可持续发展"概念的流行版而更加普及与具有影响力。

二、绿色经济相关理论早期的研究

"绿色经济"的提法是近期的事情了。早期与"绿色经济"相关的研究，主要体现在资源经济、生态经济与环境经济方面，当然也更集中体现在可持续发展的研究上。对于近期的相关研究成果，大家比较熟悉，而早期成果则容易被淡忘，因此，这里集中就早期中国学者的研究做些回顾。[①]

1. 资源经济学

研究资源经济学有相当长的时间了。章植先生的《土地经济学》是 1930 年由黎明书局出版的，这是我国第一部土地经济学研究著作。20 世纪 40 年代有朱剑农先生的《土地经济原理》和张丕介先生的《土地经济学导论》等，但真正较系统

---

① 本节内容摘自李晓西教授 2007 年为《自然资源与能源手册》所写的译序。《自然资源与能源手册》是 1972 年诺贝尔奖得主、美国著名数理经济学家 K. J. 阿罗总主编的 44 卷本《经济学手册》中的一套，共计有 3 卷。《经济学手册》从 1998 年开始陆续出版（英文版）。《自然资源与能源经济学手册》三卷本的主编是这个领域的领军人物阿兰·V. 尼斯和詹姆斯·L. 斯威尼。本手册由北京师范大学李晓西教授、史培军教授等组织翻译、校订，由经济科学出版社出版。三卷本中文版出版年份分别是 2007 年、2009 年和 2010 年。

地研究资源经济学是 20 世纪 80 年代之后。1981 年中国人民大学派遣吴增芳老师前往德意志联邦共和国哥廷根大学进修研究资源经济学，1984 年吴增芳老师在中国农业科学院自然资源与农业区划研究所讲授了农业资源经济学，此后，在人民大学设置了资源经济学硕士点。1984 年，中国农业科学院牛若峰研究员以美国《自然资源经济学》（1979 年）和苏联《自然资源利用经济学》（1982 年）为基础编写了《资源经济学和农业自然利用的经济生态问题》。1988—1989 年，黄亦妙、樊永廉编著出版了《资源经济学》①。施以正翻译的《资源经济学》（1989）也是一本较有影响的著作。中国人民大学环境经济研究所的马中老师自 1989 年起与未来资源研究所（RFF）合作并主持出版了《RFF 环境经济学丛书》，包括《自然资源经济学》和《理论环境经济学》等共十余本，全面、深入地介绍了西方资源与环境经济学研究成果，在一些高等院校、科研单位也相继成立了资源经济教研室和研究室。

2. 环境经济学

我国的环境经济学起步于 20 世纪 70 年代末，1978 年提出要建立和发展我国的环境经济学。80 年代，许涤新、于光远、厉以宁、曲格平等著名经济学家和环境保护工作者对环境经济学给予了特别的关注，并开始了环境经济学的研究工作，成为我国环境经济学事业最早的开拓者。1983 年，童宛书、黄裕侃老师出版了《环境经济问题》一书，此后，《环境经济学概论》（甘泽广等主编，1987）、《环境与经济发展学》（张忠谊，1987）等相继出版。1986 年，熊必俊等根据世界上第一本《环境经济学》的第二版翻译出版中文版本，是较早的一本译著类教科书。90 年代，中国的环境经济学也进入了飞速发展的阶段。1992 年，清华大学张兰生等人合著的《实用环境经济学》（清华大学出版社），是我国第一部环境经济学教材。

3. 生态经济学

生态经济学在 20 世纪 80 年代初也起步了。1980 年，我国著名经济学家许涤新提出"加强研究生态经济问题，建立我国生态经济学"的倡议。1982 年第一次全国生态经济学讨论会召开。1987 年，由许涤新教授主编的《生态经济学》（浙江人

---

① 黄亦妙、樊永廉：《资源经济学（上、下册）》，北京农业大学出版社，1988 年版、1989 年版。

民出版社，1987）出版，标志着我国生态经济学学科理论的初步形成。此后王干梅《生态经济理论与方法》（四川省社会科学院出版社，1988），王松《自然资源利用与生态经济系统》（中国环境科学出版社，1992），姜学民、徐志辉《生态经济学通论》（中国林业出版社，1993）等，均出版问世了。

第三章

在改革开放中实现中国环境管理体制的进步①

本章摘要：从 1979 年到 1992 年的 14 年，是改革开放中实现中国环境保护事业进步的时期。这一时期，我国从十年动乱"以阶级斗争为纲"到"以经济建设为中心"，从完全的计划经济向有计划的社会主义市场经济转变。1979 年是一个标志性年份，从这一年开始，中国开始实行改革开放政策，经济发展成为中心工作，由此驶上经济高速增长的轨道，与我国环境保护共同走过了奋斗的历程。本章从环境管理与改革开放的关系、1978—1992 年期间环境保护法律与战略的制定、1978—1992 年期间环境管理机构与政策的完善、国际社会与中国环境管理进展的双向推动与促进四方面论证了环境管理体制形成的必要性和必然性，论证了改革开放的对象不仅是计划经济体制，也完全适用于一步步形成的环保管理体制，阐述了中国环境管理体制形成的动力既来自解决国内环境问题的需要，也来自全世界各国维护共同的家园的需要，进而剖析了 1978—1992 年期间环境管理机构、环保体制、环保政策形成的历程。

---

① 本部分参考的主要文献有：中国工程院和环境保护部：《中国环境宏观战略·研究综合报告篇》，中国环境科学出版社，2011 年版；环境保护部：《开创中国特色环境保护事业的探索与实践——记中国环境保护事业 30 年》，《环境保护》，2008 年第 15 期；曲格平：《中国环境保护四十年回顾及思考》，《环境保护》，2013 年第 5 期、第 6 期；解振华：《中国的环境问题和环境政策》，《中国人口·资源与环境》，1994 年第 3 期。

第一节
环境管理与改革开放

城乡建设环境保护部 1983 年成立，内设环境保护局；国家环境管理局 1984 年成立，1988 年升格为副部级单位；国家环保总局 1998 年成立，环境保护部 2008 年成立。我们在回顾 1978 年中国各方面的体制改革开放时，环境管理部门可否列入其中呢？是否环保部门只有形成与成长过程而谈不上是改革开放的对象呢？仔细琢磨，这种理解可能是只看到了表面现象，没有看到问题的本质，是片面的、不深刻的。环境问题是客观存在的，管理是必需的。这一时期环保部门的成长与发展，伴随着环保管理体制改革与完善。进一步，我们要问：环境问题如何解决，难道仅仅是 1978 年以后才出现的吗？在阶级斗争下的环境保护与"以经济发展为中心"下的环境管理理念与方法能是一样的吗？任何人都会认为不一样。既然如此，那我们分析这个"不一样"进行比较，其实就是在说明环保理念与制度的改革，在解释为什么我们强调环保体制也需要在改革开放中发展。

首先，我们来分析一下阶级斗争为中心时期，占主导地位的观点是如何看待环境问题的。那个时期的主流观点是：社会主义不存在环境问题，那是垄断资产阶级不顾人民生活只追求利润才导致的。在讨论可持续发展观点时，有专家从理论上提出："是以异化于人类劳动的资本为中心，还是以人为中心，以求得社会经济合理而全面的持续发展，这将形成两种不同的发展模式和发展道路。资本主义市场经济的发展道路与可持续发展的道路，从本质上说是相互对立的，甚至可以说是对抗性的。国际垄断资本控制的国家政府，迫于资本自身生存和发展的需要，推行霸权主义和强权政治，鼓吹新干涉主义，对本国日益恶化的生态环境进行治理，但同时又输出环境污染，嫁祸于不发达国家，甚至发动侵略战争，使用危害平民的贫铀炸弹，造成永久性生态环境破坏，给发展中国家乃至世界的可持续发展造成威胁。所以，争取人类世世代代可持续发展的斗争，是同反对霸权主义的强权政治，反对国家垄断资本的跨国公司财团控制，建立国际政治和国际经济新秩序紧密相连的。"① 其实，主流的观点更体现在政府里。这里再举个曲格平先生的参与体会："1972年，周恩来总理决定中国派团参加联合国人类环境会议。我也有幸参加并见证了全球首次环境会议的盛况。中国代表团出席会议，举世瞩目。中国代表团提出的国家不分大小、一律平等，要尊重每个国家的主权，要支持发展中国家发展民族经济的努力等主张，受到发展中国家的普遍欢迎和支持，特别是为《人类环境宣言》修改作出了贡献。不过，在当时'文化大革命'政治背景下，代表团出席会议，始终绷紧了'阶级斗争'这根弦，代表团领导人生怕在政治上犯错误。在修改宣言中，也讲了一些偏激语言。会后写会议的汇报中，多是政治斗争的篇幅。今天看这份报告是极不可思议的事情，可当时就是这样做的。极'左'思潮宣扬'社会主义没有污染'，周总理对此并不认同。反之，总理要求立即召开一次全国的环保大会，介绍国际环境形势，要专门探讨中国环境保护问题。"② 在斯德哥尔摩会议上，一位中国代表指出："垄断的资产阶级才是破坏环境的真正凶手，他们置人们的命运于不顾，任意排放，污染和毒化环境。"换句话说，资本主义生产模式才是应该受到谴责的——各种各样的中国专家反复陈述了这一立场。③

很显然，如果不从现实出发，坚持本本主义，那就根本看不见中国环境污染问题，完全否定了解决中国环境污染问题的必要性了。这是多么可怕的后果！幸好中央讲实事求是，未采纳"左"倾思潮的空谈，与全世界同步，开始了治理环境的历史性工程！从这里，我们完全理解了否认"以阶级斗争为中心"对环境保护的意义了。当然，转到"以经济建设为中心"，虽是正确的一步，但也需要用辩证的眼光来分析。中国作为一个发展中大国，本来经济就很落后，而多年批判"唯生产力"论，就更使得经济与发达国家拉大了差距，人民生活水平偏低。在这种背景下，很自然地会把经济发展当成硬指标和硬任务，而把资源环境保护和社会人文发

---

① 滕藤：《中国可持续发展研究》，经济管理出版社，2001 年版，第 5 页。
② 曲格平：《中国环境保护四十年回顾及思考》，《环境保护》，2013 年第 5 期、第 6 期。
③ 见《北京周报》1972 年 6 月 27 日。

展当成软指标和软任务。

从环保部门角度看，环保事业发展的过程，就是多年来从探索环保自身特点，转向探索如何处理环境保护与经济社会协调发展的两者关系，并不断深化认识、正确把握客观规律的转变过程。从某种意义上讲，一部环境保护史就是一部正确处理环境与经济的关系史，离开经济谈环保就是缘木求鱼。发展就是燃烧，烧掉的是资源，留下的是污染，产生的是 GDP。① 这个判断从另一个角度讲，就是表明了环保工作一步步发现了自身对经济发展的"伴生性"，而不是独立性。在现实生活中，我们看到，主管经济发展的部门有资源、有实权，环境保护的部门则资源少、自主权小。我们在干部晋升和使用上，也把经济工作业绩放在最重要的位置上。结果是经济发展快了，环境质量差了；人均收入增长了，生活质量下降了。因此，尽管专门的环保部门在很长时期还没正式成立，但是早已开展的环保工作则是完全附属于经济发展需要的。在经济利益获取上的追求，往往对资源实施超强度开发、超强度使用，以致滥采滥伐、乱捕乱杀、过牧过渔，造成资源环境的严重破坏。在经济增长与环境保护二者发生冲突时，几乎无争议地是宁要金山银山，不要绿水青山。在经济发展与环境保护方面，这一时期存在的问题则被轻视了、看淡了。②

在很长的一段时间里，国内外还流行一种说法："发展归市场，环保归政府。"环境保护表面上看似乎是归属在社会发展的领域，归属在非经济增长的领域。多年来，我们总以为经济是人类幸福生活的源泉，是现代文明的基础，是让人民摆脱穷困的唯一法宝，因此，在理念上，更在实践中，把经济发展置于环境保护之上，染上了全世界共同的疾病：先发展，后治理。结果是治理跟不上发展的步伐，环境总体上越来越差。但是，从绿色发展角度看，这种理解与实践是传统的，甚至错误的。保护环境、保护生态资源，代表着人类长远的利益，代表着全人类整体的利益，因此，重要性高于至少不低于经济发展。

---

① 环境保护部：《开创中国特色环境保护事业的探索与实践——记中国环境保护事业 30 年》，《环境保护》，2008 年第 15 期。
② 张曙光：《可持续发展与经济体制转变》。载滕藤主编：《中国可持续发展研究》，经济管理出版社，2001 年版。

总之，在环保体制的改革上，第一步是改革掉"否认论"，即不承认社会主义国家存在环境问题；第二步是改革"次要论"，即环保是为经济增长服务的，不是首要的国策。事实上，环保太重要了，环保管理体制太重要了。我们看到，环境资源与生态，表面上是分散的，或分散在各国或各地区，或分散在不同的资源上，或分散在不同生态区域中。有些是固体的，似乎独立着；有些流动着，但有自己的方式与渠道；有些是空中之物，更多是地上的品种。似乎环保工作也是分散的、区域性的、局部性的，但是，科学家发现，生态有着生存发展的系统，资源有着恢复再生的活力，环境资源和生态与人类形成着一个更复杂的生存运行体系。这说明什么？说明点的破坏就会影响面的存在，散片的破坏就会导致整体的崩陷。人类要从有机的角度来融入大自然，要有一种系统约束下的行为机制，要有一整套适应环境体系的管理制度。进而，人类必须要形成一种与自然和谐共处的环境保护管理体制。

第二节
1978—1992 年期间环境保护法律与战略的制定

一、环保的法律制定

保护环境必须依靠法律制度的完善和规范，这不仅是环保工作的需要，也是建设法治国家的必然要求。环境保护工作从诞生之初，就为促进环保法治建设进行着不懈的探索和努力。

1978 年 5 月通过的《中华人民共和国宪法》指出："国家保护环境和自然资源，防治污染和其他公害。"这是中华人民共和国历史上第一次对环境保护作出的宪法规定，为环境法治建设和环保事业发展奠定了基础。

1979 年 9 月，五届人大常委会通过了第一部环境保护基本法——《中华人民共和国环境保护法（试行）》。同年 9 月 13 日《中华人民共和国环境保护法（试行）》

的颁布，标志着我国环境保护事业进入法制轨道，对我国环境保护事业产生了深远影响。据有关资料显示，西方发达国家制定"环境保护法"的时间，瑞典是 1969 年，美国是 1970 年，英国是 1974 年，法国是 1976 年。可见，中国环境基本法制定也跟上了世界的步伐。①《中华人民共和国环境保护法（试行）》依据 1978 年宪法的原则规定，总结了我国环境保护的基本经验，参考国外环境法中行之有效的管理制度，对我国环境保护的基本原则、方针、任务、对象、制度和政策，保护自然环境、防治污染和其他污染的基本要求和措施，环境管理的机构和职责，科学研究和教育，以及奖励和惩罚等作了全面的规定。该法的意义在于，它不仅规定了环境影响评价，以及"三同时"和排污收费等基本法律制度，而且明确要求从国务院到省、市、县各级政府设立环境保护机构，首次在法律上明确了环境保护工作中实行环境保护部门统一监督、有关部门分工负责的环境管理体制；并第一次从法律上要求各部门和各级政府在制订国民经济和社会发展计划时，必须对环境的保护改善统筹安排并组织实施，为实现环境和经济的协调提供了法律保障。它的颁布实施，带动了我国环境保护立法的全面开展。

在《中华人民共和国环境保护法（试行）》施行期间，又制定了《中华人民共和国海洋环境保护法》（1982 年 8 月），作为保护海洋环境的单行法，对海岸工程、海洋石油作业、陆源污染物、船舶和倾废对海洋环境的污染损害及其防治作了系统规定。《中华人民共和国水污染防治法》（1984 年 5 月）、《中华人民共和国大气污染防治法》（1987 年 9 月）相继颁布，为有效防治水污染和大气污染提供了法律依据。同时还颁布了《中华人民共和国草原法》（1985 年）、《中华人民共和国水法》（1988 年 1 月）等污染防治和《中华人民共和国水土保持法》《中华人民共和国野生动物保护法》等自然资源保护方面的法律，初步构成了一个环境保护的法律框架。1989 年 12 月第七届全国人大第十一次会议通过了《中华人民共和国环境保护法》，环境保护法律开始成为我国环境保护工作的重要支柱和保障，成为我国社会

---

① 曲格平：《中国环境保护四十年回顾及思考》，《环境保护》，2013 年第 5 期、第 6 期。

主义法律体系中新兴的、发展迅速的一个重要组成部分。[1]

在《中华人民共和国环境保护法（试行）》试行 10 年后，又经修订，1989 年 12 月，《中华人民共和国环境保护法》（主席令第 22 号，以下简称《环境保护法》）正式颁布。该法中正式定义"环境"为："影响人类生存和发展的各种天然的和经过人工改造的自然因素的总体，包括大气、水、海洋、土地、矿藏、森林、草原、野生生物、自然遗迹、人文遗迹、自然保护区、风景名胜区、城市和乡村等。"该法认定，环境保护的内容包括保护自然环境、防治污染和其他公害两个方面。该法还规定国家制定的环境保护规划必须纳入国民经济和社会发展计划，规定县级以上人民政府的环境保护行政主管部门应当会同有关部门拟订环境保护规划，经计划部门综合平衡后，报同级人民政府批准实施。

综上，这一时期在建立完善环境法律制度，推进环境法制建设逐步向决策、规划和综合管理的源头延伸方面，作出了成功的努力。

二、环保的战略决策[2]

环境保护完整的含义是让我们生存与发展的地球可持续下去，是让自然享有与人类同等的生存与发展权，而不是作为人类的仆人与资源提供者只是付出。这是上千年来"道法自然""天人合一"中包含着的理念。如果认同，环境保护就不是一个部门的工作，而是一个国家、政府所有部门还有全体民众共同的职责。每个部门、每个地方，都要为保护我们唯一的地球付出努力，各种局部利益均不能凌驾于人类整体利益之上。我们欣喜地看到，党和国家高度重视环境保护，作出了一系列重大决策。

20 世纪 80 年代初到 90 年代初，我国的环境保护从单纯的污染治理开始转向重视经济、社会与环境协调发展的新阶段。20 世纪 80 年代初，通过对国情的分析，

---

[1]　中国工程院和环境保护部：《中国环境宏观战略·研究综合报告篇》，中国环境科学出版社，2011 年版；环境保护部：《开创中国特色环境保护事业的探索与实践——记中国环境保护事业 30 年》，《环境保护》，2008 年第 15 期；曲格平：《中国环境保护四十年回顾及思考》，《环境保护》，2013 年第 5 期、第 6 期。

[2]　同上。

环保工作领导同志认为，环境保护事关自然资源合理开发利用，事关国家的长久发展，事关群众的身体健康，是强国富民安天下的大事，应该立为国策。时任常务副总理的万里听了汇报后，当即表示，要像对待计划生育一样，环境保护也应立为一项基本国策。1982 年 8 月，中共中央、国务院批准了《中国环境与发展十大对策》。

1983 年 12 月，国务院召开了第二次全国环境保护会议。会议的主要任务是总结过去 10 年环境保护工作经验，研究新时期环境保护的方针政策，确定近期和长远的环境保护奋斗目标和工作任务，使环境保护与经济建设统筹兼顾、同步发展。这次会议的最大贡献有两个方面：一是明确提出了环境保护是一项基本国策；二是强调了经济建设和环境保护必须同步发展，要求经济建设、城乡建设和环境保护同步规划、同步实施、同步发展。做到经济效益、社会效益和生态效益的统一。基本国策的确立确定了环境保护在国家经济和社会发展中的重要地位。"三同步"与"三统一"是第一次在战略高度上被确定为环境保护工作的指导方针，对环保事业的发展具有深远的影响，标志着我国的环境保护从单纯的污染治理开始转向重视经济、社会与环境协调发展的新阶段。会议强调了要把自然资源的合理开发和充分利用作为环境保护的基本政策，加强对环境保护工作的科学管理，进一步加强对环境保护工作的领导，落实环境保护的资金渠道。

1984 年颁布了《国务院关于环境保护工作的决定》。该决定对环保体制和加强能力建设作出明确要求，包括要成立国务院下属的环境保护委员会（以下简称"环委会"）、要对相关部门的职能进行界定、在地方政府和大中型企业设置环保机构、将环保能力建设纳入中央和地方的投资计划，同时，对新建、扩建和改建项目"三同时"、老企业污染治理资金来源以及采取鼓励综合利用的政策等作出具体规定。

1984 年 5 月，"环委会"成立了。环委会的主要任务是研究审定有关环境保护的方针、政策，提出规划要求，领导、组织和协调全国环保工作。时任副总理的李鹏同志兼任"环委会"主任。国务院环委会成立后，召开了多次工作会议，研究审议涉及国家和地方重大环境问题的规划、政策、规定、条例、决定等。环委会的成立使环境保护冲破了机构局限，加大了各部门在环境保护工作上的协调，对推动环保事业发展起到了积极作用。

1989 年 4 月 28 日至 5 月 1 日，国务院召开了第三次全国环境保护会议。这次会议主要研究在治理经济环境、整顿经济秩序和全面深化改革中，如何治理环境污染、整顿生态环境，把环境保护工作推上一个新的阶段。宋健同志在会议开幕式中强调要向环境污染宣战，表明了国家治理污染的决心。会议明确了到 1992 年环境保护的目标是：努力控制环境污染的发展，力争一些重点城市和地区的部分环境指标有所改善；努力制止自然生态环境恶化的趋势，力争局部地区有所好转，为实现 2000 年控制住环境污染发展的目标打下基础。同时，对工业废水排放量控制、二氧化硫排放量控制、工业固废综合利用率等提出了具体目标。这次会议的一大贡献在于提出在治理整顿中建立环境保护工作的新秩序，其核心是加强政策和制度体系建设，提出了环境保护的三大政策和八项管理制度，即预防为主、防治结合，谁污染谁治理和强化环境管理的三大政策；八项环境管理制度是在原来的三项制度即"环境影响评价制度""'三同时'制度""征收排污费制度"的基础上，增加"环境保护目标责任制度""城市环境综合整治定量考核制度""排污申报登记和排污许可证制度""污染集中控制制度"和"污染限期治理制度"五项新制度。环保八项管理制度成为我国环境管理体系的主体结构，发挥着重要作用。

为了落实第三次全国环境保护会议精神，1990 年，国务院颁布了《关于进一步加强环境保护工作的决定》，强调了要严格执行环境保护法律法规和依法采取有效措施防治工业污染，具体是全面落实八项环境管理制度，并将实行环境保护目标责任制放到了突出的位置。与 20 世纪 80 年代初的两个决定相比，1990 年的决定还有三个创新：一是强调了在资源开发利用中重视生态环境的保护，拓展了环保工作的领域，为 20 世纪 90 年代中期将生态保护与污染防治并重的环保战略的形成奠定了基础；二是根据当时国际环境合作日益活跃，世界环发大会召开在即的新形势，该决定首次以正式文件形式提出要积极参与解决全球环境问题的国际合作；三是将环境保护宣传教育和环境保护科学技术发展放到了重要的位置。

这一时期，在拉开环境保护事业序幕后，中央的重要指示与连续两次全国环境保护大会，使中国环境保护的国策地位得以确立，法律法规体系、制度政策体系和管理体制真正形成，初步呈现出中国特色的环境保护道路的基本内容，推动了环境保护事业大步向前发展。

<table>
<tr><td>专　　　栏</td></tr>
</table>

环境管理的"八项制度"①

1. 环境影响评价制度：指在进行建设活动之前，对建设项目的选址、设计和建成投产使用后，可能对周围环境产生的不良影响进行调查、预测和评定，提出防治措施，并按照法定程序进行报批的法律制度。

2. "三同时"制度：指建设项目中的环境保护设施必须与主体工程同时设计、同时施工、同时投产使用的制度。

3. 征收排污费制度：又称排污收费制度，指国家环境管理机关依据法律规定对排污者征收一定费用的一整套管理措施。

4. 城市环境综合整治定量考核制度：对环境综合整治的成效、城市环境质量制定量化指标进行考核，评定城市各项环境建设与环境管理的总体水平。

5. 环境保护目标责任制度：以签订责任书的形式，具体规定省长、市长、县长在任期内的环境目标和任务，并作为政绩考核内容之一，根据完成的情况给予奖惩。

6. 排污申报登记和排污许可证制度：排污申报登记制度指排放污染物的企、事业单位向环境保护主管部门申请登记的环境管理制度。排污许可证制度指向环境排放污染物的单位或个人，必须依法向有关管理机关提出申请，经审查批准发给许可证后，方可排放污染物的管理措施。

7. 污染限期治理制度：对现已存在的危害环境的污染源，由法定机关作出决定，令其在一定期限内治理并达到规定要求的一整套措施。

8. 污染集中控制制度：在一个特定的范围内，依据污染防治规划，按照废水、废气、固体废物等的不同性质、种类和所处的地理位置，分别以集中治理为主，以求用尽可能小的投入获取尽可能大的环境、经济与社会效益的一种管理手段。

---

① 请查看：中国环境频道 http://www.cctvhjpd.com.

老三项制度的简单解释：最先建立的征收排污费制度、环境影响评价制度、"三同时"制度，为环保的制度建设打下了坚实的基础。"征收排污费制度"不仅遏制了污染的排放，促进了企业污染治理，还通过资金的筹集有力地支持了环境管理、监理、监测、宣传教育等项业务工作的开展。我国的"环境影响评价制度"开始于20世纪70年代末，这一制度吸收了美国、加拿大等发达国家环评工作的经验和方法，同时也是在国内许多城市和地区广为开展环境质量评价基础上发展形成的，它有力地推动了我国开发建设中的环境管理工作。"'三同时'制度"在基本建设项目和技术改造项目中严格控制新污染，与环境影响评价制度相辅相成，成为防止新污染的两大措施。

新五项制度的延伸解释：增加环境保护目标责任制度、城市环境综合整治定量考核制度、排污申报登记和排污许可证制度、污染集中控制制度和污染限期治理制度五项新制度，进一步完善了环境保护制度体系。通过实行城市环境综合整治定量考核制度，使城市的环境问题得到一定的改善，城市基础设施建设取得新进展，提高了城市综合服务水平和污染防治能力，使城市环境管理水平明显提高。新五项制度中对治污有更加完善的管理措施，强化了原来环保中的对污染治理的实施能力。

第三节

1978—1992 年期间环境管理机构与政策的完善[①]

我国环境管理机构是从无到有、从小到大、从辅助到国策机构一步步形成与发展的。本节要介绍这一时期环保管理机构的建设过程，同时，进一步分析这一时期

---

① 中国工程院和环境保护部：《中国环境宏观战略·研究综合报告篇》，中国环境科学出版社，2011 年版；环境保护部：《开创中国特色环境保护事业的探索与实践——记中国环境保护事业 30 年》，《环境保护》，2008 年第 15 期；曲格平：《中国环境保护四十年回顾及思考》，《环境保护》，2013 年第 5 期、第 6 期；解振华：《中国的环境问题和环境政策》，《中国人口·资源与环境》，1994 年第 3 期；张坤民：《中国环境保护事业 60 年》，《中国人口·资源与环境》，2010 年第 6 期。

环保政策体系及环保的重点行动。

一、环境保护管理机构的不断提升

从 1973 年国务院下属非常设机构———国务院环保领导小组办公室起步，国家环保行政机构的设置随着环保事业的快速发展而不断加强和提升。

1982 年经过第一次机构改革，成立环境保护局，归属当时的城乡建设环境保护部也就是建设部，从而结束了长达 10 年之久但处在临时状态的"国家环境保护办公室"，正式转入国家编制序列。

1984 年城乡建设环境保护部的环境保护局，更名为国家环境保护局，但依旧归属于建设部管理。同年，成立国务院环境保护委员会，作为国务院环委会的办事机构，主要研究审议涉及国家和地方重大环境问题的规划、政策、规定、条例、决定等。这年环境保护机构改革的主要推动力来自 1983 年第二次全国环境保护会议，国务院把环境保护提升到国家的基本国策的高度。

1988 年国家环境保护局从城乡建设环境保护部分离出来，建立了直属国务院的"国家环境保护局"，成为国家的一个独立的工作部门。

实践证明，确定了环境保护方针，制定了规划和政策体系，还必须有相应的机构和人力去推动实施，这是顺应形势发展的正确之举。

二、环保制度和政策的建设

20 世纪 70 年代初，中国环境保护从治理工业"三废"（废水、废气、固体废物）起步。20 世纪 80 年代和 90 年代前期，重点仍是污染控制。

1981 年 2 月，国务院发布《关于在国民经济调整时期加强环境保护工作的决定》，再次强调要加强国家对环境保护的计划指导，对工业布局、城镇分布、人口配置等问题进行统筹规划，创造适宜人们生活和工作的良好环境，要求各级人民政府在制订国民经济和社会发展计划、规划时，必须把保护环境和自然资源作为综合平衡的重要内容，把环境保护的目标、要求和措施，切实纳入计划和规划，加强计划管理。工交、农林、科研、卫生等企事业单位及其主管部门，都要制定具体的环境保护目标和指标，在年度计划中作出安排。该决定提出了"谁污染、谁治理"的原则，要求工厂企业必须切实负起治理污染的责任，对生产工艺落后、污染危害大又不好治理的工厂企业，根据实际情况有计划地"关""停""并""转"。对于布局不合理、资源能源浪费大、对环境污染严重又无有效治理的项目，应坚决停止建设。该决定是在《中华人民共和国环境保护法》试行一年半后形成的，特别强调了需要提高环境管理的技术水平，强调了要把环境保护和节约资源、能源联系起来。

1982年7月，国务院颁布《征收排污费暂行办法》，并逐步在全国实施。排污收费制度成为我国环境管理的一项基本制度，也是防治污染的一项重要经济政策。

1985年，国务院召开了全国城市环境保护工作会议，原则上通过了《关于加强城市环境综合整治的决定》。开展城市环境综合整治，拉开了城市工业企业搬迁、城市基础设施建设、城市河道整治等城市环境整治工程的序幕，对于社会主义物质文明和精神文明建设具有重要意义。

1989年，在第三次全国环境保护会议上，确立了以三大政策和八项管理制度为框架的环境保护制度体系，突出了管理在环境保护上的重大作用。

1992年，以中共中央、国务院的名义颁布了《中国环境与发展十大对策》，首次在中国提出实施可持续发展战略。

这一时期，国家在制定环境规划与计划，开展"三废"治理，期限整改和搬迁污染企业、推动城市环境综合整治、加大环保投入等方面取得了长足的进展。

三、环保项目的重点行动

对重点地区和重点企业进行污染治理是这个阶段的特征。这一时期，突出的是继续开展以"三废"治理和综合利用为特点的污染防治。下面主要以城市和企业的环境治理为例做一简单介绍。

1. 对污染危害严重的工厂进行限期治理

1978年，由国家计委、国家经委、国务院环境保护领导小组提出了一批严重污染环境的重点工矿企业名单，涉及167个企业、227个重点项目，重点解决重金属、酚、氰、油、高浓度有机污染物。在此期间，各省市自治区也相继下达了多批地方限期治理项目，总数达 12 万个，重金属等污染得到明显控制。据不完全统计，1985 年，为控制大气污染，在全国 10 万台污染严重的锅炉中，70% 以上进行了消烟除尘改造。通过改进燃烧方式和采取净化处理设施，解决了部分城市局部的环境污染。

2. 开展城市环境综合整治，实施城市环境综合整治定量考核制度

通过开展城市环境综合整治，城市工业污染和城市基础设施建设得以快速发展，1985—1990 年，在工业稳定增长的情况下，工业烟尘和工业粉尘排放量由2600 万吨下降到 2100 万吨，万元产值工业废水排放量由 310 吨下降到 180 吨。北京市为了发展城市煤气、建设城市集中供热体系，解决城市大气煤烟型污染的状况，1986 年颁布了《关于在规划市区内征收城市"四源"建设费暂行规定》，通过价格手段推进煤气厂建设，促进大气环境质量的改善。天津城市环境治理工作，主要从调整城市发展结构入手改善城市环境。在产业结构调整过程中，实行污染企业搬迁，同时开展小电镀治理工作，建立了全国首家最大的城市二级污水处理厂——日处理城市混合污染水 26 万吨的纪庄子污水处理厂。城市环境综合整治已经逐渐从单一的污染治理转到从城市发展全局出发进行防治，取得了成效。城市环境治理的成功也成为该阶段环境发展过程中闪亮的一页。曾经被称为"卫星上看不见的城市"的辽宁省本溪市，通过城市环境综合整治、生态建设、加大消烟除尘力度，使全市污染严重的 21 条"烟龙"、17 股污水、两座废渣山得到治理。

但这一时期，虽然在环保理念和制度上进展较大，但由于对高速发展的乡镇企业污染监管失控，环境问题从点到面仍在恶化。而环保的资金投入不足，20 世纪80 年代初期，中国环保治理投资每年为 25 亿~30 亿元，约占同期 GDP 的 0.51%；到 80 年代末期，中国环境治理年投资总额超过 100 亿元，占同期 GDP 的 0.6% 左右，因此，从环境规划和计划的实施情况来看，效果还未能全面达到。

第四节

国际社会与中国环境管理进展的双向推动与促进

我们对改革在建设环境保护体制、促进绿色发展上的作用有充分的估计。开放或说国际合作对环境保护方面起到的作用，也是不能低估的。本节简要地分析在对外开放中，我们如何建设环境保护的管理体制，即绿色发展的管理体制。

一、联合国第一次人类环境会议推进中国环境保护进程[①]

1972 年 6 月 5~16 日，联合国第一次人类环境会议在瑞典斯德哥尔摩召开，第一次将环境问题纳入世界各国政府和国际政治的事务议程。大会通过了《人类环境宣言》，提出人类在开发利用自然资源的同时，也要承担维护自然的责任和义务。《人类环境宣言》指出，环境问题不仅仅是环境污染问题，还应该包括生态破坏问题，唤起了各国政府对环境问题，特别是对环境污染问题的关注。更重要的是，它冲破了以环境论环境的狭隘观点，把环境与人口、资源和发展联系在一起，提出要从整体上来解决环境问题。这次大会也标志着人类环境保护历程的起始。1973 年 1 月，联合国大会决定成立联合国环境规划署，负责处理联合国在环境方面的日常事务工作。

在周总理的亲自安排下，我国政府派代表团参加了这次大会。代表团由国家计委牵头，有外交、卫生、工业、农业、水利、能源、城市、科技和地方等部门的负责人或专家参加。通过会议了解了世界环境状况和环境问题对经济社会发展的重大影响，认识到了中国环境问题的严重性。在学术会议上，中国的首席代表唐克先阐明了中国关于环境的理念，其观点如下：毫无疑问，工业发展可能会导致对环境的

---

① 中国工程院和环境保护部：《中国环境宏观战略·研究综合报告篇》，中国环境科学出版社，2011 年版。

影响。然而，随着社会的进步，科学和现代技术会解决这类问题。就像我们没有必要因噎废食一样，我们不必因为有可能会伴随环境破坏，就放慢工业化的脚步。我们的政府已经采取了一系列的政策，主要有：（1）全面规划；（2）合理分配；（3）综合利用；（4）变害为利；（5）依靠人民的创造力；（6）广泛合作；（7）环境保护；（8）提高人民的福利。[①] 紧接着，唐先生介绍了正在进行的"三废"运动情况。

周恩来和其他党和国家领导人在听取了代表团的汇报后表示，对环境问题再也不能放任不管了，应当提到国家议事日程上来。由此，1973 年 8 月 5～20 日，第一次全国环境保护会议在北京召开，从此揭开了我国环境保护事业的序幕。从这个意义上可以说，联合国第一次人类环境会议不仅是世界环境保护的里程碑，而且也成为我国环境保护事业的转折点。

此后较长一段时期，环境保护国际合作领域发生了一系列重大事件，极大地推动了我国环境保护事业的发展。我国积极参与国际合作，与30 多个国家签署了环境合作协定、15 个核安全与辐射环境合作协定。还参加了亚太经合组织、亚欧会议、东北亚环境合作等区域环境合作会议和行动。

这里要指出的是，主要发达国家的环境保护工作经历了的限制环境污染、治理"三废"、综合防治和规划管理等阶段，也给中国环境工作提供了启示，即从限制污染物排放走向根治污染物产生的源头，从仅对工业的污染治理走向全面的污染治理，从利用经济手段惩罚环境污染企业走向社会、经济与环境综合规划，实现可持续发展。早点开始综合治理、规划绿色发展，就会更有助于从根本上处理好社会、经济与发展的关系，实现共同的可持续发展[②]。

二、1987 年世界环境与发展委员会《我们共同的未来》报告的影响[③]

1987 年，世界环境与发展委员会（UNCED）向联合国大会提交了《我们共同

---

① 8 项中的每一项又被细分为 4 项，总共 32 项。因此，此方针又被称为"32 项原则"。
② 此专栏参用郑艳婷："世界环保运动的兴起与发展"词条。见李晓西主编：《资源环境经济学》辞典，经济科学出版社，2016 年版。
③ 此专栏参用胡必亮："布伦特兰报告（Brundtland Report）"词条。李晓西主编：《资源环境经济学》辞典，经济科学出版社，2016 年版；张坤民：《中国环境保护事业 60 年》，《中国人口·资源与环境》，2010 年第 6 期。

的未来》（Our Common Future）① 的研究报告，又被称为布伦特兰报告（Brundtland Report）。格罗·哈莱姆·布伦特兰夫人（Gro Harlem Brundtland）1987 年任挪威首相，后在联合国世界环境与发展委员会任主席。该报告首次正式提出了"可持续发展"的概念，将可持续发展定义为既能满足当代人的需要，又不损害后代人满足其需求能力的发展方式。报告用翔实的资料论述了当今世界日益严重的环境与发展问题，并给出了应对这些问题的对策与建议。报告经联合国第 42 届大会辩论后得以通过。其基本思想对世界上许多国家的发展和环境保护产生了重大而深远的影响，对各国的政策选择也具有重要的参考价值。可以说，该报告是促进人类环境保护与发展的重要里程碑。可持续发展概念成为 1992 年在巴西里约热内卢召开的联合国环境与发展大会的主要议题，并被各国政府普遍接受。

布伦特兰报告主要包括三篇内容。在第一篇"共同的问题"中，报告分别从受威胁的未来、可持续发展和国际经济的作用三个方面论述了当前世界环境与发展存在的问题；在第二篇"共同的挑战"中，报告对全球人口与人力资源、粮食保障、物种和生态系统、能源、工业和城市所面临的挑战等方面进行了系统的分析和探讨，指出了世界各国在发展过程中所面临的各种挑战和环境约束，同时提出了相应的政策建议；在第三篇"共同的努力"中，报告从公共资源管理、应对环境不安全因素与可持续发展之间的冲突以及变革机构与立法三个方面探讨了实现可持续发展的对策，号召世界各国共同努力，实现人与自然的和谐发展。布伦特兰报告主要有三个核心观点：第一，环境危机、能源危机与发展危机息息相关；第二，地球的资源和能源远不能满足人类发展的需要；第三，为了当代人和子孙后代的利益，我们必须改变发展模式。

布伦特兰报告的核心在于提出了可持续发展概念并充分强调了这一概念的重要性。报告认为，我们过去主要关心经济发展对生态环境产生的影响，而现在我们正日益迫切地感受到生态环境对经济发展带来的重大压力。因此，我们必须寻找一条不仅能在短期内满足当代人的需要、有利于经济发展的道路，而且从长期来看也不

---

① 世界环境与发展委员会：《我们共同的未来》，吉林人民出版社，1989 年版。

损害后代人满足其需要的能力的发展道路。这份报告首次将环境保护纳入了经济发展的框架体系之内，提醒人们在发展经济的同时，一定不能忽视了对生态环境的合理利用与保护。这一观点被认为是人类有关环境与发展思想的重要飞跃。同时，布伦特兰报告也将环境问题正式引入到了政治发展领域，有利于促进可持续发展过程中的国家多边主义及建立起国家间的相互依存关系。

可持续发展思想与战略对中国的发展具有重要的指导意义，可持续发展主张的经济、社会与自然环境协调发展和中国提出的"科学发展观"所提出的全面、协调、可持续发展本质上是一致的。《我们共同的未来》一发表，中国马上翻译出版。围绕保护臭氧层、应对气候变化、保护生物多样性等公约谈判和 1992 年联合国环境与发展会议的准备与召开，中国积极参与环境外交，维护发展中国家的权益。这次环发大会结束不到两个月，《中国环境与发展十大对策》发表，提出了十个方面的政策，宣布要实施可持续发展战略。

三、1992 年中国环境与发展国际合作委员会成立[①]

1992 年，正值里约热内卢联合国环境与发展会议召开前夕，时任中国国务院总理李鹏在出席大会首脑会议时，向全世界宣布了中国环境与发展国际合作委员会（以下简称"国合会"）的成立。国合会由中外环境与发展领域高层人士和知名专家组成。在国际上，加拿大、挪威、瑞典、德国、意大利、澳大利亚、荷兰、瑞士、英国、日本、法国、丹麦、欧盟联合国环境规划署、联合国开发计划署、联合国工业发展组织、世界银行、亚洲开发银行、世界自然基金会、美国能源基金会、美国环保协会、世界资源研究所、壳牌公司、香港大学、洛克菲勒基金会、福特基金会、洛克菲勒兄弟基金会等国家政府、国际组织和机构、国际非营利性组织以及跨国公司等以各种方式先后为国合会提供了资金和专家支持。这是一个非营利的国际性高层政策咨询机构。中国环境保护部是国合会的承办部门。

历任国合会主席均由中国国务院主管环境保护工作的领导同志担任，每年出席

---

① 相关信息可参考中国环境与发展国际合作委员会秘书处网站（www. cciced. net）。

国合会年会并发表重要讲话。中国国家领导人每年会见出席国合会年会的委员，直接听取环境与发展领域的政策建议。

国合会的目标是促进中国建设资源节约型、环境友好型社会，实现环境、经济与社会的全面、协调和平衡发展；支持中国的可持续发展和生态文明建设；为环境与发展领域的中外高层政策对话提供平台，交流、传播国际社会环境与发展成功经验。

国合会的任务之一是对中国环境与发展领域内重大紧迫的问题开展研究，向中国政府提出前瞻性、战略性、预警性的政策建议，协助中国中央和地方政府实施可持续发展战略。国合会在污染控制、生态补偿、环境执政能力、环境经济政策、能源效率、循环经济、低碳经济、生态系统管理与绿色经济等领域，先后组织了近百个政策研究项目，上千位中外专家、学者共同参加研究工作，完成140余份政策研究报告，提出200多项政策建议。

国合会自1992年成立以来，每5年换届一次，目前已经是第五届（2012—2016年），仍以促进中国可持续发展和生态文明建设为目标，把政策研究重点转向环境与社会发展问题。笔者有幸受邀成为第五届和第六届的中方委员，参与工作与交流。第五任国合会主席是国务院副总理张高丽。国合会参与并见证了中国环境与发展事业的进步，已成为中国历史最长、层次最高、影响最大的中外环境与发展领域高层对话合作机制。

人类只有地球这一个家园。国合会在向中国引进、传播国际社会和有关国家环境与发展新的理念、思想、观点和先进经验的同时，也如实地向国际社会传播了中国环境与发展的成就与经验，在中国政府与国际社会之间架设了一座相互交流、友好合作的桥梁。

专　栏

北京宣言（Beijing Declaration）①

1991年6月18~19日在北京召开的"发展中国家环境与发展部长级会议"通过了旨在推进环境与发展的国际合作文件，简称《北京宣言》。会议深入讨论了国际社会在确立环境保护与经济发展合作准则方面所面临的挑战，特别是对发展中国家的影响的基础上，明确指出对于全球环境的迅速恶化深表关注，认为这主要是由于难以持久的发展模式和生活方式造成的。

《北京宣言》认为人类赖以生存的基本条件，如土地、水和大气，受到很大威胁，包括空气污染、气候变化、臭氧层耗损、淡水资源枯竭，河流、湖泊、海洋和海岸环境污染，海洋和海岸带资源减退，水土流失，土地退化、沙漠化，森林破坏，生物多样性锐减，酸沉降，有毒物品扩散和管理不当、有毒有害物品和废弃物的非法贩运，城区不断扩展、城乡地区生活和工作条件恶化特别是卫生条件不良造成疾病蔓延等严重问题。环境保护和持续发展成为全人类共同关心的问题。

《北京宣言》总则中提出八个问题，第一，环境问题不是孤立的，环境的变化与人类经济和社会活动密切相关，需要把环境保护同经济增长与发展的要求结合起来，在发展进程中加以解决。必须充分承认发展中国家的发展权利，保护全球环境的措施应该支持发展中国家的经济增长与发展。国际社会尤其应该积极支持发展中国家加强其组织管理和技术能力。第二，应该充分考虑发展中国家的特殊情况和需要，每个国家都应能根据自己经济、社会和文化条件的适应能力，决定改善环境的进程。发展中国家的环境问题根源在于他们的贫困，持续的发展和稳定的经济增长是改变这种贫困与环境退化恶性循环，并加强发展中国家保护环境能力的出路。第三，在当今国际经济关系中，发展中国家在债务、资金、贸易和技术转让等方面受到种种不公平待遇，导致资金倒流、人才外流和科学技术落后等严重后果，削弱了发展中国家有效参与保护全球环境的能力，必须建立一个有助于所有国家，尤其是发展中

---

① 此专栏参用唐任伍："北京宣言"词条。李晓西主编：《资源环境经济学》辞典，经济科学出版社，2016年版。

国家持续和可持久发展的公平的国际经济新秩序，为保护全球环境创造必要的条件。第四，环境保护领域的国际合作应以主权国家平等的原则为基础，发展中国家有权根据其发展与环境的目标和优先顺序利用其自然资源，不应以保护环境为由，提出任何形式的援助或发展资金的附加条件，设置影响发展中国家出口和发展的贸易壁垒，干涉发展中国家的内政。第五，保护环境是人类的共同利益，发达国家对全球环境的退化负有主要责任，工业革命以来，发达国家以不能持久的生产和消费方式过度消耗世界的自然资源，对全球环境造成损害，发展中国家受害更为严重。第六，鉴于发达国家对环境恶化负有主要责任，并考虑到他们拥有较雄厚的资金和技术能力，他们必须率先采取行动保护全球环境，并帮助发展中国家解决其面临的问题。第七，发展中国家需要足够的、新的和额外的资金，发达国家应该以优惠或非商业性条件向发展中国家转让环境无害技术，帮助发展中国家有效地处理他们面临的环境和发展问题。第八，发展中国家应通过加强相互间的技术合作和技术转让，对保护和改善全球环境作出贡献。

在"各领域问题"中，《北京宣言》提出了十项议题，其中包括：正在谈判中的气候变化框架公约应确认发达国家对过去和现在的温室气体的排放负主要责任，发达国家必须立即采取行动，确定目标，以稳定和减少这种排放，近期内不能要求发展中国家承担任何义务；发展中国家拥有大部分活生物体和它们的栖息地，多年来承担着保护它们的费用，国际社会和任何国际公约及其议定书应该给以承认和支持；对有害废弃物和有毒物的控制和管理需要国际合作，建立一个在全球禁止向缺乏此类能力的发展中国家出口危险废物的机制；还有关于提高森林覆盖率、遏制和扭转沙漠化、控制海洋和沿海资源污染等方面的建议。

在"跨领域问题"中，《北京宣言》提出了三项议题：第一，发达国家能否向发展中国家提供充足的、新的和额外的资金，以及优惠的或非商业性的技术转让。第二，有关全球环境问题的国际法律文件，应对发达国家和发展中国家解决环境问题和承担国际法律文件中规定的义务作出明确规定，发达国家承担不仅应承担保护环境的费用，还应包括减缓过去行为积累的不利影响所需要的费用，发展中国家也要在自愿的基础上捐赠资金。第三，应建立"绿色基金"，用来解决各种环境问题。

第二篇

环境保护与绿色发展：制度、阶段、国际的影响（1992—2012 年）

第四章
社会主义市场经济下的环境保护与绿色发展

本章摘要：绿色发展离不开一定的经济体制、制度与政策。1992—2012 年这段历史时期中，我们经历了社会主义市场经济体制的提出、确立与一步步地完善，与此同时，是环保体制及其政策的不断推进；经历了科学发展观的提出与完善过程，进而看到可持续发展理念如何一步步地成为我国决策层的战略思路，如何影响我们在生产与生活领域中的绿色化进展，尤其是在资源、生态与环境方面的进展。而 1992—2012 年，既是党的十四大至十八大的重要时期，或说是中国环境保护与可持续发展日益重要的时期，也是两次里约地球首脑会议即两次联合国可持续发展大会的年份。在 2012 年联合国里约大会上，国际社会正式提出了"绿色经济"的概念。

本章将从社会主义市场经济模式的确立、重化工业高速增长给环境保护带来巨大压力、环境保护法律与机构的加强、环境保护政策体系与措施实施和科学发展观对绿色发展有重大意义这五大方面，分析在这 20 年内，与环境保护和绿色发展有关键性联系的制度特点、重大事件与思路，进而分析经济体制改革开放进程与环境保护、绿色发展的辩证关系，分析经济体制与环境保护的关系。

第一节
社会主义市场经济模式的确立

早在 1979 年 11 月 26 日，邓小平同志在会见美国《不列颠百科全书》副主编吉布尼时说：说市场经济只限于资本主义社会、资本主义的市场经济，这肯定是不正确的。社会主义为什么不可以搞市场经济？市场经济，在封建社会时期就有了萌芽。社会主义也可以搞市场经济。他认为，社会主义的市场经济"方法上基本上和资本主义社会相似，但也有不同。这是全民所有制之间的关系，当然也有同集体所有制之间的关系，也有同外国资本主义的关系。但是归根到底是社会主义的，是社会主义社会的"。1985 年在回答美国企业家代表团团长格隆瓦尔德关于社会主义和市场经济的关系的提问时，邓小平又说："问题是用什么办法更有利于社会生产力的发展。""过去我们搞计划经济，这当然是一个好办法，但多年的经验表明，光用这个办法会束缚生产力的发展，应该把计划经济与市场经济结合起来，这样就能进一步解放生产力，加速生产力的发展。"

1992 年初，邓小平同志视察了我国南方，就坚定不移地贯彻执行党的基本路线，坚持走有中国特色的社会主义道路，抓住有利时机，加快改革开放步伐，集中精力把经济建设搞上去等一系列重大问题，发表了重要谈话。小平同志指出："计划多一点还是市场多一点，不是社会主义与资本主义的本质区别。计划经济不等于社会主义，资本主义也有计划；市场经济不等于资本主义，社会主义也有市场。计划与市场都是经济手段。社会主义本质是解放生产力，消灭剥削，消除两极分化，最终达到共同富裕。"小平同志的这个思想，具有重大的理论与实践的意义。1992年 10 月中国共产党召开了第十四次全国代表大会。在党的十四大上，确立了邓小平建设有中国特色社会主义理论在全党的指导地位，正式提出了"社会主义市场经济"，宣布这是中国经济体制改革的目标。党的十四大指出，我国经济体制改革确定什么样的目标模式，是关系整个社会主义现代化建设全局的一个重大问题。党的十四大还指出，我国经济能不能加快发展，不仅是重大的经济问题，而且是重大的政治问题。因此，党的十四大对经济发展速度进行大幅度的调整，决定将 20 世纪 90 年代我国经济的发展速度由原定的国民生产总值平均每年增长 6% 调整为增长 8% ~ 9%。

从 1978 年改革开放到 1992 年的 15 年里，我国市场经济的成分已大为增加，在很多经济领域中，市场调节已成为主要的调节方式。例如，在价格形成上，1992

年时绝大多数的商品价格实际上已经是由市场来决定了。1992 年提出社会主义市场经济，是对经济现实的一种客观的反映，是对改革成果的一种大胆的肯定，是改革理论不断深化的表现。

有人认为，计划经济是社会主义的本质属性，市场经济是资本主义的本质属性，因此，这两者是对立的，不能结合的。这种认识有很大片面性。社会主义与资本主义不能只有对立没有统一（同一），否则辩证法到此就完结了。社会主义与资本主义的对立更多地体现在国家的阶级属性、所有制取向、计划目标、价值规范上，体现在社会成员是否都具有平等的占有和分配的权利上，而不体现在经济发展手段上。因此，"社会主义市场经济"是一个理论上可以成立的概念，是现实中已经存在的一种经济形态。在现实中做好社会主义与市场经济的结合，将会使生产力与生产关系更和谐，社会经济发展更强劲有力。

一、社会主义市场经济是社会主义发展史上的创举[①]

社会主义市场经济是社会主义条件下的市场经济，这种市场经济是混合经济的一种形式。世界上不少经济学家都提出了"混合经济"的概念，认为这是公有经济与私有经济的混合，是计划经济与市场经济的混合，认为两种不同社会制度在趋同发展。日本宣布自己是混合经济制度。法国、德国和北欧一些国家在市场经济的体制上加上了不少计划的因素，因此，被一些学者称之为"带有社会主义因素的市场经济"。当然，世界上的混合经济也不是一种模式，因为不同的国家从各自不同的体制条件下吸收了一些曾被视为相反的因素，形成了各具特色的混合经济。进而言之，社会主义类型甚多，市场经济的类型也甚多，我们是哪一种类型的社会主义与哪一种类型的市场经济的结合呢？我认为，由于我们的出身、经历和偏爱，我们这种社会主义市场经济是通过对传统的社会主义的实际改造和对古典市场经济的理论改造而使之产生共同语言的。前者可以用"社会主义从科学走向现实"来概括，

---

① 本部分内容主要出自本书作者论文和专著。李晓西：《"市场经济"面面观》，《改革》，1992 年第 6 期；李晓西：《计划和市场都是经济手段》，《经济日报》，1992 年 3 月 17 日；李晓西：《我国转向市场经济的战略、内容及其他——我的市场经济观》，江苏人民出版社，1993 年版。

后者可以用"市场经济从初级走向文明"来概括。我们主张的社会主义，其最终的目标，就是为了让社会的一切成员都过上好日子，而这是在共产党领导下进行的；我们心目中的市场经济，是现代文明的市场经济，是以人的价值为本原、以个人利益与集体协作为基础的优化配置资源的经济体制。用社会主义改造市场经济，我们发掘了市场经济中现代化的文明因素；用市场经济改造社会主义，我们则得到了社会主义的经济运行效益。双向改造使我们得到了一个完整意义的社会主义市场经济。

在科学社会主义的创始人看来，随着资本主义生产力的高度发展，社会生产力与生产关系之间的矛盾将导致无产阶级革命，导致一个没有阶级、没有剥削、没有压迫的新社会的诞生。这个社会不存在商品经济，不存在价值规律，国家以社会的名义对生产资料实行公有，国家也就开始了自己走向消亡的过程。这个社会就是共产主义社会，而社会主义是从资本主义走向共产主义的过渡阶段。我们尊重马克思主义的经典作家们，把他们对社会进步的思考视为人类思想史上最伟大的成果。但是，社会主义经济改革的实践，要求我们不能教条地对待马克思的学说，而必须从发展社会生产力的实际需要出发，总结人民的实践，创造新的理论。例如，如果我们不能从实际出发，不能正确评价资本的作用，不能正确评价企业家（或厂商）在创造社会财富上的作用，不能正确评价各社会阶级之间的合作关系，不能正确评价私有经济和公有经济各自不同的作用，不能正确评价国际经济中发达国家的作用，等等，我们就不可能在确立社会主义市场经济体制中迈出有实质性意义的步伐。把市场经济与社会主义连在一起，是对马克思主义的继承与伟大超越。

二、如何理解"社会主义可以搞市场经济"这一论断①

市场经济是一种有利于发展经济的手段。邓小平同志用"手段"这个范畴来解读市场经济，这是相当深刻的。既然是手段，就不是唯一的，就允许也必须与其他手段配合；既然是手段，就不是一种社会价值观念，不是我们追求的社会形态目

---

① 本节内容部分引自：李晓西：《我对"社会主义可以搞市场经济"的理解》，《财贸经济》，1992 年第 8 期。

标；既然是手段，就要服从使用这种手段的主体；既然是手段，就不能单独地、唯一地决定或影响社会的基本属性。既然如此，我们就可以为了发展生产力这个目标，充分利用市场经济；就可以在我们社会主义制度下，大胆利用市场经济。市场经济有利于发展生产力，这首先是一个实践的问题，而不是一个理论问题。当代世界经济的发展、亚洲"四小龙"的发展，都证明了市场经济在发展生产力方面有很大作用。马克思主义从来没有否认市场经济对生产力发展有巨大的推动作用。马克思主义认为，资本主义 100 多年创造的生产力比人类几千年创造的生产力的总和还大。因此，我们有必要把资本主义中用于发展经济的一些成功手段用于建设社会主义，其中就包括市场经济的运行和调控。

三、实现社会市场经济具有客观性

市场经济是我国经济发展不可逾越的一个阶段，是社会主义初级阶段的经济本质特征之一。市场经济本质上是一种交换经济，是运用货币和价值规律的经济。马克思主义阐述的不用货币和直接分配的经济，不是现代经济就能实现的。当代社会主义经济史已表明，社会主义阶段不能废除货币和等价交换，不能废除商品生产和商品交换。在一个生产水平不发达的国度里，在社会主义的初级阶段，更不能废除商品和货币，不能在排除价值规律的基础上运行。而这一切，就说明了必须承认我们的经济中存在市场经济，这种经济运行的法则贯穿在社会经济生活的各方面。市场经济在这里，既不是"外壳"，也不是"外来物"。

四、市场经济是如何配置资源的

在改革开放进程中，中国经济学家大多数是从资源配置方式角度来理解市场经济。这个问题，涉及如何看待社会主义市场经济条件下的环境保护。

著名经济学家吴敬琏教授说："'市场经济'一词，是在 19 世纪末新古典经济学兴起以后才流行起来的。新古典经济学细致地剖析了商品经济的运行机制，说明它如何通过市场机制的运作有效地配置资源，市场被确认为商品经济运行的枢纽，从此，商品经济也就被通称为市场经济。所谓市场经济（market-economy）或称市场取向的经济（market-oriented economy），顾名思义，是指在这种经济中，资源的配置是由市场导向的。所以，'市场经济'一词，从一开始就是从经济的运行方式，即资源配置方式立论的。它无非是货币经济或商品经济从资源配置方式角度看的另一种说法。"① 可见，吴教授是从资源配置方式下给"市场经济"下定义的。中国经济学家中的主流观点认为，市场经济，是指以市场机制为基础的社会资源的配置方式。这种定义与中国特定的背景有关，因为，从资源配置角度提出市场经济，能为更多的同志所接受。需要指出的是，这种从体制上定义或分析市场经济的观点，其结论是应当或必须进行市场取向改革，这与一些否定在社会主义条件下应搞市场经济的学者结论相反，后者认为市场经济既然是一种经济制度，就只能是且必然是资本主义的经济制度。

提出"社会主义市场经济"有利于我国的改革与开放。"社会主义市场经济"的提法，有利于明确现阶段改革的方向和重点，就是要发展、健全市场体系，就是要坚持改革的市场化取向；也更有利于对外开放，有利于中外经济交流中取得共同的语言和共守国际惯例办事。这不仅使外资、外商、外国政府在与中国经济交往中更有信心，也使我国各级政府在改革开放中更有信心。

专　栏

曲格平局长谈社会主义市场经济下的环境管理②

邓小平同志提出建立社会主义市场经济，迄今还不足 10 年的时间。如何建立社会主义市场经济条件下的环境管理体系，对我们来说是一个新课题。

市场经济的基本特征是：产权独立、市场主体平等和效益最大化、自由竞争和法律秩序。美英等国的自由竞争模式，突出强调市场的作用，但社会保障相对较弱。德国等欧洲大陆国家的社会市场经济比较强调市场秩序，在不削弱自由竞争的情况

---

① 吴敬琏：《论作为资源配置方式的计划与市场》，《中国社会科学》1991 年第 6 期。

② 本文为国家环保总局曲格平局长 1998 年 12 月 18 日在市长研讨班上的授课稿，原讲稿近 3 万字。限于篇幅，这里是本书作者对原讲稿所作的观点摘要。曲格平：《社会主义市场经济下的环境管理》（上）（中）（下），《环境保护》1999 年第 4 期、第 5 期、第 6 期。

下，推行了从疾病、失业、养老到住宅保障的一整套社会政策。对中国来说，发展市场经济，要考虑自身的社会、文化传统和社会经济条件。从我国社会主义市场经济发展过程来看，一方面要充分发挥市场的调节作用，通过市场调整经济资源的组合和配置；另一方面，要发挥政府在市场规范、国家宏观调控等方面所具有的不可替代的作用。著名经济学家厉以宁说，在社会化市场经济运行中，计划手段更适应于宏观层次，对调节社会资源配置有长处；市场手段则适应于微观层次，对调节微观资源配置具有积极作用。

经济学家们把产生环境问题的市场"失灵"归纳为以下几个方面：第一，一些环境资源产权不明确或不安全，影响人们对环境、资源保护、管理和投资的积极性，引起广泛的短期行为。比如空气、河流、海洋体没有产权，私人通常不会对投资使用这些资源感兴趣。第二，一些环境、资源没有形成市场或市场竞争不足，没有价格或价格偏低，造成过度利用。第三，环境资源利用中存在着广泛的外部不经济性。企业或个人的经营活动不承担对周围环境污染、医疗增加等方面的损害费用。第四，很多环境资源是公共物品，不会有以盈利为目的的企业去提供这类公共物品服务。第五，环境资源领域建立产权和市场的交易成本太高。第六，环境、资源利用及其影响一般是一个长期过程，不确定性很大。20 世纪中叶以来，西方发达市场经济国家"公害"泛滥的事实恰好说明了市场经济中这一深刻的内在矛盾。因此，西方市场经济国家在环境保护上，一般都建立了以政府直接控制为主，以市场手段为辅，倡导企业和公众自觉行动的一种混合形态的环境管理体系。

西方市场经济国家在环保上的做法主要是：（1）制定环境法律、法规和标准，并强制予以实施。20 世纪 60 年代，西方国家都对工厂排放的各种污染物制定了比较严格的环境标准，并强制企业予以遵守。目前我国污染物排放标准比西方国家要落后 10～20 年。在履行法律中，有警告、限期履行、罚款、暂时停业和关闭等处罚。据 OECD 和世界银行的有关研究报告，具体法律实施大多与工厂层次谈判和协商。（2）运用经济刺激手段是行政命令手段的补充和辅助手段。经济刺激手段的种类是相当多的，但应用比较多的是排污费（税）、使用者收费、产品费（税）、排污权交易和一些财政补贴措施。（3）政府直接提供或经营环境服务。对一些环境工程服务，通常是私人不愿意提供或经营，或者没有政府帮助，私人很难承担的。因此，实施了由政府直接提供并经营管理的措施，由财政拨付大笔预算进行投资兴建和维护，或委托给私人经营，如城市供水排水、污水治理、垃圾处置、城市绿化等。我国在1983 年曾由中央财经领导小组作出决定，开始每年国家拨款 10 亿元，最终达到 50亿元，建立污水处理基金，很可惜没执行起来。

为了尽快建立起有中国特色的社会主义市场经济下的环境管理体系，我谈一些意见，供大家参考：（1）加强环境保护规划的制定与实施。我国的环境保护规划和计划正逐步从计划经济时代的一种部门规划发展成为市场经济时代的更加具有综合性和指导性的规划，并同各项环境保护法律和政策更加密切地结合起来。同时，把国家和地方的环境保护规划同各级政府及有关部门的任期环境保护目标进一步结合起来。（2）健全适应市场经济的环境法律体系。在 20 多年的经济改革进程中，我国已经初步建立起了由宪法、环境与资源保护法律以及相应的行政法规和规章所构成的环境与资源保护法律体系。但是，我国有的环境保护法律还处在一个初级的发展阶段，法律体系不完整，法律条文过于原则，缺乏可操作性。今后立法应当确认中外证明行之有效的各项基本法律原则，建立健全各项环境保护基本法律制度，努力构筑可持续发展的法律体系，加强与国际环境条约、标准相配套的国内立法，促使国内法与国际法的衔接。（3）强化各项环境保护法律有效实施。同立法的进程相比，有关法律的实施要更加落后。经常出现这样一种局面：守法者经济吃亏，违法者经济上占便宜，形成不公平竞争的现象。应建立廉洁、高效、协调的环境保护行政执法体系，要全面提高各级环境行政执法人员的政治和业务素质，要加强司法机构在环境保护中的职能作用，要建立起有效的行政执法监督机制。（4）积极利用市场经济手段。从我国目前情况来看，首先，要改革排污收费制度，对所有主要污染物都要收费，提高收费标准，超标要罚款。加快推行污水处理厂等公用设施使用费，使每个设施使用者都合理负担设施的正常运营费用。在实行污染物排放总量控制的领域，可逐步开展排污权交易。（5）加强政府环境领域的公共服务。各级地方政府要建设必要的公共基础设施，规划建设污水处理、集中供热、垃圾处理等。目前，国务院要求 50 万人口以上的城市都要建设城市污水处理厂。要抓好各种公共服务方面的配套管理制度建设。（6）提高公众环境保护意识。鼓励公众参与环境管理，运用法律武器保护自己的环境权益。积极推进环境标志、环境审核等各种自愿性的环境保护行动。（7）注意同国际环境保护趋势相衔接。在这方面，我们既要反对发达国家借保护环境设置贸易壁垒，也要适应国际环境保护发展的趋势，同主要发达国家环境保护的标准和做法相衔接。

第二节

重化工业高速增长给环境保护带来巨大压力[①]

本节中，先从时间上分为 1993—2001 年一段，2002—2012 年一段，对环境形势进行了分析；然后，从环境对经济发展形成的巨大约束的角度进行了探索。

环境形势更加严峻

1. 1993—2001 年环境污染加剧

自 1993 年开始，我国工业化进程开始进入第一轮重化工时代，掀起了新一轮的大规模经济建设。在产业结构中重工业产值比重开始明显超过轻工业，电力、钢铁、机械设备、汽车、造船、化工、电子、建材等产业成为经济增长的主要动力，以此满足居民住、行的大额消费需求。高增长行业包括能源和原材料行业，如石油及天然气等开采业；基础设施和基础产业，如公路、港口和电力等；家电产品，如彩电、冰箱、洗衣机和空调机等。

由于经济增长方式粗放，技术和管理水平落后，资源、能源的消耗量增长幅度

---

① 环保体制部分较多内容和主要观点来自国家环保工作的第一位负责人曲格平先生的文章。曲格平先生根据自己工作经历与经验，把 1993—2001 年认定为环境污染加剧和规模化治理阶段，而把 2002—2012 年认定为环保综合治理阶段。见曲格平：《中国环境保护四十年回顾及思考》，《环境保护》，2013 年第 5 期、第 6 期。本部分内容还多处引用了环境保护部原总工杨朝飞先生为本书写作提供的参用稿。

很大。以煤炭消耗量为例，2002—2005 年这 4 年时间里，煤炭消耗量增长超过 40%，直接导致主要污染物排放量居高不下。工业对环境污染影响程度迅速提升，以 2005 年为例，仅二氧化硫排放量就比 2002 年增长了 32%。污染影响的范围也逐渐扩大。在污染结构上，城市生活型污染开始凸显，复合型和压缩型污染特征形成。许多城市包括北京雾霾蔽日，空气混浊，城市居民呼吸道疾病急剧上升。

在此期间，各地上项目、铺摊子热情急剧高涨，加之 20 世纪 80 年代全国乡镇企业的无序发展，在城市环境污染加剧的同时，污染向农村蔓延，生态破坏的范围在扩大，致使中国环境污染到了更为严峻的地步。乡镇工业企业污染排放量急剧上升，环境污染形势由"点源"污染变成"面源"污染，这种污染集工业污染，城市污染，村镇生活污染和农田化肥、农药污染为一体，加剧了污染防治的难度。以"三河"（淮河、海河、辽河）、"三湖"（滇池、太湖、巢湖）为代表的许多江河湖泊污水横流，蓝藻大暴发，甚至舟楫难行，沿江沿湖居民饮水发生困难。1994 年 7 月，淮河下游又发生特大污染事故，整个流域面临威胁，安徽、江苏 150 万人饮水困难。在淮河流域污染企业多达 1500 家以上。1996 年 2 月中国福建"安福"号邮轮泄油污染海面，持续 2 年。① 进入 21 世纪，我国部分流域的水污染已经从局部河段向全流域蔓延，重大污染事件集中爆发，标志着我国因历史上污染累积带来的环境事故已进入高发期。

2. 2002—2012 年是中国环境保护最为艰巨的 11 年②

经济高速增长，重化工业加快发展，给环境保护带来了前所未有的压力。2002—2012 年是中国环境保护最为艰巨的 11 年。数字显示，2001—2010 年的 11 年间，中国 GDP 增长率达到 10.5%，其中有 6 年是在 10% 以上。特别是从 2002 年下半年开始，各地兴起了重化工热，纷纷上马钢铁、水泥、化工、煤电等高耗能、高排放项目，致使能源资源全面紧张，污染物排放居高不下。"十五"期末二氧化硫、化学需氧量（Chemical Oxygen Demand，COD）等主要污染指标不降反升，没

---

① 张春霞：《绿色经济发展研究》，中国林业出版社，2002 年版，第 23 – 25 页。
② 曲格平：《中国环境保护四十年回顾及思考》，《环境保护》，2013 年第 5 期、第 6 期；解振华：《中国的环境问题和环境政策》，《中国人口·资源与环境》1994 年第 3 期。

有完成原定的减少 10% 的目标，受到了社会各界的广泛质疑。2006 年，虽然开始实施节能减排计划，但是重化工业扩张的势头仍然不减，污染物上升趋势难以遏制，二氧化硫、氮氧化物、COD、氨氮等主要污染指标排放达到了历史最高点。污染事故此起彼伏，引发的公众事件增多。

据这几年的监测，全国 50 多座城市中大气环境质量符合国家一级标准的很少，某些城市总悬浮微粒浓度超过世界卫生组织标准十几倍；全国酸雨区面积有所扩大，局部地区比较严重。流经城市的河段，不少遭到比较严重的污染；许多重要的大型湖泊如巢湖、滇池等，其污染程度已影响城市正常供水。城镇噪声超标问题比较突出。工业固体废物每年堆存 6 亿余吨，历年总占地 5 万多公顷。汽车尾气和有毒有害废物的污染问题在局部地区有加重的趋势。

以 2003—2009 年为例，可以看到污染对环境和人民生活的重大影响。2003 全国共发生 17 起特大和重大污染事故，其中造成人员死亡和集体中毒事件 10 起，水污染影响社会稳定和较大经济损失 7 起。这 17 起污染事故共造成 249 人死亡，600 多人中毒，波及群众近 3 万人。2004 年 7 月 20～27 日，淮河爆发有史以来最大的污染团，充斥河面的黑色污水带全长 130 公里，总量超过 5 亿吨。2005 年多次发生环境污染事故，11 月发生松花江重大水污染事件，12 月发生广东北江流域镉污染事件。2006 年 8 月发生吉林省牤牛河水污染事件，9 月发生甘肃徽县铅中毒事件、湖南岳阳水源砷污染事件。2007 年 5 月发生江苏无锡太湖蓝藻事件、2008 年 6 月发生云南阳宗海砷污染事件、2009 年 2 月发生盐城饮用水污染事件等。在污染事件高发的同时，群体性事件也呈加速上升趋势，表明环境问题越来越影响社会稳定。

从生态环境的情况看，全国约有 1/3 的耕地受到水土流失的危害，草原以每年 10 多万公顷的速率在退化，森林覆盖率人均林地面积只及世界平均水平的 15%。海洋近海海域污染和过度捕捞有加重的趋势，1993 年发生赤潮 19 起。总体上看，西北部生态脆弱地区的生态环境问题相当严重。

中国环境保护面临的严峻形势还在于人口持续增长和一些地区采用以过度消耗环境和资源为代价的传统经济发展模式。中国人口每年增加 1600 万左右，对资源的需求压力是巨大的；而一些地方和部门对经济发展速度和产值的追求仍然高于对效益和质量的重视，以大量消耗资源和环境为代价来实现经济增长，使环境问题"雪上加霜"。过去，中国在人口问题上有过失误和教训，如果不对环境问题采取正确而有力的措施，将来也可能出现与人口问题一样的被动局面，因此，必须对环境问题给予高度重视。这些情况说明，中国的环境问题，除了有些是因人口压力和自然条件因素造成的外，很大程度上是由于采用了不适当的发展模式。因此，中国的环境政策必须致力于转变发展战略，加强监督管理，增加投入强度。

3. 生态环境恶化与治理污染困难并存①

中国经济高增长的同时，环境污染严重。首先，环境污染压缩社会发展的环境空间。这里反映的是2010年左右中国的环境情况。中国是世界上荒漠化面积大、分布广、受荒漠化危害最严重的国家之一。全国荒漠化土地总面积达264万平方公里，占国土面积的1/3；沙化土地174万平方公里，占国土面积的1/5。一些地区沙化土地仍在扩展，因土地沙化每年造成的直接经济损失高达500多亿元人民币，全国有近4亿人受到荒漠化沙化的威胁，贫困人口的一半生活在这些地区。土地荒漠化已成为中华民族的心腹大患之一。②

目前全国约1/5的城市大气污染严重，重点城市中1/3以上空气质量达不到国家二级标准，而机动车排放成为部分大中城市大气污染的重要来源。我国汽车产业快速增长，促进了经济的快速发展，拉动了社会经济的进步，改善了人民的生活质量，但是同时也带来了严重的空气污染。一些城市由过去的煤烟型污染转成以机动车排放污染为主。③世界银行在20世纪90年代中期曾经指出，中国环境污染包括大气污染和水污染造成的损失相当于1995年中国国内生产总值的8%，一些研究者说，目前的数字已经上升到17%以上。

自然环境有一定的容量，能够自身消除污染的负面影响。然而，环境的容量是

---

① 李晓西等：《中国经济新转型》中国大百科全书出版社，2011年版。第一章"可持续发展——资源和环境新挑战"，本章作者是李晓西、姜欣、宋涛。
② 《中国荒漠化土地总面积达263.62万平方公里》，引自网页：http://www.chinanews.com/gn/news/2008/01-24/1145265.shtml.
③ 《全国五分之一城市大气污染严重机动车是罪魁》，引自网页：http://news.xinhuanet.com/politics/2010-09/05/c_12519918.htm.

有限的。全球每年向环境中排放大量的废水、废气和固体废物，这些废物排放到环境之后，有的能够存在很长时间，甚至是上百年，因而使得全球的环境发生许多显著的变化，有些变化是很难逆转的，甚至是不可逆转的。另外，自然资源的补给和再生速度是缓慢的。一旦在较短的时间内过度地利用自然资源，也可能造成不可逆转的后果。例如近年来，海洋资源遭到过度利用，使得近海捕捞收获寥寥，人们不得不考虑到越来越远的海域去获得资源，同时，人们也将自己推向了渔业资源匮乏和海洋生态破坏的危机之中。

治理环境也有很多困难，具有复杂性和长期性。虽然我国环保工作取得了积极成效，但环境污染总体尚未得到有效遏制，环境监管能力依然滞后。一是环境治理的工作量非常大。随着工业、城市及农村的发展，危险废物、微量有机污染物、持久性有机污染物、土壤污染、汽车尾气污染等新的环境问题已经出现。二是发展与环保矛盾突出。作为发展中国家，环保标准过高，发展的成本就承担不起。不少地方仍然主张先发展起来再治理。因此，环保工作经常会与经济部门意见相左。三是生态环境边建设边破坏，生态破坏范围在扩大；老的环境问题尚未解决，新环境问题又接踵而至，治理环境污染具有长期性和复杂性。

第三节
环境保护法律、战略与机构的加强

一、环境保护的法律建设

1993 年 3 月，全国人大成立了环境与资源保护委员会（简称环资委），标志着我国进入环境资源立法高潮。环资委成立后，提出了建立"中国环境与资源保护法律体系框架"。1993 年之后，全国人大环资委陆续修订了《水污染防治法》《大气污染防治法》《海洋环境保护法》，出台了《固体废物污染环境防治法》《环境噪声污染防治法》《防沙治沙法》《清洁生产促进法》《环境影响评价法》。其中《环境影响评价法》对环境管理方式转变有重大意义，从"先污染后治理"转向"先评价后建设"，预防在先，治理在后。相继出台了《放射性污染防治法》《可再生能源法》《循环经济促进法》等。

1995年，国家在"九五"规划中，明确将科教兴国和可持续发展战略作为国家战略，同时还颁布了《中国21世纪议程》，制定了中国实施可持续发展战略的国家行动计划和措施。

1997年3月，修订后的《中华人民共和国刑法》增加了有关"破坏环境资源保护罪"的规定。

2002年10月，《中华人民共和国环境影响评价法》颁布，为项目的决策、项目的选址、产品方向、建设计划和规模以及建成后的环境监测和管理提供了科学依据。

到2012年底，中国已制定了8部环境保护法律、15部自然资源法律，制定颁布了环境保护行政法规50余项，部门规章和规范性文件近200份，军队环保法规和规章10余项，国家环境标准800多项，批准和签署多边国际环境条约51项，各地方人大和政府制定的地方性环境法规和地方政府规章共1600多项，初步形成了适应市场经济体系的环境保护法律和标准体系。全国政协相应也设立了环境与人口委员会。各省、市、区也都相继建起这种机构，环境保护在国家各级管理层面上得到了重视。在此期间，环境保护法制建设取得了新进展。

当然法规层面也会有不足，比如生态环境补偿法律保障不力、方式过于单一、标准不尽合理、缺乏有效监管和范围狭窄等问题仍非常明显；将污水、垃圾等作为废弃物进行处理，没有将其看作资源进行利用，从而无法形成环境基础设施运行的产业化；环境基础设施建设作为公益事业，从投资建设到运行管理，在相当多的城市都由政府统管包办，体制和机制上的弊端大大制约了城市环境保护事业的发展。①

中国环保法律起步并不晚，虽有不完善之处，但在主要方面都有法可依。但

---

① 冷淑莲、冷崇总：《资源环境约束与可持续发展问题研究》，《价格月刊》，2007年第11期。

"有法不依，执法不严，违法不究"的问题很突出，因此，环保效果很不理想。为什么各地会普遍存在这个问题？究其原因，主要是：从上到下政府的职能转变仍然没有完成，政府一把手说了算，对上负责、不对群众负责被视为正常的现象，法律对政府行为的约束力很难体现。改革开放中，强调了经济体制改革，强调了以经济发展为中心，强调了以 GDP 增长为核心的行政管理和考核制度，重视了经济发展，各地政府追求以投资和加大资源、能源投入拉动地方产值和税收，忽视了依法保护环境的公共职能，对污染企业的管控也因税收的贡献而淡化。加上节约资源的技术发展滞后，缺少节能新工艺和新技术，使得地方经济增长在很大程度上主要依靠资源的高消耗来实现，从而加剧了资源浪费和环境恶化。

针对新问题，党中央、国务院对环境执法工作越来越重视。2007 年 5 月国家环境保护总局与公安部、最高人民检察院联合制定《关于环境保护行政主管部门移送涉嫌环境犯罪案件的若干规定》，对环境违法情况移送公安机关、人民检察院作出了明确规定。在 2008 年环保专项行动工作中，全国共出动执法人员 160 余万人次，检查企业 70 多万家次，立案查处 1.5 万家环境违法企业，挂牌督办 3500 余件，追究地方政府及相关部门行政责任人 100 余名。2008 年 6 月正式施行新修订的《中华人民共和国水污染防治法》，针对"违法成本高、守法成本低"问题，从提高罚款额度、创设处罚方式、扩大处罚对象、增加应受处罚的行为种类、调整处罚权限、增加强制执行权等 10 个方面，加大了对水污染违法行为的处罚力度，增强了对违法行为的震慑力。针对私设暗管行为的处罚、针对违法企业直接责任者个人收入的经济处罚、限期治理、强制拆除等法律责任的规定，成为该法的突出亮点。2008 年 12 月环境保护部发布《环境行政复议办法》，进一步完善了相关环保法律法规。

二、环保管理战略的进展

1992 年，以中共中央、国务院名义颁布了《中国环境与发展十大对策》，首次在中国提出实施可持续发展战略。

1993 年，在第二次全国工业污染防治会议上，提出了环境治理的"三个转变"，即从"末端治理"向全过程控制转变，从单纯浓度控制向浓度与总量控制相结合转变，从分散治理向分散与集中治理相结合转变。

1994 年 3 月，我国政府批准发布了《中国 21 世纪议程——中国 21 世纪人口、环境与发展白皮书》，从人口、环境与发展的具体国情出发，提出了中国可持续发展的总体战略、对策以及行动方案。这是全球第一部国家级的 21 世纪议程。该议程提出了建立低消耗、高收益、低污染、高效益的良性循环发展模式，把可持续发展原则贯彻到了各个领域，并为争取早日实现这一目标正在不断地付出自己的巨大努力。

1995 年，国家在"九五"规划中，明确将科教兴国和可持续发展战略作为国家战略。同时还颁布了《中国 21 世纪议程》，制定了中国可持续发展战略的国家行动计划和措施。

1996 年 7 月在北京召开了第四次全国环境保护会议，明确提出"保护环境的实质就是保护生产力"，这对于部署跨世纪的环境保护目标和任务，实施可持续发展战略具有十分重要的意义。

2002 年，第五次全国环境保护会议要求把环境保护工作摆到同发展生产力同样重要的位置。

2005 年 12 月，国务院发布《关于落实科学发展观加强环境保护的决定》，确立了以人为本、环保为民的环保宗旨，成为指导我国经济社会与环境协调发展的纲领性文件。

2006 年 3 月，十届全国人大四次会议批准了《关于国民经济和社会发展第十一个五年规划纲要》，其中提出了单位国内生产总值能源消耗降低 20% 左右、主要污染物排放总量减少 10% 两项约束性环保指标。这是国家五年规划首次提出的两个约束性环境保护指标。2006 年 3 月国务院常务会议还通过了《松花江流域水污染防治规划（2006—2010 年）》。2006 年 4 月，国务院召开第六次全国环保大会，提出"从重经济增长轻环境保护转变为保护环境与经济增长并重，从环境保护滞后于经济发展转变为环境保护和经济发展同步推进，从主要用行政办法保护环境转变为综合运用法律、经济、技术和必要的行政办法解决环境问题"的环境战略"三个转变"。

2007 年 10 月，党的十七大首次把生态文明建设作为一项战略任务和全面建设小康社会新目标明确下来。2007 年国务院成立了应对气候变化及节能减排领导小组，由温家宝总理担任组长，国务院副总理担任副组长。国务院发布了《节能减排综合性工作方案》，整个方案包括 40 多条重大政策措施和多项具体目标，进一步落实节能减排各项任务。2007 年 11 月国务院印发了国家环境保护总局、国家发展改革委员会制定的《国家环境保护"十一五"规划》。首次以规划形式明确在"十一五"期间环保投资约占同期 GDP 的 1.35%。在投资来源方面，环境基础设施建设、重点流域综合治理等主要以地方各级政府投入为主，中央政府区别不同情况给予支持。

2011 年，国务院召开第七次全国环境保护大会，印发《关于加强环境保护重点工作的意见》和《国家环境保护"十二五"规划》，为推进环境保护事业科学发展奠定了坚实基础。我国政府对环保的认识逐步加强，建立了环境保护的理念。

多年来，我们强调在发展中保护、在保护中发展，这是处理环境保护与经济发展的基本原则。但我们看到，在实际执行中，往往把发展置于生态与环境保护之上。1992—2012 年期间，通过 4 次全国环保大会，尤其是党的十七大提出生态文明建设的战略任务，使环境保护的地位继续提高，与经济发展的关系上，已在理论上处于同等的高度。

这里特别要指出的是，为了更好地研究中国环境宏观战略问题，2007 年 5 月，经国务院批准，由中国工程院和环保部牵头，启动了中国环境宏观战略研究。参与研究工作的数十位院士，数百位专家参与，对中国环保宏观战略思想、战略方针、战略目标、战略任务和战略重点进行了深入探讨、研究，反复论证，提出了一系列政策建议，为完善环境管理机制作出了贡献。

三、加强环保机构建设力度

为了进一步加强对环境保护工作的指导，落实国务院关于环境保护工作的部署，1998 年 4 月国家环保局升格为国家环保总局，作为国务院直属机构，国务院环境保护委员会撤销，有关组织协调的职能由国家环境保护总局承担。同年 6 月，国家核安全局并入国家环境保护总局，内设机构为核安全与辐射环境管理司（国家核安全局）。2003 年 12 月，为加强对放射源安全的统一监管，中编办印发《关于放射源安全监管部门职责分工的通知》，明确环保部门统一负责放射源的生产、进出口、销售、使用、运输、贮存和废弃处置安全的监管。至此，核与辐射安全监管全部成为环保部门的一项重要职能。各省、市、区相继建立了环保专门机构。

为了更好地完成协调管理环境事务的新职能，由国家环境保护总局牵头，分别建立了相关部际联席会议制度。2001 年 3 月 14 日，牵头召开了全国生态环境建设部际联席会议第一次会议，7 月国家环保总局发文建立全国环境保护部际联席会议制度；2003 年 8 月，经国务院批准，由国家环境保护总局牵头正式建立生物物种资源保护部际联席会议制度。但是环境问题的复杂性以及当时部际协调机制还不完善，导致污染治理和生态保护的统一监督管理能力并没有得到实质性的加强。

2008 年 3 月，第十一届全国人民代表大会第一次会议决定组建环境保护部。环境保护部的主要职责是，拟定并组织实施环境保护规划、政策和标准，组织编制环境功能区划，监督管理环境污染防治，协调解决重大环境问题等。环保总局升格为环境保护部，增加了编制，强化了统筹协调、宏观调控、监督执法和公共服务职能的环保责任，显示环保工作在国家社会和经济发展中的重要性进一步提升。与此同时，全国各省、市、县三级政府也成立了职能健全的环境保护机构，并成为各级政府的组成部门。还形成了完整的环境行政执法监督体系，加强了环境保护监察督察工作。根据中编办批复，国家环保部门相继组建了华东、华南、西北、西南、东北、华北六大区域环境保护督察中心，完善了环境监察体系，环保执法体制得到加强。

各省（市、区）设立了环保举报热线 12369 和网上 12369 中心，接受群众举报环境污染事件。在生态环境治理方面，像林业建设、草原保护、荒漠化治理、水土流失治理、湿地保护特别是生物多样性保护方面，都做了大量工作，取得了一定的进展。但是，不能不看到，我们没能有效避免很多发达国家曾经经历的"先污染后治理"老路，有些方面甚至更为严峻。

第四节
环境保护政策体系与措施实施①

在 2006 年第六次全国环境保护大会后，随着社会主义市场经济体制的不断健全和完善，与之相适应的环境管理手段也逐渐规范化。根据环境管理专家的概括，中国环境政策的演变历程，与中国环境管理体制的发展、环保职能的转变和环境污染形势的变化密切相关。总体上呈现出：由单环节末端治理向全过程污染控制演变，由单纯强调工业"三废"治理向工业、城市和农村全方位污染防治演变，由单一的指令控制手段向行政、经济与技术等综合手段演变，由"谁污染谁治理"理念向"科学发展观"的政策设计指导思想转变等四个显著特点。②

一、健全环境保护的政策体系

环境政策重点分为两个部分：一是环境管理政策，包括环境规划与评估、排污许可制度、污染物总量控制制度，还包括环境社会政策等。第二部分是环境经济政策，运用经济手段加强环境保护，出台了一系列有利于环境保护的价格、税费、生态补偿、贸易、信贷、保险等政策，对各类市场主体进行基于环境资源利益的调整，建立起环境保护的激励和约束机制。中国政府根据经济活动的不同阶段，加快建立起了环境经济政策体系。

这一时期，面对环境严峻的形势，政府和相关部门试行了一些新的制度、措施和政策：

---

① 蒋洪强、王金南：《中国环境污染控制政策的评估与展望》。见王金南等编著：《中国环境政策》（第五卷），中国环境科学出版社，2009 年版，第 193 – 232 页。
② 蒋洪强、王金南：《中国环境污染控制政策的评估与展望》。见王金南等编著：《中国环境政策》（第五卷），中国环境科学出版社，2009 年版，第 195 页。

1．全面推行特许经营制度

过去，污水垃圾处理厂都是靠政府投资建设经营，不仅进展慢，而且效益低，许多治理设施建而不运，建而不养，成了环保的摆设，没有发挥应有的环保效益。2002 年，拉开了以推广特许经营制度为标志的市场化改革序幕。在近 10 年时间里，民间资本、外资等社会资本进入供水、供气、供热、污水垃圾处理等领域，打破了国有企事业单位独家垄断的局面，提高了生产效率和服务水平，推动了环境基础设施的建设步伐。据 2011 年 5 月《全国城镇污水处理信息系统》显示，全国共建成投运的污水处理厂 3022 座，比 10 年前增长了 6 倍，变化很大。其中采取 BOT、BT、TOT 等特许经营模式的占 42%。

2．实行保护环境的项目限批措施

2005 年底出台的《国务院关于落实科学发展观加强环境保护的决定》，明确赋予环保部门区域限批的权力，把环保监管对象从企业和单个项目转向了地方政府。2008 年在修改《中华人民共和国水污染防治法》时，将限批要求入法，用法律形式固定下来。2008 年 7 月国务院印发的《2008 年节能减排工作安排》中，再次提出继续实施环评区域限批，对环境违法严重、超过总量控制指标、重点治污项目建设滞后等问题突出，以及没有完成淘汰落后产能任务的地区或企业，暂停该地区或企业新增排污总量的建设项目环评审批。

3．实行有利于环境的价格政策

在经济发展中，各种产品价格中逐步体现环境成本，污染物减排量也成了有价商品，可以出售和交易，这些做法为利用市场机制来保护环境开启了新路子。2004 年出台的每度电 1.5 分钱的脱硫电价政策，很快使电厂脱硫如火如荼地开展起来。短短几年里，全国脱硫机组装机容量占火电装机容量的比重，从 2004 年的 8.8% 提高到 2011 年的 87.6%。同样，2011 年出台的每度电 8 厘钱的脱硝电价政策、垃圾焚烧上网电价激励等政策，为环境治理市场化开启了新路子。

4．实行有利于环境的税收政策

近年来，中国在税收制度绿色方面做了不少工作，推出了一系列有利于环境保护的税收优惠政策。比如，对节能环保企业实行所得税"三免三减半"政策，对污水、再生水、垃圾处理行业免征或即征即退增值税，对脱硫产品增值税减半征收，对购置环保设备的投资抵免企业所得税，等等，这些政策对推动环境治理起到了重要作用。

5. 实行环境的投资政策

"九五"期末的 1995 年，投资总额达到 1010 亿元，占同期 GDP 的 1.02%，首次突破了 1% 的大关。"十五"期末的 2005 年，投资总额达到 2388 亿元，占同期 GDP 的 1.3%；"十一五"期末的 2010 年，投资总额又上升到亿元，占当年 GDP 的 1.66%。在环保投资中，社会资本越来越成为主体，但财政投资拉动作用却十分明显，往往起到四两拨千斤的作用。比如，1998—2002 年，中国政府共发行国债 6600 亿元，其中安排 650 亿元支持 967 个城市的环境基础设施项目，并拉动地方和社会资金 2100 亿元，建成了 603 个污水处理项目，新增垃圾处理能力 8.5 吨/天。这是中国政府第一次大规模投资环境基础设施建设，并带来了长远的环境效益。2008 年 4 万亿投资中就有 2100 亿投资于生态环境建设，短短 3 年内使城市污水处理厂座数增加 63%，而在县城增加了 3.3 倍。此外，为提高财政投资的效益，2007年起，中央财政实行"以奖代补"政策，带动地方财政资金 1124 亿元。

6. 实行有利于环境的融资政策

2007 年 7 月，国家环保总局、中国人民银行、中国银监会联合发布《关于落实环境保护政策法规　防范信贷风险的意见》，对不符合产业政策和环境违法的企业和项目进行信贷控制，既提高了环境准入门槛，又防范了金融风险。中国金融企业实施绿色信贷政策，国有银行和商业银行对绿色产业都给予了重点支持。截至 2010 年底，国家开发银行和国有四大银行绿色信贷余额已达 14506 亿元。国家开发银行作为国家政策性银行，对环境治理贷款力度尤为明显。"十五"期间，环境保护贷款发放额为 1183 亿元，占同期全国环保投资总额的 14%；"十一五"期间，继续加大贷款力度，共发放节能减排贷款 5860 亿元，其中环保领域发放款 3200 多亿元，占同期全国环保投资总额的 15%。与此同时，从事环境治理的环保公司还积极上市融资，据不完全统计，2011 年在国内 A 股、H 股上市的国内环保公司达46 家，另外还有一些环保公司在中国香港、美国、德国、日本等地上市融资。

7. 实行有利于环境的贸易政策

2007 年以来，环境保护部先后制定了三批高污染、高环境风险产品名录，共含 288 种产品，并提供给发改委、财政、税务、商务、海关、银监、安监等有关部门。财政、税务、商务、海关等部门在调整出口退税、加工贸易政策时，以该名录作为重要的环保依据；银监会、安监总局要求各银行机构、各安监局和相关单位将该名录作为信贷授信、安全生产行政许可等工作的重要参考。

二、对污染开展规模化综合治理

这一时期，规模化综合治理是环保管理的一大特色。

国家环保部门启动了"三河"（淮河、海河、辽河）、"三湖"（滇池、太湖、巢湖）、"一市"（北京）、"一海"（渤海）治理，通过制定区域和流域污染防治规划、实施重点污染物总量控制，拉开了规模污染治理的序幕。

1. 开展规模工业污染防治

在控制环境污染中，把工业污染防治作为重点，淘汰落后产能。在"九五"至"十一五"期间，据不完全统计，关闭污染严重的工矿企业 17.7 万多家。调整产业结构，大力推行清洁生产以及强化环境管理，污染物排放有了大幅度降低，工业污染控制取得了重大进展。然而，在对大中型工业企业控制污染取得进展的同时，乡镇工业企业污染排放量急剧上升，环境污染形势由"点源"污染变成了"面源"污染，这种污染集工业污染、城市污染、村镇生活污染和农田化肥、农药污染为一体，加剧了污染防治的难度。

2. 开展规模流域污染防治

在这一时期，以"三河三湖"为重点，开始了规模流域污染治理工作。其中把淮河水污染治理作为重点。1994 年 7 月，淮河下游发生特大污染事故，安徽、江苏 150 万人饮水困难。两次污染事故，促使国务院下决心来治理淮河污染，提出"一定要在 21 世纪内将淮河水变清"的目标，并提出相应的保证措施：一是由国家环保总局和水利部牵头组成淮河水质保护机构，协调和部署对淮河污染的综合整治；二是建立和健全淮河水质污染监测网，对各个断面的排污实行目标控制和总量控制；三是在 3 年内关、停、并、转一批淮河沿岸污染严重、治理难度大的企业；四是在 2000 年前，流域内所有市、县都必须因地制宜修建污水集中处理设施；五是制定淮河流域污染防治的有关法律和法规，尽快把淮河流域的污染防治纳入法制轨道。1995 年 8 月，国务院签发了我国历史上第一部流域性法规——《淮河流域水污染防治暂行条例》。1998 年，国家环保总局宣布：在淮河流域 1562 家污染企业中，已有 1139 家完成治理任务，215 家停产治理，190 家停产、破产、转产，18 家因治理无望被责令关闭。据环保部的数据，截至 2010 年，淮河干流及 31 条支流，好于三类水质的水体由 1995 年的 8% 上升到 37.5%，劣于五类水质的水体由 1995 年的 55% 下降到 25%。虽有较大效果，但离淮河干流和支流全部变清的目标，即大部分水体水质达到或优于三类水质的目标，还有相当大的差距。

3. 启动重点城市环境治理

这一时期，围绕环境保护的重点城市，启动了大规模城市环境综合整治。期间相继评选出环境质量显著优于一般城市的 70 多个"环境模范城市"。它们的经验表明，只要城市领导重视，摆上政府议程，真抓实干，就可以在经济发展的同时，建设一个比较好的环境。在此期间，继续建设城市污水治理设施，大力实施大气污染治理措施。1991—2011 年间，城市污水处理率从 14.8% 提高到 83.6%，生活垃圾无害化处理率从 16.2% 提高到 79.8%，燃气普及率从 23.7% 提高到 92.4%，用水普及率从 54.8% 提高到 97%。

4. 启动污染源普查工程

2006 年 10 月，国务院印发了《关于开展第一次全国污染源普查的通知》（国发〔2006〕36 号），决定于 2008 年初开展第一次全国污染源普查。目的是通过污染源普查，为有效掌握污染源基本状况和信息，为正确判断环境形势、制定环境政策、提高环境监管水平、促进经济结构调整提供重要依据。2008 年各级政府和环保部门着力抓好人员培训、入户调查、督促检查、技术核查、审核把关 5 个环节，完成了普查表填报、数据录入、普查表填报质量核查以及省级普查数据汇总工作等关键任务。

三、中国排污收费制度的持续推行①

1. 简单回顾

排污收费是我国最早提出并普遍实行的环境管理制度之一，早在 1978 年就提出并试行。1978 年底，按照"谁污染，谁治理"原则，原国务院环境保护领导小组发行了《环境保护工作汇报要点》，第一次在国家重要文件里提出"向排污单位实行排放污染物的收费制度"的设想，1979 年 9 月颁布的《中华人民共和国环境保护法（试行）》从法律上确立了我国的排污收费制度。到 1981 年底，全国已有27 个省、自治区、直辖市开展了排污收费试点。1982 年 7 月，国务院正式发布并施行了《征收排污费暂行办法》，排污收费制度在全国普遍实行。到 1987 年，全国年排污收费额已达 14.3 亿元，比试行初期增长了 10 倍。1985 年召开的第一次全国排污收费工作会议提出了排污费资金有偿使用的改革设想。1988 年 7 月，国务院颁发了《污染源治理专项基金有偿使用暂行办法》，拉开了排污收费制度改革的帷幕。根据时任总理李鹏指示精神，开始进行设立环保投资公司试点。20 世纪 90 年代，国家颁布了新的污水、噪声超标收费标准，统一了全国污水排污费征收标准。

2. 20 世纪 90 年代的排污收费工作

1991 年 7 月，召开了第二次全国排污收费工作会议，总结推广沈阳市环保投资公司试点和马鞍山环境监理试点经验，颁布了《环境监理工作暂行办法》，决定在57 个城市和 100 个县级环境监理进行扩大试点，逐步建立健全统一的环境监理执法队伍。1992 年，组织广东、贵州等 3 省和青岛等 9 市开展二氧化硫排污收费试点，1996 年将二氧化硫排污收费试点扩大到酸雨控制区和二氧化硫污染控制区。1994年，召开全国排污收费十五周年总结表彰大会，提出了排污收费制度深化改革的总体目标。排污收费政策改革要实现以下四个转变：一是征收方式的转变。由超标收费向排污收费转变，由单一浓度收费向浓度与总量相结合收费转变，由单因子收费

---

① 这里是根据环境保护部环境监察局所发表的《中国排污收费制度 30 年回顾及经验启示》一文摘编。环境保护部环境监察局：《中国排污收费制度 30 年回顾及经验启示》，《环境保护》，2009 年第 20 期。

向多因子收费转变，由静态收费向动态收费转变。二是排污收费标准要体现三个原则：按照补偿对环境损害的原则；略高于治理成本的原则；排放同质等量污染物等价收费的原则。三是排污费资金实行有偿使用，改变单纯用行政办法管理排污费资金的做法。四是加强环境监理队伍的建设。1995 年，原国家环保局及国家计委、财政部、国务院法制局在世界银行的援助下开始排污收费制度改革研究，全国共有10 个研究单位和 300 多个地方环保局参加，搜集标准测算数据 50 万个。在分析评估我国排污收费制度实施效果并借鉴国外排污收费基本原则和经验的基础上，于1997 年完成了新排污收费制度设计和标准的制定。1998 年，在杭州、郑州、吉林三个城市进行了总量排污收费的试点。2000 年 4 月，修订施行的《大气污染防治法》从法律层面上确定了按"排放污染物的种类和数量征收排污费"的总量收费制度，为新排污收费制度的建立奠定了坚实基础。

3. 排污收费制度建立并全面施行

2003 年 3 月，国务院颁布《排污费征收使用管理条例》颁布，这是排污收费制度的一次理论创新，是排污收费政策体系、收费标准、使用和管理方式的一次重大改革和完善，核心内容体现在 4 个方面：（1）体现污染物排放总量控制，实行排污即收费。该条例明确规定，将原来的污水、废气超标单因子收费改为按污染物的种类、数量以污染当量为单位实行总量多因子排污收费。（2）加大执法力度，扩大征收范围。该条例增加了征收对象，扩大了征收范围，适当提高了征收标准，加重了处罚。考虑到企业承受能力，排污费征收标准实行减半征收。（3）严格实行收支两条线。征收的排污费一律上缴财政，纳入财政预算，列入环境保护专项资金进行管理，全部用于污染治理；环保执法资金由财政予以保障，从制度上堵住挤占、挪用排污费等问题的发生。（4）构建强有力的监督和保障体系。该条例突出了审计监督，赋予上级环保部门对下级征收排污费的稽查权；实行政务公开、公示制度，强调公正廉洁执法，推行"阳光收费"，接受社会监督。1988 年至今，30年来全国累计征收排污费 1479.5 亿元，缴费企事业单位和个体工商户近 50 万个。没有排污收费就没有环境保护事业今天的发展，从这个角度说，"排污收费是环境保护的生命线"是恰如其分的。

这里还应指出，在排污收费的基础上形成了环境监察队伍。排污收费工作量大面广，政策性强，是一项专业性很强的监督管理工作。针对基础环保执法和排污收费力量薄弱问题，20 世纪 90 年代，原国家环保局决定以排污收费队伍为主，建立统一的环境监督执法队伍。环境监督执法队伍从最初的排污收费扩展到污染源形成执法、生态环境执法、排污申报、环境应急管理、环境纠纷查处等现场执法的各个领域。到 2008 年底，全国各级机构已发展到 3041 个，在编 6 万人，占全环保系统总人数的 1/3。2008 年，在国家重点监控企业基础信息数据库中，全国排污申报登记的排污单位总数已达到 48 万个。

总之，这一阶段总体上呈现全面防控环境污染，以环境保护优化经济增长的特征。但由于我国环境治理历史欠账较多，国家正处于工业化中期阶段，生态文明观念尚未在全社会普遍树立，发展经济的压力较大，环境与发展相协调的改革和机制尚不完善，我国环境形势依然十分严峻。这说明我国的环境保护依然任重道远，仍需在实践中不断探索，在探索中不断创新。

第五节

科学发展观对环境保护与绿色发展的重大意义[①]

从 1993 年中国共产党第十四届中央委员会第三次全体会议至 2012 年党的十八大，这 20 年时间里，对环境保护与可持续发展具有决定性意义的方针是在 2002 年党的十六大以及其后多次重要会议上提出及完善的科学发展观。

一、科学发展观的提出及内涵

1993 年中国共产党第十四届中央委员会第三次全体会议上审议并通过了《中

---

① 关于科学发展观部分内容摘自 2003 年 10 月 23 日本书作者回答人民网记者问题时的观点。

共中央关于建立社会主义市场经济体制若干问题的决定》。全会强调，建立社会主义市场经济体制是一项开创性的伟大事业。要毫不动摇地坚持邓小平同志建设有中国特色社会主义的理论和党在社会主义初级阶段的基本路线。建立社会主义市场经济体制，就是要使市场在国家宏观调控下对资源配置起基础性作用。要进一步转换国有企业经营机制，建立适应市场经济要求，产权清晰、权责明确、政企分开、管理科学的现代企业制度。这是改革开放进程具有重要意义的会议。

2003 年党的十六届三中全会发布了《关于完善社会主义市场经济的决定》，提出五个统筹发展，即统筹城乡发展、统筹区域发展、统筹经济社会发展、统筹人与自然和谐发展、统筹国内发展和对外开放的要求。

2007 年在党的十七大上，胡锦涛总书记在《高举中国特色社会主义伟大旗帜为夺取全面建设小康社会新胜利而奋斗》的报告中强调，科学发展观是以人为本的发展观，是全面发展观，是统筹协调的发展观，是坚持可持续的发展观。大会通过了把科学发展观写入党章。而在中国共产党第十八次全国代表大会上，科学发展观被列入党的指导思想。

科学发展观中提出的要以人为本，是与党的十六大报告提出的全面建设小康社会是一致的。小康社会的核心是指人民生活总体上达到小康水平，包括①：

1. 人民更富有，这是从经济上看

表现在：在优化结构和提高效益的基础上，国内生产总值到 2020 年力争比 2000 年翻两番，综合国力和国际竞争力明显增强。基本实现工业化；建成完善的社会主义市场经济体制；建成更具活力、更加开放的经济体系；工农差别、城乡差别和地区差别扩大的趋势逐步扭转；社会保障体系比较健全；社会就业比较充分；家庭财产普遍增加，人民过上更加富足的生活。

2. 人民更有权，也更安全，这是从政治上看的

表现在：社会主义民主更加完善，社会主义法制更加完备，依法治国基本方略得到全面落实，人民的政治、经济权益得到切实尊重和保障，基层民主更加健全，

① 李晓西：《中国：新的发展观》，中国经济出版社，2009 年版。

社会秩序良好，人民安居乐业。

3．人民更聪明、更健康，更有素质，这从文化上看的

表现在：一是形成比较完善的现代国民教育体系；二是形成比较完善的科技和文化创新体系；三是形成比较完善的全民健身和医疗卫生体系。全民族的思想道德素质、科学文化素质和健康素质明显提高，形成全民学习、终身学习的学习型社会，促进人的全面发展。

4．人民生活环境更美好

表现在：可持续发展能力不断增强，生态环境得到改善，资源利用效率显著提高，人与自然和谐共处，社会文明、生产发展、生态良好。

十六大提出的新型工业化是具体落实科学发展观的体现。因为新型工业化是工业化基础上的再工业化，是与信息化并进、并相互促进的工业化，是包括三产的广义的工业化，是科技先导作为特别突出的工业化，是强调人力资源、人力资本作用的工业化，是强调与保护生态协调的可持续发展的工业化。[1]

二、科学发展观强调"统筹人与自然和谐发展"

十六届三中全会提出科学发展观重要理念以后，以人为本、建设生态文明成为指导环境保护工作的重要理念，环境保护在国家发展大局中的地位显著提高。胡锦涛总书记主持中央政治局常委会时专门听取环境保护工作的汇报，温家宝总理召开常务会议，听取环境保护工作思路的汇报。在此基础上，2005 年 12 月国务院发布了《关于落实科学发展观加强环境保护的决定》，要求重视建设环保的长效机制。该决定提出的七项重点任务：水污染防治、大气污染防治、城市环境保护、农村环境保护、生态保护、核与辐射环境安全、国家环保工程。

统筹人与自然和谐发展中体现着保护环境、保护生态、以人为本的现代思潮，是人类对自己行为深刻反思的重大成果，具有为子孙万代造福的远大目光。同样，统筹国内发展和对外开放的要求，是对中国百年来正反经验的高度总结，是对近年

---

① 李晓西：《中国：新的发展观》，中国经济出版社，2009 年版。

来与国际经济接轨的充分肯定，非常重要。我们要搞生态保护、人和自然和谐发展的工业化。

统筹人与自然和谐发展就是要实现可持续发展。为什么科学发展观中特别重视要可持续发展？因为我们在传统的经济增长理论和社会习惯性理念中，看到了三大误区①：

（1）传统的经济增长理念，使经济理论自觉不自觉地将人造成果的重要性放在高于"上帝"或"自然之主"所创造成果的地位，自觉不自觉地塑造了一个效益公式，即把人造成果当成分子而求其大，把自然之物当成分母而求其小。这是造成经济不能持续发展的理论误区。

（2）降低成本和追求利润的市场经济真谛，使企业顽强地抵抗着在防止或治理污染上扩大支出并计入企业成本的要求，以此增加利润。这是成本效益的第二大误区，或称为"企业误区"。

（3）多数学者公认，可持续发展定义的核心是代际公平，当代人具有道义上的责任以确保后代人至少能够享受到与当代人同等好的生活质量。但我们看到，公众往往很自然地重视当前生活水平的提高，却不经意地忽视后代生活水平状况是否能保持或超过当代人的问题。因此，当我们心安理得地将多年劳动和技术进步的巨大成果传授给后人时，往往忽视了我们同时把一个什么样的自然资源和环境资源交给了后代。这是成本效益第三大误区，或称为"代际误区"。

保护蓝天清水、空气和土壤太重要了。2006 年 3 月，十届全国人大四次会议通过了《关于国民经济和社会发展第十一个五年规划纲要》。国家"十一五"规划纲要在人与自然的关系上，针对我国资源环境压力不断增大的突出问题，提出了建设资源节约型社会和环境友好型社会的战略任务和具体措施。"十一五"规划纲要第六篇专门提出落实节约资源和保护环境基本国策，建设低投入、高产出，低消耗、少排放，能循环、可持续的国民经济体系及资源节约型、环境友好型社会（合称"两型社会"）的战略任务。

---

① 李晓西：《中国：新的发展观》，中国经济出版社，2009 年版。

三、科学发展观强调"统筹经济社会发展"①

统筹经济社会发展，就是要求我们把社会发展与经济发展兼顾并重，使之共同发展。回顾改革以来的进步，从政治高于一切到以经济建设为中心、发展是硬道理，这对我国经济发展、国力增强起了巨大作用，使我们的经济 20 多年来得到快速发展。但光有这些还是不够的，2003 年上半年 SARS 出现就暴露出很多问题。SARS 就是对公共管理、对社会发展一次强有力的检验和推动。SARS 出现从一个反面证明了科学发展观的重要性。正是在这个意义上，我们看到中央提出经济与社会发展统筹，是顺应民心、符合时代发展要求的。社会事业发展不能总落后于经济产业的发展水平，因此，提出要关心公共管理，关心社会保障，关心健康事业、教育和文化等。SARS 后，进一步强调经济增长质量，强调生活质量，强调新的多元化的生活方式，强调生态和环境美，这又是一大进步。新阶段新特点突出了，社会事业不低于经济产业的发展水平，要关心公共管理，关心社会保障，关心健康事业、教育和文化等。

实际上，在 20 世纪 90 年代初期，国家计委就已经制订了社会发展计划，而此前是经济发展计划。但社会发展计划和经济发展计划相比较，社会投资还是不够的，卫生、教育、体育等各方面都需要发展。

2007 年 10 月，党的十七大首次把生态文明建设作为全面建设小康社会的新要求之一，明确提出"到 2020 年基本形成节约能源资源和保护生态环境的产业结构、增长方式、消费模式。循环经济形成较大规模，可再生能源比重显著上升。主要污染物排放得到控制，生态环境质量明显改善。生态文明观念在全社会牢固树立"的战略目标。从更广泛的经济和社会角度提出了环境保护要求，体现了国家对环境保护的高度重视。

2012 年 11 月，党的十八大又把生态文明建设提到"五位一体的总体布局"的高度。面对资源约束趋紧、环境污染严重、生态系统退化的严峻形势，必须树立尊

---

① 李晓西：《中国：新的发展观》，中国经济出版社，2009 年版，第 3 页。

重自然、顺应自然、保护自然的生态文明理念，把生态文明建设放在突出地位，融入经济建设、政治建设、文化建设、社会建设各方面和全过程，形成五位一体总体布局，不断开拓生产发展、生活富裕、生态良好的文明发展道路，努力建设美丽中国，实现中华民族永续发展。

专　栏

与国家环保局局长座谈中国环境保护形势与政策

时间：2000 年 1 月 6 日晚

地点：北京丽都饭店

参加者：胡鞍钢教授、史培军教授、李晓西研究员①

解振华局长：在即将进入新世纪之际，我想听听专家们对经济发展与环保工作关系的意见。

胡鞍钢：环保指标要重要于发展指标；《环保法》要先于《资源法》；西部环境利用要优先于资源开发；环保监督要高于环保投资。要研究环保中的准公共品。转型期环保局要定好位：应是指导者、推动者、服务者、公众利益代表者。环保不能有地区差异。要实行环保型城市化。

史培军：环保与发展不是对立的，优化环境才有发展机遇，两者关系要从协调到优先发展环保，这应成为环保新战略。要提倡大规模的环保贷款。要建立单位面积污染指标并公布，推动全社会环保。环保不仅要考虑污染量，而要考虑环境容量，后者是分母。环保应由公益性产业转入国家经济性产业。要把政府环保行为扩展为公众的环保行为，现在缺乏保护公众环保权力的法律。

李晓西：有 10 个值得关注的问题：一是环保与经济发展的关系；二是环保的群众基础；三是环保的法律环境；四是环保如何利用市场机制力量；五是环保产业的收益与成本分析；六是环保部门与各部门关系中的协调与冲突；七是环保系统如何

---

① 三位分别就职于清华大学、北京师范大学与国务院研究室。

加强对中央决策形成中的影响力；八是环保与产业结构调整的关系；九是如何使地方政府更主动地搞好环保；十是如何进一步借用国外力量（如资金、技术、人才）搞好我国环保。

解振华局长：专家的意见对我很有启发。中国环保，控制了污染趋势，减缓了污染速度，整体稳定。环保与发展关系很大。厦门有一个地方，常发生水污染事件，没人买房。后来改造了水，房全卖了，地价也涨了。我们现在在搞环保模范城市，有 27 个硬指标。上海正准备搞生态城市，拟在 10 年中花 1000 亿元。大连正在考虑大楼的间伐，不再搞大楼密植了。现在吉林、海南已在搞生态省，云南也正在考虑。工业生产就是要走清洁生产的路。进入 WTO 后，就是 S14000 认证，是环境认证。我们要利用好 NGO（非政府组织）搞环保。

第五章
绿色发展：经济发展阶段的背景及影响

  绿色发展不仅与体制政策有非常密切的关系，而且与经济发展所处的阶段有很大关系。换言之，中国绿色发展的背景，从更深的角度看，是因为中国这一时期正处于工业化与城市化双中期的发展阶段上，快速的工业化和城市化对自然环境产生了重大负面影响。

  这一时期，国内学者对经济发展阶段有多种定位，并没有取得共识。比如，有的学者认为，中国当前已经进入重化工业发展阶段；而有的学者认为，中国处于三次产业同步发展的阶段，不能低估农业和服务业的发展。有的学者认为，应该紧跟世界潮流，实现跨越式发展，要从信息化时代来定位中国的经济发展阶段；但也有学者认为，信息化可归入工业化中，而不能单独提信息化阶段。再比如，有的学者认为，中国正处于外向型拉动经济阶段，应进一步扩大出口，开拓国际市场；而有的学者则认为，中国经济的对外依存度已经过高，现在是以内需为主的发展阶段。环境领域的资深前辈与学者曲格平老先生用"三大足迹"来说明中国环境保护从起步到成长的背景，概括为"从低收入国家进入到今天的中等收入国家，从工业化初期阶段进入到工业化中后期阶段，从乡村型社会进入到城镇化社会"[①]，这是非常有见地的。这里，我们就来深入分析一下经济发展的阶段，并在此基础上来理解中国绿色发展的客观原因与困境。

  2005 年受中国国情研究会的委托，我组织若干部门和高校的专家学者，完成了题为《我国经济发展所处的阶段、特点和规律》的研究报告。在充分比较分析国内外经济学界观点并深入研究中国经济特征的基础上，我们

---

① 曲格平：《中国环境保护四十年回顾及思考》，《环境保护》，2013 年第 5 期、第 6 期。

得出中国正处于"工业化和城市化'双中期'区间"的结论。①

第一节
借鉴国际经济学界经济发展阶段理论
进行综合评价的国际比较

经济发展阶段的判断，在国际上经济学界已有众多创新的理论，其中，以工业化和城市化为标志的判断成为最有影响的两种观点。一般而言，主张工业化阶段分期的学者，是把城市化作为工业化中的一个要素；反之，主张城市化进行发展阶段分期的学者，是把工业化作为城市化的一个要素。作为一个发展中大国，我们认为中国经济发展单纯用工业化阶段或城市化阶段都难以完整地概括。

国际上在划分经济发展阶段上最有影响的理论有：克拉克（Colin Clack）的三次产业理论，钱纳里（H. B. Chenery）和霍夫曼（W. G. Hoffmann）的工业化阶段理论，罗斯托（Walt W. Rostow）三次产业升级的成长阶段理论，刘易斯（Willam Arthur Lewis）的城乡二元经济发展模式等。我国学者也从城市化发展程度、科技进步程度、制度建设等方面提出过发展阶段的理论。

一、综合评价发展阶段的必要性

根据对比研究，我们认为，工业化和城市化的两种分类，对我国经济发展阶段的评断，确实是重要的。由于我国在中华人民共和国成立后走上了工业化，近几年又提出了新型工业化道路，因此，工业化进程及其带来的产业结构升级对判定我国

---

① 本章内容主要是根据本书作者主持的"我国经济发展所处的阶段、特点和规律"研究报告压缩编写的，原报告有 8 万多字。课题组成员有来自国家发改委、财政部、国土资源部、国家开发银行、中国社会科学院，以及北京师范大学的刘文军、李静、鞠正山、龚春刚 4 位博士后和曾学文、王诺、陈玉京、张江雪 4 位博士。中国国情研究会姚景源、李晓超、张仲梁、张洁、赵曾琪，国务院研究室副司长侯万军博士、金三林博士、周波博士等参与了本课题的部分讨论，裴越芳硕士负责搜集并整理数据。

经济发展阶段既重要也实用。当然，工业化并不是说工业在国民经济中比重越高就越好，或说工业作为第二产业并不是越高越好，在近代，第三产业即服务业比重上升成为新的更为重要的指标。因此，工业化中工业比重的指标将会出现一个拐点，工业比重曲线及其优劣判断将呈现不连续的特点。为此，我们也曾考虑用"非农化"来反映发展阶段，因为这个指标是连续的，从农业经济高占比到现在低占比，明显反映着经济发展阶段。但是，"非农化"是一个用否定而不是肯定句反映的判断，作为阶段判断，最好的还是"是什么"而不是"非什么"，因此，我们在比较后，仍然认为工业化比重是最能反映经济发展阶段的核心指标，当然，需要设计出拐点指标来配套。

我国是一个典型的城乡二元结构突出的发展中大国，13 亿人口有近 8 亿在农村，城乡收入差距日趋扩大等一系列现实问题明显突出，城市化问题不可忽视，越来越重要。就中国经济发展看，工业化并不能完全包容城市化，这一点，与西方国家只用一个核心指标来判断是不同的。刘易斯的二元经济发展模式及其理论，高度重视发展中国家的城市化过程，其观点在世界经济学界有广泛影响，对我们判断中国经济发展阶段确实有启发作用。把城市化从工业化中独立出来，或说把工业化与城市化并列提出，是由中国国情所决定的。本报告将两个方面结合起来，用工业化和城市化两个指标判断我国经济发展所处的阶段，可能较之一个核心指标的判断更全面、更准确。

我们也看到，有一些学者提出了其他一些指标如消费结构、科技实力等来判断发展阶段。比如，有罗斯托提出的"大众消费时代"，也有以轿车在家庭中的使用率为标志的消费结构变化反映的经济发展阶段；或以美国学者 E. Triyakian 教授提出的信息化、智能化等反映的经济现代化，以科技成果的现代化阶段来反映经济的现代化程度等。本报告中，借鉴和吸收了这多方面的意见，不仅运用了反映工业化、城市化的指标进行聚焦分析，而且还从收入、消费、科技等方面全面考察了我国经济发展的特点、规律，对"双中期"进行了多因素综合分析。事实上，收入水平决定了国家（或地区）相应的工业化和城市化进程；消费结构变化在相当程度上反映了工业化和城市化进展的阶段；而科技实力和水平，则与工业化、城市相互促进和影响。

二、"'双中期'区间"某一时点（2003年）关键特征综合归纳及其国际比较

本课题组在半年多时间里，经过多次讨论，在综合比较各种理论观点的基础上，提出了五个可进行指标化的关键特征：国民收入水平、产业发展结构、城市化程度、消费水平以及科技实力。这里，鉴于工业化和城市化的重要性，我们把产业发展结构、城市化程度两方面的特征列进来。这里所用的工业化与城市化指标更为具体，与下面将用来判断经济发展阶段时所用的工业化和城市化指标有所不同，可谓二级指标；其中，产业发展结构指标侧重产业结构的升级，城市化程度的衡量指标则侧重城市人口比率。国民收入水平、消费水平以及科技实力这三个关键特征对衡量和描述经济发展具有重要意义。一般条件下，经济发展程度越高，国民收入水平和消费水平就越高，科技实力也相应越强。

下面，我们把国民收入水平、产业发展结构、城市化程度、消费水平和科技实力等五个关键特征进行指数化处理，分别得到收入指数、产业发展指数、城市化指数、消费指数和科技发展指数等五个特征指数，并为每一特征指数的测度选取两个核心指标："收入指数"选取"按汇率法折算的人均GDP"和"按购买力平价法计算的人均GDP"；"产业发展指数"选取"农业占GDP比重"（逆指标①）和"服务业占GDP比重"；"城市化指数"选取"城市人口占总人口的比重"和"第二、第三产业就业量占总就业量的比重"；"消费指数"选取"最终消费支出占GDP比重"和"人均居民最终消费支出"；"科技发展指数"选取"研发经费占GDP的比例"和"每百万人中从事R&D研究和技术人员比例"。利用这些指标，我们把中国的数据与高收入国家、下中等收入国家②的相关数据进行比较，得出一组数值（见表2-1）。

---

① 逆指标的数值越小越好，越小反映相应的发展水平越高。

② 根据世界银行按照收入划分经济体的方法，将世界208个国家和地区划分为高收入经济体、上中等收入经济体、下中等收入经济体和低收入经济体四类。其中，高收入经济体主要是以美、英、法、日等国为代表的，人均国民总收入超过9386美元的54个国家和地区，下中等收入经济体主要是以中国、印度尼西亚、巴西、古巴等国为代表的，人均国民总收入在765~3035美元之间的56个国家和地区。中国属于下中等收入国家，因此将中国各项指标值分别与高收入国家和下中等收入国家的算术平均值进行比较。

表 2 - 1　我国经济发展五大特征指数测度表

序号	测度指标	高收入国家	下中等收入国家	中国	中国与高收入国家指数之比	中国与下中等收入国家指数之比
	收入指数				0.12	0.93
1	按汇率法折算的人均 GDP（美元）	30184	1547	1274	0.04	0.82
2	按购买力平价法计算的人均 GDP（国际元）	29570	5580	5796	0.20	1.04
	产业发展指数				0.37	0.84
3	农业占 GDP 比重（%）（逆指标）	2	11	12.5	0.16	0.88
4	服务业占 GDP 比重（%）	71	52	41.5	0.58	0.80
	城市化指数				0.50	0.75
5	城市人口占总人口的比重（%）	80.0	50.0	39	0.488	0.780
6	第二、第三产业就业量占总就业量的比重（非农就业量占总就业量的比重：2001 年数据）	96.1	69.5	50	0.520	0.719
	消费指数				0.37	0.74
7	最终消费支出占 GDP 比重（%）	78.1	69.7	55.4	0.71	0.79
8	人均居民最终消费支出（2000 年价格/美元）	17013	710	485	0.03	0.68

（续表）

序号	测度指标	高收入国家	下中等收入国家	中国	中国与高收入国家指数之比	中国与下中等收入国家指数之比
	科技发展指数				0.34	0.82
9	研发经费占 GDP 的比例	2.43	1.01	1.22	0.50	1.21
10	每百万人中从事 R&D 研究和技术人员比例	4389.89	1694.78	742.49	0.17	0.44

资料来源：

1. "按汇率法折算的人均 GDP"根据《国际统计年鉴2005》相关数据计算，为2003年数据；"按购买力平价法计算的人均 GDP"数据来自《国际统计年鉴2005》，为2003年数据。

2. "农业占 GDP 比重"和"服务业占 GDP 比重"数据来自《世界发展指标2005》，为2003年数据。

3. "城市人口占总人口的比重"数据来自《国际统计年鉴2005》，为2003年数据；"第二、第三产业就业量占总就业量的比重"根据《国际统计年鉴2005》相关数据计算，为2001年数据。

4. "最终消费支出占 GDP 比重"和"人均居民最终消费支出"数据来自《国际统计年鉴2005》，为2003年数据。

5. "研发经费占 GDP 的比例"数据来自《国际统计年鉴2005》，为2002年数据；"每百万人中从事 R&D 研究和技术人员比例"数据来自《国际统计年鉴2005》，高、中等收入国家分别为1999年、2001年数据，中国为2002年数据。

注1："农业占 GDP 比重"是逆指标，分别为高收入国家、下中等收入国家的数据指标与中国相关指标的比值。

注2：以上收入、产业发展的相关数据已根据2006年1月9日统计局公布的最新调整的历史数据调整过。

从上表可以看出，在国民收入方面，中国的收入水平相当于发达国家平均值的

12%，说明还有相当大的差距；中国与下中等国家收入指数为 0.93，处于下中等
收入国家的中上等水平。在产业发展方面，中国的产业发展水平相当于发达国家平
均值的 37%；中国与下中等收入国家产业发展指数为 0.84，处于下中等收入国家
的中下等水平。在城市化发展方面，中国的城市化发展水平相当于发达国家平均值
的 50%；中国与下中等收入国家城市化指数为 0.75，处于下中等收入国家的中下
等水平。在消费水平方面，中国的消费水平相当于发达国家平均值的 37%，也就
是其中等水平；中国与下中等收入国家消费指数为 0.74，处于下中等收入国家的
中下等水平。在科技发展指数方面，中国的科技投入和产出的综合水平相当于发达
国家平均值的 34%；中国与中等收入国家科技发展指数为 0.82，处于下中等收入
国家的中上等水平。这里，指数反映出一种有前有后的情况，与高收入国家比，各
指标均有差距。这些比较告诉我们，我国处于高收入国家工业化、城市化双中期区
间，但具体在收入、消费、科技、产业结构和人口非农化等方面，差距有大有小，
情况各有不同，需要我们在实践中具体问题具体对待，有针对性地缩小差距。

在分类比较的基础上，我们进行了一个综合性比较，即从这五大关键特征综合角
度，看我们 2003 年与高收入国家、下中等收入国家相比有多大差距（见表 2 - 2）。

表 2 - 2　五大特征综合指数比较表

序号	测度指标	中国与高收入国家指数对比	中国与下中等收入国家指数对比
1	收入指数	0.12	0.93
2	产业发展指数	0.37	0.84
3	城市化指数	0.50	0.75
4	消费指数	0.37	0.74
5	科技发展指数	0.34	0.82
	综合指数	0.34	0.82

资料来源：根据表 2 - 1 计算整理。

从表 2-2 中可以看到，中国经济发展的综合指数为 0.34，表明中国经济发展水平为高收入国家平均值的 34%，是一个相对低下的水平；中国与下中等收入国家综合指数为 0.82，相当于我国经济发展处于下中等收入国家的中上等水平。

结合表 2-1 与表 2-2 进行分析，还可以看到，与高收入国家相比，我国经济的城市化指数和消费指数高于综合指数；与下中等收入国家相比，收入指数和产业发展指数高于综合指数。这一结果的形成原因是多方面的。

综上，我们看到，2003 年中国经济按国民收入、城市人口、产业发展、消费以及科技五个方面总量指标在世界上的排序分别为第 4 位、第 5 位、第 1 位、第 7 位和第 4 位，综合排序达到新的高度，位居世界第 4 名，高于仅按 GDP 总量指标的排位，表明中国确实成了举足轻重的大国。但若按人均量排序，这五大指标分别排在第 20 位、第 36 位、第 70 位、第 100 位、第 126 位，综合排序为第 70 位，还是比较落后的。

第二节
中国经济发展处于工业化中期

这里，我们进一步具体判断中国所处的工业化阶段。对工业化进程的研究，国内外成熟理论研究已有很多，这里我们从理论和实践两个方面分析我国的工业化进程。在实践方面，我们选择了经济发达、同为大国的美国作为参照物，来对比判断我国当前的经济发展阶段；在理论方面，我们参照钱纳里等著名学者的发展阶段理论，通过同类指标对比，来判断我国所处的阶段。

一、我国工业化程度与美国工业化中期阶段程度相当

经反复研究，我们确定选用以下四个指标反映工业化程度，进而判断经济发展阶段。这四个指标，一是第二产业占 GDP 的比重，二是第三产业占 GDP 的比重，

三是第二产业就业人数比例，四是第三产业就业人数比例。现将中国 2004 年这四个指标与美国同数值的时期进行对照（见表 2 - 3）。

表 2 - 3　中国 2004 年指标与美国同数值的时期对照表　　（单位：%）

指标	中国 年份	中国 数值	美国 数值	美国 年份
第二产业占 GDP 的比重	2004	46.2	38	20 世纪 五六十年代
第二产业就业人数比例	2004	22.5	30	1900
第三产业占 GDP 的比重	2004	40.7	32～58	1820—1870
第三产业就业人数比例	2004	30.6	32	1900

资料来源：1. 有关中国统计数据来源于《中国统计年鉴（2005）》。2. 美国第二、第三产业占 GDP 比重和美国第二、第三产业就业人数比例来自《2005 年中国现代化报告》。

从上表数据和美国经济发展阶段①的划分，可以看出我国第二产业占 GDP 比重对应于美国二十世纪五六十年代的水平（即美国工业化后期阶段），而其就业比重对应于美国 1900 年的水平（即其工业化初期阶段），因此，可认为我国现阶段经济发展处于工业化中期区间。同时借助于三产占比的对照，可以看到，我国第三产业就业相当于美国 1900 年即工业化初期的水平。但三产产值占 GDP 比重相当于美国 1870 年以前的水平，也就是说还达不到工业化初期水平。可见，我们讲中国现阶段经济处于工业化中期的判断并不很精确，是一个"区间"的概念。

二、我国工业化程度指标符合钱纳里多国模型工业化中期阶段判断

在现有的国内外经济发展阶段理论中，钱纳里的工业化阶段理论是目前应用最广泛的。他和塞尔昆（M. Syrquin）在《发展的型式》（1975）一书中，分析比较了 1950—1970 年期间 101 个国家和地区经济结构转变的全过程，揭示了收入差异

---

①　美国经济发展阶段划分：1987 年以前：农业社会；1870—1910 年：工业化初期阶段；1911—1940 年：工业化中期，其中，1911—1920 年属于工业化初期向工业化中期转换的时期；1941—1970 年，工业化后期阶段；1971—1992 年：后工业社会；1993 年进入现代社会。

与工业化、城镇化及就业结构之间的互动关系，勾画出了经济增长过程中产出结构与就业结构转变的"标准型式"（见表 2 - 4）。

表 2 - 4　多国模型中城市化率与工业化率在不同收入水平的标准值

经济发展时期	工业生产份额（%）	工业劳动力份额（%）
工业化前期	21.5 ~ 27.6	16.4 ~ 23.5
工业化中期	27.6 ~ 33.1	23.5 ~ 30.3
工业化后期	33.1 ~ 37.9	30.3 ~ 36.8

注：根据《发展的型式》（钱纳里、塞尔昆：《发展的型式》，李新华等译，经济科学出版社，1988 年版，第 31 - 32 页）一书中的表格整理而来。

从上表中得知工业化前、中、后期工业比重分布，我国 2004 年工业占 GDP 比重为 46.2%，已进入后工业化时期；但我国 2003 年第二产业就业比例为 22.5%，处在工业化前期，如果考虑加入信息技术发展对就业比重的促降影响，即根据新情况修改只截至 20 世纪 70 年代的钱纳里模型，那判断工业化的就业比重就应该有所降低，我国就业指标也就接近工业化中期。总而言之，从钱纳里多国模型的工业化阶段分期理论看，我国经济处于工业化中期区间的结论是可以成立的。

三、改革开放以来我国产业发展的特点

经济发展是围绕着产业进行的。1978 年以来，随着改革开放和有中国特色的社会主义市场经济的逐渐建立，我国的产业发展也表现出了与社会经济发展水平相适应的变化，产业总体发展水平不断提高，已有农业经济进入工业经济全面发展时期，产业结构更趋合理，但产业发展水平仍旧落后于世界平均发展水平，服务业比重不高，劳动生产率和资源利用效率低下，产业发展的质量远远滞后于经济发展的水平。

1. 产业发展取得长足进步，第一、第二、第三产业结构比例达到 13.1：46.2：40.7，但与世界平均发展水平存在较大差距

从 1978 年开始，中国经济社会的发展基本都是以制度革新为契机，促进生产力释放和产业发展的。中国经济体制改革大致经历了两个阶段：1978—1992 年是

感性发展阶段，即试验性、摸着石头过河、探索性破坏旧体制阶段；1992 年开始进入理性推进阶段，即系统性、主动性制度创新阶段。在产业发展的指标计算中，选取 1978 年、1980 年、1992 年、2003 年、2004 年共 5 个时间段进行分析。不同年份产业发展的结构与规模指标如表 2 - 5 所示。

表 2 - 5　不同年份中国三次产业结构指标　（单位：%）

年份	第一产业	第二产业	第三产业
1978	28.1	48.2	23.7
1980	30.1	48.5	21.4
1992	21.8	43.9	34.3
2003	14.4	52.2	33.4
2004	15.2	52.9	31.9

资料来源：《2005 年中国统计年鉴》。

根据表 2 - 5，我国从 1978 年改革开放之初到 2004 年底，第二产业 GDP 占总 GDP 的比例由 48.2% 增长到 52.9%，增长了 4.7%，工业产值已经超过了国民生产总值的一半，并且还在呈增长趋势，第二产业的边际效益没有降低。我国已经进入了工业化的发展时期。第三产业已由 1978 年的 23.7% 增加到 31.9%，增长了 8.2%。截至 2004 年底，第二、第三产业已经占国内生产总值的 84.8%，取得了产业发展的绝对优势。根据最新的中国第一次经济普查数据，我国第一、第二、第三产业结构比例更新为 13.1：46.2：40.7，第一产业比重下降 2.1 个百分点，第二产业比重下降 6.7 个百分点，第三产业比重上升 8.8 个百分点，第二、第三产业占 GDP 比重达到了 86.9%，表明经济增长结构趋向合理。

但从国际比较的角度看（见表 2 - 6），在经济发展的产业升级过程中，高收入国家第三产业逐渐取代第二产业，成为国民经济的主体，整个产业发展已经进入后工业社会，也即已经完成了工业产业体系的现代化，第二产业的相对比重呈现相对下降的趋势。在我国的产业结构中，第二产业的比重在国民经济中仍旧处在主体地位，且呈上升趋势。第三产业还处在附属地位，不及下中等国家的平均水平。

表 2 – 6　2002 年各国三次产业占 GDP 结构表　　　（单位：%）

国家或地区	第一产业	第二产业	第三产业
世界	3.9	29.8	66.3
发达国家	1.9	28.6	69.5
发展中国家	11.4	33.4	55.2
欧洲货币联盟	2.2	28.1	69.7
中国	15.4	51.1	33.5
德国	1.2	29.6	69.2
英国	1	26.4	72.6
法国	2.7	24.9	72.4
韩国	4	40.9	55.1

资料来源：《2004 年国际统计年鉴》。

无论是第一产业还是第三产业，从三次产业结构的角度看，与世界的平均水平都存在较大差距，尽管第一次全国经济普查更新数据在产业结构方面有所改善，但仍然没有改变这一基本趋势。这说明我国整体产业结构的发展水平还不到 2003 年世界的平均水平，存在较大的差距。

2. 20 世纪 90 年代初，我国已经走出农业经济，进入工业经济社会的快速发展期

根据世界经济发展史的一般规律，随着经济发展水平的提高，在产业结构中，出现了农业比重不断下降，服务业比重不断上升，工业比重经历了先上升、后下降的规律。产业结构的发展按照钱纳里结构转变与经济增长的阶段性理论，确定了产业结构转变的 3 个阶段。即初级产品阶段——主要指农业、工业化阶段和发达经济阶段。其中，产业结构转变的第二阶段工业化阶段以经济重心由初级产品生产向制造业生产转移为特征。其判断标志可概括为：人均收入水平超过 400 美元，制造业对经济增长的贡献将高于初级产品（主要是农业）的贡献。第三阶段发达经济阶段结构转变的标志，在发达社会一般表现在第二产业也即工业比重开始下降的阶段。根据国际上主要发达国家（美国、日本、德国、英国、法国、澳大利亚、意大

利、加拿大）1801—2000 年工业增加值和工业劳动力比重随时间的变化趋势可以判断，工业增加值比重和工业劳动力比重由上升向下降逆转的区间大致是工业增加值比重的极值在 40% ~ 50%，最大值在 50% 左右。

按照上述判断指标，根据 1978 年以来，我国三次产业占 GDP 比重（表 2 - 7）可以看出：1978—1985 年，我国第一产业比重逐年增加，到 1985 年基本达到最高值，1986—1990 年呈徘徊状态，1991 年以后开始呈逐年下降趋势。与之相反，第二产业从 1978 年的 48.2% 逐年下降，1991 年以后开始逐渐上升，受第三产业影响，到 1995 年开始成为国民经济的主体。

表 2 - 7 1978—2004 年国内生产总值构成 （单位：%）

年份	第一产业	第二产业		第三产业
			其中：工业	
1978	28.1	48.2	44.4	23.7
1979	31.2	47.4	43.8	21.4
1980	30.1	48.5	44.2	21.4
1981	31.8	46.4	42.1	21.8
1982	33.3	45.0	40.8	21.7
1983	33.0	44.6	40.0	22.4
1984	32.0	43.3	38.9	24.7
1985	28.4	43.1	38.5	28.5
1986	27.1	44.0	38.9	28.9
1987	26.8	43.9	38.3	29.3
1988	25.7	44.1	38.7	30.2
1989	25.0	43.0	38.3	32.0
1990	27.1	41.6	37.0	31.3
1991	24.5	42.1	37.4	33.4
1992	21.8	43.9	38.6	34.3
1993	19.9	47.4	40.8	32.7
1994	20.2	47.9	41.4	31.9

（续表）

年份	第一产业	第二产业		第三产业
			其中：工业	
1995	20.5	48.8	42.3	30.7
1996	20.4	49.5	42.8	30.1
1997	19.1	50.0	43.5	30.9
1998	18.6	49.3	42.6	32.1
1999	17.6	49.4	42.8	33.0
2000	16.4	50.2	43.6	33.4
2001	15.8	50.1	43.5	34.1
2002	15.3	50.4	43.7	34.3
2003	14.4	52.2	45.2	33.4
2004	15.2	52.9	45.9	31.9

资料来源：《2005 年中国统计年鉴》。

根据三次产业对经济增长的贡献率（见表 2 - 8），从 1991 年开始，第二产业对经济增长的贡献率远远超过其他产业，贡献率均超过 50%。

表 2 - 8　1990—2004 年三次产业对经济增长的贡献率　（单位：%）

年份	第一产业	第二产业		第三产业
			其中：工业	
1990	41.9	41.0	39.7	17.1
1991	7.1	62.8	58.0	30.1
1992	8.4	64.5	57.6	27.2
1993	8.1	67.7	61.1	24.2
1994	6.8	70.5	65.0	22.7
1995	9.4	67.4	61.3	23.2
1996	10.0	66.4	61.7	23.6
1997	7.1	63.8	62.2	29.1
1998	7.7	62.3	56.7	30.0

（续表）

年份	第一产业	第二产业		第三产业
			其中：工业	
1999	6.5	62.9	59.9	30.7
2000	4.8	66.0	62.6	29.2
2001	6.1	56.5	50.5	37.4
2002	5.4	59.6	52.7	35.0
2003	3.9	68.4	60.1	27.7
2004	9.2	61.8	56.0	29.0

资料来源：《2005 年中国统计年鉴》。

因此，可以综合判断，从 1991 年开始，我国经济发展开始进入工业经济社会的全面和快速发展期。由于工业产业在国民经济中始终保持主体地位，第三产业发展相对滞后，反映了整个国民经济远没有达到钱纳里所说的第三阶段。另外应当看到，工业产值的增加开始由改革开放初期以满足生活与消费的轻工业产品为主转向以建材、化学和汽车工业为标志的重化工业。

3. 尽管我国处在工业化的中期阶段，但以计算机和信息技术为标志的世界经济发展的前沿产业异军突起，拉近了我国同世界发达国家的差距

在经济发展的前沿领域，美国等部分经济发达国家在 20 世纪 90 年代已经完成了工业化，开始进入以计算机和信息技术为特征的信息产业时代。与欧美发达国家的经济发展轨迹不同，在我国工业化的产业结构还处在优化升级阶段，远没有完成的时候，又面临着国际上以信息产业为标志的新兴产业崛起的推动，我国的信息产业也随着国际经济的发展步伐呈现快速增长的趋势，逐渐蓬勃发展起来。

表 2-9　不同年份信息产业占 GDP 比重

年份	1978	1980	1992	2003	2004
信息产业占 GDP 比重（%）	0.32	0.3	1.21	4.38	4.18

资料来源：《2005 年中国统计年鉴》。

根据表2-9，信息产业占全国的GDP已从1978年的0.32%发展到2003年的4.18%，增长了近4个百分点。信息产业的增长速度已经超过国民经济增长速度的3倍，对GDP的直接贡献率超过了10%。

表2-10 2003年信息产业发展情况国际比较指数

	高收入国家	下中等收入国家	中国	中国与高收入国家指数	中国与下中等收入国家指数
信息通信、技术支出占GDP的百分比（%）	7.39	3.93	5.3	0.72	1.35

资料来源：《2005年世界发展指标》。

根据2003年国际产业发展结构指标统计（见表2-10），在世界对比中，中国信息产业的发展更为显著，2003年在信息产业占GDP的比重中，中国与世界高收入国家只有约2%的差距，以较大的优势高出下中等国家的水平，反映了当前世界经济增长革新过程中，在传统产业没有完成前，适应经济发展的浪潮，我国有一支新的产业力量正在崛起，使我国的经济发展和与之相适应的产业结构处在新老重叠发展阶段。

4. 劳动生产率和资源利用效率提高迅速，但产业发展质量不高，产业结构有待进一步优化升级

对产业发展的质量，主要从能耗、劳动生产率、经济密度等角度衡量。根据表2-11，1978—2004年，我国全社会劳动生产率由911元/（人·年）增长到18295元/（人·年），增长了近20倍。在能耗方面，万元GDP消耗标准煤由1978年的15.77吨下降到2004年的1.44吨，降低了近10倍，用水指标也降低了23倍，每公顷万元GDP产出增加了4倍。反映出我国产业规模增大的同时，产业质量提高显著，有效地刻画了中国经济近20年来的产业质量整体发展速度和水平。

表 2 – 11　不同年份的产业发展质量指标

年份	全社会劳动生产率 ［元/（人·年）］	耗能指标 （吨标准煤/万元 GDP）	用水指标 （米³/万元 GDP）	经济密度 （万元 GDP/公顷）
1978	911.00	15.77	–	–
1980	–	13.34	9821.15	–
1992	–	4.10	1951.34	0.39
2003	1863.00	1.47	456.28	1.70
2004	18295.00	1.44	405.32	1.99

资料来源：2004 年、2005 年等年份的《中国统计年鉴》。经济密度涉及的土地数据来源于 2003 年、2004 年全国土地利用变更调查数据。

在产业发展质量的国际比较中（见表 2 – 12），尽管中国在纵向比较上提高显著，但在国际对比中差距也同样显著。

表 2 – 12　2002 年不同国家的产业发展质量指标

国家或地区	经济密度 （万元/公顷）	劳动生产率 （美元/人）	能耗 （标准油/万美元 GDP）
世界	1.60	10669	3.21
发达国家	3.08		2.07
发展中国家	0.54		7.07
中国	0.88	1646	9.69
印度	1.03	1085	11.11
美国	7.19	69997	2.28
日本	70.62	58716	1.25
加拿大	0.48	42470	3.57
法国	17.29	53057	2.01
德国	37.05	48257	1.89
英国	42.97	52910	1.64
韩国	32.10	19399	4.56

资料来源：《2004 年国际统计年鉴》。

中国的劳动生产率低于世界平均水平近 7 倍，低于发达国家（美国）42 倍，而能耗指标（标准油/万美元 GDP）却高于世界平均水平 3 倍多，高于发达国家（美国）4 倍多。

表 2 – 13　不同国家万元 GDP 耗水指标

年份	国家	万元 GDP 耗水指标（米^3/万美元）
1990	日本	179.86
1991	德国	196.08
1990	法国	251.89
1995	美国	675.68
1991	加拿大	826.45
1991	英国	107.18
1992	韩国	625.00
1997	中国	6172.84
1990	印度	17543.86

资料来源：刘昌明：《中国水资源现状评价和供需发展趋势分析》，中国水利水电出版社，2001 年版。

在水资源利用方面（见表 2 – 13），我国也高于发达国家（美国）9 倍多。这充分反映了我国产业发展的质量落后很多，可以说还处在接近工业化中期的阶段，亟待进行技术革新与升级。在全球经济一体化、能源战略危机严重、可持续发展战略实施的形势下，提高资源利用效率和经济增长方式，走绿色创新的发展道路，是优化产业结构、提高国际竞争力、建设资源节约型和环境友好型社会、促进经济良性发展应该重点解决的问题，也是目前我国经济发展的阶段性问题。

小结：

要特别指出的是：中国工业化中期的资源能源消耗和环境污染问题严重。在 20 世纪 80 年代至 2010 年的 30 年间，中国工业基本上沿袭了粗放型的增长方式，主要工业产品产量增长倍数十分惊人，由此带来的资源能源消耗和环境污染也是触目惊心的。2006 年，中国工业增加值占 GDP 比重达到历史最高点，也就是这一年，中国几项主要污染物排放指标也达到了历史峰值，有多项指标均位居世界首位。[1]

应注重资源价值，在企业经营中应实现资源环境外部问题内部化；将资源利用和污染治理纳入企业成本核算中，进行企业管理制度创新，完善现代企业制度和管理机制；在信息产业等高新技术带动下淘汰或改造高能耗、高污染产业，建立现代制造业，积极培育第三产业市场，加速第一产业人口转移；建立和完善现代工业体系，促进我国产业发展整体进入中等发达国家水平。

专　栏

经济发展要有全成本概念[2]

中国在实现可持续发展的进程中，面临着种种困难和阻力。要实现可持续发展，实现绿色发展，必须要在可持续发展的成本与效益问题上有更明确的认识。

从可持续发展的角度考虑，我认为，经济发展的成本应包括：一是自然环境成本（Natural Environmental Cost，简称 NC），二是资源成本（Resource Cost，简称 RC），三是社会成本（Social Cost，简称 SC），四是经济成本，（Economic Cost，简称 EC）。综上，可把这四种成本的总和称之为"全成本"（Whole Cost，简称 WC），显然，全成本的计算公式为：$WC = NC + RC + EC + RC$。之所以称为"全成本"，一方面是要与已有的企业总成本（Total Cost）相区别，另一方面也可以更准确地反映出可持续发展的成本具有全面性。传统经济增长是不计或低估环境资源成本，可持续发展则必须从环境保护和生态补偿的角度，重视并合理估价计入成本。"全成本"概念是可持续发展的真实成本。

1. 自然环境成本指人类经济活动所造成的环境退化，主要涉及空气、水体、土壤、草原、森林和生物多样性等方面

---

[1]　本段为曲格平部长的概括。曲格平：《中国环境保护四十年回顾及思考——在香港中文大学"中国环境保护四十年"学术论坛上的演讲》，《中国环境管理干部学院学报》，2013 年第 4 期。

[2]　本专栏内容引自本书作者 2004 年 11 月 28 日在深圳亚太环境记协第十六次代表大会上的发言。国家环保总局副局长、中国环境记协名誉主席潘岳出席了论坛，由央视著名节目主持人敬一丹主持。2005 年 1 月 9 日博鳌可持续发展研讨会上，本书作者对此再次进行了阐述。

2002 年，我国环境保护部门监测的城市中，近2/3的城市空气质量达不到空气质量二级标准。部分城市二氧化硫污染严重，酸雨控制区内90%以上的城市出现了酸雨。我国近海海域中，东海、渤海水质较差。在各大内河中，辽河、海河水系污染严重；淮河支流及省界河段水质较差；黄河水系总体水质较差，支流污染普遍严重。主要湖泊氮、磷污染较重，导致富营养化问题突出。全国水土流失总面积为356 万平方公里，占国土总面积的37.1%。据世界银行专家估计，中国由空气和水污染造成的直接经济损失占 GDP 的 3% ~ 8%；另据有关部门统计，每年我国因环境污染造成的损失占国民生产总值的 3% ~ 5%（也有说是 6% ~ 7%）。

2. 资源成本指的是经济活动所造成的资源消耗

2004 年前后，我国 90% 以上的能源、80% 以上的工业原料、70% 以上的农业生产资料都来源于矿产资源，30% 以上的农业用水和饮用水也来自属于矿产资源范畴的地下水。自 20 世纪 90 年代以来，我国矿产资源的消耗呈激增态势。据测算，按照现有探明储量和消耗速度，中国目前已探明的 45 种主要矿产中，到 2010 年可以满足需要的只有 21 种，到 2020 年只有 6 种。须再指出，传统经济增长以耗费自然资源为当代社会获益为目标，可持续发展则要以社会持续获益为目标。

3. 社会成本指的是经济发展所带来的对公众福利的不利影响和对社会和谐的损害

追求经济增长有可能造成的社会成本：劳动者的劳动安全和劳动卫生得不到切实的保障，消费者的消费安全成为问题，工业污染无处不在，公民接受普遍义务教育的权利受到忽视和侵犯，收入两极分化，公共卫生体系难以支撑，社会伦理道德和价值观念遭到商业意识的扭曲，等等。要指出，传统经济增长以当代社会基本稳定为牺牲公平的底线，可持续发展则要以代际财富的不减少为选择经济与社会发展关系的尺度。

4. 经济成本是指经济发展所需的劳动力、厂房、机器设备、货币资本等各项要素的投入

这个成本不完全等同于传统意义上的总成本，因为它不包含资源作为原材料投入的那部分。经济成本不容忽视。我国工程院的朱高峰院士曾指出，中国制造业的

人均劳动生产率远远落后于发达国家，仅为美国的1/25、日本的1/26、德国的1/20；技术创新能力十分薄弱，有自主知识产权的产品少，依附于国外企业的组装业比重大，工业增加值率仅为26%，远低于美国的49%、日本的38%、德国的48.5%；大量先进装备仍主要依赖进口。

总之，我们技术创新能力弱，产品附加价值低，经济资源利用的效率低，因此，在表面的高增长背后，有一个巨大的成本损失问题需要我们认真反思。

小结：

以为经济发展只用了资本与人力成本是不正确的，不把环境、资源和社会代价算在成本之内是不完整的！总成本概念告诉我们，经济发展花费的成本是大的，不是小的，这与环保形成尖锐矛盾；用最小的成本实现可持续发展，是我们的目标！在经济发展与环境保护的矛盾中进行选择时，请多想想我们的后代！

第三节
中国经济发展处于城市化中期

城市化是指一个国家由传统的农村社会向现代的城市社会发展的历史过程，在城市化过程中，工业化是城市化最主要的推动力量，工业化的速度和质量决定着非农产业就业机会扩张的能力以及城镇居民的收入状况。但是城市化与工业化并不必然是同步的，劳动力、资金、土地等在内的各种生产要素在多大程度上能够自由地向城市聚集，并带动城市化的发展，还取决于一个国家的制度环境。我国当前正处于快速工业化和城市化的过程中，也处于快速制度转型的过程中，消除城市化的制度障碍，实现制度创新，将为城市化和城市发展提供巨大的空间。

一、我国经济发展处在城市化中期区间

美国著名经济地理学家诺瑟姆（Ray M. Northman）在总结世界各国共同发展经

验的基础上，建立了反映城市化进程的 S 形曲线规律模型。他根据城市人口占总人口比重即城市化率来判断，以 25%、50%、75% 为分界线形成四个阶段，而在 25% 和 75% 之间又可称为"城市化的中期阶段"，因而可划分为初期、中期、晚期三个阶段，中期中又有前期、后期的差别。在每一个阶段都有不同的经济内涵和表现。一般来说，在城市化率尚未达到 25% 以前，城市化的物质基础薄弱，规模小，发展缓慢，是大发展的准备阶段和打基础阶段；25% ～ 75% 的阶段是城市化飞跃发展时期，第三产业处于进行性增长阶段；75% 以后的阶段，经济社会各方面发展渐趋成熟，速度明显下降，进入城市化的晚期。在 50% 前后两个阶段也有不同特点，在此以前的城市人口增长速度具有递增趋势，而呈指数曲线攀升；在此后增长速度具有递减趋势，而呈对数曲线扩展，同时城市分布和城市规模也开始发生扩散和缩小的变化（饶会林，1999），参见图 2 - 1。

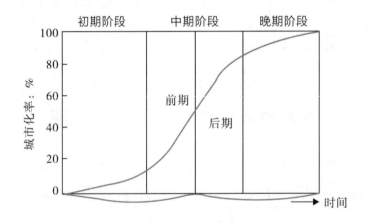

图 2 - 1　城市发展阶段性的理论曲线

资料来源：饶会林：《城市经济学》（上卷），东北财经大学出版社，1999 年版，第 63 页。

由于我国城市化更准确地讲是城镇化，因此，城镇化数据更有代表性。我国 2003 年、2004 年的城镇化率分别为 40.53%、41.76%，处于图 2 - 1 中城市化中前期框内。

从总量上看，中国的城市人口在 2003 年达到了 4.98 亿人，在世界各国中高居榜首，占世界城市人口的17%，占高收入国家城市人口的66%，占下中等收入国家城市人口的38%。因此，从总量上看，中国是一个城市人口的大国（见表2－14）。

表2－14　中国的城市人口总量在世界上的地位　　（单位：百万）

测度指标	2003 年							
	世界	高收入国家	下中等收入国家	中国	中国占世界比例	中国与高收入国家比例	中国与下中等收入国家比例	中国在世界上的排位
城市人口总量	3015.7	758.3	1319.8	498	0.17	0.66	0.38	1

资料来源：《2005 年世界发展指标》。

从相对量上看，中国的城市化水平与世界水平相比，还有很大的差距，与高收入国家相比，中国的城市化指数是0.50，与下中等收入国家相比，中国的城市化指数是0.69（见表2－15）。这表明中国的城市化水平仅是高收入国家城市化水平的一半，是下中等收入国家的69%，在世界上还处于比较落后的地位（见表2－15）。

表2－15　中国的城市化指数

测度指标	2003 年				
	高收入国家	下中等收入国家	中国	中国与高收入国家指数	中国与下中等收入国家指数
城市化指数				0.50	0.69
1. 城市人口占总人口的比重(%)	80.0	50.0	39	0.488	0.780
2. 第二、第三产业就业量占总就业量的比重（%）（非农就业量占总就业量的比重，2001 年数据）	96.1	83.9	50	0.520	0.596

对比表2－14 和表2－15，可以看出，中国的城市人口在总量上高居世界第一，但在相对量上，还不及下中等收入国家的水平。这反映出中国作为一个发展中的人口大国在城市化发展道路上的成就和矛盾。

综上，定位我国经济发展在工业化和城市化"双中期"区间是有理论根据的，也是符合我国国情的。这一判断，对认识我国经济发展的特征和规律，进而选择经济发展战略，是非常重要的。

二、我国城市化特点

1. 中国近些年是世界上城市化速度最快的国家

从表 2 – 16 中可以看出，虽然中国目前的城市化水平还落后于世界平均水平，但却是世界上城市化速度最快的国家。1990—2003 年，短短 13 年，我国的城市化水平由 26.4% 提高到 40.5%，提高了 14.1 个百分点，平均每年提高 1.08 个百分点。而世界的平均水平则是从 1990 年的 43.6% 提高到 48.7%，仅提高了 5.1 个百分点，平均每年提高不足 0.4 个百分点。

表 2 – 16   中国的城市化速度与世界的对比

年份	城镇人口占全部人口比重（%）		
	1990 年	2003 年	2003 年比 1990 年增长
世界总计	43.6	48.7	5.1
中国	26.4	40.5	14.1
低收入国家	34.3	36.8	2.5
中等收入国家	64.6	67.7	3.1
下中等收入国家	58.6	62.5	3.9
上中等收入国家	73.6	75.3	1.7
中、低收入国家	57.6	60.5	2.9
高收入国家	81.5	83.4	1.9
印度	25.5	28.3	2.8
蒙古国	57.0	56.8	– 0.2
越南	20.3	25.4	5.1

（续表）

年份	城镇人口占全部人口比重（%）		
	1990 年	2003 年	2003 年比 1990 年增长
巴西	74.8	82.8	8
保加利亚	66.5	67.5	1
哈萨克斯坦	57.0	55.9	1.1
俄罗斯联邦	73.3	73.0	−0.7
罗马尼亚	53.6	55.7	2.1
阿根廷	86.5	88.6	2.1
捷克	74.8	74.7	0.1
墨西哥	72.5	75.0	2.5
波兰	60.7	63.0	2.3
中国香港	99.9	100	0.1
澳大利亚	85.1	91.9	6.8
意大利	66.7	67.4	0.7
日本	77.4	79.2	1.8
新加坡	100	100	0
韩国	58.4	61.1	2.7
英国	89.1	89.7	0.6
美国	75.2	77.9	2.5

资料来源：《2005 年国际统计年鉴》。

1990—2003 年，中国是世界上城市化速度最快的国家。据当时测算，2010 年我国城镇人口比重为 46.50% 左右，2014 年可能超过 50%（周一星，2005）。[1] 预

---

① 王世玲：《"十一五"警惕城镇化超速》，《21 世纪经济报道》，2005 年 10 月 20 日。

计 2020 年的城镇化水平将达到 60% 以上。①

2. 中国的城市化滞后于工业化

中国城市化落后世界平均水平的原因，除了中国经济发展水平相对落后，是一个发展中的人口大国，农业人口众多外，还与中国的城市化落后于工业化进程密切相关。从工业化水平看，我国已经是一个工业化国家，工业化程度不仅高于世界平均水平，甚至还高于中等收入国家和高收入国家的水平（见表 2 – 17）。

表 2 – 17　中国的工业占 GDP 比重及在世界上的地位　　（单位：%）

年份	1990 年	2003 年
世界总计	34	28
低收入国家	26	27
中等收入国家	39	36
下中等收入国家	39	37
上中等收入国家	39	35
中、低收入国家	37	35
高收入国家	33	27
中国	42	52

资料来源：《2005 年国际统计年鉴》。

但是中国的城乡二元制度导致中国的工业化是一种分散的工业化，即工业化是分散在城乡分别进行的，而不是集中在城市里发展。1992—2003 年，城市第二产业对我国第二产业的贡献只占 55% 左右，而农村第二产业占第二产业的贡献一直占 45% 左右（见表 2 – 18）。

---

① 本书编写组：《〈中共中央关于制定国民经济和社会发展第十一个五年规划的建议〉辅导读本》，人民出版社，2005 年版，第 242 页。

表 2 - 18　城乡各部门对国内生产总值增长的贡献 （单位：%，以 GDP 年增长为 100）

年份	1992 年	1994 年	1996 年	1998 年	2000 年	2002 年	2003 年
第一产业	8.4	6.8	10.0	7.7	4.7	5.0	3.7
第二产业	64.4	70.5	66.3	64.6	65.8	67.6	79.2
城市第二产业	22.5	49.5	37.7	32.7	37.6	36.3	42.2
乡村第二产业	41.9	31.0	28.6	31.9	28.2	31.2	37.2
第三产业	27.2	22.7	23.8	27.7	29.4	27.4	17.1
城市第三产业	17.8	14.1	14.7	15.8	19.7	21.3	14.8
乡村第三产业	9.4	8.6	9.1	11.8	9.7	6.1	2.3
城市合计	40.3	63.7	52.4	48.5	57.3	57.7	56.8
乡村合计	59.7	36.3	47.6	51.5	42.7	42.3	43.2

资料来源：中国社会科学院农村发展研究所、国家统计局农村社会经济调查总队：《2004—2005 年中国农村经济形势分析与预测》，社会科学文献出版社，2005 年版，第 37 页。

这种分散的工业化使中国工业化的发展并没有带来相应的第三产业的发展和城市化的发展，导致第三产业的发展和城市化呈现出明显的滞后。与钱纳里等人有关工业化和城市化的标准形式相比，我国的城市化水平与标准水平偏差约 20%（见表 2 - 19）。

表 2 - 19　我国城市化水平与第一产业就业人数的变化情况 （单位：%）

年份	1990 年	1994 年	2000 年	2002 年	2003 年
城镇人口占比	26.41	28.51	36.22	39.09	40.53
第一产业增加值占比	27.05	20.23	16.4	15.32	14.58
第一产业就业人数占比	60.10	54.30	50.00	50.00	49.10
第二、第三产业增加值占比	72.95	79.77	83.6	84.68	85.42
第二、第三产业就业数占比	39.9	45.7	50.0	50.0	50.9
城市化比率偏差	-24.63	-27.14	-20.80	-19.25	-19.35

资料来源：中国社会科学院农村发展研究所、国家统计局农村社会经济调查总队：《2004—2005 年中国农村经济形势分析与预测》，社会科学文献出版社，2005 年版，第 42 - 43 页。

三、我国城市化过程中存在的问题

1. 城市化过程中的土地资源浪费严重

国际经验表明，城市化快速发展的时期是城市建设和其他非农建设用土地迅猛增长的阶段。根据联合国粮农组织公布的统计资料，1961—2000 年，日本的城市化率提高了 15.6%，耕地资源总量减少了 21%；韩国的城市化率提高了 54.3%，耕地面积减少了 15.5%；德国城市化率提高了 11.1%，耕地面积减少了 3.4%；法国城市化率提高了 12.1%，耕地面积减少了 6.0%。目前，我国正处于城市化快速发展的阶段，各种非农建设用地规模呈现出了迅速膨胀态势。据统计，1996—2004 年全国耕地面积净减少了 1 亿多亩。在这些减少的耕地中，有工业化和城市化发展对非农建设用地合理需求扩大方面的原因，也有盲目圈地、乱批滥占耕地等造成土地资源大量浪费方面的原因。据统计，2003 年底，全国共清理出各类开发区（园区）6015 个，规划面积 3.51 万平方公里，超过现有城镇建设用地总量；在 6015个各级各类开发区中，经过国务院及有关部门和省级政府及有关部门批准的只有 1818 个，占 30%（木佳，2004）。2000 年以来，我国查处土地违法案件 56.8 万件，仅 2003 年就发现土地违法行为 17.8 万件。[①] 2004 年上半年，全国又发现土地违法案件 42297 件，涉及土地面积 21689.5 公顷，其中耕地 13341.7 公顷。据 2003年 10 个省、市的统计，在 458.1 万亩园区实际用地中，未经依法批准的用地达到 314.6 万亩，占 68.7%。这些圈占的土地 40% 以上处于闲置状态，许多已经进行开发利用的土地使用效率也非常低。我国是一个人多地少的国家，城市化过程中土地资源的大量浪费，以及对农民利益的侵害，是造成我国目前城乡矛盾和社会不稳定的主要原因。

2. 城乡劳动力市场处于分割状态，进城务工的农民不能享受平等的市民待遇

我国目前所处的城市化的快速发展阶段，是农村剩余劳动力快速转移到城市务

---

① 《保护耕地，从何着手》，引自网页：http://www.nyagri.gov.cn/asp/detail.asp? ID = 200A8C31 - 2132 - 47A2 - 8354 - 256035133721。

工的阶段。1984 年以后，农村劳动力转移分为几个阶段：1984—1988 年为快速转移阶段，这一阶段转移农村劳动力的数量平均每年达到 1100 万人，年均增长 23%。1992—1996 年为稳步增长阶段，这一阶段平均每年转移农村劳动力超过 800 万人，年均增长 8%。1997 年到 2003 年底为平衡增长阶段，这一阶段农村转移劳动力数量的增长速度呈逐年下降趋势，1997—2003 年年均转移 500 万人，年均增长约 4%，2003 年仅增加 490 万人，增长 3%，低于近年平均水平。①

但是，从城市的就业市场看，农村转移的劳动力并不能自由地进入城市的所有领域就业，一些政府及有关部门往往设置了种种障碍限制外来务工人员的自由就业，使外来务工的农村劳动力在输入地的劳动力市场上受到了种种歧视，合法权益得不到保障。我国 1994 年就颁布了《中华人民共和国劳动法》，其中规定用人单位必须签订劳动合同。劳动合同制就是要在全社会范围内打破职业身份界限，为劳动力流动提供制度上的保障。劳动力合同是对劳资双方的保护，是劳动者参加社会保险的前提，也是政府和执法部门处理劳动争议的法律依据。而对于外来务工人员来说，尽管《中华人民共和国劳动法》规定用人单位必须签订劳动合同，但是实际上由于种种原因外来务工人员签合同的很少，目前全国农村劳动力的劳动合同签订率约为 30%；而在城市正规的国有企业、集体企业、外商投资企业中，劳动合同签订率已达到 95% 以上。② 这种对比典型地反映了目前城乡劳动力市场的二元分割情况，这种二元结构妨碍了我国城市化的健康发展。根据国家统计局数据，2004年全国外来务工人员的月平均工资为 539 元，而同期的城镇职工月平均工资是 1335元。这组数据意味着，2004 年全国因为雇佣外来务工人员一项就节省了 11462 亿元的工资开支，相当于当年中国 GDP 的 8.5%，这大体相当于中国当年的经济增长率，可以说农民工的劳动推动了中国经济的发展。尽管农民工在城市工作和生活，可他们的孩子却不能在城市上学、家庭不能团聚、没有社会保障、没有医疗服务、

---

① 国家统计局农村社会经济调查总队：《中国农村经济调研报告（2004）》，中国统计出版社，2004 年版。

② 《我国国有、集体企业劳动合同签订率在 95% 以上》，引自网页：http：//news. xinhuanet. com/fortune/2005 – 01/02/content_2407490. htm.

没有就业培训、缺乏社会支持，这就导致他们的基本权利屡遭侵害，甚至剥夺了他们在城市的发展机会。

3. 一些地方存在着超前城市化的现象

由于城镇化被看作政绩指标之一，目前已经出现地方政府追求城镇化高增长率的攀比现象。这必将使得地方政府为了城镇化而城镇化，而不是根据国家和当地的经济发展的实际来推进城镇化。如有的地方政府只是单纯地将农民的农村户口改为城市户口，将农民的土地收为国有，以这些手段来提高城市化率，而不管这些农民的就业与社会保障。还有的地方仅将建城市、建大城市列为政府的主要工作目标，忽视了城市化应有的产业集聚、生产率、就业机会、基础设施、经济效益等城市发展的动力问题，这样的城市化只是徒有其表的。从根本上看，城市化是经济发展和工业化的结果，而不是像现在有些地方政府提出的以城市化带动工业化和经济发展这种本末倒置的做法，城市化并不是简单地把农村人口变为城市人口，而是需要在城市不断发展的过程中为农民进城就业和生活提供条件，使农民能够进入城市、留在城市，并享受正常的城市生活。

上述这三个方面的问题归根到底是城市化进程中的制度障碍，不论是我国城市化滞后于工业化，还是目前有些地方出现的超前城市化，都是因为生产要素的配置不是由市场机制决定，而是受计划原则手段或行政方式干预造成的。这使市场化过程中农村的土地、劳动力、资金等生产要素和各种资源不是按市场机制自由地、合理地向城市化转移，而是在转移中大量地采用非市场化的手段和方式。尽管我国20多年来的市场化改革取得了很大成绩，但农村市场化水平却落后于城市市场化。2003年，中国整个国民经济的市场化水平为2.31分，折合成百分比为73.8%（北京师范大学经济与资源管理研究所，2005），而农村经济的市场化水平为2.66分，相差0.35分，折合成百分比为66.8%，相差7个百分点（李静，2005）。落后的主要原因是城乡二元的生产要素市场，生产要素的市场化程度只有54.2%，还没有达到市场经济的临界程度。据统计和测算，通过土地征用制度，农村损失的利益近几年每年大约有3000亿元；通过信用社和邮政储蓄渠道，农村每年向城市输送的资金达5000亿元；由于受到歧视，农民工创造的价值只有1/3为农民工所得，而有2/3留给了城市，这方面的利益大约每年为7000 亿元。

小结：

在城市化过程中要注重保护土地资源。基本原则是提高城市化过程中的土地利用效率，消除土地浪费。一是实施严格的耕地保护制度，并制定相应的办法和细则，为耕地保护提供完备的法律与制度。二是实施严格的土地征用审批制度，杜绝各部门、各级地方政府及企业或个人擅自改变土地用途的行为。三是提倡发展大城市，走土地集约利用型的城市化道路。国际经验表明，发展大城市是节约耕地的有效途径。四是对我国的征地制度进行彻底的改革，使非公益性的建设用地直接进入市场。同时使农民的土地承包权永久化、市场化，使农民放弃土地后能得到按市场价格计算的补偿。

第四节
正确看待与利用我国战略性资源[①]

20 世纪的 100 年中，用来形容我们国家特色最多的三个短语是：历史悠久，人口众多，地大物博。在跨入新世纪的时候，我们对这三个短语似乎有了更深刻的认识：历史悠久固然令人自豪，但不能因此背上"光荣的历史包袱"；人口众多早在 20 年前就被社会各界公认为不能再作为自以为好的指标，计划生育工作则上升到国策的高度；地大物博的喜悦，近年来也因很多科学家研究成果的理性质疑，蒙上一层忧患的外纱，需要进行认真的讨论了。在新世纪，我们对关系中华民族生存发

---

① 2000 年 12 月 24 日，中国经济 50 人论坛年会——"新世纪中国经济展望"在人民大会堂召开，这里摘自本书作者在会上的主题发言，原名为《新世纪我国战略性资源的状况和对策》；部分内容来自：李晓西：《我国的战略性资源问题》，《学习时报》，2001 年 2 月 26 日；李晓西：《新世纪我国战略性资源的状况和对策》，《中国石油》，2001 年第 4 期。

展的重大课题进行世纪性反思，倍增一种历史责任感。下面，借助自然科学的新成果，对新世纪我国战略性资源状况和对策作简要分析。

资源科学把资源分为三大类：一是社会资源（学），包括人力资源、资本资源、科技资源和教育资源等。二是综合资源学科，从地理学、生态学、经济学、信息学和法学等角度来研究资源，形成交叉学科。三是部门自然资源学，包括气候资源学、生物资源学、水资源学、土地资源学、矿产资源学、能源资源学、药物资源学等部门资源学科。

那么，什么资源可称为"战略性资源"？我认为战略资源应具备三个特点，或说存在三种矛盾：需求的基础性或刚性（比如人们吃、穿、用、行、安全等需求）与供给难以永续性的矛盾，需求额的扩张性（即巨大且不断增大）与供给的稀缺性的矛盾，产品价格的低预期值（因其使用者的普遍化）与保护或开发的边际成本递增的矛盾。

让我们看看古人是如何认识战略性资源的。我们的祖先曾从哲学高度概括出五类资源，即金、木、水、火、土。金者，矿产资源；木者，植物资源，延伸到生物资源；水者，就是水资源；火者，引申为能源资源，特别值得关注的是石油资源；土者，土地资源。以上五种资源也是现代人公认的最具战略性意义的资源。以下仅以三种资源为例进行经济学角度的分析。

一、水资源的供求前景分析

1995 年世界银行发表的数据表明，占全球人口 40% 的 80 个国家水资源严重不足。美国《时代》杂志曾发表一文，认为"水是下次战争的根源"。

我国占有世界 22% 的人口，而淡水资源只占世界的 8%，被联合国列为全世界人均水资源短缺的贫水国之一。我国人均水资源为 2400 立方米，仅相当于世界平均水平的 1/4；单位耕地面积占有水资源只有世界平均水平的 1/2。现在每年缺水量接近 400 亿立方米，全国有 400 多个城市供水不足，全国 90% 以上城市水环境恶化。水资源的时间分布极不均衡，空间分布也极不均衡。我们的母亲河——黄河自进入 20 世纪 80 年代以来多次出现断流，这成为我国水资源开始缺乏的标志性象征。更严重的问题是我国水资源利用效率低，工业用水重复利用率为 40% ~ 50%，落后美国、日本 30 年，农业用水损失率高达 60%，生活用水中也存在普遍的浪费现象。

怎么办？一要节约用水。工农业用水要节约，社会一切用水要节约。二要治污，减少污水排放，增加可用水量。三要养水，要保护环境，涵养水源。四要合理配置水资源，搞好余水区向缺水区的调配工程。同时，要利用价格杠杆，促进水资源高效利用。五要加强水资源管理的法制建设。西安交大霍有光教授在著作《策解中国水问题》中对 21 世纪中国面临的水问题作了分析，并对几大调水工程提出了自己的主张。他认为中国水问题分两大类，一是水荒，即缺水；二是水害，即水分布不均引发的洪水和干旱。他提出解决中国水问题的基本思路是：一是把水害治理好，二是把水资源利用好，三是把生态建设好。解决中国水问题的基本途径是：一要开源，二要节流，三要保护。

二、生态资源供求前景分析

有一个观点不论人们是否能够接受，也不论准确与否，都将是极为重要和发人深省的。美国《时代》周刊曾发表斯坦·戴维斯的一篇文章，他认为，每一种经济形态都要经历形成、成长、成熟和消亡阶段。生物经济阶段是从 1953 年发现 DNA 开始的。而人类基因组测序的完成和公布，标志这一阶段完成，进入了成长阶段。与此同时，因特网的出现，则表明信息经济已进入成熟阶段。因此他认为，从现在开始的 25 年里，将发生一件事，就是处于成长期的生物经济时代将取代已进入成熟期的信息经济时代。他认为，最早被生物经济时代改造的 4 个行业是制药业、保健业、农业和食品行业（我认为还有环境工程行业）。生物技术在今后 20 年里将把以得病治疗为主变成以无病预防为主，将把农场变成为超级生物工程的制造工厂。他还预言，2025 年以后，当生物经济进入成熟阶段后，将会全面改变非生物行业。当然，他也不否认生物经济会带来的负面作用。他说：工业时代是污染和环境恶化，信息时代是隐私权难保护，生物经济时代则是伦理受到冲击。生物学的发展，使人类不仅认识生命，而且将操纵生命。克隆技术、转基因食品、人种改良等，只是这场冲击的一小部分。

很多科学家都认为 21 世纪生物学将成为最重要领域并采取行动付诸实施。事实上，现欧美大制药公司开发的新药品的 40% 是以基因组合为基础的。1999 年底，已有 47 种转基因作物农产品投入市场。生物技术与信息技术结合造就了一个新名词：生物芯片。基因抢夺战也已经开始了。基因是一种有限的资源，人体共有 10 万～14 万个基因，而人类基因组只有 1 套。谁占有较多基因专利，谁就将在人类基因的商业开发方面抢得先机。可以说，基因专利的多少决定着将来生物技术企业的生存空间大小。科学家已提出了可能运用生物技术的种种领域和关于商业机会的长长名单。信息界巨子比尔·盖茨也称：下一个创造更大财富的人将出现在基因领域。生命科学的重要性已不容置疑。当然，生物经济只是生态资源中最引人注目的一个部分。

中国是世界上生物资源最丰富的国家之一，但生物资源保护和利用的任务十分艰巨。我仅粗浅地分析一下植物和动物两类生态资源。科学研究表明，生态环境的被破坏、过度利用，化学污染和气候变化，都会造成植物资源的枯竭。1984 年我国政府首次将 388 种珍稀濒危植物作为国家重点保护植物。有专家认为，我国需要用 50 年时间，才能使森林覆盖率达到 25% 左右，基本解决荒漠化和水土流失造成的生态环境问题。用 50 年时间恢复山川秀美的生态环境，有部门测算需要几万亿元资金。动物资源情况也不容乐观。世界上的动物经科学描述的有 109 万种，中国约为世界种类数的 10%。但动物资源保护和永续利用上存在很多问题。比如，中国野生动物资源中有不少种类已成为濒危物种，仅哺乳动物中就有 30%～40% 属于这些种类，有 150～200 种，中国至今还没有一个完整的包括高等和低等濒危动物的"红色目录"。总之，保护生态资源任务艰巨。

多年来，我国政府和各界也在这方面作出了艰苦的努力。1956 年，中国科学院在广东肇庆建立了以保护南亚热带季雨林为主的我国第一个自然保护区。至 1993 年底，我国自然保护区数量已达 700 多处，面积占国土面积的近 7%。1994 年，由中国国家环境保护局和国家技术监督局共同发布，并开始实施了三个类别的自然保护区，即自然生态系统类自然保护区、野生动物类自然保护区、自然遗迹类自然保护区，这对生态资源保护起到一定作用。据我国科学家估计，由于多年的努力，中国生物技术整体水平在发展中国家中处于领先地位。而与西方发达国家相比，则有 5～10 年的差距。近 20 年来，生态环境保护的观念和制度在逐步形成。这里举一个例子，1981—1998 年，我国在环境污染治理方面有了较大规模的投资，投资额达 3600 亿元。从年度情况看，其占 GDP 比重处于逐步增加态势，但还没达到 GDP 的 1%。从保护生态环境需要看，还应增加这方面的投资。

党中央发布的《十五计划建议》中提出"三个力争"：要力争在信息技术、生物技术、新材料技术、先进制造技术、航空航天技术等关键领域取得突破……力争在集成电路、计算机、光电子材料、生物工程药物、生物芯片、农业生物工程等领域实现产业化……力争在基因组学、信息科学、纳米科学、生态科学和地球科学等方面取得新进展。这里，在技术、工程和研究三方面，都强调了生物科学和生物技术的重要性。

据有关报道，新加坡正在全力推进生命科学。它成立了生命科学部长级委员会，邀请了国际科学专家参加国际咨询理事会，引进了 180 家国际生命科学公司在新加坡设立总部。新加坡还在大、中、小学全面推开生命科学的教育，设立了生命科学的专项奖学金；政府还投资 17 亿新元，成立研究与开发基金，并支持和参与私人生命科学公司。这仅是发生在我们邻居中的一例。放眼世界，我们在应对新世纪生态资源保护和利用方面，将面临重大而严峻的挑战。生态资源是人类赖以生存发展的环境和使社会生产正常进行的物质基础，我们必须珍爱它、保护它。

三、石油资源供求前景分析

对石油资源前景看法不一，有人认为到 2039 年中国石油将枯竭，有专家预测一二十年后，石油供求缺口在 6000 万吨到 1.3 亿吨之间。也有专家持谨慎乐观态度。我比较倾向于后一种，即 21 世纪中国石油资源虽然有缺口，但经过努力可以实现供求基本平衡。长远的供求矛盾，则会在发展中得到解决。

理由何在呢？先看看石油储采的基本情况。根据 1994 年全国第二轮油气资源的评价结果：全国石油总资源量为 940 亿吨，其中 74% 为陆上石油，26% 为海上石油。天然气总资源量为 38 万亿立方米，陆上占 78%，海域占 22%。1999 年我国生产原油 1.6 亿吨，而当年消费原油 1.9 亿吨。假设以后每年用油为 2 亿吨，940 亿吨可用 470 年。粗略地讲，我国石油理论上可用 400~500 年，但若按最终可采储量算，有专家估计在 160 亿吨。假设今后若干年产量平均为 2 亿吨，再假设石油储量新发现和石油消费新增长大致平衡，则可能采 80 年（有的石油专家的预测是到2063 年止）。

从消费角度看，现在我国石油消费增长强劲，石油供应对外依存度加大。我国 1993 年开始成为净石油进口国，当年原油和成品油出口 2000 多万吨，进口 3000 多万吨，净进口石油近 1000 万吨。到 1999 年，我国出口 1000 多万吨，进口 5000 多万吨，净进口石油 4000 多万吨。也就是说，净进口是越来越多。显然，随着国内经济增长，国内石油难以满足需求的矛盾将趋严重。

那么，有什么办法可以用来解决我国 21 世纪石油资源的供求问题呢？解决问题的办法正在探索，我在这里归纳了 8 种办法。一是利用新思路、新技术对现在的油田进行再评估、再开发。近 30 年来，世界石油通过已知油田再评价而增加的储量远超过新发现的储量，中国老油田也在储量减少情况下通过努力保持了产量。美国《商业周刊》1997 年 11 月发文指出："当前世界石油工业出现了一种完全不同于我们原来所预想的情景：石油资源没有枯竭。"这种判断，对中国也适用。二是石油勘探进程仍是乐观的，新的油藏不断被发现。近年来石油天然气资源勘探取得较大进展。中国石油天然气集团公司在 1999 年有 12 项重要油气发现，探明石油储量 4 亿吨。中国石化集团公司 1999 年探明石油地质储量 1.4 亿吨。中国海洋石油总公司同年发现 5 个油田，其中渤海湾的一个油田石油地质储量 3 亿吨。据科学家估计，中国有各类沉积盆地 500 多个，进行过油气勘探和评估的仅有 1/3。因此，发现和生产出新的油气，仍有相当空间。三是需要在扩大利用天然气资源上下功夫。我国天然气可采储量比较乐观。按最终资源量为 22 万亿立方米，年产量为 700 亿立方米计算，可采 300 年。四是坚持发展多种能源、实现能源的转化利用大有作为。比如，石油涨价对中国煤炭出口带来巨大机会，使煤炭出口翻了几番。现在各方正在研究煤电、煤油的转化，研究风力利用、太阳能利用、核电利用前景等，这些资源替代思路和办法，对保护和延长单一资源生命周期是很重要的。五是开拓海外石油生产，加入国际分工。1999 年我国石油企业在海外的石油产量达 250 万吨。其中，1998 年投产并出口的我国第一个海外大型油田——苏丹油田，使我国石油集团获得 167 万吨产量，占其原油产量的 20%，这对缓解国内石油供给压力起了作用。今后，开拓海外石油供给的战略将会得到进一步发展。六是建设原油战略储备体系，以求缓解石油短期危机。七是用各种办法来提高油品的使用效益，减少对油品的浪费，以延长石油资源的使用年限。八是进一步完善石油工业重组改制的成果。近 2 年，中石油和中石化两大公司改制并在海外成功上市，以及成品油价格形成机制新办法出台，都是石油工业以及石油管理体制改革的成果。我相信，体制改革将是增加石油生产和满足需求的可贵动力。总之，石油资源永续利用上存在困难，但也会有越来越多克服困难的办法。

20 世纪 70 年代初期，罗马俱乐部提出不可再生资源相对人类利用的速度是有限的，认为"增长的极限"将在 20 世纪末或 21 世纪初发生，这被称为"悲观派"；美国未来派学者西蒙在其写作的《最后的资源》一书中提出，人类的资源是没有尽头的，这被称为"乐观派"。中国人可能要从悲观派那里学会如何高度警惕资源被破坏的后果，进而保持好资源，节约并高效利用资源；可能还要从乐观派那里学会如何不断探索利用资源的新思路和新技术，努力争取 21 世纪乃至永续发展的前景。

四、我国资源利用的进一步概述[①]

中国是世界上能源和原材料的消费大国，经济的快速增长必然消耗大量的能源、原材料和矿产等资源。国际市场能源、矿产等关键性资源的价格正在一路攀升，中国正面临着国际市场上的资源约束。

中国自然资源种类繁多，资源绝对数量可观，按资源总量计算，我国耕地、森林、草地、淡水、矿产等自然资源都位居世界各国的前列。无论是土地面积、土地资源、林木资源、水利资源还是矿藏资源，中国的资源基础储量都比较丰富。但相

---

① 李晓西等：《中国经济新转型》，中国大百科全书出版社，2011 年版，第一章"可持续发展——资源和环境新挑战"，作者是李晓西、姜欣、宋涛。

对经济长期较快速度发展的需要，资源供给是难以支撑的。

资源约束体现在四个方面：一是有质量保证的总量不足。中国的一些重要的资源，例如铜矿和铁矿资源虽然总量能够满足目前社会生产的需要，但由于其中富矿比例很小，仍需要进口相当多的富矿，才能弥补国内资源的缺陷。近些年，我国矿产资源供需矛盾将更为突出，特别是石油、铁、锰、铅、钾盐等大宗矿产，后备储量严重不足，已无法满足我国国民经济快速发展的需要，供需缺口将持续加大。

表 2－20　我国 15 种重要矿产资源的开采寿命及其经济建设的保证程度预测

矿类	矿种	2010 年			2020 年		
		预计产量	预计需求量	保证程度	预计产量	预计需求量	保证程度
能源	煤（原煤亿吨）	19.0	18.5	充分保证	24.4	22.5	充分保证
	石油（原油亿吨）	1.8	2.8	难以保证	2.1	3.5	难以保证
	天然气(亿立方米)	800	900	难以保证	1500	2000	难以保证
黑色及有色和贵金属	铁（矿石亿吨）	3.3	4.0	难以保证	5.0	4.5	充分保证
	锰（矿石亿吨）	472	750	难以保证	407	890	难以保证
	铬（矿石亿吨）	28	140	难以保证	29	196	难以保证
	铝土（矿石亿吨）	805	1120	难以保证	1456	1655	难以保证
	铜（金属万吨）	90	170	难以保证	115	210	难以保证
	铅（金属万吨）	–	45	可以保证	–	55	可以保证
	锌（金属万吨）	–	120	可以保证	–	152	可以保证
	金（金属吨）	320	–	缺口较大	640	–	缺口较大
	银（金属吨）	2200	2300	难以保证	4245	3400	充分保证
非金属	硫（标矿万吨）	2175	3809	难以保证	2692	4510	难以保证
	磷（矿石亿吨）	5285	4400	可以保证	7046	5285	充分保证
	钾盐（万吨）	100	640	难以保证	125	802	难以保证

本表依据以下文献提供的资料汇编而成：中国 21 世纪全球资源战略研究课题组：《中国 21 世纪全球资源战略研究总报告》，网址 http：//www.ennr.org,news/attach－view.asp？ID＝9；宋旭光：《资源约束与中国经济发展》，《财经问题研究》，2004 年第 11 期；刘春艳、李秀霞、刘雁：《中国经济发展中的自然资源约束问题分析》，《资源与产业》，2010 年第 1 期。

目前我国已成为世界煤炭、钢铁、铜、水泥、铁矿石、氧化铝等重要矿产品的第一消费大国，是继美国之后的世界第二石油和电力消耗大国，是世界重要资源的消耗大国。

二是资源的人均拥有量偏低。中国庞大的人口基数，使资源环境各要素的人均拥有量明显偏低。我国陆地国土面积的人口密度为世界平均水平的近 3 倍，而关键的资源环境要素，如可耕地、水资源、矿产、能源矿产及森林面积等方面的人均拥有量只有世界平均水平的一半或以下。我国淡水资源总量约 2.8 万亿立方千米，但人均水资源不及世界人均占有量的1/3，被联合国列为世界上 13 个贫水国家之一。人均耕地占有量不到世界平均值的 40%，人均占有森林面积仅为世界人均占有量的 1/5，人均矿产资源仅为世界平均水平的 58%。①

三是资源在地域间呈现结构性不足。中国自然资源在空间上的分布也很不平衡，尤以水资源、能源和矿产资源更为突出，自然资源分布不均对我国经济发展具有直接的制约作用。目前，我国 83% 的水资源集中在占全国耕地 38% 的长江流域及以南部地区，而黄河、淮河、海河、辽河等流域，耕地占全国 42%，水资源却仅占 9%。水资源时空分布很不均衡，水资源结构性短缺现象十分突出。我国能源资源、矿产资源在空间上分布也不均匀。80% 的矿产资源分布在西北部，石油和煤炭的 75% 以上分布在长江以北，而工业分布却集中在东部沿海，能源消费也集中在东部。资源分布差异会限制区域经济发展模式。作为一个幅员广阔的大国，众多资源分布的极不均衡，就意味着运输成本极高。

四是资源利用效率不高，加剧了资源的数量与质量约束。中国的能源消耗总量大，单位产出能耗高。中国能源总消费量从 2001 年起每年呈现平滑的增长趋势，2009 年中国能源消费总量折合成标准油为 21.46 亿吨。② 在面临能源短缺巨大挑战的同时，我国又是世界上产值能耗最高的国家之一。从总体能源效率看，我国能源消耗量占世界 11%，产出只占世界的 3%，单位产值能耗是世界平均水平的 2.3

---

① 世界银行：《世界发展指标》，中国财政经济出版社，2009 年版。
② 《能源局、统计局发布 2009 年中国能源消费情况说明》，引自网页：http://www.gov.cn/gzdt/2010－08/13/content_1678719.htm.

倍。1980 年以来，我国的能源总消耗量每年增长约 5%，是世界平均增长率的近 3 倍。从单位 GDP 的煤消耗量来看，中国是日本的 15 倍，是美国的 8.7 倍。① 我国水资源利用效率低，浪费严重。农业生产是中国水资源消耗的大户，约占中国全部水资源消耗的 62%。灌溉方式属粗放型，渠道防渗能力低，灌溉水利用系数在西北多数地区仅为 0.45 左右，东南沿海发达地区仅为 0.6 左右，而发达国家达到 0.85 左右；工业用水量大，万元 GDP 用水量高达 399 立方米，发达国家仅为 55 立方米；水的重复利用率多数地区小于 0.4，而发达国家达到 0.7 左右；城市居民用水较少依靠市场配置，普遍节水意识淡薄；自来水管网漏失率达 21%，而发达国家仅为 5% ~ 10%②。

分析资源，落脚环境。资源低价、环境廉价是导致环境持续退化的基础性原因。资源低价就会过多使用和消耗资源，造成资源的浪费；环境廉价就会出现毫无节制地排放污染物，加剧环境污染趋势。我国社会主义市场经济体制发育还不完善，计划经济时期在资源与环境方面的政策影响依然长期大量存在。由于资源低价、环境廉价甚至无价，企业缺乏节约资源、保护环境的内生动力和外在压力，其资源利用成本和环境污染成本往往被社会化或外部化，不仅引发了资源环境的危机，客观上也助长了粗放型的开发方式、生产方式和消费方式。以稀土资源丰富的赣州为例，该市因稀土开采造成了触目惊心的环境污染和生态破坏，所需的污染治理和生态修复费用高达 380 亿元，而 2011 年江西省 51 家主要稀土企业全年利润仅 64 亿元，这已经是稀土价格上涨 4 倍后的结果。也就是说，该地稀土资源开发的经济收益很难弥补环境污染治理和生态修复的成本，有关企业的环境资源成本都被转移出去，最终只能由全社会和后代人来承担。导致资源低价、环境廉价的主要原因有：一是长期以来，人们对资源环境的价值认识不足，认为资源环境取之不尽、用之不竭；二是在各项经济发展战略、发展计划和经济政策之中，未体现资源环境价值，污染治理、生态恢复成本与市场价格相背离，市场机制难以发挥合理配置资源

---

① 《我国煤炭单位能耗过高致当前供给缺口近 30%》，引自网页：http：//www.chinamining.com. cn/news/listnews.asp？siteid = 273269&ClassId = 154.

② 施明：《水资源利用与可持续发展初探》，《黑龙江科技信息》，2010 年第 12 期。

环境要素的基础性作用；三是在政府部门之间缺乏协调合作机制，自然生态系统的整体性与行政管理系统的分割性存在矛盾，地区利益、部门利益、集团利益之争又限制了适应市场经济的政策出台；四是许多政府官员长期习惯依赖计划经济条件下的行政手段，而不愿使用也不会使用市场手段、经济手段；五是资源环境经济政策研究能力普遍不足。①

专　　栏

简介环境保护部环境规划院 "中国环境规划与政策"②

环境保护部环境规划院是中国政府环境保护规划与政策的主要研究机构和决策智库，成立于 2001 年。环境规划院的主要任务是根据国家社会经济发展战略，专门从事环境战略、环境规划、环境政策、环境经济、环境管理、环境项目等方面的研究，为国家环境规划编制、环境政策制定和重大环境工程决策提供科学技术支持。在过去的 10 多年期间，环境保护部环境规划院完成了一大批国家环境规划任务和环境政策研究课题，同时承担完成了一批世界银行、联合国环境署、亚洲开发银行以及经济合作与发展组织等国际合作项目，取得了丰硕的研究成果。

根据美国宾夕法尼亚大学 "智库和公民社会研究项目" 发布的《2014 全球智库报告》，环境保护部环境规划院在全球环境事务类顶级智库中排第 34 名。另外根据零点国际发展研究院与中国网联合发布的《2014 中国智库影响力报告》，环境保护部环境规划院位列综合影响力排名第 7 名。为了让研究成果发挥更大的作用，环境保护部环境规划院将这些课题的研究成果编写成《环境规划与政策》专题研究报告和《重要环境决策参考》，供全国人大、全国政协、国务院有关部门、地方政府以及公共政策研究机构等参阅。10 多年来，环境保护部环境规划院已经出版了 200 多期《环境规划与政策》专题研究报告和《重要环境决策参考》。这些研究报告得到了国务院政策研究部门和国家有关部委的高度评价和重视，而且许多建议和政策方案已

---

① 本结尾段引自环保部原总工杨朝飞先生为本书提供的参用稿。
② 摘编自环境保护部环境规划院王金南等主编的丛书 "中国环境规划与政策" 的序。王金南等：《中国环境规划与政策》，中国环境出版社，2004 年版至 2015 年版。

被相关政府部门所采纳。

为了加强对国家环境政策、重要环境规划和重大环境工程决策的技术支持，让更多的政府公共决策官员、环境决策者、环境管理人员、环境科技工作者分享这些研究成果，环境保护部环境规划院对这些专题研究报告进行了分类整理，编辑成丛书"中国环境政策"，分十卷陆续公开出版。第一卷是 2004 年正式出版的。从第十一卷开始，丛书名更改为"中国环境规划与政策"，并于 2015 年正式出版。

本套丛书涉及面广，累计有 250 篇论文与报告，主要包括环境规划与环境战略、环境政策与环境绩效、环境污染防治与控制、节能减排、国内外环境管理、环境核算与评估和生态环境保护等多方面的内容。数据与分析的时间段，主要在 2012 年之前。作为环境管理部门的专业研究院，其成果深入与全面，且具有相当的权威性。"中国环境规划与政策"的出版对有关政府和部门研究制定环境规划与环境政策有重要的参考价值。

第六章
绿色发展：国际进展与合作

本章摘要：2010 年 8 月，著名物理学家史蒂芬·霍金在接受美国著名知识分子视频共享网站 Big Think 访谈时曝惊人言论，使得人们对生存环境产生了切实的担忧。霍金说："由于人类基因中携带的'自私、贪婪'的遗传密码，人类对地球的掠夺日盛，资源正在一点点耗尽，人类很难避免生存的灾难。地球将在 200 年内毁灭。"① 不论科学界反应如何，霍金预言对人类行为的警示具有重大意义。我们不能再继续使用传统的发展方式了，否则就是对子孙后代的犯罪。②

积极发展国际环境合作，在国家外交事务中发挥主流影响力作用，在党的十七大上获得共识，环保合作成为我国和平发展外交政策的重要组成部分，标志着我国环境保护国际合作进入了一个新的历史起点③。显然，中国对可持续发展的愿望越来越强烈，经济发展方式的转变，既来自自身的需求，也来自国际的共识。本章对国际上绿色经济与绿色新政、全球气候变化——资源和环境新挑战以及中国与国际在这方面的合作进行了阐述，并介绍了这一时期国外学术界在绿色发展理论上的成果。

---

① 《霍金称地球 200 年内毁灭人类应尽快移民外星球》，引自网页：http：//www.chinanews.com/gj/2010/08 – 09/2456125.shtml.
② 摘自《2010 中国绿色发展指数年度报告》的总论，作者为李晓西教授。北京师范大学经济与资源管理研究院等：《2010 中国绿色发展指数年度报告——省际比较》，北京师范大学出版社，2010 年版。
③ 环境保护部：《开创中国特色环境保护事业的探索与实践——记中国环境保护事业 30 年》，《环境保护》，2008 年第 15 期。

第一节

绿色经济与绿色新政[①]

一、绿色经济的提出

1971 年加拿大工程师麦克塔格（Mctaggant）发起成立绿色和平组织（Green Peace Organization）。1984 年夏，美国弗吉尼亚州成立了绿色联络委员会（Green Committees of Correspondence，GCOC），该组织旨在组建当地绿色团体（Green groups）。绿色经济则是由英国经济学家皮尔斯（David Pearce）于 1989 年出版的《绿色经济蓝皮书》（*Blueprint for A Green Economy*）中首先提出的。绿色经济主张：经济发展必须从社会及其生态条件出发，使之"可承受"，自然环境和人类自身可承受，不会因盲目追求生产增长而造成社会失衡和生态危机，不会因为自然资源耗竭而无法持续发展。[②]

2008 年，联合国环境规划署（United Nations Environment Programme）发起了在全球开展绿色经济的倡议，试图通过绿色投资等推动世界产业革命、发展经济。为此，联合国环境署启动了全球绿色新政及绿色经济计划，旨在使全球领导者以及相关部门的政策制定者认识到，经济的绿色化不是增长的负担，而是增长的引擎。基本目标是在目前全球多重危机下，通过这个倡议复苏世界经济，创造就业，减少碳排放，缓解生态系统退化和水资源匮乏，最终实现消除世界极端贫困的千年发展目标。

---

① 本节内容参用了本书作者主编的《中国经济与资源管理研究报告 2010——国际金融危机下的中国经济发展》和《2010 中国绿色发展指数年度报告》两本书的总论。李晓西等：《国际金融危机下的中国经济发展》（英文版），美国 NOVA 科学出版社，2010 年版；李晓西等：《国际金融危机下的中国经济发展》，中国大百科出版社，2010 年版；北京师范大学经济与资源管理研究院等：《2010 中国绿色发展指数年度报告——省际比较》，北京师范大学出版社，2010 版。

② 《绿色经济蕴藏机遇》，引自网页：http://finance.sina.com.cn/focus/lsjj.

2011年，联合国环境署发布了《绿色经济报告》，报告中将绿色经济定义为可促成提高人类福祉和社会公平，同时显著降低环境风险与生态稀缺的经济。在绿色经济中，收入和就业的增长来源于能够降低碳排放及污染、增强能源和资源效率，并防止生物多样性和生态系统服务丧失的公共及私人投资。绿色经济需要政府通过有针对性的公共支出、政策改革和法规变革来促进和支持这些投资。绿色经济发展路径应能保持、增强，并在必要时重建作为重要经济资产及公共惠益来源的自然资本。

中国外交部2011年提交联合国的文件中指出，绿色经济是实现可持续发展的重要手段，对于消除贫困、调整经济结构等具有积极意义，同时也带来风险和挑战。发展绿色经济是艰巨而复杂的长期过程，特别是对发展中国家来说，囿于资金、技术、能力建设等限制，在发展绿色经济方面面临诸多实际困难。国际社会要加强合作，趋利避害，切实解决发展中国家关切的问题。发展绿色经济的首要目标是消除贫困。贫困问题事关发展中国家人民最基本的生存权和发展权。消除贫困是发展中国家发展绿色经济的首要考量，应成为制定和实施绿色经济政策的重要衡量指标。许多发展中国家正处于工业化和城市化快速发展阶段，既面临消除贫困、调整经济结构和向绿色经济过渡的艰巨任务，又受到能源、资源和环境因素的制约。这些国家发展绿色经济对全球可持续发展意义重大，应该得到国际社会的理解和支持。国际社会要为发展中国家发展提供有利的外部环境，不要以发展绿色经济为由搞各种形式的贸易保护主义，或将发展绿色经济作为对外援助的条件。

欧洲在推进绿色经济方面走在了世界的前列。欧盟实施的是内容广泛的"绿色经济"模式，即将治理污染、发展环保产业、促进新能源开发利用、节能减排等纳入绿色经济范畴加以扶持。在推进过程中，强调多领域的协调、平衡与整合。2009年3月9日，欧盟正式启动了整体的绿色经济发展计划，根据该计划，将在2013年之前投资1050亿欧元支持欧盟地区的绿色经济，促进绿色就业和经济增长，全力打造具有国际水平和全球竞争力的绿色产业，并以此作为欧盟产业及刺激经济复苏的重要支撑点，以实现促进就业和经济增长的两大目标，为欧盟在环保经济领域长期保持世界领先地位奠定基础。

进一步，我们看到，追求绿色发展不仅是为了应对金融危机，也不仅是为了当代人民的幸福生活，更重要的还在于追求世世代代人类生活的幸福。如果我们把水和空气都污染了，把大地挖得千疮百孔，把自然资源都消耗完了，我们的后代如何继续生存与发展？绿色是生命的颜色，象征着希望、和谐与活力。为了未来，为了子孙后代，我们就必须让发展模式变成绿色的，把生活方式变成绿色的。

绿色发展是资源高效与节约的发展，是环境被保护与清洁的发展，是经济与社会永久性可持续的发展。因此，绿色发展是经济与环境和谐的发展方式，是以维护人类生存环境、合理保护资源与能源、有益于人体健康为特征的发展方式，是保护人类生存与发展的基础——地球母亲的永恒战略。绿色发展既是从工业文明走向生态文明的转变，也是中国古代文明中"天人合一"、人与自然和谐相处发展观的体现。

二、1992 年和 2012 年（"里约 + 20"）峰会两次重要的首脑会议

1. 联合国环境与发展大会基本情况

1992 年 6 月 3～14 日，联合国环境与发展大会（UNCED）在巴西的里约热内卢举行，世界 178 个国家、17 个联合国机构、33 个政府组织的代表，103 位国家元首和首脑与会，因而被称为"全球环境首脑会议"，简称"里约会议"（Rio Conference）。

里约会议取得了重要成果：一是设定了地球宪章、行动计划、公约、财源、技术转让及制度六大议题；二是通过并签署了《里约环境发展宣言》（又称《地球宪章》）及《21 世纪议程》《联合国气候变化框架公约》《联合国关于森林问题的原则声明》《联合国生物多样性公约》5 个重要文件。《里约环境发展宣言》是开展全球环境与发展领域合作的框架性文件，是为了保护地球永恒的活力和整体性，建立一种新的、公平的伙伴关系的基本准则的宣言。《21 世纪议程》是全球范围内可持续发展的行动计划，它旨在建立 21 世纪世界各国在人类活动对环境产生影响的

各个方面的行为规则，为保障人类共同的未来提供一个全球性措施的战略框架。①
该议程明确了在处理全球环境问题方面发达国家与发展中国家"共同但有区别的责任"，以及发达国家向发展中国家提供资金和进行技术转让的承诺，制定了实施可持续发展的目标和行动计划。

在这次会议上，可持续发展是一个全球战略，环境保护与经济发展的不可分割性被广泛接受；"高生产、高消费、高污染"的传统发展模式被否定；停滞多年的南北对话开始启动，国家主权、经济发展权等重要原则得到维护。里约会议是继斯德哥尔摩会议（1972）和《我们共同的未来》（1987）② 之后，又一个里程碑式的环境会议。它最大的成功在于促进了各国政府把宽泛的政策目标转化为具体的行动，并初步尝试通过经济的、行政的以及制度的手段管理环境。③

进入新世纪以来，人类在促进可持续发展的许多方面取得了积极的进展，但所取得的进展远远低于需要达到的水平。基于这种背景，也为了纪念 1992 年通过的《21 世纪议程》这一历史性事件 20 周年，2012 年 6 月 20~22 日，联合国在巴西里约热内卢召开可持续发展峰会，即"里约 + 20"峰会。120 个国家的元首和政府首脑出席了这次大会，同时吸引数万名非政府组织领导、专家以及媒体代表，与会人数超过 5 万人。本次峰会的主要议题为减少贫困、绿色经济和可持续发展。会议让全世界更加关注经济与生态、环境、资源之间的关系，并通过非常具体的行动方案，力争在经济增长的同时实现低碳经济，解决气候变化、粮食安全、水资源和能源短缺等问题，做到绿色发展。大会形成决议《我们期望的未来》，各国代表再次承诺实现可持续发展，确保为我们的地球及今世后代创造可持续的明天。④

"里约 + 20"峰会旨在全面落实 1992 年里约热内卢联合国环境与发展大会达成的共识，坚持经济、社会发展和环境保护三大支柱统筹的原则，全面评估国际社会在可持续发展领域的进展情况，查找差距和不足，推动实现全面、平衡、协调、可

---

① 《21 世纪议程》，引自网页：http：//www. un. org/chinese/events/wssd/agenda21. htm.
② 世界环境与发展委员会：《我们共同的未来》，吉林人民出版社，1989 年版。
③ 夏光：《人类发展道路上的重要一步——联合国环境与发展大会简介》，《环境保护》，1992 年第 8 期。
④ 《里约 + 20——我们期望的未来》，引自网页：http：//www. un. org/zh/sustainablefuture.

持续发展。大会强调健全可持续发展的机制框架，发挥联合国的核心领导和组织协调作用，促进充分执行《21 世纪议程》《可持续发展世界首脑会议执行计划》和应对各种新出现挑战。[1]

"里约＋20"峰会的谈判并不轻松，一些国家试图淡化"共同但有区别的责任"，认为发达国家和发展中国家的界限正在模糊，各国不应该"向后看"；同时，欧美发达国家不愿谈及对发展中国家资金支持、技术转移以及能力建设方面的帮助。对发展中国家来说，发展绿色经济首先要消除贫困，这涉及巨大的资源需求和资金需求。"里约＋20"峰会表明，不论是能源安全还是绿色经济这些关于可持续发展的议题，都需要各国政府在政策上密切合作。

2. 《21 世纪议程》(*Agenda* 21)

1992 年联合国环境与发展大会通过了《21 世纪议程》这一重要文件。该文件着重阐明了人类在环境保护与可持续之间应作出的选择和行动方案，提供了 21 世纪的行动蓝图，涉及与地球持续发展有关的所有领域，是"世界范围内可持续发展行动计划"。《21 世纪议程》旨在通过引导各国政府重视环境和发展问题，使社会经济和环境问题全面结合，并吸引大众更广泛地参与环境保护。《21 世纪议程》是一份广泛的关于政府、政府间组织和非政府组织所应采取的行动的计划，旨在实现全球可持续发展，为保障世界人民共同的未来提供了一个全球性框架。议程的另一个关键目标在于逐步减轻并最终消除贫困；同时促进反对保护主义和在市场准入、商品价格、债务和资金流向等问题上达成共识，以消除第三世界进步的国际性障碍。为了全面支持在世界范围内落实《21 世纪议程》，联合国大会在 1992 年成立了可持续发展委员会。

《21 世纪议程》共 20 章，78 个方案领域，20 万余字。分为可持续发展战略、社会可持续发展、经济可持续发展、资源的合理利用与环境保护四个部分。

第一部分：可持续发展总体战略。包括"序言""可持续发展的战略与对策""可持续发展立法与实施""费用与资金机制""可持续发展能力建设"以及"团

---

[1] 《"里约＋20"会议欲建立可持续发展机制框架》，引自网页：http://www.china.com.cn/international/txt/2012－06/12/content_25628603.htm.

体公众参与可持续发展"共 6 章，有 18 个方案领域。

第二部分：社会可持续发展。包括"人口""居民消费与社会服务""消除贫困""卫生与健康""人类住区可持续发展和防灾"共 5 章，有 19 个方案领域。

第三部分：经济可持续发展。包括"可持续发展经济政策""农业与农村经济的可持续发展""工业与交通""通信业的可持续发展""可持续的能源生产和消费"共 4 章，有 20 个方案领域。

第四部分：资源的合理利用与环境保护。包括"水、土等自然资源保护与可持续利用""生物多样性保护""土地荒漠化防治""保护大气层""固体废物的无害化管理"共 5 章，有 21 个方案领域。

在 1992 年 6 月 3～14 日在巴西里约热内卢召开的联合国环境与发展大会上李鹏总理代表中国政府作出了履行《21 世纪议程》等文件的庄严承诺。

三、绿色新政（Green New Deal）的提出及主要内容

随着社会的发展，绿色观念已经逐渐成为公共政策领域的主流思想，并逐渐国际化、全球化。2008 年 7 月，英国著名智库新经济基金会（New Economics Foundation）发布《绿色新政：经济和环境转型的新举措》，提出进入投资绿色能源时代，这是全球第一份绿色新政报告。联合国环境规划署（UNEP）在 2008 年 10 月提出全球绿色新政（Global Green New Deal），认为 21 世纪是聚焦环境保护投资模式的有利时期，这能够保证经济繁荣并创造就业机会[1]；2009 年 4 月，该机构公布题为《全球绿色新政政策概要》的报告（A Global Green New Deal），并阐述了全球绿色新政所具有的六大内容：（1）清洁能源和包括再循环在内的清洁技术（Clean energy and clean technologies including recycling）；（2）包括可再生以及可持续的生物数量在内的乡村能源（Rural energy，including renewables and sustainable biomass）；

---

[1]　联合国环境规划署：《"全球绿色新政"——21 世纪聚焦环保投资的有利时期，创造繁荣和就业》（Global Green New Deal – Environmentally – focused Investment Historic Opportunity for 21st Century Prosperity and Job Generation），引自网页：http：//www.unep.org/Documents.Multilingual/Default.asp？DocumentID＝548&ArticleID＝5957&l＝en.

（3）包括有机农业在内的农业可持续发展（Sustainable agriculture，including organic agriculture）；（4）生态系统基础设施建设（Ecosystem Infrastructure）；（5）森林采伐和森林退化减少二氧化碳排放（Reduced Emissions from Deforestation and Forest Degradation）；（6）包括城市规划、交通和绿色建筑在内的城市可持续发展（Sustainable cities including planning，transportation and green building）。① 报告呼吁各国领导人实施绿色新政，在 2 年内将全球国内生产总值的1%、约7500 亿美元投入发展风能、太阳能、地热能、生物质能源这些可再生能源等五个关键领域。报告指出，以提高新旧建筑的能效为例，利用现有节能技术，可将目前建筑物能耗降低80%，该领域的相关投资不仅将刺激建筑业及其他相关行业的复苏，也将创造大量的绿色就业机会，仅在欧洲国家和美国就可能因此增加200 万~350 万份工作，发展中国家在这方面的潜力将更大；到2030 年前向可再生能源领域投资6300 亿美元将能够至少新增2000 万个就业岗位。2008 年12 月，联合国秘书长潘基文在波兹南全球气候大会上宣称，不管穷国还是富国都需要绿色新政，这是绿色新政第一次出现在国际社会。2009 年3 月，联合国环境规划署发布题为《全球绿色新政》的报告，该报告从全球的角度全面阐释了绿色新政的政策，并制定了经济复苏、减少贫困、减少碳排放和遏制生态退化的目标，成为联合国绿色新政的纲领性文件。2009 年6 月，联合国秘书长潘基文在墨西哥出席以"你的星球需要你——联合起来应对气候变化"为主题的世界环境日活动的致辞中指出，当今世界需要一个绿色新政（Green New Deal），着眼于投资可再生能源，建设生态友好型基础设施并提高能源利用效率，将庞大的新经济刺激计划中一部分投资于绿色经济，便能将今天的危机转变成明天的可持续增长，使向低碳社会过渡的国家获得更丰厚的回报，并处于优势，与别国分享新技术。世界银行《2010 年世界发展报告》② 的主题是"发展与气候变化"，其中提出建设气候明智型社会（climate - smart world）。发展中国家可

---

① 联合国环境规划署：《全球绿色新政》（*A Global Green New Deal*），引自网页：http://www.unep.org/greeneconomy/docs/ggnd_Final%20Report.pdf.
② 世界银行：《2010 年世界发展报告》（*World Development Report* 2010），引自网页：https://openknowledge.worldbank.org/handle/10986/4387.

以走低碳道路来促进发展和减少贫困，这需要各国共同合作，促进全球经济可持续发展。

四、各国积极推行绿色新政

绿色新政的浪潮在全球经济危机的大环境下日益升温。不少国家响应联合国号召，积极开展绿色新政，一方面借此摆脱经济衰退，另一方面寻求新的发展机遇。各国加大投入，在经济刺激计划中更多地关注投资可再生能源、减少碳排放和保护环境等。从这个角度可以说，绿色新政是针对全球变暖和金融危机的一揽子政策。而从主要发达国家看，大力实施绿色新政的战略意义不仅是以发展绿色经济作为新的增长引擎，借此刺激经济复苏摆脱目前的经济衰退；也不仅是谋求确立一种长期稳定增长与资源消耗、环境保护绿色关系的新经济发展模式；还有一层含义是：力争占领全球新一轮绿色工业革命制高点和全球经济的主导权。

绿色新政在各国迅速展开。首先看美国。奥巴马的绿色新政主张对新能源进行长期开发投资，主导新一代全球产业竞争力，并提出了美国的中长期节能减排目标。奥巴马的绿色新政可细分为节能增效、开发新能源、应对气候变化等多个方面，其中新能源的开发是绿色新政的核心。2009 年 2 月，奥巴马在美国丹佛签署了以发展新能源为重要内容的经济刺激计划，总额达 7870 亿美元。2009 年 4 月，奥巴马在一次演讲中提出，美国必须进行全面改革，其中一个重要方面就是要建立新的经济增长点，这便是绿色经济（Green Economy）。此后，美国政府相继出台各项政策：加大对新能源的投入；制定严格汽车尾气排放标准；出台《美国清洁能源安全法案》（*Clean Energy and Security Act*）。《美国清洁能源安全法案》中提出，以 2005 年碳排放量为基准，以期在 2020 年减少 17%，到 2050 年减少 83%。按照新的汽车节能标准，到 2016 年，美国境内新生产的客车和轻卡每百公里耗油不超过 6.62 升。此外，还将建立一个碳交易市场以促进替代能源发展。

英国把发展绿色能源放在绿色新政的首位。2009 年 7 月 15 日，英国发布了《低碳转型计划》的国家战略文件。这是迄今为止发达国家中应对气候变化最为系统的政府白皮书。该计划涉及能源、工业、交通和住房等多个方面。与该计划同时公布的还有《低碳工业战略》《可再生能源战略》及《低碳交通战略》3 个配套方案。在英国，绿色新政对于促进就业、替代能源的发展、可持续发展的交通系统以及节能具有重要作用，同时要求经济发展向低碳经济转型。英国绿色新政计划的核心内容是到 2050 年碳排放减少到 1990 年水平的 20%，主要从绿色能源、绿色生活方式以及绿色制造三方面入手。根据英国政府的计划，通过投资一系列清洁能源，包括海风发电、潮汐发电，到 2020 年，可再生能源在能源供应中要占 15% 的份额，其中 40% 的电力来自可再生、核能、清洁煤等低碳能源、绿色能源领域。

德国大力实施以绿色能源技术革命为核心的绿色新政，重点发展生态工业。德国的生态工业政策包括：严格执行环保政策；制定各行业能源有效利用战略；扩大可再生能源使用范围；可持续利用生物智能；推出刺激汽车业改革创新措施及实习环保教育、资格认证等方面的措施。德国加强与欧盟工业政策的协调和国际合作之外，还计划增加国家对环保技术创新的投资，并鼓励私人投资。德国政府希望筹集公共和私人资金，建立环保和创新基金，以解决资金短缺问题。

法国的绿色新政重点是发展核能和可再生能源。为了促进可持续发展，政府于 2008 年 12 月公布了一揽子旨在发展可再生能源的计划，涵盖了生物能源、太阳能、风能、地热能及水力发电等多个领域。除大力发展可再生能源外，政府还投资 4 亿欧元，用于研发电动汽车等清洁能源汽车。

韩国政府宣布争取在 2020 年前跻身全球七大绿色大国之列。为此，制定了绿色增长国家战略及五年计划，出台了应对气候变化及能源自立、创造新发展动力、改善生活质量及提升国家地位等三大推进战略，以及三大战略下涉及绿色能源、绿色产业、绿色国土、绿色交通、绿色生活等领域的政策方针。此次全球金融危机开始的时候，韩国就提出了低碳绿色增进的经济振兴战略，依靠发展绿色环保技术和新再生能源，实现节能减排、增加就业、创造经济发展新动力等政策目标。

日本政府一直致力于宣传推广节能减排计划，主导建设低碳社会。还通过改革税制，鼓励企业节约能源，大力开发和使用节能新产品。在日本，太阳能发电、低油耗汽车、电动汽车等方面具有世界领先的技术，而目前日本面临的问题是能否建立向下一代人交接具有国际竞争力的产业并通过实现低排碳社会的关键技术实用化，为全世界解决环境和能源问题作出巨大贡献。

在新西兰，以"一个温暖的家园和一个凉爽的星球"（a warm home and a cool planet）为口号，出台了绿色新政刺激计划，在未来 3 年共提供 33 亿美元，并且保持城市和农村地区的均衡发展和转型。

在发展中国家中，墨西哥率先实行了绿色 GDP 核算。1990 年，墨西哥在联合国的支持下，将石油、土地、水、空气、土壤和森林列入环境经济核算范围，并且通过估价将各种自然资产的实物数据转化为货币数据从而估算出环境退化成本，实现绿色 GDP 核算值。巴西政府则通过补贴、设置配额、统购燃料乙醇以及运用价格和行政干预等手段鼓励民众使用燃料乙醇，并协助企业从世界银行获取贷款。

专 栏

"里约 +5"会议和"里约 +10"会议①

人们对 1992 年和 2012 年两次"里约 +20"首脑会议比较清楚，但在此期间还有两次在里约召开的同一主题的国际会议相对讲得较少，这里专门介绍之。

"里约 +5"会议：为了全面审查和评价《21 世纪议程》的执行情况，在里约会议召开 5 年后的 1997 年 6 月 23～27 日，联合国在纽约召开环境与发展问题联合国大会特别会议（即"里约 +5"会议）。大会讨论并指出：一是可持续发展思想已深入人心。1992 年以来，许多国家建立了国家协调机制以及各自的可持续发展战略，预防全球变暖、保护生物多样性、荒漠化防治三个国际公约开始启动并生效，可持续发展思想深入人心。二是可持续发展方面的问题依然严峻。发展中国家还有 1/4 的人口生活在绝对贫困中，发达国家承诺的向发展中国家提供额外资金援助和技术转让进展不大，二氧化碳排放量继续增加，全球森林面积依然继续减少。三是审查和评价《21 世纪议程》的执行情况，会议通过了《进一步执行〈21 世纪议程〉方案》。

"里约 +10"会议：2002 年 8 月 26 日，里约地球高峰会议 10 周年之际，世界可

---

① 此处参用张生玲："里约会议"词条。见李晓西主编：《资源环境经济学》，经济科学出版社，2016 年版。

持续发展首脑会议在南非约翰内斯堡开幕，包括 104 个国家元首和政府首脑在内的 192 个国家的 1.7 万名代表参加会议，以"拯救地球、重在行动"为宗旨，就全球可持续发展现状、问题与解决办法进行了广泛深入的讨论。会议通过了《执行计划》和作为政治宣言的《约翰内斯堡可持续发展承诺》。这是继 1992 年在巴西里约热内卢举行的联合国环境与发展会议之后，世界各国首脑和有关人士再次聚会，审视 10 年来可持续发展的新情况、新变化，制定今后世界发展的时间表。

会议达成以下共识：一是各国采取具体步骤，执行和落实《21 世纪议程》的各项指标。时任联合国秘书长安南会前指出，《21 世纪议程》是一个好的行动纲领，至今还是有效的，现在需要的是行动，将《21 世纪议程》变为现实。约翰内斯堡会议期间，代表们就大会主要文件《执行计划》进行了广泛磋商，并取得了一些共识。二是建立可持续发展的"伙伴关系"。大会收到来自各方的 218 个"伙伴关系"项目倡议。"伙伴关系"作为大会的一个鲜明特色，受到广泛关注。随着各国政治、经济生活联系日益密切，国际社会的相互依存显著加深，尤其是生态环境作为地球的生命保障系统，公认是一个不可分割的整体，没有北方、南方之分。三是分歧与矛盾难以消除。从约翰内斯堡地球峰会可以看出，南北矛盾依然围绕着贫困问题展开，而且解决南北矛盾、缓和南北分歧是一个长期的任务，不是一两次国际会议所能完成的。

第二节
全球气候变化——资源和环境新挑战[①]

前世界银行首席经济学家尼古拉斯·斯特恩（Nicholas Stern）于 2006 年 11 月

[①] 本节主要根据本书作者主编的《中国经济与资源管理研究报告 2011——中国经济新转型》一书的第一章"2009 年哥本哈根气候大会——资源和环境新挑战"改写。此第一章笔者除本书作者外，还有姜欣和宋涛二位博士。这里编写参引了刘方健教授写的"哥本哈根气候大会"词条。参考自：李晓西等：《中国经济新转型》，中国大百科全书出版社，2011 年版；李晓西主编：《资源环境经济学》，经济科学出版社，2016 年版。

发表《斯特恩报告》指出：气候变化的原因及后果都是全球性的，只有采取国际集体行动，才能在所需规模上作出有实效的、有效率的和公平的回应。不断加剧的温室效应将会严重影响全球经济发展，其严重程度不亚于世界大战和经济大萧条。①

2009 年 12 月 7 日，192 个国家的环境部部长和其他官员们在哥本哈根召开联合国气候会议，商讨《京都议定书》一期承诺到期后的后续方案，就未来应对气候变化的全球行动签署新的协议。《哥本哈根协议》是继《京都议定书》后又一具有划时代意义的全球气候协议书。气候问题与资源环境问题是什么关系？气候问题缘何启发我们对经济发展方式转变的思考？值得我们深思。

一、气候问题与资源、环境问题密切相关

全球瞩目的哥本哈根联合国气候变化大会，把近年来国际气候问题的争论推向了新的高潮。在对于气候变化问题的科学认知方面，虽然还存在一些分歧和质疑，但气候变化与资源、环境密切相关，影响人类生存与发展已成为主流的认识。下面，对这种影响进行简单的概括。

1. 气候变化引发严重自然灾害

气候变化引发了严重的自然灾害，使得自然灾害的频率和程度都有所上升，科学家们对此有了很多的成果与结论。

首先，气候变化使得洪涝灾害严重。全球气候变暖以后，海水温度的变化影响到整个大气环流，带来气候灾害，造成旱灾、水灾、涝灾频繁发生。我国属于典型的季风气候，降水在时间和空间上都严重不均，而气候变暖加重了这种不均匀性。突发性暴雨极易造成严重的洪涝灾害，给我国生态环境和经济发展带来严重的危害。在一些地区降水过剩时，其他大部分地区往往降水不足，加之气温升高、植被破坏等因素致使土壤中的水分蒸发加剧，从而形成严重的干旱。持续的干旱还将引发土地荒漠化、地面沉降、森林火灾等多种其他相关的自然灾害，对生态环境、经

---

① 英国财政部：《斯特恩报告》（*Stern Review Report*），引自网页：http：//www. hm－treasury. gov. uk/stern_review_report. htm.

济发展和人们的生活与生存造成了巨大的威胁和危害。

气候变化造成海平面上升，制约我国尤其是沿海地区的经济持续稳定发展。随着气候的变化，冰川融化和海水的热膨胀将导致海平面逐渐上升。海平面上升是一种渐进性的灾害，在其上升过程中将伴随风暴潮频发、洪涝灾害加剧、农田盐碱化、海岸线后退等自然灾害，对我国经济特别是对沿海地区的经济发展带来深远的影响①。

2. 气候变化改变了某些地区原有的资源禀赋

据科学工作者们的分析，气候变暖使我国某些地区的资源禀赋状况产生了变化。气候变暖对资源禀赋的改变主要表现在对水文资源、自然植被资源及生物物种的改变。

随着全球气候的逐渐变暖，全球大气环流调整，对全球水资源的分布产生了重要影响，造成全球降水量的重新分布，很多地区原有的水利资源优势在减弱。过去的 40 年，我国海河、淮河、黄河、松花江、长江、珠江等大江河的实测径流量均呈现下降趋势，原因之一就是受全球气候变化影响。气候变暖引起南极、北极冰盖的溶化以及高山上冰川的溶化。由于气候变暖，中国西北的冰川面积是在减少的，专家估计中国新疆的天山冰川可能到 2050 年就会消失，这意味着新疆干旱区的绿洲将难存续②。

气候变化对自然植被覆盖以及生物多样性也产生了重要影响。在气候变化过程中，物种的改变和植被的变换将会使森林土地分布格局发生变化。随着全球气候变暖，很多物种赖以生存的生态环境发生改变，很多物种由于不能适应新环境而面临灭绝的危险，可能造成生物多样性减少等。③

3. 气候问题伴随资源不合理的开发利用而凸显

中国是世界上能源和原材料的消费大国，经济的快速增长必然消耗大量的能

---

① 孙岗：《"全球气候变暖"与当前我国经济社会的发展》，《中共四川省委省级机关党校学报》1999 年第 2 期。

② 秦大河：《中国气候与环境演变》，《光明日报》，2007 年 7 月 5 日第 10 版。

③ 曾琳：《气候变暖对生态环境与经济社会发展带来的消极影响》，《宿州教育学院学报》，2008 年第 5 期。

源、原材料和矿产等资源，而资源不合理的开发利用则会加剧气候的变化。主要表现在森林资源与湿地资源的减少。由于过度砍伐、毁林耕作、开发建设等，使森林面积减少。这一方面降低了森林对大气中二氧化碳的吸收量，另一方面森林的燃烧和腐烂又要释放出二氧化碳，从而加剧了气候的变暖。

湿地作为一种资源，在保护环境方面起着极其重要的作用。湿地不仅可以调节降水量不均带来的洪涝与干旱，而且其水面及水生植物还可以调节气候，防止气候变暖。但随着经济的快速发展，土地资源的日益紧张，人类加大了对湿地的不当开发利用，湿地调节气候的能力被削弱。

4. 环境污染进一步加剧气候问题

科学家们的研究发现，全球气候变化主要由大气温室气体浓度的日益增加引起，而空气污染主要由悬浮于空气中的大气气溶胶粒子造成，它们主要由矿物燃料的燃烧排放形成。[①] 同时，空气污染使臭氧逐渐减少，影响到地球的变暖。臭氧层对人类生活至关重要，它能够吸收几乎全部的紫外线。现在由于大量的废气污染，大气中的臭氧正在以每年 1% 的速率减少。臭氧的减少意味着将会有更多的太阳紫外线辐射到地面，给人类的生存环境造成极大的威胁。由于偏重工业化的战略，经济发展方式粗放和环境保护滞后，中国没能摆脱先发展、后治理的传统模式，环境污染严重，对气候变暖产生了影响。

二、经济发展对气候变化的影响

现代工业与经济的高速发展，必然消耗大量的自然资源与能源，而煤炭、石油、天然气等矿物燃料的大量消耗致使大气中的二氧化碳含量迅速增加。气候问题源于经济发展，其解决方案中也应该大力运用经济手段。

1. 工业化过程直接影响了气候的变化

引起全球气候变暖的原因很多，但是工业化带来的大气污染无疑是造成全球气候变暖的重要原因之一。在工业化过程中，大气中污染物的种类和浓度都将随之增

----

① 丁一汇、李巧萍、柳艳菊：《空气污染与气候变化》，《气象》，2009 年第 3 期。

加。烟尘、硫的氧化物、氮的氧化物、有机化合物、卤化物、碳化合物等众多大气污染物中，二氧化碳对气候变化的影响最大。在工业化过程中排放的大量二氧化碳，约有 50% 留在大气里，二氧化碳能吸收来自地面的长波辐射，使近地面层空气温度增高，产生温室效应。[①]

伴随着工业化程度的不断加深，人类活动比较密集的区域，频繁的人类活动会对气候变化产生重要的影响。就中国而言，经济在相当长的一段时间里对土地开发利用的依赖性较强，带来自然植被破坏、绿地减少、局部地区干旱等现象明显，这些都会影响到气候。[②]

2. 追求 GDP 导致的环境和资源代价

我国的经济发展取得了伟大的成就，但是在经济快速发展的过程，过分追求 GDP 是以资源过度使用和环境污染为代价的。第二产业仍旧是我国 GDP 增长的重要推动力。但第二产业特别是"两高一资"行业导致资源需求压力不断加大，环境恶化程度日趋严重。而同时，我国对外贸易中，资源密集型、劳动密集型产品是推动我国出口量持续快速增长的主要品类之一。依靠出口这些资源消耗大、环境污染大的产品，加剧了我国的资源短缺和环境恶化问题。发达国家普遍比较重视环境质量，环境政策和标准比较严格；而发展中国家面临解决贫困和发展经济的首要问题，所以环境政策和标准相对比较宽松，从而吸引了大量国际产业尤其是资源环境密集型产业移入中国。[③]

三、缓解经济活动对气候变化的影响

1997 年 12 月在日本京都由联合国气候变化框架公约参加国三次会议制定实施《京都议定书》（*Kyoto Protocol*，又译为《京都协议书》《京都条约》；全称《联合国气候变化框架公约的京都议定书》）是《联合国气候变化框架公约》（*United*

---

① 谢高地：《全球气候变化与碳排放空间》，《领导文萃》，2010 年第 8 期。
② 陈星：《人类活动使森林变荒漠直接影响气候变化》，引自网页：http：//green. sohu. com/20100901/n274639922. shtml.
③ 薛惠锋：《中国资源环境问题与社会经济问题的作用机理》，《中国环境报》，2009 年 10 月 12 日。

Nations Framework Conventional Climate Change，UNFCCC）的补充条款。其目标是"将大气中的温室气体含量稳定在一个适当的水平，进而防止剧烈的气候改变对人类造成伤害"，并于1998年3月16日至1999年3月15日间开放签字，共有84国签署，该议定书于2005年2月16日开始强制生效。到2009年2月，一共有183个国家通过了该议定书（超过全球排放量的61%）。该议定书规定，它在"不少于55个参与国签署该条约并且温室气体排放量达到附件中规定国家在1990年总排放量的55%后的第90天"开始生效，这两个条件中，"55个国家"在2002年5月23日当冰岛通过后首先达到，2004年12月18日俄罗斯通过了该条约后达到了"55%"的条件，条约在90天后于2005年2月16日开始强制生效。2009年12月7~18日在丹麦首都哥本哈根召开全球气候大会，其全称是《联合国气候变化框架公约》第15次缔约方会议暨《京都议定书》第5次缔约方会议。来自192个国家的谈判代表召开峰会，商讨《京都议定书》一期承诺到期后的后续方案，即2012—2020年的全球减排协议。《京都议定书》作为一个全球性的环保条约在全球范围内实施，标志着全球合作推动环保的行动进入实质性的实施阶段。①

人类的经济活动是造成目前以全球变暖为主要特征的气候变化的主要因素。应对气候问题，需要合理地运用经济手段。运用经济手段的核心在于调整有关各方的经济利益关系，把环境保护的目标与企业及社会公众的行为有机地结合起来，防止企业通过转嫁污染治理成本获取额外利润，也刺激公众自费保护环境，最终形成污染者付费、利用者补偿、开发者保护、破坏者恢复的良好格局。

国际上采用的缓解气候变化的经济手段是1997年世界银行在联合国环境与发展大会上总结提出的政策框架。该政策框架从自然资源管理、污染预防和减轻的角度出发，将政策分为四类，即利用市场、创建市场、实施环境法规和鼓励公众参与。②

目前，为了促进自然资源的可持续利用和环境保护，我国已制定和实施了一系

---

① 此处参用了郑艳婷所写的"世界环保运动的兴起与发展"词条的第5点。引自李晓西主编：《资源环境经济学》，经济科学出版社，2016年版。

② 薛小荣：《解决环境经济问题的政府政策与经济手段》，《理论导刊》，2002年第11期。

列的环境经济政策。例如，排污收费、排污许可证制度、加大环境保护投资、减少对以煤炭为主的能源补贴等措施。此外还将自然资源的核算纳入国民经济核算体系中，用可持续发展指标体系评价我国的发展成就等。经济手段是解决资源环境问题的一个重要手段，在以后的发展过程中，我国应予以更多重视。

第三节
中国与世界应对气候变化、推进绿色发展的合作①

绿色发展是世界潮流，是保护环境与经济增长协调的可持续发展战略，是使中国人民乃至世界人民世代幸福的发展方式。绿色发展就是要为后代多保存点清洁的水和空气，保存点可持续发展需要的土地、矿产、森林资源，保存点绿色的生存空间。

人类并不是没认识到这一点。世界各国包括中国，都早已认识到这一点。联合国开发计划署编写了《中国人类发展报告 2002：绿色发展必选之路》，专门就此提出建议。2002 年 8 月 26 日至 9 月 4 日，我国参加在南非约翰内斯堡举行的联合国可持续发展世界首脑会议。时任总理朱镕基在会上全面阐述中国对可持续发展问题的原则立场，宣传介绍中国的环境保护和经济社会发展经验，呼吁各国深化对可持续发展的认识，改变传统的发展思路和模式，同时宣布中国政府核准《京都议定书》，引起强烈反响，许多国家对此给予高度评价。② 2010 年 4 月 15 日，联合国开发计划署驻华代表 Khalid Malik 先生在《2010 中国人类发展报告：迈向低碳经济和社会的可持续未来》的前言中指出：中国在取得了空前的经济和社会进步的同时，

---

① 此处参用了刘方健所写"哥本哈根气候大会"词条。引自李晓西主编：《资源环境经济学》，经济科学出版社，2016 年版。
② 王世林、阮晓梅：《各国首脑郑重承诺 共同推进可持续发展》，《中国报道》，2002 年 9 月 4日，引自网页：http://www.cctv.com/lm/522/41/47723.html.

也面临许多新的挑战，这不仅包括协调经济持续发展与环境保护之间的矛盾，也包括应对气候变化问题。幸运的是中国领导人已经将这些问题摆在了重要位置。而且，人们已经逐渐意识到发展低碳经济和建设低碳社会不仅不会妨碍经济发展，还可以促进经济发展，有利于持续改善中国人民生活水平。如果进一步使用最新的绿色技术，发展绿色经济，实现绿色增长，中国便能够摆脱几十年来依赖高污染能源的传统发展模式。

一、中国有效地履行"共同但有区别的责任"的原则

在 2009 年哥本哈根气候大会上，时任总理温家宝郑重声明，要坚持"共同但有区别的责任"原则。"共同但有区别的责任"原则是在 1992 年的《气候变化框架公约》中正式明确提出来的，包括两部分的内容，即共同的责任和责任是有区别的。"共同但有区别的责任"一直是中国参与国际气候谈判的基础，是参与国际谈判的重要工具。认真研究并合理有效地履行这个原则，在当前转变经济方式的实践中，有着重要的意义。

1. 中国会承担也只承担发展中国家应有的责任

应对全球气候变化，是一个涉及人类整体利益、地球生态系统完好的整体性问题，应通过各国协同行为以维护和治理，所以它是各国"共同的责任"。但由于全球气候问题的形成过程中，各国经济发展阶段和所处环境存在差异，故各国承担的责任是"有区别"的。

中国作为发展中国家，面临着发展经济、消除贫困和减缓温室气体排放的多重压力。中国人口众多，发展经济、改善民生的任务十分艰巨，而同时中国能源结构以煤为主，降低排放存在特殊困难，这就意味着我国控制温室气体排放方面将面临更大的压力和特殊困难。因此，只能承担作为一个发展中国家应有的责任。发达国家看到中国经济发展快，GDP 总量已居世界第二位，而没看到中国人均 GDP 排名还在世界 100 多位，应对气候变化的经济实力有限，条件有限，还必须处理好既要发展与又要环保的关系。对中国责任的过高要求，既不利于中国实现减排目标，也不利于中国民生解决问题。

2. 中国以最大的努力应对气候变化

中国只承担作为一个发展中国家应有的责任，并不是说，中国在应对气候变化方面只付出有条件的努力。事实上，中国是愿尽最大的努力来做好应对气候变化的工作的。2009 年 9 月联合国大会期间，中国国家主席胡锦涛在联合国气候变化峰会上向国际社会承诺：中国将大力发展绿色经济，积极发展低碳经济和循环经济，研发和推广气候友好技术。今后，中国将进一步把应对气候变化纳入经济社会发展规划，并继续采取强有力的措施；争取到 2020 年非化石能源占一次能源消费比重达到 15% 左右，到 2020 年森林面积比 2005 年增加 4000 万公顷，森林蓄积量比 2005 年增加 13 亿立方米。这些庄严而重大承诺，得到国际社会高度的评价。时任总理温家宝在哥本哈根会议上也强调："中国自主宣布的减缓行动目标不附加任何条件，也不同任何国家的减排目标挂钩。我们言必信，行必果，一定要实现目标，甚至会做得更好，这符合中国人民和世界人民的利益。"[1] 在应对气候变化和可持续发展问题上，中国从本国社会发展的实情出发，提出积极可行的奋斗目标和行之有效的政策措施，为应对气候变化作出了不懈努力和积极贡献，未来中国将以最大的努力来应对气候问题。各国政要均认为，中国的选择将对其他国家产生决定性的影响——正如全球规则、法律和市场的变化也会影响中国一样。[2]

在经过多年经济快速增长后，我国能源、淡水、土地、矿产等资源不足的矛盾进一步凸显，生态环境的"透支"[3] 问题也越来越严峻。这一时期，中国政府不断强调加快经济发展方式的转变，就是要以最大努力来扭转经济发展中高投入、高消耗、高污染、低效率的粗放型增长问题，坚持走可持续发展道路，坚定地走绿色经济的发展模式。这样才能缓解我国资源禀赋与人口不断增长之间的矛盾，使中国的增长和发展能够可持续下去。

---

① 冉鹏程、吕文林：《中美两国在哥本哈根气候峰会上的分歧及启示》，《江苏工业大学学报》（社会科学版），2010 年第 2 期。

② 《国际社会积极评价中国"减排"承诺》，引自网页：http：//news. xinhuanet. com/world/2009 -09/25/content_12109923. htm.

③ 牛文元：《"绿色 GDP"与中国环境会计制度》，《会计研究》，2001 年第 1 期。

二、中国 21 世纪议程

1992 年 7 月由国务院环委会组织，根据《21 世纪议程》编制了《中国 21 世纪议程》，并于 1994 年 3 月 25 日在国务院第十六次常务会议上讨论通过。《中国 21 世纪议程》又称《中国 21 世纪人口、环境与发展白皮书》，它是中国可持续发展的总体战略、计划和对策方案，是中国政府制订国民经济和社会发展中长期计划的指导性文件。

《中国 21 世纪议程》共 20 章，78 个方案领域，主要内容分为四大部分：

第一部分，可持续发展总体战略与政策。论述提出了中国可持续发展战略的背景和必要性；提出了中国可持续发展的战略目标、战略重点和重大行动，可持续发展的立法和实施，制定促进可持续发展的经济政策，参与国际环境与发展领域合作的原则立场和主要行动领域。其中特别强调了可持续发展能力建设，包括建立健全可持续发展管理体系、建立费用与资金机制、加强教育、发展科学技术、建立可持续发展的信息系统，尤其要促进妇女、青少年、少数民族、工人和科学界人士及团体参与可持续发展建设。

第二部分，社会可持续发展。包括实行计划生育、控制人口数量和提高人口素质；引导建立适度和健康消费的生活体系，强调尽快消除贫困；提高居民的卫生和健康水平；通过正确引导城市化，加强城镇用地管理，加快城镇基础设施建设和完善住区功能，促进建筑业发展，向所有人提供适当住房、改善住区环境等。

第三部分，经济可持续发展。《中国 21 世纪议程》把促进经济快速增长作为消除贫困、提高人民生活水平、增强综合国力的必要条件，其中包括可持续发展的经济政策，农业与农村经济的可持续发展，工业与交通、通信业的可持续发展，可持续能源和生产消费等内容。

第四部分，资源的合理利用与环境保护。包括水、土等自然资源保护与可持续利用；生物多样性保护；防治土地荒漠化，防灾减灾；保护大气层，如控制大气污染和防治酸雨；固体废物无害化管理等。

三、中国发展绿色经济是全人类可持续发展重要组成部分①

在全球资源环境挑战日益激化的新形势下，绿色经济逐渐成为世界各国促进可持续发展的新举措。

中国的整体实力对世界可持续发展具有重大影响

伴随着经济的快速发展，中国已成为世界第二大经济体和最大的能源消耗国之一，并且经济规模和能源消耗仍将持续增长，对资源的需求和环境的压力也将随之加大。以人为本是可持续发展的最基本内容，在人口众多的中国坚持不懈地发展绿色经济是对全世界可持续发展的重要贡献。

人口众多对实现可持续发展具有双重意义。中国是一个拥有 13 亿人口的大国，占世界人口的 1/5。因此，中国的经济发展、能源需求都对世界产生了重要的影响。从总量来看，2010 年，我国能源消耗总量（发电煤耗计算法）为 32 亿吨标准煤②，就人均而言，2010 年中国人均能源消费量为 2400 千克标准煤③，约为美国人均能源消费量的 1/5（2010 年美国人均能源消费量为 317 million BTU）④。可见，我国具有人均消耗少，总量消耗大的特点。基于这样的国情，人口众多对促进可持续发展的影响将会是双重的。一方面，如果不能控制人口的规模，或者控制每个人消耗的能源额度，那么加总起来将是一个庞大的数字，不利于可持续发展的实现，另一方面，如果能在满足人口对资源能源和环境基本需求的基础上，实现消耗总量的下降，将有利于全人类资源和环境的可持续发展。因此，中国应当肩负起这个重责，为实现全人类可持续发展作出自己的贡献。

经济规模巨大对实现可持续发展具有重要意义。改革开放 30 多年来，中国经济保持了长期快速增长，目前国内生产总值已经超过日本，2010 年国内生产总值

---

① 李晓西等：《中国：绿色经济与可持续发展》，人民出版社，2012 年版，第一章"绿色经济与可持续发展"，作者有：李晓西、宋涛、荣婷婷和朱磊。

② 国家统计局能源统计司：《中国能源统计年鉴（2011）》，中国统计出版社，2011 年版，第 5 页。

③ 国家统计局能源统计司：《中国能源统计年鉴（2011）》，中国统计出版社，2011 年版，第 8 页。

④ U. S. Energy Information Adminitration：Annual Energy Review 2010，p. 13.

占世界比重已经达到 9.5%[①]，随着经济规模的不断扩大，中国对生产所需的资源、能源和环境因素的需求持续上升，因此，改变长期以来的粗放型增长方式对节约资源、实现可持续发展具有重要意义。当前，中国政府、行业组织和企业都已深刻认识到必须大力发展绿色经济，在加大对绿色产业的投入和支持力度，在资源和环境承载的范围内进行生产活动，提高资源和能源利用效率。可以预见，作为经济规模巨大的国家，中国实现经济增长方式转变、推进绿色经济发展，将对全世界可持续发展产生直接推动作用。

强有力的政府对实现可持续发展具有关键意义。强有力的政府调控和监管，是市场经济秩序得以不断完善的保障。发展绿色经济，必然要求在体制机制方面进行深入变革，就更需要高效的政府监管和调控。显然，中国政府在发展绿色经济上的态度对促进可持续发展具有关键意义。我们看到，中国政府就发展绿色经济和促进可持续发展问题上在各种场合中积极表态。2011 年，胡锦涛主席在首届亚太经合组织林业部长级会议上的致辞中提出："中国将继续加快林业发展，力争到 2020 年森林面积比 2005 年增加 4000 万公顷、森林蓄积量比 2005 年增加 13 亿立方米，为绿色增长和可持续发展作出新的贡献。"[②] 2012 年 6 月，温家宝总理在世界未来能源峰会提到："到 2015 年，中国非化石能源占一次能源比例，将从 2010 年的 8.3% 提高到 11.4%；能耗强度比 2010 年降低 16%，二氧化碳排放强度下降 17%。实现这些目标，面临的困难很多，付出的代价很大，但我们毫不动摇。"[③] 此外，中国政府将环境保护和节能减排等任务纳入五年规划，承诺到 2020 年，能耗强度将在 2005 年的水平上降低 40%～45%。[④] 中国政府高度关注绿色经济发展，这不

① 《中国 GDP 占世界比重已达 9.5%》，引自网页：http://news.xinhuanet.com/fortune/2011 - 03/24/c_121228758.htm? fin.

② 《胡锦涛：在首届亚太经合组织林业部长级会议上的致辞》，引自网页：http://cpc.people.com.cn/GB/64093/64094/15602672.html.

③ 《温家宝：中国坚定走绿色和可持续发展道路——在世界未来能源峰会上的讲话》，引自网页：http://cpc.people.com.cn/GB/64093/64094/16892872.html.

④ 国家统计局能源统计司：《中国能源统计年鉴 2011》，中国统计出版社，2011 年版，第 5 - 8 页；中国科学院可持续发展战略组：《2012 中国可持续发展战略报告——全球视野下的中国可持续发展》，科学出版社，2012 年版，第 245 页。

仅将在 13 亿人口的发展中大国实现可持续发展具有重要意义，也对全球保护生态环境、促进人类经济可持续发展具有重大意义。

据麦肯锡报告预测，从目前到 2030 年，中国将掀起一场绿色革命，这包括绿色发电、绿色交通、绿色工业、绿色建筑以及绿色生态系统五大领域。①

第四节
国外学术界在绿色发展理论上的成果

绿色经济这一时期的研究成果，仍主要体现在资源经济、生态经济与环境经济方面，而可持续发展则是更为集中的绿色发展研究。这是一个相当大的题目，本身就构成一本巨著。这里，作者主要从一本 20 世纪末（1998 年英文版）出版的享誉全球的《经济学手册》入手来作简介与分析，同时介绍国内专家在这一时期出版的重要著作。或者说，这里面涉的理论及多位作者，均在该领域中产生过很大影响。② 至于可持续发展，这方面的研究专著非常多，这里就不再赘述了。

一、关于环境经济学相关理论

环境经济学发展的历史还不长，其中一个较深入的理论发展是将经济一般均

---

① Martin Joerss，Jonathan Woetzel：《中国的绿色机遇》（*Green Opportunities in China*），《麦肯锡季刊》2009 年 3 月，详见：http://china. mckinseyquarterly. com/Chinas_green_opportunity_2364.

② 本节内容摘编自《经济学手册》中的《自然资源与能源经济学手册》的编者序与译者序。《经济学手册》的总主编是 1972 年诺贝尔奖得主、美国著名数理经济学家 K. J. 阿罗，共计有 44 卷，从 1998 年开始陆续出版。《自然资源与能源经济学手册》三卷本的主编是这个领域的领军人物阿兰·V. 尼斯和詹姆斯·L. 斯威尼，本书作者李晓西教授组织力量用了 10 年时间翻译手册出版，并写了译者序。文中国内学者的成果介绍，主要引用了李晓西教授的译者序。三卷本中文版出版时间分别是 2007 年、2009 年和 2010 年，均为经济科学出版社出版。本小节编写中还参用了本书作者主编的《资源与环境经济学》辞典中林卫斌副教授撰写的相关词条。详见：阿兰·V. 尼斯，詹姆斯·L. 斯威尼：《自然资源与能源经济学手册》（三卷本），李晓西、史培军译，经济科学出版社，2007 年、2009 年和 2010 年版；李晓西：《资源环境经济学》，经济科学出版社，2016 年版。

衡、物质平衡和公共财产资源这些概念相结合，形成一个单独的统一理论。这一模型系统地解释了环境污染问题的产生，同时对解决办法进行了福利经济学分析。卡尔·戈兰·马勒使用这一模型的一个版本，提出了一个适用于环境经济学领域的一般理论框架。成本—收益分析是经济学的基本分析工具之一，而这种分析运用于自然资源和环境的理论基础则是福利经济学。在《经济学手册》第 6 章中，迈里克·弗里曼（A. Myrick Freeman）评述了环境项目收益的评估方法，这种评估方法的发展，是环境经济学中最具挑战性的一个领域，也是近年来研究的一个热点。

伦理学（ethics）和环境经济学的关系问题，也是这一时期环境经济学关注的问题。比如说，核废料的长期存放和由资源利用导致的气候变迁等问题所引发的伦理道德上的争论，要比经济学上的争论强烈得多。威廉·舒尔茨（William Schulze）和阿兰·尼斯（Allen Kneese）在《经济学手册》第 5 章中阐述了这些热点问题。

环境经济学另一个主要的领域，是应用数量经济模型（通常是线性的）来解决环境问题。这些模型被用于分析政府可选择的政策对于残余物产生及控制成本在具体行业和地区细节上的影响。就区域分析而言，转移函数（transfer function）经常直接应用于经济模型中，而该函数可以将不同地点排放物的浓度转换成周围地区传感器记录的浓度。在《经济学手册》第 7 章中，戴维·詹姆斯（David James）评论了行业和区域模型及其应用。

20 世纪 90 年代，中国的环境经济学也进入了飞速发展的阶段。1992 年，清华大学张兰生等人合著的《实用环境经济学》（清华大学出版社），是我国第一部环境经济学教材。1994 年，中国环境科学研究院王金南所著的《环境经济学：理论·方法·政策》出版，系统论述了环境经济学的基本概念、理论基础、分析评价方法以及政策应用等。1995 年，厉以宁教授与章铮博士合作完成了《环境经济学》（中国计划出版社，1995 年版）一书，探讨了有关的环境经济学理论、方法与政策问题，并用较多的篇幅探讨了因中国的现状而导致的特殊的环境经济学问题。1998 年，北京大学留美归来的张帆博士出版的专著《环境与自然资源经济学》是一部面向研究生、本科生的中级教科书，系统地介绍了西方经济学对资源与环境经济学的阐述。此期间还有不少同类著作，均扩大了环境经济学的影响。①

二、关于资源经济学相关理论

自然资源的保护是人们长期关注的焦点。但是在过去的 20 年中，经济学研究关注的不是资源商品的稀缺，而是自然区域保护的相关问题。如今，此类研究关注的焦点已经转移到诸如不可逆性（irreversibility）、期权价值（option values）和不对称的技术变迁（asymmetric technological change）等问题上来。安东尼·费希尔（Anthony Fisher）和约翰·克鲁提拉（John Krutilla）讨论了这些新的保护问题。

可再生资源的利用并不仅仅是残余物的回收。比起除农业以外的其他任何资源，水资源的开发和利用得到了经济学家们更多的关注。这其中至少有三个原因：第一，长期以来，美国联邦水资源机构运用成本—收益分析方法进行水资源评价，这使得经济学家们有许多机会发展和运用水资源评价的理论概念、方法和数据；第二，河道系统的多用途开发，为系统分析的应用提供了绝好的机遇，而这种分析与微观经济学是紧密相连的；第三，市场机制在美国西部稀缺的水资源的分配上起到了一定的作用。由罗伯特·扬（Robert Young）和罗伯特·哈夫曼（Robert Haveman）撰写的第 11 章，对水资源开发的经济和制度方面的研究进行了综述。

詹姆斯·斯威尼（James Sweeney）在《经济学手册》第 17 章中介绍了可耗竭资源的基本理论，集中讨论了单个资源矿藏的最优开采决定模型（价格外生）和在竞争市场或垄断市场上的价格与开采量决定模型。分析中提到的因可耗竭性约束带来的随时间变化的机会成本，是联系这些理论的一个中心概念。这一概念也是不同的开采成本函数比较动态分析的核心，这些成本函数的假设涵盖了从最简单的霍特林（Hotelling）假设到开采成本由资源存量和开采率共同决定的复杂假设。

---

① 程福祜：《环境经济学》，高等教育出版社，1993 年版；曹瑞钰：《环境经济学》，同济大学出版社，1993 年版；李克国：《环境经济学》，科技文献出版社，1993 年版；张敦富等：《环境经济》，人民出版社，1994 年版；倪兆球：《环境经济学》，广东教育出版社，1995 年版；张象枢等：《环境经济学》，中国环境科学出版社，1994 年版；王金南等：《OECD 环境经济手段丛书》，中国环境科学出版社，1996 年版；马中：《环境与资源经济学概论》，高等教育出版社，1999 年版；朱利安·罗威等：《环境管理经济学》，王铁生译，贵州人民出版社，1985 年版；戴维·詹姆斯、赫伊布·詹森、汉斯·奥普斯科尔：《应用环境经济学》，王炎庠等译，商务印书馆，1986 年版。

杰弗里·希尔（Geoffrey M. Heal）在《经济学手册》第 18 章中，考察了可耗竭资源最优使用有关规范性理论中的关键问题，其中关键问题之一即如何达到代际间的平衡。代际平衡之所以成为问题，不仅仅因为人们要开采可耗竭资源，同时也因为社会需要投入研发资源来寻找试图可耗竭资源的替代物，并且社会可以选择经济体系中的总的资本构成。讨论的要点是阐明了贴现的作用和意义，反映出贴现率在决定跨期平衡时的中心作用。

迈克尔·布劳斯（Michael Browes）和约翰·克鲁提拉（John Krutilla）提出一种新的思路。他们在《经济学手册》第 12 章中讨论了野地（wildlands）的管理。由于认识到野地不仅产出木材，而且有娱乐和美学价值，这一章整合了从林业研究的相关文献中得出的理论和从多目标企业的文献中得到的理论。可以看到，这里对土地利用问题的探讨已超越传统的方式，即不再仅仅把土地当作是农业生产中的一项生产要素，或者是林业生产中木材这种单一产品的产出地（yielder），而从更广义的角度来看待土地。阿兰·兰德尔（Alan Randall）和埃默里·卡斯尔（Emery Castle）则在《经济学手册》第 13 章中研究了如何用一个资产定价模型来分析土地市场。这一章的内容包括一项关于地租决定的深入研究。该项研究探讨了宏观经济变化和不断增长的土地需求对土地价格的影响，接着探讨了土地价格对于地租增加的反应。这一章也探讨了土地利用规划和管制的一些想法，并分析了土地在经济思想演变中的作用。

德弗勒·哈里斯（DeVerle Harris）在《经济学手册》第 21 章中阐明了描述和评估矿产资源储量相关的跨学科问题。此类资源储量不能被直接观察到，而是需要通过从地质学和经济学角度建立的模型和获得的数据进行估计。对于建模者来说，困难在于要将不同学科的理论和实证观察结合起来，建立具有经济学和地质学意义的模型。这种方法有助于估计资源的数量和规模分布，有助于提供更好的开采成本模型，有助于优化勘探过程模型。丹尼斯·艾普（Dennis Epple）和约翰·朗德曼（John Londregan）在《经济学手册》第 22 章中也探讨了矿产市场供给方的情况，其重点在于开采成本和开采率。考察、评估了可耗竭资源供给的数量模型方法，探究了理论在多大程度上可以作为建立资源供给应用模型的适当基础。他们考察了实

证研究的成本函数后认为，对于不同时点发现的矿藏量所做的合计存在着很大缺
陷。尽管经济计量模型和均衡计算方法（computational equilibrium methods）都有很
大的进步，但不同类型的模型间的区别还是存在的，其应用尚未得以整合。

20世纪90年代后，我国一批资源经济学的成果问世了。如孙鸿烈主编的《中
国资源科学百科全书》①、史忠良的《资源经济学》②、徐晓峰等编著的《资源资产
化管理与可持续发展》③、李金昌的《资源经济新论》④ 等。进入21世纪后，资源
经济学及其相关学科的书籍越来越多了。如王子平等著的《资源论》⑤、林爱文等
人著的《资源环境与可持续发展》⑥ 等，这里就不一一列举了。国外的相关翻译本
也不少了，如威廉·J. 鲍莫尔等著的《环境经济理论与政策设计（第二版）》⑦，
罗杰·珀曼等著的《自然资源与环境经济学：第二版》⑧。20世纪90年代末期，资
源与环境经济学与人口经济学合并为一个新的学科，即人口、资源与环境经济学。
中国人民大学、南开大学、复旦大学、武汉大学、北京大学、北京师范大学、厦门大
学、中南财经大学等成为首批设立人口、资源与环境经济学博士点或硕士点的单位。

三、关于资源和环境理论应用于政策和实践的问题

国民经济投入—产出模型（national input – output models）是应用于环境问题的
重要模型。此类模型考虑到了残余物产生的系数和残余物控制的选择权，因此它们
能够用来分析经济增长、产品组合的改变以及其他一些我们感兴趣的变量的变化对
于环境间接和直接的影响。在《经济学手册》第8章中，芬·福森德（Finn For-

---

① 《中国资源科学百科全书》编辑委员会：《中国资源科学百科全书》（上下两册），中国大百
科全书出版社，2000年版。
② 史忠良：《资源经济学》，北京出版社，1993年版。
③ 徐晓峰、李富强、孟斌：《资源资产化管理与可持续发展》，社会科学文献出版社，1999年版。
④ 李金昌：《资源经济新论》，重庆大学出版社，1995年版。
⑤ 王子平、冯百侠、徐静珍：《资源论》，河北科学技术出版社，2001年版。
⑥ 林爱文、胡将军、章玲、张滨：《资源环境与可持续发展》，武汉大学出版社，2005年版。
⑦ 威廉·J. 鲍莫尔、华莱士·E. 奥茨：《环境经济理论与政策设计》（第二版），严旭阳译，经
济科学出版社，2003年版。
⑧ 罗杰·珀曼（R. Perman）、马越、詹姆士·麦吉利夫雷、迈克尔·科蒙：《自然资源与环境经
济学》（第二版），中国经济出版社，2002年版。

sund）以挪威经济为典型实例，描述了国民经济投入—产出模型的应用。

在过去20多年间，对能源安全、环境保护和经济增长这三大目标的权衡，是制定能源政策的决定性因素。本手册部分章节阐述了环境政策的经济学。其中，《经济学手册》第9章由格雷戈里·克里斯坦森（Gregory Christainsen）和汤姆·泰坦伯格（Tom Tietenberg）撰写，对当前研究环境政策的实施情况及其对宏观经济的影响的相关成果进行了综述。环境政策究竟怎样导致通货膨胀或者失业？环境政策所带来的成本和收益在利益集团之间如何分配？这一章将阐述解决这些问题的方法，并得出一系列的结论。环境经济学还必须关注区际与国际的贸易问题。霍斯特·西尔伯特（Horst Siebert）探讨了环境经济学中的空间特征。

由皮特·博姆（Peter Bohm）和克利福德·拉塞尔（Clifford Russell）撰写的《经济学手册》第10章，对环境政策工具进行了比较分析。通过抽象的经济学推理，自然就能够得出运用排污费（effluent fees）作为政策工具的思路。但是许多政府并没有听从经济学家的建议，相反，它们采取的是命令和控制措施。一些经济学家同时也倡导残余物排放的许可证交易（tradeable permits），这已经部分地得以施行。押金—退款制度（deposit – and – return systems）同样被用于解决一些环境问题，而且有可能用于解决其他问题。第10章综述了近20年来经济研究得出的各种环境政策工具的利弊所在。

安东尼·斯科特（Anthony Scott）和戈登·芒罗（Gordon Munro）撰写的《经济学手册》第14章讨论了商业捕鱼的经济分析（commercial fishery economics）。商业捕鱼对于经济学家而言具有极大的吸引力，因为这项活动应用一种公共资源作为一项必不可少的投入。在自由竞争的市场中，这种资源的公共财产性质将导致做出经济上低效率的决策。自由进入导致资源的过度开发和过度投资。对资源的最优管理可能带来经济净收益，过度开发和过度投资则会抵消这种收益。这一章评述了这些方面的研究，介绍了公共政策和国际合作方面的具体应用。

肯尼思·麦康奈尔（Kenneth McConnell）探讨了户外休闲的经济分析（the economics of outdoor recreation）。本章主要讨论了运用经济学知识来指导出于休闲目的的自然资源供应的研究。文中叙述了研究过程中所遇到的概念上和经验上的进展、相关的问题及相应的解决办法。这一章还介绍了户外休闲市场的独特性质是如何影响户外休闲经济分析的演变的。

在《经济学手册》第 20 章中，玛格丽特·斯莱德（Margaret Slade）、查尔斯·科尔斯塔德（Charles Kolstad）和罗伯特·韦纳（Robert Weiner）介绍了能源和非燃料矿物市场需求角度分析的重要方法。长期以来，不均衡和定量配给（rationing）是此类市场的特点，但仍然没有很好的方法将这些问题融入需求的研究中。资源购买者的市场力量可能会改变需求关系，然而普通的二元（duality）方法认为他们仅仅是价格的接受者。对于快速变化的情势进行仔细探究，很可能会发现，观察到的消费行为与最终需求大不相同。因此，必须更全面地考察数据问题。本章促请建模者要充分考虑到这些根本性的实证研究困难。

帕萨·达斯古普塔（ParthaDasgupta）在《经济学手册》第 23 章中考虑了存在替代品时的自然资源问题。矿产需求一般根源于最终产品和服务的需求。矿产赋予最终产品以满足人们需要的特性，技术进步则终究会找到其他方法或材料来提供这些特性。达斯古普塔（Dasgupta）认为关键的机制在于，形成用低品位资源系统替代逐渐减少的高品位资源的过程；经济压力刺激了技术的发明，这些发明让将来的人们可以开采目前无法使用的资源。因此，他认为，除磷、少数微量元素以及化石燃料外，基本原材料的无限供给实际上是可以实现的，关键在于通过技术手段，用现在不可用或者不经济的资源替代正在不断被耗竭的资源。

米歇尔·特曼（Michael Toman）在《经济学手册》第 25 章中讨论了与能源安全相关的经济理论、实践及政策。能源安全问题存在与否、性质如何，取决于如下两点：能源（尤其是石油）进口与经济利益之间的关系，以及能源价格快速变化带来的经济调整成本的性质和严重性。查尔斯·科斯达德（Charles Kolstad）和杰弗里·克劳特克雷默（Jeffrey Krautkraemer）则在《经济学手册》第 26 章中讨论了自然资源的利用与环境关系的理论、实践和政策问题。资源市场的空间性质以及资源利用，尤其是影响空气质量的资源利用的负外部性是研究的重点。

在《经济学手册》第 27 章中，戴尔·乔根森（Dale Jorgenson）和彼特·维尔克森（Peter Wilcoxen）讨论了数量化的一般均衡模型，尤其注重为环保而采取的限制行为的影响以及能源价格上涨对经济增长的影响。在这些模型中，最突出的是运用经济计量方法考察美国经济的乔根森—维尔克森（Jorgenson - Wilcoxen）跨时期一般均衡模型。这个模型将细致的经济计量研究整合到新古典框架下，使得人们能够对历史经验进行系统的解读，从而对未来的政策制定提供指导。模型的这种能力通过对以下经济增长的后果进行评估而得到证明：（1）20 世纪 70 年代和 80 年代初期制定的环保管制；（2）20 世纪 70 年代和 80 年代的油价上涨；（3）拟议中的对碳排污征税的预期影响。

环境经济学和生物经济学相互关联的特性同样引人关注。詹姆斯·威兰（James Wilen）阐释了与这环境领域相关的生物经济学模型。人类行为对环境产生的影响发生在空间之中，并通过空间发生作用；忽略这一事实就会导致严重的错误。诸如环境中残余物的降解、空中悬浮颗粒对能见度的影响，以及可选择的环境政策的效率等许多问题，都与空间直接相关。国内专家在这方面也有较大进展，山东社科院马传栋的《资源生态经济学》和欧阳培主编的《排泄资源经济学》分别于 1995 年和 1997 年正式出版，推进了大环境经济学的研究工作。

专　栏

诺贝尔奖得主 K. J. 阿罗总主编的 44 卷本《经济学手册》中的

《自然资源与能源经济学手册》

(*Handbook of Natural Resource and Energy Economics*)

《经济学手册》丛书两位总主编——1972 年诺贝尔奖得主 K. J. 阿罗、在数理经济学与计量经济学上享有盛名的 M. D. 英特里盖特在主编序中写道："本系列手册中的每一本都是对经济学中的每一门分支学科的最前沿的发展，根据其内容分成各章并做出全面的总结。"《经济学手册》共计 44 卷，从 1998 年开始陆续出版。其中，资源、环境与生态经济的是第六分册，即《自然资源与能源经济学手册》(*Handbook of Natural Resource and Energy Economics*)，共三卷。

《自然资源与能源经济学手册》的主编是两位著名的学者：阿兰·V. 尼斯和詹姆斯·L. 斯威尼。他们是这一研究领域最主要的代表人物。阿兰·V. 尼斯（Allen V. Kneese）教授是美国未来资源研究所（Resources for the Future）的高级学者，也是美国环境与资源经济学家协会（Association of Enviromental and Resource Economists）的第一任主席。美国未来资源研究所，成立于 1952 年，是世界上最早的资源与环境经济学的专门研究机构。阿兰·V. 尼斯在这个研究所从事资源与环境经济的研究整整 40 年，他既成了环境经济学的奠基人，也为生态经济学和资源经济学的形成作出了重大贡献。1990 年，他曾获得了第一届 Volvo 环境奖。① 这 40 年，人类对环境和资源的认识，从担心越来越多的废弃物污染，到整合自然科学和社会科学，开创资源与环境经济学，走过了艰辛的探索历程。詹姆斯·L. 斯威尼（James L. Sweeney）博士是斯坦福大学经济政策研究院高级研究员，是管理科学与工程学教授。他在斯坦福大学生活和工作了 40 年。曾担任过能源建模论坛（Energy Modeling Forum）主席、能源研究所（Institute for Energy Studies）主席、工程经济系统学院（Department of Engineering – Economic Systems）院长等职务。他的研究领域集中在经济政策与分析，尤其是能源、自然资源和环境研究方面。1975 年，詹姆斯·L. 斯威尼教授曾获得联邦能源管理杰出服务奖（Federal Energy Administration Distinguished Service Award），1999 年他被选为美国能源经济学会（U. S. Association for Energy Economics）高级研究员。② 两位主编认为，在自然资源经济学领域的研究，整合了从物理学、工程学、化学、生物学、生态学、政治学和法学中获得的综合信息，实际上已经形成了一系列跨学科的成果。事实确实如此，《自然资源与能源经济学手册》包括三卷，共 27 章，概括了 20 世纪在资源经济、环境经济、生态经济多领域的前沿研究成果，而这三方面，构成了绿色经济关键性重要内容，均可称之为绿色经济学的基础。③

① *In Memorium*：*Allen V. Kneese*，1930 – 2001，引自网页：http：//www. rff. org/rff/News/Releases/2001/In – Memorium – Allen – V – Kneese – 1930—2001. cfm.

② 资料来源：斯坦福大学 James Sweeney 教授个人主页，http：//www. stanford. edu/ ~ jsweeney/.

③ 本书中文版由北京师范大学李晓西教授、史培军教授等组织翻译、校订，由经济科学出版社出版。三卷本出版年份分别是 2007 年、2009 年和 2010 年。这里引用的是本手册主编序，其初译者有：赵少钦、张怿、孙荟欣。阿兰·V. 尼斯、詹姆斯·L. 斯威尼：《自然资源与能源经济学手册》（三卷本），李晓西、史培军组织翻译、校订. 经济科学出版社出版，2007 年、2009 年和 2010 年版；李晓西：《资源环境经济学》，经济科学出版社，2016 年版。

第七章
我国绿色发展区域评价

本章摘要：随着资源生态环境在国民经济中地位的日益凸显，如何在资源有效利用和环境保护的基础上实现经济社会的可持续发展成为人们不断思考的问题。从绿色经济、生态经济、循环经济到低碳经济，记录着探寻人类社会可持续发展的足迹。本章介绍与分析了国内外专家在绿色发展以及相关主题上的探索，重点述评了三家合作单位从 2010 年开始测度和编著的各省区和重点城市的绿色发展水平的成果。因为评价年用的是早两年的数据，因此，这里的省区测度是从 2008 年开始的；为配合本书在划分篇章上的安排，时间截至 2012 年。城市测度比省区测度晚一年开始，因此是 2009—2012 年。

第一节
我国绿色发展测度研究的述评[①]

国内外专家都在尝试提出各种测度可持续发展水平或绿色发展程度的方法。本节就我国各研究机构与专家在经济绿色发展的相关评估上的思路与方法作简要概括。

---

① 本节内容引自本书作者主编的《2010 中国绿色发展指数——省际比较》一书中的附录三"我国绿色发展指数相关研究述评"，这里进行了压缩和改写。原作者为：姜欣、丛雅静、蔡宁、侯蕊。北京师范大学经济与资源管理研究院等：《2010 中国绿色发展指数年度报告——省际比较》，北京师范大学出版社，2010 年版。

一、对可持续发展水平的测度研究

国内对可持续发展的研究主要集中在测度指标体系的建立和评价方法的探索等方面，研究内容涉及国家级、省级、地方和部门，以及特殊空间如流域、山区的评价指标体系等多个层级。在国家层次上，代表性研究成果主要包括科技部组织的中国可持续发展指标体系研究以及中国科学院可持续发展研究组制定的指标体系（2000）[1]。前者是根据《中国 21 世纪议程》构建了涉及描述性指标 196 个、评价性指标 100 个的评价体系，由于指标庞大，适用性有一定的局限；后者用资源承载力、发展稳定性、经济生产力、环境缓冲力和管理调控能力，分 5 个等级来测度区域可持续发展能力，建立了一个大型数据库和模型，每年发表 1 份报告对不同城市进行评价和对比。省级层次的研究成果有山东师范大学山东省可持续发展研究中心提出的山东省城市可持续发展指标体系（2001）[2]、南京大学数理与管理科学学院设计的江西省社会经济可持续发展评价指标体系（2002）[3]。其他相关研究还有从经济发展、生态建设、环境保护和社会进步四方面提出的城市可持续发展评价方法[4]，县域经济社会可持续发展指标体系及评价方法的探讨[5]，包括矿产资源可持续利用能力、开发利用对环境的影响、矿业自身的可持续发展能力的可持续发展指标体系[6]，可持续消费指标体系定义[7][8][9][10]等。这些指标体系大多从经济、社会、

---

[1] 中国科学院可持续发展研究组：《2000 年中国可持续发展战略报告》，科学出版社，2000 版。

[2] 常勇等：《山东省城市可持续发展指标体系研究》，《山东师大学报》，2001 年第 2 期。

[3] 周启昌：《县级区域可持续发展评价指标体系设计》，《南京人口干部管理学院学报》，2002 年第 3 期。

[4] 李锋、刘旭升、胡聃、王如松：《城市可持续发展评价方法及其应用》，《生态学报》，2007 年第 11 期。

[5] 张和平：《县域经济社会可持续发展指标体系及评价方法——以江西省吉安县为例》，《江西社会科学》，2008 年第 2 期。

[6] 杨昌明、洪水峰：《焦点问题法——建立矿产资源可持续发展指标体系方法探讨》，《中国地质大学学报》，2001 年第 2 期。

[7] 杨家栋、秦兴方：《可持续消费引论》，中国经济出版社，2000 年版。

[8] 周梅华：《可持续消费测度中的熵权法及其实证研究》，《系统工程理论与实践》，2003 年第 12 期。

[9] 杜延军、吴伟伟：《可持续性消费水平的评价模型》，《统计与决策》，2006 年第 14 期。

[10] 周成：《基于 AHP 法的可持续消费评估指标体系设计研究》，《商场现代化》，2009 年第 4 期。

人口、资源、环境等多个角度出发，综合考察国家、地区或产业的可持续发展水平和潜力，突出了各自的特色。

二、资源与能源的可持续发展指数

有不少专家在资源可持续发展指数和能源可持续发展指数上作出了努力。比如，周德群等（2001）[①] 从发展水平和协调水平两个方面构建了能源工业可持续发展的指标体系，并运用主成分分析法进行了相关测度，评价了我国能源工业的可持续发展情况。陈莉（2003）[②] 根据首都发展实际和电力工业特点，运用大量的数据及文献资料，建立了以发展度、协调度、资源承载度和环境容量为一级指标，下设发电机装机容量、电力弹性系数、环保支出比重等 29 个分指标的北京电力工业可持续发展的指标体系。刘妍（2005）[③] 以石油工业的发展要适应社会经济发展和环境资源发展为目标，建立了包括石油资源发展水平、石油工业经济发展水平、社会发展水平在内的三大体系，以求对我国石油工业可持续发展进行评价。骆正山等（2005）[④] 提出了包括资源开发利用水平、经济发展水平、社会发展水平、环境保护水平和智力支持水平等指标的矿产资源评价体系，用于反映矿产资源可持续开发综合水平。在土地资源方面，罗攀等（2010）[⑤] 在大力发展县域经济的社会背景下，根据县域土地的基本特点，以提高土地资源可持续利用水平为立足点，构建了一个由目标层、准则层、指标层及亚指标层组成的指标体系，为县域范围内开展土地资源可持续利用提供了参考。生态资源方面，罗彦平等（2007）[⑥] 为评价我国野生植物可持续利用能力，借鉴压力—状态—响应（PSR）框架，构建了野生植物可持续利用指标体系。中国社科院在 2007 中国能源可持续发展论坛上发布了中国能

---

① 周德群、汤建影：《能源工业可持续发展的概念、指标体系与测度》，《煤炭学报》，2001 年第 5 期。

② 陈莉：《北京市电力工业可持续发展指标体系与评价方法研究》，华北电力大学，2003 年。

③ 刘妍：《我国石油工业可持续发展的指标体系构建及评价》，哈尔滨理工大学，2005 年。

④ 骆正山：《矿产资源可持续开发评价指标体系的研究》，《金属矿山》，2005 年第 4 期。

⑤ 罗攀等：《县域土地资源可持续利用评价指标体系研究》，《科技与产业》，2010 年 Z2 期。

⑥ 罗彦平等：《野生植物资源可持续经营利用评价指标体系研究》，《中国林业经济》，2007 年第 2 期。

源可持续发展指标评价体系，具体包括能源行业总体可持续发展评价、能源各子行业可持续发展评价、能源企业可持续发展评价及能源区域可持续发展评价四部分。能源企业绿色评价体系以能源企业绿色评价为目标层，以资源利用、环境保护、循环利用、经济效益和社会责任 5 个一级指标为准则层，着力评价能源企业在节约、减排、和谐发展方面的工作成效。该评价体系将能源企业分为煤炭开采、焦炭、原油开采、石油化工、火电以及新能源六个子行业，针对其行业特殊性，分别选取数 10 个典型二级指标作为指标层，建立评价体系。在研究方法上，采用了定量和定性相结合的方法，以期全面反映能源企业的现实情况①。田昕加等（2008）② 以循环经济理论为基础，根据森林资源可持续发展的特点，从目标层、准则层和指标层 3 个层次建立了森林资源可持续发展评价指标体系，并根据不同的评价指标，选择了不同的评价方法。颉茂华等（2010）③ 根据煤炭企业的实际特点，从经济、资源、环境 3 个角度建立了一套针对煤炭企业可持续发展的评价指标体系。该指标体系由目标层、准则层和变量层组成，具体包括工业 GDP 增长率、GDP 能耗、GDP 水耗等 10 个指标，通过层次分析法为指标体系给出权重，最终计算出可持续发展水平指数。

三、对绿色 GDP 的测度研究

关于绿色 GDP 的内涵，国家发展改革委员会（2004）④ 提出绿色 GDP = 传统 GDP – 资源环境损害 + 环保部门新创造价值。在绿色 GDP 核算方面，首先是对自然资源核算和环境损失成本计量的初步探究。全国环境经济学术研讨会（1981）⑤ 首

---

① 《中国能源可持续发展的挑战与对策》，引自网页：http：//www.ce.cn/cysc/ny/hgny/200709/20/t20070920_12980694_1.shtml.

② 田昕加、王兆君：《森林资源可持续发展的评价指标体系研究》，《中国农业经济》，2008 年第 6 期。

③ 颉茂华、杨森、张子娟：《煤炭企业可持续发展评价研究》，《煤炭经济研究》，2010 年第 2 期。

④ 兰国良：《可持续发展指标体系建构及其应用研究》，天津大学，2004 年。

⑤ 孙晓明：《关于绿色 GDP 理论和实践的思考》，广西大学，2008 年。

次介绍和探讨了关于污染造成经济损失的理论与方法；中国环境科学研究院（1984）① 出版了《公元 2000 年中国环境预测与对策研究》，首次对全国环境污染损失进行了估算；国务院发展研究中心（1988）② 与美国世界资源研究所开展了"自然资源核算及其纳入国民经济核算体系"的课题，尝试进行自然资源核算的研究。有专家（1992）初步核算了"六五"时期的环境经济损失，在计量方法、数据处理、结果表述等方面获得了较好的评价。③ 其次是基于 SNA 体系的资源、经济、环境综合核算。1992 年，随着我国国民经济核算体系转为世界通行的 SNA 体系，绿色 GDP 的核算研究不断深入。北京大学厉以宁教授等人（1996—1999）④ 应用"投入产出表"的基本原理，开展了中国资源—经济—环境的综合核算，建立了我国国家层面上的环境经济综合核算框架（CSEEA）。2001 年，国家统计局试编了"全国自然资源实物量表"⑤，相继开展了"土地、矿产、森林、水资源价值量核算""海洋资源实物量核算""环境保护与生态建设实际支出核算""环境核算"以及"综合经济与资源环境核算"等研究工作。最后是绿色 GDP 的具体核算和实践阶段。2004 年，国家统计局和国家环保总局（现为环境保护部）成立绿色 GDP 联合课题小组，开展了"中国绿色国民经济核算"研究⑥，提出了先对能源、土地、矿产等自然资源实物量的增减情况进行统计，后建立符合中国国情的绿色 GDP 核算体系框架的构想。2005 年，以环境核算和污染经济损失调查为内容的绿色 GDP 试点工作在 10 个省市启动⑦。2006 年，联合发布了《中国绿色国民经济核算研究报告 2004》⑧，指出 2004 年全国因环境污染造成了 5118 亿元的经济损失，占

---

① 国家环境保护局课题组：《公元 2000 年中国环境预测与对策研究》，清华大学出版社，1990 年版。

② 陈丽萍：《可持续发展经济理论及指标体系研究》，天津大学，2005 年。

③ 过孝民、张慧勤：《环境经济系统分析 – 规划方法与模型》，清华大学出版社，1993 年版。

④ 厉以宁、雷明等：《中国资源—经济—环境绿色核算（1992—2002）》，北京大学出版社，2010 年版。

⑤ 尹伟华、张焕明：《绿色 GDP 核算研究综述》，《农村经济与科技》，2007 年第 6 期。

⑥ 齐援军：《绿色 GDP 研究综述》，《国宏研究报告》，2004 年第 12 期。

⑦ 国家环境保护总局（现为环境保护部）：《关于征集开展绿色 GDP 核算和环境污染经济损失调查工作试点省市的通知》，引自网页：http：//www. zhb. gov. cn/info/gw/bgth/200410/t20041020_62176. htm.

⑧ 《国家环境保护总局、国家统计局发布绿色 GDP 核算研究成果》，引自网页：http：//news. xinhuanet. com/fortune/2006 – 09/07/content_5062167. htm.

当年 GDP 的 3.05%。雷明等人（2010）① 提出了绿色投入产出核算（GIOA）体系。此外，山西省社科院核算出山西省 2002 年绿色 GDP 为 1343157 亿元，占当年 GDP 的 66.16%②，这是省级绿色 GDP 核算的首次尝试。北京工商大学世界经济研究中心发布了《中国 300 个省市绿色 GDP 指数报告》③（2007、2008），采用资源环境效率法测量了不同地区的绿色 GDP 并进行了排序。还有若干专家在绿色 GDP 研究上发表了各自看法④⑤，这里不再一一列举了⑥⑦⑧。

四、构思国家绿色发展指标体系

中科院科技政策与管理科学研究所研究员杨多贵（2006）⑨ 从建立"绿色国家"的角度，在"自然第一，生态健康，环境友好"三个原则的基础上，从国家环境代谢量、环境效益、能源消费的"绿化"程度以及资源消耗和环境污染带来的损失等四个方面，选取人均温室气体和废水排放量、单位 GDP 温室气体和废水排放量、可再生能源占能源消费的比例、净森林消耗的损失、二氧化碳排放的损失等相应指标，建立了绿色发展指标体系，计算出世界各国的绿色发展指数（Green Development Index，GDI），GDI 处在 0～1 之间，1 表示绿色发展程度最高。根据测算结果，大多数经济发展水平较低的国家的 GDI 相对较高，随着经济发展水平的提高，GDI 逐渐下降。人均 GNI 大于 10000 美元时，GDI 相对稳定，但各个国家之间存在差别。这说明，经济发展不一定以损害环境为代价，适时地转变经济增长方式，可以减小对环境的压力。通过 GDI 的测算，杨多贵将国家发展分为黄色发展、

---

① 雷明等：《中国资源—经济—环境绿色核算（1992—2002）》，北京大学出版社，2010 年版。
② 张可兴、刘砺平：《山西省社科院算出了我国第一个省级绿色 GDP》，引自网页：http://news. sina. com. cn/c/2004 - 08 - 18/14273427279s. shtml.
③ 《关注绿色 GDP 指数报告》，引自网页：http://www. cnr. cn/china/jrlt/wqhg/200710/t20071019_504598524. html.
④ 杨帆：《发展与安全——"绿色 GDP"统计势在必行》，《杭州师范学院学报》（社会科学版），2003 年第 5 期。
⑤ "真实储蓄"是世界银行提出的概念，用以衡量一个国家或地区未来的福利前景。
⑥ 蔡劲松：《积极倡导绿色 GDP》，《中国财经报》，2004 年 2 月 3 日。
⑦ 牛文元：《新型国民经济核算体系——绿色 GDP》，《环境经济》，2005 年第 8 期。
⑧ 杨缅昆：《论国民福利核算框架下的福利概念》，《统计研究》，2008 年第 6 期。
⑨ 杨多贵：《"绿色"发展道路的理论解析》，《科学管理研究》，2006 年第 5 期。

黑色发展和绿色发展三个阶段，分别对应以农业生产、工业生产、绿色生产为主的发展模式。在绿色发展阶段，随着国家的财富增长，环境质量获得持续改善，人均享受生态服务价值获得增值，基本实现生产、生活与生态三者互动和谐、共生共赢，经济社会环境可持续发展。这份报告在国内可能是最早提出绿色发展指标概念并进行测算的研究成果。

五、绿色指数、绿色相对指数等的提出

中国人民大学顾海兵教授（2003）提出了中国经济的绿色指数，他认为：较高的 GDP 增长率如果伴之以更高的环境质量损失，则不能说这样的经济形势是好的，因为这是对未来的透支。年度中国经济的绿色指数构造可以加权综合如下几个指标：年度空气质量指数平均值及其增长量，年度未达标废水排放累计量及其增长量、增长率，年度未达标固体废物堆放量及其增长量、增长率。[1] 提出反映企业的环保措施及资源与能源的有效利用和再利用情况的企业绿色指数[2][3]中，县域经济研究所县域科学发展评价中心发布了"全国县域科学发展评价"，这一评价自 2007 年开始，每年发布一次，2010 年报告中提出了县域相对绿色指数的概念，主要涉及绿色经济、绿色环境、绿色宜居和绿色调查四个方面，共涉及 12 个指标和一个绿色调查指标，是侧重于评价县域的生态、环保、绿化和卫生治理等内容的综合指数，旨在评价县域发展过程中生态环境的保护程度。从其评价过程来看，绿色指数通过设定每个指标的参照指标数据为基准 100，在此基础上，由高到低分成 A + 级、A 级、A − 级和 B 级四个等级，具体为相对绿色级、相对浅绿色级、相对欠绿色级和相对绿色警示级县域。[4] 有专家提出了综合环境污染指数，从工业制造业部门是我国环境污染主要来源的角度出发，选取工业废水排放量、工业废气排放量、工业

① 顾海兵：《经济形势的科学分析问题》，《首都经济》，2003 年第 1 期。
② 余建、陈红喜、王建明：《循环经济与企业绿色竞争力：基于江苏板块上市公司的实证研究》，《科技进步与对策》，2010 年第 4 期。
③ 陈红喜、叶依广：《我国上市公司绿色竞争力实证研究——以纺织行业为例》，《南京农业大学学报》（社会科学版），2007 年第 3 期。
④ 中郡县域经济研究所：《第十届全国县域经济基本竞争力与县域科学发展评价报告》，引自网页：http：//www. china - county. org/cms/article. php? action = show&id = 4039.

烟尘排放量、工业粉尘排放量、工业二氧化硫排放量及工业固体废弃物产生量这六类污染排放物，以度量各地区在经济发展过程中环境污染程度①。还有专家以直辖市为例，从目标层、准则层、指标层三个层次构建了城市低碳经济发展综合评价指标体系。②

六、人类发展指数的运用

联合国开发计划署（United Nations Development Programme，UNDP）于 1990 年创立了人类发展指数（Human Development Index，HDI），用以衡量联合国各成员国经济社会发展水平的指标。HDI，即以预期寿命、教育水准和生活质量三项基础变量，按照一定的计算方法得出的综合指标。这项研究一直坚持到现在。杨永恒、胡鞍钢等（2006）③ 使用主成分分析法分析了我国的人类发展，指出我国存在经济发展、人类发展、社会发展三方面之间的严重不平衡。宋洪远等（2004）④ 使用人类发展指数估计了我国的城乡差距，得出了我国城乡差距始终存在并波动性扩大的结论。霍景东等（2005）⑤ 用实证分析方法研究公共支出与人类发展间的相关关系，指出公共教育支出、公共医疗卫生支出对人类社会发展的贡献明显。吴映梅等（2008）⑥ 从省级层面对我国当前人类发展指数作了一个空间比较，研究发现 GDP 指数偏低导致我国人类发展水平总体不高，且省级人类发展与我国经济发展一样存在东中西差异的发展格局。其他的一些学者则分别从不同角度对一些省市进行了人类发展指数的测算、排名与分析，并结合当地实际情况提出了切实可行的政策建议。

---

① 杨龙、胡晓珍：《基于 DEA 的中国绿色经济效率地区差异与收敛分析》，《经济学家》，2010年第 2 期。

② 李晓燕、邓玲：《城市低碳经济综合评价探索——以直辖市为例》，《现代经济探讨》，2010年第 2 期。

③ 杨永恒、胡鞍钢、张宁：《中国人类发展的地区差距和不协调——历史视角下的"一个中国，四个世界"》，《经济学》（季刊），2006 年第 3 期。

④ 宋洪远、马永良：《使用人类发展指数对中国城乡发展差距的一种估计》，《经济研究》，2004年第 11 期。

⑤ 霍景东、夏杰长：《公共支出与人类发展指数——对中国的实证分析（1990—2002）》，《财经论丛》，2005 年第 4 期。

⑥ 吴映梅、普荣、白海霞：《中国省级人类发展指数空间差异分析》，《昆明理工大学学报》（社会科学版），2008 年第 8 期。

专　栏

联合国环境与经济综合核算体系

（System of Integrated Environmental and Economic Accounting，SEEA）①

环境与经济综合核算体系（SEEA）是联合国统计司和环境规划署、欧盟、国际货币基金组织、经济合作与发展组织、世界银行等国际组织共同编制的经济资源环境一体化核算体系通用框架。联合国统计司于 1993 年将此纳入联合国新国民经济核算体系（System of National Accounts 1993，93'SNA），并向所有会员国推荐其采纳。

20 世纪 60 年代以后，随着"国民经济核算应当考虑资源环境因素"日益成为国际共识，解决如何进行自然资源与环境综合核算并将其纳入国民经济核算体系的问题已经迫在眉睫。在 20 世纪 80 年代 SNA 修订工作开展的时候，经过相关国际专家的认真探索和研究，提出了 SNA 附属账户——综合环境和经济核算。联合国以《21 世纪议程》文件形式向各国推荐环境与经济综合核算——SAN 附属账户体系（国际上一般通称为"卫星账户体系"）。1993 年联合国统计司在修订出版的 SNA 体系中，设立了一个与之相一致的系统——核算环境资源存量和资本流量的综合环境与经济核算系统（即 SEEA）。

SEEA 共有三个版本，即 SEEA1993、SEEA2000 和 SEEA2003。1993 年联合国统计司出版了 SEEA1993 的第一稿，首次建立了与 SNA 相一致的系统地核算环境资源存量和资本流量的框架，利用物质平衡方式来反映经济和环境相互作用的关系。SEEA 是在 SNA 基础上建立的，主要关注环境在生产、收入、消费和财富方面的应用。2000 年联合国统计司出版了 SEEA 指导手册（*Handbook of National Accounting*：*Integrated Environmental and Economic Accounting*，An Operational Manual）。2003 年联合

---

① 本专栏摘编自本书作者主编的将由经济科学出版社出版的《资源与环境经济学辞典》中的同名词条。词条由李晓西与林永生编写。资料主要来自：United Nation：*Integrated Environmental andEconomic Accounting*：*An Operational Manual*，New York：United Nation，2000，pp. 34 - 39；联合国等：《国民经济核算体系1993》（*System of National Accounts* 1993），国家统计局国民经济核算司译，中国统计出版社，1995 年版，第62 页；王金南、曹东、蒋洪强、葛察忠：《关于环境资源卫星账户核算方案的探讨》，见《发展循环经济落实科学发展观——中国环境科学学会2004 年学术年会论文集》，2004 年。

国统计司又推出了 SEEA 的最新版本 *Integrated Environmental and Economic Accounting 2003*。SEEA2003 扩大了 SNA 的核算内容与范围，体现了环境因素与 SNA 的各个账户之间的复杂关系，如实物账户和价值型账户之间的联系、环境成本的转移及国民经济核算体系中产品更新换代的范围等。SEEA 区分了两种类型的环境费用，一类是耗减和降级的虚拟费用，另一类是以环境保护支出形式承担的实际费用。SEEA 在提出系列估价原则的基础上，主要推荐了市场估价法、维持费估价法和或有估价法。

SEEA 共由 10 张核算表组成，同时遵循实物核算和价值核算的原则：核算表一是供给、使用与资产账户。它合并了生产性与非生产性资产，扩展了 SNA 中传统账户及核算的界限，体现了自然资产的内部变化。核算表二是环境保护（生产）支出。核算表三是货币性资产账户：生产性账户（包括自然资产）。它是关于生产性资产存量价值的核算，目的在于完整地评价国民财富的水平、分配和变动；核算表四是实物性资产账户：非生产性经济资产。它指的是自然资源的期初期末存量及在核算期内的流量变化的实物量。核算表五是货币性资产账户：非生产性经济资产。它记录了那些已反映在 SNA 资产账户中的自然资产的价值变化。核算表六是实物性资产账户：非人造的生产性环境资产。它作为实物统计与指标的联结纽带，从环境统计和可行的环境核算框架中取得对环境与经济交互作用的更详尽分析，这种分析侧重于环境资产及其实物存量变化。核算表七是经济领域的环境污染损失（实物量）。核算表八是经济领域的环境维持成本。它主要核算了核算表七中的净污染（超过吸收或减轻的部分），但不包括跨界性污染的环境成本，原因是跨境污染的估价过于复杂，而无法实现。核算表九和核算表十分别是合计与制表，比如计算经环境调整后的净附加值。

近年来，联合国 SEEA 已逐步成为世界各国构建本国 SEEA 的首选体系。2004 年 6 月，我国国家环保总局和统计局联合主办建立中国绿色国民经济核算体系国际研讨会，同年我国政府发布《中国环境经济核算体系框架》（第一版本）和《中国资源环境经济核算体系框架》（第一版本）。

第二节
中国区域绿色发展指数的编制

从环保角度看，我国已先后进行了城市环境综合整治定量考核制度、创建国家环境保护模范城市、全国生态建设示范区和主要污染物排放总量减排考核等制度设计。环境保护部（原国家环境保护总局）还和经济合作与发展组织（OECD）合作开展了中国环境绩效评估，对我国过去 10 多年的环境绩效进行了全面回顾和评估，并对未来我国环境管理和政策的制定与实施提出了建议。但截至 2009 年，国家尚未全面开展系统的省级层面的绿色发展测算工作。而进行省（区、市）绿色发展的比较分析，是有助于服务中国经济发展方式转变的一项重要工作。

在充分比较研究了绿色经济各种评价体系优弱点的基础上，作为北京师范大学科学发展观与经济可持续发展研究基地负责人，本书作者 2009 年开始联合国家统计局中国经济景气监测中心和西南财经大学绿色经济与经济可持续发展研究基地，共同编制中国区域绿色发展指数，并于 2010 年发布了首部《中国绿色发展指数——区域比较》报告。这项报告每年 1 本，已出版了 6 本，并产生了较大的社会影响。[①] 中国绿色发展指数包括中国省际绿色发展指数和中国城市绿色发展指数两套体系。中国省际绿色发展指数指标体系于 2010 年建立，中国城市绿色发展指数指标体系于 2011 年建立，在多位专家、学者的指导下，测算体系在逐步完善中。

---

① 2010 年中文版报告荣获第二届中国软科学奖。中央电视台新闻联播栏目对《2011 中国绿色发展指数报告》进行了重点报道并加以特别评论，人民日报、新华社、路透社等国内外 40 多家权威媒体对中国绿色发展指数进行了深度报道。《2011 报告》入选国家新闻出版署"经典中国国际工程项目"，英文版报告由德国斯伯林格（Springer）出版公司面向全球出版发行。2016 年习近平总书记在中央电视台发表元旦贺词时，《2015 中国绿色发展指数报告——区域比较》与国家"十三五"规划方案一起摆放在书桌上。

一、编制中国区域绿色发展指数的现实意义①

中国区域绿色发展指数对研究适合中国特色绿色发展的道路，总结中国绿色发展中的经验与不足，具有重要的意义。

首先，中国绿色发展指数为引导各地区深入贯彻落实科学发展观、实现经济发展方式转变提供了决策参考。高消耗、高污染和低效率的粗放型增长模式对自然环境造成了很大的破坏，部分地区甚至严重威胁到人的生存和发展，转变发展方式已经刻不容缓。中国绿色发展指数的推出就是要从关注问题到关注改变，把绿色理念变成绿色行动，用可衡量的指数来否定黑色发展，鼓励绿色发展，用具体化的数量指标来判断经济绿色发展的程度与进程。中国绿色发展指数的推出也是推进和深化节能减排工作，实践探索环保新道路的重要举措。中国绿色发展指数力求在政策层面上形成发展战略的导向作用，满足中国加快转变经济发展方式的政策需求，为改变过去过度依赖 GDP 增长考核地方官员政绩提供重要参考信息。对于各地区来说，中国绿色发展指数的分项比较研究能够正确指出绿色发展切实需要改变或者有待改善的方向；横向比较研究可以发现各地区绿色发展的长板和短板，以及获得消除这些短板的具有可操作性的经验；纵向比较研究可以为决策者评价各项绿色发展政策效力提供参考依据。

其次，中国绿色发展指数可以为国内外投资者准确、便捷地寻找到恰当的投资机会，为企业家提高决策效率提供有效的帮助。中国绿色发展指数为投资者提供了评价投资环境的更高视角。绿色发展的理论综合性决定了其比投资环境的概念更深刻，对投资效益也将产生更重大的影响。绿色发展指数落后的地方，增长的低效益、环境的压力以及政府的不作为都构成现在和未来额外的投资成本。投资者在这样的地区将可能陷于利润空间被压缩、投资效益被蚕食的困境。在绿色发展的时代，继续坚持传统的投资理念、投资方式将会被其他投资者远远地抛在身后。中国绿色发展指数超越传统的投资环境评价，为投资者全面衡量投资项目的收益提供了

---

① 摘自《2010 中国绿色发展指数年度报告——省际比较》总论部分。北京师范大学经济与资源管理研究院等：《2010 中国绿色发展指数年度报告——省际比较》，北京师范大学出版社，2010 年版。

更高和更全面的视角。中国绿色发展指数将有助于改变企业的生产经营决策。传统意义的企业在衡量成本和收益的时候，往往忽略因企业生产经营活动的负外部性产生的社会成本。收益企业独享，污染排放大众买单。中国绿色发展指数的推出，将在政策层面与理念上改变这种不对称的责任分担。企业在生产经营活动中，不仅要考虑企业的成本收益，还要考虑企业的社会责任；不仅要看到当前的利益，更要看到未来的利益。

最后，中国绿色发展指数有助于聚焦社会公众对生态环境的关注，鼓励大众积极参与绿色发展。中国绿色发展指数的推出，有助于吸引社会公众的兴趣，使绿色发展的概念更深入人心。近年来，环境保护、气候变化等话题使社会公众普遍接受了绿色可持续发展的认识。关于绿色发展的话题也极大地吸引了社会公众的注意。各地区全面的绿色发展评价，将有效地形成社会舆论效应，迫使绿色发展差的地区积极转变发展方式，推动绿色发展基础好的地区不断进步。中国绿色发展指数有助于加深社会公众对绿色发展的认识，从自身做起，推动中国绿色发展的进程，推进资源节约型、环境友好型的低碳社会的进程。中国绿色发展指数的推出，将使公众对绿色发展的认识从定性提高到定量的阶段，对绿色发展的各项指标关注程度也将提高，有助于社会公众接受绿色发展的共识和理念，亲身践行，形成良好的社会风气，为绿色发展政策的推出和实践奠定坚实的群众基础。

二、区域绿色发展指数指标体系的编制思路与测算方法[①]

我们在比较分析各类评价方法基础上，结合中国实际，提出了编制中国绿色发展指数体系的思路，构造了一个包括 3 个一级指标、9 个二级指标和 55 个三级指标[②]的结构体系，并简单介绍了测算的方法。

1. 编制中国绿色发展指数的主要思路

一是突出绿色与发展的结合。如上所述，绿色指数多在衡量环境与资源，发展

---

① 摘自《2010 中国绿色发展指数年度报告——省际比较》总论部分。北京师范大学经济与资源管理研究院等：《2010 中国绿色发展指数年度报告——省际比较》，北京师范大学出版社，2010 年版。

② 从 2011 年度报告开始，三级指标调整为 60 个了。

指标多在衡量经济增长情况，绿色发展指数就要突出这两者的结合。《2010 中国绿色发展指数年度报告——省际比较》中的结合体现在产业发展的绿化程度，环境资源的保护程度，政府在规划与领导经济发展中对绿色发展的关注程度上。正因为如此，课题组中不仅有经济学家，也有环境专家、生态专家等若干理工学科的专家。二是突出了各省（区、市）绿色发展水平与进度的比较。本报告选取的样本是中国内地 30 个省、自治区、直辖市（西藏自治区因数据暂缺未列入计算），以省为单位进行比较。中国作为一个大国，各省资源禀赋及经济发展各具特色，各有短长。比较各省的绿色发展，既可交流先进经验，也可促进后起奋进。由于多方面原因，台湾、香港和澳门未列入本报告研究范围之内。希望今后能与港、澳、台地区的专家合作，把这项工作做得更具普遍性。三是突出了政府绿色管理的引导作用。政府行为、科技能力及公众参与，是推动绿色发展的三支重要力量，其中政府行为是最为重要的。在我国，政府在经济社会中主导作用非常大，因此，本报告在选择指标和分类时，希望突出地方政府业绩评价，希望能够督促各地政府在绿色发展方面争先创优。事实上，对照国际上兴起的绿色新政高潮，也可看到，各国政府在发展绿色经济中都有着重要的引导作用，是可以互相交流与借鉴的。当然，我们认为企业的绿色发展也是非常重要的，这些将在本报告的专题中有所讨论，同时，也希望能与突出绿色企业和绿色产品的调研机构合作，达到互补互助的目标。四是突出了绿色生产的重要性。绿色经济是多方面的，绿色消费就是其中非常重要的内容。美国国家地理学会设立绿色指数，旨在测量消费者选择的生活方式在住房、交通、食品和商品 4 个方面对环境的影响。但考虑到中国绿色发展的矛盾重点还是在生产方面，尤其是工业生产方面，这里不仅体现着企业的力量，还体现着政府的作用，因此，本报告重点评估绿色生产的影响。但在专题中，我们同样也反映了对绿色消费的看法。五是在数据搜集中，强调了来源的公开性与权威性。本报告采用的基础数据全部来源于公开出版的年鉴或者相关部门公布的权威指标数据。原始数据主要来自《中国统计年鉴 2009》《中国环境统计年鉴 2009》《中国城市统计年鉴 2009》《中国能源统计年鉴 2009》《中国工业经济统计年鉴 2009》《中国环境统计公报 2008》《中国统计摘要 2010》以及《新中国六十年统计资料汇编》等。

2. 区域绿色发展指数的测算方法

绿色发展指数是我们进行评价的核心指标，如果把绿色发展总指数视为一级，那本报告共设计四级指标体系，一般我们称本报告指标体系为三级。绿色发展总指数是对所有评价指标数据进行合成的相对数。绿色发展指数值是在各评价指标标准化数值的基础上，按照事先赋予的权数，加权综合而成。本报告中，我们将各地区绿色发展情况与平均水平进行比较，计算绿色发展指数，以此测度各地区经济绿色发展的总体情况。

对评价指标进行一致性处理是本项研究工作的重要环节。绿色发展指数是多个评价指标的合成指标，为了保证不同量纲指标之间能够进行有效合成，在完成数据的搜集和净化处理后，先对原始数据进行同向化处理和同度量处理（或称"标准化处理"）。在 55 个（从 2011 年度报告开始调整为 60 个）三级指标中，有多数指标数值与绿色发展指数呈正相关性，也称"正指标"；正指标无须进行同向化处理。而另有部分指标则与绿色发展指数呈负相关性，也称"逆指标"。为了消除两类指标在合成时相互抵消，对逆指标进行了正向化处理，主要采用倒数法和求补法。本测度中，除了高载能工业产品产值占工业总产值比重采用求补法、单位土地面积工业固体废物排放量和人均工业固体废物排放量采用最大值法进行处理外，其他逆指标均采用倒数法进行正向化处理。

报告中所选的评价指标计量单位多数都不相同，不能直接进行合成，需要消除指标量纲影响。目前，常用的标准化方法主要有最大最小值法和标准差标准化法，考虑到我国区域资源禀赋以及发展水平的不均衡性，特别是人均水资源等数据差异极大，如果采用最大最小值法会使其他地区在该指标上的贡献率几乎为零，形成"一枝独大"的局面，从而影响评价效果；另外，最大最小值多数情况下都属于超常值，它的可靠程度不容易把握，因此，我们舍弃最大最小值法，而采用标准差标准化法。这种方法在一定程度上能够缓和各区域之间的悬殊差异程度，同时它的测算结果相对稳定。标准差标准化法的设计思路是把所有地区评价指标的平均值作为参照系，来考察一个地区相对平均水平的偏离程度，高于平均水平记为正数，低于平均水平记为负数，偏离越远，其数值的绝对值就越大。

本报告采用的是相对指标。具体来说主要包括两类：一是比率形式的指标。这类指标是一个统计量相对于常见的参照统计量（如 GDP、人口、面积）的比值，它可以剔除各省人口、面积等差异对总量性质的统计指标的影响，因此主要被用于比较各省绿色增长的效率及环境、气候变化情况。二是结构形式指标，共 19 个。它反映了部分与总体的比例，在本书中主要有三个作用：第一用于衡量产业、能源结构合理程度，如非化石能源消费量占能源消费量的比重；第二用于反映环境、资源状况和产业对环境的影响，如森林覆盖率；第三则是评价政府在环保等公共领域的作用力度，如环境保护支出占财政支出比重。总量指标和速度指标没有被采用主要是因为考虑了评价的公平性和数据的稳定性。

为了尽量保证测度的公平客观，对缺少指标数据的省份，我们参考实际情况，采取了不同的处理方法：一是对于有些空缺指标，由于客观原因，在一些地区并不存在，如上海就无矿区生态环境恢复治理率数据，就用中位数代替；二是对于有些空缺指标，经多次核实并用关联指标推断，确实没有发生，就用 0 代替。对于任何一个空缺指标的处理我们都保持十分谨慎的态度，并作详细的记录说明。

最终结果的确定。对所有测算指标进行正向化处理和标准化处理后，根据确定的权重，加权计算各地区测算指标的综合得分值，即为各地区绿色发展指数的最终数值。其他三个分指数的计算方法类似。

为了保证测度结果的客观与权威性，所有指标口径概念均与国家统计局相关统计制度保持一致。

三、区域绿色发展指数指标体系的结构与指标选取[①]

1. 绿色发展指数指标体系的结构

第一，请看基本的一级分类：

图 2-2 显示，我们测度的绿色发展指数主要包括三大分类，即经济增长绿化度、资源环境承载潜力和政府政策支持度。经济增长绿化度反映的是生产对资源消

---

① 摘自《2010 中国绿色发展指数年度报告——省际比较》总论部分。北京师范大学经济与资源管理研究院等：《2010 中国绿色发展指数年度报告——省际比较》，北京师范大学出版社，2010 年版。

耗以及对环境的影响程度；资源环境承载潜力体现的是自然资源与环境所能承载的潜力；政府政策支持度反映的是社会组织者处理解决资源、环境与经济发展矛盾的水平与力度。

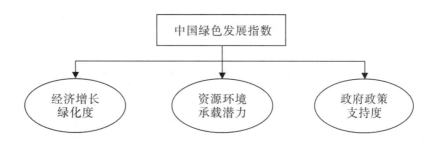

图 2-2　中国绿色发展指数指标一级框架

那么，我们是如何选择出这种分类的呢？首先，从测度绿色发展指数的目的看，我们希望突出经济增长中蕴涵的绿色程度，希望强调政府政策的支持力度，也希望反映资源与环境承载的潜力。其次，三分法符合状态、压力、响应的分类思路。经济绿色增长的程度和水平是绿色发展的现实状态，资源环境承载潜力是绿色发展的压力体现，政府政策支持则反映了政府的响应。再次，三分法是三级指标归类分析的结果。在选出的三级指标基础上，我们既从三分法思路来归类，同时，也从三级指标本身属性上来确定如何归类最有道理，并希望这种归纳的结果是比较均衡的。事实上，现在三类中三级指标经过多次调整，最终形成了现在这种分布较为均衡的格局。最后，从我们研究过程看，选择三大分类是反复取舍的结果。起初，我们征求多学科专家的意见，对分类有多种建议，有三、四、五、六等多种分类，分四类如经济、社会、资源、环境；分五类有经济发展、能源与资源、环境与生态、政府与政策、社会和谐发展，还有一种是资源支持系统、环境支持系统、人口及智力支持系统、科技支持系统、经济支持系统；分六类的有经济结构、经济效能、社会发展、文化事业、资源利用、环境保护。但为了凸显我们的特色，经多次讨论还是选用了上述三分法。

综上所述，三分法体现着"一体双力"，经济绿色增长是主体，资源环境是基础推力，政府政策是引导拉力，三者结合，为经济绿色发展提供了基础性保障。

第二，请看一级指标下的二级分类：

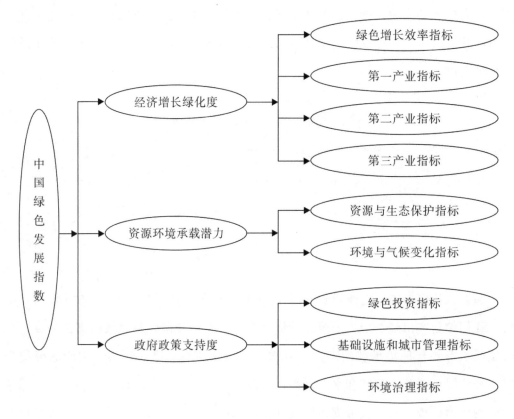

图 2-3　中国绿色发展指数指标二级框架

　　绿色发展指数指标框架一级指标下还有 9 个二级指标，这是如何确定的？二级指标的确定采取的方法是：两次归类，适度调整。其含义就是，在确定了一级指标和选择三级指标后，三级指标先按一级指标指向归类，然后，一级指标内的众三级指标再按其性质接近程度再归类。对二级指标进一步的解释，将会在三级指标解释中一并进行。①

　　2. 省际绿色发展指数三级指标选择及归类

　　三级指标选择是本研究项目的基础，需要特别地加以说明。先看包括三级指标在内的中国绿色指数指标框架。为方便读者理解，这里用的是 2014 年的报告，与

_____

　　①　一级、二级以及下面涉及的三级指标的权重是如何确定的呢？是否合理与科学？限于篇幅，这里不再展开。有兴趣的读者可以查阅《2010 中国绿色发展指数年度报告——省际比较》的第 5、第 10、第 14 章。同样，这三章及 "指标解释的附录" 中还有对二级指标、三级指标选取的详细解释。北京师范大学经济与资源管理研究院等：《2010 中国绿色发展指数年度报告——省际比较》，北京师范大学出版社，2010 年版。

2010 年的报告相比多了 5 个指标，同时，个别指标也有修调。但是，三级指标选取
与归类是以 2010 年的报告为基础的。

表 2 - 21　中国省际绿色发展指数指标体系

一级指标	二级指标	三级指标	
经济增长绿化度	绿色增长效率指标	1．人均地区生产总值 2．单位地区生产总值能耗 3．非化石能源消费量占能源消费量的比重 4．单位地区生产总值二氧化碳排放量 5．单位地区生产总值二氧化硫排放量	6．单位地区生产总值化学需氧量排放量 7．单位地区生产总值氮氧化物排放量 8．单位地区生产总值氨氮排放量 9．人均城镇生活消费用电
	第一产业指标	10．第一产业劳动生产率 11．土地产出率	12．节灌率 13．有效灌溉面积占耕地面积比重
	第二产业指标	14．第二产业劳动生产率 15．单位工业增加值水耗 16．规模以上工业增加值能耗	17．工业固体废物综合利用率 18．工业用水重复利用率 19．六大高载能行业产值占工业总产值比重
	第三产业指标	20．第三产业劳动生产率 21．第三产业增加值比重	22．第三产业从业人员比重
资源环境承载潜力	资源与生态保护指标	23．人均水资源量 24．人均森林面积 25．森林覆盖率	26．自然保护区面积占辖区面积比重 27．湿地面积占国土面积比重 28．人均活立木总蓄积量

（续表）

一级指标	二级指标	三级指标	
资源环境承载潜力	环境与气候变化指标	29．单位土地面积二氧化碳排放量 30．人均二氧化碳排放量 31．单位土地面积二氧化硫排放量 32．人均二氧化硫排放量 33．单位土地面积化学需氧量排放量 34．人均化学需氧量排放量 35．单位土地面积氮氧化物排放量	36．人均氮氧化物排放量 37．单位土地面积氨氮排放量 38．人均氨氮排放量 39．单位耕地面积化肥施用量 40．单位耕地面积农药使用量 41．人均公路交通氮氧化物排放量
政府政策支持度	绿色投资指标	42．环境保护支出占财政支出比重 43．环境污染治理投资占地区生产总值比重 44．农村人均改水、改厕的政府投资	45．单位耕地面积退耕还林投资完成额 46．科教文卫支出占财政支出比重
	基础设施和城市管理指标	47．城市人均绿地面积 48．城市用水普及率 49．城市污水处理率 50．城市生活垃圾无害化处理率	51．城市每万人拥有公交车辆 52．人均城市公共交通运营线路网长度 53．农村累计已改水受益人口占农村总人口比重 54．建成区绿化覆盖率
	环境治理指标	55．人均当年新增造林面积 56．工业二氧化硫去除率 57．工业废水化学需氧量去除率	58．工业氮氧化物去除率 59．工业废水氨氮去除率 60．突发环境事件次数

为了完成三级指标的工作，2009 年我们组织了一个绿色指数信息研究小组（Green Index Information Group，GIG）。该小组经过一个月的努力，完成了一份《"绿色指数"参考资料汇编》，主要包括国外相关文献、政府文献、国内专业书籍、国内期刊论文等四大方面，得到与绿色发展指数相关的 1458 个指标，经过三

次会商，初步梳理出 514 个，反复讨论后，合并为 366 个指标。经北京师范大学科学发展观与经济可持续发展研究基地、西南财经大学绿色经济与经济可持续发展研究基地和国家统计局中国经济景气监测中心的专家讨论和筛选后，确定为 112 个指标。会后，GIG 在参考世界银行的 *little green data book*、美国环保专家《绿色指数》、麦肯锡城市排名测算和倪鹏飞的《2010 全球竞争力报告》的基础上，再次增选到 157 个指标。其后，与统计专家会商筛选出 60 个指标。再经 6 次专家会议，增增减减，最后选出了 55 个三级指标。

选择三级指标的标准是什么呢？一是所选指标或与经济增长绿化度，或与资源环境承载潜力，或与政府政策支持有重要的联系，能对二级指标指数的形成有实质性的贡献。二是数据的可得性。我们搜集了各种统计年鉴，进行了排查，发现各省区数据全有的相关指标是有限的。同时，我们要求是连续可得性，不能是随机抽样数据。三是正指标或逆指标要明确。有些指标，到底是数据高、评价高还是相反，一定要明确。比如，我们没特别强调水电、风电和核电指标，主要用非化石能源比重，因为每一种电力都会有利也有弊。再比如，水土流失治理面积，有的区域没有土地流失面积，而有的区域太多，正反方向也不是很清楚。四是强调了水平指标而弃用了变化指标。换言之，我们用了绿色发展状态指标，没有用 2008 年与 2007 年相比的变化率指标。为什么？因为通过统计计算与分析，我们发现年度变化率很不稳定，有 16 个指标变化率出现奇异值，或者某省区某数据出现极高值或极低值，甚至高过同类指标百倍以上，很难进入体系中计算。我们在尝试用一些复合指标，也尝试运行统计方法对奇异值进行种种处理，但均因解释会让读者难以理解而放弃了。五是选择用典型性或代表性指标。在复杂的类型中，有多种指标都有一定意义，但需要精选。比如，在电力能耗的指标上，我们选择了火电供电煤耗，原因是火电在我们的供电量中比重最大，火电耗煤量大是各个省份普遍面临的问题。六是重视指标的相互制约关系。同一指标，尤其是排放量，是人均、地均还是占人均 GDP 的比重，均有不同意义。比如，对人口大省，对面积大省，对经济发展程度不同的省，其评价结果是不同的。因此，我们在测算的大体系中，按三大类将此分别列入，以形成较为合理的体系结果。

这里需要说明的是，我们在选取指标时，力求做得更好，但有时难以做到，一是有的指标对判断绿色发展非常重要,但数据暂缺。比如 CO_2 排放量,这对判断生态环境和气候影响非常重要,但暂时难以得到各省数据。此指标在国际磋商中敏感度比较高,因此,我们列入表中,但未自行计算数据,拟等待数据公布后填入。再比如,在有关的污染物排放量指标中,我们选取了反映经济发展环境效率的指标,但缺少反映环境质量指标,如区域环境空气质量达标率、区域水环境质量达标率等指标,这也是很遗憾的。二是有些重要指标只能用替代性数据。比如,省区面积是个非常重要的数据,但统计年鉴中没有,只能用《中国统计年鉴》中各地区土地利用情况栏下的数据。同样,人口数据也是基本数据,但只能用《中国统计年鉴》各地区人口的城乡构成栏下的总人口数据。三是由于西藏 2008 年多数指标数据不能获得,因此本次只考虑 30 个省(区)、市。

3. 城市绿色发展指数三级指标的选取

中国城市绿色发展指数指标体系从 2011 年报告开始,其结构与省际基本相同。但三级指标差别较大。同时,城市个数在 2013 年报告后,才形成了 100 个城市的格局。2014 年与 2013 年中国城市绿色发展指数指标体系基本相同,仍由 3 个一级指标、9 个二级指标和 44 个三级指标组成。为方便读者理解,这里仅列出 2014 年的报告即 2012 年数据的城市绿色发展指标体系。

表 2 - 22 中国城市绿色发展指数指标体系

一级指标	二级指标	三级指标	
经济增长绿化度	绿色增长效率指标	1. 人均地区生产总值 2. 单位地区生产总值能耗 3. 人均城镇生活消费用电 4. 单位地区生产总值二氧化碳排放量	5. 单位地区生产总值二氧化硫排放量 6. 单位地区生产总值化学需氧量排放量 7. 单位地区生产总值氮氧化物排放量 8. 单位地区生产总值氨氮排放量
	第一产业指标	9. 第一产业劳动生产率	

（续表）

一级指标	二级指标	三级指标	
经济增长绿化度	第二产业指标	10. 第二产业劳动生产率 11. 单位工业增加值水耗	12. 单位工业增加值能耗 13. 工业固体废物综合利用率 14. 工业用水重复利用率
	第三产业指标	15. 第三产业劳动生产率 16. 第三产业增加值比重	17. 第三产业就业人员比重
资源环境承载潜力	资源与生态保护指标	18. 人均水资源量	
	环境与气候变化指标	19. 单位土地面积二氧化碳排放量 20. 人均二氧化碳排放量 21. 单位土地面积二氧化硫排放量 22. 人均二氧化硫排放量 23. 单位土地面积化学需氧量排放量 24. 人均化学需氧量排放量 25. 单位土地面积氮氧化物排放量	26. 人均氮氧化物排放量 27. 单位土地面积氨氮排放量 28. 人均氨氮排放量 29. 空气质量达到二级以上天数占全年比重 30. 首要污染物可吸入颗粒物天数占全年比重 31. 可吸入细颗粒物浓度（PM2.5）年均值
政府政策支持度	绿色投资指标	32. 环境保护支出占财政支出比重 33. 城市环境基础设施建设投资占全市固定资产投资比重	34. 科教文卫支出占财政支出比重
	基础设施和城市管理指标	35. 人均绿地面积 36. 建成区绿化覆盖率 37. 用水普及率	38. 城市生活污水处理率 39. 生活垃圾无害化处理率 40. 每万人拥有公共汽车
	环境治理指标	41. 工业二氧化硫去除率 42. 工业废水化学需氧量去除率	43. 工业氮氧化物去除率 44. 工业废水氨氮去除率

注：本表内容由课题组专家在研讨会上数年多次讨论确定，基本稳定。

三级指标的调整和二、三级指标权重的决定，在各年年度报告中均有详细介绍，这里就不再介绍了。

第三节
我国省际绿色发展测度结果（2008—2012 年）

2008—2012 年的 5 年时间里，《中国绿色发展指数报告》运用绿色发展指数动态监测中国 30 个省份的绿色发展水平。为了节省读者时间，我们重点将 2012 年的测度结果与 2008 年进行比较。这里要声明一下，按照世界银行年度报告的经验，我们测度所用数据均是两年前的，即 2010 年和 2014 年报告分别用的是 2008 年和2012 年的数据。测度结果表重点反映的是各省（自治区、直辖市）年度绿色发展指数及排序，以及经济增长绿化度、资源环境潜力和政府政策支持度三个二级指标的得分。

一、2008 年和 2012 年中国 30 个省（区、市）绿色发展指数及排名

表 2 - 23　2008 年中国 30 个省（区、市）绿色发展指数及排名

地区	绿色发展指数		一级指标					
			经济增长绿化度		资源环境承载潜力		政府政策支持度	
北　京	0.7917	1	0.5637	1	- 0.0030	12	0.2310	1
青　海	0.4505	2	- 0.2523	30	0.6641	1	0.0387	8
浙　江	0.2833	3	0.2027	5	- 0.0780	18	0.1585	2
上　海	0.2799	4	0.4172	2	- 0.2039	29	0.0667	7
海　南	0.2057	5	0.0811	9	0.1836	4	- 0.0590	23
天　津	0.1602	6	0.3246	3	- 0.1527	26	- 0.0118	16
福　建	0.1582	7	0.1674	7	- 0.0146	13	0.0054	13

（续表）

地区	绿色发展指数		一级指标					
			经济增长绿化度		资源环境承载潜力		政府政策支持度	
江　苏	0.1311	8	0.1965	6	− 0.1603	27	0.0949	3
广　东	0.1048	9	0.2234	4	− 0.1068	22	− 0.0118	17
山　东	0.0915	10	0.1006	8	− 0.0934	21	0.0843	5
内蒙古	0.0895	11	− 0.0489	13	0.1343	7	0.0041	14
云　南	0.0592	12	− 0.1807	26	0.2437	2	− 0.0038	15
黑龙江	− 0.0249	13	− 0.0520	14	0.1161	9	− 0.0890	29
新　疆	− 0.0473	14	− 0.1583	25	0.1509	6	− 0.0399	19
陕　西	− 0.0480	15	− 0.0710	16	− 0.0011	11	0.0241	9
贵　州	− 0.0491	16	− 0.2201	29	0.1926	3	− 0.0216	18
四　川	− 0.0625	17	− 0.1048	22	0.1283	8	− 0.0860	28
安　徽	− 0.0711	18	− 0.0644	15	− 0.0293	16	0.0226	10
甘　肃	− 0.0910	19	− 0.1979	28	0.1532	5	− 0.0463	21
江　西	− 0.1319	20	− 0.1102	23	0.0232	10	− 0.0449	20
吉　林	− 0.1677	21	0.0050	10	− 0.0147	14	− 0.1579	30
湖　北	− 0.1739	22	− 0.0370	12	− 0.0880	19	− 0.0488	22
辽　宁	− 0.1817	23	0.0047	11	− 0.1151	24	− 0.0712	25
广　西	− 0.1831	24	− 0.0913	20	− 0.0238	15	− 0.0680	24
重　庆	− 0.1896	25	− 0.0902	19	− 0.1935	28	0.0941	4
河　北	− 0.1955	26	− 0.0755	17	− 0.1391	25	0.0191	11
湖　南	− 0.2364	27	− 0.0970	21	− 0.0542	17	− 0.0851	27
宁　夏	− 0.2407	28	− 0.1975	27	− 0.1128	23	0.0696	6
河　南	− 0.2475	29	− 0.0826	18	− 0.0898	20	− 0.0750	26
山　西	− 0.4636	30	− 0.1551	24	− 0.3157	30	0.0072	12

　　注：1. 本表根据绿色发展指数体系，依据各指标2008年数据测算而得。2. 本表各省（区、市）按照绿色发展指数的指数值从大到小排序。

　　资料来源：根据《中国统计摘要2010》《中国统计年鉴2009》《中国环境统计年报2008》《中国环境统计年鉴2009》《中国工业经济统计年鉴2009》《中国城市统计年鉴2009》等测算。

表 2 – 24 2012 年中国 30 个省（区、市）绿色发展指数及排名

地区	绿色发展指数		一级指标					
	指数值	排名	经济增长绿化度		资源环境承载潜力		政府政策支持度	
			指数值	排名	指数值	排名	指数值	排名
北京	0.742	1	0.490	1	0.070	6	0.182	1
青海	0.301	2	– 0.173	28	0.554	1	– 0.081	25
海南	0.233	3	– 0.004	11	0.065	8	0.172	2
上海	0.220	4	0.330	2	– 0.077	22	– 0.032	22
浙江	0.200	5	0.154	5	– 0.020	17	0.066	7
内蒙古	0.135	6	0.010	10	0.066	7	0.060	8
福建	0.132	7	0.087	7	0.006	11	0.038	10
天津	0.116	8	0.298	3	– 0.144	27	– 0.038	23
江苏	0.109	9	0.155	4	– 0.130	25	0.083	5
陕西	0.080	10	– 0.023	13	0.001	14	0.102	3
广东	0.074	11	0.106	6	– 0.059	19	0.027	13
四川	0.031	12	– 0.083	22	0.131	4	– 0.017	18
云南	0.012	13	– 0.188	30	0.162	3	0.038	9
山东	– 0.003	14	0.076	8	– 0.147	28	0.068	6
江西	– 0.041	15	– 0.081	20	0.004	12	0.036	11
新疆	– 0.047	16	– 0.103	25	– 0.033	18	0.090	4
广西	– 0.060	17	– 0.089	24	0.051	9	– 0.023	21
贵州	– 0.092	18	– 0.177	29	0.177	2	– 0.092	26
重庆	– 0.100	19	– 0.063	17	– 0.016	16	– 0.022	20
辽宁	– 0.103	20	0.019	9	– 0.111	24	– 0.012	17
湖南	– 0.107	21	– 0.082	21	– 0.005	15	– 0.020	19
黑龙江	– 0.123	22	– 0.058	16	0.117	5	– 0.182	29
安徽	– 0.137	23	– 0.066	18	– 0.065	20	– 0.005	16
吉林	– 0.161	24	– 0.020	12	0.002	13	– 0.144	28
湖北	– 0.166	25	– 0.048	15	– 0.069	21	– 0.049	24

（续表）

地区	绿色发展指数		一级指标					
	指数值	排名	经济增长绿化度		资源环境承载潜力		政府政策支持度	
			指数值	排名	指数值	排名	指数值	排名
山西	-0.168	26	-0.087	23	-0.102	23	0.020	14
河北	-0.179	27	-0.038	14	-0.147	29	0.006	15
宁夏	-0.283	28	-0.106	26	-0.203	30	0.027	12
甘肃	-0.299	29	-0.166	27	0.050	10	-0.183	30
河南	-0.316	30	-0.067	19	-0.132	26	-0.116	27

注：1. 本表根据省际绿色发展指数测算体系，依各指标 2012 年数据测算而得。
2. 本表各省（区、市）按照绿色发展指数的指数值从大到小排序。3. 本表中绿色发展
指数等于经济增长绿化度、资源环境承载潜力和政府政策支持度三个一级指标指数值之
和。4. 以上数据及排名根据《中国统计年鉴 2013》《中国环境统计年鉴 2013》《中国环
境统计年报 2012》《中国城市统计年鉴 2013》《中国水利统计年鉴 2013》《中国工业经
济统计年鉴 2013》《中国沙漠及其治理》等测算。

二、东、中、西区域绿色发展程度的比较

从表 2 - 24 中可以看到，以东、中、西区域①划分来比较，呈现出相对稳定且
有部分变化的特点。

首先是东部地区绿色发展水平总体看一直处在前列，尤其是经济增长绿化度明
显优于其他三个地区。2008 年东部地区北京、天津、上海、江苏、浙江、福建、
山东、广东和海南的绿色发展指数排在前十位，2012 年北京、天津、上海、江苏、
浙江、福建、海南仍处在前十位的位置上，总体上可以说，东部属于绿色发展水平
较好的地区。东部地区经济相对发达，财力相对较强，也相对较早地遭遇资源环境
对经济发展的制约，经济发展中的资源使用效率和环境保护力度相对较大。但经过

———————

① 中全国按四大区划分，即东、中、西和东北地区。其中，东部地区包括：北京、天津、河北、
上海、江苏、浙江、福建、山东、广东和海南等十省（市）；中部地区包括山西、安徽、江西、河南、
湖北和湖南等六省；西部地区包括内蒙古、广西、重庆、四川、贵州、云南、西藏、陕西、甘肃、青
海、宁夏和新疆等十二省（市、区）；东北地区包括辽宁、吉林和黑龙江等三省。

近 30 年粗放式增长，经济快速增长及人口聚集，导致东部沿海各省（市）的资源环境压力加大，人均资源占有量低，空气、水等污染严重，与发达国家相比，差距仍很大，仍需努力。

西部地区绿色发展水平较好，这一结论 5 年时间里基本没有变化。总体来看，西部地区经济发展落后于中部地区，但是西部地区由于其相对富余的资源环境承载空间，以及在资源环境保护方面所接受到的相对较多的转移支付，加上经济相对欠发达，客观上尚未造成资源的过度消耗和环境的明显破坏。西部省份资源环境潜力成为拉动绿色指数排名的主要因素，西部地区绿色发展水平整体上好于中部地区。在绿色发展指数上，2008 年青海、内蒙古和云南发展指数高于全国平均水平，2012 年青海、内蒙古和陕西位列前十位。四川、贵州、云南和新疆等省（区）绿色发展也属于较好水平。

中部地区绿色发展水平一般。六省绿色发展指数均低于全国平均水平。2012 年中部六省中只有江西（第 15）排在前 20 名，其他五省均在 20 名之后，整体水平偏低。应指出，中部内陆地区作为夹心层，目前在绿色发展方面面临的压力最大：一方面大量承接东部的制造业转移，资源环境承载空间会进一步压缩；另一方面经济实力远没有东部雄厚，对资源环境保护的投入力度有限。应高度重视绿色发展中的中部地区短板，从各方面支持中部经济发展绿色程度的提高。

总体来看，东北三省的绿色发展指标均低于全国平均水平。2014 年辽宁、黑龙江和吉林三省绿色发展水平排名分别为第 20 名、第 22 名和第 24 名。东北地区的典型资源性城市有 25 个，占到了全国的 41.7%，资源型城市的特点就是产业单一化或者资源性产业所占比重过高，在长期的经济发展过程中资源枯竭、产业结构单一、对资源依赖性强、生态环境恶化是这些城市面临的共同发展难题。如何加大改革与支持力度推进东北经济的绿色发展，将是一项重要的战略任务。

下面，为方便读者，再列出中国绿色发展水平 5 年排名前十和后十的省份变化比较表（见表 2-25）[1]：

---

[1] 本表及表后解释摘自《2014 中国绿色发展指数报告——区域比较》第 4 章"中国省际绿色发展的实现路径与政策研究"，作者是林永生副教授。北京师范大学经济与资源管理研究院等：《2014 中国绿色发展指数报告——区域比较》，科学出版社，2014 年版.

表 2 - 25　中国绿色发展指数排名前十和后十的省份（2008—2012 年）

排名	2008 年	2009 年	2010 年	2011 年	2012 年
1	北京	北京	北京	北京	北京
2	青海	上海	天津	青海	青海
3	浙江	青海	广东	海南	海南
4	上海	天津	海南	上海	上海
5	海南	海南	浙江	浙江	浙江
6	天津	浙江	青海	天津	内蒙古
7	福建	云南	云南	福建	福建
8	江苏	福建	福建	内蒙古	天津
9	广东	江苏	上海	江苏	江苏
10	山东	广东	山东	陕西	陕西
21	吉林	重庆	四川	安徽	湖南
22	湖北	湖北	安徽	广西	黑龙江
23	辽宁	吉林	辽宁	吉林	安徽
24	广西	广西	湖北	辽宁	吉林
25	重庆	辽宁	甘肃	河北	湖北
26	河北	湖南	广西	山西	山西
27	湖南	宁夏	湖南	湖南	河北
28	宁夏	山西	宁夏	甘肃	宁夏
29	河南	甘肃	山西	宁夏	甘肃
30	山西	河南	河南	河南	河南

说明：2008—2011 年各省绿色发展指数排名分别来自 2010—2013 年的《中国绿色发展指数报告》，2012 年数据来自课题组的最新测算结果。

从表 2 - 25 中可发现，2008—2012 年间绿色发展指数排名前十和后十的省份基本没变，所以说，省际绿色发展水平从纵向来看呈现相对稳定性。另外，从表 2 - 25 中也可以看到，也有省份进入或掉出前十。比如江苏省在 2008 年、2009

年的绿色发展水平分别居全国第 8 名、第 9 名,但 2010 年跌出前十,排在第 12 名,此后两年重新进入前十,排名第 9;又比如广东省绿色发展水平波动很大,2008—2010 年一直跻身前十,分别为第 9 名、第 10 名、第 3 名,但 2011 年和 2012 年均跌出前十,排名第 12 和第 11;与此同时,内蒙古和陕西两省的绿色发展水平则显著提升,2008 年两省的绿色发展水平分别排在第 11 名和第 15 名,到了 2012 年,则分别提升了 5 个名次,排在全国第 6 名和第 10 名。排名后十的省份亦有所变动,2008 年和 2009 年,重庆分别排名全国第 25 和第 21,此后 3 年均跳出后十,依次排在第 19 名、第 17 名、第 19 名。山西省近年力推经济转型,绿色发展水平也有所提高,从 2008 年的全国垫底升至 2012 年的第 26 名,增加了 4 个名次。这种动态变化特征,也正是促进各省努力实现绿色发展的压力或者动力。

三、从省际绿色发展指数分析与比较中得到的若干启示

(1)从测算结果表明,绿色与发展并不矛盾,实现绿色发展是可能的、必要的。经济增长中资源和环境使用效率水平与经济发展水平密切相关,排在前十的地区大多经济发展水平较高。东部地区在保持经济快速发展的同时,注重调整经济结构,注重转变发展方式,取得了既发展又环保的较好效果,就是一个证明。可以说,经济增长过程既是绿色治理的重要对象,同时,经济增长结果又为绿色发展提供了物质保障。无发展的绿色是脆弱的绿色,而发展后的绿色则是殷实的、持久的绿色。走绿色发展之路是我们的必然选择。

(2)在 2014 年报告中,通过主成分分析方法,在经济增长绿化度 19 个有效三级指标构成的指标组中,发现 6 个合成指标(主成分)就可以解释总指标的 86.4%;在资源环境承载潜力这个由 17 个有效三级指标构成的指标组中,发现 5 个合成指标(主成分)就可以解释总指标的 86.5%;在政府政策支持度这个由 19 个有效三级指标构成的指标组中,只需要 7 个合成指标(主成分)就可以解释总指标的 80.6%。由此,对省级地方政府建议,不仅应全面重视影响省际绿色发展的 60 个三级指标,还应特别重视影响省际绿色发展的关键性指标群,即一是要高度重视削减本省主要污染物排放总量,二是要高度重视以产业结构提质增效升级为契机加快发

展绿色三产，三是要高度重视以生态补偿为手段调动地方还林、造林积极性。这三方面，对省际绿色发展的影响是非常大的，具有重要意义。①

（3）各地政府在绿色发展中的支持行动越来越多，但支持的力度和方向仍存在明显差别。虽在环境治理上差异不大，但在基础设施的完善程度和城市管理水平上差异明显。各省区如何加大环境保护支出和绿色产业投资力度，强化环境污染治理的成效，完善经济绿色发展的政府职能，还是要不断探索与解决的。

（4）省际绿色发展指数测度区域测算结果中领先的地区，仅说明其对于全国平均水平的领先，并不表示绿色发展水平领先。与发达国家和地区相比，仍存在着明显的差距和不足。同样，排名靠后的省份或城市也具备自身的绿色发展优势，在本报告中，也展示了每个省的绿色发展先进典型。实现经济与资源、环境的均衡发展，是长期的战略任务。让我们在互学互帮中实现绿色梦想，共同繁荣！

第四节
我国城市绿色发展测度结果（2009—2012 年）

我国城市绿色发展的测度晚了省际测度一年。测度原则、指标结构、测度方法与省际相似，在第二节中已有介绍。这里，先简述测评城市个数的变化。

一、中国城市绿色发展指数测评城市数变化情况

中国城市绿色发展指数测评城市源于环保部公布的 113 个环境监测重点城市。2011 年确定测评城市时，由于大部分城市数据缺失，因此最终选择了 34 个城市，即 4 个直辖市、5 个计划单列市和 25 个省会城市（因数据原因，拉萨和乌鲁木齐

---

① 摘自《2014 中国绿色发展指数报告——区域比较》第 4 章"中国省际绿色发展的实现路径与政策研究"，执笔人是林永生副教授。北京师范大学经济与资源管理研究院等：《2014 中国绿色发展指数报告——区域比较》，科学出版社，2014 年版。

暂未列入）。2012 年，在多位评审专家的建议下，课题组以"人均 GDP 位于当年全国城市前 20 位"和"数据完备"这两条原则，新增 4 个城市——克拉玛依、苏州、珠海和乌鲁木齐，2012 年共计 38 个测评城市。从 2013 年开始，由于环保部 113 个重点监测城市中，绝大部分城市数据已经完备，因此，2013 年中国城市绿色发展指数测评城市由 38 个新增为 100 个，2014 年我们仍沿用 100 个城市进行测算，具体城市如表 2-26 所示。

表 2-26　中国城市绿色发展指数测评城市

省（区、市）	城市个数	具体城市	省（区、市）	城市个数	具体城市
北京	1	北京	河南	6	郑州、开封、洛阳、平顶山、安阳、焦作
天津	1	天津	湖北	3	武汉、宜昌、荆州
河北	3	石家庄、唐山、秦皇岛	湖南	5	长沙、株洲、湘潭、岳阳、常德
山西	5	太原、大同、阳泉、长治、临汾	广东	6	广州、韶关、深圳、珠海、汕头、湛江
内蒙古	3	呼和浩特、包头、赤峰	广西	4	南宁、柳州、桂林、北海
辽宁	6	沈阳、大连、鞍山、抚顺、本溪、锦州	海南	1	海口
吉林	2	长春、吉林	重庆	1	重庆
黑龙江	3	哈尔滨、齐齐哈尔、牡丹江	四川	5	成都、攀枝花、泸州、绵阳、宜宾
上海	1	上海	贵州	2	贵阳、遵义
江苏	7	南京、无锡、徐州、常州、苏州、南通、扬州	云南	2	昆明、曲靖
浙江	5	杭州、宁波、温州、湖州、绍兴	陕西	5	西安、铜川、宝鸡、咸阳、延安
安徽	3	合肥、芜湖、马鞍山	甘肃	2	兰州、金昌

（续表）

省（区、市）	城市个数	具体城市	省（区、市）	城市个数	具体城市
福建	3	福州、厦门、泉州	青海	1	西宁
江西	2	南昌、九江	宁夏	2	银川、石嘴山
山东	8	济南、青岛、淄博、烟台、潍坊、济宁、泰安、日照	新疆	2	乌鲁木齐、克拉玛依

注：本表的城市选自环保部公布的环境监测重点城市。

二、2011 年和 2012 年中国 100 个城市绿色发展指数及排名

利用 2011 年的数据，根据 2013 年中国城市绿色发展指数指标体系测算，2011 年中国 100 个城市的绿色发展指数及其排名如表 2 – 27 所示。

表 2 – 27　2011 数据年中国 100 个城市绿色发展指数及排名

城市	绿色发展指数		一级指标					
	指数值	排名	经济增长绿化度		资源环境承载潜力		政府政策支持度	
			指数值	排名	指数值	排名	指数值	排名
海口	1.019	1	0.244	3	0.837	1	− 0.062	73
深圳	0.763	2	0.410	1	0.002	43	0.351	1
克拉玛依	0.734	3	0.236	4	0.449	2	0.049	34
无锡	0.437	4	0.276	2	0.019	28	0.142	7
烟台	0.298	5	0.103	13	0.073	14	0.122	10
青岛	0.278	6	0.133	11	0.033	19	0.112	14
湛江	0.236	7	− 0.018	48	0.234	4	0.020	46
延安	0.228	8	0.139	9	0.176	7	− 0.087	79
北京	0.223	9	0.139	10	− 0.099	86	0.183	3
潍坊	0.218	10	0.034	31	0.023	24	0.161	5
昆明	0.189	11	− 0.018	47	0.191	6	0.016	47

（续表）

城市	绿色发展指数		一级指标					
	指数值	排名	经济增长绿化度		资源环境承载潜力		政府政策支持度	
			指数值	排名	指数值	排名	指数值	排名
赤峰	0.186	12	−0.057	70	0.312	3	−0.069	76
福州	0.185	13	0.081	15	−0.003	45	0.107	17
广州	0.182	14	0.076	17	−0.028	57	0.134	8
常州	0.169	15	0.141	8	−0.048	69	0.076	25
长沙	0.161	16	0.181	6	0.015	32	−0.035	64
石家庄	0.160	17	0.071	20	−0.042	63	0.131	9
绵阳	0.159	18	0.011	37	0.142	9	0.006	50
济宁	0.158	19	0.064	24	−0.026	54	0.120	12
唐山	0.153	20	0.081	16	0.029	22	0.043	36
苏州	0.151	21	0.206	5	−0.109	91	0.054	32
珠海	0.136	22	−0.057	72	−0.018	49	0.211	2
曲靖	0.113	23	−0.021	51	0.014	35	0.120	11
徐州	0.104	24	0.039	30	−0.040	62	0.106	18
日照	0.097	25	0.034	32	−0.044	65	0.108	16
株洲	0.089	26	−0.038	59	0.023	25	0.104	19
常德	0.082	27	0.167	7	0.012	36	−0.096	83
杭州	0.079	28	0.054	26	−0.052	70	0.078	24
长春	0.077	29	0.052	27	0.017	29	0.008	48
桂林	0.059	30	0.002	43	0.168	8	−0.110	86
南通	0.050	31	0.042	29	−0.019	51	0.027	43
厦门	0.049	32	−0.079	81	−0.046	67	0.174	4
扬州	0.036	33	0.076	18	−0.064	75	0.024	45
淄博	0.034	34	0.034	33	−0.108	89	0.108	15
安阳	0.030	35	−0.052	66	0.015	31	0.067	28
呼和浩特	0.026	36	0.094	14	0.033	20	−0.100	85

（续表）

城市	绿色发展指数		一级指标					
	指数值	排名	经济增长绿化度		资源环境承载潜力		政府政策支持度	
			指数值	排名	指数值	排名	指数值	排名
济南	0.025	37	0.065	23	− 0.104	87	0.064	29
秦皇岛	0.021	38	− 0.025	53	0.043	17	0.003	52
沈阳	0.020	39	0.105	12	− 0.070	77	− 0.014	57
宁波	0.019	40	0.004	41	− 0.098	85	0.112	13
阳泉	0.013	41	− 0.149	98	0.007	40	0.155	6
合肥	− 0.002	42	0.006	40	− 0.075	79	0.068	27
绍兴	− 0.003	43	0.073	19	− 0.109	90	0.033	39
湖州	− 0.003	44	0.068	21	− 0.119	93	0.048	35
太原	− 0.006	45	− 0.055	68	− 0.010	48	0.058	30
泰安	− 0.007	46	− 0.006	44	− 0.057	72	0.056	31
成都	− 0.008	47	0.021	34	− 0.057	73	0.028	42
南昌	− 0.021	48	− 0.042	63	− 0.019	52	0.041	38
上海	− 0.021	49	0.066	22	− 0.094	83	0.007	49
洛阳	− 0.025	50	0.013	35	0.049	16	− 0.087	80
大连	− 0.027	51	0.007	39	− 0.018	50	− 0.016	58
临汾	− 0.028	52	− 0.038	61	0.028	23	− 0.018	59
遵义	− 0.029	53	0.010	38	0.030	21	− 0.069	75
长治	− 0.030	54	− 0.078	80	− 0.030	58	0.079	23
宝鸡	− 0.031	55	− 0.086	83	− 0.035	60	0.090	22
泉州	− 0.034	56	− 0.070	77	− 0.037	61	0.073	26
重庆	− 0.035	57	− 0.090	86	− 0.046	68	0.102	21
南京	− 0.043	58	0.002	42	− 0.147	98	0.102	20
汕头	− 0.043	59	− 0.049	65	0.016	30	− 0.010	54
芜湖	− 0.045	60	− 0.040	62	− 0.045	66	0.041	37
韶关	− 0.046	61	− 0.094	87	0.081	12	− 0.033	62

（续表）

城市	绿色发展指数		一级指标					
	指数值	排名	经济增长绿化度		资源环境承载潜力		政府政策支持度	
			指数值	排名	指数值	排名	指数值	排名
柳州	− 0.052	62	− 0.057	71	0.060	15	− 0.056	70
牡丹江	− 0.052	63	− 0.038	60	0.231	5	− 0.245	100
马鞍山	− 0.057	64	− 0.010	45	− 0.076	80	0.029	41
九江	− 0.058	65	− 0.103	91	0.020	26	0.025	44
北海	− 0.060	66	− 0.088	84	0.105	10	− 0.076	77
咸阳	− 0.061	67	− 0.033	57	0.008	38	− 0.036	66
湘潭	− 0.067	68	− 0.060	74	− 0.002	44	− 0.005	53
锦州	− 0.072	69	− 0.021	52	0.003	42	− 0.054	69
天津	− 0.077	70	0.048	28	− 0.113	92	− 0.011	56
南宁	− 0.092	71	− 0.028	56	0.075	13	− 0.138	91
焦作	− 0.114	72	− 0.057	73	− 0.027	55	− 0.030	60
吉林	− 0.118	73	− 0.043	64	0.019	27	− 0.094	81
温州	− 0.119	74	− 0.028	55	− 0.055	71	− 0.036	65
大同	− 0.122	75	− 0.125	97	0.014	34	− 0.011	55
宜宾	− 0.125	76	− 0.090	85	0.090	11	− 0.125	90
武汉	− 0.128	77	− 0.014	46	− 0.142	95	0.029	40
泸州	− 0.134	78	− 0.069	76	− 0.021	53	− 0.044	67
宜昌	− 0.135	79	− 0.098	88	0.015	33	− 0.052	68
包头	− 0.138	80	0.059	25	− 0.097	84	− 0.100	84
开封	− 0.139	81	− 0.019	49	− 0.005	46	− 0.115	89
郑州	− 0.149	82	0.011	36	− 0.082	81	− 0.078	78
贵阳	− 0.152	83	− 0.111	93	− 0.009	47	− 0.033	61
平顶山	− 0.161	84	− 0.056	69	0.008	39	− 0.113	87
本溪	− 0.168	85	− 0.114	95	0.004	41	− 0.058	71
银川	− 0.187	86	− 0.064	75	− 0.127	94	0.004	51

（续表）

城市	绿色发展指数		一级指标					
	指数值	排名	经济增长绿化度		资源环境承载潜力		政府政策支持度	
			指数值	排名	指数值	排名	指数值	排名
金昌	− 0.203	87	− 0.214	100	− 0.042	64	0.053	33
哈尔滨	− 0.206	88	− 0.027	54	− 0.064	76	− 0.115	88
岳阳	− 0.210	89	− 0.074	78	− 0.075	78	− 0.062	72
西安	− 0.213	90	− 0.034	58	− 0.145	97	− 0.034	63
乌鲁木齐	− 0.244	91	− 0.020	50	− 0.158	100	− 0.066	74
石嘴山	− 0.258	92	− 0.100	89	− 0.063	74	− 0.096	82
抚顺	− 0.293	93	− 0.083	82	− 0.028	56	− 0.183	95
齐齐哈尔	− 0.297	94	− 0.101	90	0.038	18	− 0.234	98
攀枝花	− 0.329	95	− 0.166	99	0.011	37	− 0.175	94
荆州	− 0.355	96	− 0.116	96	− 0.032	59	− 0.207	96
西宁	− 0.362	97	− 0.075	79	− 0.145	96	− 0.142	92
铜川	− 0.363	98	− 0.113	94	− 0.086	82	− 0.164	93
鞍山	− 0.397	99	− 0.054	67	− 0.106	88	− 0.237	99
兰州	− 0.495	100	− 0.106	92	− 0.156	99	− 0.233	97

注：1. 本表根据中国城市绿色发展指数体系，依据各指标 2011 年数据测算而得。2. 本表城市按绿色发展指数的指数值从高到低排序。3. 以上数据及排名根据《中国城市统计年鉴2012》《中国环境统计年报2011》《中国城市建设统计年鉴2011》《中国区域经济统计年鉴2012》等测算。4. 由于拉萨部分指标数据暂不全，因此本次测算不包含拉萨。

表 2 – 28　2012 数据年中国 100 个城市绿色发展指数及排名

城市	绿色发展指数		一级指标					
	指数值	排名	经济增长绿化度		资源环境承载潜力		政府政策支持度	
			指数值	排名	指数值	排名	指数值	排名
海口	1.188	1	0.451	1	0.851	1	− 0.114	87
深圳	1.077	2	0.448	2	0.028	25	0.601	1

（续表）

城市	绿色发展指数		一级指标					
	指数值	排名	经济增长绿化度		资源环境承载潜力		政府政策支持度	
			指数值	排名	指数值	排名	指数值	排名
克拉玛依	0.786	3	0.188	6	0.376	2	0.222	2
无锡	0.459	4	0.276	3	0.011	33	0.172	6
青岛	0.350	5	0.162	8	0.065	17	0.123	12
昆明	0.295	6	0.002	43	0.250	4	0.043	38
湛江	0.292	7	−0.032	56	0.222	5	0.102	17
北京	0.259	8	0.178	7	−0.108	90	0.189	4
烟台	0.250	9	0.091	12	0.038	22	0.121	13
长沙	0.250	10	0.188	5	0.018	27	0.044	37
常州	0.212	11	0.151	9	−0.039	64	0.100	19
苏州	0.191	12	0.191	4	−0.101	88	0.101	18
广州	0.183	13	0.112	11	−0.034	60	0.104	16
赤峰	0.165	14	−0.052	68	0.262	3	−0.046	64
潍坊	0.160	15	0.042	26	0.012	31	0.106	15
日照	0.132	16	0.040	27	0.001	38	0.091	23
秦皇岛	0.126	17	−0.052	69	0.082	13	0.096	22
济宁	0.115	18	0.044	25	−0.025	55	0.097	21
厦门	0.111	19	−0.012	49	−0.018	50	0.141	10
石家庄	0.111	20	0.035	29	−0.023	52	0.099	20
唐山	0.106	21	0.068	17	0.000	39	0.038	40
桂林	0.102	22	0.002	41	0.187	7	−0.087	83
淄博	0.099	23	0.034	31	−0.087	80	0.152	9
曲靖	0.095	24	−0.039	61	0.072	14	0.062	29
绵阳	0.094	25	−0.019	51	0.090	11	0.023	47
珠海	0.089	26	−0.065	75	−0.012	48	0.166	7

（续表）

城市	绿色发展指数		一级指标					
	指数值	排名	经济增长绿化度		资源环境承载潜力		政府政策支持度	
			指数值	排名	指数值	排名	指数值	排名
杭州	0.083	27	0.065	18	−0.030	58	0.049	36
长春	0.077	28	0.071	16	0.016	29	−0.010	52
太原	0.076	29	−0.060	73	0.013	30	0.123	11
湖州	0.068	30	0.054	20	−0.095	87	0.110	14
南京	0.063	31	0.028	34	−0.164	100	0.198	3
宝鸡	0.057	32	−0.084	85	−0.031	59	0.173	5
宁波	0.050	33	0.034	30	−0.044	65	0.060	30
福州	0.049	34	−0.048	63	0.030	23	0.067	27
济南	0.044	35	0.073	14	−0.087	82	0.058	32
合肥	0.036	36	0.006	40	−0.035	61	0.065	28
南宁	0.034	37	−0.038	60	0.083	12	−0.011	53
遵义	0.032	38	0.007	39	0.071	15	−0.046	66
柳州	0.031	39	−0.048	65	0.055	18	0.024	46
呼和浩特	0.029	40	0.080	13	−0.004	42	−0.047	67
芜湖	0.026	41	0.020	36	−0.007	43	0.013	48
株洲	0.019	42	−0.023	52	0.017	28	0.025	45
温州	0.015	43	−0.004	46	−0.021	51	0.040	39
扬州	0.011	44	0.071	15	−0.087	81	0.026	44
沈阳	0.009	45	0.117	10	−0.057	72	−0.052	68
南通	0.007	46	0.062	19	−0.061	74	0.006	49
泰安	0.006	47	−0.011	48	−0.052	69	0.069	25
绍兴	0.006	48	0.033	32	−0.101	89	0.074	24
北海	0.005	49	−0.048	64	0.106	10	−0.053	69
乌鲁木齐	0.004	50	−0.004	45	−0.153	99	0.161	8

（续表）

城市	绿色发展指数		一级指标					
			经济增长绿化度		资源环境承载潜力		政府政策支持度	
	指数值	排名	指数值	排名	指数值	排名	指数值	排名
常德	0.003	51	0.050	22	0.055	19	−0.102	85
徐州	−0.002	52	0.036	28	−0.093	86	0.055	33
九江	−0.003	53	−0.128	96	0.055	20	0.069	26
安阳	−0.024	54	−0.061	74	−0.016	49	0.054	34
洛阳	−0.027	55	0.020	35	0.029	24	−0.076	76
延安	−0.034	56	0.010	38	0.187	6	−0.230	96
大连	−0.036	57	0.018	37	−0.008	45	−0.046	65
上海	−0.038	58	0.046	24	−0.085	79	0.001	50
泉州	−0.040	59	−0.082	83	−0.010	46	0.051	35
长治	−0.047	60	−0.082	82	−0.023	53	0.058	31
马鞍山	−0.056	61	0.002	42	−0.091	85	0.033	42
吉林	−0.057	62	−0.036	59	−0.003	41	−0.018	59
牡丹江	−0.058	63	−0.032	57	0.181	8	−0.207	94
汕头	−0.072	64	−0.075	79	0.046	21	−0.043	63
临汾	−0.074	65	−0.055	71	0.004	36	−0.023	60
湘潭	−0.094	66	−0.054	70	−0.027	57	−0.014	55
包头	−0.100	67	0.048	23	−0.115	91	−0.033	62
韶关	−0.101	68	−0.104	91	0.152	9	−0.148	91
大同	−0.102	69	−0.110	93	−0.024	54	0.032	43
阳泉	−0.105	70	−0.141	98	−0.001	40	0.037	41
南昌	−0.112	71	−0.050	66	−0.060	73	−0.002	51
平顶山	−0.119	72	−0.051	67	−0.051	68	−0.017	58
成都	−0.145	73	0.033	33	−0.115	92	−0.063	73
焦作	−0.146	74	−0.076	80	−0.054	71	−0.015	57

（续表）

城市	绿色发展指数		一级指标					
	指数值	排名	经济增长绿化度		资源环境承载潜力		政府政策支持度	
			指数值	排名	指数值	排名	指数值	排名
锦州	− 0.154	75	− 0.030	54	0.009	34	− 0.132	88
宜宾	− 0.163	76	− 0.096	87	0.011	32	− 0.078	77
泸州	− 0.164	77	− 0.068	76	− 0.012	47	− 0.084	81
岳阳	− 0.164	78	− 0.034	58	− 0.067	76	− 0.063	74
石嘴山	− 0.165	79	− 0.088	86	− 0.064	75	− 0.012	54
贵阳	− 0.169	80	− 0.099	90	− 0.008	44	− 0.062	72
哈尔滨	− 0.172	81	− 0.025	53	− 0.067	77	− 0.080	79
宜昌	− 0.172	82	− 0.073	78	− 0.035	62	− 0.064	75
抚顺	− 0.176	83	− 0.098	89	0.004	37	− 0.082	80
咸阳	− 0.177	84	− 0.043	62	− 0.049	67	− 0.085	82
郑州	− 0.182	85	− 0.016	50	− 0.088	83	− 0.078	78
武汉	− 0.184	86	− 0.001	44	− 0.126	94	− 0.056	71
西安	− 0.184	87	− 0.010	47	− 0.151	98	− 0.023	61
天津	− 0.190	88	0.052	21	− 0.146	96	− 0.096	84
重庆	− 0.199	89	− 0.107	92	− 0.038	63	− 0.053	70
银川	− 0.203	90	− 0.058	72	− 0.130	95	− 0.015	56
本溪	− 0.241	91	− 0.112	94	0.025	26	− 0.154	92
铜川	− 0.300	92	− 0.097	88	− 0.090	84	− 0.113	86
荆州	− 0.327	93	− 0.128	95	− 0.052	70	− 0.147	90
开封	− 0.345	94	− 0.031	55	− 0.026	56	− 0.288	98
攀枝花	− 0.374	95	− 0.162	99	0.007	35	− 0.219	95
齐齐哈尔	− 0.376	96	− 0.132	97	0.065	16	− 0.309	99
鞍山	− 0.396	97	− 0.069	77	− 0.048	66	− 0.278	97
西宁	− 0.421	98	− 0.084	84	− 0.148	97	− 0.189	93

（续表）

城市	绿色发展指数		一级指标					
	指数值	排名	经济增长绿化度		资源环境承载潜力		政府政策支持度	
			指数值	排名	指数值	排名	指数值	排名
金昌	-0.446	99	-0.227	100	-0.074	78	-0.145	89
兰州	-0.506	100	-0.078	81	-0.117	93	-0.310	100

注：1. 本表根据中国城市绿色发展指数体系，依据各指标2012年数据测算而得；
2. 本表城市按绿色发展指数的指数值从高到低排序。3. 以上数据及排名根据《中国城市统计年鉴2013》《中国环境统计年报2012》《中国城市建设统计年鉴2012》《中国区域经济统计年鉴2013》等测算。4. 由于拉萨部分指标数据暂不全，因此本次测算不包含拉萨。

与往年的测算类似，在中国城市绿色发展指数测算结果中，指数值0表示所有参评城市的平均水平，指数值高于0表示该城市的绿色发展水平高于参评城市的平均水平，指数值低于0表示该城市的绿色发展水平低于参评城市的平均水平。

三、从城市绿色发展指数分析与比较中得到的若干启示[①]

1. 把"发展"和"绿色"结合起来，建设富有可持续竞争力的绿色城市

从二级指标主成分分析的研究中我们可以发现，9个指标对城市绿色发展水平的影响程度，从高到低的排序为绿色增长效率指标（18.25%）、基础设施指标（17.34%）、第三产业指标（13.37%）、第二产业指标（12.93%）、资源丰裕与生态保护指标（11.00%）、绿色投资指标（9.68%）、环境治理指标（8.63%）、环境压力与气候变化指标（6.72%）、第一产业指标（2.08%），影响城市绿色发展水平和程度的关键指标还主要体现在经济发展和环境治理方面。城市发展应充分体现绿色理念，注重城市生态保护，合理确定城市开发边界，规范新城新区建设，

[①] 启示前三点摘编自《2014中国绿色发展指数报告——区域比较》第8章"中国城市绿色发展的实现路径与政策研究"，执笔人是赵峥副教授。北京师范大学经济与资源管理研究院等：《2014中国绿色发展指数报告——区域比较》，科学出版社，2014年版.

避免"摊大饼"式盲目蔓延和铺张浪费、贪大求全，不断提升城市规划、建设、管理水平，统筹地上地下市政公用设施建设，全面提升基础设施水平，扩大城市绿化面积和公共活动空间，增强城市综合承载能力和人性化水平，克服交通拥堵、环境污染、健康危害、城市灾害、安全弱化等"城市病"，发展人口密度适宜、生产生活环境优良、自然生态优美的绿色城市。

2. 以节能减排为抓手，推动我国城市经济绿色增长

从三级指标主成分的分析研究中我们发现，影响城市经济增长绿化度的主要三级指标有 9 个，其中有 6 个指标是污染排放和能源消耗指标，分别为单位地区生产总值能耗（0.614）、人均城镇生活消费用电（-0.624）、单位地区生产总值二氧化硫排放量（0.699）、单位地区生产总值化学需氧量排放量（0.694）、单位地区生产总值能耗（0.656）、工业用水重复利用率（-0.652）。同时，影响城市资源环境承载潜力的主要三级指标有 8 个，其中 6 个都与污染排放有关，分别是人均二氧化硫排放量（0.873）、单位土地面积氮氧化物排放量（0.938）、人均氮氧化物排放量（0.928）、单位土地面积化学需氧量排放量（0.832）、单位土地面积氨氮排放量（0.838）、人均氨氮排放量（0.685）。可见，节能减排将是推动我国城市绿色发展的重要因素。

3. 重视推进城市群和城市带的绿色发展

目前长江经济带的主要城市资源环境承载力均处于较低水平，上海（79 位）、南京（100 位）、重庆（63 位）、武汉（94 位）等重要节点城市资源环境承载压力均较大。因此，在实施长江经济带战略中，要特别注重发展与环境相结合，在推进综合立体交通走廊建设中，切实加强和改善长江流域主要城市的生态环境保护治理，先行打造长江绿色城市经济带。同样，实现京津冀协同发展，也是我国发展的一个重大国家战略。而从绿色发展指数分析来看，京津冀地区主要城市绿色发展水平很不平衡，北京（90 位）、天津（96 位）的城市资源环境承载力低，而秦皇岛（13 位）、唐山（39 位）等则在资源环境承载方面具有一定的潜力。因此，在推进京津冀一体化发展时，要加强城市间生态环境保护合作，在已经启动大气污染防治协作机制的基础上，进一步完善防护林建设、水环境治理、清洁能源使用等领域的

合作。同时可依据不同城市的资源环境承载力，促进城市分工协作，推进北京、天津等特大城市人口、产业等向河北地区城市有序转移。

4. 以绿色发展排名为动力努力提升城市水平

部分传统旅游城市、宜居城市绿色发展排名并不靠前。"上有天堂，下有苏杭""桂林山水甲天下""巴山蜀水，天府之国"，在我们的印象中，苏州、杭州、桂林、成都、重庆等传统旅游城市、宜居城市绿色发展理应在全国名列前茅，然而，根据中国城市绿色发展指数的测算，这些城市在100个测评城市中仅位于所有测评城市的中段及中等偏上位置，与现实期望有一定差距。另有些资源型城市绿色发展排名靠前，绿色发展经验值得借鉴。资源型城市的转型一直是中国城市发展的重点与难点，多年来，党中央国务院制定多项专门政策，以推动资源型城市的可持续发展。根据我们的测算，100个测评城市中，已有一批资源型城市绿色发展排名靠前，城市的绿色转型成效显著，如克拉玛依、赤峰、唐山等，这其中以克拉玛依最为突出与典型。我们也希望有更多的资源型城市能在绿色发展上开拓新天地。

5. 省际绿色发展排名与本省城市绿色发展排名的不一致值得关注

对比省区测算结果和城市测算结果后发现，城市绿色发展指数排名与所在省份的绿色发展指数排名不尽相同，在西部省份表现得尤为突出，比较明显的例子是青海省和西宁市。在2011绿色发展指数测算中，青海省排在第3位，而西宁市则排在参评城市的末位。虽然省区测算体系和城市测算体系在指标选择和权重分配上都不尽相同，但西宁与青海在绿色发展指数排序中的差异还是反映了"点"与"面"的不同。显然，整体好，并不代表其局部表现也优秀；同样，局部好，整体也可能差点。青海省因其丰富的资源储量为其绿色发展奠定了难得的自然基础，但青海省同时也是生态极为脆弱的地区。省区的丰富资源并不代表所辖城市在资源环境承载潜力上具有明显优势。西宁作为全省人口和工业高度集中地，在处理经济发展与节约资源保护环境的关系上，担子不轻。

专　栏

环保部部长谈"十一五"环保工作①

在"十一五"即将收官、"十二五"即将开启之际，共和国首任环境保护部部长周生贤向新华社记者介绍了"十一五"我国环保工作取得的成绩，剖析了我国面临的环境形势。

记者：环境保护部的成立是"十一五"期间我国环保事业发展的一个重要标志。作为首任环境保护部部长，您如何评价"十一五"期间环保工作？

周生贤：组建环境保护部，这是几代环保人的期盼，表明我们环保工作站在了新的历史起点上，进入了国家政治经济社会生活的主干线、主战场和大舞台。

"十一五"以来，我们以解决影响可持续发展和损害群众健康的突出环境问题为重点，以污染减排为抓手，环境保护成效不断显现，突出表现在以下六个方面：

一是主要污染物减排目标提前实现。经过各地各部门共同努力，2006—2009 年，化学需氧量和二氧化硫排放量累计分别下降 9.66% 和 13.14%。今年上半年，化学需氧量排放量同比下降 2.39%。"十一五"二氧化硫减排目标提早一年实现，化学需氧量减排目标提早半年实现。二是污染防治能力大幅提升。截至 2009 年底，我国脱硫机组装机容量占全部火电机组的比重由 2005 年的 12% 提高到 71%，城镇污水处理率由 2005 年的 52% 提高到 72.3%。三是环境保护优化经济发展的综合作用日益显现。积极开展规划环评，不断深化项目环评，加快淘汰落后产能，2006—2009 年，上大压小、关停小火电机组 6006 万千瓦，淘汰落后炼铁产能 8172 万吨、炼钢产能 6038 万吨、水泥产能 2.14 亿吨。四是民生保障和改善工作取得新进展，集中力量开展重金属污染综合整治，饮用水安全保障工作进一步加强。五是环境监管机制不断创新，着力构建区域空气联防联控工作新机制，不断深化让江河湖泊休养生息的政策举措，环境经济政策、环境标准、环境执法等方面的机制创新也取得不少突破。六是部分环境质量指标持续好转。与 2005 年相比，2009 年环保重点城市空气二氧化

---

① 吴晶晶：《积极探索中国环境保护新道路——环境保护部部长周生贤访谈》，引自网页：http：//www.gov.cn/jrzg/2010 – 11/25/content_1753320.htm.

硫平均浓度下降 24.6% ；地表水国控断面高锰酸盐指数平均浓度下降 29.2% ；七大水系国控断面 Ⅰ – Ⅲ 类水质比例提高 16.1% 。

记者： 改革开放以来，大多数时间内污染物排放都随着经济增长而增长，回顾"十一五"，我国经济得到快速增长，而污染物排放指标却不升反降，得到有效控制，这是怎么实现的？您觉得主要经验有哪些？

周生贤： "十一五"期间，国家将主要污染物排放总量削减 10% 作为经济社会发展的约束性指标。国务院成立应对气候变化及节能减排领导小组，发布《节能减排综合性工作方案》。受国务院委托，原环保总局与各省级人民政府和六家电力集团公司签订了减排目标责任书。各省（区、市）都成立了由省政府主要领导挂帅的节能减排领导小组，将减排指标层层分解落实到地市和重点排污企业。国家打出节能减排政策"组合拳"，出台促进污染减排的产业、财税、价格等一系列政策，加强责任考核。在应对金融危机的过程中，污染减排工作"目标不变、要求不降、力度不减"，严控"两高一资"行业、低水平重复建设和产能过剩项目盲目扩张，突出抓好重点工程和重点领域污染治理，加强污染减排监管。

"十一五"污染减排任务之所以能提前完成，把主要污染物排放总量削减明确为约束性指标，推进结构减排、工程减排、管理减排三大措施，建立统计、监测、考核三大体系，充分发挥"政策组合拳"的协同效应，不断创新环境监管手段，严格落实责任等都是十分宝贵的经验。

记者： 既然污染物排放指标明显下降，为什么仍有许多老百姓反映环境质量改善并不明显？

周生贤： 环境保护是一项复杂的系统工程。尤其在中国这样一个发展中大国，人口众多，生态环境脆弱，发达国家二三百年工业化过程中产生的环境问题，在我国 30 多年的快速发展中集中出现，老的污染问题尚未解决，新的环境问题又不断产生。解决中国的环境问题，需要一个循序渐进的过程，必须抓住具有全局影响的污染因子作为重点，集中力量削减污染物排放。

由于历史遗留问题和累计环境问题的释放，污染物排放总量和环境质量的变化不完全协同，不少地区仍然可能处于总量持续减排、环境质量不会明显改观的治污相持期，部分地区甚至事故频发。同时也由于一些环境安全和环境风险的因子不在总量和质量控制的范畴。因此，"十二五"污染减排将与改善环境质量紧密结合起来，增加主要污染物总量控制种类，增加大气污染物监测因子，探索建立减排目标着眼环境质量、减排任务立足环境质量、减排考核依据环境质量的责任体系和工作机制。

记者：您说到近年来我国环境污染事件频发，有观点认为我国现在已经进入了环境安全事件的高发期。该如何认识我国当前以及今后一段时期的环境形势？

周生贤："十一五"期间，我们开展了第一次全国污染源普查、环境宏观战略研究和"十一五"环保规划执行情况中期评估，经研究和分析，当前环境形势可概括为：局部有所改善，总体尚未遏制，形势依然严峻，压力继续加大。

我国的环境污染范围在扩大，污染程度在加重，污染风险在加剧，污染危害在加大，治理难度在增加。具体表现在城市空气环境质量退化，东部地区城市细颗粒物污染严重，部分地区出现臭氧、挥发性有机化合物、汞等新型大气污染问题，京津冀、长三角、珠三角等地城市灰霾天气频率普遍提高。水环境呈现复杂的流域性污染态势，十大流域的支流中，除珠江支流污染较轻外，其他流域支流很多都受到不同程度的污染，湖泊富营养化呈迅速增长趋势。环境基础设施建设滞后，城市生活垃圾无害化处理率远低于美国、日本等发达国家；城镇污水管网建设严重滞后，相当数量的城市污水未经处理直接排放；县城和乡镇的污水和垃圾处理设施严重滞后。污染减排形势不容乐观，资源型产业产品产量过快增长，一些脱硫设施建设工作进展滞后，一些地区和单位出现畏难和松懈情绪，地区进展不平衡。

第三篇

深化环保体制改革：绿色发展管理体制的现代化（2012—2015 年）

第八章
绿色发展的制度保证——国家治理现代化

本章摘要：国家治理体系和治理能力现代化是 2013 年党的十八大三中全会提出的重要治国理念①，是政府管理主导的传统治国方略的根本性的升级，国家生态治理体系和治理能力现代化则是国家治理体系的一个重要组成部分。国家生态治理现代化对绿色发展体制完善有重大意义，是推动国家绿色发展的根本保证。本章重点分析了绿色发展、生态文明国家治理的重大意义、完善国家生态治理体系和治理能力现代化的三大关系，以及理顺各级政府之间、同级政府各部门之间关系的重要性。

第一节
绿色发展、生态文明的国家治理②

为实现国家经济长期可持续发展目标，推进国家治理体系和治理能力现代化具有非常重大的现实意义，而作为国家治理体系重要组成部分的国家生态治理体系和

① 2013 年 11 月 12 日中国共产党第十八届中央委员会第三次全体会议通过的《中共中央关于全面深化改革若干重大问题的决定》提出："全面深化改革的总目标是完善和发展中国特色社会主义制度，推进国家治理体系和治理能力现代化。"引自网页：http：//www.gov.cn/jrzg/2013 – 11/15/content_2528179. htm.

② 本节内容主要引用了"国家生态治理体系和治理能力现代化"，这是中国国际经济中心的委托课题，李晓西教授为负责人。该课题是在国务院研究室、国务院发展研究中心、环境保护部、国土资源部、农业部、中国社会科学院、中国人民大学、地球村组织等专家研讨会的启发下，在课题组多年绿色经济与绿色发展指数研究的基础上完成的。课题报告发表在《管理世界》2015 年第 5 期上。李晓西、赵峥、李卫锋：《完善国家生态治理体系和治理能力现代化的四大关系——基于实地调研及微观数据的分析》，《管理世界》，2015 年第 5 期。

治理能力现代化也就成为当前需要进一步推进的重大战略。

一、推进国家治理体系和治理能力现代化具有重大现实意义①

国家治理就是通过配置和运行国家权力，对国家和社会事务进行有效控制和管理，以保障国家安全、维护人民利益、保持社会稳定、实现经济发展。国家治理体系和治理能力的现代化，就是使国家治理体系制度化、科学化、规范化、程序化，使国家治理者在法治规范下治理国家。国家治理包括经济治理、政治治理、文化治理、社会治理、生态治理、国际治理等方面。国家治理体系与国家治理能力紧密相连。国家治理体系是国家治理能力的基础，国家治理能力则是运用国家制度管理社会各方面事务的能力。国家治理能力的发挥有赖于国家治理体系的完善与有效，国家治理能力的现代化也将促进国家治理体系的现代化。

国家治理现代化的关键是正确理解国体与政体的内涵。马克思主义告诉我们，国体与政体是两个不同的概念，政府与国家是两个不同的范畴。国家治理体系强调了法律、行政与民众行为的统一性，政府管理强调了行政力量的作用。习总书记讲要把权力关进笼子里面，这不仅对政府的廉政建设有重大意义，对我们形成国家现代治理体系也具有重大现实意义。国家现代治理体系的核心内容是明确治理主体，平等互动，共同承担国家治理责任。

多年来，我们把国家治理理解为政府管理，一方面政府承担了过重的担子，另一方面各治理主体不能更好地发挥作用与协同共治。正因为如此，我们看到，尽管政府近 20 年来在生态管理包括环境保护、资源利用和生态多样性方面，作出了重大贡献，尽管环境方面的法律法规日益完善，但中国经济仍然没有摆脱"边治理边破坏，治理与破坏同步，甚至破坏大于治理"的粗放型发展道路。

在改革开放已进行了 40 年的中国，现在强调推进国家治理体系和治理能力现代化，显然是突破和深化了改革开放的思路，显然是要从根本上解决深层次的问题，这就需要我们在创新中前进，要求我们及时更新治理理念、深入改革治理体

---

① 本部分参考：江必新：《推进国家治理体系和治理能力现代化》，《光明日报》，2013 年 11 月 15 日；陈金龙：《推进国家治理体系和治理能力现代化》，《南方日报》，2013 年 11 月 30 日。

制、丰富完善治理体系、努力提高治理能力。

二、环境保护与经济发展关系是贯穿国家生态治理的一条主线

中国作为一个超大规模的国家，在 30 多年时间里实现了经济高速发展，这在世界经济史上是从来没有过的。但与此同时，我国环境、资源与生态保护，也面临着重大挑战。广袤土地上的一些地方仍存在重金属污染，出现沙漠化、荒漠化以及草原退化现象，70%以上的河流受到污染，超过国土1/6面积的地区存在空气污染与雾霾……

习总书记讲过，我们既要金山银山又要绿水青山。14 亿人在 960 万平方公里土地和 300 万平方公里海洋面积上，不仅要过上现代化生活，同时还要享受良好的生态环境。为达此目标，就需要探索对环境全面保护、对资源高效利用的绿色发展道路，既要发展，也要绿色。

经济持续发展，需要进一步推进新型城镇化和新型工业化。新型城镇化直接涉及 3 亿人：1 亿人要在中西部就近城镇化，1 亿流动人口要转移进城，棚户区改造关系到 1 亿人居住。经济不发展，城镇化难推进。推进城镇化则资源利用与环境容量问题又必然会突出。新型工业化中，中西部矿产和水电资源需要开发，但这必然会影响这些地区的生态与环境，如何兼顾开发和保护关系，仍是离不开的关键问题。以雾霾治理为例，降低煤炭消耗、转换能源利用方式是其中最突出的问题。为此，河北省从 2013 年开始，实施了"6643"压减产能重大措施，即钢铁、水泥产量分别压减 6000 万吨，煤炭产量压减 4000 万吨，平板玻璃压减 3000 万吨，如此大的压产举措对发展显然影响很大，但对生态治理则又是极其重要的。如何处理两者之间的关系，就成为贯穿国家生态治理体系所有方面、各个阶段的一条主线。

目前，我国正在规划和实施新的经济带战略。有与海上丝绸之路相联系的长江经济带，有与亚欧大陆桥相连的东北—西北经济带，还有中南—西南经济带。这些经济带的发展对缩小城乡差距和区域差距有重要意义。但很多经济带都处在我国生态安全屏障地区，而这些地区往往经济落后，需要发展，怎么处理好推动发展和保

护环境这个矛盾，是无时无处都存在的问题。

长期以来，一些地方是重经济发展、重速度、重规模、重眼前、轻资源环保、轻效益、轻创新、轻长远，以 GDP 论英雄，急功近利，导致环境与经济综合决策失误、行政不作为和行政干预环境执法等现象长期存在。环保部门面对地方保护主义的干扰，在执法中"顶得住的站不住，站得住的顶不住"的问题尚未得到解决。一些地方片面强调营造"宽松"的发展氛围，有的对工业园区、重点企业实行"封闭式管理""挂牌保护"，出台"企业宁静日"等土政策，不准执法部门进园区、厂区检查，甚至禁止或打击正常执法；有的在进行决策时，未严格依法行政，环境信息不透明，忽视公民的环境知情权、参与权，引发一系列群体性事件；有的对环境违法行为睁一只眼、闭一只眼，遇到问题相互推诿，避重就轻，行政不作为或者乱作为。一些地方以牺牲环境换取经济发展，片面追求 GDP，不履行环境责任或履责不到位，已经成为严重制约资源环境保护的重要原因。

近年来，决策部门一直强调"发展中保护，保护中发展"，这是处理生态治理与经济发展的基本原则，也有利于维护发展中国家的发展权。但是，在生态治理能力现代化之际，在中国可持续发展面临严峻形势的时刻，这个理念就值得重新解释了，因为，在实际执行中，往往把发展置于生态与环境保护之上。在法律规定污染物排放标准时，这种理念会降低对环境质量的要求；在行政法规中，会降低对污染的收费标准。全国水污染的严重程度众所周知，但排污费仅收了 20 亿元，就是比较典型的例子。

总之，生产方式、生活方式、资源能源利用方式与生态治理环保的矛盾很突出。保证 GDP 新常态增长速度，产业结构向中高端发展的调整，为生态治理提供了重要机遇；把政府生态管理上升为国家生态治理，强调生态治理体系与治理能力现代化，为实现生态治理与经济发展关系提出了更高更新的思路。

三、体制改革的反思：绿色发展促改革

改革开放 40 年来，我国经济社会取得了举世瞩目的发展，我国的经济实力、综合国力显著增强，经济社会结构明显改善，人民生活从温饱不足发展到接近小

康，国际影响力大幅度提升。可以说，这是以改革促发展的 40 年。但是，改革开放以来，我们用 40 年的时间完成了西方发达国家 100 多年工业化和城市化的进程，因此西方国家 100 多年间渐进释放的发展困难和社会矛盾"时空压缩"到中国现阶段集中释放，加上由于缺乏工业化、城市化和市场化经验而出现的某些失误，也必然带来诸多的矛盾和问题。经济社会发展到当今阶段，人与人、人与自然和谐的话题越来越沉重。我们迫切需要用新的思维方式来思考。

1. 城市化与工业化带来的困惑与苦恼

当一座座城市用大楼和烟囱取代了一棵棵大树的时候，当工业污水把我们的小溪变成臭水沟的时候，当灰蒙蒙的天空吞噬了蓝天白云的时候，我们怀念起农村，怀念起小时候的生态，怀念起虽贫穷但清爽的日子。正如一位网民写的，城市生活的弊端很多：一是危险，二是污染，三是拥挤而干扰。可以说，城市生活最不利于健康、不利于生命。人类只有与大自然最密切地连在一起，尽量分散地居住，才能保持健康长寿，保证生活的高质量。如果人们把主要精力不放在城市化上而是放在尽快地缩小城乡差别、尽量发展信息和交通工具、尽量实现乡村化的发展上，那我们的效率或进步程度一定会更高。[①] 但是，多少年来，绿色的农村不是与贫穷分不开吗？人们主张城市化和工业化，不正是为了摆脱贫穷的生活吗？多少年了，在大家心目中，城市化是世界潮流，缩小农村面积与减少农民数量是合理的；一个国家的强大与人民的幸福，要靠工业化与城市化。虽然，对此，我们曾有过担心。有的专家认为，不同的体制和动力机制将产生极其不同的城市化。应推行的是市场自由流动组合的城市化，而不是行政规划和权力租金驱动的城市化。[②] 有的专家同意城镇化，大家都有同样的国民待遇，都可以得到大致相等的公共服务，但他也认为中国全面的城市化是没有条件的。[③] 还有一位专家很清楚地表达了自己的观点，他说：我反对通过鼓励农民进城买房或者建贫民区来推进积极的城市化战略，而主张

[①] 光第：《城市，这件人类作品》，引自网页：http://bbs.koubei.com/thread_178_3211_1.html.

[②] 李晓西：《中国：新的发展观》，中国经济出版社，2009 年版，第 16 页，这是作者 2007 年 6 月 9 日在中国经济五十人论坛成都城乡统筹发展研讨会上的发言。

[③] 温铁军：《搞城市化中国将出现贫民窟》，引自网页：http://money.163.com/special/002531MV/wentiejun.html.

一种农民可以进城又可以返乡、城乡互动的稳健的城市化战略。否则，一旦发生世界性的经济危机，出口减少，沿海加工企业倒闭，大批农民工就没有了退路，中国也就失去了应对大危机的能力。① 总之，专家们并不是没有看到城市化和工业化带来的社会繁荣，他们并不反对城市化，不反对工业化，只反对城市化中不兼顾农民利益的倾向，只反对工业化中污染环境的做法。我们不是要求回归曾经贫穷时期的绿色，而是要求有一个既富饶又环保的新绿色。

2. 转变经济发展方式就是发展绿色经济，并通过制度来保证

绿色经济是以维护人类生存环境、合理保护资源、有益于人体健康为特征的经济，是围绕人的全面发展，以生态环境容量、资源承载能力为前提，以实现自然资源持续利用、生态环境持续改善、生活质量持续提高、经济持续发展的一种经济发展形态。发展绿色经济，从短期来看，不但可以迅速拉动就业、提振经济，还能有效调整经济结构，理顺资源环境与经济发展的关系；从长期来看，更有利于经济可持续的、广泛的增长，实现真正意义上的协调、可持续发展。

转变经济发展方式、发展绿色经济需要制度保证。我认为，在中国，可借用联合国的理念，加上中国自身的创新，那就是推行"科学发展、绿色新政"。"科学发展"的意义已有了明确的阐述并达成共识，这里，重点分析一下引进"绿色新政"的益处。首先，"绿色新政"的提法，能够被国际主流社会接受，更容易与国际社会达成共识，并得到美、日、欧等发达国家和地区的理解和认同。其次，"绿色新政"的提法使深化改革更具可操作性。如果我们一味地从社会主义市场经济概念出发、从调整利益格局问题出发推进改革，势必陷于争议，难以达成共识。而"绿色新政"提供了从容易达成共识的目标出发来推进改革的机会，这无疑更具有操作性，其阻力也要小得多。在转变经济发展方式的过程中，经济体制上的诸多问题都会涉及，而这些问题也就自然成为经济体制改革的可行抓手。比如，中国如何在发展经济和提高人民生活水平的同时实现节能减排？如何使绿色产业成为助推经济增长的重要动力？如何在绿色发展中解决各种阻力（包括反腐）？如何加强绿色

① 贺雪峰：《反对积极城市化战略》，《南方周末》，2008 年 5 月 15 日。

产业的国际合作?① 这些现实问题都比较易于操作，这样就能使体制改革不至于陷入空谈，而落实起来受到的阻力也会较小。再次，绿色新政有助于理顺政府与市场的关系。绿色新政对政府和市场各自的职能和发挥作用的领域将会有一套规范的说明。绿色新政本质就是一种制度创新，它明确地告诉大家怎样保护好环境、怎样利用好资源、怎样绿色发展。较之于可持续发展这个相对长远而跨期的提法，绿色新政是有期限的提法，是领导在其任期内完全可以掌控和展开的，因此提法很现实，问题明确，设计起来也比较方便。还有，绿色新政有助于理顺中央与地方及地方各级政府间财政分配关系。较为直接的例子就是在绿色新政中可以通过生态补偿等手段，使得中央和地方财政既有明显的界限，又能很好地配合，从而使中央与地方的财政分配关系具有实际意义。绿色新政有助于理顺城市与农村的关系。绿色新政对工业化、城镇化和农业现代化的可持续发展都有一整套相对完整的指标体系来衡量。绿色新政有助于理顺经济与社会发展的关系。绿色新政的理论基础是福利经济学，它强调经济学与社会伦理的结合。绿色新政不仅关注经济的发展，同时也关注公民的就业、生活质量等福祉。绿色新政有助于理顺政府与公民和社会组织的关系。当然，绿色新政仅仅是有助于体制改革，不可能完成体制改革的全部任务。

3. 再谈中国经济的发展模式

2007 年，世界银行前行长沃尔夫威茨表示，过去 25 年来在全球脱贫所取得的成就中，约 67% 的成就应归功于中国。② 当世界为中国经济快速发展而感慨的时候，社会各界包括各国学者们，都高度评价着使中国步入世界强国之林的"中国模式"。新加坡《联合早报》评论员杜平在其题为《世界新秩序从伦敦峰会开始》的评论文章中指出，"在 G20 集团中可以看到很多不同的发展模式，特别是已经持续了三十年的中国模式。谁都应该看到，假若没有中国模式，当前的全球经济就更加

---

① 《中国发展高层论坛 2012 议题》，引自网页：http：//finance. ifeng. com/news/special/zgfzlt_2012/20120315/5753830. shtml.

② 中国中央电视台《老外看两会》栏目，世界银行前行长访谈"两会观察员：全球扶贫 67% 成就归中国"。引自网页：http：//news. cctv. com/china/20070313/106619. shtml.

显得死气沉沉，其复苏前景就必定少了一个希望、少了一个动力"①。一批著名学者也在关注这个问题，如著名经济学家、诺贝尔经济学奖得主、美国哥伦比亚大学教授约瑟夫·斯蒂格利茨（Joseph Stigliz）出版了专著《中国的新经济模式》（*China's New Economic Model*）。从中国发展和转型的经验视角探讨中国模式，这方面的论文与专著很多。现在，无论是欧美发达国家和地区，还是亚非拉发展中国家和地区；无论是政府官员、专家学者，还是企业高管、商界领袖；无论是政治学家、经济学家，还是社会学家、历史学家，人们谈论中国话题时，都频频使用"中国模式"这个词。但与此同时，国内不少学者甚至领导人，担心使用"中国模式"这个词会固定化中国的经验，既自我束缚，也误导他人。

在国际金融危机时，关于"中国模式"的讨论进一步激化了。学者们从正负两方面来再次认识和评判"中国模式"。正面的评价主要是认为，在国际金融危机前，不论是中国对金融监管较严而控制了国际上的金融赌博大渗透，还是中国政府集中力量办大事的风格，均使中国经济明显摆脱外部不利影响，"中国模式"展现出了高效与实力。负面的评价主要是认为，本次金融危机源自国际经济的不平衡，重点在美国经济高消费与无节制的金融衍生品，加上中国经济的高储蓄、高投资与高出口，因此，从国际经济角度看，中国模式是不可持续的。

"中国模式"是理论界的一种概括，那么民众是否认可"中国模式"的提法呢？人民论坛杂志社联合人民网、人民论坛网等开展了"你如何看待'中国模式'"的问卷调查，该问卷调查共有4970人参与。此外，人民论坛记者还随机调查了192位社会人士，共计5162人。本次问卷调查结果显示，75%的受调查者认为有"中国模式"。调查显示，56%的受调查者认为，"成为世界上经济增长最快的国家"是"中国模式"所取得的最大成就。对"中国模式"的主要特点，排在前三位回答的是：强有力的政府主导（2918票，占总57%），以渐进式改革为主的发展战略（2424票，占总48%），对内改革与对外开放同时进行（2276票，占总45%）。调查结果还显示，民众认为"中国模式"主要指"中国特色的市场化"

---

① 杜平：《世界新秩序从伦敦峰会开始》，引自网页：http://www.zaobao.com/forum/expert/du-ping/story20090403-55556.

（3172 票，64%），其他回答均不超过调查人数的 40%。①

如果归纳民众的理解，比较学者们的各种观点，加上我平时的思考，我想应该可以强调：中国模式主要是指中国改革开放以来的经济发展模式，其核心是社会主义市场经济。中国社会主义市场经济既超越了资本主义，又扬弃了传统社会主义；既实行政府对经济的宏观调控，又充分发挥市场的活力，使"看不见的手"与"看得见的手"同时发挥作用。尽管近些年来，中国经济发展的问题时有出现，引发了社会的一些批评，但回顾百年历史，不能不承认，改革开放的年代，是中国经济出现奇迹的时代，是中国人开始认识自我力量的年代。中国经济改革与发展的逻辑，好比人生的逻辑：以儒家精神励志奋斗，不断进步；以道家理念有进有退，顺应自然；以佛教教义普度众生，以人为本；最后归到马克思主义认识论上，以辩证法为指导，把握方面，趋利避害，实现为人民服务。道可道，非常道，是也！

专　栏

福建生态省建设的制度保障思考②

生态省建设，是习近平同志任福建省省长期间作出的科学战略构想，成为历届省委、省政府的重要遵循，成为十几年来福建保持生态环境优势、推进生态文明先行示范区建设的重要保证。生态省的特征是以最小的资源环境代价谋求经济社会最大限度的发展，以最小的社会经济成本保护生态环境资源。其本质是坚持可持续发展，是科学发展观的体现。

福建生态省建设的实践证明，制度建设是推进绿色发展的重要保障。福建省森林覆盖率 66%，连续 36 年保持全国第一，是全国保持水、大气、生态环境均优的省份。"清新福建"已成为福建的"金字招牌"。福建在全国率先实现所有设市城市均为国家级、省级园林城市目标。长汀县等全省 22 个水土流失重点治理县，列为全省

---

① 转自：Rowan Callick，《中国模式》（*The China Model*），美国企业公共政策研究所《美国人》双月刊，2007 年 11/12 月刊（The America，November/December 2007 Issue，by American Enterprise Institute），引自网页：http：//www. american. com/archive/2007/november - december - magazine - contents/the - china - model/? searchterm = China model.

② 摘编自 2014 年 12 月 28 日中国环境科学学会环境管理分会 2014 年年会福建省环保厅林向东处长讲演。环保部政研中心主任夏光博士是该分会会长。

生态文明建设重点，培育出长汀县这个"南方红壤区治理水土流失先进典型"。大力发展新能源和可再生能源，清洁能源比重提高到44%。实行各级政府环境保护目标责任制和领导干部环保"一岗双责"制度。制订生态功能区划和海洋功能区划方案，推进差别化开发与保护。率先实施森林生态效益及江河流域生态补偿，建立生态补偿基金和生态保护财力转移支付制度。在习近平任省长期间，开始了有史以来最大规模的生态保护调查，出台了《福建生态省建设总体规划纲要》和及其实施意见。2014年4月，国务院印发《关于支持福建省深入实施生态省战略，加快生态文明先行示范区建设的若干意见》，标志着生态省建设由省级行为上升为国家意志，表明制度建设成为推进绿色发展的重要保障。

如果长期以GDP为主导的政绩考核，可能会使生态环境成为地方经济发展的牺牲品。从这个角度看，生态环境破坏可以归结为"政府失灵"现象：一是积极发展经济，无视环境保护的"主动失灵"；二是管理不当不及时的"干预失灵"；三是消极不作为的"懈怠失灵"。2014年上半年，福建省取消了对34个县市的地区生产总值考核，实行生态保护优先和农业优先的地区生产总值考核。

我们还认识到，坚持严明法治，守住生态红线非常重要。生态红线是生态环境保护的一道坚实屏障。不划定生态红线，良好的生态环境就很难保住。习近平同志强调，保护生态环境必须依靠制度，依靠法治。还有一个认识是最为根本的，就是要坚持群众基础，倡导全民参与，共享"百姓富"与"生态美"的成果。习近平同志说，"良好生态环境是最公平的公共品，是最普惠的民生福祉"。实践证明，生态环境越好，本身蕴含的经济价值就越大，对经济社会发展的承载能力就越强，经济社会发展的可持续能力就越好。

第二节

完善国家生态治理体系和治理能力现代化的三大关系

理论与实践均证明，完善国家生态治理体系和治理能力现代化需要明确三大关系。

一、需要进一步明确政府与执政党之间的关系

党的十八届三中全会报告中提出，全面深化改革的总目标是完善和发展中国特色社会主义制度，推进国家治理体系和治理能力现代化。在中国特色社会主义制度下，"国家治理体系"概念的核心内涵是党的领导、人民当家做主、依法治国的有机统一，依法执政、依法行政、依法治国的水平是国家治理体系现代化的重要标志。党的十八届四中全会进一步强调，"把党的领导贯彻到依法治国全过程和各方面，是我国社会主义法治建设的一条基本经验"。

长期以来，我国在建设生态管理体系方面作出了很大努力，已经建立了各级政府和多部门在环保、生态建设和资源管理上的一套管理机制，形成了统一管理、分工协作的环境管理体系，在环境管理和监督工作中发挥了很大作用。但是，现有的环保与生态管理体系还不能适应新形势发展的需要，还承担不了既要金山银山还要绿水青山的历史责任，还不能称之为"具有现代化能力的国家治理体系"。环境与生态治理问题是一个牵涉面广、影响深远的重大社会性问题。仅靠行政的权威与力量，难以统筹协调并有效地实现预定目标。现在需要举全国之力，在党中央坚强领导下，在政府、人大、政协、民众等多元主体共同努力下，建设国家生态治理的体系。

根据正反经验，为彻底解决日益恶化的生态环境，真正有效地提高生态治理现代化水平，有必要构建负责国家生态环境治理体系的总方针大战略全面协调的领导核心——国家环境与生态治理体系领导小组，由国家主席亲自统领。我国政治体制与国情中执政党领袖与国家主席的一体化，使这个领导小组为国家今后长期可持续发展与生态治理提供了最有力的保障。国家环境与生态治理体系领导小组在统筹协调立法与行政执法、政府与民众共治、确认政府本身各种关系上，具有最高权威与战略规划性，将使国家环境与生态治理现代化的实现具有了最大可能性。在国家环境与生态治理体系领导小组下，中央政府组织各方设立环境与生态治理委员会，行使实际组织协调生态治理的权力，依法负责全国生态治理事务，并监督协调相关部门和地方政府有关于生态治理方面的举措。"建设生态文明，必须建立系统完整的

生态文明制度体系""健全国家自然资源资产管理体制,统一行使全民所有自然资源资产所有者职责。完善自然资源监管体制,统一行使所有国土空间用途管制职责""建立陆海统筹的生态系统保护修复和污染防治区域联动机制""对造成生态环境损害的责任者严格实行赔偿制度,依法追究刑事责任"等①,源自党的三中全会精神,均立足于国家的高度,体现着党对完善国家生态治理体系的领导。党的领导是提升国家生态治理能力现代化的关键,也是政府提高行政能力的关键。

总之,在党中央的坚强领导下,国家的政治意志与治理战略,将得以强力地贯彻实施。建立由最高层牵头的有机网络,才能真正实现纲举目张。

二、需要进一步明确政府与人民代表大会的关系

现代治理体系核心是法治。政府与立法机构的关系,实质上是立法与执法、与行政如何共同承担起国家生态治理的重大问题。"完善立法体制,加强党对立法工作的领导,完善党对立法工作中重大问题决策的程序,健全有立法权的人大主导立法工作的体制机制,依法赋予设区的市地方立法权",是十八届四中全会提出的重要指导思想。

我国与环境相关的法律数量并不小,约占所有法律总量的1/10。但立法与执法、与行政的统筹关系仍然相对缺失,或说共识程度不够,因此,立法质量和执法力度都需要提高。

(1)从立法方面看,我国还没有一部专门的生态治理机构组织法来理清和界定环境与生态治理体系中各治理主体的关系,还没有进一步明确在国家环境与生态治理中的机构设置、职能权限、职责分工、利益分配等内容。《中华人民共和国环境保护法》中只是原则性地规定了地方政府对辖区环境质量负责,没有明确规定政府各部门如何履行责任并进行监管。借鉴美国环境法可以看到,其规定了政府各部门的具体职能与操作范围,大大减少了部门之间的博弈和体制内耗。因此,作为中国最高权力机关,全国人大对政府机构在环境与生态管理方面的职责作出明确安排是

---

① 均引自党的十八届三中全会的报告。引自网页:http://www.gov.cn/jrzg/2013-11/15/content_2528179.htm.

必要的。与此同时，环境与生态治理的立法中也还有薄弱环节需要加强。在植物保护方面，至今还没有法律。同样，还需要加快我国生态补偿的立法进程，将生态环境资源开发与管理、生态环境建设、资金投入与补偿的方针政策与内容纳入法律框架中，为建立生态补偿机制提供法律依据。

（2）我国环境与生态治理和保护的法律法规缺少规范和约束政府行为及进行责任追究的规定。现行的环境资源法律，主要以公民、法人或者其他组织作为调整对象，很少对政府行为进行规范和约束。完善现代治理体系，就必须依法限制公权力。政府在管理生态与环境方面，拥有过大的权力。用GDP考核干部，鼓励各地上项目，治理雾霾完不成任务要撤职又促使运用行政权力关闭企业，这就是政府管理体制上缺乏约束的一种体现，实质上形成了滥用公权力。比如，为控制雾霾限制私人轿车使用的私权利，这在以政府管理为主的传统管理体制中是习以为常的，但若要完善国家治理体系就显然成问题了。发达国家在治理城市空气污染方面，对机动车限制方面是采取经济手段，如停车费、燃油费、环境税、碳税等，而不使用行政手段。关停污染企业是必要的，但也不宜过度使用行政手段。政府行政权力的作用，应是利用多种手段包括政策上补偿等帮助这些企业找出路，解决失业问题，甚至资产损失、呆坏账增加、合同违约以及社会治安问题。总之，政府的公权力应该是依法行政，不能超出自己的边界滥用公权力，要真正实现国家现代化治理体系就必须规范公权力。

（3）违法成本低、守法成本高是环境违法行为屡禁不止的制度性原因。环境法制最突出的问题，就是违法成本低的问题长期没有得到解决。环境法在执行上一直被视为"偏软"，其中一个重要原因在于司法、执法对于违反规定的处罚办法，或力度不够，或不够明确。首先是行政处罚普遍偏轻。《中华人民共和国环境影响评价法》规定，违反环评规定擅自开工建设的，要求限期补办环评手续，逾期不办的才能给予20万元以下的罚款。由于处罚太轻，一些企业为了抢进度，采取边开工建设、边做环评报告的做法，甚至一些企业以交罚款代替环评。《中华人民共和国大气污染防治法》对超标排污的罚款上限是10万元，造成重大污染事故的罚款是50万元；《中华人民共和国水污染防治法》对超标排污的罚款为其应缴纳排污费数额 2 倍以上 5 倍以下等。2011 年 6 月，某制药集团被披露多种环境违法问题：恶臭气体排放大大超过国家标准，硫化氢气体超标近千倍，氨气超标 20 倍；污水排放超过国家标准，氨氮超标 2 倍多，COD 超标近 10 倍。该制药集团 2010 年营业收入达 125 亿元，利润 13 亿元，虽然被依法罚款 123 万元，也仅为企业年收入的万分之一。①

（4）环境民事赔偿法律制度不健全。追究环境民事赔偿责任对于制裁环境违法行为，保护国家和公众的环境权益具有重要作用。然而，由于我国环境民事赔偿相关法律及配套制度不健全，环境民事案件立案难、举证难、审判难、执行难的问题时有发生。重大环境事件的责任追究，多以行政处罚和行政调解结案，通过司法途径追究法律责任的不多。在环境污染损害纠纷的处理中，由于缺乏具体可操作的环境污染损害鉴定评估技术规范和管理机制，致使经济损失和人身伤害难以量化、污染损害因果关系难以判断、环境损害赔偿标准难以认定。一些污染案件久拖不决，历时数年，当事人的诉讼成本高昂，污染受害人也往往得不到损害赔偿。更突出的是，环境公共利益损失的索赔缺乏明确法律支撑，生态环境服务功能损失以及应急和修复等相关费用尚未纳入赔偿范围。而我国近年来发生了一些重大环境污染事故，2005—2012 年先后发生的松花江污染事故、大连海岸油污染事故、福建汀江污染事件、广西龙江镉污染事件等，均未被追究环境公共利益的损失赔偿。

（5）政府部门尤其是环保部门，面临有法难以执行的困难。实施《中华人民共和国环境保护法》，很多地方环保部门都反映，法律赋予生态环境保护执法部门的强制性机制不足，环保工作者直接对企业污染行为实施查封扣押等是否可行？查封、扣押的东西放到哪？企业把环保部门的封条撕毁了怎么办？环境司法怎么介入是一个有待解决的问题。能否借鉴国外建立环保警察和环保检察官的成功经验，探索我国的环境与生态保护警察和检察官等制度。通过制度创新，建立环境与生态执法协调机制，把环境与生态执法与刑事司法程序结合起来，加大环境与生态治理部门在执法过程中与公安、检察机关的工作衔接力度，为环境与生态保护执法工作提

---

① 本条引用了环境保护部原总工杨朝飞先生为本书写作提供的参用稿。

供强有力的司法保障和后盾。

还有其他一些问题，如各有关法律、法规和规章之间的一致性问题，党委或政府的红头文件下达的环境与生态治理法规的连续性问题，环境质量标准高低的确定，执法中的弹性问题等，均需要在明确执法与立法关系下才能更好地解决。

总之，我们一定要根据党的十八届四中全会精神，"依法全面履行政府职能，推进机构、职能、权限、程序、责任法定化，推行政府权力清单制度"，正确处理好政府与立法的关系，才能推进国家治理的现代化进程。应坚决按照中央要求"健全法律法规。全面清理现行法律法规中与加快推进生态文明建设不相适应的内容，加强法律法规间的衔接。研究制定节能评估审查、节水、应对气候变化、生态补偿、湿地保护、生物多样性保护、土壤环境保护等方面的法律法规"①。

三、需要进一步明确政府与社会、民众的关系

国家环境生态治理体系与政府生态管理的重大区别之一，就是环境与生态治理主体多元化。前者把民众与社会视为了治理主体，而后者虽然也把民众与社会视为参与管理的力量，但更多时候是作为管理的对象。习近平总书记在全国政协会议上讲了一句话：民主的真谛就是找到全社会意愿和要求的最大公约数。也是讲对话协商，充分地让人民讲话。发挥政协和社会各方面力量在生态治理体系中作用非常重要。建立国家环境与生态治理体系，形成具有现代化水平的环境与生态治理能力，就需要建立和健全有效的环境与生态治理运行机制，需要建立和完善环境与生态治理的社会体系。

首先，是要建立利益相关方的协商机制。颁布一个环保新政策，新建一个工程项目，都需要听取社会不同利益群体的意见，要与利益相关者进行平等的对话协商。只要我们有共同的目标，通过协商、讨论、谈判，各方就可以形成共识。要设立一套协商的程序与机制，让这种协商能产生明确结论并付诸实践。但我们看到，在现实中，政府的主导作用太强，听证会往往不具实际效力，离平等的对话协商还

---

① 《中共中央国务院关于加快推进生态文明建设的意见》，第十七条。引自网页：http：//news.
xinhuanet. com/politics/2015 - 05/05/c_1115187518. htm.

是有很大差别的。发达国家民众的选票在实现平等对话中发挥着重大作用，我们可通过从上而下设计一套规则，以形成国家环境与生态治理现代化的基础。这种民主的对话，短期内不利于快速推进发展，但有利于防止追求业绩的劣质扰民工程上马，有利于社会各方对项目建设与投产的监督，有利于防止部门公共项目的非科学化，有利于新建企业排污自控的压力，有利于给承担一定损失的民众相应的补偿，因此，有利于国家的长治久安和可持续发展。

其次，是要鼓励和支持企业树立社会责任的意识并形成相关的制度。企业是社会的中坚力量，是环境与生态治理的主体之一。在推进工业化进程中，企业对环境与生态的影响是巨大的。在环境与生态治理上，企业有自觉性，政府以及民众要鼓励；企业有困难，政府以及民众要帮助；企业引进生态环保的新专利或创新产品，政府审批要降低门槛甚至开门欢迎。比如，在借鉴国外成功借助市场力量解决排污问题方面，如何在 3 年之内把国内 7 个碳市场整合成全国性的碳交易市场，形成正常的市场信号，借助市场机制运作，就是非常关键的问题。总之，创造条件，支持绿色产业发展，扩大绿色信贷规模，让企业能把绿色发展从压力变成动力，从负担变成机遇，这对国家环境与生态治理目标实现具有重大意义。当然，企业也要接受政府在生态环境上的管理，要接受来自社会的监督。

最后，是要建立全民参与的环境与生态治理的监督机制。环境与生态破坏的事件时有发生，环境与生态治理部门执法往往单打独斗、孤军奋战，有时相关部门配合不力，但更多时候是民众的支持机制没有形成。这种支持机制体现在正式的组织形式与非正式组织形式均能发挥作用。正式组织如各类行业组织，公益组织和环保NGO 组织，非正式的如受污染民众的自发性聚集联合。经验证明，污染企业可以应付环保主管部门的调研，但瞒不过受害民众的眼睛；破坏环境生态行为可以应付或化解政府部门的压力，但承受不了政府与民众联合起来的治理力度。当然，有效的监督机制需要相关信息的透明性。政策立题调研到制定甚至以后调整的过程要透明，政策实施效果及评估也需要透明，这是老百姓参与环境生态治理的前提。当然也不能否认在具体操作时，不同的政策制定在通报或环节上会有不同要求，但政策制定人心中一定要有信息透明的理念。

总之，环境问题、生态问题确实更多体现为公共产品、公共事务。但是公共事务不等于全部是政府事务，政府要起主导作用，要负责任，要提供公共产品。但不能把政府发挥作用等同于仅仅是政府负责，全社会不许参与或实际上不能参与。如果政府与民众真正联手共创生态文明，实现美好的中国梦就有了实实在在的基础。要坚决执行中央规定："推行市场化机制。加快推行合同能源管理、节能低碳产品和有机产品认证、能效标识管理等机制。推进节能发电调度，优先调度可再生能源发电资源，按机组能耗和污染物排放水平依次调用化石类能源发电资源。建立节能量、碳排放权交易制度，深化交易试点，推动建立全国碳排放权交易市场。加快水权交易试点，培育和规范水权市场。全面推进矿业权市场建设。扩大排污权有偿使用和交易试点范围，发展排污权交易市场。积极推进环境污染第三方治理，引入社会力量投入环境污染治理。"[①]

专　　栏

以色列推动"绿色国会"项目建设的考察及启示[②]

2014 年 11 月 6 日至 11 月 12 日，我率课题组赴以色列实地考察了"绿色国会"，看到立法机构在一国的绿色发展中起到了引领和示范的作用。这是环境与生态国家治理的一个典型案例。

以色列在绿色发展方面取得业绩首先是客观生存条件的压力，这也是促使政府下大力气全方位推进可持续发展的主因。以色列国土狭小，伴随着人口增长、生活水准提高，能源和污染越来越严重。以色列也是一个自然资源极其贫乏的国家，仅以水资源为例，其2/3的国土是沙漠，人均水资源不足 200 吨，仅为世界人均水资源的1/50，中国的1/12。因此，在这个国家里，走绿色发展之路，保护资源是生存之本。以色列政府不断寻找绿色经济发展之路，在中华人民共和国成立之初就制定了

---

① 《中共中央国务院关于加快推进生态文明建设的意见》，第二十三条。引自网页：http://news. xinhuanet. com/politics/2015 – 05/05/c_1115187518. htm.

② 摘引自：李晓西、朱兆一、荣婷婷：《以色列绿色国会项目考察及其他》，《全球化》，2015年第6期。这里进行了较大的压缩。

土地、资源开发战略，特别是在节能减排方面，通过制定污染税、环境许可证制等市场经济手段，鼓励绿色消费。经过多年的努力，以色列在推动环保与可持续发展方面享有全球性的声誉。

我们此行就是想进一步了解以色列在推动绿色发展中的主要举措和有效经验。最让我们感兴趣的是以色列国会以身作则并积极调动以色列民众进行绿色变革，这里，我们具体介绍以色列国会于 2014 年启动的"绿色国会"项目。以色列国会秘书长 Ronen Plot 指出："在 2014 年 1 月初，以色列国会启动了'绿色国会'项目，该项目是国会议长 Yuli Edelstein 发起的旗舰项目。作为国会秘书长，我将努力确保该项目的各项措施能够落实到位。该项目需要经过多年的努力完成，其目标是将以色列国会转变为一个以可持续发展作为行动准则的国会。可持续发展是一种多样的、跨学科的方法，可以从环保、社会与经济的角度检验我们生活的方方面面。Dov Khenin、Zvulun Kalfa、Nitzan Horowitz 议员已同意主持该项目。"于是，在国会秘书长的带领下，我们参观了国会并听取了沙姆博士（Dr. Samuel Chayen）对以色列"绿色国会"项目的介绍。

"绿色国会"项目第一阶段共包含 13 个分项目，如表 3 - 1 所示，"绿色国会"项目涉及节水、节电、节气、太阳能发电等方面。

表 3 - 1　　"绿色国会"　第一阶段项目表

排序	具体改造或新建的子项目	收益	年节省经费预估
1	安装每个工作日结束时自动关闭电脑的软件	可对 1200 台以色列国会的电脑起到节电功能	120000 新谢克尔
2	安装自动关闭无人房间的暖气、空调和照明的探测传感器	可自动控制国会每栋建筑内无人房间内的空调和灯光	220000 新谢克尔
3	更换停车场的照明设施——用 LED 灯替换 T8 荧光灯	节省用电	65000 新谢克尔

（续表）

排序	具体改造或新建的子项目	收益	年节省经费预估
4	用 LED 灯更换整栋大楼的双色卤素灯泡，用 T5 灯管替换 T8 荧光灯	节省用电	35000 新谢克尔
5	在国会屋顶上安装 4650 平方米的光伏电池阵列	将满足 300 千瓦能源消费需求并输出 51 万千瓦能量	200000 新谢克尔
6	采用双冲水节水水箱替代旧式马桶水箱	每年节省约 450 立方米的水	70000 以色列新谢克尔
7	利用空调冷凝水补充国会的灌溉系统	每年为国会节约 20% 即 4000 立方米的灌溉用水	60000 以色列新谢克尔
8	在能源中心安装为空调提供冷水的装置；利用水制冷装置释放的热量来加热水，以供日常使用	降低国会天然气使用量的 50%	560000 新谢克尔
9	安装可根据室外热量调节制冷剂流量的空调		10000 新谢克尔
10	使用节能的新空调替换 50 台旧式空调		40000 新谢克尔
11	改善空调系统动态目标温度控制软件，以便将室外温度与希望达到的室内温度联系起来		35000 新谢克尔

（续表）

排序	具体改造或新建的子项目	收益	年节省经费预估
12	检测热泵的利用效率，并检验新的高效热泵的可靠性		
13	节约用纸项目。在国会中试行使用的纸里85%是再生纸和测试使用更轻薄的75克纸	每年将会为国会节约4万至5万张纸	

资料来源：课题组根据以色列国会提供资料整理。

注：新谢克尔（new shekel）为以色列货币，2014年5月，1美元相当于3.45新谢克尔。

根据以色列"绿色国会"项目初步预算，第一阶段投资700万新谢克尔，此后将以年均节约150万新谢克尔的方式收回，预计5年内全部收回。国会宣布13项举措后的1个月里，已成功地实施了多项环保措施，包括员工环保意识培训，在停车场为员工与游客的电动车设置充电桩，在委员会会议上使用水壶供水取代发矿泉水等。在此期间，还大力开展环保活动，如推动进一步减少废物，推出"绿色国会"的游览路径并将其与以色列自然保护协会鸟类研究站结合等。

此外，"绿色国会"还包括在议会成员与雇员之间建立可持续发展文化（环境、社会和经济），"绿色议会"项目将与议会观光结合起来，以增强以色列的环保意识，在不同的议会展示"绿色议会"项目，增强世界各地的环保意识，向议会雇员与客人开办培训班和讲座并利用互联网和社交媒体进行授课。可见，以色列高度重视普及绿色理念，树立绿色消费意识。

以色列"绿色国会"项目代表了以色列政府在如何理解和使用能源方面的真谛。我们了解到，以色列的能源结构为天然气占11%、煤占35%、石油占49%。以色列的电能32.6%源于天然气，西部海域近来先后发现5个天然气田，有望大幅提升自给量。但是能源供应依旧比较紧张，因此，以色列不断开发新能源，规划2020年可再生绿色能源要达10%。在以色列开发的新能源中，由于光照比较充沛，因此可再生能源首推太阳能。阳光照射地球 40 分钟所产生的能量，就相当于地球 1 年的能源消耗量。"绿色国会"项目重点讨论某个回收利用项目或少量地减少能源的使用、有限的节约等问题，目的是使政府能够通过"绿色国会"项目在利用能源和可再生能源方面转变观念意识。

作为最高的立法机构，以色列国会更把完善自身的绿色建筑与绿色消费列入行动计划。从议长到议员，从秘书长到员工，周密规划，认真实施。不论是聘请专家，还是设计工作步骤与阶段，均非常负责与高效。1 个月时间里，在国会地下停车场为电动汽车安装了双充电桩，对太阳能光伏阵列进行公开招标并进入最后签署和 1 年期工程的准备阶段，实施了安装双冲水马桶和更换空调的工作，在业务部开始了电脑自动断电和使用再生打印纸的试点项目，在国会的政府楼层安装了 2 条 LED 照明灯并更换了 11 间房间的灯泡……国家机构以实际行动率先带头进行环境保护，若从理论上解释，那正符合我们所说的国家生态治理能力现代化的要求，即把政府管理上升为包括立法与民众等多主体的国家治理，全民协同共治来建设美丽国家。

第三节
理顺各级政府之间、同级政府各部门之间的关系是关键

国家生态、资源、能源和环境具有公共性，属于全体人民的共有财产，这一性质决定了政府在环境与生态治理中具有责无旁贷的责任，需要承担相应的公共政策制定、管理监督等职责。党的十八届四中全会指出："各级政府必须坚持在党的领导下、在法治轨道上开展工作，加快建设职能科学、权责法定、执法严明、公开公正、廉洁高效、守法诚信的法治政府。"政府应按此要求，担当和行使对于环境与生态文明建设和发展的职责。

一、中央政府与地方政府在国家环境与生态治理体系中要定好位

我国现阶段环境生态管理体制是国务院统一领导，地方政府分级负责。这是完

全必要的，但需要进一步完善。一是中央政府强调全局的经济、社会发展与生态环境的协调，国务院在生态管理的制度与政策上理应更科学、更具宏观性。要想做到党的十八届三中全会讲的实现生态文明要源头严管、过程严控、后果严惩，中央政府在相关制度政策上的安排就非常重要。生态影响的评估制度、生态的认证制度、生态的补偿制度，包括生态审计制度，在我们国家都很不成熟，有的甚至缺失。比如，对内河向海洋的污水排放，理论上应是禁止的，不能突破海洋的自净能力的底线。这就需要对一个年度的排污总量进行严控，但现在没有测算或提出这个总量，就只能在微观上与企业博弈。再比如说，国家已经提出要进一步完善现行保护环境的税收支出政策，推广生态税费制度，建立生态环境安全补偿基金。征收生态税是保证补偿资金有长期稳定来源的重要手段。对严重破坏生态的生产活动，应利用税收手段加以限制；对有利于生态的生产活动，应给予税收上的优惠。目前我国还未能形成有体系的、综合性的、统一的补偿政策，已有的生态补偿政策主要是从某一生态要素或为实现某一生态目标而设计的。五年计划或国土规划中，能否解决需要治理的地方能配套财力物力，不需要治理的地方不要再花费大量钱财的问题。还有如生态治理机构咨政机构的建设，资源价格政策能否有助于减少污染和环境友好，生态问责制度的建设、生态管理信息通畅的制度与硬件建设，对地方政府稳定可持续而非"突击检查"式的管理要求等，均需要在实践的基础上不断完善。二是一些地方政府存在的重发展轻环保的倾向需要克服。地方政府作为国家的构成要素，在国家政治生活、经济生活以及社会生活中发挥着极为重要的作用。由于中央政府的许多职能必须由地方政府完成，所以，地方政府的执行能力直接影响并体现着国家执行力。应加强对地方政府执行力评估的研究，构建科学、公正、有效的地方政府执行力评估体系，有效地提升政府执行力。由于财税等多类经济体制尚不健全，一些地方政府在生态治理上往往本位利益重，大局意识差，时有转嫁生态责任事件的发生。一些具有重要生态价值的自然资源，是否继续让一个实行自收自支的县级机构管理，也应重新审视。各地一些主要景区，不严格执行旅游法规定的承载力、环境容量，应该怎么解决？在本届中央政府的努力下，这方面有了很大改进，但还需要通过制度完善，进一步解决好在生态治理体系中的中央与地方政府间的上下级关系。

这里要特别指出，《中共中央国务院关于加快推进生态文明建设的意见》非常重要，其中第十九条是"健全自然资源资产产权制度和用途管制制度"，对水流、森林、山岭、草原、荒地、滩涂等自然生态空间进行统一确权登记，明确国土空间的自然资源资产所有者、监管者及其责任。完善自然资源资产用途管制制度，明确各类国土空间开发、利用、保护边界，实现能源、水资源、矿产资源按质量分级、梯级利用。第二十五条是"健全政绩考核制度"，要把资源消耗、环境损害、生态效益等指标纳入经济社会发展综合评价体系，大幅增加考核权重，强化指标约束。探索编制自然资源资产负债表，对领导干部实行自然资源资产和环境责任离任审计。第二十六条是"完善责任追究制度"，对违背科学发展要求、造成资源环境生态严重破坏的要记录在案，实行终身追责，不得转任重要职务或提拔使用，已经调离的也要问责。这对于政府工作是非常重要的指导意见。

二、政府部门之间应形成有机协调的分工与合作

我国现阶段环境生态管理体制是国务院统一领导、环保部门统一监管、各部门分工负责。这种管理体制需要完善的不是形式，而是内容。我们看到，与环保相关的投资、国际条约谈判、可持续发展规划、气象公布、森林防护、污水处理、海洋污染、面源污染、江河保护、土壤保护等多个职能，是由财政部、外交部、发改委、气象局、林业局、海洋局、农业部、建设部、水利部、国土资源部等分别掌管着的。分工是必要的，各个部门均有自己的分管范围，都有自己的考核目标，如何才能使各个部门既分工负责又实现有效协调并达到生态环保的目标？显然实现有效的沟通是需要重新审视的，因此科学界定部门管理的职责与权限就显得格外重要了。现在管理机构重复设置、机构职能错位、管理范围冲突等体制性障碍是存在的，这阻碍了我国环境与生态现代化治理体系的形成。以生态补偿政策执行为例，由于方式多样、类型各异，补偿政策的制定和执行以及资金筹措、使用、监督、激励涉及多个职能部门，在实际的生态和环境管理中难以统筹协调。比如，动物生态的管理，现规定是一年三分之二时间在森林里活动的动物归林业部管，一年三分之二时间在草原生活的动物归农业部管；有些区域适宜种树还是种草，林业部与农业部往往根据本部门权限来判断。显然，这类分工是需要更科学界定的。更重要的

是，各部门之间在生态治理体系中，需要形成一种沟通的机制。我们认为，在国务院领导下，以环保部为核心，形成一个生态环境治理体系，或说是由环保部牵头组织一条环境、资源、生态保护的统一战线，组建相应的生态治理的议事协调机构、环境管理联席会议制度、部门联系通报制度、环境违法案件移交制度等，具有现实意义。这将有助于广泛听取意见，发挥协同效应，克服部门扯皮现象，强化多部门间的协调配合，强化生态治理执行力，特别是有助于对重大环境污染违法行为进行严肃查处，形成各部门齐抓共管环境保护的新格局。靠国家发改委管理环境的一个司，靠财政部主管转移支付的一个处，靠城建部负责城市环境规划的一个单位等，都难以实现环境治理目标。

这里，我们要指出，《中共中央国务院关于加快推进生态文明建设的意见》第十八条和第二十二条提出的完善标准体系和完善经济政策必须要落实。要加快制定修订一批能耗、水耗、地耗、污染物排放、环境质量等方面的标准，建立与国际接轨、适应我国国情的能效和环保标识认证制度。同时，要健全价格、财税、金融等政策，激励、引导各类主体积极投身生态文明建设。深化自然资源及其产品价格改革，凡是能由市场形成价格的都交给市场，政府定价要体现基本需求与非基本需求以及资源利用效率高低的差异，体现生态环境损害成本和修复效益。进一步深化矿产资源有偿使用制度改革，调整矿业权使用费征收标准。加大财政资金投入，统筹有关资金，对资源节约和循环利用、新能源和可再生能源开发利用、环境基础设施建设、生态修复与建设、先进适用技术研发示范等给予支持。将高耗能、高污染产品纳入消费税征收范围。推动环境保护费改税。加快资源税从价计征改革，清理取消相关收费基金，逐步将资源税征收范围扩展到占用各种自然生态空间。完善节能环保、新能源、生态建设的税收优惠政策。推广绿色信贷，支持符合条件的项目通过资本市场融资。探索排污权抵押等融资模式。深化环境污染责任保险试点，研究建立巨灾保险制度。

三、地方政府之间应形成有机协调的的分工与合作

在我国东、中、西部的各省（区）间，环境与生态治理的协调很重要。东部地区由于经济发展相对快，现在对环境与生态治理重视程度相对高。中、西部地区经

济条件差，与东部存在较大的发展差距，资源开发、基础设施建设、扶贫攻坚包括城镇化都需要加快，因此，重视经济发展程度更高一些，讲跨越式发展讲得更多一些。一个实际问题就是东部开始向中、西部进行产业转移，存在污染的企业也能转移吗？实施天保工程，西部林区不让采伐了，有什么新产业接续，人员到哪去？这些问题都是需要深入研究的。本届政府提出的新经济建设，有很好的思路，但这些地方多处在我国生态安全屏障地区，怎么处理好经济发展与生态治理的关系需要深入研究。在条件成熟的区域，可构建地区间生态治理信息交流机制、联合执法机制和联合对外宣传平台，加快推进相邻区域或相邻城市环境共保进程，最终形成共同治理生态环境的局面。应进一步发挥国家环保总局组建的 6 个督查中心和 6 个核辐射安全监督站的作用，利用其体制上垂直、直接对总局负责的优势，着力协调解决跨区域、跨流域的环境纠纷，对重大污染事件组织协调、会商、处理和督办督察，增强重大突发环境事件的应急处置能力。

最后应指出，国家生态治理体系还应包括县域治理和社区治理。一些地方在尝试社区治理模式，这是一个社会共治、责任共担、利益共享的模式。按此模式，县域治理中，各个部门可在协商的基础上按新的投入机制模式对社区进行支持，不再按照过去行政分块加补贴的方式来执行项目。根据试点经验，社区治理组织起来后，信息的获取、法律的执行和政策的落实都相应可以实现，垃圾问题、水污染问题，都可以充分利用民众力量加以解决。

专　　栏

《绿色经济：联合国视野中的理论、方法与案例》简介①

由联合国环境规划署经济贸易处盛馥来先生和同济大学环境与可持续发展学院诸大建教授主编的《绿色经济：联合国视野中的理论、方法与案例》一书，2015 年由中国财政经济出版社出版。

此书分三大部分。第一部分是背景理论篇，共包括三章，分别介绍了绿色经济

---

① 盛馥来、诸大建：《绿色经济：联合国视野中的理论、方法与案例》，中国财政经济出版社，2015 年版。

概念兴起的国际背景，经济理论的理论探索和政策分析，生态文明下的中国绿色经济。本部分讲解了绿色经济与可持续发展的关系，以及绿色经济同中国读者熟悉的一些相关概念如低碳经济、循环经济、生态文明之间的关系。第二部分讲绿色经济的主要领域，共有五章，包括促进绿色经济发展的资源生产率，投资于自然资本，改善环境生活质量，发展环保产业，创造绿色就业。各章中的内容大部分不仅讲国内，也涉及其他国家。第三部分是政策方法篇，讲政策的制定实施，共有五章，包括绿色指标体系，绿色金融，绿色经济政策，绿色经济规划的制定与实施，其中还包括一个来自崇明的案例来显示绿色经济在中国的地方层面是如何得到落实的。

此书有几个特点：一是视野开阔。不仅有中国的数据、案例和政策创新的介绍与分析，也有国际上多国的情况分析。这一特色，与本书作者是国内外在这个领域的专家经历是分不开的。二是资料较新，多反映的是 2010 年后的情况，甚至有 2013 和 2014 年的内容。作为涉及面很广的一本书，也是需要下很大功夫的。三是论点新颖。很多章的分析带有浓厚的专家个人的色彩，因此，对问题的分析有独特的见解。当然，如果要成为教科书，需要在此基础上进一步地规范。四是重视实践。本书不仅是一本理论论著，在很大程度上是环境保护与发展工作的指导性文献。从书中可以看到，问题的提炼来自于国内外的实际生活，解决问题的办法也来自于各国成功的经验。五是创新领先。在国内外绿色经济研究领域中，为此完成教材类的著作，还是很少的。有以教材为名的论文集或资料集，有以绿色经济探索为名的半教材类专著，完全以教材为使命的几乎是空白。因此，这本书在此领域中有先导的作用。

联合国环境规划署执行主任施泰勒和同济大学校长裴钢为此书作了序。

第九章
在深化体制改革中促进绿色产业发展

本章摘要：绿色产业是在经济、金融、建设、交通、物流等方面高效利用资源的产业形态，其产品不仅可以满足人类社会物质方面的需求，也能实现对自然资源生态系统影响的最小化。

中央十分重视绿色产业的发展，在《中共中央国务院关于加快推进生态文明建设的意见》中，就发展绿色产业提出了如下具体的内容：节能环保产业、环保工程、重大节能工程、核电、风电、太阳能等新兴的能源、新装备、生物质发电、沼气地热、智能电网；节能与新能源的汽车交通，相对绿色的交通体系、基础设施，以及和农业相关的生态农业、林下经济、森林旅游、生态旅游等。

本章从狭义与广义两个角度来分析绿色产业的特点与作用，首先简要论述了绿色产业发展的意义和政府责任，第二节是"传统工业绿色化"，重在从狭义角度分析绿色产业，即把原来不够绿色的产业改善成绿色产业，如钢铁、化工、水泥、电力等一系列传统产业。而第三节重在从广义角度来分析绿色产业，即发展新兴绿色产业，并用新的绿色产业来支撑未来经济。能源产业作为绿色产业或者国民经济基础，具有非常重大的意义与作用，因此，虽然与以上分类有一定交叉，但还是单独分析，即构成本章的第四节。

第一节

绿色产业发展的意义和政府责任[①]

本节简要论述了绿色产业发展的意义，分析了政府推动绿色产业发展的有关措施，同时，还根据我们对北京"美丽乡村"的调研，概述了体制改革对促进绿色产业发展的作用。

一、绿色产业发展的意义

1. 对全球可持续发展的重要性

今天，人类总量超过 70 亿人，当今技术支持下的世界经济已经超出了多个地球极限，比如温室气体的排放、臭氧层的枯竭、化学物质的污染、淡水的消耗、悬浮微粒负荷过大以及生物多样性的损失等。人类与地球的关系出现了危机，处理好人与地球的关系已成为生死攸关的大问题了。事关大局，事关全球。[②] 在新一轮产业革命背景下，新一代信息技术、能源技术、材料技术等的创新发展和渗透融合正在加快绿色发展技术和绿色制造业的形成。工业更加低碳环保，能源利用更加绿色高效，产业更具发展潜力。根据欧盟委员会关于信息通信技术对能源效率影响的分析，到 2020 年，信息通信技术可以使欧洲的计划能耗节省 32%。世界自然基金会提出，通过信息网络技术，如智能交通出行、电子商务、智能建筑、工业节能等，可以将二氧化碳排放量减少 10 亿吨以上。对于正面临全球气候变化挑战的各国，

[①] 本节内容部分摘自三方面：一是 2015 年 12 月本书作者主持的"四川省绿色产业规划的政策建议"论坛上国务院各部门的专家领导发言的汇编。专家有：刘世锦、范恒山、侯万军、杨再平、贾康、何勇建、张红宇、夏光、顾成奎、曾绍金、武涌、王忠明、刘永强等。二是本书作者主持的若干城乡实地调研。三是联合国工发组织 2015 年在北京师范大学主办的绿色产业培训班的专家、环境司汉斯司长等人的讲演。

[②] 摘自：李晓西：《绿色化突出了绿色发展的三个新特征》，《光明日报》，2015 年 5 月 20 日。

以绿色技术创新和实现经济绿色增长已成为时代潮流。①

绿色产业的发展，将会使全球总资源使用量绝对减少，GDP 持续增长的发达国家更应力求达到这一点。而对于发展中国家而言，资源利用增长率应低于 GDP 增长率，这可以大大降低经济活动中的资源耗用强度，实现"相对减少"。绿色产业发展，就是使经济增长不以自然资源能源的过度使用和消耗为代价，而是实现"物"半功倍，即以更小的环境代价和更大的生态经济效益创造更多的价值。要降低资源用量、污染、废物和对自然的影响。这意味着要使传统工业绿色化，就要大力发展新型的环保产业。有 15 项潜力因素可带来约 75% 的总资源生产力效益，例如：建筑节能，减少厨房垃圾，减少市政渗漏水量，提高钢铁行业能源利用效率，提高运输燃料效率，提高终端用钢效率，提高发电厂效率等。全球资源节约潜力：通过开发资源生产潜力，到 2030 年可节约 2.9 万亿美元；如果碳价定为每吨 30 美元，消除对水、能源和农业的补贴、去除能源税，节约量将升至 3.7 万亿美元。②

2. 对我国国民经济可持续发展有重大意义

我国的经济发展取得了伟大的成就，但伴随的是资源过度使用和环境严重污染。2014 年全国 74 个按新的空气质量标准监测的城市中，达标比例仅为 4.1%；全国 1.5 亿亩耕地受污染、四成多耕地退化，近六成地下水水质差。中国污染物排放总量超出环境容量。包括食品安全、水资源污染和土地污染等严重的环境污染问题，已极大地影响了人民生活质量。中国政府提出的生态文明和生态红线已引起了全世界的高度评价与关注。习近平总书记尖锐指出，"我们在生态环境方面欠账太多了，如果不从现在起就把这项工作紧紧抓起来，将来付出的代价会更大"③。走绿色化道路的中国，就要通过对传统产业进行改造，使之绿色化；就是要发展新的绿色产业，如环保产业、清洁生产产业、绿色服务业，构建绿色产业体系。所谓绿色产业是以可持续发展为宗旨，坚持环境、经济和社会协调发展，生产少污染甚至

---

① 国务院发展研究中心：《以创新和绿色引领新常态》，中国发展出版社，2015 年版，第 27 页。

② 摘自联合国工发组织环境司汉斯司长 2015 年在北京师范大学举办的第二届 UNIDO 绿色产业培训班上的讲演。

③ 转引自：何金定：《适应新常态与培育新生态》，《光明日报》，2015 年 5 月 14 日。

无污染的、有益于人类健康的清洁产品，达到生态和经济两个系统的良性循环，实现经济效益、生态效益、社会效益相统一的产业模式。绿色产业关键要以绿色技术为保障，以整个产业链的绿色化为基础。[①]

以前，我国多是从节能减排的角度来推进绿色发展，绿色产业的提法相对较少。但在实践中，我国推进绿色产业有很多措施。节能、节水，包括集约生产、自然循环利用、低碳发展等，实质上都是绿色产业发展的主要内容。而绿色产品、绿色工厂、绿色供应链、绿色园区等措施，更是绿色产业系统的重要内容。"十三五"规划纲要中明确提出了绿色发展理念，在《中共中央国务院关于加快推进生态文明建设的意见》中明确提出了"绿色产业"，在《中国制造 2025》中提出了"全面推行绿色制造"。2015—2020 年，工业固体废物综合利用率将从 65% 提高到 73%；主要再生资源回收利用量将从 2.2 亿吨上升到 3.5 亿吨；绿色低碳能源占工业能源消费量比重将从 12% 提升到 15%；绿色制造产业产值将从 5.3 万亿元提高到 10 万亿元；六大高耗能行业占工业增加值比重将从 28% 下降到 25%。[②] 今后，我国必须走绿色产业道路，大力发展绿色经济，别无选择。

3. 对企业发展的意义和作用

绿色产业发展，对企业的生存与发展同样具有重大意义。比如，绿色投资的产品在出口时有利于打破国际贸易中的绿色壁垒，绿色项目有利于变废为宝，实现资源再利用，投资技术先进、经济效益好的节能项目和环保项目有助于提高企业效益，规避环境风险有助于规避金融风险，绿色产业的可持续发展有利于企业的可持续发展，绿色工业还有助于提升企业的社会责任形象，甚至，绿色理念也有助于企业自身减少浪费进而减少成本开支等。这些将构成市场发挥作用的基础。

二、政府应持续推动绿色产业发展

这方面有很多内容，这里仅列举我们调研与举办的研讨会上涉及的观点。

---

① 李晓西：《绿色化突出了绿色发展的三个新特征》，《光明日报》，2015 年 5 月 20 日。
② 摘自国家工业和信息化部赛迪研究院工业节能与环保研究所顾成奎所长 2016 年 9 月 13 日在成都举办的联合国工发组织第三次培训班上的讲演。

1. 应建立绿色产业发展的激励机制

绿色产业的发展需要外部的压力，这个压力当前主要来自环保方面的管理，如《中华人民共和国环保法》等等。与此同时，还应在绿色产业的推进过程中加入绿色产业发展的政策激励，把强迫式发展变为激励式发展，做好政策引导工作。

实际上当前我国家已有许多绿色经济、绿色产业清洁生产综合利用、环保产业方面的鼓励性政策，这些政策需要在"十三五"期间进行进一步梳理整合，并不断强化利用。如资源综合利用方面，国家可通过减费、补贴这一类的政策，鼓励相关企业实现生产的综合利用；以及通过一定税收减免促进农村环境治理工程等。

除了落实已有政策以外，"十三五"规划还应通过利用产权改革的制度，形成市场化的激励。自然资源是一个全民所有的资产，非常容易出现产权空置，应通过制度建设把公有制的产权制度落实到具体的产权形式上去。

国家可通过建立国家生态红线履行好国土空间的管理职能。应发挥市场配置的基础性作用，把公共资源产权化。可成立国家环境资产总公司，作为国有资产来经营，属于国有企业，隶属于人民代表大会管理。同时，进一步完善提高绿色科技研发的鼓励措施，出台一系列有利于环保产品研发，绿色科技创新奖励的措施。对于绿色产业的发展，国家可以明确给出支持鼓励清单，给予研发经费，建立绿色产业科技基金，供绿色产业的企业使用，降低企业研发成本费用。

2. 加强改善公共设施的绿色属性，带动相关产业发展

我们国家的公共建筑有 70 多亿平方米，公共建筑能耗是居住建筑能耗的 3 倍左右，公共建筑公共设施高能耗的问题尤为突出。这些问题需要在"十三五"规划中涉及并集中解决。

加强改善公共设施的绿色属性，降低公共设施能耗应成为"十三五"规划的一个重要方面。在"十三五"规划中应考虑建立公共建筑的能耗限额。例如对于三甲的医院、二甲的医院、五星的宾馆、四星的宾馆、三星的宾馆等公共建筑，应根据等级分类形成限额比例。同时，注重加快城市建筑的绿色更新与绿色城市的基础设施绿色化，构建以公共交通为主的绿色交通体系，规划城市垃圾绿色处理的设施建设和地下管网的绿色化建设，并带动相关产业发展。

"十三五"规划在公共建筑上给社会一个长期的能效提升的预期，体现国家意志。比如说新建的建筑能效提升，从现在到2030年，我们就往零能耗靠。国际上，英国要求居住建筑2016年零能耗，公共建筑2019年零能耗，进而也鼓励了背后可再生能源的运用，鼓励和减少了常规能源的利用

3. 做好绿色产业发展核算工作

绿色产业发展的基础是核算的问题，核算的问题如果不解决，绿色发展很难成为一种经济模式。当前我国的绿色产业发展，大部分是政策性的，比如环保组织或者政府职能范围之内的政策行为，企业市场范畴内的自主经济行为还不多见。

绿色产业核算的第一步是算实物链，即生态资本的实物链。生态资本可包括：空气、水、土壤、土壤上面的植被，这四个类别可统一作为实物链的生态源，并给出生态源的计量标准。如空气质量最好的情况为100个单位，随着空气质量的下降，数值开始下降，生态资本链的价值也在下降。从检测手段上，通过互联网、物联网的技术，包括检测技术实现实时计算。把生态资本核算出来后，以生态资本量为依据可在市场上进行交易。若要破坏生态资本，开办工厂，可核算生态资本量减了多少，以此为依据进行补偿。这样就部分实现了绿水青山就是金山银山。

此外，通过互联网、物联网的发展，全国范围内可建立生态资本的监测评估系统。生态资本监测与评估本身就是一个市场需求量巨大的绿色产业。与此同时，以生态资本为基础可以发展相关交易所。在如房地产开发等经济开发建设中要践行生态资本核算，将生态资本的利用纳入投入产出关系中。国家给予的环境治理的经费，根据落实情况可以直接变成生态资本的增加值。

4. 关注民营企业、非公经济的绿色发展

之前，中国经济以一种先增长后治理的模式在前行，一些民营企业聚集在低附加值、高污染、高消耗、高投入的领域当中。民营企业的技术能力、民营企业的创新能力都是不足的。我国各类各私营企业的全国总量有六七千万户。它们在中国社会经济发展中作出了不可磨灭甚至不可替代的贡献，但是同时也留下了弊端与问题。今天提绿色发展一定程度上也是针对民营企业，是对民营企业以往增长方式、发展方式的一种反思，是对非公经济是一种重新约束，同时也是一种拓展。这也从

另一方面奠定了非公资本在绿色产业发展中的重要地位。

民营企业在绿色产业的发展中具有巨大市场份额与发展潜力，无论是绿色技术的创新、绿色产品的研发以及绿色消费、绿色投资等方面都占有绝对的比重。"十三五"规划可通过出台优惠扶持政策引领民营企业的绿色投资，开发绿色环保产品，为绿色发展提供技术研发和产品支撑等实现绿色产业的发展。

在绿色发展理念提出来后，民营企业一方面应按照环保法律法规的要求实行组织和经营，严格控制排放，做到低碳环保。另一方面，国家政府应给民营企业转型升级的时间和基础，不能盲目关停，引导非公经济投身环保绿色产业，多以"胡萝卜"诱导，少用"大棒"关停，进而让更多的民间资本践行绿色发展，这将成为"十三五"规划中一个很重要的亮点。

三、北京"美丽乡村"调研中体会体制改革对促进绿色产业发展的作用[①]

"十二五"期间，北京市政府提出既要积极稳妥推进农村城市化，更要大力推进农村现代化。按照"绿色、生态、人文、宜居"的思路和原则，一方面分类打造现代特色小城镇，另一方面推动建设新型农村社区，传承乡村文化与农业文明，建立富有田园特色和乡村风貌的新型农村社区，实现"美丽乡村"建设。我们的启发是：

1. 政民共同完善乡村公共服务体系，是实现农村绿色发展的基础

农村基层组织在农村生态治理现代化和实现农村绿色发展中起到了重要的作用。政民互助、搭台唱戏，不仅实现了农民的增收，同时通过政府的支持，完善了乡村的公共服务体系。下面介绍几个我们去过的调研点上的情况。北京密云县古北口村的基础组织行政干预少，公共服务多，主要进行基础设施的建设和维护，补贴

---

① 摘编自《北京农村地区绿色发展调研报告（2014 年）》。此为北京市委托的课题。课题组组长兼密云区调研组组长李晓西教授。延庆区调研组组长为张琦教授，顺义区调研组组长为赵峥博士。北京师范大学经济与资源管理研究院韩晶、邵晖、张江雪、林永生、刘一萌、宋涛、范丽娜、杨柳、王赫楠等老师参加了调研。在此，特别感谢北京市农村工作委员会对本次调研的支持。本调研报告执笔人为李晓西、荣婷婷等。

村电改造和道路拓宽等，真正成为村民发家致富的好帮手。延庆县玉皇庙村在县、镇各级领导的支持和帮助下，不仅硬化、绿化、美化了村里大小街道，还修建了休闲公园、大型的停车场、改建了进村门牌楼、安装了 100 盏火红的灯笼，很好地改善了村容村貌，突出了民俗村的气息。顺义区的北郎中村不断打造绿色宜居的乡村环境。一方面，是对农宅进行改建与翻建。通过村镇进行整治与建设，完成了村农宅的改建、翻建和农宅的抗震加固、节能改造等，实现了村民居住的舒适与安全。以节能和环保为导向，实行以优质燃煤替代、取暖煤改电、液化石油气下乡、天然气入户等工程，逐步引导村民使用电力、天然气、太阳能等清洁能源，减少燃煤消耗。另一方面，基础设施不断完善。启动污水改造工程，铺设污水管线，建设小型污水处理站，把污水处理设施建设纳入农村污水处理的规划中，建立健全农村生活垃圾收运体系，建设垃圾中转站，增设垃圾分类收集桶，提高农村生活垃圾无害化处理水平。

农村基础设施需要形成长效管理机制。我们发现，许多乡村都在发展民俗旅游业，但随着客流量增大，基础设施压力大，村里供水、供电、垃圾、道路、停车等各项基础设施均已不能满足需求。原因之一是只重视硬件设施的初期建设，对后期维护与管理缺乏长远规划与持续的资金投入安排。从中也可以看到，乡村公共建设要规划得体，分缓急且有阶段地推进，不能只单纯着眼一时。特别要指出，应出台相关规定，鼓励农村年轻人回家乡创业。

2. 盘活土地，是实现农村绿色发展的重要途径

土地流转问题一直都是影响农村发展的关键问题。现代农业发展的障碍在于如何整合土地资源，让农民心甘情愿地把自己承包的土地纳入统一的大规模生产经营中。课题组此次调研中，对密云县巨各庄蔡家洼村在盘活土地这方面情况有了认识。蔡家洼村 2005 年开始新农村建设，是北京市 13 家旧村改造试点村之一。村庄占地 2200 亩，在不占用农民耕地的同时，旧村改造充分整合建设用地、建设 400 亩的多层住宅楼 27 栋，节省出的 1800 亩村庄占地用于发展第二、第三产业。居住区配套服务设施一应俱全，教育、医疗服务事业发展完善。在三大产业区中，蔡家洼村创新机制，按照经济生态化、生产园区化、产品品牌化的思路，大力发展高效

生态农业、农产品加工业、休闲旅游业，形成三产融合的新型发展模式。蔡家洼村一方面通过土地流转，以流转合同的形式，将耕地、山场等从农民手中有偿流转到村里合作社，村民每年享受土地补偿款和股份分红，即土地股和户籍股的分红；另一方面通过资产经营，统一规划建设现代农业园区、农产品加工区、绿色商务旅游区，以第一产业促进第二、第三产业发展，以第二、第三产业带动第一产业，形成第一、第二、第三产业联动发展。

3. 政府部门在支持农村绿色发展上需要统筹协调

政府作为"美丽乡村"建设的积极推动者，应进一步整合力量，统筹协调，以实现发展与环境保护、生态建设的多重目标，推进农村的绿色发展。以密云县为例，我们看到，"美丽乡村"建设涉及众多的政府部门，包括农委、发改委、旅游委、农业局、农业服务中心、农业合作中心、水务局、市政市容委、环保局、园林绿化局和文物局等。其中农委和旅游委共同负责"美丽乡村"的各项推进工作，发改委负责生态建设如造林、小流域治理以及农村基础设施建设等工作，市政市容委负责农村垃圾处理、垃圾处理厂及中转站等建设，环保局负责污水处理及设施等建设，园林绿化局负责荒山造林、农村绿化以及首都绿色村庄创建等。各部门虽各有职责，这完全必要；但形成有效的联动机制，也显然是非常重要的。

此外，还要统筹城乡关系，以调动资源支持农村绿色发展。根据调研，各地区有不同的区位条件和资源禀赋特点，发展特色产业，推进村域经济产业化，促进"美丽乡村"和产业培育关系的协调非常重要。具体来看，一方面应以持续发展为原则，以各类资源为基础，以市场需求为导向，充分考虑不同村落资源与生态环境的承载能力，协调城乡关系，充分调动资源鼓励和支持村落发展精品农业、加工农业、观光农业、休闲农业等现代都市型农业。另一方面应加快促进村域第二、第三产业发展，鼓励和支持村落大力发展农产品加工、保鲜和储运，扶植市场潜力大、品牌知名度高的农产品加工项目，建成分布合理、结构优化、高效低耗的现代物流体系，发展劳动密集、资源节约、适合本地区特点的绿色工业，同时积极培育商业、文化、休闲、娱乐、养老服务业，逐步提高村落产业的综合生产能力和经济效益。

总之，"美丽乡村"建设本身就是探索实现农村绿色发展的重要途径。解决"美丽乡村"建设中存在的问题就是寻求实现农村绿色发展的措施与对策。

专　　栏

远大科技集团环保简史①

远大科技集团创立于 1988 年，总部设于中国长沙，下设天津分部和美国分部，2015 年集团员工总数达 4000 人。集团主营中央空调、空气净化产品、节能服务、可持续建筑四大板块，产品覆盖 80 多个国家。

1992 年发明中国第一台不用氟利昂的直燃式非电中央空调。

1997 年发明全球第一台非电空调板式热交换器，产品节能水平提升 40%。

1998 年发布《远大宣言》，提出"反对低效率使用能源，制止材料浪费，延长产品寿命"。

1999 年发明全球第一台以涡轮发电机尾气为能源的非电空调。

2003 年发布《远大价值观》，"把环保看得比赢利更重要"；为联合国环境署翻译出版 25 万本环境专辑《青年交流》。

2004 年发明全球第一台一体化输配系统，实现空调水、冷却水运行节能 70% ~ 85%。

2006 年全球第一家在空调控制屏上显示能耗；翻译出版美国著名人类生态学家 G. Tyler Miller 的巨著《人与环境》(*Living in the Environment*)，此书 2004 年出版后已连续再版 13 次。

2008 年对远大城建筑实行 15 厘米外墙保温、3 层玻璃窗、窗外遮阳、新风热回收等隔热改造，为全国首个全面实行建筑节能改造的社区。

2009 年发明全球第一台微型空气检测仪；发明全球第一幢工厂化可持续建筑，实现节能 80%，节省混凝土 90%，减少建筑垃圾 99%。

---

① 此为 2016 年 11 月远大科技集团总经理办公室向 UNEP – UNIDO 绿色产业平台中国办公室提供的材料。

2010 年为上海世博会 250 个场馆提供中央空调、净化产品及运营服务，减排二氧化碳 7.3 万吨，相当于种 400 万棵树；为联合国坎昆气候大会建造可持续建筑展示楼；发明全球首台洁净新风机，节省通风能耗 80%，过滤 99.9% 的 PM2.5。

2011 年远大总裁张跃先生因节能贡献荣获联合国"地球卫士"奖。

2012 年联合国"里约 + 20"大会上，秘书长将"远大"作为唯一产品节能案例。

2013 年可持续建筑荣获世界高层建筑学会年度创新奖。

2014 年远大总裁张跃先生入选《财富》全球环保创新榜。

2015 年为实现 2050 年零排放，远大集团作出 4 项减排承诺。

2016 年倡导"保护我们的地球"运动（Protect Our Planet Movement）；全球总部落户远大城。

第二节
传统工业绿色化

制造业、农业、能源是传统实体产业中对环境影响较大的重点产业，也是绿色化任务最急迫、绿色发展空间潜力最大的产业部门。本节重点讨论制造业的绿色化。这是传统工业中的重中之重。对于传统制造业绿色改革路径，其本质是激活传统产业的绿色产品需求，实现清洁高效生产。国家在"十三五"时期对传统制造业改造方面提了五个方面的要求，第一是生产过程精细化改造，包括重点流域、重点区域清洁生产等方面，这将起到很大的带动效果。第二是能源利用朝高效低碳化发展。以煤为主的结构无法改变，但可实现煤炭清洁的利用。第三是水资源利用。第四是企业的循环生产，包括园区的循环改造。第五是基础制造工艺。

一、清洁生产，发展绿色工业

1. 发展绿色工业的必要性

绿色工业是指积极采用清洁生产技术，采用无害或低害的新工艺、新技术，大力降低原材料和能源消耗，实现少投入、高产出、低污染，尽可能把对环境污染物的排放消除在生产过程之中的工业。绿色工业要求高效利用材料、能源和水，减少废物产生和排放，对化学制品、可再生原材料进行安全可靠的管理，逐步淘汰毒性物质，以可再生能源替代化石燃料，对产品和过程进行绿色再设计，创建可提供环保产品和服务的新兴工业。

工业产出的 GDP 在全球 GDP 总量中占 31%，服务业占 63%，农业占 6%。从全球视野看，制造业活动是全球经济发展的引擎，工业（制造业）对于消除贫穷和创造就业机会至关重要，在发展中国家这一点尤其明显。但是，制造业为主体的工业部门使用的能量，占世界总供给能量的 1/3。尤其是因为沿用过时、低效的技术方法，许多行业使用的材料和能源超过生产工艺实际需求量。受人口增长和富裕水平的驱动，不可持续性的生产和消费模式正挑战着全球资源和污染排放承载力的极限。制造业承担了全球近 1/3 的二氧化碳排放、20% 的用水量和大部分的原材料使用。每年在全球范围内会产生超过 400 万吨废弃物，而其中只有 1/4 被回收或再利用。工业带来气候变化、生物多样性锐减、土地退化和荒漠化、大气污染、地表水和地下水污染、化学污染等一系列严重后果。因此，当前的工业生产模式是不可持续的，这是一种贪当世之功、断后世之路的工业发展模式。传统工业的绿色化已变得异常重要和紧迫。发展绿色工业是发展绿色经济的关键。[①] 1996 年，美国制造工程师学会（SME）最早提出绿色制造（Green Manufacturing）的概念，指在工业发展的过程中要讲求环保，将工业的发展建立在可持续的基础上，讲求低排放、低消耗，注意环境保护和生态平衡；也指从环保活动中获得经济效益，通过这些环保活动本身创造经济效益，作为经济增长的一个来源。

[①] 摘编自联合国工发组织环境司汉斯司长 2015 年在北京师范大学举办的第二届 UNIDO 绿色产业培训班上的讲演。

我国工业取得了举世瞩目的成绩，但粗放式快速发展给生态环境造成的影响也触目惊心。作为我国国民经济重要支柱产业的钢铁、有色、石化、化工、建材、造纸等六大行业，2012年能耗占工业总能耗的64.5%，其污染物排放总量在工业污染排放总量中同样占较高比例。因此，这六大行业应成为我国工业节能减排的重点，以及未来绿色转型发展最重要的领域。工业装备运行效率低、效果差，重化工业大量初级产品的出口，大大加重了国内资源、能源和环境的负担；在体制方面也存在障碍，现有考核机制、制度体系、激励机制等尚不能适应绿色化转型的发展。科技支撑不足，工业污染进一步治理难度增大，绿色发展的工程科技尚不能满足工业发展需求。雾霾围城，水源和土壤被污染……生态环境的恶化影响了大众健康。工业企业需调整产品结构、管理结构、装备结构、资本拥有率，需要优质产品制造功能、能源高效转换功能、废弃物处理—消纳及再资源化功能。科学家提出，工业绿色发展与工程科技创新要结合，要推动五大引领性重大工程，包括：节能环保系统集成优化工程，绿色工艺改造及产品创新工程，绿色产业生态链接工程，信息化、智能化提升改造工程和工业装备优化提升工程。特别是，应打造工业生态链：在工业系统中，物质流和能量流沿不同节点组成的流程网络，逐级流动，原料、能源、废物和各个环节要素之间和不同类型企业之间形成立体环流结构，资源和能源在其中反复循环利用，即在经济、环保合理的条件下获得最大限度的利用。[1] 以前相关部门及政策提出的"绿色产品、绿色工厂、绿色供应链、绿色园区"等，似有必要纳入绿色工业系统。

在分析经济增长绿化度时，根据数值来源的权威性和持续可得性，我们对工业即第二产业指标用了6个三级指标来衡量：第二产业劳动生产率、单位工业增加值水耗、规模以上工业增加值能耗、工业固体废物综合利用率、工业用水重复利用率、六大高载能行业产值占工业总产值比重。[2] 现在，这6个指标对我们判断绿色工业程度仍然是重要的。

---

① 张楠：《工业绿色化：产业升级的重要切入口》，《中国科学报》，2015年7月14日。
② 李晓西等：《中国绿色发展指数报告》（2010—2016），北京师范大学出版社（2014年为科学出版社），2010—2016年版。

2. "立体园林"——绿色建筑的典范①

绿色建筑早已深入人心,我国2006年就出台了《绿色建筑评价标准》。建筑能耗在全社会总能耗中比重很高,在30%以上;而传统建筑排放的碳几乎占碳排放总量的40%以上。数据显示,2015年当年,获得绿色建筑标识的建筑面积占城镇竣工总面积的比例不到5%。获得绿色运行标识的建筑面积,只占绿色建筑总面积的5%左右。如何在城市里把绿色建筑真正推动起来?国务院参事、住房和城乡建设部原副部长仇保兴提出了建设"立体园林",一步步构建形成"山水城市"的构想。仇先生认为,"立体园林"是通过低能耗建筑技术和可再生能源多角度利用等新技术,把园林与现代城市的多层建筑相结合,形成的一种未来城市的新生物圈。通俗而言,就是把园林跟高楼大厦融为一体。在寸土寸金的城市,很难为园林建设安排出大的空地。但可以通过建设"立体园林",让城市五彩缤纷和康健起来。

"立体园林"体现着绿色建筑理念,实现了节地、节水、节电、节能。"立体园林"不仅可以节约大量的土地,还可以通过绿色植被有效过滤PM2.5,改善空气质量。由于"立体园林"把职业、工作、休息、娱乐相对集中,还有助于缓解城市堵车问题。"立体园林"可以通过由分布式能源、微电网、电动车储能组成的微能源系统,风能、太阳能、城市有机物发电等与建筑实现一体化;它还容易实现水资源的循环利用,从雨水收集、中水利用到栽苗养鱼,真正做到水的重复利用,形成建筑上的小型生态系统。"立体园林"可以用太阳能转换的LED,加快生物成长周期,单位面积产出可以比大田种植高出很多倍,而且绿色、健康。"立体园林"的小生态系统跟外部的大生态是相关联的,但小生态有相对主动性。外部空气污染,可用窗子分隔;外部天蓝气时爽,可接入大生态。该保温就保温,该通风就通风,"立体园林"用的是可以闭合和开启的新型窗结构,最大限度地与大自然沟通。

中国的园林已有3000多年的历史,是世界园林艺术起源最早的国家之一。"立体园林"是对中国园林艺术文化的传承弘扬,"天人合一"是中国文化也是"立体

---

① 这里主要引自杨中旭:《如何推动全生命周期节能减排——专访国务院参事仇保兴》,《财经》,2017年3月23日。

园林"的精髓。一个城市有千百万个建筑细胞，众多各具不同建筑特色、风格与功能的"立体园林"，就造就了景观万千的"立体城市"。

城市跟山水以及周边的环境互补、和谐，即为"山水城市"，这是著名科学家钱学森1993年就提出的构想。科学家面对信息技术革命，预想到城市组织结构的变化。每个中国人都有田园梦，这也是中国梦的一部分。这个梦想在城市里，用现代的建筑技术和园林艺术相融合，有望成真。中国每年有20亿平方米新建筑，越来越多融入生态文明的智慧，"山水城市"就一步步开始实现了。

3. 从山西晋城调研看资源城市发展绿色工业之路[①]

晋城市位于山西省东南部，全市总面积9490平方公里，总人口227万。晋城素有"煤铁之乡"的美誉，是全国储量最大的优质无烟煤和煤层气生产基地。尽管作为传统的能源型城市，以黑色的煤炭为主导产业，但晋城却被誉为"看不见煤的煤都"。近年来相继被评为"国家园林城市""全国绿化模范城市""山西省环保模范城市"。2012年更是被联合国环境规划署评为"国际花园城市"，被国家确定为"全国低碳试点城市"。

晋城发展绿色工业的经验：一是国家级开发区引领产业绿色转型。晋城实现了从粗放落后方式逐渐向绿色发展方式转变，从资源依赖型向创新驱动型转变。开发区成功引进来自美国、英国、日本、南非、萨摩亚以及中国台湾、香港的10多家企业投资落户；另外积极吸引本地实力企业入区投资，兰花集团、晋煤集团、皇城相府集团等骨干企业的一批重大转型项目在开发区落户，江淮重工、汉通机械等一批装备制造项目在开发区建成。仅富士康晋城园区产值就达85亿元，就业人数达3.6万人，富士康晋城科技工业园现已建成全球最大的光通信连接器、光学镜头模组、精密刀具生产基地。在不断开拓的招商引资带动下，目前开发区已形成以光电通信、装备制造为主导，以丝麻服装、生物医药、新能源、新材料等为重点的产业发展格局，产业的绿色转型功效显著。2013年，开发区高新技术企业占晋城全市

[①] 可参见李晓西等主编的《中国绿色发展指数报告2013》第四编专题三"资源城市绿色发展转型之路——山西晋城调研报告"，调研组组长为林卫斌，成员有王诺、郑艳婷、张江雪。见李晓西等：《中国绿色发展指数报告2013》，北京师范大学出版社，2013年版。

的一半。二是基础设施建设助推产业转型。10年间，开发区内从昔日的两条"断头路"到今天四通八达的道路交通网络，改变很大，开发区建成区已实现了高标准的"七通一平"。新区开发全面启动，金鼎路建成通车，金匠街完成规划。10年来，开发区累计投入基础设施建设资金近20亿元。针对入区企业投资需求，在基础设施配备、厂房建设、员工宿舍修建以及劳动力供应等方面，开发区政府进行了不懈努力，为企业减轻了负担、扫平了障碍，大大提高了企业建厂投产的积极性，为当地产业转型升级发挥了重要作用。

专　栏

工信部《工业绿色发展规划（2016—2020年)》中的10项任务①

这是工信部在2016年6月30日印发的一份文件，旨在贯彻落实《中华人民共和国国民经济和社会发展第十三个五年规划纲要》和《中国制造2025》。主要讲了四大方面：面临的形势；总体要求；主要任务；保障措施。

其10项主要任务如下：

（1）大力推进能效提升，加快实现节约发展。以供给侧结构性改革为导向，推进结构节能。以先进适用技术装备应用为手段，强化技术节能。以能源管理体系建设为核心，提升管理节能。

（2）扎实推进清洁生产，大幅减少污染排放。减少有毒有害原料使用。推进清洁生产技术改造。加强节水减污。推广绿色基础制造工艺。

（3）加强资源综合利用，持续推动循环发展。大力推进工业固体废物综合利用。加快推动再生资源高效利用及产业规范发展。积极发展再制造。全面推行循环生产方式。在资源高效循环利用工程中，一是开展大宗工业固体废物综合利用行动。到2020年，大宗工业固体废物综合利用量达到21亿吨，磷石膏利用率40%，粉煤灰利用率75%。二是开展再生资源综合利用行动。到2020年，主要再生资源利用率达到

---

① 根据工信部《工业绿色发展规划（2016—2020年)》摘要编写，引自网页：http：//www.miit.gov.cn/n1146295/n1652858/n1652930/n3757016/c5143553/content.html.

75%。三是区域资源综合利用行动。在京津冀及周边、长江经济带、珠三角地区、东北等老工业基地，建立 10 个冶炼渣与矿业废弃物、煤电废弃物、报废机电设备等协同利用示范基地。四是再制造示范推广。到 2020 年，再制造产业规模达到 2000 亿元。

（4）削减温室气体排放，积极促进低碳转型。推进重点行业低碳转型。控制工业过程温室气体排放。开展工业低碳发展试点示范。工业低碳发展工程，包括绿色能源推广行动，控制工业过程温室气体排放计划，工业低碳发展试点示范行动。

（5）提升科技支撑能力，促进绿色创新发展。加快传统产业绿色化改造关键技术研发。支持绿色制造产业核心技术研发。鼓励支撑工业绿色发展的共性技术研发。

（6）加快构建绿色制造体系，发展壮大绿色制造产业。开发绿色产品。创建绿色工厂。发展绿色工业园区。建立绿色供应链。支持企业实施绿色战略、绿色标准、绿色管理和绿色生产，开展绿色企业文化建设，提升品牌绿色竞争力。

（7）充分发挥区域比较优势，推进工业绿色协调发展。紧扣主体功能定位，进一步调整和优化工业布局。落实重大发展战略，推动绿色制造示范和产业升级。推进区域工业绿色转型，实施区域绿色制造试点示范。

（8）实施"绿色制造＋互联网"，提升工业绿色智能水平。推动能源管理智慧化。促进生产方式绿色精益化。创新资源回收利用方式。

（9）着力强化标准引领约束，提高绿色发展基础能力。健全标准体系。建立评价机制。夯实数据基础。强化创新服务。

（10）积极开展国际交流合作，促进工业绿色开放发展。推进绿色国际经济合作。强化绿色科技国际合作。完善对外交流合作长效机制。

二、废物利用，发展循环经济[①]

20 世纪 80 年代末，英国环境经济学家皮尔斯在《自然资源和环境经济学》一

———————

① 主要摘自联合国工业发展组织原驻北京办事处总代表 Edward Clarence Smith 先生 2015 年在北京师范大学举办的第二届 UNIDO 绿色产业培训班上的讲演。部分内容参考了百度百科对循环经济的解释。

书中首次使用"循环经济"一词，提出循环经济的目的是建立可持续发展的资源管理原则，使经济系统成为生态系统的组成部分。[①] 资源与环境问题是人类面临的共同挑战，推动绿色增长是全球主要经济体的共同选择，推进绿色发展是提升国际竞争力的必然途径。

1. 循环经济反映人类对资源利用方式的提升

循环经济是在物质的循环、再生、利用的基础上发展经济，是一种建立在资源回收和循环再利用基础上的经济发展模式。它以资源的高效利用和循环利用为核心，以减量化、无害化、资源化为原则。这是对大量生产、大量消费、大量废弃的传统增长模式的根本变革。

这里仅举一例，看废物利用的价值。到 2030 年，发展中国家每年将会有 4 亿～7 亿部废弃的个人电脑，发达国家则为 2 亿～3 亿部。从 100 万部手机中，我们可以回收：24 千克黄金，250 千克银，至少 9000 千克铜。[②] 但必须建立起电子废弃物回收系统，掌握相关技术。若不移除电路板，分解电脑则无法带来更好的收益。

为实现废物再生再利用，我们就需要建立废物管理框架。这个管理框架主要程序就是先预防，再利用，后进行其他处理，最后是实行处置。预防就是要减少废物产生，提高资源利用效率，延长产品寿命；再利用是要修护和翻新部分或全部产品，变废物为新的原材料，通过焚烧产生热量和电能以回收能量；处置就是把不能进行能量回收的焚烧、填埋或生物分解。传统的废物管理框架概念主要用于固体废弃物。但在循环经济中，也适用于水污染和大气污染的再处理。比如水的循环：提高水资源利用率，防止污染物进入水体，清洁水再利用，废水处理后排放到河流等。比如大气：提高热效率，防止污染物进入大气，用热气流加热实现能量回收，废气处理后排放到大气中。

内部循环经济是指一个工厂利用相同工业区或工业园区的（或者至少是附近的）固体废弃物、废水和废物能量流作为原料进行再利用和再循环。外部循环经济

---

① 转引自付允、林翎：《循环经济标准化理论、方法和实践》，中国标准出版社，2015 年版，第 1 页。

② 资料来源：Facts and Figures on E - Waste and recycle，引自网页：www.electronicstakeback.com。

是指一个工厂利用地区内、国内甚至是全球范围内的固体废弃物，作为原材料进行再利用和再循环。这里不包括废水、废气和废物能量流了，因为它们只能进行短距离的再利用。

同样，发展循环经济也需要管理体制的建设与完善。政府必须实施必要的法律，如建立废渣、废水、废气的质量标准，建立相应的执法机制（监察、审计等）与程序，建设相应监管基础设施，从关税、补贴等政策上对循环经济执行者予以支持，对于污染者有严厉的罚款，保护知识产权等。

2. 中国循环经济的进展[①]

2005年，国务院印发了《国务院关于加快发展循环经济的若干意见》，提出我国推动循环经济发展的指导思想、基本原则、主要目标、重点任务和政策措施，这是我国循环经济发展史上第一个纲领性文件。党的十八大将发展循环经济的地位和作用提到新的战略高度，把资源循环利用体系初步建立作为2020年全面建成小康社会目标之一，要求经济发展方式转变更多依靠节约资源和循环经济推动，要求着力推进绿色发展、循环发展、低碳发展，加快建设生态文明。2008年第十一届全国人大常委会第四次会议审议通过了《中华人民共和国循环经济促进法》，明确了发展循环经济是国家经济社会发展的一项重大战略，确立了循环经济减量化、再利用、资源化，减量化优先的原则，并作出一系列的制度安排。2009年，国务院发布了《废弃电器电子产品回收处理管理条例》。2012年国务院印发了《循环经济发展战略及近期行动计划》，这是我国循环经济领域第一个国家级的专项规划。2014年和2015年国家发改委会同有关部门先后印发了循环经济年度推进计划，2015年工信部印发了《京津冀及周边地区工业资源综合利用产业协同发展行动计划（2015—2017年）》。

国家设立了循环经济发展专项资金，累计安排136亿元，用于支持园区循环化改造、城市矿产示范基地、餐厨废弃物资源化利用等循环经济重点项目；2005—2014年这10年间，中央预算内固定资产投资共安排426亿元资金，用于支持循环

---

① 摘编自2015北京中国循环经济发展论坛上中国循环经济协会会长赵家荣的主旨发言，各新闻媒体均有报道。

经济和资源节约项目。国家对资源综合利用产品和劳务实行减免增值税和企业所得税优惠，并将循环经济列入绿色信贷、绿色证券、绿色债券、绿色保险的支持范围。

现在，资源循环利用产业体系基本形成。一是工业资源综合利用产业，重点是矿产资源综合利用、工业固体废物综合利用、热能及废气回收利用。二是农林废弃物资源化利用产业，重点是农作物秸秆综合利用、农田残膜和灌溉器材回收利用、畜禽粪污资源化利用、林业"三剩物"综合利用、农林牧渔加工副产物资源化利用。三是资源再生利用与再制造产业，重点是废金属、废弃电器电子产品、报废汽车、废电池、废塑料、废橡胶、废轮胎等再生利用以及汽车零部件、机电产品等再制造产业。四是垃圾资源化产业，重点是生活垃圾、建筑垃圾、餐厨垃圾资源化利用产业。五是水循环利用产业，重点是污水再生利用、海水淡化、苦咸水利用产业。这五大产业构成了资源循环利用产业体系的主体，技术、装备、管理水平不断提升，服务能力明显增强，产业规模不断扩大。

根据有关行业协会统计，2014年，我国资源循环利用产业产值达1.5万亿元，从业人员2000万人，回收和循环利用各种废弃物和再生资源近2.5亿吨，与利用原生资源相比，节能近2亿吨标准煤，减少废水排放90亿吨，减少固体废物排放11.5亿吨。2005—2014年，我国累计利用工业固体废弃物20.4亿吨，废钢7.9亿吨，再生铜、再生铝、再生铅、再生锌4种再生有色金属8085万吨，废塑料1.88亿吨，废纸6.03亿吨。

3. 从四川两地三家公司看循环经济的实施[①]

四川泸天化股份有限公司始建于1959年11月，是中华人民共和国成立后首个成套引进西方技术生产尿素的大型化肥企业。当前，它是中国目前最大的合成氨、

---

① 2015年8月22~26日，在四川西华大学边慧敏书记的指导下，本书作者带领西南财经大学和北京师范大学的晏凌、王玉荣和岳鸿飞等老师，赴泸州进行了传统产业绿色化的调研，得到泸州市领导的支持与帮助。这里摘编了调研报告涉及的两个企业的部分内容。2016年9月12日，在四川省政府和成都市领导的支持与安排下，我陪同联合国工发组织李勇总干事一行，去成都市节能环保产业基地金堂县考察了三家企业。李总干事评价四川长虹格润再生资源有限责任公司是他见到废物处理最好的公司之一。

尿素、油脂化工系列产品的生产企业之一，至今已形成年产130万吨合成氨、210万吨尿素的生产能力；累计实现销售收入6000亿元，工业总产值超500亿元。然而，作为泸州工业支柱产业的传统化工、机械和能源产业，实为典型的高污染、高耗能、高排放产业，在强调建设生态文明的今天，面临不可持续发展的尴尬境地。2013年12月，在全国界定的全国262个资源型城市中，泸州被划为枯竭衰退型。

面对新形势，泸天化人没有气馁，而是依靠化学废弃物管理与循环利用进行企业绿色转型。公司严格遵守国家有关环保方面的有关规定，实现生产过程中的超低排放。公司购入污水自动处理全套设施，依照生产过程中的不同污水的性质与类型，分类处理。另外，公司坚持生产循环化的发展思路，通过生物与化学技术对工厂废水、生活污水、生活垃圾、淤泥、秸秆等进行综合处理，变废为宝，用于发电制作新型肥料等。厂区废水和污水经机械格栅处理去除废水中的大部分杂质，经调节池调节水质、水量、水温后，废水进入SBR生化池进行生化处理。在生化池出来的污泥进入污泥池后经污泥浓缩一体化设备处理成泥饼，再外运做花木肥料或别用。新型肥料、新材料、环保已成为泸天化未来产业实现绿色转型的三大重点战略方向。

四川长江工程起重机有限责任公司已有近50年的历史，是中国著名的汽车起重机企业。其下属的国机重工企业，针对资源短缺和废物过剩难题，运用循环经济理念，建立了城市固体废物综合利用区、工业固体废物再生区和配套设施区。城市固体废物综合利用区包含生活垃圾焚烧发电厂、餐厨垃圾处理厂、污泥处理厂和危险废物处理厂。工业固体废物再生区包含废汽车再生厂、废金属再生厂、废家电再生厂和废橡塑再生厂。配套设施包括填埋处理厂、污水处理厂、化验中心等。通过固体废物的再循环和资源化利用，从根本上缓解日益尖锐的资源约束矛盾和突出的环境压力，充分发挥各项目间工艺互补和集中处置的规模优势，降低项目投资费用，减少项目运行成本，最大限度地实现废物资源化利用，促进经济的可持续发展。

总之，以环保工程激活化工、机械等传统产业，成为推动泸州工业经济转型升级，实现绿色可持续发展的不二之选。环保循环利用的关键，在于理念的转变，在于核心技术的创新与可用原材料的供应。

四川金堂县是成都市节能环保产业基地。"十二五"期间，引进了中国节能环保集团等多家大企业，节能环保项目达 106 个，投资总额 440 亿元。2015 年底，金堂县节能环保产业产值上亿元的企业有 29 户。

四川长虹格润再生资源有限责任公司成立于 2010 年 6 月，是一家专业从事再生资源的节能环保企业，是四川长虹电器股份公司旗下的全资子公司。公司主营废弃资源的综合利用、固体废物的回收处理、再生物资的回收。被环保部、工信部认定为"全国废弃电器电子产品处理企业"。先期主要处置电视、空调、冰箱、洗衣机和电脑五大类废旧电子电器产品，随后向汽车、手机等其他产品的拆解处理发展。稀贵金属如金、银、钯等，年提炼 300 吨，处置纯度达到 99.5%；废旧锂电池处理再利用年产能可达 300 吨。企业核心竞争力是废旧家电的绿色回收和利用、家用电器的绿色再制造、环保型高分子材料的再利用技术的开发。2015 年公司实现产值 3 亿元，当时预计 2016 年可达 3.5 亿元。目前，公司正在进行废旧等离子屏及液晶屏处理生产线项目和废旧手机拆解再利用项目建设，预计 2017 年竣工投产。

三、节能减排，发展低碳经济

随着全球人口数量的上升和经济规模的不断增长，化石能源等常规能源的使用造成的环境问题及后果不断地为人们所认识，随着废气污染、光化学烟雾、水污染和酸雨等的危害，以及大气中二氧化碳浓度升高将带来的全球气候变化，已被确认为人类破坏自然环境、不健康的生产生活方式和常规能源的利用所带来的严重后果。2006 年，前世界银行首席经济学家尼古拉斯·斯特恩（Nicholas Stern）牵头作出的《斯特恩报告》指出，气候变化对全球有严重威胁。由于人类活动产生的二氧化碳、甲烷等气体排放，全球气候已变暖，若不采取措施，全球平均温度 50 年后上升速度将超过 2 摄氏度，世界地理将发生灾难性变化。融化的冰川形成洪水将影响 1/6 的世界人口，海水平面上升将吞没一大批沿海城市。若全球每年投入 GDP

的 1%，可以避免将来每年的 GDP 损失 5%～20%，因此全球应向低碳经济转型。①
有专家指出，"低碳经济是在生产过程和消费过程中以降低二氧化碳排放为特征的
经济运行模式"②。在全球气候变暖的背景下，以低能耗、低污染、低排放为基础
的低碳经济已成为全球热点。

1. 低碳经济反映人类对保护大气为核心的生存环境的认同③

目前被广泛引用的低碳经济定义是英国环境专家鲁宾斯德的阐述：低碳经济是
一种正在兴起的经济模式，其核心是在市场机制的基础上，通过制度框架和政策措
施的制定和创新，推动提高能效技术、节约能源技术、可再生能源技术和温室气体
减排技术的开发和运用，促进整个社会经济朝高能效、低能耗和低碳排放的模式转
型。低碳经济的本质是提高能源效率和清洁能源结构问题，核心是通过能源技术创
新和政策创新，兼顾经济发展和全球气候问题，实现经济和社会的清洁发展与可持
续发展。

工业、交通与能源，在实现低碳化方面具有重要意义。《斯特恩报告》披露，
从 2000 年全球数据看，这三项合计占碳排放总量的 54% 以上。《斯特恩报告》还
显示，到 2050 年，世界能源产业中的碳含量将降低 60%～75%，以将温室气体排
放稳定在 550ppm 二氧化碳当量的水平或之下，届时低碳能源产品的年产值可能达
到 5000 亿美元以上④。

低碳经济发展的趋势。低碳经济将推进世界实体经济结构转型。从产业结构
看，低碳农业将降低对化石能源的依赖，走有机、生态和高效的新路；低碳工业将
减少对能源的消耗，高碳产业如以化石能源为原料的工业，高耗能的有色金属冶炼
等产业的发展将相应地受到抑制；新兴可再生能源产业、低耗能产业及能源节约产

---

① 《斯特恩报告》（*Stern Review Report*），引自网页：http：//www. hm－treasury. gov. uk/stern_re-
view_report. htm.

② 这一概括摘自 2013 年 5 月 9 日在北京师范大学举办的中国绿色发展论坛上清华大学气候政策
中心齐晔教授的发言。

③ 此处参用了韩晶所写"低碳经济"词条，引自：李晓西主编：《资源和环境经济学》，经济科
学出版社，2016 年版。

④ 英国财政部：《斯特恩报告》（*Stern Review Report*），引自网页：http：//www. hm－treasury.
gov. uk/stern_review_report. htm.

业等将得到更大发展。从社会生活看，低碳城市建设将更受重视，燃气普及率、城市绿化率和废弃物处理率将得以提高；在家居与建筑方面，节能家电、保温住宅和住宅区能源管理系统的研发将受重视，并向公众提供碳排放信息；在交通运输方面，将更加注重发展公共交通、轻轨交通，提高公交出行比率，严格规定私人汽车碳排放标准；而企业减排的社会责任也将受到更多关注。

在全球气候变暖的背景下，欧美发达国家和地区大力推进以高能效、低排放为核心的低碳革命。着力发展低碳技术，并对产业、能源、技术、贸易等政策进行重大调整，以抢占先机和产业制高点。英国作为工业革命的发源地和现有的高碳经济模式的开创者，深刻认识到自己在气候变化过程中应该负有的历史责任，所以率先在世界上高举发展低碳经济的旗帜，成为发展低碳经济最为积极的倡导者和实践者。2003 年出版的英国能源白皮书《我们能源的未来：创建低碳经济》是最早出现"低碳经济"一词的政府文件。

2. 探索符合国情的绿色低碳之路

2005—2015 年，中国通过 10 年的努力，走出了一条符合国情的经济增长与碳排放相脱离的绿色、低碳发展道路。"十一五"和"十二五"期间，中国单位 GDP 的能耗分别下降了 19.1% 和 18.2%。若"十三五"期间在这个基础之上降比再提高 15%，预计到 2030 年将比 2005 年降低 60% 左右。截至 2014 年，中国城镇累计建成节能建筑面积 105 亿平方米，约占城镇民用建筑面积的 38%，新能源汽车的产量在 2011—2015 年之间增加了 45 倍，现在中国新能源汽车在国际上总量很大。2005—2015 年，累计节能 15.7 亿吨标准煤，相当于减少二氧化碳排放 36 亿吨。按此下降速度，2020 年将达到并超过中国对外承诺的累计下降 40% ~ 45% 的目标。到 2020 年，我国单位 GDP 的碳排放比 2005 年下降 40% ~ 45%，作为约束性指标纳入国民经济和社会发展中长期规划，并制定相应的国内统计、监测、考核办法。据摩根士丹利预测，中国潜在的节能市场规模达 8000 亿元。我国争取在 2030 年达到排放峰值。世界银行公布的数据称，中国近 20 年的累计节能量占了全球的 52%。这就要求，非化石能源的利用继续快速发展，可再生能源也同样加快发展。2015 年与 2005 年相比，中国水电装机容量增加了 1.7 倍，风电装机容量增加了 100.8

倍，太阳能发电的装机容量增加了 615 倍，生物质能发电装机增加了 33.8 倍，核电装机增加了 2.9 倍。按照规划，到 2020 年，中国的水电装机再增加 310 万千瓦。与此同时，不断扩大的森林面积也增加了中国的林业碳汇。2005—2015 年，中国的森林覆盖率由 18.2% 增加到 21.6%，森林蓄积量增加了 28 亿立方米。这些数据说明了中国经济发展的轨迹是逐步实现低碳化，碳排放与 GDP 的增长逐步脱钩。[1] 国家发展改革委公布了 2014 年万家企业节能目标责任考核结果。据统计，2011—2014 年，万家企业累计实现节能量 3.09 亿吨标准煤，完成"十二五"万家企业节能量目标的 121.13%。[2] 有些企业在这方面取得很大进展，其经验与技术值得推广。[3]

当然，我们要看到，工业化、城市化、现代化加快推进的中国，正处在能源需求快速增长阶段，中国资源条件使低碳能源资源的选择有限，传统高耗能工业降低排放需要工业生产技术提高与资金支持，走绿色低碳之路将任重道远，需要付出艰辛的努力。

3. 火电厂减排对实现绿色低碳经济有重要意义[4]

当前我国环境承载能力已达到或接近上限，环境污染防治迫在眉睫。煤炭燃烧是最主要的环境污染物排放来源，作为燃煤大户的火电厂的节能减排是我国绿色发展的重中之重。2014 年 11 月，我院课题组实地考察了浙江省能源公司，调研了超低排放燃煤机组的技术路线、运行情况及其经济性，对火电厂减排有了新的认识。

目前中国的环境污染治理问题已迫在眉睫。在大量的环境污染物排放中，煤炭燃烧是最主要的污染源。其中，85% 的二氧化硫、67% 的氮氧化物、70% 的烟尘以

---

① 引自中国气候变化事务特别代表、国家发展和改革委员会原副主任解振华的文章《探索符合国情的绿色低碳之路》。解振华：《探索符合国情的绿色低碳之路》，《中国经济时报》，2016 年 6 月 15 日。
② 《"十二五"万家企业节能目标超额完成》，《中国能源报》，2016 年 1 月 18 日，第 19 版。
③ 据东方财富网报道，在 2015 年，中国神雾集团作为节能环保企业代表参加了巴黎气候大会，向世界展示了中国节能减排的技术。
④ 根据林卫斌、谢丽娜、尹金锐、罗时超的《"超低排放"燃煤发电机组实地调研报告》摘编，原报告载于北京师范大学经济与资源管理研究院李晓西等主编的《2015 中国绿色发展指数报告——区域比较》一书。李晓西等：《2015 中国绿色发展指数报告——区域比较》，北京师范大学出版社，2015 年版。

及 80% 的二氧化碳的排放来自煤炭燃烧。在中国，煤炭使用总量的 50% 左右是用于燃煤发电。截至 2013 年底，中国累计发电装机容量 12.58 亿千瓦，其中，火电装机容量 8.7 亿千瓦，占总装机容量的比重接近 70%。而在火电中，燃煤发电占据绝对的主导地位，2012 年中国燃煤发电占火电装机容量比重高达 92%，而英美等发达国家的煤电比重则在 40% 左右。以燃煤为主的火电结构在为中国经济发展提供充足电力的同时也燃烧了大量的煤炭，并导致了严重的环境污染。由此可见，火电厂的减排是治理大气污染和实现绿色发展的重中之重。

中国政府十分重视火电厂减排工作。从 2014 年 7 月 1 日起，我国 2012 年之前建成的火电厂开始执行新版大气污染物排放标准。这份被称为"有史以来最严的火电厂排放标准"，与欧盟、日本、加拿大、澳大利亚等发达经济体的现行标准不相上下。按照这一标准，新建燃煤电厂烟尘、二氧化硫和氮氧化物的排放标准分别为 30 毫克/米^3、100 毫克/米^3 和 100 毫克/米^3。在一些企业看来，这种排放标准在实践中难以实现。

浙能集团则在国内创造性地提出了燃煤机组烟气主要控制污染物排放指标达到或优于燃气机组排放标准限值的方向性目标，提出燃煤机组超低排放新思路。要把烟尘、二氧化硫和氮氧化物的排放限值分别降低到 5 毫克/米^3、35 毫克/米^3 和 50 毫克/米^3。超低排放燃煤机组是否真实有效运行？其技术特征是什么？其经济属性如何？为此，我们专门于对浙江省能源集团公司及其下属的嘉华发电公司进行了实地调研。

浙能集团成立于 2001 年 2 月，位列浙江省属国有企业首位，位列中国企业 500 强第 171 位。集团目前的控股管理装机总容量 2562.1 万千瓦，控股管理企业 180 家，是一家以电力为主、多业并进的在全国具有相当影响力的综合性能源供应商，产业涉及电力、煤炭、油气、可再生能源产业、能源服务等。2013 年集团实现实现利润总额超百亿元。

为达到国家环境管制政策要求，浙能集团调结构、搞技改、抓管理。具体措施包括：关停高耗能机组，发展大容量高参数机组；年度节能技术改造投入不断增加，2013 年发展到近 8 亿元；在大力推广高压电机变频技术、锅炉吹灰优化、微油点火、电除尘节能、循泵电机双速改造等项目的基础上，重点实施汽轮机增效扩容改造和对外供热拓展。29 台机组改造总投资近 25 亿元，改造后年节能总量大约为 50 万吨标准煤。

在浙能集团诸多减排举措中，最具特色也是取得最大进展的是嘉华电厂的超低减排机组改造。它通过多种污染物高效协同脱除集成技术，即将烟气脱硝技术、低温电除尘技术（含无泄漏管式水媒体加热器和低低温电除尘器、高频电源等）、烟气脱硫技术和湿式静电除尘技术通过管路优化和排列优化进行有机整合，通过相互连接配合和对多种污染物脱除比例的合理分配，形成一个有机整体，对 NOX、烟尘（包括 PM2.5）、SO_2、SO_3 和汞等污染物进行渐进式脱除，选用了当前世界上最先进的烟气污染物在线监测系统，使最终排放烟气中的主要控制污染物浓度达到燃气机组排放标准限值以内，同时有效消除"白烟"和"石膏雨"等现象。2014 年 10 月，浙能集团下属的嘉华发电公司被国家能源局授予"国家煤电节能减排示范电站"称号。

专　栏

中国工业节能减排发展蓝皮书[1]

"中国工业节能减排发展蓝皮书"是中国电子信息产业研究院编撰"中国工业和信息化发展系列蓝皮书"[2] 中的一类，2012—2016 年已连续出版了 4 本。

"中国工业节能减排发展蓝皮书"是与环境保护与发展直接相关的一套丛书。改革开放以来，中国实现了从农业大国向工业大国的历史性转变。2012 年，按增加值

---

[1]　主要根据 2015—2016 年"中国工业节能减排发展系列蓝皮书"序言摘编。中国电子信息产业发展研究院：《2015—2016 年中国工业节能减排发展蓝皮书》，人民出版社，2016 年版。

[2]　"中国工业和信息化发展系列蓝皮书"中包括中国工业发展蓝皮书、中国战略性新兴产业、中国工业发展质量、中国工业结构调整、中国工业技术创新发展、中国中小企业、中国信息化、世界信息化、中国电子信息产业、世界电子信息产业、中国集成电路产业、中国软件产业、中国网络安全发展、中国消费品工业、中国原材料工业、中国装备工业、中国汽车产业、中国机器人产业、世界工业发展、中国安全产业、中国无线电应用与管理、中国北斗导航产业发展、中国信息化与工业化融合发展水平评估等 23 类的蓝皮书。这里是 2015—2016 年"中国工业节能减排发展系列蓝皮书"封皮所列出的分类名目。此前 2012 年有 15 类，2013 年有 18 类。

算，我国成为世界制造业第一大国；在500多种主要工业产品中，有200多种产品产量居世界首位；我国工业制成品出口高居世界第一位。

党的十八届五中全会提出必须牢固树立并切实贯彻创新、协调、绿色、开放、共享的五大发展理念。《中国制造2025》提出创新驱动、绿色发展，把可持续发展作为建设制造强国的重要着力点，全面推行绿色制造。工业系统在实现上述目标中，肩负着历史重任，必须创新工作思路，扎实推进工业节能减排，注重效率、质量和效益，逐步实现工业绿色、低碳发展。

目前我国正处于工业化、城镇化的快速发展阶段，在这一阶段，工业是推动国民经济增长的重要推动力，由于重化工业占工业的比重较大，工业能源资源消耗较大，环境污染问题严重。目前我国经济发展方式仍然以粗放型增长为主，工业是全社会能源消费最重要的领域，存在废弃物排放现象，能源资源利用效率有待提高，工业节能减排是破解能源资源瓶颈和环境约束的关键。尽管我国采取了很多措施不断推进节能减排、工业绿色低碳发展，但我们是一个拥有13亿多人口的发展中国家，即便采用目前最先进的技术，完成工业化所需的能源资源规模也是前所未有的。2015年，全国能源消费量高达43亿吨标准煤，占世界总能耗比例超过22%，我国面临的能源资源和环境约束问题越来越突出。面对党的十八大提出的到2020年基本实现工业化和生态文明建设总体要求，工业绿色发展的任务艰巨、压力巨大。

我国当前能源消耗总量和二氧化碳总量都已经达到全球第一位，而且每年增加的二氧化碳排放量占全球总排放量的很大比例，在这种形势下，国际社会要求我国承担减排责任的呼声越来越大。《巴黎协定》标志着全球气候变化新秩序的开始，协定明确了全球应对气候变化的长期目标。作为负责任大国，我国今后的自主贡献要求只会越来越大，目标只会越来越高。其次，工业节能减排形势地区差异较大，我国东部沿海地区已处于工业化中后期，工业向高端化转型步伐加快，第三产业增长幅度显著快于第二产业，中西部地区正处于工业化快速发展时期，面临着既要加快经济发展又要节能减排两难困境，能耗下降幅度低于全国平均水平。

"中国工业节能减排蓝皮书"年度丛书从工业节能减排推动我国转变经济发展方式的角度出发，系统剖析了我国工业节能减排面临的形势与挑战，总结归纳了对我国有一定借鉴价值的主要发达国家的工业节能减排经验，并结合当前国内外节能减排形势，深入探讨了我国工业节能减排工作重点和采取的措施。全套丛书分为综合篇、重点行业篇、区域篇、政策篇、热点篇、展望篇等部分，早期还有国际篇、发展篇和节能环保篇等。

中国将高举工业绿色发展旗帜，坚持工业文明建设与生态文明建设相结合，推动工业走绿色、循环、低碳发展之路，以更大的决心、更强的措施、更实的政策手段不断推进工业绿色转型，共同开创工业绿色发展的新局面，为工业与生态的协调发展作出新的贡献！

第三节
大力发展广义的绿色产业

本节是从广义的角度来分析绿色产业的。其实，不仅是传统工业需要绿色化，即使是信息产业为代表的新型产业，众多被称为"办公室产业"如金融业的无烟产业，也有节能、节电、节水、节地、节办公用品和清洁工作要求。这里，特别将近年来我国各方关注、发展明显加快的环保产业、生态农业、旅游业、文化产业作为广义绿色产业中具发展潜力和典型意义的代表加以介绍与分析。

一、新型的环保产业[①]

环保产业是经济结构中，以防治环境污染、改善生态环境、保护自然资源为目

---

① 本部分前三点重点参考与摘编于中国环境保护产业协会的《2014中国环境保护产业发展报告》和《2015中国环境保护产业发展报告》共计600页的内容。由于专业所限，选择要点与综合各分报告观点中可能有不足或失误之处，欢迎指正。两份报告为中国环境保护产业协会编辑出版，编辑部设在北京《中国环保产业》杂志社。邮箱：editor@ vip. 163. com，网址：www. caepi. org. cn. 中国环境保护产业协会：《2014中国环境保护产业发展报告》，2015年版；中国环境保护产业协会：《2015中国环境保护产业发展报告》，2016年版。

的而进行的技术产品开发、商业流通、资源利用、信息服务、工程承包等活动的总称，是一个跨产业、跨领域、跨地域，与其他经济部门相互交叉、相互渗透的综合性新兴产业。环保产业作为当前衔接生态文明与传统产业发展的关键结合点，拥有广泛的产业结合点，能较容易地嵌入传统工业的发展当中，是企业转型升级的重要方向，其所具有的绿色经济属性，使其在创造产业经济价值的同时，给外部环境带来了正外部性。环保产业是绿色产业的主力军。

2016 年是"十三五"开局之年，节能环保产业再次受到决策层的重视。2016 年的政府工作报告中提出，要大力发展节能环保产业，扩大绿色环保标准覆盖面，支持推广节能环保先进技术装备，广泛开展合同能源管理和环境污染第三方治理，加大建筑节能改造力度，加快传统制造业绿色改造，开展全民节能、节水行动，推进垃圾分类处理，健全再生资源回收利用网络，把节能环保产业培育成我国发展的一大支柱产业。

从中国环境保护产业协会 2014 年和 2015 年的《中国环境保护产业发展报告》看，环保产业包括了 10 个具体行业：水污染治理、电除尘和袋式除尘、脱硫脱硝、有机废气治理、固体废物处理利用、城市生活垃圾处理、噪声与振动控制、环境监测仪器、机动车法治防治、贵金属防治与土壤修复。作为服务环保产业的有 2 个，是环境影响评价和循环经济。显然，这是从狭义角度来看环保产业的。

从大的分类上看，环保行业大致可以分为污水处理、固废处理、大气处理 3 个子行业。

1. 水污染防治

2015 年，在《水污染防治行动计划》（又称"水十条"）的带动与影响下，水污染治理已成为地方环保治理的重点戏。"水十条"不再停留在控制减排量、制定排放标准等旧的手段上，而是直接将河流等水体的改善程度作为考核指标，包括七大水系的水质标准，地级市以上城市黑臭水体的数量和发达区域的水体断面标准等刚性指标，这是环境管理体制上的重大进展。2015 年 8 月，住建部与环保部联合发布《城市黑臭水体整治工作指南》，对城市黑臭水体整治工作的目标、原则、工作流程等作出了明确规定，对城市黑臭水体的识别、分级、整治方案以及整治技术的选择和效果评估、政策机制保障提出了明确要求。尤其是把群众的感受列入了主要评判标准中。2015 年在推进环境污染第三方治理方面有很大进展，社会资本和海外资本也在积极进入水污染治理领域，尤其是在环境公用设施和工业园区。

根据中国环保产业协会水污染治理委员会的统计数据，在环保产业初创时期，水污染治理行业始终以 30%～45% 的年平均增长率保持着高速增长，行业销售总收入的年平均增长率也未低于 15%。从 2010 年起呈现发展趋缓的态势。"十二五"后两年，政府工作报告提出，要把节能环保产业打造成新兴的支柱产业，国家一系列利好政策推动环保产业进入新的发展期提供了机遇。截至 2015 年底，即"十二五"收官之年，中国的城镇污水日处理能力达到 1.82 亿吨，成为全世界污水处理能力最强的国家之一。"十二五"的五年时间，全国地表水国控断面劣 V 类比例由 2010 年的 15.6% 下降至 2015 年的 8.8%。2015 年，我国从事水污染治理产业的单位总计 7000 余个。2015 年我国水污染治理产业实现销售总收入约 2950 亿元，同比 2014 年增长 18%。水污染治理行业 2015 年销售收入主要分布在 4 个具体行业：水污染治理设施运营收入占 40%，水污染治理产品生产销售占 30%，水污染治理设计施工收入占行业总销售收入 12%，污水污泥资源化收入及其他与水污染处理相关具体行业收入占 18%。说明一下，水污染治理产品主要包括水处理专用机械设备，水处理药剂，水处理材料和水污染监测仪器仪表。

近年来，开发研制的工业废水处理新技术已得到推广应用，一些技术已达到国际先进水平，如循环式活性污泥、移动床生物膜技术、低速多极离心鼓风机、多功能高效水处理药剂等，进展很大，品种很多。但在农村面源污染控制技术上，基本还处于试验、试点阶段。这其中，涉及的不仅是技术问题，还有体制、机制问题，以及农村发展水平和生活方式等。"建不起，维护不起"仍是一个突出的矛盾。

2. 大气污染治理

煤烟型污染是我国二氧化硫、氮氧化物和粉尘产生的主要污染源。根据环境保护部分析，2015 年底京津冀重污染中，原煤散烧对近地面污染影响最大，低矮面源污染对 PM 2.5 影响最大。与燃煤排放直接相关的有机物、硫酸盐、黑炭等物质，是 PM 2.5 的主要组成成分。废气治理主要是涉及二氧化硫。电力行业是燃煤主体。

二氧化硫总排放量有降低势头，电力业的二氧化硫排放有所抑制，非火电行业比如钢铁、有色、建材、化工、石化等重点行业的二氧化硫排放量相对少点。但中国尚在使用的工业燃烧小锅炉超过 47 万台，一年散烧约 18 亿吨煤，其排放的污染物是大型锅炉处理后排放的 10 倍，因此，治理散煤污染非常重要。2015 年底，国家发改委、环保部和国家能源局联合下发了《关于实行燃煤电厂超低排放电价支持政策有关问题的通知》，将有上网电价补贴，以鼓励超低排放。电除尘器、袋式除尘和电袋复合除尘器是目前我国主要的工业除尘设备，被广泛应用于燃煤电站、建材水泥、钢铁冶金、有色冶炼、化工轻工、造纸、电子、机械及其他工业炉窑等各个工业部门。2015 年电除尘器生产企业超过 200 家，排名前 50 家企业的产值占全国电除尘总产值的 85%。

有机废气即 VOCs 的治理也要关注。VOCs 的治理工作在"十二五"后期开始起步，任务很重。新修订的《中华人民共和国大气污染防治法》从法律层面把挥发性 VOCs 纳入了大气污染防治监管范围。VOCs 是挥发性有机化合物（volatile organic compounds）的英文缩写。美国联邦环保署（EPA）的定义，挥发性有机化合物是除 CO、CO_2、H_2CO_3、金属碳化物、金属碳酸盐和碳酸铵外，任何参与大气光化学反应的碳化合物。从环保意义上说，挥发和参与大气光化学反应这两点是十分重要的。最常见的有苯、甲苯、二甲苯、苯乙烯、三氯乙烯、三氯甲烷、三氯乙烷、二异氰酸酯（TDI）、二异氰甲苯酯等。除甲醛以外，绝大多数挥发性有机化合物一般都不溶于水而易溶于有机溶剂。VOCs 来源广泛，主要污染源包括工业源、生活源。工业源主要包括石油炼制与石油化工、煤炭加工与转化等 VOCs 原料的生产行业，以及油类（燃油、溶剂等）、农药等以 VOCs 为原料的生产行业。室内建筑材料、室内装饰材料和室外的工业废气、汽车尾气、光化学烟雾等都是常见的 VOCs 主要来源。VOCs 治理的难点在于其成分极其复杂，需要采用多种治理技术的组合治理工艺。近年来这类工艺发展很快，尤其是吸附浓缩—催化燃烧技术等。由于 VOCs 的污染涉及众多行业，治理对象清单尚未建立，治理市场大体分为 4 部分：一是源头减排市场，二是末端治理市场，三是检测监测市场，四是治理的服务市场。

机动车尾气污染防治。环境保护部发布的《2015年中国机动车污染防治年报》显示，我国已连续6年成为世界机动车产销第一大国，机动车污染已成为我国空气污染的重要来源，是造成灰霾、光化学烟雾的重要原因。根据我国大气污染法要求，各地从新车环境准入、用车环保管理、"黄标车"淘汰、车用燃料改善等方面采取措施，以降低机动车的尾气污染。同时，再大力推动新能源车的生产与使用。

3. 固废处理

一般工业固体废物中主要包含尾矿、粉煤灰、煤矸石、冶炼废渣、炉渣和脱硫石膏等。固体废物处理的目标是无害化、减量化和资源化。2014年，全国一般工业固体废物产生量32.6亿吨，比上年减少0.6%；综合利用量为20.4亿吨，比上年减少0.8%，综合利用率为62%；储存量为4.5亿吨，比上年增加5.6%。处置量为8亿吨，比上年减少3%；倾倒丢弃量为59.4万吨，比上年减少54.1%。大宗工业固体废物正在实现"以储为主"向"以用为主"的转变。2014年，除尾矿综合利用率在30%以下外，其余工业固体废物即粉煤灰、煤矸石、冶炼废渣、炉渣和脱硫石膏的综合利用率为80%左右。

危险废物既有一般工业产生的，也有医疗和实验室产生的。处理处置方面，我国已经掌握了化学法、固化法、高温蒸煮、焚烧及安全填埋等处理处置手段，并有处理的许可证管理、环保部门的督察考核等。

截至2015年底，投入运行的生活垃圾焚烧发电厂有220座，总处理能力为22万吨/日。同年，全国各市城市生活垃圾清运量为1.15亿吨，城市生活垃圾无害化处理量为1.80亿吨。其中，卫生填埋的占64%，焚烧的占34%。无害化处理率达94%。根据中国城市建设统计年鉴2014年有关县城生活垃圾处理统计，2014年运行的生活垃圾卫生填埋场有1055座，平均处理量为110吨/日。

固体废物处理和利用上还存在不少问题，一是一般工业固体废物处理和利用率还是偏低，二是处理和利用技术有待提高，三是危险废物处置能力不足，四是综合利用附加值偏低，五是再生资源回收缺乏有效的体制与机制。这些需要在体制上、管理上和技术上有新的推进。

4. 对北京城市垃圾处理的调研与建议①

城市垃圾处理涉及垃圾收集、垃圾运输和垃圾处置三大环节。随着城市规模的扩大和生活水平的提高，北京城市垃圾的产生量迅速增长，垃圾成分也随之变化。2011 年 11 月，北京市人大通过了《北京市生活垃圾管理条例》；2013 年 3 月，北京市通过了《北京市生活垃圾处理设施建设三年实施方案（2013—2015 年)》。经过调研，我们认为多年来北京市城市垃圾处理已经取得了很大的成绩，但面临急速膨胀的城市规模，必须尽快提升对垃圾前端分类、中端转运和末端处理的能力，健全前端、中端和末端之间的衔接协调机制。这对真正落实两个文件精神，解决北京城市垃圾问题至关重要。

首先，要强化末端处理能力，解决前端分类与末端处理脱节问题。实现垃圾前端分类固然是垃圾减量化、资源化的最优选择，但要看到取得显著的成效需要几十年甚至更长的时间。北京市海淀区生活垃圾分类试点已实施了 10 年，也仅有 10% 的垃圾实现了分类，目前仍处于试点阶段。北京市常住人口目前已达 2000 万以上，面临着巨大的日常生活垃圾处理压力，单纯依赖千家万户做好垃圾分类来提升垃圾处理能力，显然是远远不能解决问题的，必须双管齐下，即在继续倡导垃圾源头分类的同时，要通过加强生活垃圾末端处理能力来改善前端分类与末端处理脱节的问题。北京这样的特大城市，必须加快建成若干大型或较大型的综合性末端处理设施。北京需要有相对集中的大型垃圾填埋厂。不焚烧而直接填埋需要消耗大量的土地，而北京市垃圾处理中最大难题是土地资源稀缺问题。据调研，现有的垃圾填埋场和处理厂都面临着无地可用、无坑可填的困境。北京市生活垃圾目前以填埋为主，焚烧仅占 10%，填埋场 16 座，运行的焚烧厂仅 2 座。在北京市土地日益稀缺的现实条件下，有必要适当增建技术先进的垃圾焚烧厂。焚烧法减量化程度高，焚烧产生的热量可用来供热或发电。垃圾焚烧厂的建设运营可采用市场化的形式，形

---

① 北京市科学技术委员会和北京市政府专家咨询委委托李晓西教授对首都科技创新统筹协调机制进行调研。2013 年 9 月~12 月，我院课题组从北京城市垃圾处理入手来研究统筹协调机制。为此，对北京城市垃圾处理进行了四次实地考察并召开了七次研讨会。在课题报告成果基础上，作为北京市人大代表，李晓西教授于 2014 年初专门就此提交一份提案，这里是提案的原文。课题组成员有：时红秀、韩晶、邵晖、张江雪、荣婷婷。

成产业化发展。高安屯垃圾焚烧厂就是采用 BOT 的方式，建厂以来，运营良好，该厂的赢利一半来自政府补贴，一半来自垃圾燃烧发电。当然，北京市在发展焚烧厂的同时非常需要积极探索和发展生化处理的新途径。据相关企业反映，以"综合分选＋联合厌氧发酵技术"为核心的混合垃圾资源化综合处理技术对垃圾、污泥、粪便和餐厨垃圾进行集约化处理，在全国获得了良好的经济效益和社会效益。按照两个文件的要求，建议尽快健全现有的综合性垃圾处理厂，加快建设新的生化、焚烧和填埋处理厂。这有利于节约土地资源，也便于集中控制环境污染。在调研中，我们深深感受到，强有力的末端垃圾处理能力，决定着前端垃圾分类的方式。只有坚持分类到底，才能简化前端分类，提高居民垃圾分类的积极性，这是现阶段北京市更好地推行垃圾前端分类比较现实的思路。

其次，要提升和扩展垃圾中转站的功能。随着北京的发展，城区范围越来越大，导致垃圾处理场与垃圾收集点的距离越来越远。垃圾转运站的设置可以提高垃圾运输效率，降低运输成本，改善城市交通拥挤的状况。但是垃圾转运站往往建于居民密集的生活区，在运营过程中会产生渗沥液、恶臭、扬尘、噪声等，对周围的环境以及居民生活带来影响。究竟是关闭和搬迁垃圾转运站，还是降低垃圾转运站负面效果，提升转运站的功能，已经成为迫在眉睫的重大选择。我们认为，在北京市这种特大城市内的垃圾转运站是北京城市垃圾处理极为宝贵的资源，不能搬迁，不能放弃，关键是如何让每一个转运站提升功能，建设成分布式垃圾处理的支撑点。在世界范围内，若干特大型城市都形成了高功能的分布式垃圾处理站，比如日本东京市就有 23 个分布式垃圾处理设施。北京垃圾转运站技术水平虽然处于全国领先地位，但是与分布式高质量的垃圾处理设施还有较大差距。我们建议，应把北京市现有的垃圾转运站建成分布式垃圾处理站，充分考虑垃圾转运站的功能定位，保证垃圾处理的环保性和良好的社会效应，将垃圾转运站"恶邻"效应降到最低。当然，这还需要有新的规划和设计。分布式垃圾处理的重点是居民厨余垃圾。厨余垃圾是生活垃圾污染的主要来源，大量的有机物和液体大大增加了运输与末端处理的困难，也是垃圾处理场中臭味与渗沥液的主要来源。厨余垃圾涉及千家万户，收集和运输成本很大，可考虑让垃圾转运站能成为处理附近居民厨余垃圾处理的集中点。同时，在有条件的居民小区内还应建设适合北京厨余垃圾属性的厌氧发酵设施，就地处理厨余垃圾，从源头上实现垃圾减量化、资源化，减少生活垃圾的污染。分布式垃圾处理站与末端集中式垃圾处理的结合，是北京市垃圾处理合理布局、分散压力的必经之途。

最后，根据末端与中端垃圾处理的特点，应简化前端垃圾分类。垃圾前端分类的目标要从现实出发，基于现有的垃圾特性、居民行为特点，并针对产生垃圾的不同对象，制定不同的政策。垃圾分类过于复杂，垃圾分类的推进难度很大，因此我们建议应该重点突破，先实现城市居民垃圾的"干湿分离"。北京的生活垃圾含水率在 60%～70%，厨余垃圾单项的含水率在 85%～90%。在进行垃圾运输和末端的焚烧填埋过程中，降低含水率是应该重视的。因此，在居民当前垃圾分类做法中极有必要专门分出厨余垃圾。北京餐饮业很发达，每天产生大量的餐厨垃圾。餐厨垃圾与生活垃圾的理化特性有很大差异，应建立单独的收运、处理系统。一是建立严格的监督执法体系，把餐饮企业执照、税务、排污许可证、卫生许可证的年审与餐厨垃圾管理挂钩，确保餐饮企业已全部将餐厨垃圾交由具备合法资质的收运企业处置。二是引进技术和工艺，提高餐厨垃圾处理的效率，同时最大限度地降低处理过程中产生的臭味、臭水等问题。前端垃圾的减量化在很大程度上是需要把可回收、可再利用的垃圾延伸前端进行自我处理。例如，由商委部门为责任主体，建立可回收的资源交换体系，通过建立可回收资源的资源交换站，构造集再生资源回收、分拣、转运、加工利用、集中处理于一体的专业化发展格局。以街道居委会为责任主体，在政府环卫管理部门的支持下，建立可再利用垃圾回收交换站，用垃圾袋等交换可回收垃圾。

前端、中端和末端的衔接与协调能否建立，关键在于政府不同部门之间管理体制的协调，这要求加快相关体制改革与机制的协调配套。

二、大力发展生态农业、畜牧业

绿色发展已经成为时代的主流。不仅城市绿色发展引起各方高度关注，农村绿色发展同样也越来越受到各方关切。对广大农村地区而言，农村河流、土地的污染，林木植被保护的困难，使得相当多的人在回忆小时候在农村度过的田园生活时，都在质问：现在农村能不能实现绿色发展？能不能让农民因绿致富，拥有一个美丽的绿色家园？

1. 浙江安吉县生态农业调研①

在生态立县的过程中，安吉的农业一直处于核心的地位。但安吉的农业早已超出了传统一产的概念，与第二、第三产业相融合，在第一、第二、第三产上同时发挥着联动作用。

安吉县的农业发展主要依托当地的两大资源，一是毛竹，二是白茶。安吉拥有竹林面积 108 万亩，毛竹蓄积量 1.4 亿支，年产商品竹 3000 万支，以全国 1.5% 的立竹量，创造了全国 18% 的竹产值，走出了一条低消耗、高效益为特征的绿色经济发展模式，成为著名的"中国竹乡"。安吉竹产业经过多年发展，实现了从卖原竹到进原竹、从用竹竿到用全竹、从物理利用到生化利用、从单纯加工到链式经营的四次跨越，形成了八大系列 3000 多个品种的竹产业产品格局。竹产业上游环节是以原料竹生产、涉竹技术的研发为主，中游环节是竹地板、竹编织产品、竹家具、竹笋绿色有机食品、竹饮料、竹纤维制品、竹工艺品、竹工机械八类竹产品生产，下游环节则是竹制品的销售、品牌运营，包括以生态、环保、低碳、绿色为核心理念的竹产业文化与理念的推广。安吉每年产生竹节、竹屑等加工废料高达 20 万吨。安吉加大对竹废料的开发利用，相继研制出竹屑板、重组竹胶合板等变废为宝的新产品，竹节、竹梢加工成竹炭系列产品，利用废弃竹叶生产竹叶黄酮及天然保健食品，既减轻了环境压力，又增加了竹产业收入。全县现有各类竹废料利用企业达 41 家，年产值达 10 亿元，废料利用率几乎达 100%。竹产业衍生促进了旅游业、生产型服务业包括会展业等行业，大大促进了当地经济的全面发展，增加了大量就业。现有竹产业企业 2450 家，年产值收入 135 亿元，从业 4.5 万人。竹产业为全县农民平均增收 6500 元，占农民收入的近 60%。

安吉白茶营养成分高，香高味鲜，颇受消费者喜爱。现已发展到茶园 10 万亩，

291

种植户 5800 户，茶加工企业 350 多家，年产量 1200 吨，产值 13.6 亿元，2008 年，安吉白茶同时获得"中国名牌农产品"和"中国驰名商标"荣誉。安吉白茶的品牌价值已达 22.67 亿元，2012 年安吉白茶产业为全县农民人均增收 2000 元以上。总之，安吉充分利用优势资源，创造性地延伸产业链，从而使生态资源成为富民强县的依托和源源不断的财源。2012 年 9 月，安吉获得联合国人居奖，成为中国自 1990 年参与评选以来唯一获此殊荣的县市。

2. 生态畜牧业是青海省绿色发展的新亮点①

青海省结合区域特点，不断挖掘畜牧业的生态价值产业链，在促进畜牧业发展的生态、经济与社会平衡方面作出了积极努力，使得生态畜牧业成为青海绿色发展的新亮点。

传统畜牧业只偏重于经济效益，不注重生态、经济和社会的平衡发展。长期以来，畜牧业追求畜牧数量的增长来扩大产量，不仅没有提高收入，反而忽视了草原对牲畜的承载能力，导致草场生态环境恶化，使得农牧业经济效益低下，农牧民生活质量下降，人畜矛盾、草畜矛盾日益凸显。为此，青海省建立以草定畜、草畜平衡制度，大力发展饲草料产业，为家畜提供丰富的饲料来源，缓解了草场承载过度问题，保护和恢复了草原植被。另外，为缓解人畜之间的矛盾，青海积极推行畜种改良，健全畜禽良种繁育体系，加强各类种畜场建设，进一步提高良种繁育能力，不仅满足了生态畜牧业对种畜的需求，还实现了牧民减畜不减收，取得了良好的效果。

生态畜牧业体现在深入挖掘生态价值产业链，提高产品附加值上。近年来，青海省培育龙头企业，重点打造富有市场竞争力的农畜产品深加工企业，积极推进农畜产品的品牌建设，提高了青海农畜产品的市场竞争力和影响力，提高农畜产品的附加值。青海省通过生态畜牧业示范村的结构调整，逐步增加能够繁殖的母畜比例，提高畜牧业发展的质量，使得很多州、县畜牧业生产逐步走上集约化发展道

① 背景：2013 年 4 月 14~20 日，应青海省委政策研究室邀请与支持，我带领"中国绿色发展指数"课题组的赵峥、荣婷婷、李英子等赴青海省进行了实地考察。调研报告载于：李晓西、潘建成等：《2013 中国绿色发展指数——区域比较》，北京师范大学出版社，2013 年版。

路，开启了在规模经济基础上的质量提高型道路。

由于科学技术的落后，长期以来，传统畜牧业发展往往遭受鼠害等自然灾害，不仅使得生产能力低下，经济效益较差，而且损害了草场的生态环境，大大增加了草场的维护成本。为此，青海省政府加大资金支持，提高科研机构的研究能力，从青海省内的实际情况出发，运用绿色、生态的方式从牛羊等动物的体内提取元素，成功研制生物毒素，预防和消除了鼠害，同时维护了草地的生长环境，降低了草场维护的成本。青海政府不断强化对生态畜牧业发展的政策扶持力度，设立了生态畜牧业建设的科技研发基金和后续产业发展基金，采取财政兜底、银行配额、企业权益性融资方式，健全贷款担保体系，积极引导信贷资金和社会资金投向牧区，加大投资力度，使得畜牧区生态基础设施建设水平逐步完善，为生态畜牧业发展提供了强大保障。

三、旅游业是重要的绿色产业①

发展旅游产业对可持续发展具有重要意义。旅游业自身的可持续发展及其对全球可持续发展的重要影响，正引起国际社会的高度关注。在我国，旅游业已成为经济转型升级的关键驱动力，成为生态文明建设的引领产业。进一步发展和提升旅游业的关键是：实现从景点旅游到全域旅游的转变。

1. 重要业态

旅游业是世界公认的资源消耗低、就业机会多、综合效益高的产业，是现代服务业的重要业态，也是许多国家产业结构调整的重要方向。旅游业对全球经济发展贡献已超过 10%，对全球就业贡献也超过 10%，早已成为世界重要产业。国际社会普遍认为，把脉世界旅游业大势，必须关注中国旅游走向。联合国世界旅游组织数据显示，自 2012 年起，中国连续多年成为世界第一大出境旅游消费国，对全球

---

① 本部分根据以下报告摘编：李金早：《全域旅游大有可为》，引自网页：http：//www.cnta. gov.cn/xxfb/jdxwnew2/201602/t20160207_760080.shtml. 2016 年全国旅游工作会议李金早局长主题报告：《从景点旅游走向全域旅游，努力开创我国"十三五"旅游发展新局面》，引自网页：http：//www.dlxzf.gov.cn/dlgovmeta/bmxzgk/gzbm/lyj/zfbgkml/tygkxx/201610/t20161023_1674868.html.

旅游收入的贡献年均超过 13%。2015 年，中国出境旅游人数、境外旅游消费继续位列世界第一。全球商务旅游协会预计，2016 年的第一个新趋势就是中国超过美国成为世界上最大的商务旅游市场。2015 年 9 月，第 70 届联合国大会正式通过《2030 年可持续发展议程》。旅游业与该议程中的 17 个目标都有着直接和间接联系，能够为之作出贡献。2015 年 12 月 4 日，联合国大会通过决议，将 2017 年定为国际可持续旅游发展年。

2. 优化升级

旅游业进一步大发展的关键在于优化旅游发展模式，实现从景点旅游到全域旅游的转变。全域旅游是指在一定区域内，以旅游业为优势产业，通过对区域内经济社会资源尤其是旅游资源、相关产业、生态环境、公共服务、体制机制、政策法规、文明素质等进行全方位、系统化的优化提升，实现区域资源有机整合、产业融合发展、社会共建共享，以旅游业带动和促进经济社会协调发展的一种新的发展模式。全域旅游战略的意义和影响将远远超越旅游领域。全域旅游将成为促进中国融入世界旅游大潮、增强国际竞争力的新举措。

通过发展全域旅游，可以加快城镇化建设，有效改善城镇和农村基础设施，促进大城市人口有序地向星罗棋布的特色旅游小城镇转移；可以聚集人气商机，带动生态现代农业、农副产业加工、商贸物流、交通运输、餐饮酒店等其他行业联动发展，为城镇化提供有力的产业支撑。通过发展乡村旅游、观光农业、休闲农业，可以使农民实现就地、就近就业，就地市民化。通过发展全域旅游，可以改善农村生态环境，真正建设美丽乡村；可以实现城市文明和农村文明的直接相融，让农民在家就能开阔视野，提升文明素质，加快从传统生活方式向现代生活方式转变。推进全域旅游是我国新阶段旅游发展战略的再定位，是一场具有深远意义的变革。回顾 30 多年来，我们发展旅游，主要是建景点、景区、饭店、宾馆，这种发展方式实际上是一种景点旅游模式。为使我国旅游产业发展，各级党委、政府作出了很大努力，几代旅游人作出了宝贵贡献。但我们看到，在景点旅游模式下，封闭的景点景区建设、经营与社会是割裂的、孤立的，水利建设主要考虑防洪、排涝、抗旱，基本上不会顾及旅游用途与需求，景区内外条件与环境多是差别显著的"两重天"

格局。现在，已经到了全民旅游和个人游、自驾游为主的全新阶段，旅游业作为综合性产业在经济社会发展中发挥的作用和影响更加广泛，时代赋予旅游业的责任也空前加大，传统的以抓点方式为特征的景点旅游模式，已经不能满足现代大旅游发展的需要。而全域旅游就是要将一个区域整体作为功能完整的旅游目的地来建设、运作，实现景点景区内外一体化，做到"人人是旅游形象，处处是旅游环境"。

3．九大转变

从景点旅游模式走向全域旅游模式，具体要实现九大转变：一是从单一景点景区建设和管理到综合目的地统筹发展转变。破除景点景区内外的体制壁垒和管理围墙，实行多规合一，实行公共服务一体化，旅游监管全覆盖，实现产品营销与目的地推广的有效结合。旅游基础设施和公共服务建设从景点景区拓展到全域。例如，要从景点景区和城市的旅游厕所革命拓展为景点景区内外、城乡一体推进的全面厕所革命。二是从门票经济向产业经济转变。实行分类改革，公益性景区要实行低价或免费开放，市场性投资开发的景点景区门票价格也要限高，遏制景点景区门票价格上涨过快势头，打击乱涨价和价格欺诈行为，从旅游过度依赖门票收入的阶段走出来。三是从导游必须由旅行社委派的封闭式管理体制向导游依法自由有序流动的开放式管理转变。实现导游执业的法制化和市场化。四是从粗放低效旅游向精细高效旅游转变。加大供给侧结构性改革，增加有效供给，引导旅游需求，实现旅游供求的积极平衡。五是从封闭的旅游自循环向开放的"旅游＋"融合发展方式转变。加大旅游与农业、林业、工业、商贸、金融、文化、体育、医药等产业的融合力度，形成综合新产能。六是从旅游企业"单打独享"向社会共建共享转变。充分调动各方发展旅游的积极性，以旅游为导向整合资源，强化企业社会责任，推动建立旅游发展共建共享机制。七是从景点景区围墙内的"民团式"治安管理、社会管理向全域旅游依法治理转变。旅游、公安、工商、物价、交通等部门各司其职。八是从部门行为向党政统筹推进转变。形成综合产业综合抓的局面。九是从仅是景点景区接待国际游客和狭窄的国际合作向全域接待国际游客、全方位、多层次国际交流合作转变。最终实现从小旅游格局向大旅游格局转变。这是区域发展走向成熟的标志，是旅游业提质增效和可持续发展的客观要求，也是世界旅游发展的共同规律和大趋势，代表着现代旅游发展的新方向。

4．改革体制

解决旅游业面临的问题，实施全域旅游，是一项复杂的系统工程，需要创新发展战略，改革管理体制。现行旅游管理体制与综合产业和综合执法不相适应，旅行社、导游管理体系和行业队伍水平与旅游业的快速发展不相适应，旅游产品和以厕所为代表的公共服务及交通等基础设施供给与旅游爆发式、井喷式市场需求不相适应，企业对门票经济的过于依赖与广大游客的承受能力和期待不相适应，旅游管理体制、运行机制与国际规则不相适应等。这些不相适应的问题，大都需要通过发展全域旅游、深化改革、扩大开放去解决。一是要改革创新全域综合统筹发展的领导体制，构建从全局谋划和推进、有效整合区域资源、统筹推进全域旅游的体制和工作格局，形成各部门联动的发展机制。进一步完善旅游公共服务体系，充分考虑旅游配套设施及其公共服务的需求，促进城市公共服务设施与旅游公共服务设施的融合、衔接。二是要改革创新旅游管理的综合协调机制，推进旅游管理体制的综合改革，适应旅游业从单一业态向综合产业、从行业监管向综合服务升级的客观需求，这也是地方政府对旅游发展认识升级的最典型和最生动表现。三是要改革创新旅游综合执法机制，鼓励推进旅游综合执法队伍等改革创新，为全域旅游发展提供综合执法保障。要把旅游市场环境治理纳入城市综合治理的范畴内，加大治理力度，形成管理联动。建立健全政府统一领导、部门依法监管、企业主体负责的旅游安全责任体系与工作机制。

四、文化产业在绿色发展中的作用与前景分析①

文化产业同绿色发展相联系，对环境保护与发展有重要作用和意义，在社会和国家经济转型时应大力发展文化产业。

---

① 本节内容主要根据 2016 年 3 月 26 日本书作者在北京金帝雅宾馆主持的"绿色发展——'十三五'时期文化产业政策与前景分析"研讨会上中央和国务院各部门的领导专家和清华、北大文化产业研究院的领导的发言整理摘编。专家有：高书生、杨书兵、董兆祥、来有为、陈建祖、祁述裕、赵卫东、李永新、何奎、熊澄宇、向勇等。

1. 文化产业的概念范畴

文化产业的概念在党的十六大上被首次提出。2003 年 9 月中国文化部制定下发了《关于支持和促进文化产业发展的若干意见》，将文化产业概念正式界定为："从事文化产品生产和提供文化服务的经营性行业。文化产业是与文化事业相对应的概念，两者都是社会主义文化建设的重要组成部分。文化产业是社会生产力发展的必然产物，是随着中国社会主义市场经济的逐步完善和现代生产方式的不断进步而发展起来的新兴产业。"2004 年国家统计局对"文化及相关产业"的界定是："为社会公众提供文化娱乐产品和服务的活动，以及与这些活动有关联的活动的集合"。

国家统计局 2014 年曾做过文化及相关产业系统评价，其所使用的评价指标体系为文化产业的体系建设提供了一个总体分析框架。分析框架包括三个方面，第一是围绕文化产业内容生产、文化传播及为文化内容生产传播提供服务的行业，如生产与销售图书、报刊、影视、音像制品等行业；第二是支撑文化生产和再生产的文化制造业，如书报刊印刷设备、电影机械、广播电台或电视台装备、舞台设备等；第三部分是文化创意和设计，这部分内容从本质上讲属于生产性文化服务业，并不直接生产最终消费品，而通过中间环节服务于其他行业。近几年来，国家很重视生产性文化服务业的发展，并专门出台相关文件促进文化创意服务同相关产业的融合。

文化产业是绿色发展的重要内容。当前我国环境污染问题十分严重，这是由此前我国粗放的发展方式导致，且已影响到了我们今天的经济发展。转变经济发展方式，既要减少传统采掘业、火电等产业比重，又要选择新的产业模式实现绿色发展。文化产业作为典型的知识型产业、无烟产业，是我国未来经济朝绿色方向发展的重要选择，是实现经济无污染增长的绿色增长点。从宏观经济层面来看，文化产业总量的增长将推动我国经济实现绿色转型升级，既能促进现代服务业发展，也有助于通过文化提升传统产业的附加价值。

2. 推动文化产业成为国民经济支柱性产业

文化消费持续增长，文化产业结构不断优化，文化产业的发展前景十分广阔。

从党的十七届五中全会到党的十七六中全会，再到党的十八大，中央文件一直强调要推动文化产业成为国民经济支柱性产业。党的十八届五中全会上，中央文件的提法已不再是推动文化产业，而是要使之成为国民经济支柱性产业。国家通过积极推进文化关键领域和重点环节改革，进一步发挥市场在文化资源配置中的积极作用，完善文化管理体制和文化生产经营机制，通过知识产权保护、产业融合发展、创意人才扶持、财税土地政策和文化金融对接等方式支持文化产业发展，取得良好成效。近年来我国文化产业已开始朝多元融合方面发展，文化同科技、金融、旅游、制造业等融合发展的趋势日益明显。主要的融合领域可为数字内容、智能终端、信息媒体、应用服务四个领域，并有进一步深化的趋势。特别是以移动互联网为代表的新一代信息技术已经渗透到文化创意产品的创作、生产、传播、消费等各个层面和关键环节，成为文化创意产业发展的核心支撑和重要引擎。我们有五千年的优秀文化，这是我们发展文化产业的重要历史资源，从我们的历史传统去挖掘，这是中国的一大特色，优势和独有条件。

伴随着国民经济和生活水平的提高，伴随着人民群众精神文化需求持续增长，近年来我国的文化产业呈现出平稳较快发展态势。文化产业有望成为国民经济新的支柱产业。文化产业总产值从2004年的3440亿元、占GDP的2.15%增加到2014年的24017亿元、占GDP的3.63%。贸易上，文化产品进出口总额2003—2013年年均增长率是16%，服务总额2003—2013年年均增长率是25%。我国文化产业市场潜力巨大，文化消费将保持稳定、可持续增长。国际经验表明，文化消费与经济发展水平呈现显著正相关关系，当人均GDP接近或超过5000美元时，文化消费会进入"井喷"时期；人均GDP超过10000美元时，文化消费将会在居民消费结构中稳定下来并随着收入的增长而"水涨船高"。2000—2014年，文化产业增加值已经从1.1万亿元增加到2.39万亿元；占GDP的比重从2.75%增加到3.76%，增速均高于同期GDP的增速。同时，文化产业已经开始带动制造业、农业、旅游业相关的产业，提升了相关的附加价值。

"十三五"时期文化产业将呈现"四个加快"。一是发展速度会加快。我国文化产业增加值从2010年的大概1.1万亿元，到2014年的2万多亿元，只用了4年时间就翻一番。电影产业、动漫产业等文化产业都以30%的速度在增长。二是文化产业结构性演化将加快。"十三五"时期，文化制造业可能相对下降，文化服务业可能相对会提升；传统的文化产业会下降，而一些新兴的文化产业会上升；低端的文化产品市场份额会下降，高质量的文化产品市场份额上升，由此文化产业内部的结构性一些演化进步加快发展。三是融合发展的趋势会加快。文化产业与相关产业（科技、旅游）的融合，传统媒体和新兴媒体的融合，网上文化产品和网下文化产品的融合，这些趋势均已打通。四是"走出去"的步伐会加快。随着国家国际地位的提升，文化产品逆差现象正在逐渐缩小。可以预见，我国文化产业在"十三五"时期将保持10%以上的增速，到2020年我国文化产业增加值占GDP的比重将很有可能超过5%，成为我国的支柱性产业。要想实现这个目标，需要大家共同努力。

3. 推进体制改革，促进文化产业大发展

文化产业发展应以体制改革为突破口，充分发挥市场在文化资源配置中的决定性作用。加快政府职能转变，着力完善文化市场监管体系，加强事中事后监管，做到权力下放、监管跟上、服务提升。

文化产业管理体制需要加大简政放权的力度，提高管理的水平。政府对待文化产业的从业者放权力度还不够，很多末端的资源还掌控在政府手里。政府管理的内容过多，社会上有一种观点是认为文化产业是宣传文化部门的事情。例如图书出版，虽然销售图书的资质已从政府手中实现了剥离，但出版权限仍未放开，申请书号等程序仍然复杂。文化产业需要管理，但政府主管部门应考虑哪些要放开、哪些要管住，细化分类做好区别。积极探索在文化市场领域建立精准化的清单管理模式，降低社会资本投资文化产业的准入门槛，推动建立各类市场主体平等竞争、优胜劣汰的投资环境。对财政政策、税收政策、金融政策、技术政策、人员分流安置、社保政策、收入政策、工商登记政策等，根据多年经验与目标，全面进行政策评估，包括进行第三方评估。

进一步发挥市场在文化资源配置中的积极作用。当前文化产业市场环境并未完全放开，大量资源依然握在享受了很多特权的国有企业手中。事实上，中小企业是

文化产业活力的关键，特别是对于文化创意产业而言。政府在加强文化企业并购发展过程当中的监管和审查的同时，应考虑如何扶持中小微企业的发展，如何使民营企业与国有企业实现公平竞争，促进文化产业的健康发展。

以产业融合为突破口，引导文化企业协同创新发展。文化产业与相关业态的融合发展有很大的潜力，需要进一步深化。可以开展的工作主要有：推动移动互联网、云计算、大数据等与文化产业结合，构建"互联网＋文化"的新生态；加快建设文化产业与相关产业合作的技术创新平台、公共服务平台、产权交易平台等，探索建立平台资源共享机制；完善文化科技融合的市场服务体系，加强文化科技融合的知识产权管理、保护和运用，提高文化科技成果的转化效率；引导人才、资本、技术等创新要素集聚，推动文化科技企业的资源整合和协同创新；创新金融支持文化产业发展方式，在文化产业无形资产评估、信用担保、转让和登记、质押贷款等方面进行试点和创新。

理性看待文化产业的公益性和经营性问题。文化产业与文化事业提法的区别其实就是文化公益性与营利性问题上的区别。理论上似乎分得比较清楚，但一旦与实际结合，两者的边界划分就会出现问题。因此，有必要发展文化产业的社会型企业。社会型企业是以社会事业为经营目标，以企业组织形态搭建的企业，既有非营利因素又有营利因素。文化产业分为传统、现代和新兴文化产业，以传统文化为例，包括像工艺美术、文化旅游等这些都是对物质文化依赖性比较高、投入较大的行业，应重点考虑其经济价值。对于国有文化企业，其发展目标应该是社会型企业。"十三五"时期，要创新一种新的考评机制、评估机制。

专　栏

对四川省绿色产业发展的建议①

作为我国环境保护与发展合作委员会中方委员和国家发改委气候变化与低碳战略专家顾问，我曾参与过一些绿色发展方面的研究，也主持过一些绿色发展及绿色发展指数研究的报告。作为西财大发展院名誉院长，我参与了四川省委组织部人才办一个关于"四川省绿色发展与十三五规划"的课题，专题调研了泸州、南充，考察过攀枝花，也曾去宜宾、遂宁、西昌、绵阳等地参观过。

四川省"十三五"规划发展目标中，明确提出了关于绿色发展与生态环境建设保护的发展目标——要打造长江上游生态屏障、美丽四川。这是一个关系四川可持续发展、关系当代及子孙后代幸福的目标。为实现美丽四川、绿色四川的发展目标，结合我们的调研和考察情况，我就四川省绿色发展提出几点建议，仅供参考。

1. 发掘现有产业中的绿色基因来扩展与激活一批绿色产业

最典型的是川酒。四川是白酒产销大省。在川酒上做好绿色发展文章大有可为。首先，是白酒自身绿色基因的提升。如何通过白酒产业促进生物医药产业发展，是一篇将现代与传统结合的大文章。生物医药是国际公认的 21 世纪最具发展前景的高新技术产业之一。当前世界已有 100 多个生物技术药物上市销售，另有 400 多个品种正处于临床研究阶段。生物技术药物收入已连续多年保持 15% 以上的增速。6 年前国务院就把生物医药列为战略性新兴产业，是国家支持的重点发展领域。酿酒的关键技术来自发酵微生物选育与培养，泸州特曲老窖池泥中计有的 400 多种微生物，至今仍有 200 多种未被探索，这些给医药产业生物制药技术研究和发展提供了巨大的空间，很可能孕育理论突破、技术突破和产品突破。泸州老窖公司已开始应用现

---

① 2016 年 9 月 12 日上午在成都召开了四川省绿色产业发展咨询会。四川省委副书记、省长尹力莅临会场听取专家建议。副省长刘捷主持会议，省政府秘书长、成都市代市长罗强和省级有关部门负责人出席会议。联合国工业发展组织总干事李勇，全国政协常委、经济委副主任李毅中，联合国工业发展组织环境司长斯蒂芬·瑟卡斯，工业和信息化部节能与综合利用司长高云虎，国务院发展研究中心产业经济研究部部长赵昌文，中国工业环保促进会会长杨朝飞，UNIDO－UNEP 绿色产业平台中国办公室主任李晓西、执行主任关成华，华盛绿色工业基金会执行会长李洪彦等在咨询会上发言。因篇幅所限，这里选用了李晓西教授 5 条建议中的 3 条。

代生物技术研究传统发酵与酿造工艺改进，探索未知微生物种群，利用人工老窖泥培养新型微生物。泸州白酒产业园区与医药产业园区正互通融合，这非常重要。四川著名酒类企业很多，需要高度重视。

其次，酒类企业是天然的绿色企业，对环境保护有天然的需求。茅台酒用的赤水河河水。为了保护茅台酒生产，20世纪50年代周总理亲自规定了上游50公里不许办企业，以保障水的质量。这是典型的青山绿水就是金山银山的例子。没有一定的水质，就做不出有特色的白酒。这种产业对环境保护要求是产业的内在动力，是绿色发展的最有力支持，这可称为环保效应。

最后，酒业还具有一种绿色外溢效应。这表现在对农业、旅游、文化等相关服务产业的高度关联。先说农业：做酒需要大量的农产品，如高粱、玉米、小麦等。一个大酒厂，带动附近农民种做酒原料的农作物，有利于提升农产品质量，也有利于增加农民的收入。泸州老窖现规划了100万吨有机高粱种植园，以期匹配白酒生产的原料供应，引领本地农业向产业化方向发展。再说旅游业：酒类与旅游关系更密切。我在欧美多处参观酒庄或参加品酒会甚至啤酒节，看到了酒对提升当地旅游业有很大作用。四川基础好，如郎酒的天然储酒库——天（地）宝洞，有"酒中兵马俑"之称，已被载入世界吉尼斯纪录，非常有价值。名酒名园、酒镇酒庄四川酒城也在建设中。现在值得关注，要鼓励高手的设计。将酒产业、酒文化、酒体验浓缩到城市旅游产业之中，使观光游变为酒城深度游、酒文化主题游、白酒体验游，大大增加旅游收入。还有，与文化产业联系就更紧密了。自古以来美酒与文学总会相伴出现，古今中外多少文人骚客以酒会友、以酒会诗，留下无数墨宝与佳话。如何让国内外的著名的社会名流、艺术大师和国学文人，来四川过川酒节，留下诗词字画，塑造四川在全国人民心中的美丽形象，很有必要进行专题研究。还有与各种服务业相关：如泸州规划建设了国家固态酿造工程技术研究中心、国家酒类加工食品质量监督检查中心、国家酒类包装产品质量监督检验中心和中国白酒交易中心等四大国家功能中心，可充分发挥相关配套服务业的发展。其中，白酒交易中心已成为中国白酒商品批发价格指数发布的重要平台。酒成品产销过程中，还会涉及机械制造、玻璃制造、调制研发、酒品质检等环节，产业链条较长，很有拉动力。

著名白酒企业有相当多的利润，现在虽少一点了，但从央视广告上就可知，是有力量支撑大广告费用的。因此，如何花好资金对这些企业有重大意义。在实地调研中，我们同时也了解到，房地产、小额信贷等利润高时，容易吸引酒业加入投资，风险很大。如何在政府指导下，在尊重企业自主权的同时，帮助规划，用好资金，扩展绿色，非常重要！

其实四川不仅是酒业，还有很多传统但有特点的产品，如南充的丝绸。我们调研中得知，2005年，南充获得中国丝绸协会授予的"中国绸都"称号，成为全国七大绸都之一，是中西部地区唯一的"中国绸都"。我们课题组以"以丝绸业激活丝绸纺织、旅游、文化及相关服务产业"为题写了一份报告。类似的绿色基因产业不少，如川菜、竹子、茶叶等，还可细细研究。让它们激活自己、激活他业，为美丽四川和绿色四川作贡献。

这第一条可概括为：激活基因，扩展绿色！

2. 以环保产业助力化工、机械、建材和能源等传统支柱产业转型

四川有不少这类企业，在国家经济建设中曾发挥了重要作用。如有名的四川泸天化股份有限公司，是中华人民共和国成立后首个成套引进西方技术生产尿素的大化肥企业。四川长江工程起重机有限责任公司已有近50年，是中国著名的汽车起重机企业。四川煤田富集的优质煤炭资源，各矿产资源和页岩气资源极为丰富，也是重要的支柱产业。

在强调建设生态文明的今天，这些传统支柱产业因高耗能、高排放，面临难以持续发展的尴尬境地。环保产业作为当前衔接生态文明与传统产业发展的关键结合点，能较容易地嵌入传统工业的发展当中，是企业转型升级的重要方向。

成都天翔集团是一家以环境综合服务、高端装备制造、固废处置与资源再生利用、环保投资为主的大型环保企业集团，是一家上市公司，是一家从传统装备制造业向环境综合服务业成功转型的民营企业。该集团不仅在国内有环保装备制造、污水处理、土壤修复、固废处理等业务，而且在国际化方面迈出了很大步伐。2014年该集团收购了拥有污泥脱磷专有技术的德国CNP公司，2015年并购当年的合作伙伴美国圣骑公司（Centrisys），2016年并购德国最大的水务环保集团欧胜腾集团（Aqsetence），拥有了世界级的水务环保技术、品牌和市场平台。2017年3月下旬，集团完成对全球最大固废处理公司之一的德国欧绿保集团（ALBA）核心业务60%的股权交割。当前，天翔集团在全球主要国家（美国、德国、澳大利亚、日本、俄罗斯、印度、阿根廷、法国、意大利等30余个国家）拥有近50家子公司。国际市场方面，正在执行的一批重大项目包括印度恒河治理项目、泰国垃圾电厂项目、马来西亚生活垃圾和棕榈废弃物资源化项目等。①

泸天化有限公司在实现生产过程中的达标排放和对工厂生产过程中污水废弃的严格管控和科学处理的同时，将废水和污水放在生化池处理后，制成泥饼，作为花木肥料。新型肥料、新材料、环保已成为泸天化未来产业实现绿色转型的三大重点战略方向。

四川长江工程起重机有限责任公司下属的国机重工集团，依托已有工业制造生产基础，开发研制餐厨垃圾专用收运车、餐厨垃圾收运车，其具有自动化程度高、密封性好、装载容积大、操作简便、无污水泄漏和异味散发等特点，市场空间巨大。其新建的静脉产业园，充分发挥自身各项目间工艺互补和集中处置的规模优势，降低项目投资费用，实现废物资源化利用，参与生活垃圾焚烧发电、餐厨垃圾处理、污泥处理和危险废物处理、废家电和废橡塑再生处理、污水处理。还有，通过生产乡村污水一体化处理设备，在四川省建设了近10个农村污水处理示范站点。据相关数据初步估计，四川省按照实现农村污水处理覆盖率50%计算，农村污水处理设施建设市场容量就在200亿元以上。

川南煤业泸州古叙煤电利用瓦斯发电，瓦斯利用率85%，实现能源综合利用。南充华塑建材有限公司实现生产过程中的达标排放，并采用现代照明系统——LED，利用光伏技术，大幅度减少生产过程中由于照明需要而产生的电力消耗。企业还开发了低辐射节能玻璃等市场效益好的节能产品。目前这些曾经的支柱企业普遍存在负债率较高、资金周围转困难的问题，因此鼓励和支持这些企业采用绿色技术进行绿色转型很有必要。

---

① 这里插入的成都天翔集团介绍，是2017年5月3日实地考察调研的新内容。参与考察的有李晓西教授、崔昌宏书记、岳鸿飞博士等。

这一条可概况为：传统企业，绿色转型！

3．重视文化及其产业在发展绿色经济中的作用

多年的关注与近期的考察，使人深深感到，四川不少地区都有非常厚重的文化与物质资源，但城市的品牌影响力小，难以形成对全国的吸引力。在文化上做文章，是一本万利或是四两拨千斤的事情。

先举两个例子。我们前往攀枝花市考察，原来只知道这里是钢城，后来发现这种看法很片面。这里的水果如芒果、石榴等，又大又甜，全市正在努力由钢铁之城向阳光花城转变、由三线建设城市向康养休闲城市转变。"十二五"期间，全市共关停高污染、高耗能的煤炭、钢铁相关企业 45 家，钒钛园区先后升级为省级、国家级高新区，森林覆盖率提高到 60％，2015 年环境空气质量全省排名第三，2014 年到攀枝花过冬康养一周以上的"候鸟"老人突破 10 万人次。看来，不去不知道。文化产业上还能有不少助力一把的例子，比如关于新机场的名字，不知可否打造成一张城市名片？山顶机场太有特色了，可否不用"保安营机场"这个名字，而称"攀枝花航母机场"，其中造势和借用资源机会很多。再比如，苴却砚博物馆很棒，但国内影响还需扩大。"苴"发音难记难查，可为雅名。再起个俗名——"花砚"，为攀枝花打影响，也与孔明七星砚、彩砚、花城等呼应。同时，不用改现在的宣传，博物馆的前言、结尾加上对"花砚"的说明即可。再比如，在泸州的黄荆老林景区听介绍说，这里不仅是生态资源的观光地，也是清代皇帝禁止开采的资源宝地，具有丰富的文化历史故事，景区名称若恢复为"皇禁宝林"，将大大增加景区吸引力与文化内涵。

类似的事例很多，真需要来探索一下，开动脑筋，用文化与历史涂写四川的特色资源，打造绿色名片。对于四川的文人学士而言，这些信手拈来，自然升值，何乐不为！

这一条可概况为：发展绿色，借助文化！

第四节

深化体制改革，促进能源产业绿色发展[①]

在全球能源资源紧张、全球气候变暖的背景下，能源的绿色战略意义重大。无论是解决经济发展与环境污染之间的矛盾，实现人类社会的可持续发展，还是积极应对全球气候变化，防止全球变暖，抑或是深入贯彻落实国家节能减排政策，加快经济发展方式转变，能源绿色战略与能源体制改革都能发挥重要作用。

首先需要明确绿色能源与能源绿色化的区别。能源绿色可理解为能源在生产、消费过程中的清洁、低碳与可持续，强调一种方法与途径，既包括煤、石油、天然气等传统能源的绿色化问题，又包括太阳能、风能等新能源的绿色化问题。而绿色能源则仅是较之于传统能源的一种分类，现多理解为新能源，如太阳能、风能、生物能等，而新能源在能源结构中所占的比重不超过10%。

一个大思路是：人类不应该通过减少绿色来获取能源，而应该通过增加绿色来获取能源。其主要包括四个方面的内容，即能源的绿色生产、能源的绿色技术、能源的绿色消费、能源绿色战略中的执行主体。

一、能源的绿色生产

能源的绿色生产是指能源在研发、采掘、转化等过程中，减少污染排放，避免生态破坏，同时对能源作业环境进行修复，以实现能源生产中的环境友好。煤、石油、天然气等化石能源作为当前能源生产、消费的主体，其开采过程中的绿色问题

[①] 摘编自：李晓西、郑艳婷、蔡宁的《绿色战略：美丽中国》一文，引自李晓西、林卫斌等著《"五指合拳"——应对世界新变化的中国能源战略》一书的第三章。李晓西、林卫斌：《"五指合拳"——应对世界新变化的中国能源战略》，人民出版社，2013 年版；李晓西、林永生：《中国传统能源产业市场化进程研究报告》，北京师范大学出版社，2012 年版。

值得我们重视。

1. 煤炭的绿色开采

研究表明，煤炭开采往往会剥离地表覆盖层，导致地表坍塌、土地和植被破坏、水资源污染、空气污染等问题，严重破坏生态环境。煤炭开采中的水资源污染主要体现在两个方面，一是矿区的挖掘破坏地表和地下水系结构，导致地表和地下水水位下降、干涸、改道等；二是矿区排出的废水往往含有高浓度的颗粒、重金属、放射性物质、矿物质等，非降解性和酸性较强，对地表和地下水的污染严重，直接影响了矿区的工业和生活用水。

煤炭开采中的空气污染主要是指矿区瓦斯排放、煤矸石自燃、粉尘污染等。煤矿瓦斯不仅会造成严重的瓦斯爆炸，其还是含碳高的温室气体，温室效应远高于二氧化碳。煤矸石自燃会产生大量的温室气体和有毒气体，如二氧化碳、一氧化碳、二氧化硫等，既造成空气污染，又引起温室效应。

同样，中国煤炭开采的环境成本主要有：一是土地资源成本，包括采煤水土流失、煤矿区土地复垦、地表坍塌恢复、采煤占地成本；二是水资源成本，包括采煤水体破坏、采煤漏水、水质污染、矿井排水；三是大气资源成本，包括人体健康成本、农业损失、矿尘清洗费用。[①]

2. 石油的绿色开采

随着人类对石油依赖度的增强，全球石油产量的提高，石油开采中暴露出来的绿色问题也越发突出。近年来，由石油开采引起的海洋污染、环境破坏等时有发生，给我们带来了严重的灾难。石油开采中的绿色问题主要分为三类，即石油开采造成的水体污染、土壤污染和大气污染。石油开采水体污染包括海洋污染、江河湖泊污染及地下水污染。造成石油开采水体污染的原因有以下几种：炼油厂含油废水直接注入或渗入水体；油船泄漏、恶意排放或发生事故；海底油田在开采过程中的溢漏及井喷等。进入 21 世纪以来，全球重大漏油事故发生多起。石油开采土壤污

---

① 可参见：中国能源中长期发展战略研究项目组：《中国能源中长期（2030、2050）发展战略研究——电力·油气·核能·环境卷》，科学出版社，2011 年版，第 258 页。

染多指石油生产中油罐或输油管道泄漏，或含油废水随意排放，导致石油进入土壤，造成土壤盐碱化、毒化等。石油中的有毒物质一旦通过农作物进入食物链，将会给人类带来严重的后果，使人类患上多种疾病。石油开采大气污染则是指石油生产中产生的碳氢化合物、硫氧化合物等形成酸雨和光化学烟雾，刺激人的呼吸系统，诱发呼吸道疾病等。

石油的绿色开采，即是要解决石油开采中的这些环境污染和生态破坏问题。在开采过程中，减少废油废气的排放，提高油气的利用效率。同时，在石油的运输及存储中，以切实有效的措施防止油田溢漏、油船泄漏，避免重大漏油事故出现。此外，恢复由石油污染造成的土壤破坏，降解土壤中的重金属、有毒物质等，减少油气对人类身体健康的影响。

3. 二次能源的绿色转化

二次能源是由一次能源经过加工转换而得到的能源，如电力、汽油、柴油等。二次能源在由一次能源转化的过程中会出现资源浪费、环境污染等情况，其中最为突出的即是电能的转化。

电力、热力的生产和供应业中产生大量的工业废水排放，尤其是直接排放入海的工业废水问题更突出，同时，工业废气排放方尤其是由煤等燃料燃烧产生的废气排放也是最严重的。电力、热力的生产和供应中工业固体废弃物的产生量在各行业中居首位。[①]

除了电能生产时的环境污染以外，电厂在建设时的绿色问题也值得我们重视。以水电为例，水力发电所需的大坝通常会截断河流，由此会干扰河流原有的水环境、动植物环境等，甚至改变水电厂所在区域的小气候，对周围的生态造成不可逆的影响。同时，水电厂的建设还会淹没土地，造成土壤盐碱化，使有限的耕地进一步减少。另外，大型水电厂建设造成的移民问题也较突出，大量原住民被迫搬离原居住地，由此带来较为严峻的社会问题。

实现二次能源的绿色转化，应该深入贯彻落实国家节能减排政策，关停部分小

---

① 中华人民共和国环境保护部编：《2010中国环境统计年报》，中国环境科学出版社，2011年12月，第157—172页。

火电，加大煤炭清洁发电技术的研发力度，严格电厂建设时的环境规划要求，加强对我国各电厂污染物排放的监督与管理。

4. 新能源的绿色研发与生产

传统能源的紧张与稀缺，刺激了我们对新能源的追求。无论是缓解能源的供需矛盾，还是调节能源生产与消费结构，新能源都有着重大的意义。然而，在我们目前所拥有的新能源中，是否所有新能源都是绿色？是否所有新能源的生产和消费过程都是绿色？这些值得我们探讨。本身是绿色环保的太阳能，在现有的技术条件下其生产却伴随高污染与高能耗，这让我们在使用新能源的过程中更加慎重。未来，在技术水平提高的前提下，我们期待太阳能的生产和消费均实现清洁无污染。核能、潮汐能、风能等新能源的生产与消费也存在一定的环境风险。如核燃料放射性对环境的影响，风能发电厂应该建在戈壁沙滩上，而不该建在耕地农田上等。在新能源的研发与生产中，我们应该尽量做到绿色环保，不要为了换取绿色能源而伤害原有的绿色，"以绿伤绿"。我们要努力提高新能源开发水平，降低环境成本，让新能源成为真正的绿色能源。

5. 能源生产中的减排与废弃物处理

煤炭、石油、天然气等能源在生产过程中会产生诸多包含重金属、有毒气体、温室气体的废水、废气，以及煤矸石、炉渣、粉煤灰等固体废弃物，有效处理这些生产垃圾是能源绿色开采的重要内容之一。对能源生产中的废水、废气和固体废弃物进行无害化处理固然是绿色的，但倘若能够将其转化为资源加以利用，则更符合能源绿色战略的要求。随着技术的进步，我国在不断提高对煤炭瓦斯、煤矸石、煤矿井水等的重复利用率，将其作为其他行业中的原材料进行使用，收到了较好的效果。此外，我国还在不断研发与完善将农作物、生活垃圾等转化为生物能源的技术，使这些废弃物变废为宝，既保护环境，又提高了资源利用率。

二、推进体制改革保证能源产业绿色发展

人们对能源发展提出诸多问题，如中国的能源资源配置有重大不足，能源企业可持续发展动力和能力不足，能源管理部门重项目、轻长远，能源价格没有完全反

映资源稀缺性，节能减排的财税、金融等经济政策还不完善，能源消费和污染物排放计量、统计滞后，这些问题都需要解决。

中国是传统能源生产和消费大国，中国传统能源的绿色水平较低，在推进中国传统能源绿色发展的工作任重而道远。

1. 完善能源绿色发展法律体系

中国虽然已经制定了《中华人民共和国可再生能源法》《可再生能源发电价格和费用分摊管理试行办法》等法律法规，但法律体系仍不完善，而且法律设计尚不细化。面对能源发展、能源革命、能源安全、能源法治等新形势，相关部门与各方面专家正在对《中华人民共和国能源法（送审稿）》进行反复研讨与分析。包括如何确定能源行政管理体制，确定能源主管部门与其他有关部门的主要职责分工，关于能源战略与规划、能源结构、能源开发与生产、能源市场、能源供给与消费、新能源与节约能源、储备进口、能源科技与国际合作以及与能源单行法律应当如何界定与衔接等问题，都在不断研讨与分析，可以说，《中华人民共和国能源法》历经10 年，仍在审议中。①

要特别指出，发达国家新能源立法上有很大进展，不仅包含不同时期国家能源绿色化转型的战略，还具体规定了新能源发展的中长期目标和实施政策等。新能源立法应加强体制和机制设计，典型例子有德国的《能源经济法》和《新能源和可再生能源电力立法》。日本、德国、英国等从法律角度详细规定了新能源的发展目标，并在电力企业新能源利用、可再生能源电力上网等方面作出了强制性规定。法国特别重视用法律来调控新能源的转型，如 1963 年的《重要核设施法令》在 1973年、1990 年、1993 年、1997 年相继作出了修订。我国应提高能源绿色发展的战略性、前瞻性和可操作性，为我国能源转型提供坚实的法律保障，保证能源绿色战略的不断改善和持续执行。

2. 进一步改革政府对能源发展的管理体制与机制

经过 40 年的改革，我国的能源体制已经突破了"政企合一、高度集中、行政

---

① 2015 年 5 月 31 日，中国能源法研究会在京召开《中华人民共和国能源法（送审稿）》修改专家座谈会。见中国能源法律网（http://www.energylaw.org.cn/）。

垄断"的政府部门直接经营模式，初步形成"政企分开、主体多元、国企主导"的能源产业组织格局。但是总体上，政企分开没有真正实现；市场结构不够合理，有待进一步重组；价格机制尚不完善，仍然依靠行政手段配置资源，能源价格机制未能完全反映资源稀缺程度、供求关系和环境成本；行业管理仍较薄弱，能源普遍服务水平亟待提高；政府管理不够科学，职能越位、缺位、不到位现象时有发生。转变经济发展方式为什么难，一个原因是在体制上。政府与市场关系摆不对，政府有积极性，企业没有动力，那就只会形成一大堆的口号，不能产生实际效果。

应设立能源统一主管部门，全面负责制定能源战略。用战略指导规划，规划落实战略。有太多的事情需要政府决策，如国家重点能源基地如何建设与合理布局？如何通过税收、价格、信贷以及财政支付等政策的手段支持能源产业发展与能源合理布局？大城市交通用油问题如何解决？中国要不要搞 LNG 的现货市场？能源行业的具体改革，能否以电力改革为突破口，取消煤炭价格双轨制，率先实现煤炭和电力两个行业的改革？

市场机制自身难以处理一些能源开发利用过程中的重要问题，只有在政府提供平等竞争和有效保护产权的规则，抑制和校正环境外部性，并对垄断行为加以监管的情形下，将"看不见的手"和"看得见的手"有机结合，市场竞争机制才能有效发挥作用。政府还应该主导新能源战略的制定、新能源发展总体规划、新能源立法、新能源发展支持体系等方面工作，总之，政府在能源管理上面的重心与精力摆放，没有在市场力量基础上的分工，就会错位、越位和缺位，既付出很多，又没能达到预想目标。更重要的是政府与市场如何各自做好自己的事，这就对管理体制改革提出了更高的要求。

3. 完善能源绿色发展的政策支持体系

传统能源绿色转型主要集中在电力、交通和供热三大领域，其中电力能源是实现绿色转变的最主要战场。G20 国家中，绝大部分都对电力能源消耗中的绿色能源占比制定了未来目标。我国应积极整合企业、研究机构和政府资源，制定并实施绿色能源技术中长期研发规划，启动国家级大型科研项目，广泛开展国际合作，力求在以上三大领域的新能源技术方面与国际接轨，并在一些领域取得世界领先，使我国在未来绿色能源竞争中立于不败之地。

新能源关乎经济社会和人类生存发展的未来，应从长远利益考虑，大力支持绿色能源的开发和利用。经验告诉我们，新型产业的发展初始阶段离不开政府和社会的支持，发达国家大都建立了具体而行使有效的新能源发展支持体系，支持体系大概包括法律支持、财政支持、税收支持，还有在市场经济条件下的金融支持，如贷款担保、低息补贴和贸易支持如财税在贸易出口方面的鼓励等。必要时，可提高政府投资力度，启动国家重点新能源科研项目。从多方面确保新能源产业能够在宽松、适宜的环境中发展壮大。

2012 年 7 月 20 日国务院出台了《国务院关于印发"十二五"国家战略性新兴产业发展规划的通知》[①]，明确指定节能环保、新能源、新能源汽车等七大战略性新兴产业，规划到 2015 年核电、风电、太阳能光伏和热利用、页岩气、生物质发电、地热和地温能、沼气等绿色新能源占能源消费总量的比例将提高到 4.5%，太阳能开发利用蓬勃发展，风电装机容量持续攀升，核电项目建设力度空前。

专　栏

绿色发展——2015 年的回顾与新年展望

2015 年是中国绿色理念、法规、行政、实践有重大开创性进展的一年。2015 年党中央、国务院出台绿色发展若干重大决策。2015 年 3 月 24 日中国共产党中央政治局会议上首次提出绿色化，这是党的十八大提出新型工业化、城镇化、信息化、农业现代化战略任务后，增加或者说强调的新任务。绿色化是对绿色经济与发展生态文明理念的继承，它强调"科技含量高、资源消耗低、环境污染少的生产方式"，强调"勤俭节约、绿色低碳、文明健康的消费生活方式"。绿色化是绿色经济的升级版，是突出绿色发展重点的实践版。2015 年 9 月 21 日，中共中央、国务院印发了《生态文明体制改革总体方案》，提出树立发展和保护相统一的理念，强调发展必须

[①]《国务院关于印发"十二五"国家战略性新兴产业发展规划的通知》，引自网页：http://www.gov.cn/zwgk/2012-07/20/content_2187770.htm.

是绿色发展、循环发展、低碳发展，给子孙后代留下天蓝、地绿、水净的美好家园。2015 年 10 月 29 日党的十八届五中全会通过《中共中央关于制定国民经济和社会发展第十三个五年规划的建议》。全会强调，实现"十三五"时期发展目标，必须牢固树立并切实贯彻创新、协调、绿色、开放、共享的发展理念。坚持绿色发展，必须坚持节约资源和保护环境的基本国策，坚持可持续发展，坚定走生产发展、生活富裕、生态良好的文明发展道路，加快建设资源节约型、环境友好型社会，形成人与自然和谐发展现代化建设新格局，推进美丽中国建设，为全球生态安全做出新贡献。

我们看到，2015 年绿色化的法规、政策与行动相继重拳推出。2015 年 1 月 1 日，被称为"史上最严"的新《环境保护法》正式实施；《水污染防治行动计划》（又称"水十条"）2015 年 4 月 16 日正式出台，明确取缔水污染企业、完善污水处理费、排污费和水资源费等收费政策；对地方政府一把手就环境违法进行环保约谈；环保部部属 8 家环评机构完成脱钩；实行省以下环保监测监察执法垂直管理；2015 年一年内吸纳社会资本投入环保的 PPP 模式项目总投资已达到 3.5 万亿元等，可以说，2015 年是中国大力推进绿色化的一年。

2016 年将是 2015 年各项决策、政策承续扩展的一年，是绿色化得到更有力推进的一年。展望 2016 年绿色发展，会有什么样的特点？

一是"绿色发展，绿色当先"。近年来，我们特别强调了"发展中保护，保护中发展"，这是处理生态治理与经济发展的基本原则，也有利于维护发展中国家的发展权。但是，在这个理念实际执行总出现偏差的反思中，在中国可持续发展面临严峻形势的时刻，在习近平总书记提出"绿水青山就是金山银山"后，我们需要重新概括绿色与发展的关系了。因为，多年来，各地在推动经济工作中，往往强调的是第一句话，即"发展中保护"，同时，有意无意把"保护中发展"也解释为保护是为发展服务的，总之，在两者关系中，把发展置于生态与环境保护之上或之前。不久前，习近平总书记去重庆考察，讲了"当前和今后相当长一个时期，要把修复长江生态环境摆在压倒性位置，共抓大保护，不要大开发"。这是对多年形成的惯性思维或说习惯定式的大冲击。多年来，讲西部大开发，开发重于保护，似乎理所当然。现在，就要讲保护重于开发，要把绿色发展当作机遇，当作致富途径，当作为后人永续发展的传家宝，这是真正地把绿色放在发展之前，也融在了发展之中，更摆明了环保跟踪考核于发展全过程。因此，2016 年将必然真正是绿色发展之年。

二是"上下同欲，民心为重"。2015 年对绿色发展的肯定、决策、宣传与执行，出现了一种绿色化的大众气氛和文化理念。多年来，解决吃饱穿暖是放在所有人心目中第一位的。不管是领导，还是百姓，都认为这是为大、为天之道。为此，工业化也好，城市化也好，也都认为理所当然，是脱贫之道，是世界共同发展之路。但在这几十年发展中，人们的疑惑在产生，在加重。人们在问：难道烟筒林立、黑烟滚滚真是人类追求吗？难道农村家乡青山绿水被工业化污染是正常的吗？……2015 年传统理念在迅速变化，污染企业必须解决问题否则关停，地方政府必须做好环保否则约谈罢官，民众绿色化的呼声正当合理必须大力支持。特别是中央强调国家治理现代化，相对多年的政府管理为主的思路，这突出了协同共治、尊重民意的理念。环保部 2015 年 7 月还印发了《环境保护公众参与办法》的文件。上下已达成共识，其力可断金。

三是"规则已定，干出样子"。2015 年绿色发展的大思路、重要法规、奖罚得失，均有了说法，立了权威。2016 年，关键在落实。各地也正在克服困难，设法推行。如何才能干出点绿色发展的业绩，确实是不仅需要热情，需要依令依规，还需要智谋、科技和人才。依令依规，关键是要相信最高决策在"绿色发展"上的决定，事关后代、利在众生，是势在必行的正确号令，要信之、服之，真正为此振奋起来，行动起来。多少年来，人们总以为地球是可以无限索取的，现在才发现并非如此。多年来，环境红利、资源红利、人才红利，为发展作了贡献。但现在红利变成红牌，环境、资源、生态保护任务重于泰山，要增长与发展，就要自觉在此约束条件下谋战略，探出路。如何变约束为动力、为机遇，干出样子，太重要了。在全国若干省区、若干企业的调研中，我们深感大家都在认真探索与努力破题。高新技术企业，在追求创新驱动；传统企业，在设法提高节能减排效率；民营环保企业，在向绿色发展方向寻出路。各地方政府正在组织与策划经济转型升级，走向绿色发展。在政府引导与市场推动下，有的传统产业正在力求制造出环保新产品来适应新需求，有的大型化工企业在依靠化学废弃物管理与循环利用力争引领化工产业绿色转型，有的依靠环保机械设备制作打开传统制造业新型市场，有的通过整合传统能源产业资源以开发绿色清洁能源，有的依托城市文化打造旅游产业核心品牌，有的则为明确生态资源产权积极进行生态资产摸底普查和保护利用⋯⋯为官一任，绿化一方；为商一生，美丽家乡。绿色利润不要因小而不为，冒烟利润不要因大而为之。同甘共苦，深入群众，分享创造，启悟妙招。当个现代苏东坡和李冰，看西湖千年苏堤，观江堰无坝分水，绿色工程，解患福民，实乃为官一大善举，人生一大乐趣。善谋规划于本任，听民众之意而行动，当其时也！

四是"新绿旧绿，双管齐下"。在此既为地方社会经济话发展，似应先从紧处急处来。绿色发展，是个系统工程，涉及水、土、气、能源、节约、低碳、变废为宝、垃圾处理等，太多的方面。但有两件事是我们讲绿色发展最先会遇上且要抓紧解决的：第一，传统产业的绿色化。多少年了，我们的工业化造就了太多的传统工业——制造业或采掘业，运输业或炼化业等，这些业态对我们的生活与社会进步曾有过重大贡献，但其对水、气、土地、各类资源的使用，也在累积着人类生存基本条件的恶化。我们现在要去产能，减少一些市场供求失衡的工业供给，但还要改造升级一批老工业，使其节能减排，循环利用资源，以最小的环境代价来为社会造福。这方面成功的例子很多。第二，新的环保产业的发展。新能源业态在很快地发展，尽管在较长时期内，取代以煤为主的能源业还是不可能的，但提升新能源的比重是必然趋势。最明显的是电动车，现在已有了充电时间 2 小时而行驶距离远超 300 公里的新产品。类似的产品将为人类社会开拓可持续发展的空间。

五是"国际国内，互动共进"。2015 年 9 月 25 日于纽约，联合国可持续发展峰会正式通过《2030 年可持续发展议程》。此议程包括 17 项可持续发展目标和 169 项具体指标，围绕社会、经济与环境三大维度，促进各国转向可持续发展道路。2015 年 11 月 30 日，第 21 届联合国气候变化大会在巴黎举行。本次大会正式通过了《巴黎协定》，标志着人类应对全球气候变化治理的努力也即将开启新的征程。20 多年来，国际社会一直希望能将可持续发展的社会、经济和环境协调起来，但迄今还没做到。《2030 年可持续发展议程》为各国绿色发展合作提供了共同的目标，提供了若干的思路与措施，将促使各国在可持续发展上进行全面合作。中国坚持走可持续发展道路对全世界有着重大影响。中国人口众多、经济规模巨大、绿色消费的资源影响、绿色产业的国内外辐射作用、新能源产业在世界经济中的引领作用，均是国际社会高度关注的。中国国家主席习近平在联合国气候变化巴黎大会开幕式上发表了题为《携手构建合作共赢、公平合理的气候变化治理机制》的重要讲话，做出了今后15年中国在低碳绿色发展方面的重要承诺，表示将全力形成人与自然和谐发展的现代化建设新格局。

第十章

构建绿色金融体系，促进绿色发展[①]

本章摘要：近年来，绿色金融在支持与促进经济社会可持续发展方面的作用越来越被人们所认识。金融是经济的润滑剂，同时它对企业社会责任的影响巨大。在一定程度上可以认为，金融业是社会可持续发展的引领者之一。绿色金融是指为支持环境改善、应对气候变化和资源节约高效利用的经济活动，即对环保、节能、清洁能源、绿色交通、绿色建筑等领域的项目投融资、项目运营、风险管理等所提供的金融服务。绿色金融体系是指通过绿色信贷、绿色债券、绿色股票指数、绿色发展基金、绿色保险、碳金融等金融工具和相关政策支持经济向绿色化转型的制度安排。[②] 本章中，我们将对绿色金融发展的意义、领域、规则分三节进行集中的分析。

第一节

构建绿色金融体系的意义[③]

构建绿色金融体系是我国金融领域和环保领域的新话题，它既是环境管理的新

---

① 本章内容主要摘编自：李晓西，夏光等：《中国绿色金融报告 2014》，中国金融出版社，2014 年版。参考的论文有：马骏：《十三五中国绿色金融的发展前景》，《中国金融》，2016 年第 16 期。

② 引自中国人民银行、财政部、发展改革委、环境保护部、银监会、证监会、保监会合署文件《关于构建绿色金融体系的指导意见》，引自网页：http：//www. pbc. gov. cn/goutongjiaoliu/113456/113469/3131687/index. html.

③ 西南财经大学发展研究院、环保部环境与经济政策研究中心课题组的李晓西、夏光、蔡宁：《绿色金融与可持续发展》，《金融论坛》，2015 年第 10 期。蔡宁根据李晓西、夏光等的著为《中国绿色金融报告 2014》的序、前言和第一章整理编写。序作者为吴晓灵，前言作者为李晓西、夏光，第一章作者为李丁、李卫锋、蔡宁和朱春辉。

手段，也代表了金融业发展的新趋势。绿色金融体系随绿色发展应运而生，在全球范围内蓬勃发展，在我国也逐步兴起。1995 年中国人民银行、国家环境保护总局（现环境保护部）先后颁布《关于贯彻信贷政策和加强环境保护工作有关问题的通知》《关于运用信贷政策促进环境保护工作的通知》，国内部分商业银行开始发放绿色信贷。如果视此阶段为我国绿色金融制度的诞生，那可以说我国绿色金融体系构建的最先起步已有 20 年时间了。但如果把国务院在文件中提出"利用经济杠杆"保护环境的政策作为起步，那我国绿色金融的政策史就有 35 年时间了。那个文件就是《国务院关于在国民经济调整时期加强环境保护工作的决定》，时间是 1981年。构建绿色金融体系作为金融领域的一场变革与创新，一方面为金融的可持续发展开辟了新的领域，蕴藏着金融格局调整的新机遇，将重新推动金融的有序高效发展；另一方面也为绿色发展提供动力和支撑，在支撑绿色产业发展和推进传统产业升级方面发挥着重要作用，是我国调结构、促转型和深化改革的可行路径之一。

发展构建绿色金融体系具有重要意义，可主要归纳为以下几点：

一、绿色金融体系建设有助于实现环境保护效果的根本性转折提升

2014 年中央经济工作会议指出，我国"环境承载能力已经达到或接近上限"。在一些地方，污染的严重程度实际上已经超过了可容忍的极限。2014 年，我国 74个主要城市中只有 8 个城市的空气质量达标。一些北方城市的 PM2.5 水平常年在 100 微克/米^3 以上，远超世界卫生组织第二阶段标准（25 微克/米^3）。我国饮用水源中水质污染超标的占 75%，19% 以上的耕种土地面积污染超标。[①] 中央对我国环境情况的严重程度有非常清醒的把握，对环境污染的程度已作出了零容忍的表态，换言之，中国环境问题已到了必须根本性治理和纠转的底线上。当此危难之际，仅靠政府力量显然不够，仅靠财政力量显然不足。在过去的两年里，我国中央与地方财政提供了 2000 多亿元来支持环保、节能、新能源等绿色投资，而根据环保部的测算，今后 5 年内我国仅治理大气污染就需要 1.7 万亿元。2014 年的绿色投资中，

---

① 引自：绿色金融工作小组：《构建中国绿色金融体系》，中国金融出版社，2015 年版，第 4页。

政府财政占所需绿色投资的比重超不过 20%，80% 需要社会各方出资。如果没有一个有效的绿色金融体系，环境保护与治理的目标将是无法实现的。①

显然，我国在走可持续发展道路的过程中面临多重困难，需要多渠道解决。近年来，煤炭、钢铁、传统制造业、房地产等领域一直是银行金融系统每年新增贷款的主要方面。这些产业凭借其在市场份额上的垄断优势，具有单笔贷款额大、可接受的利率高、管理成本低、还本付息安全性强等特点。其结果是：以煤炭、钢铁、水泥、建材、化工等为主的高能耗、高污染产业所占的比重大，这就是为什么一些商业银行的行为短期性导致银行信贷继续涌入了高耗能资源产业，造成了对低耗能产业的支持不够。而从长期可持续发展角度看，我国在今后的发展中要更加注重产业结构的调整与优化。产业结构调整是经济转型升级的核心内容，而传统产业绿色改造和绿色产业发展又是产业结构调整的核心内容。显然，作为现代经济的核心和实现资源配置枢纽的金融业，在促进产业结构的优化和调整过程中应当也必将发挥越来越重要的作用。绿色金融将从可持续的角度处理经济增长、投资回报和环境保护三者关系，运用政府和市场两方面力量来为环境保护与发展提供资金，因此，有助于促进产业绿色升级，有助于在人类面临可持续生存与发展方面发挥关键性作用。

第一，绿色金融有利于传统产业的绿色改造。我国环境污染与产业结构、能源结构和交通结构有密切关系。重工业的单位产出能耗及导致的空气污染是服务业的 9 倍，而我国重工业产值占 GDP 的比重高达 30%，在全球大国中最高。在同样当量下，燃煤所导致的空气污染为天然气的 10 倍，而我国煤炭占总能源消耗的比重却高达 67%。私家车出行所导致的空气污染为地铁的 10 倍以上，而我国城市居民出行方式中地铁占比只有 7%，公路出行占比为 93%。② 现阶段，受国家节能减排要求，我国的冶炼、工矿等三高产业发展遇到越来越多的障碍，而积极采用清洁生产技术，将环境污染物的排放消除在生产过程之中的绿色产业在绿色金融的支持下发展前景良好。绿色金融强调了要为传统产业在节能减排、生

---

① 绿色金融工作小组：《构建中国绿色金融体系》，中国金融出版社，2015 年版，第 5 页。
② 绿色金融工作小组：《构建中国绿色金融体系》，中国金融出版社，2015 年版，第 4 页。

态保护、应对气候变化等提供金融支持与服务，并引导生产企业从事绿色生产和经营，促进经济的绿色发展。这就要求商业银行在发放贷款时要考虑企业和贷款项目的环境风险，对于一些能源消耗大、环境污染大的企业和项目应该不予以贷款支持，而对于能源消耗小、环境污染小的节能环保型绿色产业则应该给予低利率的优惠贷款支持，引导绿色产业资本由"两高"产业向"两低"产业调整。在绿色金融的带动下，促进技术、劳动力等各项资源汇集向传统产业的绿色升级，提升这些产业的长期竞争力。

第二，绿色金融体系有利于环保产业等绿色产业的发展。绿色金融区别于传统金融的重要一点就是把环境保护作为基本出发点，在投融资决策中能充分考虑企业及其业态潜在的环境影响，考虑投资决策的环境风险与成本，在金融经营活动中注重对生态环境的保护以及环境污染的治理。正如本篇所论述的，"不仅是传统工业需要绿色化，即使是信息产业为代表的新型产业，众多被称为'办公室产业'如金融业的无烟产业，也有节能、节电、节水、节地、节办公用品和清洁工作的需求。这里，特别将近年来我国各方关注、发展明显加快的环保产业、生态农业、文化产业作为广义绿色产业中具发展潜力和典型意义的代表加以介绍与分析"。绿色金融体系关注的不仅是传统工业绿色化改造，还关注广义上的绿色产业。它对各类投资项目的环境影响进行评估和甄别，以揭示和发现最具长期投资价值的行业和企业，优化资本合理配置，促进产业结构绿色化升级。

金融行业对绿色经济的发展具有重要的影响，它根据以环保产业为内容的绿色经济动态发展过程不断地进行金融创新，开发出适合绿色产业发展的多种金融创新产品，通过建立绿色信贷、绿色环保产业基金、绿色保险等在内的绿色环境金融体系，为绿色产业和绿色经济的发展提供保障。可以预期，构建绿色金融体系，不仅有助于加快我国经济向绿色化转型，也有利于促进环保、新能源、节能等领域的技术进步，有利于加快培育新的经济增长点，更有效地提升了经济增长潜力。总之，绿色金融伴随着绿色发展应运而生，为绿色发展提供动力和支撑，是全球也是中国转变经济发展方式的可行路径之一。

二、构建绿色金融体系有助于促进金融业本身的发展

绿色金融代表了未来金融发展的新趋势与新方向，是金融领域的一场创新与变革。我们看到，一次又一次的金融危机将金融发展的问题暴露在人们面前，在全球经济高速发展的背后，金融业本身存在的问题令人担忧，绿色金融的适时出现则有助于缓解这一问题。绿色金融代表了国际金融发展的新方向，提供了全球经济增长的新动力，蕴藏着金融结构调整的新机遇。绿色金融作为一种新的金融变革与创新，为金融的可持续发展开辟了新的领域，有利于改变现有的金融发展格局与趋势，重新推动金融的有序高效发展。

绿色金融体系涵盖了绿色发展所需的各种金融制度安排，为绿色发展提供可持续的绿色金融产品、绿色金融人才与绿色金融交易。尤其在中国，银行 10 年来首次真正遇到贷款需求不足的问题。以新型环保产业、通信和生物为代表的科技领域对金融的需要，是金融可持续发展的重要机遇问题。绿色金融理念会直接推动金融产品的绿色化创新，打破多年来传统的金融品种老模式，形成适应新形势发展的多元化的运营模式。

绿色金融体系会促进不同区域间商品市场、劳动力市场、技术市场等在资本引导下的流动、重组，带来商品、劳动力和技术等资源的空间转移、区域资源禀赋的改变，促使绿色产业的整合，进而有效地打破行业、地区甚至国别的限制，在更大的范围内实现商品市场、劳动力市场以及金融市场的资源有效配置，使市场体系更加完善和高效。

绿色金融体系也是防范金融风险的体制性工具。伴随着国内产能过剩压力的增大，铁、煤炭及传统制造业库存量很大，不良贷款大户数额急剧上升。从更宽的视野看，非环保类尤其是污染类产业，面临着要求加大环境保护投资的压力，或者是盈利巨降，或者是关门转产。这对金融曾经给予或可能将要增加的支持，将是巨大的风险。虽然短期内可能有资金回笼，但长期看呆、坏、死账不可避免。绿色金融体系必须利用金融风险管理技术，在商品和服务的价格中真实地解读环境服务的价值，开发涵盖环境风险识别、评估、控制和转移及检测风险管理系统，对项目建设

和运营过程中可能存在的环境和社会风险进行充分的识别和控制，并通过分散化投资来降低风险，支持投资技术先进、经济效益好的节能项目和环保项目，以提高金融企业效益，进而将环境风险组合到整体风险中。绿色金融体系要求环境信息的公开，进而将事后处罚变为事前预防、事中监督，对防范金融绿色投资的风险显然是有利的。进而言之，因绿色标准的影响，企业产品在出口时有利于打破国际贸易中的绿色壁垒，绿色项目有利于变废为宝实现资源再利用。循环经济、低碳经济、生态经济从长期看，是环境风险最低的经济发展形式，而规避环境风险有助于规避金融风险，绿色产业的可持续发展有利于金融业的可持续发展。

实际上，绿色金融体系既包括了金融对各类绿色产业的支持，也包括对金融自身运行的绿色化的制度安排。绿色金融理念有助于金融企业自身减少浪费进而减少成本开支等。比如，金融业本身也有节能、节电、节地、节水的潜力，也有发挥人力作用和提高工作效率的必要，也有实现绿色消费的巨大空间。用绿色的标准来推动这些工作，将会降低金融机构的运营成本，提升营利性。绿色金融还有助于提升金融企业的社会责任形象，这些也将构成市场发挥作用的基础，构成政府财政政策关注的亮点。

三、绿色金融体系建设有助于推进社会进步和国际合作

绿色金融的推进与实施，需要相关法律体系的支撑与保障，这既是社会可持续发展的需要，也是推动社会进步的制度性供给。绿色金融法律体系是绿色化的金融法，是以可持续发展理念为原则，为促进绿色发展而调整完善相关的金融法律关系的结果。它不仅有助于降低金融风险，更有助于提高金融活动的社会责任。在绿色金融法律的保障下，经济、环境、社会协调发展的新秩序将得以确立。

绿色金融体系的建设有利于促进城市的可持续发展。各国包括中国的城市能否可持续发展，均面临着巨大的资源支撑压力、严峻的环境承载压力、供求难以平衡的能源压力。就中国情况看，城市要发展，首先要使城市能持续的生存。在城市建设中，不能不顾环境与生态而一味扩张，如一些地方政府愿意建大广场，不愿修排污道；愿意搞五星饭店，不愿费心费力解决百姓基本居住问题；追求城市快速膨大

升级，市政公用设施建设和居住环境问题却不能随之解决，一些城市供水管网漏失率高达 30%。绿色金融体系的建设，就将配合诸多政策，引导与支持城市环境保护和生态建设，支持绿色业态的高端现代服务型企业，支持新能源、清洁能源符合"两化"的低碳型企业在城市里发展壮大，支持节约能耗、空气及水体净化、固体废弃物（垃圾等）处理的技术研发和工程建设，支持能吸水能排水、防止城市内涝的海绵城市建设，为城市布局美、环境美、交通方便洁净的规划提供资金支持。①

绿色金融体系的建设有利于促进农业的可持续发展。随着我国现代农业发展进程的深入，农业综合生产能力和农民收入在持续增长。但是，农业环境污染问题突出，农村生态系统退化明显，需要多方努力来解决之。农村绿色金融就是非常重要的途径。金融部门把农业资源环境保护作为基本国策，银行业在农村信贷政策、利率等方面对种养大户、家庭农场、合作社、龙头企业等农村新型经营主体在绿色农产品生产基地、绿色农业产业链等方面予以扶持，绿色金融体系各类工具对农牧业节水灌溉工程、农业生物质资源回收利用、生态保护和适应气候变化等涉及的设施建设项目加大关注与支持，总之，千方百计地为农村绿色企业、绿色农业产业创造更多的融资机会，将有助于促进农业环境资源保护和农村经济可持续地发展。

绿色金融体系的建设有利于加深企业、公民环境保护的社会责任感，社会责任的思想又催生了绿色责任理念。在绿色责任理念的指导下，产融业的社会责任和利益共赢的努力，社会成员的绿色认同和绿色消费行为，逐渐成为全球环境治理的新模式，促进社会可持续发展，提升民众文明，推动社会进步。

绿色金融建设还促进了国际合作，最新的例证就是 2016 年的 G20 杭州峰会。中国担任 G20 主席国后，启动了国际金融架构工作组，与 G20 各方一道推动建立更加稳定和有韧性的国际金融架构。G20 峰会高度关注了绿色金融体系建设，明确其目的就是使融资行动更加环境友好，减少大气、水和土壤的污染，减少温室气体的排放，提高资源使用的效率。中国人民银行副行长易纲表示，绿色金融是一个可

---

① 摘编自作者 2015 年 10 月 27 日在亚太绿色中心论坛上的讲演，题目为《城市绿色发展与科技创新的思考》。

持续的概念，是用"市场机制＋政府支持"这样一个机制，动员更多民营资本来加入绿色贷款、绿色债券和绿色保险等，使得我们在融资环节上更加"环境友好"。在 2016 年 G20 杭州峰会上，中国提交了《关于构建绿色金融体系的指导意见》，这份指导意见总结了绿色金融的标准和经验，以及今后所推荐的措施，供各国参考使用。要求广泛开展绿色金融领域国际合作，继续 G20 框架下推动全球形成共同发展绿色金融的理念，积极稳妥地推动绿色证券市场双向开放，提升对外投资绿色水平。[1] 我国财政部负责人也表示，发展绿色金融就是要以市场化原则引导激励更多社会资本投入绿色产业，鼓励金融机构提供更多绿色金融产品和服务。财政部将广泛、深入地开展绿色金融领域的国际合作，有效利用国际平台交流经验、提升能力，积极利用国际金融组织和外国政府贷款投资，引资引智，助力国内绿色金融和绿色产业发展。[2]

四、绿色金融体系建设有助于推进我国金融管理体制的改革与完善

市场经济条件下，金融体制是指通过法律、法规、条例等形式规定的各类金融机构权限和运行规则，主要是金融机构与政府、企业、其他金融机构之间各类关系，它体现在一国的银行体制、货币发行体制、信贷资金管理体制、利率管理体制，金融机构的组织、运行方式，金融业务的设置、金融市场的组织和管理等方面。金融体制调节着货币流通和资金运动，平衡着资金的供需，为经济发展目标配置着金融资源，是国民经济管理体制的有机组成部分。我们知道，financial system 既可理解为金融体制，也可理解为金融体系，虽然在使用于不同的分析场合时，会有一定差别。一般而言，金融体系具有以下基本功能：资源配置功能，单个投资者很难对公司和市场条件进行全面的评估，而在金融中介机构协助下可进行全面的项目评估，最终使社会资本的投资配置更有效率；清算和支付功能，可靠的交易和支

---

① 2016 年 9 月 1 日，中国人民银行副行长易纲就"二十国集团强劲、可持续、平衡和包容性增长与货币金融体系改革"，向中外记者介绍 G20 杭州峰会有关财政、金融议题的进展。张璐晶：《中国人民银行副行长易纲：中国在绿色金融行动上走在了前面》，《中国经济周刊》，2016 年第 36 期。

② 李丽辉：《发展绿色金融实现绿色发展》，《人民日报》，2016 年 9 月 3 日，第 4 版。

付系统应是金融系统的基础设施；融资功能，指金融市场和银行中介可以有效地动员全社会的储蓄资源并优化金融资源的配置；金融体系的股权细化功能，即金融机构可以将无法分割的大型投资项目划分为小额股份，实现股权高度分散化和公司经营职业化；风险管理功能，金融体系的风险管理功能要求金融体系对中长期资本投资的不确定性即风险进行交易、定价、分散和转移，形成风险共担（risk pool）的机制；激励功能，通过让企业的管理者以及员工持有股票或者股票期权，从而使管理者和员工努力提高企业的绩效；信息提供功能，在金融市场上，不仅投资者可以获取各种投资品种的价格以及影响这些价格因素的信息，而且筹资者也能获取不同的融资方式成本的信息，管理部门能够获取金融交易是否在正常进行、各种规则是否得到遵守的信息。[①] 对照可知，绿色金融体系正是要形成这样一套规则、运行方式和组织架构，实现各种基本功能，来达到为绿色发展服务和金融产业可持续的目标。这也正符合党的十八大强调的"使市场在资源配置中起决定性作用和更好发挥政府作用"，有助于坚持社会主义市场经济的改革方向。

绿色发展需要我国从中央到地方的整个金融系统都进行金融创新，实现绿色金融的目标，并建设有效的金融体系新的管理格局。绿色金融体系有助于金融机构提升资源配置的功能。金融在引导经济发展时，不仅要实现经济效益最大化，也要实现环境效益的最大化。这个过程，既是挑战，也是机遇，会促进金融机构自身管理体制与水平的提高。有助于提升金融机构的绿色金融理念，促进其确立绿色金融战略，提高准入管理和信用等级划分的方式，鼓励金融机构开发绿色金融产品和工具，影响与引导企业和社会各方在环境与经济行为上有所改进。绿色金融的发展，促成金融组织在管理理念、管理模式和业务模式上发生体制机制性转变。基于社会可持续发展准则的要求，金融组织在经营过程中不断提高自身的社会责任意识。它们会更多地提供安全绿色的金融产品和服务，在盈利模式上不仅使自身获得了盈利，而且促进了所支持企业利润与责任的同时实现。

在绿色金融的推进中，确实也出现了一种现象并引起人们关注，那就是绿色化

---

① 李晓西：《宏观经济学》（中国版）（第二版），中国人民大学出版社，2013年版。

本身包含着社会效益，而金融业或产业，多在强调着经济效益。如果强调了社会效益，似乎政府的干预就会增加，似乎经济利益会受影响。破解这个疑惑的关键在三点上：一是从世界发达国家所倡导的绿色金融看，这是在金融机构自主运行的基础上，增加了相关的财政补助（比如贷款上的贴息），因此，体现的是政府与市场运作的结合；二是从中长期看，绿色金融更具有持续的营利性，更有利于金融机构的持续发展；三是绿色金融面对的绿色产业是非常广泛的领域，有非常多的选择空间，有非常多的时点配套，是否能打出高明的组合拳，正是金融机构的水平与能力体现，这也将是金融机构的一场有价值的市场竞争。

专　　栏

绿色金融首入二十国集团峰会议题①

2016年9月5日，各国领导人聚首杭州，参加二十国集团峰会（G20）。会上发布公报，强调动员绿色金融的重要性，并对G20绿色金融政策研究组（GFSG）提出的自愿可选措施表示赞赏。这是参加二十国集团峰会的领导人首次在峰会的年度公报中提到绿色金融的重要性。

在G20轮值主席国中国的倡议下，二十国集团建立了绿色金融政策研究组，由中国人民银行和英格兰银行共同主持，联合国环境规划署（UNEP）担任秘书处。该小组的参与者来自所有G20成员方、受邀国和6个国际组织，共计80多人。自2016年1月成立以来，该小组召开了4次核心会议，出台了《G20绿色金融综合报告》，并提交给G20财长和行长会议讨论。这份报告全面论述了在全球范围内发展绿色金融的必要性以及绿色金融发展所面临的障碍，并提出了克服这些障碍的七大可选措施。

G20峰会公报指出："我们认识到，为支持在环境可持续前提下的全球发展，有必要扩大绿色投融资。绿色金融的发展面临许多挑战，包括：绿色项目外部性的内部化、绿色项目期限错配、缺乏绿色定义、信息不对称以及环境风险分析能力缺失。

---

① 《G20峰会发布公报，对"绿色金融"表示欢迎》，引自网页：http：//www.unep.org/news-centre/zh-hans/.

但基于和私营部门的合作，我们提出了可选措施，可以有效地克服以上挑战。"绿色金融政策研究组发布了《G20 绿色金融综合报告》，审视发展绿色金融的必要性以及面临的挑战。它为各国和市场参与者提供 7 条可选措施，通过国际合作动员社会资本在绿色领域的投资，克服所面临的挑战，包括：开展国际合作以推动跨境绿色债券投资，鼓励并推动在环境与金融风险领域的知识共享等。相信可通过以下努力来发展绿色金融：提供清晰的战略性政策信号与框架，推动绿色金融的自愿原则，扩大能力建设学习网络，支持本地绿色债券市场发展，开展国际合作以推动跨境绿色债券投资，鼓励并推动在环境与金融风险领域的知识共享，完善对绿色金融活动及其经济和社会影响的评估方法。

联合国环境署执行主任埃里克·索尔海姆（Erik Solheim）表示："得益于中国政府的积极推动，G20 峰会承担起促进经济效益和环境保护协调发展的责任。绿色金融对全球未来至关重要，联合国环境署很荣幸能够在这一领域给予支持。"中国人民银行行长周小川对公报表示认同。他说："全球金融系统需要发挥领导作用，积极动员社会资本在绿色领域的投资，并采取适当的激励措施。"英格兰银行行长马克·卡尼（Mark Carney）表示："气候变化的不利影响严重威胁经济恢复、增长和金融稳定。考虑到所需的投资资本规模，金融市场需要向低碳经济转型。绿色金融政策研究组致力于提出可选措施，打破制度和市场壁垒，努力将绿色金融发展为全球共识，他们的工作至关重要。"

第二节
我国绿色金融发展的主要领域[①]

绿色金融作为促进经济、资源、环境协调发展为目的而进行的信贷、保险、证

---

① 本节重点参阅了中国人民银行、财政部、发展改革委、环境保护部、银监会、证监会、保监会合署文件《关于构建绿色金融体系的指导意见》，引自网页：http：//www. pbc. gov. cn/goutongjia-oliu/113456/113469/3131687/index. html. 本节数据参用马骏：《在 G20 框架下推动全球绿色金融发展》，《第一财经日报》，2016 年 9 月 1 日 A11 版；李若愚：《我国绿色金融现状及发展空间分析》，引自网页：http：//www. sic. gov. cn/News/455/6328. htm.

券、产业基金等金融活动，自然包括了金融工具的各方面。2016 年 3 月，全国人大通过的"十三五"规划纲要明确提出要"建立绿色金融体系，发展绿色信贷、绿色债券，设立绿色发展基金"①。2016 年七部委《关于构建绿色金融体系的指导意见》提到的 8 个方面是：大力发展绿色信贷，推动证券市场支持绿色投资，设立绿色发展基金、通过（PPP）模式动员社会资本，发展绿色保险，完善环境权益交易市场、丰富融资工具，支持地方发展绿色金融，推动开展绿色金融国际合作和防范金融风险和强化组织落实。② 有专家指出，绿色金融可以在以下 10 个领域推进：发展绿色产业基金，发展绿色贷款贴息，建立绿色担保机制，银行开展环境压力测试，建立绿色债券市场，发展绿色股票指数，在环境高风险领域建立强制性的绿色保险制度，明确金融机构的环境法律责任，强制要求上市公司和发债企业披露环境信息，推动绿色金融领域的国际合作。③ 我们在《中国绿色金融报告 2014》中，主要分析的绿色金融领域是：绿色信贷，绿色证券，绿色保险和碳金融。在本节里，我们从信贷、保险、证券、产业基金四大金融工具的角度来探讨绿色金融发展的现状。

一、绿色信贷的含义、作用及发展现状④

绿色信贷是指投向清洁生产、低碳循环经济的绿色项目如环保产业、传统工业绿色化、节能减排等有助于经济经济发展的贷款。国际上可持续发展引发各方对绿色经济的关注，中国政府在环境治理上的坚决态度与积极行动，国内的环保风暴所带来的信贷风险，促使金融机构开始重新认识和审视环境问题，确认银行绿色信贷管理的地位和作用。环保部门和金融部门开始了密切合作，推动绿色信贷在中国的发展。绿色信贷的制度特征在于把环境保护与社会责任融入商业银行的贷款规则和

① 引自：马骏：《十三五中国绿色金融的发展前景》，《中国金融》，2016 年第 16 期。
② 中国人民银行、财政部、发展改革委、环境保护部、银监会、证监会、保监会合署文件《关于构建绿色金融体系的指导意见》，引自网页：http://www.pbc.gov.cn/goutongjiaoliu/113456/113469/3131687/index.html.
③ "中国绿色金融发展十大领域"，引自马骏：《中国绿色金融发展与案例研究》，中国金融出版社，2016 年版。
④ 参考并摘编自杨姝影、沈晓悦"绿色信贷"，原文为李晓西、夏光等所著的《中国绿色金融报告 2014》第三章。李晓西、夏光等：《中国绿色金融报告 2014》，中国金融出版社，2014 年版。

贷款管理流程之中。

我国是一个以间接融资为主的国家，投资项目的融资主要依赖银行信贷。绿色信贷是绿色金融的重要内容之一，当前我国的绿色金融产品主要以绿色信贷为主。作为银行业的绿色信贷业务管理安排，旨在强化项目的环境影响和社会效益分析，并以此来确定对项目和企业的信贷放、停或增减。绿色信贷通常包括两方面内容：一是奖，二是惩。奖者：利用比一般信贷有适当优惠的贷款品种、期限、利率和额度等，支持环保节能项目或企业。惩者：对违反环保节能相关法律法规的项目或企业采取停贷、缓贷、收回贷款等信贷处罚。目前，绿色信贷已经成为环保部门和银行业联手打击企业环境违法行为、促进节能减排、规避金融风险的一项重要环境经济政策。发展绿色信贷，既是促进经济与生态环境建设可持续发展的要求，也是银行降低信贷风险、优化信贷结构、实现健康发展的内在需求。

绿色信贷政府财政支持下的银行金融工具。没有政府财政的支持，商业银行没有力量开展和坚持绿色信贷。政府的绿色信贷政策，主要是通过财政资金的支持与引导，鼓励商业银行在信贷中关注与重视有利于环境保护与绿色发展的行业、企业和项目。具体讲，对于绿色信贷支持的项目，银行可按规定申请财政贴息支持。在监管部门的呼吁和配合下，我国银行业大力推进了绿色信贷业务，相继制定实施了"环保一票否决制""节能减排专项贷款""清洁发展机制顾问业务""小企业贷款绿色通道""排污权抵押贷款"等金融产品和服务。我国绿色信贷的体系框架由四部分组成：《绿色信贷指引》《绿色信贷统计制度》《绿色信贷实施情况关键评价指标》以及银行自身的绿色信贷制度。随着制度建设的完善，绿色信贷进入了全面发展阶段。2013 年 11 月在全国银行业化解产能过剩暨践行绿色信贷会议上，工行、农行、中行、建行、交行、兴业银行等 29 家参会的银行业金融机构签署了绿色信贷共同承诺。评估结果显示，多家银行通过年度授信指引或专门制定的绿色信贷政策文件明确了信贷风险管理和投向政策，根据有保有压、区别对待的原则，针对国家重点调控的限制类或有重大环境和社会风险的行业，实施了绿色信贷工作。截至 2013 年底，21 家主要银行业金融机构绿色信贷余额为 5.2 万亿元，占其各项贷款余额的 8.7%。截至 2014 年末，银行业金融机构绿色信贷余额为 7.6 万亿元；其中，21 家主要银行业金融机构绿色信贷余额为 6 万亿元，占其各项贷款的 9.3%。截至 2015 年末，我国绿色信贷余额达到 8.08 万亿元，比 2014 年末增长了 6.4%，所支持的项目大约年节约标准煤 1.67 亿吨，节水 9.34 亿吨，减排二氧化碳当量 4 亿吨。2015 年末的绿色信贷余额占我国全部信贷余额的 10% 左右。[①] 还应指出，人民银行、银行业监督管理等部门在组织与建设绿色信贷制度方面，在落实政府政策方面具有关键性的作用。

为推动金融业构建持续有效的绿色信贷的管理制度，需要进一步完善政府与金融业互动的相关政策体系与机制。根据 2016 年七部委《关于构建绿色金融体系的指导意见》，已明确的主要有：一是完善绿色信贷统计制度，加强绿色信贷实施情况监测评价；探索将绿色信贷实施情况关键指标评价结果、银行绿色评价结果作为重要参考，纳入相关指标体系，形成支持绿色信贷等绿色业务的激励机制。这与财政如何支持金融业及其支持力度是直接相关的。二是建立专业化担保机制支持绿色信贷发展。专业化运行的绿色担保机制可以有效解决部分风险较高的绿色项目的融资贵问题。如美国能源部对新能源项目的担保计划就通过有限的财政资金，撬动了大量信贷资金大量投入清洁能源产业，成功地帮助核能、风能、光伏等清洁能源行业在美国实现了快速发展。我国的一些地方政府正在规划成立专业性的绿色贷款担保机构和建立绿色项目风险补偿基金，以支持绿色担保机构的运作。三是推动银行业自律组织建立银行绿色评价机制，即明确评价指标设计、评价工作的组织流程及评价结果的合理运用，通过银行绿色评价机制引导金融机构积极开展绿色金融业务，做好环境风险管理。对主要银行先行开展绿色信贷业绩评价，在取得经验的基础上，逐渐将绿色银行评价范围扩大至中小商业银行。四是推动绿色信贷资产证券化。在总结前期绿色信贷资产证券化业务试点经验的基础上，通过进一步扩大机构参与范围，规范绿色信贷基础资产遴选，探索高效、低成本抵质押权变更登记方

① 摘自：马骏：《十三五中国绿色金融的发展前景》，《中国金融》，2016 年第 16 期；部分数据摘自杨立杰：《绿色金融的政策实践与反思》，《金融时报》，2016 年 5 月 16 日第 10 版；雷英杰：《发展绿色信贷尚需扫除制约因素——专访中国工商银行总行城市金融研究所副所长殷红》，《环境经济》，2016 年 Z3 期。

式，提升绿色信贷资产证券化市场流动性，加强相关信息披露管理等举措，推动绿色信贷资产证券化业务常态化发展。五是支持和引导银行等金融机构建立符合绿色企业和项目特点的信贷管理制度，将企业环境违法违规信息等企业环境信息纳入金融信用信息基础数据库，优化授信审批流程，在风险可控的前提下对绿色企业和项目加大支持力度，坚决取消不合理收费，降低绿色信贷成本。

这里特别要指出，在绿色金融方面行动最早的我国商业银行是兴业银行。早在 2005 年，兴业银行便与国际金融公司合作，首次推出节能减排项目贷款。截至 2015 年末，兴业银行已经为 6000 余家企业提供绿色融资 8000 亿元以上。工商银行、国家开发银行和浦发银行等全国性商业银行、政策性银行，依托绿色金融政策，自我建设绿色信贷标准，积极开展绿色金融业务。例如，工商银行按照贷款企业或项目对环境影响程度将全部贷款划分为四级十二类，把绿色信贷纳入全流程管理，并实施"环保一票否决制"。截至 2015 年末，工商银行在绿色经济领域贷款余额达到 7028 亿元，占同期公司贷款的比重为 10.2%。①

二、绿色证券的含义、作用及发展现状②

绿色证券以可持续发展理念为核心，以证券市场及其产品为工具，以实现环境友好型可持续发展为目标，是证券发行上市、交易清算、信息披露、资产估值、并购重组、投资者保护等环节制定的一系列政策制度的总和。绿色证券作为直接融资方式，利用证券市场相关制度调节资金流向、优化资产配置、促进产业结构调整，是证券运作与可持续发展理念协调的产物。绿色证券旨在促进企业和各相关机构、人员节能减排、环保治理，降低或消除生产经营活动对环境产生的负面影响，促进绿色经济发展。

绿色证券最早出现于美国。1993 年美国证券管理委员会（SEC）开始要求上市

---

① 本段落 2015 年的数据引自：杨立杰：《绿色金融的政策实践与反思》，《金融时报》，2016 年 5 月 16 日第 10 版。

② 参考并摘编自梁磊"绿色证券"，原文为李晓西、夏光等所著的《中国绿色金融报告 2014》的第四章。李晓西、夏光等：《中国绿色金融报告 2014》，中国金融出版社，2014 年版。

公司从环境会计的角度提供报告，这被视为证券绿色化开始。随着可持续发展理念在世界范围的广泛接受，现在不少国家的证券管理部门和证券交易所都提倡或者要求上市公司提交环境责任报告。国际标准化组织（ISO）于 1999 年 11 月 15 日颁布了 ISO 14031 标准（环境绩效评估标准），为企业内部环境绩效和周边环境评估提供了指南。联合国环境规划署（UNEP）的金融自律组织揭示了资本市场与环境保护之间的关系：不良的环境表现会降低客户盈利能力，增加其债务风险；环境事件可能对资本市场产生巨大影响，在短时间内冲击上市公司的股票及其衍生品的价格；通过节能降耗可以降低成本，增加利润；股东、所在地方政府和社区、客户、雇员都可能对公司提出环境保护方面的要求。

作为直接融资的主要手段，绿色证券在实现绿色经济和可持续发展方面可发挥重要作用。绿色证券能够促进上市公司提高资源利用效率、节能降耗，既满足上市公司发展需要，又满足环境资源约束条件。具体而言，其作用机制如下：一是通过调节资金流向优先支持环境友好型产业，支持采用先进技术的新兴产业和高技术企业，限制资金流向高污染高能耗产业；二是在证券市场的定价和估值方面，对环境友好型上市公司及其股票增加环境溢价，对污染企业及其股票的环境风险予以扣减折价。因此，绿色证券会促进上市公司企业发展与环境保护的有效融合和良性互动，比如促进工业、建筑、交通运输、商业、农村和民用的节能减排，促进解决水土流失、沙漠化、土壤修复等土地保护项目，促进水源保护、污水处理的水体治理工程，促进资金流向解决雾霾、大气颗粒物、脱硫脱硝以及自然资源合理利用等工作。

中国提出并践行绿色证券始自 21 世纪初期，2001 年 9 月，原国家环保总局（现环保部，下同）下发了《关于做好上市公司环保情况核查工作的通知》，在中国证券市场多个环节进行了初步探索并取得一定经验。2008 年 2 月，原国家环保总局联合证监会等部门发布《关于加强上市公司环境保护监督管理工作的指导意见》，即"绿色证券指导意见"。股票市场对首次公开上市企业的环保要求在增加，作为新型支柱产业，绿色上市公司也在快速崛起。截至 2014 年 8 月，A 股市场共有 147 家绿色产业上市公司，其中在沪市主板上市的绿色产业公司共有 40 家，其余 107 家公司在中小板和创业板上市。① 截至 2015 年 10 月，中证指数公司编制的绿色环保类指数约为 16 个，占其编制的 A 股市场指数总数（约 800 个）的 2%。2015 年 10 月，上海证交所和中证指数有限公司发布了上证 180 碳效率指数，这是中国首个通过计算碳足迹（碳强度）来评估发展绿色金融的指数。② 中国在 2015 年底启动了绿色债券市场，2016 年一季度中国的绿色债券发行量已经达 500 多亿元人民币，接近同期全球绿色债券发行量的一半。③ 2016 年前 7 个月，中国发行的绿色债券已经达到 1200 亿元人民币，占全球同期发行绿色债券的 40% 左右。④

得益于绿色证券的发展，中国证券市场上涌现出一批以节能环保为主营业务的公司。从环保类上市公司看：从事水处理的公司如碧水源、万邦达、首创股份、国中水务等；固体废弃物处理的上市公司，比较有代表性的如桑德环境、东江环保、维尔利等；烟气处理主要是脱硫脱硝等业务的有中电远达、龙净环保、三聚环保等；从事电子垃圾处理的有格林美等。从节能类上市公司来看，既有从事电力节能业务的，也有从事建筑节能业务的。上市公司中，许继电气在直流输电和特高压输电方面居于国内先进地位，中国西电是我国最具规模的高压、超高压及特高压输配电成套设备研究生产基地，泰豪科技是国内有效降低楼宇能耗的楼宇电气产品生产商和运营商，天晟新材主要生产有效降低建筑能耗的新型墙体材料和保温材料，鲁阳股份是建筑保温、防火、节能领域的陶瓷纤维领先企业；新能源产业风力发电设备制造上市企业有金风科技、华锐风电、东方电气等，新能源汽车有"比亚迪"等。

根据 2016 年七部委《关于构建绿色金融体系的指导意见》，专门规划了推动证

---

① 李若愚：《我国绿色金融现状及发展空间分析》，引自网页：http://www.sic.gov.cn/News/455/6328.htm.

② 马骏：《在 G20 框架下推动全球绿色金融发展》，《第一财经日报》，2016 年 9 月 1 日 A11 版。

③ 引自中国人民银行行长周小川 2016 年 4 月 16 日在美国华盛顿举办的绿色金融论坛讲话。牛娟娟、周小川：《绿色金融应在推动经济转型中起更大作用》，《金融时报》，2016 年 4 月 18 日第 001 版。

④ 2016 年 9 月 1 日中国人民银行副行长易纲就"二十国集团强劲、可持续、平衡和包容性增长与货币金融体系改革"，向中外记者介绍 G20 杭州峰会有关财金议题的进展。张璐晶：《中国人民银行副行长易纲：中国在绿色金融行动上走在了前面》，《中国经济周刊》，2016 年第 36 期。

券市场支持绿色投资的政策要点。其中要点有：一是积极支持符合条件的绿色企业上市融资和再融资。在符合发行上市相应法律法规、政策的前提下，积极支持符合条件的绿色企业按照法定程序发行上市。支持已上市绿色企业通过增发等方式进行再融资。逐步建立和完善上市公司和发债企业强制性环境信息披露制度。支持开发绿色债券指数、绿色股票指数以及相关产品。二是完善绿色债券发行的相关业务指引、自律性规则，明确发行绿色债券筹集的资金应专门（或主要）用于绿色项目，明确发行绿色债券的信息披露要求和监管安排等，支持符合条件的机构发行绿色债券并提高核准（备案）效率，支持地方和市场机构通过专业化的担保和增信机制支持绿色债券的发行。三是培育第三方专业机构为上市公司和发债企业提供环境信息披露服务的能力，鼓励第三方专业机构参与采集、研究和发布企业环境信息与分析报告，研究探索绿色债券第三方评估和评级标准。四是引导各类机构投资者投资绿色金融产品，鼓励养老基金、保险资金等长期资金开展绿色投资，鼓励投资人发布绿色投资责任报告。

三、绿色保险的含义、作用及发展现状[①]

我国的绿色保险主要是指环境污染责任保险。环境污染责任保险是指以企业发生污染事故对第三者造成的损害依法应承担的赔偿责任为标的的保险。从国际经验看，高环境风险企业一般需要承担特别法规定的财务担保责任或可追溯的连带污染治理责任，因此，其投保环境污染责任保险是转移其污染法律责任风险、提高企业市场竞争力与诚信度的有效手段。比如在美国，企业进行兼并与收购、商业贷款、征地开发等，通过环境污染责任保险将法律上明文要求的环境责任风险转移出去，可以有效增加其上述市场行为的竞争力。

我国环境风险隐患异常突出。全国4.6万多家重点行业及化学品企业中，有12%的企业距离饮用水水源保护区、重要生态功能区等环境敏感区域不足1000米，10%的企业距离人口集中居住区不足1000米，72%的企业分布在长江、黄河、珠

---

① 参考并摘编自沈晓悦、李萱"绿色保险"，原文为李晓西、夏光等所著的《中国绿色金融报告2014》第五章。李晓西、夏光等：《中国绿色金融报告2014》，中国金融出版社，2014年版。

江和太湖沿岸重点流域沿岸。突发环境事件时有发生。[①] 环境污染事件对人民的生命财产造成重大影响，污染损害赔偿数额往往比较巨大，由于缺乏环境污染损害赔偿相关法律，在发生污染事件后，无论是应急处置还是污染损害赔偿，法律规定都不健全，因果关系难认定，公民基本环境权益难以得到保障。

2007年12月，环保部与保监会联合发布了《关于环境污染责任保险工作的指导意见》，标志着环境污染责任保险工作进入起步阶段。2008年全国环境污染责任保险试点工作展开，并初步确定以生产、经营、储存、运输、使用危险化学品企业，易发生污染事故的石油化工企业、危险废物处置企业、垃圾填埋场、污水处理厂和各类工业园区等作为主要对象开展试点。经全国人大常委会通过并于2010年7月1日起施行的《中华人民共和国侵权责任法》，明确了环境污染赔偿的责任关系，使可能产生污染的企业无论从履行社会责任角度还是维护企业经济利益角度来讲，都必须重视对环境污染风险的管理。2012年12月31日，位于山西省长治市潞城市境内的山西天脊煤化工集团股份有限公司下属方元公司发生苯胺泄漏，最终8.7吨苯胺流入浊漳河，污染了山西、河南、河北三省数百公里河道，沿线数百万人口的生活受到影响，河北省邯郸市一度发生大面积停水，造成重大环境污染事故。天脊煤化公司从2011年起开始购买了中国人民财产保险股份有限公司环境污染责任保险，事故发生后，中国人保共赔付405万元，成为我国实施环境污染责任保险制度以来最大一笔赔付。[②] 2014年4月修订实施的《中华人民共和国环境保护法》明确提出鼓励投保环境污染责任保险。[③] 2015年9月，中共中央、国务院印发了《生态文明体制改革总体方案》，提出要在环境高风险领域建立环境污染强制责任保险制度。2015年全国有17个省（市、区）的近4000家企业投保环境污染责任保险。2007年至2015年第三季度，全国已有近30个省（市、区）开展环境污染责任保险试点，投保环境污染责任保险的企业累计超过4.5万家次，保险公司提供的风险

---

① 田为勇：《积极探索环境保护新道路全面推进环境应急管理工作》，《环境保护》，2012年第22期。

② 摘编自：沈晓悦、李萱"绿色保险"，原文为李晓西、夏光等著《中国绿色金融报告2014》第五章。李晓西、夏光等：《中国绿色金融报告2014》，中国金融出版社，2014年版。

③ 马骏：《十三五中国绿色金融的发展前景》，《中国金融》，2016年第16期。

保障金累计超过 1000 亿元。①

保险公司在环境污染责任保险推行中的作用至关重要。根据我国环境污染责任保险发展政策，现阶段介入环境污染责任保险市场的主要是中资的大型保险公司。迄今为止，中国人保财险股份有限公司、中国平安保险（集团）股份有限公司、华泰财产保险股份有限公司等 10 余家保险企业已经推出了环境污染责任保险，参与到各个试点省市的环境污染责任保险工作中。

企业环境风险等级划分是开展环境污染责任保险的基础工作。推行企业环境风险等级制，不仅仅是为保险公司制定保费额度做参考，为环保部门进行环境管理提供技术依据，还为银监会拟定企业贷款利率、加强风险信贷监管提供参考。环境风险评估机构根据投保企业的具体情况对其进行环境风险等级划分，保险公司根据企业环境风险等级划分结果为其提供环境污染责任险产品。保险费率是指保费占保额的比例。保险费率越高，企业保障一定的风险需要交纳的保费越高，保险产品对企业的吸引力越低。因此，保险费率的高低侧面反映了一个地区保险产品的成熟度以及其对企业的吸引力。一般情况下，投保企业数越大，则该地区的保险费率越低。

2016 年七部委《关于构建绿色金融体系的指导意见》对发展绿色保险作出了规划，要点重在三方面：一是完善法规，在环境高风险领域建立环境污染强制责任保险制度。按程序推动制修订环境污染强制责任保险相关法律或行政法规，由环境保护部门会同保险监管机构发布实施性规章。二是认定企业责任，选择环境风险较高、环境污染事件较为集中的领域，将相关企业纳入应当投保环境污染强制责任保险的范围。现阶段，我国绿色保险推行自愿投保时机还不成熟。三是发挥保险机构作用，鼓励保险机构发挥在环境风险防范方面的积极作用，对企业开展"环保体检"，并将发现的环境风险隐患通报环境保护部门，为加强环境风险监督提供支持。鼓励和支持保险机构创新绿色保险产品和服务，鼓励和支持保险机构参与环境风险治理体系建设。

---

① 摘自：马骏：《十三五中国绿色金融的发展前景》，《中国金融》，2016 年第 16 期。

四、绿色发展基金的含义、作用及发展现状[①]

绿色基金的种类很多。从政府资金参与程度的角度看，可分为政府性环境保护基金、政府与市场结合性绿色基金和纯市场的绿色基金；从投资标的角度看，可分为绿色产业投资基金、绿色债权基金、绿色股票基金、绿色混合型基金等。不同类型的绿色基金，其目的、资金来源、投资、运行机制和组织形式都有所区别。[②]

2016年七部委《关于构建绿色金融体系的指导意见》提出设立绿色发展基金、通过PPP模式（政府与社会资本合作）动员社会资本：一是支持设立各类绿色发展基金，实行市场化运作。中央财政整合现有节能环保等专项资金设立国家绿色发展基金，投资绿色产业，并通过政策信号引导绿色投资；鼓励有条件的地方政府和社会资本共同发起区域性绿色发展基金，支持地方绿色产业发展；支持社会资本和国际资本设立各类民间绿色投资基金。二是地方政府可通过放宽市场准入、完善公共服务定价、实施特许经营模式、落实财税和土地政策等措施，完善收益和成本风险共担机制，支持绿色发展基金所投资的项目。三是支持在绿色产业中引入PPP模式，鼓励将节能减排降碳、环保和其他绿色项目与各种相关高收益项目打捆，建立公共物品性质的绿色服务收费机制。[③]

为什么要发展绿色产业基金？因为环保形势非常严峻，环境投资需求巨大，绿色产业基金是可行的有巨大潜力的环境工程融资手段，而PPP模式则是动员各方资本尤其是民间资本参与环境与生态建设的极佳方式。

环保部部长陈吉宁在答记者问中指出，我国的环境形势十分严峻，污染物排放量已经接近或者超过环境容量。虽然世界各国在发展进程中都曾经面临环境污染问

[①] 参考并选编自绿色金融工作小组所写的《构建中国绿色金融体系》总报告第四部分第二条建议"大力推动绿色产业基金发展"。绿色金融工作小组：《构建中国绿色金融体系》，中国金融出版社，2015年版。参考并摘编自马骏主编的《中国绿色金融发展与案例研究》第三章和第八章。马骏：《中国绿色金融发展与案例研究》，中国金融出版社，2016年版。

[②] 绿色金融工作小组：《构建中国绿色金融体系》，中国金融出版社，2015年版，第112页。

[③] 摘编自：中国人民银行、财政部、发展改革委、环境保护部、银监会、证监会、保监会合署文件，引自网页：http://www.pbc.gov.cn/goutongjiaoliu/113456/113469/3131687/index.html.

题，但自工业革命以来，仅仅从人口密度和工业化带来的单位土地面积排放量这一环境排污强度指标来看，我国已经达到了世界历史上的最高水平，正面临着人类历史上前所未有的发展与环境之间的矛盾。中国特殊的国情决定了中国的环境问题无法等待经济达到发达国家水平之后再开始治理，环境阀值一旦被突破，其对经济社会带来的影响将会是不可估量的。①

环境投资需求确实非常巨大。据不完全的估计，未来 5 年需要的环保投资至少达到 17 万亿元。这里仅举几个机构的分析：如保尔森基金会、能源基金会（中国）和中国循环经济协会可再生能源专业委员会共同撰写的《绿色金融与低碳城市投融资》预计，未来 5 年中国低碳城市建设仅三大行业所需投资总额就将达到 6.6 万亿元人民币，其中低碳建筑需要 1.65 万亿元人民币，绿色交通需要 4.45 万亿元人民币，清洁能源需要 5000 亿元人民币。② 再据相关的公开报道称，环保部有关人士测算，"十三五"期间，我国环保产业的全社会投资有望达到 17 万亿元，其中，根据 2015 年 4 月国务院出台的"水十条"，到 2020 年的 5 年间，中国在水污染治理方面的资金需求为 4 万亿至 5 万亿元；而"土十条"发布带动的投资预计远超 5.7 万亿元。③

面对环境治理的巨大需求与迫切性，绿色产业基金是可行的有巨大潜力的环境工程融资手段。许多绿色项目有较高风险，以财政资金和银行信贷为主体的融资渠道无力完全承担。根据 2015 年中央一般公共预算支出决算情况，2015 年中央本级的节能环保支出为 400 亿元，比上年增长 16%；2015 年全国节能环保财政支出为 4803 亿元，比 2014 年增长 26%。在绿色金融发展方面，中央财政主要是针对资金使用端给予定向支持，提高资金使用效率，比如对成品油质量升级项目贷款、林业

---

① 转引自：蓝虹、任子平：《建构以 PPP 环保产业基金为基础的绿色金融创新体系》，《环境保护》，2015 年第 8 期。

② 郭锦辉：《中国低碳城市建设未来五年需要 6.6 万亿元投资》，《中国经济时报》，2016 年 6 月 9 日第 6 版。

③ 杜雨萌：《绿色产业投资有望分享数十万亿元大蛋糕》，《证券日报》，2016 年 1 月 9 日，A02 版。可参考马骏：《中国绿色金融发展与案例研究》，中国金融出版社，2016 年版，第 166 页；蓝虹、任子平：《建构以 PPP 环保产业基金为基础的绿色金融创新体系》，《环境保护》，2015 年第 8 期。

贷款等给予贴息等。① 有专家认为，从长远看，在政府引导下，多元化的投资模式是比较适宜的，同时，也是发达国家已在成功推行的一种模式。因此，我国政府应以多种方式来推动、组建绿色产业基金，比如以一般合伙人（GP）、有限合伙人（LP）的形式，有些可以成为地区性的绿色基金，有些可以成为行业性的绿色基金。未来，有必要在国家和地方层面建立各种绿色发展基金，支持环境改善和绿色产业的发展。中国还将鼓励有外资参与的中外合资绿色发展基金。中国发展绿色基金现在也具备了可行性，一是政策允许并鼓励，"十三五"规划支持绿色清洁生产，《国务院关于鼓励和引导民间投资健康发展的若干意见》鼓励民间资本参与环境保护的多个领域；二是基金资金来源广泛，除了政府的财政拨款外，还有外汇储备资金、社会养老基金、各类保险基金及国外投资基金等；三是绿色基金具有投资期限长、关注未来长期收益的特点，政府与各类企业的合作更有助于分散风险和降低运作中的波动。②

PPP 模式是动员各方资本尤其是民间资本参与环境与生态建设的极佳方式。PPP 模式全称为"公私合作关系（Public – Private Partnership）"，是指政府和社会资本在提供公共产品和服务时，所建立的全过程合作关系，以伙伴关系、利益共享、风险共担为主要特征。PPP 没有一个既定的精确概念，可以是融资模式、招商模式，比如项目融资、建设—运营—移交（BOT）、民间主动融资（PFI）；也可以是管理模式，比如运营与维护合同（O&M）、移交—运营—移交（TOT）。总之，PPP 的精髓在于政府优势和市场优势的结合，多运用于引导民营资本进入市政公用事业、基础设施建设、环保产业发展，以解决市场在提供公共物品时供给不足的问题，同时解决政府在提供公共产品和服务时财政资金不足、运营管理效率低下等问题。PPP 不仅放大了政府财政资金投入的杠杆作用（撬动社会资本和私人投资），而且利用了民营部门的生产技术、运营管理经验优势，将风险最小化、收益稳定

---

① 李丽辉：《发展绿色金融实现绿色发展》，《人民日报》，2016 年 9 月 3 日，第 4 版。
② 见马骏主编的《中国绿色金融发展与案例研究》第八章。马骏：《中国绿色金融发展与案例研究》，中国金融出版社，2016 年版。

化。① 2014 年，国家发改委印发的《关于开展政府和社会资本合作的指导意见》（发改投资〔2014〕2724 号）进一步明确给出 PPP 模式的定义，指出"政府和社会资本合作（PPP）模式是指政府为增强公共产品和服务供给能力、提高供给效率，通过特许经营、购买服务、股权合作等方式，与社会资本建立的利益共享、风险分担及长期合作关系"。2014 年以来，PPP 模式已经成为政府及各方关注的热点，2014 年 5 月财政部正式成立了 PPP 工作领导小组，此后中央及有关部委也密集出台了有关 PPP 的文件。中国环境保护需要大量资金，中国环境保护财政来源由中央财政和地方财政共同承担，但毫无疑问，地方政府是承担环境保护投资的主要财政来源。因此，在目前地方政府债务已经十分沉重的形势下，环保产业要获得地方政府财政支持，必须走 PPP 模式。地方政府债务 2013 年达到 17.9 万亿元，约为国内生产总值的1/3。为此，新修订的《中华人民共和国预算法》和《国务院关于加强地方政府性债务管理的意见》（国发〔2014〕43 号）规定，未来规范的地方政府举债融资机制仅限于政府举债、PPP 以及规范的或有债务。事实上，中国在这方面也有较大进展。例如，2014 年国家开发投资公司、北京排水集团、中国工商银行等 5 家机构共同发起设立首期 100 亿元水环境投资基金，这些资金筹集都是采取股权方式，而且还能以这 100 亿元股本金，吸纳近 1000 亿元的社会资本加入。②

专　栏

兴业银行——从绿色银行到绿色金融集团③

以 2006 年与国际金融公司（IFC）联合在国内首创推出节能减排贷款为标志，兴业银行吹响了进军绿色金融的号角。2008 年 10 月 31 日兴业银行正式公开承诺采纳赤道原则，成为全球第六十三家、中国首家"赤道银行"。

---

① 张型芳：《绿色金融产品创新：PPP 环保产业基金》，见《中国环境科学学会学术年会论文集》，2015 年 8 月 6 日。

② 蓝虹、任子平：《建构以 PPP 环保产业基金为基础的绿色金融创新体系》，《环境保护》，2015 年第 8 期。

③ 本专栏摘编自：邢烨：《从绿色银行到绿色金融集团》，《人民日报》，2016 年 2 月 29 日，第 13 版。参考汪江：《绿色金融：一个对商业银行有战略意义的发展方向》，《国际金融》，2016 年第 8 期。

10年来，兴业银行绿色金融成绩显著。截至2015年末，该行已累计为众多节能环保企业或项目提供绿色融资超过8000亿元，融资余额达3942亿元，比2015年初增加982亿元，增长33%。绿色融资客户数快速增长，达6030户，较2015年初新增2796户，增幅达86%，业务覆盖低碳经济、循环经济、生态经济三大领域。

据统计，兴业银行所支持的绿色金融项目环境效益显著，预计每年节约标准煤2554万吨，每年减排二氧化碳7162万吨，每年减排二氧化硫10万吨，每年减排化学需氧量139万吨，每年节约用水28565万吨。上述节能减排量相当于716万公顷森林每年所吸收的二氧化碳总量。

多年来，兴业银行针对节能环保领域企业客户的多种金融需求，不断创新升级，逐步形成包括十项通用产品、七大特色产品、五类融资模式及七种解决方案，涵盖金融产品、服务模式到解决方案的多层次、综合性的产品与服务体系。目前兴业银行已与国内11个排污权交易试点省市中的9个签署全面合作协议，与7家碳交易国家级试点地区达成合作，实现了国家碳排放交易试点合作的全覆盖，在交易制度设计咨询、交易及清算系统开发、抵质押授信、项目融资等方面提供一揽子产品与服务，积极推动国内碳交易和排污权交易市场建设。

2009年，该行成立绿色金融专营机构，目前已拥有近200人的国内最大的绿色金融专业队伍，在33个一级分行设立环境金融中心实现了绿色金融业务的专业化管理。同时，按照"赤道原则"要求，该行已在内部制定并逐步完善环境与社会风险管理制度体系，在原有信用业务审查审批流程基础上，增加环境与社会风险审查流程并开发环境金融专业系统，建立起管理环境和社会风险的专家库，为"赤道原则"的执行提供专业技术支持……

作为国内拥有金融牌照最多的商业银行之一，随着综合化集团化进程提速，兴业银行已将绿色金融业务上升到集团高度，并将其列为集团七大核心业务群之一，在集团层面成立环境金融专项推动小组，建立集团联动机制，加大各条服务线、集团成员的产品、业务协同联动，实现从绿色银行向绿色金融集团蜕变。

2014年底，兴业银行子公司兴业金融租赁公司与亚洲开发银行等外部机构合作，推广清洁能源公交租赁产品，通过银租一体化、售后回租等业务模式，对各地公交公司提供中长期低成本的资金支持，满足公交公司采购清洁能源公交车的需求。目前兴业银行已制定了"十城千辆"的清洁能源公交租赁产品推广目标，即在北京、天津、深圳、济南等 10 个重点城市，以融资租赁形式采购 1000 辆清洁能源公交车。截至 2015 年末，兴业金融租赁公司绿色租赁资产余额达到 346 亿元，资产余额占比达到 33%。

金融租赁"绿"了，消费信贷也"绿"了。兴业银行还推出了绿色零售信贷业务，为符合节能标准的绿色装修，以及购买符合国家建筑节能认证标识的绿色建筑住房、新能源汽车、节能汽车的个人客户提供专项个贷产品，配套政策优惠和便利的业务办理通道。

从绿色信贷到绿色租赁，再到绿色消费贷款，目前兴业银行已构建起门类齐全、品种丰富的集团绿色产品服务体系。据介绍，该行绿色金融集团化产品将围绕节能产业、资源循环利用产业、环保产业、水资源利用和保护、大气治理、固废处理、集中供热、绿色建筑等绿色经济的重点领域，为客户提供涵盖绿色融资、绿色租赁、绿色信托、绿色基金、绿色投资、绿色消费等的系列化、个性化绿色金融解决方案。

具体来说，为企业客户提供的服务涵盖绿色产业成长全周期，覆盖企业融资、融智、融商等全方位需求，帮助企业实现可持续发展。在提供及时高效融资服务的同时，该行还对企业发展规划提供信息和建议，帮助企业管理环境和社会风险。对个人客户，兴业银行则提供低碳信用卡等参与推动全社会绿色转型的渠道和方式，鼓励个人客户进行绿色消费。

未来 5 年，兴业银行还提出了"两个不低于""两个一万"的业务发展目标，即集团绿色金融业务的增长速度不低于全行的平均增长速度，增长量不低于上年增长量；5 年以后，集团层面绿色金融业务将实现融资余额突破 1 万亿元，服务绿色金融客户数（项目数）突破 1 万户。

第三节
绿色金融相关方行为规则分析[①]

对我国绿色金融发展中存在的问题和今后我国绿色金融体系建设，已提出不少解决思路，并形成很多的共识，比如，从国家层面完成绿色金融顶层设计，完善绿色金融法律法规体系，加快绿色金融市场机制建设，支持和鼓励绿色金融产品及业务模式的创新等。而且，近两年最高决策部门与各相关部委，也推出了许多具体的政策与措施，有了大步的行动。因此，这里不再就未来绿色金融发展提出政策建议了。不少文章在讨论这个问题，很受启发。对比与分析学者、专家们提出的绿色金融发展中的各种问题，对照政策制定与执行中出现的问题，作者深感不同的主体面对的问题有差别，问题本身也有层次的差别。这里想试做分析，就绿色金融发展深层次的矛盾谈谈体会。

一、政府定位：选择尊重市场主体的方式引导与支持绿色金融发展

在推动绿色金融体系建设中，政府决策与行为具有一定的左右为难之处。如果政府不推动，可能绿色金融体系建设需要很长的时间，甚至难以建成；若政府推动，又会面临着参与程度的把握问题。参与过多，可能出现政府干预问题，引申的是金融风险的责任问题；参与不够，又可能出现市场自发力量独力难撑的问题。

---

① 参考《2014 绿色金融报告》第七、第八、第九章。李晓西，夏光等：《中国绿色金融报告 2014》，中国金融出版社，2014 年版。参考了西南财经大学发展研究院、环保部环境与经济政策研究中心课题组课题"绿色金融与可持续发展"，课题组成员：侯万军、李丁、林永生、刘金石、姚斌、蔡宁、李卫锋、朱春辉、刘杨、晏凌、蔡韶鹏等；执笔人：蔡宁。西南财经大学发展研究院、环保部环境与经济政策研究中心课题组，李晓西、夏光、蔡宁：《绿色金融与可持续发展》，《金融论坛》，2015 年第 10 期。参考了央行研究局首席经济学家、中国金融学会绿色金融专业委员会主任马骏"在 G20 框架下推动全球绿色金融发展"一文。马骏：《在 G20 框架下推动全球绿色金融发展》，《第一财经日报》，2016 年 9 月 1 日，A11 版。

1. 从"赤道原则"所包含的两个"担当"体会政府与市场的关系

2003年6月，荷兰、美国等7国的10家主要银行宣布，金融机构对企业贷款时要对该项目的环境和社会影响进行评估，要实施判断、评估和管理项目融资中环境和社会风险的自愿性金融行业基准——"赤道原则"。显然，"赤道原则"宗旨在于为国际银行业提供一套通用的框架，以便各家银行自行实施与项目融资活动相关的社会和环境政策、程序和标准，使受融资项目影响的生态系统和社区环境尽量免受不利影响。①"赤道原则"在全球取得共识。细细琢磨，由此我们感受到了来自涉及政府与市场关系中的"绿色担当"与"自愿担当"的矛盾。"担当"是我想用的概念，是否准确有待商讨，暂用之。"绿色担当"要求提供信贷的金融机构要有环境和生态保护的观念与操作，而"自愿担当"则要求金融机构在提供信贷时自主自愿地决定如何为环境与生态保护做出努力。

从"赤道原则""双担当"中，我们可以推论出，在全球共同追求绿色发展以实现可持续发展的大背景下，国际组织和各国政府的态度包括社会各方面是明显会倾向于"绿色担当"的，但也同意金融机构有"自愿担当"的权利。市场经济国家在这个方面没有太大问题，政府的权利本来就是有限制和约束的。但作为社会主义的中国，有什么问题吗？事实上，我们在中国2016年七部委《关于构建绿色金融体系的指导意见》第29条中看到这样的提法："推广与绿色信贷和绿色投资相关的自愿准则和其他绿色金融领域的最佳经验"。显然，这是对"自愿性"原则的高度肯定，内含力求发挥政府与市场两个高效率的期望。

进一步的问题是：政府应如何看待与处理"两个担当"的关系？如何使政府的决策与行为，不违反"两个担当"的要求。更进一步讲，政府如何对待金融机构的"自愿担当"？金融机构从理念上认同和支持"绿色担当"是肯定的，但作为企业，没有盈利是无法持续发展的，甚至无法生存下去。因此，金融机构会时常在"双担当"中进行比重的排列组合，那样政府会持有什么样的态度？比如说，组建绿色金融体系，金融机构不愿参与或不愿承担行政性的要求时，政府应如何对待？

---

① 联合国报告：《全球每年需万亿美元"绿化"基建投资》，引自网页：http：//news. china. com. cn/txt/2014－07/16/content_32968600. htm.

2. 从世界部分银行的绿色金融产品看金融机构在发展绿色金融上的主体作用

我们先看表 3 - 2：

表 3 - 2　世界部分银行的绿色金融产品

贷款种类	银行	产品名称	产品属性
住房抵押贷款	花旗集团	结构化节能抵押品	将省电等节能指标纳入贷款申请人的信用评分体系
	英国联合金融服务社	生态家庭贷款	为所有房屋交易提供免费家用能源评估及 CO_2 抵消服务，仅 2005 年就成功抵消了 5 万吨 CO_2 排放量
商业建筑贷款	美国新能源银行	优惠贷款	为绿色建筑项目提供贷款优惠
	美国富国银行	第一抵押贷款	为 LEED 认证的商业建筑项目提供第一抵押贷款和再次融资，开发商不必为"绿色"商业建筑支付初始的保险费
房屋净值贷款	花旗集团	便捷融资	与夏普电气公司签订联合营销协议，向购置民用太阳能技术的客户提供便捷的融资
	美国新能源银行	一站式太阳能融资	"一站式太阳能融资"，25 年期，相当于太阳能面板的保质期
	美洲银行	贷款捐赠	根据环保房屋净值贷款人申请人使用VISA卡消费金额，按一定比例捐献给环保组织
汽车贷款	加拿大 Van City 银行	清洁空气汽车贷款	向所有低排放的车型提供优惠利率
	澳大利亚 MECU 银行	GoGreen 汽车贷款	要求贷款人种树以吸收私家汽车排放的贷款

（续表）

贷款种类	银行	产品名称	产品属性
运输节能贷款	美洲银行	小企业管理快速贷款	以快速审批流程，向货车公司提供无抵押兼优惠贷款，资助其投资节油技术，帮助购买 Smart Way 升级设备，可提高节油15%
绿色信用卡	Rabobank	气候信用卡	每年按信用卡购买能源密集型产品或服务的金额捐献一定的比例给世界野生动物基金会
	英国巴克莱银行	Barclays Breath Card	向持卡人购买绿色产品和服务提供折扣及较低的借款利率，卡利润的50%用于世界范围内的碳减排项目
	美洲银行		持卡人可将 Visa World Points 的奖金捐赠给投资温室气体减排的组织，或用来兑换"绿色"商品
项目融资	爱尔兰银行	转废为能项目的融资	给予长达25年的贷款支持，只需与当地政府签订废物处理合同并承诺支持合同外的废物处理
生态存款	太平洋岸边银行	EcoDeposits	用于贷款给节能公司

资料来源：联合国环境规划署金融行动机构《绿色金融产品与服务》报告。

可以看到，这些绿色金融产品均体现了金融机构的市场主体地位：是它们在创新着支持绿色产业的各种金融商品，是它们利用绿色金融支持和引导消费者购买环保节能产品，是它们承担着碳排放市场中的中介业务、咨询、信用担保、投融资业务甚至直接购买排放权等各种金融业务。虽然我们相信，这些金融业务开展的背后，有着政府的相应支持，但市场为主体、政府为主导，应是基本的态势。

3. 从碳金融的发展看政府与市场结合的重要性

碳金融作为典型的市场制约污染的手段，在国际社会蓬勃兴起。碳金融主要指畅通与增强排污权尤其是碳排放的可交易性而提供的综合金融服务，如交易清算结算与资金管理、交易系统开发、为企业提供配套融资等。显然，碳金融就是促进经济绿色发展的绿色金融。排污权交易制度是利用市场机制发展起来的，指在污染物排放总量控制指标确定的条件下，建立合法的污染物排放权利，并允许这种权利像商品那样被买入和卖出，以此控制污染物的排放。随着市场规模的扩大，碳货币化程度越来越高，碳排放权进一步衍生为具有投资价值和流动性的金融资产，以其为核心的世界碳金融体系也在逐步形成。

作为未来低碳产业链上最有潜力的供给方，国内企业在碳交易及其衍生品市场的发展前景非常广阔。在目前 7 个试点的基础上，全国碳排放权交易市场有望在 2016 年建成并运行。国内推进清洁发展机制对企业而言，是非常典型的市场运作，是有助于保护企业的"自愿性"，但构建排放权交易平台涉及政府各个部门：首先是财政部支持节能减排的实施，将排放权初始指标有偿分配资金纳入财政体系管理平台；而国家发改委制定和管理碳交易规则，审批集中竞价交易和节能量交易；环保部负责对所实施主要污染物排放权交易的管理，确定排放总量、指标分配等，还要推进电力等行业开展主要污染物排放权交易；金融监管部门则对金融交易平台进行监管。排放权交易平台所设的地方，地方政府（一般为市）负责推动试点工作进行，要制定排放权交易管理办法与细则；在市政府与市金融办指导下，市环保局对排放要实施统一监督管理；市财政局要负责管理政府分配和交易所得款项以及拨付相关资金并要与市物价局一起制定排放指标有偿使用收费标准；市发改委则要负责能源合约的交易，并与环保局共同制定总量控制指标与考核工作。①

商业银行响应国家号召，对重点节能减排工程提供银行贷款、发行短期融资券、中期票据等绿色融资支持，并通过应收账款抵押、CDM 预期收益抵押、股权质押、保理等创新方式提供绿色融资服务，但由于我国还不存在对碳减排的强制管

---

① 资料源于 2009 年天津排放权交易所委托由作者主持的《天津排放权交易所发展规划思路研究》项目。

理，减排需求有限，商业银行碳金融产品尚未实现可持续的盈利。从这个最市场化运作的绿色金融产品上，我们清楚地看到，没有政府的支持是不行的。

4. 从 G20 峰会看中国政府在发展绿色金融上的决心与引导力

2016 年中国担任 G20 主席国。2015 年底，在中国的推动下，G20 将绿色金融列入了 2016 年财经渠道议题。2016 年 7 月在成都召开的 G20 财长与央行行长会议讨论和通过了综合报告，并在公报中作了如下表述："我们认识到，为支持在环境可持续前提下的全球发展，有必要扩大绿色投融资。我们欢迎绿色金融研究小组提交的《G20 绿色金融综合报告》和由其倡议的自愿可选措施，以增强金融体系动员私人资本开展绿色投资的能力。具体来说，我们相信可通过以下努力来发展绿色金融：提供清晰的战略性政策信号与框架，推动绿色金融的自愿原则，扩大能力建设学习网络，支持本地绿色债券市场发展，开展国际合作以推动跨境绿色债券投资，鼓励并推动在环境与金融风险领域的知识共享，改善对绿色金融活动及其影响的评估方法。"G20 绿色金融研究小组提出的建议中几乎均与政府行为相关，如各国政府可推动研究绿色金融指标体系及相关定义，并分析绿色金融对经济和其他领域的影响；各国政府可推动扩大和强化包括 IFC 倡导的可持续银行网络（SBN）、联合国责任投资准则（PRI）在内的国际能力建设平台和相关国内机构的作用；政府和市场主体可通过双边合作来推动绿色债券跨境投资，等等。中国政府在 2016 年 G20 峰会上的表现，以及在 2015 年和 2016 年政府多部门出台的绿色金融政策，恰恰证明了中国政府在推动绿色金融方面是相当有力度的。推动开展绿色金融国际合作，政府更要起主导的作用。

在绿色金融发展方面，发达国家与发展中国家的一个明显差异是，前者更重视市场化机制，靠市场的力量来发展绿色金融，但现在也开始出现相互靠拢的迹象。在发达国家，越来越多的人认识到，要改变金融市场"可持续"因素影响力偏低的情况，完全依靠市场机制的自发调整是很困难的，必须加大政府的介入和引导力度。另外，发展中国家政府行政性干预的科学性也开始受到质疑。人们认识到主要靠行政力量推动的绿色金融是有缺陷的，政府应该在激励引导市场意愿、创造良好政策环境方面多下功夫，尽可能发挥市场作用，避免过多的直接干预。①

5．从我国经济转型看政府职能边界确认中的复杂性

在推进绿色金融过程中，出现政府职能边界的难以把握或有争议的问题，在很大程度上与我国经济转型的复杂性及难度有关。当前，中国经济转型中同时出现着两种转型，一种是体制的即改革的转型，一种是经济增长方式的转型。双重性转型是个复杂的过程，政府职能边界在时间推移中的不断调整，更让人难以判断其合理性或科学性。例如：大政府与小政府的关系，这是指政府的管理范围大小，涉及政府做什么的问题。强政府与弱政府的关系，这是指政府的管理力度强弱，涉及政府如何去做的问题。

体制转型具多面性。仅政府职能转变就有三种类型：第一种是从计划经济政府职能向市场经济政府职能的适应型转变；第二种是从不成熟市场经济政府职能向规范的市场经济政府职能的完善型转变；第三种是从当代发达国家政府职能创新而诱发引导的我国政府职能的创新型转变。行政体制存在三对关系：一是中央与地方的上下关系；二是部门协调的左右关系；三是多层次与多方面的上下左右关系，如政府与居民之间，省、市之间，企业之间的关系等。

6．对政府参与组建绿色金融体系方式的思考

从建设性角度最应该解决的是政府参与组建绿色金融体系方式。政府与市场关系，在很大程度上体现在这些方式中。

现在，国际上成功的政府支持方式是对绿色信贷的财政贴息，这既把贷款的主动权放在了金融机构手中，又做了绿色信贷上政府支持的制度安排；税收减免，这是政府有权力、有能力来做的支持方式；为项目融资提供绿色通道的管理便利，减少行政性审批等；政府自己能根据明确的宏观管理目标，协调好产业政策、金融政策与财政政策的配合。这里面其实体现着一种精神，就是在绿色金融体系建设中，政府与市场关系上，多体现政府的正面激励机制；让金融机构自己来对具体金融业

---

① 参见国务院发展研究中心"绿化中国金融体系"课题组，张承惠、谢孟哲、田辉、王刚：《发展中国绿色金融的逻辑与框架》，《金融论坛》，2016 年第 2 期。

务做决策，政府少参与具体的金融业务，只帮助解决金融机构无法解决的那些困难。比如，绿色金融各项标准到底应该由谁来定？政府定还是金融机构自己定？期限错配、信息不对称、金融产品少，是政府下文来解决，还是主要靠金融机构自己通过创新来解决？从兴业银行成功的经验看，就是让金融机构自己去定。当众多银行需要时，金融监管部门再指导进行标准的统一。其精神实质就是，帮忙而不代替，当裁判而不下场踢球。

今后若干年，我国的绿色金融体系建设，需要金融机构继续抓住机遇，提高发展绿色金融的内在动力，加大绿色金融产品创新力度，也需要政府的重视与政策的支持。我们相信，从政府参与组建绿色金融体系方式入手，全方位地落实党的十八届三中全会《中共中央关于全面深化改革若干重大问题的决定》提出的"使市场在资源配置中起决定性作用和更好发挥政府作用"，才能真正实现建设绿色金融体系的历史性使命。

二、金融机构：营利性与公益性配比关系影响因素分析

绿色发展的本质是实现经济与生态、资源、环境之间的可持续发展，本身带有较强的公益性，而金融业是以盈利为目的的，利润是金融发展的根本，绿色金融风险较高而收益偏低，推行绿色金融，潜藏着绿色发展公益性与金融业营利性之间的矛盾。在一定意义上讲，绿色金融与传统金融中的政策性金融有更多的相似之处。为缓解绿色金融内在的营利性与公益性这一矛盾，需要深入具体地探讨这一矛盾的各种表现形式及动态下的比例协调关系。

1. 信贷的短期性与长期性体现着金融机构对营利性与公益性配比的思考

在绿色信贷等金融工具的运作中，其时间因素是非常重要的。金融机构的正常运转，需要有短期信贷和资金不断周转来维持，换言之，中长期与短期的项目投入是需要一个适当比例的，金融机构需要资金更快地周转以增加盈利与防范风险。但在污水和固废处理、清洁能源、绿色建筑、清洁交通（如地铁和轻轨）等绿色项目中，建设周期一般较长，需要中长期信贷支持，即金融机构要扩大绿色金融比重，就需要增大中长期信贷比重。这看起来是金融机构的业务技术问题，其实质是

如何在自己实力范围内承担资金回流放慢的压力，是如何判断金融风险大小的问题。一些专家提出的"期限错配"问题，可能与此是相关的。

解决"短期性与长期性"这一技术问题，既有管理的水平与能力问题，也有金融机构的愿望与主动性问题。比如，能否从绿色金融中看到机遇，能否对潜在风险与自我实力有科学的判断，决定了金融机构领导者的信心与决策。显然，这里不单单是一个技术问题。换言之，如果金融机构愿意并努力去做绿色金融的运作，如果有合理的期限安排规划，如果有减少环境风险与金融风险的政策支持等，这一技术问题是可以解决的。金融机构自身则要提升绿色金融的专业化水平和创新能力，提高资金周转上的统筹能力，形成克服绿色金融困难的机制；金融机构要加强人才队伍建设，招聘和培训熟悉绿色金融国际准则和经验的专业人才，并积极与国内相关教育机构、环保部门联手打造专业人才。可以讲，解决"短期性与长期性"这类技术问题，如解决环境风险的分析能力，绿色金融人才缺乏问题，以及解决绿色金融产品单一问题，只要金融机构愿意去做，都是可期待的、有办法的。

当然，解决"短期性与长期性"这一技术问题，还需要多方入手。一个现实的选择是，政府支持创建专门的政策性绿色金融机构，例如：绿色发展银行或生态银行，以此共担商业银行的绿色责任压力；政府的财力对金融机构绿色信贷的贴现或其他方式支持，对解决"短期性与长期性"矛盾、提高中长期项目融资比重明显有作用；可以通过绿色债券、绿色保险、绿色基金等方式缓解资金中长期回流的压力和风险；加快绿色中介机构的发展，鼓励绿色信用评级机构积极从事绿色项目开发咨询、投融资服务、资产管理等并不断探索新的业务服务领域；创建与环境相关的产业投资基金，以支持绿色发展项目和生态环境保护；加强绿色金融衍生工具创新，建立完善的绿色金融衍生产品市场，逐步发展碳交易市场等。

转型中的生产企业行为是金融机构合理的资金期限配比的基础问题。我们看到，中国多地环境污染和资源承载力已经达到或接近极限，因企业污染关停带来的信贷风险开始加大，金融业在推动节能减排、践行经济与自然和谐发展、实现自身可持续发展中存在巨大挑战。在产业结构由高碳向低碳转变中，转型企业的经营成本往往会大幅上升而影响盈利，如果生产企业没有绿色发展的理念或动力，金融机构的绿色金融将难以持续下去。

2. 非金融机构发展态势对金融机构营利性与公益性配比的影响①

金融业界内不少专家提出，应扩大绿色金融参与的市场主体，重点是调动一些非银行金融机构包括游离于正规金融体系之外的机构的积极性，鼓励其逐步介入绿色金融业务，参与构建全面的绿色金融市场体系。这里，我们以国内影子银行为例，对此进行分析。

2013 年 12 月，国务院下发《国务院办公厅关于加强影子银行监管有关问题的通知》，对我国影子银行的范围进行了界定，主要包括三类：一是不持有金融牌照、完全无监督的信用中介机构，包括新型网络金融公司、第三方理财机构等；二是不持有金融牌照，存在监管不足的信用中介机构，包括融资性担保公司、小额贷款公司等；三是机构持有金融牌照，但存在监管不足或规避监管的业务，包括货币市场基金、资产证券化、部分理财业务等。根据我国影子银行的界定范围，未进入正规统计体系的影子银行业务还包括银行表外理财、证券公司资产管理计划、小额贷款公司、融资性典当行等。一般而言，影子银行表现出的特点是：具有信用、期限、流动性转换功能，但不受理或较少受理传统银行监管的信用中介机构和业务。影子银行从事高期限错配、高风险、高杠杆的金融业务，特别是大量利用财务杠杆举债经营，其总资产与净资产的比例大多很高，一般杠杆率在 30 倍以上，大大高于商业银行。影子银行信贷主要是委托贷款、信托贷款和未贴现银行承兑汇票，这三项的占比在 2012 年达到社会融资规模的 23%。

影子银行对金融机构在参与开展绿色金融上的负面影响表现在两方面：一是影响了能参与绿色金融的资金规模。在现实中，影子银行资金过多地流入地方政府融资平台和房地产开发项目。虽然我国正处在一个经济转型时期，但仍有一些地方政府受短期利益驱动，仍然支持影子银行向粗放式经济模式加大投资。影子银行体系快速增长，并不断吸纳银行等金融机构资金以追求利润，这些就减少了绿色产业可

---

① 影子银行部分摘编自周金黄、李果、江会芬："绿色金融面临的挑战——从影子银行说起"，原文为李晓西、夏光等著《中国绿色金融报告 2014》的第九章。李晓西、夏光等：《中国绿色金融报告 2014》，中国金融出版社，2014 年版。

获得的资金量。二是影子银行树立了缺少"绿色担当"而追求并获取营利性的榜样。影子银行业务未受严格监管、资金投向不易掌控，没有向绿色产业提供融资的约束机制和激励机制，不规范运作造成了金融资源投向非可持续发展和非环保项目，因此，对负有"绿色担当"责任的金融机构形成了不公平的竞争压力，对绿色金融的发展造成负面影响。两方面的影响，对金融机构营利性与公益性配比的影响是不言而喻的。因此，在加强影子银行监管、防范金融风险的同时，也要引导影子银行认同并实施"赤道原则"中的"绿色担当"，参与绿色金融体系建设。

国内外对我国地方债务平台情况非常关注，地方债务平台投资选择对金融资产规模与结构的影响也与影子银行有不少类似之处，均明显反映了金融行为的盈利动机与公益动机激烈的冲突，值得关注，这里不再展开分析了。

3. 从环境风险责任承担看营利性与公益性配比

这里，我们以工商银行为例来进行分析。[①]

截至 2015 年 12 月末，工商银行在生态保护、清洁能源、节能环保和资源综合利用等绿色经济领域的贷款余额为 7028.43 亿元，占公司贷款余额比例超过 10.2%，贷款余额同比增长 7.3%，高于同期公司贷款增速 3.9 个百分点，而且这个比例未来还会不断上升。

上升的动力来自哪里？主要有两大动力：一是绿色发展已经上升到国家战略层面，经济结构将持续向着产业升级、绿色化方向转型，这为商业银行业务的绿色转型指明了方向。在国家一系列政策指引下，商业银行一方面会将资金更多地投向绿色领域。另一方面会进一步减少对"两高一剩"行业的资金支持，持续推进信贷与投资结构的绿色调整。二是环境污染事故进入易发频发阶段，因环境引发的群体事件时有发生，银行和企业面临的环境风险不容忽视。因此，商业银行会采取更加严格、细化的环境风险识别方法和管理措施，加大对环境和社会风险的管理力度，这里也包括境外业务。

商业银行作为环境事件的利益相关者之一，应该承担有限的连带法律责任，这

---

① 摘编自记者雷英杰：《发展绿色信贷尚需扫除制约因素——专访中国工商银行总行城市金融研究所副所长殷红》，《环境经济》，2016 年 Z3 期。

是合理的。所谓"有限"指：一是对借款合同未约定的环境风险相关条款，应遵循"尽职免责"原则。目前，工商银行等国内大型商业银行，都将绿色信贷管理贯彻到信贷管理全流程中，全面实施"绿色信贷一票否决"制。同时，通过实施行业分类，在客户准入、贷前调查、授信审批、合同签订、贷款支付及贷后管理等方面，细化落实绿色信贷相关要求。也就是说，在商业银行已经依照监管要求及自身管理规定严格履行职责的情况下，由于信息不对称或意外情况发生的环境事件，商业银行应当免责。二是对借款合同约定环境风险条款的，如商业银行对存在潜在环境风险的客户或项目，在借款合同中补充相关条款，明确当环境风险发生时，由借款人承担，同时银行也采取了合同提前终止、提前收回贷款、信用等级下调等措施，应当免责。三是可以借鉴美国 CERCLA《环境应对、赔偿和责任综合法》中的"安全港条款"，商业银行在未参与到借款人管理实务中的情况下，应当免责。

从上可以看到，商业银行在开展"绿色金融"上具有积极的态度，并认为在国家绿色金融战略中存在着发展的机遇。同时，也会从环境风险责任上来考虑承担绿色金融项目上的数量安排，风险责任与公益性紧密相关，从而会在会计账目上体现出资金投向上的营利性与公益性配比，这是很自然的。

4. 从营利性与公益性配比看金融机构对绿色金融参建各方意见的采纳程度

建设绿色金融体系至少涉及六方面：一是宏观决策部门；二是环境保护管理部门；三是金融业的监管部门；四是各类金融机构；五是各类企业；六是相关的国际机构与组织。这些主体在发展绿色金融时，有着自己的理解与定义，其中，有各方均认可的，不论是源于观念上的认可，还是隶属关系上的服从式认可。显然，这是需要非常认真对待的。否则，看起来取得共识的文件，在执行时就各有对策了，甚至根本没有实际的执行而是表面上的应付或数字上的游戏。绿色金融体系上是否会出现"打太极拳"，绕圈子推诿；"猫捉老鼠"，欺上瞒下；"捉对厮杀"，互责误事等现象，值得观察。

绿色金融定义难以统一，这是参与方从自身角度对绿色金融理解的差异体现，也是参与方复杂关系的典型表现。各国发展阶段不同，经济实力不同，管理制度不同，发展绿色金融对各国的利益得失也有差别，因此，对绿色金融的态度就有差别。金融机构面临着盈利与风险的选择，制度环境与政策支持程度的考虑，更面临着自身经营运作的实力与水平限制，因此，态度总倾向性是积极的，但有着更多的实际操作与会计账目的盘算，因此，需更为谨慎，甚至不同的银行态度也存在一定差异。这都是来自实际的考虑，基本上是正常的、可理解的。

绿色金融产品间的交叉性导致统计数字有差别，反映在从事不同绿色金融产品的金融机构在营利性与公益性配比的不一致。目前，绿色金融的主要产品包括绿色信贷、绿色证券、绿色保险、绿色基金、碳金融等，由于相互之间存在内在联系和交叉，就导致了绿色金融统计口径、统计指标的矛盾。我们在《中国绿色金融报告2014》的写作中就发现了这个问题。比如，对绿色保险范围的理解上就有差异。同样是绿色保险，第二章强调了农业保险，而在第五章强调了环境污染责任险，如果再加上数据质量与可得性因素，不同机构或不同课题中，绿色金融指标的统计数据上就会有较大的不一致，进而使金融机构资金投放中绿色金融比重可比性较差。

总之，仅从金融机构的营利性与公益性配比上就可以看到，绿色金融诸多理论与实践问题的研究有待进一步深入。譬如，如何统一统计标准与绿色金融重要概念的定义，如何提出金融企业的绿色金融指导目录和环境风险评级标准，如何强化上市公司的环保社会责任规范和对环境影响信息的披露，如何解决"信息不对称"问题使金融机构在决策时更科学等，均有很大的探索价值。将绿色因素纳入金融管理体制与金融机构的金融运行体系中，任重而道远，这是调动金融机构积极推进绿色金融业务的重要方面。

专　　　　　栏

1981 年以来我国出台的绿色金融相关文件

表 3 - 3　1981 年以来我国出台的绿色金融相关文件

年份	政策文件名	颁布机构
1981	《国务院关于在国民经济调整时期加强环境保护工作的决定》	国务院
1984	《关于环境保护资金渠道的规定的通知》	国家城建部、国家发展计划委员会、国家科学技术委员会、国家经济委员会、财政部、中国建设银行、中国工商银行、
1995	《关于贯彻信贷政策与加强环境保护工作有关问题的通知》	中国人民银行
1995	《关于运用信贷政策促进环境保护工作的通知》	国家环境保护局
2001	《上市公司环境审计公告》	国家环境保护总局、中国证券监督管理委员会
2003	《上市公司或股票再融资进一步环境审计公告》	国家环境保护总局、中国证券监督管理委员会
2003	《上市公司环境信息披露的建议》	国家环境保护总局、中国证券监督管理委员会
2004	《关于进一步加强产业政策和信贷政策协调配合控制信贷风险有关问题的通知》	国家发改委、中国人民银行、中国银行业监督管理委员会

（续表）

年份	政策文件名	颁布机构
2007	《关于落实环保政策法规防范信贷风险的意见》	国家环境保护总局、中国人民银行、中国银行业监督管理委员会
2007	《关于改进和加强节能环保领域金融服务工作的指导意见》	中国人民银行
2007	《关于防范和控制高耗能高污染行业贷款风险的通知》	中国银行业监督管理委员会
2007	《节能减排授信工作指导意见》	中国银行业监督管理委员会
2007	《关于环境污染责任保险工作的指导意见》	国家环境保护总局、中国保险监督管理委员会
2008	《关于加强上市公司环保监督管理工作的指导意见》	国家环境保护总局
2012	《绿色信贷指引》	中国银行业监督管理委员会
2013	《中国银行业绿色信贷共同承诺》	29 家银行签署
2013	《关于开展环境污染强制责任保险试点工作的指导意见》	环保部、保监会
2014	《关于加快发展现代保险服务业的若干意见》	国务院
2014	设立中国银行业协会绿色信贷业务专业委员会	银行业金融机构共同发起
2015	《生态文明体制改革总体方案》中明确提出"建立绿色金融体系"	中共中央、国务院
2015	《能效信贷指引》	中国银监会

（续表）

年份	政策文件名	颁布机构
2015	《关于在银行间债券市场发行绿色金融债券有关事宜的公告》	中国人民银行
2015	《中国绿色债券支持项目目录（2015年版)》	人民银行 39 号公告
2015	《政府投资基金暂行管理办法》	财政部
2016	《关于构建绿色金融体系的指导意见》	中国人民银行、财政部、发展改革委、环境保护部、银监会、证监会、保监会

资料来源：根据环境保护部、中国人民银行、中国银行业监督管理委员会、中国保险监督管理委员会、中国证券监督管理委员会等网站信息整理。

第四篇

创新环保管理体制
实现 2030 年可持续发展
目标（目标与前景）

第十一章
实现可持续发展目标的前景展望①

本章摘要：2015 年 9 月 26 日，中国国家主席习近平在出席联合国发展峰会时发表了题为"谋共同永续发展　做合作共赢伙伴"的重要讲话，强调国际社会要以 2015 年后发展议程为新起点，共同走出一条公平、开放、全面、创新的发展之路，努力实现各国共同发展。中国以落实 2015 年后发展议程为己任，团结协作，推动全球发展事业不断向前。联合国秘书长潘基文指出，《2030 年可持续发展议程》（简称《议程》）对未来所提供的承诺和机会为世界各国人民点亮了一盏明灯，《议程》促使我们必须以超越国界和短期利益的眼光，为长远大计采取团结一致的行动。《议程》所商定的所有新的目标和具体目标已在 2016 年 1 月 1 日生效，是我们在今后十五年内决策的指南。本章分三节，分别论述了《议程》的意义、实现《议程》的途径和《中国落实 2030 年可持续发展议程国别方案》。

第一节
《2030 年可持续发展议程》的意义

当我们每天在战争与冲突的报道中，在看到若干亿民众生活在失业、贫穷、疾病和流离失所的悲惨境遇时，在国家内和国家间的机会、财富和权力的不平等的环

---

① 本章主要的参考文献是：联合国：《变革我们的世界：2030 年可持续发展议程》，引自网页：http://www.fmprc.gov.cn/web/ziliao_674904/zt_674979/dnzt_674981/qtzt/2030kcxfzyc_686343/t1331382.shtml.

境中，在自然资源的枯竭和环境退化使人类面临生存威胁的当前，如何解穷困之倒悬，化干戈为玉帛，平衡国家间、国家内的社会经济关系，维护人类和地球的关系，是天下头等重要的议题，是解千年发展之惑、之谜的大问题。上溯百年甚至千年，多少思想家、政治家或先贤先哲们，为人类生存发展与大同社会提出各种理论，辩理求真，高下争执，转眼千百年，何曾达成全民共识？仔细阅读《2030 年可持续发展议程》，我们完全被其爱心、理念、主张与战略安排所震撼。

《2030 年可持续发展议程》共 91 条近 3 万字，高瞻远瞩地详述了愿景、共同原则和承诺，全面准确地概括了当今世界面临的挑战，详细分析与提出了落实《议程》的 17 项可持续发展目标和 169 项具体目标，周到安排了后续落实和评估的行动方案，深情地激励世界各方行动起来变革我们的世界，最后从国家层面、区域层面、全球层面对全球伙伴所承担和应执行的职责进行了建议和部署。其立意非常高远，内容非常丰富，思路非常清晰，措施非常具体。

《2030 年可持续发展议程》第 3 条说："我们决心在现在到 2030 年的这一段时间内，在世界各地消除贫困与饥饿；消除各个国家内和各个国家之间的不平等；建立和平、公正和包容的社会；保护人权和促进性别平等，增强妇女和女童的权能；永久保护地球及其自然资源。我们还决心创造条件，实现可持续、包容和持久的经济增长，让所有人分享繁荣并拥有体面的工作，同时顾及各国不同的发展程度和能力。"诚如《议程》第 5 条和第 18 条所言，"这是一个规模和意义都前所未有的议程""世界各国领导人此前从未承诺为如此广泛和普遍的政策议程共同采取行动和做出努力"。《议程》对未来所提供的承诺和机会为世界各国人民点亮了一盏明灯。①

一、政治意义

在《议程》中，我们听到了悲壮的历史，看到的却是崇高的理想：70 年前，

---

① 最后这句话选自联合国秘书长潘基文 2015 年 9 月 25 日于纽约联合国总部召开的联合国可持续发展峰会开幕式上的致辞。联合国发展峰会正式通过《2030 年可持续发展议程》，引自网页：http://world.people.com.cn/n/2015/0926/c1002 - 27637353.html。

老一代世界领袖齐聚一堂，创建了联合国。今天，我们也在做出具有重要历史意义的决定。我们决心为所有人，建设一个更美好的未来。我们可以成为成功消除贫困的第一代人，也可能是有机会拯救地球的最后一代人。与我们一起踏上征途的有各国政府及议会、联合国系统和其他国际机构、地方当局、土著居民、民间社会、工商业和私营部门、科学和学术界，还有全体人民。我们今天宣布的今后 15 年的全球行动议程，是 21 世纪人类和地球的章程。如果我们能够实现我们的目标，那么世界将在 2030 年变得更加美好。①

1. "大同世界" 之共识

1863 年美国开国先驱林肯在葛底斯堡大捷后的演讲时提出 "民有、民治和民享" 这样一个体现 "以民为本" 的伟大理念。中国民主革命先驱孙中山先生在创立与发展三民主义的系统理论时，曾提到受益于林肯的民有、民治和民享理念的影响。在林肯讲演 150 年后的今天，我们再次在一个全球达成共识的《议程》中，听到了对 "以人民为中心" 理念的强调，倍感兴奋与激动。

伟大的政治家们，追求实现人民生活富裕和幸福，但实现的过程又是那么艰难。《议程》序言中说："我们决心消除一切形式和表现的贫困与饥饿，让所有人平等和有尊严地在一个健康的环境中充分发挥自己的潜能。" 而在《议程》"宣言" 的 "愿景"（第 7 条）中说："我们要创建一个没有贫困、饥饿、疾病、匮乏并适于万物生存的世界。一个没有恐惧与暴力的世界。一个人人都识字的世界。一个人人平等享有优质大中小学教育、卫生保健和社会保障以及身心健康和社会福利的世界。一个重申我们对享有安全饮用水和环境卫生的人权的承诺和卫生条件得到改善的世界。一个有充足、安全、价格低廉和营养丰富的粮食的世界。一个安全、充满活力和可持续的人类居住地的世界和一个人人可以获得价廉、可靠和可持续能源的世界。" 在《议程》第 52 条是这样评价《议程》自身的："这是一个民有、民治和民享的议程，我们相信它一定会取得成功。"

早在两千年前，中国儒家的重要经典《礼记》中的《礼运》篇是这样描述大

_____

① 这里重点参考和摘编了 "议程" 宣言中的第八部分即 "行动起来，变革我们的世界"，包括第 49 条到第 53 条的内容。

同世界的社会景象的："大道之行也，天下为公。选贤与能，讲信修睦，故人不独亲其亲，不独子其子，使老有所终，壮有所用，幼有所长，矜寡孤独废疾者，皆有所养。男有分，女有归。货恶其弃于地也，不必藏于己；力恶其不出于身也，不必为己。是故谋闭而不兴，盗窃乱贼而不作，故外户而不闭，是谓大同。"

在马克思的经典著作中，人类社会的理论共产主义，就是在生产资料公有的条件下，各尽所能，按需分配，没有剥削，人民生活富裕而平等，形成自由人的联合体。

《2030年可持续发展议程》不愧是"人类大同"的现实版、现代版、全球版！

2. 关照与爱护穷人和弱势群体之举①

任何社会，最需要帮助的就是穷人和各种弱势群体。对这一点，伟大的政治家们在经典的著作中均有深刻的论述。

什么样的人是穷人和弱势群体？在《议程》中有非常具体的指向，那就是：饥饿者、残疾人（他们有80%的人生活在贫困中）、难民和境内流离失所者以及移民、土著居民、艾滋病毒/艾滋病感染者、儿童等。

马克思特别关心劳工，《议程》也特别提到了劳工。第8.8条提到"保护劳工权利，推动为所有工人，包括移民工人，特别是女性移民和没有稳定工作的人创造安全和有保障的工作环境"；第27条指出"我们将消灭强迫劳动和人口贩卖，消灭一切形式的童工。制止对儿童进行虐待、剥削、贩卖以及一切形式的暴力和酷刑。劳工队伍身体健康，受过良好教育，拥有从事让人身心愉快的生产性工作的必要知识和技能，并充分融入社会，将会使所有国家受益"。

如何帮助穷人和弱势群体？首先是要消除饥饿，实现粮食安全，并决心消除一切形式的营养不良。更进一步，在《议程》中，非常明确与具体地提出了在健康、教育等目标上，如何对最不发达国家和弱势群体进行关照与支持。为实现性别平等，也明确强调了对所有妇女和女童的保护和为他们提供机会。再次，强调了在安全与交通上的关照。在第11.2条中提出，扩大公共交通，要特别关注处境脆弱者、

---

① 本论述根据《议程》第8.8、第11.7、第16.2、第23、第24、第27等多条内容概括归纳。

妇女、儿童、残疾人和老年人的需要；而在第 11.7 条中承诺：到 2030 年，向所有人，特别是妇女、儿童、老年人和残疾人，普遍提供安全、包容、无障碍、绿色的公共空间。

3．维护生产资料与财产平等获取之规则

多年来，我们被告知，平等占有生产资料，是消灭剥削和实现平等的前提。

在《议程》第 1.4 条中，我们看到："到 2030 年，确保所有男女，特别是穷人和弱势群体，享有平等获取经济资源的权利，享有基本服务，获得对土地和其他形式财产的所有权和控制权，继承遗产，获取自然资源、适当的新技术和包括小额信贷在内的金融服务。"在第 2.3 条中承诺："到 2030 年，实现农业生产力翻倍和小规模粮食生产者，特别是妇女、土著居民、农户、牧民和渔民的收入翻番，具体做法包括确保平等获得土地、其他生产资源和要素、知识、金融服务、市场以及增值和非农就业机会。"为此，需要有法律的保护。在第 5.a 条中强调："根据各国法律进行改革，给予妇女平等获取经济资源的权利，以及享有对土地和其他形式财产的所有权和控制权，获取金融服务、遗产和自然资源。"

4．关照和支持落后与贫穷国家之约定①

《议程》多处强调了要支持与帮助落后与贫穷的国家，这里既有人道主义的因素，也是国际社会的行动规则。中国人传统中常讲"一人富不算富，大家富才算富"，尤其从资源与环境角度看，帮助别国，也是在帮助自己。

如何定义落后与贫穷国家呢？《议程》中多处提到，第 22 条和第 56 条指出的范围是比较大的：非洲国家、最不发达国家、内陆发展中国家和小岛屿发展中国家、冲突和冲突后国家，还有许多中等收入国家。当然，提到中等收入国家不多，既不列为贫穷范围内，也不是关注重点。因此，如果要概括，这里将需支持和关照的国家分为五类。在《议程》的许多条款中，经常出现"发展中国家，特别是最不发达国家"的限定，那我们就缩小范围，划为四类国家，不泛泛地把发展中国家

----

① 本论述根据《议程》6.a、7.b、8.a、9.a、10.b、13.b、14.7、17.2、17.8、17.11、17.12、22、56、76 等多条内容概括归纳。

列入落后与贫穷国家。《议程》中提到最多的是最不发达国家的发展中国家，这些国家几乎可获得所有的支持与援助。

如何帮助与支持落后与贫穷国家呢？多条规定中提到的支持有：财政支持，国际合作和能力建设，水保护、处理与回收利用的技术支持，渔业、水产养殖业和旅游业的技术支持，增建基础设施并进行技术升级，提供可持续的现代能源服务，信息和通信技术使用的支持，统计和数据系统分析能力的支持。这里特别指出两条：一是经贸援助支持，要大幅增加发展中国家的出口，要实现所有最不发达国家的产品永久免关税和免配额进入市场；二是发达国家全面履行官方发展援助承诺，向发展中国家提供占发达国家国民总收入0.7%的官方发展援助，以及向最不发达国家提供占比0.15%~0.2%援助的承诺；鼓励官方发展援助方设定目标，将占国民总收入至少0.2%的官方发展援助提供给最不发达国家。确保发展中国家在国际经济和金融机构决策过程中有更大的代表性和发言权，落实对发展中国家特别是最不发达国家的特殊和区别待遇原则。

5. 坚持良治良法之议程①

维护国内与国际的秩序，保护与发展经济，都需要法律与法治。为实现全球今后15年的可持续发展目标，我们必须要遵守国际法，也尊重各国现有的法律法规。在《议程》中，充分体现了这一点。

国家层面：新议程确认，需要建立和平、公正和包容的社会，在这一社会中，所有人都能平等诉诸法律，人权（包括发展权）得到尊重，在各级实行有效的法治和良政，并有透明、有效和负责的机构；还确认，各国议会在颁布法律、制定预算和确保有效履行承诺方面发挥重要作用；创建和平、包容的社会以促进可持续发展，让所有人都能诉诸司法，在各级建立有效、负责和包容的机构。

国际层面：新议程依循《联合国宪章》的宗旨和原则，充分尊重国际法，尊重联合国所有重大会议和首脑会议的成果，即尊重《世界人权宣言》、国际人权条约及《联合国千年宣言》《发展权利宣言》《关于环境与发展的里约宣言》《国际人

_____

① 本论述根据《议程》第8、9、10、11、12、19、30、35、45条，目标16（及16.3、16.10）等多条内容概括归纳。

口与发展会议行动纲领》《北京行动纲要》等其他文书。

国家层面与国际层面的一致性：在国家和国际层面促进法治，确保所有人都有平等诉诸司法的机会。我们强调，所有国家都有责任根据《联合国宪章》，尊重、保护和促进所有人的人权和基本自由，不分种族、肤色、性别、语言、宗教、政治或其他见解、国籍或社会出身、财产、出生、残疾或其他身份等任何区别。要创建一个可持续发展，包括持久的包容性经济增长、社会发展、环境保护和消除贫困与饥饿所需要的民主、良政和法治，并有利于国内和国际环境的世界。我们强烈敦促各国不颁布和实行任何不符合国际法和《联合国宪章》，以及阻碍各国特别是发展中国家全面实现经济和社会发展的单方面经济、金融或贸易措施。我们要创建一个普遍尊重人权及人的尊严、法治、公正、平等和非歧视，尊重种族、民族和文化多样性，尊重机会均等以充分发挥人的潜能和促进共同繁荣的世界。

二、对人类实现可持续发展的意义

1987 年布伦特兰夫人在"世界环境与发展委员会"发表了题为"我们共同的未来"的报告，系统阐述了可持续发展的思想，即"既能满足当代人的需要，又不对后代人满足其需要的能力构成危害的发展"，并鲜明地提出了三个观点：一是"环境危机、能源危机和发展危机不能分割"；二是"地球的资源和能源远不能满足人类发展的需要"；三是"必须为当代人和下代人的利益改变发展模式"。这些观点在今天看来，不但没有过时，而且更加重要。

30 年后，2015 年 9 月 25 日联合国可持续发展峰会正式通过了《2030 年可持续发展议程》，明确了 17 项可持续发展目标和 169 项具体目标，把人类可持续发展的理念更具体化了，并做了 15 年的规划，意义非常重大。17 个可持续发展目标和 169 个具体目标是整体的、不可分割的，兼顾了可持续发展的三个方面：经济、社会和环境。诚如《议程》"导言"所提到的"我们决心采用统筹兼顾的方式，从经济、社会和环境这三个方面实现可持续发展"，也如《议程》"序言"所说的"繁荣：我们决心让所有的人都过上繁荣和充实的生活，在与自然和谐相处的同时实现经济、社会和技术进步"。下面就从这三方面来加以分析。

1. 促进经济可持续发展①

《2030 年可持续发展议程》本质上就是 15 年经济、社会和环境可持续发展的规划，其 17 个目标，全是可持续的目标。正如《议程》的"宣言"中表达的："我们决心创造条件，实现可持续、包容和持久的经济增长，实现繁荣必须有持久、包容和可持续的经济增长。创建一个以可持续的方式进行生产、消费和使用从空气到土地，从河流、湖泊和地下含水层到海洋的各种自然资源的世界。"《议程》可持续发展 17 个目标中第 2、7、8、9、11、12 条更集中在为经济发展提要求和做规划。

促进持久、包容和可持续经济增长：各国要力争人均经济的增长，最不发达国家 GDP 年增长率至少维持在 7%；通过多样化经营、技术升级和创业创新，实现更高水平的经济生产力；支持生产性活动、体面就业；到 2030 年，制定和执行推广可持续旅游的政策，以创造就业机会，促进地方文化和产品；加强国内金融机构的能力，鼓励并扩大全民获得银行、保险和金融服务的机会。总之，鼓励和要求各国采用可持续的消费和生产模式。

促进具有包容性的可持续发展的工业：到 2030 年，根据各国国情，改进工业以提升清洁、环保技术，增加其可持续性，大幅提高工业及其就业在国内生产总值中的比重，使最不发达国家的这一比例翻番；到 2030 年，发展和升级优质、可靠、可持续、有抵御灾害能力和可公平利用的基础设施，以支持经济发展和提升人类福祉；到 2030 年，大幅增加每 100 万人口中的研发人员数量，并增加公共和私人研发支出，力争到 2020 年在最不发达国家以低廉的价格普遍提供因特网服务；支持小型工业企业获得金融服务的机会等。

发展可持续农业、牧业和渔业：到 2030 年，实现农业生产力翻倍和小规模粮食生产者，特别是妇女、土著居民、农户、牧民和渔民的收入翻番；到 2030 年，确保建立可持续粮食生产体系并执行具有抗灾能力的农作方法，以提高生产力和产量；到 2020 年，通过在国家、区域和国际层面建立管理得当、多样化的种子和植

---

① 本论述根据《议程》第 2、3、9、21、27 条，目标 2、6、7、8、9、12 等多条内容概括归纳。

物库；通过加强国际合作等方式，增加对农村基础设施、农业研究和推广服务、技术开发、植物和牲畜基因库的投资；纠正和防止世界农业市场上的贸易限制和扭曲，取消一切形式的农业出口补贴；采取措施，确保粮食商品市场正常发挥作用，限制粮价剧烈波动。另有：推动地方文化和产品销售的可持续旅游业，以促进可持续发展。

建成可靠和可持续的现代能源：到 2030 年，大幅增加可再生能源在全球能源结构中的比例，增建先进的能源基础设施，扩大对可再生能源、先进和更清洁的化石燃料生产投资，确保人人都能获得负担得起的、可靠的可持续的现代能源，逐步改善全球消费和生产的资源使用效率。对助长浪费性消费的低效化石燃料补贴进行合理化调整。到 2030 年，实现自然资源的可持续管理和高效利用。

建设包容、安全、资源使用效率高、有抵御灾害能力和可持续发展的城市：到 2030 年，在所有国家加强包容和可持续的城市建设，通过财政和技术援助等方式鼓励建造可持续的和有抵御灾害能力的建筑，向所有人提供安全、包容、无障碍、绿色的公共空间，确保人人获得适当、安全和负担得起的住房和基本服务，向所有人提供安全、负担得起的、易于利用、可持续的交通运输系统，规划和管理好可持续的人类住区，支持在城市、近郊和农村地区之间建立积极的经济、社会和环境联系。

2. 推动社会可持续发展①

《2030 年可持续发展议程》在"序言"和"宣言"中表达了推动社会可持续发展的决心。"我们决心推动创建没有恐惧与暴力的和平、公正和包容的社会""我们要创建一个普遍尊重人权和人的尊严、法治、公正、平等和非歧视，尊重种族、民族和文化多样性，尊重机会均等以充分发挥人的潜能和促进共同繁荣的世界"。我们要创建"一个人人都识字的世界""一个人人平等享有优质大中小学教育、卫生保健和社会保障以及心身健康和社会福利的世界""在踏上这一共同征途时，我们保证，绝不让任何一个人掉队"。下面重点是对可持续发展目标的分类

_____

① 本论述根据《议程》第 8、36 条，目标 1、3、4、5、10、16、17 等多条内容概括归纳。

归纳。

在全世界消除一切形式的贫困：到 2030 年，在全球所有人口中消除每人每日生活费不足 1.25 美元的极端贫困，为最不发达国家提供帮助以消除一切形式的贫困；执行适合本国国情的全民社会保障制度和措施，增强穷人和弱势群体的抵御灾害能力，在国家、区域和国际层面制定合理的政策框架以支持加快对消贫行动的投资。

确保健康的生活方式：到 2030 年，全球孕产妇死亡率降至万分之七以下，消除新生儿和 5 岁以下儿童可预防的死亡，将生殖健康纳入国家战略和方案；消除艾滋病、结核病、疟疾和被忽视的热带疾病等流行病，抗击肝炎、水传播疾病和其他传染病；通过预防、治疗及促进身心健康，将非传染性疾病导致的过早死亡率减少 1/3；实现全民健康保障，人人获得安全、有效、优质和负担得起的基本药品和疫苗；大幅减少危险化学品以及空气、水和土壤污染导致的死亡和患病人数；到 2020 年，全球公路交通事故造成的死伤人数减半；帮助各国提高早期预警，降低风险，以及提高健康风险管理的能力。

确保包容和公平的优质教育：到 2030 年，确保所有男女童获得优质幼儿教育和学前教育，完成免费、公平和优质的中小学教育；确保所有男女平等获得负担得起的优质技术、职业和高等教育，包括大学教育；大幅增加掌握就业、体面工作和创业所需相关技能的成年人人数；消除教育中的性别差距，确保残疾人、土著居民和处境脆弱儿童等弱势群体平等获得各级教育和职业培训的机会；开展师资培训方面的国际合作，大幅增加合格教师人数；到 2020 年，增加发达国家为最不发达国家、小岛屿发展中国家和非洲国家提供的高等教育奖学金数量。

实现性别平等：确保妇女全面有效参与各级政治、经济和公共生活的决策，并享有进入各级决策领导层的平等机会；在全球消除对妇女和女童一切形式的歧视，消除对妇女和女童一切形式的暴力行为，包括贩卖、性剥削、童婚、逼婚及其他形式的伤害；采用和加强有执行力的立法，促进性别平等，在各级增强妇女和女童权能。

减少国家内部和国家之间的不平等：到 2030 年，增强所有人的权能，促进他们融入社会、经济和政治生活，而不论其年龄、性别、残疾与否、种族、族裔、出身、宗教信仰、经济地位或其他任何区别；取消歧视性法律、政策和做法，在财政、薪资和社会保障上，实现更大的平等；到 2030 年，逐步实现和保证最底层 40% 人口的收入增长率高于全国平均水平；到 2030 年，将移民汇款手续费减至 3% 以下，取消费用高于 5% 的侨汇渠道，促进有序、安全、正常和负责的移民和人口流动。

创建和平、包容的社会：在国家和国际层面促进法治，推动和实施非歧视性法律和政策，保障公众基本自由，确保所有人都有平等诉诸司法的机会；在全球大幅减少一切形式的暴力和降低相关的死亡率；禁止对儿童进行虐待、剥削、贩卖以及一切形式的暴力和酷刑；到 2030 年，大幅减少非法资金和武器流动，加强追赃和被盗资产返还力度，打击一切形式的有组织犯罪；通过开展国际合作等方式加强相关国家机制，提高各国尤其是发展中国家的能力建设，在各级建立有效、负责和透明的机构，大幅减少一切形式的腐败和贿赂行为，预防暴力，打击恐怖主义和犯罪行为。

促进不同文化间的理解、容忍、相互尊重：我们承认自然和文化多样性，所有文化与文明都能推动可持续发展，确立全球公民道德和责任共担，进一步努力保护和捍卫世界文化和自然遗产。

3. 助力环境与生态可持续发展

应对气候变化及其影响：加强各国抵御和适应气候相关的灾害和自然灾害的能力，将应对气候变化的举措纳入国家政策、战略和规划，加强气候变化影响和早期预警等方面的教育和宣传；发达国家履行在《联合国气候变化框架公约》下的承诺，即到 2020 年每年从各种渠道共同筹资 1000 亿美元，帮助发展中国家，并尽快向绿色气候基金注资，使其全面投入运行；推进在最不发达国家和小岛屿发展中国家建立增强能力的机制，帮助其进行与气候变化有关的有效规划和管理。

保护、恢复和促进可持续利用陆地生态系统：到 2020 年，推动对所有类型森林进行可持续管理，停止毁林，大幅增加全球植树造林和重新造林，恢复退化的森林、湿地、山麓和旱地，恢复和可持续利用陆地和内陆的淡水生态系统，从各种渠道大幅动员资金资源，支持发展中国家推进可持续森林管理；到 2030 年，保护山地生态系统，防治土地荒漠化，恢复退化的土地和土壤；减少自然栖息地的退化。

保护海洋和海洋资源：到 2020 年，以可持续方式管理和保护海洋和沿海生态系统，免除重大负面影响，保持海洋健康和物产丰富；到 2020 年，有效规范捕捞活动，禁止助长过剩产能和过度捕捞的渔业补贴，终止过度捕捞、非法和无管制、破坏性的捕捞活动；到 2020 年，根据国内和国际法，保护至少 10% 的沿海和海洋区域；到 2025 年，预防和大幅减少各类海洋污染，特别是陆上活动造成的污染，包括海洋废弃物污染和营养盐污染；通过在各层级加强科学合作等方式，减少和应对海洋酸化的影响；根据政府间海洋学委员会《海洋技术转让标准和准则》，转让海洋技术，增加海洋生物多样性对发展中国家，特别是小岛屿发展中国家和最不发达国家发展的贡献。

创建一个人类与大自然和谐共处，野生动植物得到保护的世界：到 2020 年，保护受威胁的物种，防止其灭绝，遏制生物多样性的丧失；终止偷猎和贩卖受保护的动植物；到 2020 年，采取措施防止引入外来入侵物种并大幅减少其对土地和水域生态系统的影响，控制或消灭其中的重点物种；到 2020 年，把生态系统和生物多样性价值观纳入国家和地方规划，加大财力支持。

防止空气、土壤与水的污染：到 2020 年，根据商定的国际框架，实现化学品和所有废物在整个存在周期的无害环境管理，并大幅减少它们排入大气以及渗漏到水和土壤的概率，尽可能降低它们对人类健康和环境造成的负面影响。到 2030 年，减少城市的负面环境影响，包括特别关注空气质量，以及城市废物管理等。到 2030 年，通过预防、减排、回收和再利用，大幅减少废物的产生；到 2030 年，大幅减少包括水灾在内的各种灾害造成的死亡人数和受灾人数及全球国内生产总值的经济损失。

保护水源，改善水质，提高用水效率：到 2020 年，保护和恢复与水有关的生态系统，包括山地、森林、湿地、河流、地下含水层和湖泊；到 2030 年，通过废物回收和安全再利用以消除倾倒废物现象，大幅减少危险化学品排放，大幅降低未经处理的废水比例，以达到改善水质的目标；到 2030 年，所有行业大幅提高用水效率，确保可持续取用和供应淡水；到 2030 年，扩大向发展中国家提供的国际合作和能力建设支持，帮助它们提高雨水采集、海水淡化、废水处理、水回收和再利用技术；到 2030 年，人人普遍和公平获得安全和负担得起的饮用水。

专　栏

UNEP《全球环境展望（5）》报告①

本书的英文版 *Global Environment Outlook* 5 是在 2012 年联合国可持续发展里约大会前夕在全球 12 个城市公开发布的。此时距里约地球峰会已过去了 20 年，因而包含着当代社会长期以来对可持续发展的大量思考。作为联合国最权威的环境报告，让政府和利益相关方将现有的最佳科学证据变成与政策制定者相关的信息，共同消除了科学和政策之间的隔阂，为全球实现可持续发展做出贡献。

联合国环境署《全球环境展望（5）》报告，全面、公正、深入地对全球环境状况进行了评估，重点描绘了地球和人类的现状、发展趋势、轨迹和未来，展示了全球各地具有积极环境变化创举的超过 100 多项倡议、项目和政策。《全球环境展望（5）》首次综合考虑环境改变的动因，而不仅仅考虑环境压力。在一个人口不断增加、不公平现象显而易见以及环境基础不稳定的世界里，人类的当务之急是寻求政府合作，以平衡经济、社会和环境的可持续发展。《全球环境展望（5）》得到联合国内外的研究机构和包括 600 名以上的科学家的多方面支持，展现了近期环境科学界的集体智慧。

《全球环境展望（5）》由 17 个章节构成，分为 3 个不同但相互关联的部分。

第一部分：全球环境现状和趋势。第 1 章探讨了环境变化的驱动力——史无前例迅速膨胀的人口和蓬勃发展的经济以其惯性和对路径的依赖性难以抑制扩张，是环

---

① 这里根据《全球环境展望（5）》一书的"序""前言"和全书基本内容等精简改编，"序"是联合国秘书长潘基文先生所题，而"前言"则是联合国环境规划署执行主任阿其姆·施泰纳先生所写。联合国环境规划署于 2012 年首次出版。联合国环境规划署联系地址：Director, DCPI, UNEP, P. O. Box 30552, Nairobi, 00100, Kenya. 印刷：联合国内罗毕办事处出版服务科，ISO14001：2004. GLOBAL ENVIRONMENT OUTLOOK‐5. 参考网页：http：//web. unep. org/geo/assessments/global‐assessments/global‐environment‐outlook‐5.

境变化的强劲驱动力，导致对环境保护有效措施的推进产生障碍，并具体分析了城市化、全球化、能源、交通运输等方面的进展。第 2 章论述了与气候变化有关的大气环境，分析了硫污染、氮化合物、颗粒物和对流层臭氧等。第 3 章分析了土地资源日益增大的承受压力，既包括农业、城市地区和人类基础设及对土地需求的竞争等，也分析了森林、湿地、旱地、草地和大草原等。第 4 章分析了水资源的现状和趋势，特别是分析了水、能源、气候之间的相互关系，淡水和海洋水质，水坝和河流破碎化，水安全和人类健康等。第 5 章分析了生物多样性的压力、丧失和退化。第 6 章分析了化学品对经济发展的作用，更确认了其会给环境和人类健康带来负面影响。第 2 章至第 6 章均评估了国际商定的环境目标以及实现情况，提出了政策建议。第 7 章从地球是一个整体的系统视角，综合分析了第 2 章至第 6 章反映出来的人类给地球造成的压力，并认为这已达到地球可承受的临近阈值。第 8 章则综述了数据采集、交流、应用的能力建设的重要性。

第二部分：区域政策选择。第 9 章至第 15 章评估了那些对加快实现国际商定目标具有潜在帮助的区域政策选择。第 9 章分析了非洲，认为在非洲，人口增长、快速城市化、气候变化、治理不力等问题对实现重要区域环境和社会目标形成严峻挑战。第 10 章分析了亚洲及太平洋地区，认为亚太地区既是全球经济发展最快的地区，也是温室气体排放增长最快的地区。第 11 章分析了欧洲，第 12 章分析了拉丁美洲及加勒比地区，第 13 章分析了北美洲，第 14 章分析了西亚，均重在分析其水、土、气、能源等。第 15 章对第二部分进行了总结，阐述了各区域共同的议题，成功的政策工具和手段，有效的政策应用、跨境合作和区域合作。

第三部分：全球响应的机遇。第 16 章分析了为达到全球可持续发展目标所要求的各类行动。论述了关于 2050 年的愿景、目的和目标，提出了实现长期可持续发展目标的道路。第 17 章评述了公众机构、私人部门和民间团体是如何有效地应对环境变化的现状。尽管在很多国家层面和区域层面已经开始处理这些挑战，但响应地球系统的挑战需要各方面共同的努力。

还应提到，《全球环境展望（6）》也将正式出版。2014 年 6 月 23～27 日首届联合国环境大会决议提出：《全球环境展望（6）》，通过透明的全球政府间、多方利益相关者磋商会议确定报告的范围、目标和程序，形成科学可靠、经同行审议的报告和决策者摘要，以供 2018 年之前召开的联合国环境大会进行审批。2014 年 10 月 21～23 日全球政府间和多方利益相关者磋商会议在柏林召开，会上通过了开展地区评估的决议。与会者要求《全球环境展望（6）》评估以"地区评估"为基础，其采取的评估方式与全球环境展望评估过程类似。在以上倡议基础上，2015 年 4 月 27～28 日泰国曼谷召开的亚太地区环境信息网络大会上确定了亚太区域的首要评估议题，并已用于指导本评估开展分析。当前，《全球环境展望（6）——亚太区域评估报告》已经正式发布，报告在区域层面描绘了一幅影响人类健康和福祉的环境因素全景画卷。

第二节
实现《2030 年可持续发展议程》的途径

一些专家指出：《2030 年可持续发展议程》并非完美，甚至存在不足，主要是：用开放的心态共同制定 2030 年议程理念非常好，但因参与方多，目标就很多，虽然面面俱到，但目标间有非一致性，且目标的量化性也存在不足，未来还会有博弈。据悉，将要通过 300 个以上指标来衡量各国的落实进展，此工程量非常大，恐怕难以全面地完成。因此，能否基本实现《2030 年可持续发展议程》，当目标确定以后，下一步的关键就在于行动。

一、加强全球伙伴关系[①]

《议程》涉及面广、要求高，首先是，谁是落实和实现议程目标的主体？承担者是明确的，就是全世界各国及各方面。在《议程》详细阐释了 17 个大类、169

[①] 本论述主要根据《议程》第 60 条至第 71 条的内容概括归纳。

项目标后，紧接着开始论述"执行手段和全球伙伴关系"，表明："我们认识到，如果不加强全球伙伴关系并恢复它的活力，如果没有相对具有雄心的执行手段，就无法实现我们的宏大目标和具体目标。"

这里强调的全球伙伴：一是各国政府；二是民间社会和私营部门；三是联合国系统；四是其他国际层面的参与者。

在国家层面：一是每个国家对本国的经济和社会发展负有主要责任，要制定国家主导的具有连贯性的可持续发展战略，同时，要制定公共政策并形成筹资框架，筹集和有效使用国内资源；二是对不同发展阶段的国家给予不同的支持方式，要向发展中国家，包括非洲国家、最不发达国家、内陆发展中国家、小岛屿发展中国家和中等收入国家提供与贸易有关的能力建设支持，通过加强协调帮助中等收入国家在实现可持续发展方面应对当前挑战并继续取得成就；三是债务国和债权国共同努力，通过加强政策协调，酌情促进债务融资、减免、重组和有效管理，协助已经获得债务减免和使债务数额达到可持续发展水平的国家维持债务的可持续性；四是尊重每个国家在遵守相关国际规则和承诺的情况下执行消贫和可持续发展政策，所有国家对本国政策空间和领导权享有自主权。

在民间社会和私营部门层面：一是强调了民间社会和私营部门将构成《亚的斯亚贝巴行动议程》设立的技术促进机制以及网上平台的基础。二是强调了私人商业活动、投资和创新，是提高生产力、包容性经济增长和创造就业的主要动力。呼吁所有企业包括微型企业、合作社和跨国公司，利用它们的创造创新能力来应对可持续发展的挑战。同时，要求遵守相关国际标准和协定的缔约方保护劳工权利，遵守环境和卫生标准。

在联合国层面：这里包括所有联合国机构——联合国秘书处经济和社会事务部、联合国环境规划署、联合国工业发展组织、联合国教育、科学及文化组织、联合国贸易和发展会议等。致力于在各层面为所有参与者提供一个有利于可持续发展的环境，为各国的发展创造相互支持的贸易、货币和金融体系，加强和改进全球经济治理，创造有利的国际经济环境，在全球范围内开发和协助提供有关知识和技术，开展能力建设工作。这里，特别强调了在世界贸易组织框架下建立普遍、有章可循、开放、透明、可预测、包容、非歧视和公平的多边贸易体系，实现贸易自由化，特别强调了帮助与支持冲突和冲突后国家中实现持久和平与可持续发展，还强调了扶植有活力和运作良好的企业界。

在国际层面的其他参与者：国际金融机构、区域组织和其他利益攸关方，如国际电信联盟、世界知识产权组织和世界银行等，还有联合国科学、技术、创新促进可持续发展目标跨机构任务小组——所有联合国机构、基金和方案以及经济社会理事会职能委员会均可参加任务小组，有每年举行一次会议的科学、技术、创新促进可持续发展目标多利益攸关方协作的论坛，促进交流，牵线搭桥，在相关利益攸关方之间建立伙伴关系；还有一个承担众多任务的网上平台，它负责全面汇集联合国内外现有的科学、技术、创新举措、机制和方案的信息，并进行信息流通和传输，协助人们获取推动政策信息、知识、经验、最佳做法和相关教训，更有一个重要的经济社会理事会主持召开的高级别政治论坛，对各参与者讨论基础上，评估和审议可持续发展议程的工作。所有这些，都是为了在实现可持续发展方面提供更好、重点更突出的支持。

二、跟踪落实与加强后续评估[①]

联合国将系统地落实和评估本议程今后 15 年的执行情况。一个后续落实的评估框架是重要的，该框架包括执行普遍目标和具体目标的进展以及执行手段。后续落实和评估工作在国家、区域和全球各个层面开展。国家一级评估工作由各国主导，自愿进行；后续评估工作应以"为人服务"为目标，找出成绩、挑战、差距和重要成功因素。后续评估工作将对所有人开放，做到普遍参与和透明，做到严谨细致和实事求是。后续落实的评估将采用一套全球指标框架，这套全球指标将辅以会员国拟定的区域和国家指标。这一框架应做到简明严格，涵盖所有可持续发展目标和具体目标。

---

① 本论述主要根据《议程》第 72 条至第 91 条的内容概括归纳。

在国家层面，鼓励所有会员国借鉴本国发展战略和可持续发展战略来制定有助于实现可持续发展目标的对策。国家来主导和推动的评估工作，应借鉴参考土著居民、民间社会、私营部门和其他利益攸关方的意见。各国议会以及其他机构也应支持这些工作。为更好地完成评估，联合国将支持发展中国家，特别是非洲国家、最不发达国家、小岛屿发展中国家加强本国统计局和数据处理的能力。

在区域层面，开展区域和次区域各级的后续落实和评估，欢迎区域、次区域委员会和组织开展合作，进行包括自愿评估在内的互学互鉴、分享经验等。鼓励所有会员国寻找交换意见的恰当区域论坛，鼓励联合国各区域委员会在这方面支持会员国。

在全球层面，高级别政治论坛注重评估进展，在监督全球各项后续落实和评估工作方面将发挥核心作用，将促进经验交流，促进可持续发展政策的统一和协调。高级别政治论坛将同所有相关方建立有效联系。评估应是自愿的，鼓励提交报告所有相关方包括国家高级别人士参加。高级别政治论坛每四年在联合国大会主持下召开会议，为《议程》及其执行工作提出方向性的政治指导，查明进展情况和新出现的挑战，动员进一步采取行动以加快执行。

三、环境健康和人类健康①

《议程》多次强调经济、社会与环境的三位一体，"健康与环境"则是将环境问题与社会问题结合的最有价值的途径。所有的社会问题都是与人生存条件、平等包容、教育就业以及生活方式相关的问题，也都是与人的健康紧密相关的问题。抓住健康问题，就抓住了社会问题的基础，也抓住了实现《议程》的关键途径。

在 2016 年 5 月 23 日于内罗毕召开的第二届联合国环境大会上，讨论了全球实

---

① 资料来源：联合国环境大会聚焦可持续发展议程下的全球环境治理与绿色发展，引自网页：www. un. org/sustainabledevelopment/zh/2016/05/联合国环境大会聚焦可持续发展议程下的全球环境；刘月、赵文武、张骁：《助推 2030 可持续发展议程环境目标落实——第二届联合国环境大会会议简述》，《生态学报》，2016 年第 12 期。

施《议程》相关的重要事项，其中包括环境健康和人类健康的议题。一系列报告，特别是由联合国环境规划署（UNEP）、世界卫生组织（WHO）等多家机构与公约组织提交的"健康星球，健康人类"报告显示，环境恶化导致人们过早死亡，对公共卫生造成威胁。全球 1/4 的死亡人数与环境污染有关，每年因环境恶化而过早死亡的人数比冲突致死的人数还要高 234 倍。世界卫生组织表明，每年估计有 1260 万例死亡归因于环境因素。空气污染导致世界各地每年 700 万人死亡。其中，430 万人死于室内空气污染，尤其是发展中国家的妇女和儿童。缺乏洁净水和卫生设施导致每年有 842000 人死于腹泻病，其中 97% 在发展中国家。腹泻病是导致 5 岁以下儿童死亡的第三大杀手，占所有五岁以下儿童死亡人数的 20%。化学品暴露，导致每年有 107000 人死于石棉中毒。2010 年 654000 人死于铅中毒。自然灾害，自 1995 年《联合国气候变化框架公约》第一次缔约方会议（COP1）以来，606000 人因气象相关的灾害失踪、41 亿人次受伤、无家可归或需要紧急援助。联合国环境规划署的报告还称，影响环境健康的因素，包括生态系统破坏、气候变化、不平等、无规划的城市化、不健康的生活方式以及不可持续的消费和生产模式。而气候变化则扩大了环境健康风险的规模。大量事实充分证明，健康的环境对于人类健康非常重要，改善环境已成为保证人类健康发展的迫切任务。

让所有人平等和有尊严地在一个健康的环境中生活，是《议程》的目标。为具体落实《议程》目标，破解"健康与环境"重大议题，第二届联合国环境大会给出了四个综合解决方法：一是解毒，在人们的生活和工作中，去除或减轻有害物质对环境的影响。二是脱碳，倡导可再生能源，减少碳燃料的使用，从而减少二氧化碳（CO_2）排放量。在生命周期中，太阳能、风力和水力发电比化石燃料发电厂对人类健康和环境造成的伤害低 3 ~ 10 倍。三是资源高效利用和改变生活方式，以较低的资源利用、较少的浪费、更少的污染和更少的环境破坏进行必要的经济活动，创造价值来维持世界人口。四是增强生态系统的恢复力和保护地球的自然生态系统，增强环境、经济和社会的能力，从而通过保护遗传多样性以及陆地、沿海和海洋生物多样性实现对于干扰和冲击的预期、响应和恢复；加强生态系统恢复力；减少畜牧业和伐木业对自然生态系统产生的压力。大会期间还发布了其他报告，探究了塑料垃圾、含铅涂料和人畜共患疾病等问题。各国代表呼吁联合国环境规划署针对化学品和废物管理出台相关政策，要求私营部门在化学品和废物管理方面发挥更大的作用，并要求各国在国家或地区层面确保废旧铅酸蓄电池的回收。同时，呼吁联合国环境规划署建立全球沙尘暴观测和研究网络，解决沙尘暴带来的环境威胁，主要研究沙尘暴的防控和治理。大会通过了若干有关人类和环境健康的具体决议。

专栏

对全球123个国家绿色发展程度的测度[1]

《2030年可持续发展议程》中的"17.19"提到"到2030年，借鉴现有各项倡议，制定衡量可持续发展进展的计量方法，作为对国内生产总值的补充，协助发展中国家加强统计能力建设"，第75条提到"将采用一套全球指标来落实和评估这些目标和具体目标"，并要求这一框架做到简明严格，涵盖所有可持续发展目标和具体目标。基于此，"人类绿色发展指数"希望通过简明且易形成共识的指标，能对各国可持续发展进展进行测度与比较，鼓舞各国对照检查，从国情出发，在相应的发展阶段上，实现最具可持续能力的发展战略。

直接或间接反映人类绿色发展的评价体系相当多，如福利类指数、绿色经济指数、环境资源生态指数等，有多达20个以上的指标体系。在研究中，仅可用于比较

---

[1] 联合国在研制《2030年可持续发展议程》时，曾在全世界范围内征求意见。为响应与支持这项工作，李晓西教授组织完成了《2014人类绿色发展报告》一书，提交了联合国相关机构参考。联合国秘书长特别顾问、联合国可持续发展行动网络（SDSN）主任、哥伦比亚大学杰弗里·萨克斯教授对我们的这项研究给予了很大的肯定和鼓励，认为本研究报告"是对可持续发展目标（SDGs）的重要贡献"。北京师范大学出版社和德国斯普林格（Springer）出版社分别在2014年出版了中、英文版。"人类绿色发展指数的测算"则在提炼"报告"基本思路后形成的一篇论文，发表于2014年第6期的《中国社会科学》上。北师大经资院有10位师生参与了测算工作，国内外多学科的28位学者在研讨和写作过程中提出过宝贵意见。这里的"专栏"是原报告的精简压缩版。可参考：李晓西等：《2014人类绿色发展报告》，北京师范大学出版社，2014年版。李晓西、刘一萌、宋涛：《人类绿色发展指数的测算》，《中国社会科学》，2014年第6期。

的绿色经济指标，就包括世界银行的"财富核算与生态系统服务评价（WAV-ES）"①、UNEP 的绿色经济指标使用指导②、OECD 绿色增长指标③、EEA 绿色经济指标④、全球绿色经济指数（GGEI）等。如何在各类指标体系的比较研究中，形成一种别具特色而又有实用性的绿色发展指数，显然这是需要探索的。这个新指数的特色应在于易操作和通俗易懂，应以最简明的方式反映人类绿色发展水平，不宜因过分强调全面而难以理解和实施。在这方面，联合国开发计划署所做的"人类发展指数"做出了榜样。⑤ 本课题在研究过程中，力求多角度、全方位地搜集各类相关指标，并对全球影响力较大的指标体系，进行深度剖析和比较研究，从中借鉴指数编制的有益方式。

什么是人类绿色发展？本文确定了社会经济的可持续发展和资源环境的可持续发展两大维度。社会经济的可持续发展，用最简单的语言表达即是：人要吃饱，有住行条件，有受教育机会，有基本的卫生设施。为便于记忆，可概括为"吃饱喝净、健康卫生、教育脱贫"，相应需要对应的指标。资源环境可持续发展用最简单的语言表达即是：天蓝气爽、地绿水清，不可忽视的还有生物共存。根据以上理念，我们确立了 12 个人类绿色发展领域，每个领域中选择了最经典、最具代表性的 1 个元素指标进行测度。下面是人类绿色发展指标体系的第一张简表。

---

① The World Bank. World Development Report 2010: Development and Climate Change. https://openknowledge. worldbank. org/handle/10986/4387.

② 联合国环境规划署：《全球环境展望 5：我们未来想要的环境》，内罗毕，2012 年。亦可参考网页：http://web. unep. org/geo/sites/unep. org. geo/files/documents/geo5_chinese_0. pdf.

③ 经济合作与发展组织（OECD）：《迈向绿色增长：给决策者的简介》，巴黎，2011 年。

④ European Environment Agency（EEA），Environmental Indicator Report 2012: Ecosystem Resilience and Resource Efficiency in a Green Economy in Europe, Luxembourg: Publications Office of the European Union, 2012.

⑤ 李晶：《人类发展的测度方法研究——对 HDI 的反思与改进》，中国财政经济出版社，2009 年版。

表 4 – 1　人类绿色发展指数指标体系

人类绿色发展两个方面	人类绿色发展12个领域	元素指标名称	指标属性	指标权重（%）
人类绿色发展指数 （社会经济的可持续发展）	贫困	低于最低食物能量摄取标准的人口比例	逆	8.33
	收入	不平等调整后收入指数	正	8.33
	健康	不平等调整后预期寿命指数	正	8.33
	教育	不平等调整后教育指数	正	8.33
	卫生	获得改善卫生设施的人口占一国总人口的比重	正	8.33
	水	获得改善饮用水源的人口占一国总人口的比重	正	8.33
资源环境的可持续发展	能源	一次能源强度	逆	8.33
	气候	人均二氧化碳排放	逆	8.33
	空气	PM 10	逆	8.33
	土地	陆地保护区面积占土地面积比例	正	8.33
	森林	森林面积占土地面积的百分比	正	8.33
	生态	受威胁动物占总物种的百分比	逆	8.33

　　在关系人类可持续发展的12个领域中各选一个元素指标，非常重要。选择的元素指标是否具有代表性和典型性，关系到测度结论的实用价值。这些元素指标是如何选出来的呢？先需要在每个领域中普选相关的元素指标。选择过程显示，被选指标多则如"水"领域达40个左右，少则也有20个左右。显然，这些元素指标首先是具有可获得性，同时具有权威性。经过反复比较、认真研究，在征求每一领域专家意见后，最终筛选确定了每个领域中一个最具代表性的指标。12个领域中各选一个计12个相应的元素指标，如表4 – 2所示。

表 4 - 2 绿色发展指数元素指标解释表

指标名称	指标含义与数据来源
低于最低食物能量摄取标准的人口比例	食物摄入量低于食物能量需求最低水平的人口百分比，也称为营养不良发生率，即营养不良人口的百分比。 来源机构/数据库：选自联合国统计司；最终数据来源：联合国粮农组织。 网址：http：//mdgs. un. org/unsd/mdg/Metadata. aspx？ IndicatorId = 5.
不平等调整后收入指数	在考虑不平等分布因素下，以人均家庭可支配收入或消费为基础，计算得出能体现公平、平等的收入指数。"不平等调整后收入指数"借鉴英国著名经济学家安东尼·巴尔斯·阿特金森（Anthony Barnes Atkinson）测度不平等的方法，对一个国家人均家庭可支配收入或消费进行综合评估。指数值越高，说明各国的经济状况越好，国家的收入分配越公平、平等。 来源机构/数据库：联合国开发计划署。 网址：http：//hdr. undp. org/en/media/HDR _ 2010 _ EN _ Tables _ rev. xls.
不平等调整后预期寿命指数	在考虑不平等分布因素下，以联合国生命表数据为基础，计算得出能体现公平、平等的预期寿命指数。"不平等调整后预期寿命指数"借鉴英国著名经济学家阿特金森测度不平等的方法，对一个国家健康方面的情况进行综合评估。指数值越高，说明各国的健康状况越好，居民享有获取健康的机会越公平、平等。 来源机构/数据库：联合国开发计划署。 网址：http：//hdr. undp. org/en/media/HDR _ 2010 _ EN _ Tables _ rev. xls.

（续表）

指标名称	指标含义与数据来源
不平等调整后预期教育指数	在考虑不平等分布因素下，以各国平均受教育年限为基础，计算得出能体现公平、平等的教育指数。"不平等调整后教育指数"借鉴英国著名经济学家阿特金森测度不平等的方法，对一个国家平均受教育年限的情况进行综合评估。指数值越高，说明各国的教育状况越好，居民享有受教育的机会越公平、平等。 来源机构/数据库：联合国开发计划署。 网址：http：//hdr. undp. org/en/media/HDR ＿2010＿EN＿Tables＿rev. xls.
获得改善卫生设施的人口占一国总人口的比重	具有最基本的处理排泄物设施的人口所占的比例，这些设施能够有效防止人畜及蚊蝇与排泄物接触。经改善的卫生设施包括，从简单但有防护的厕坑，到连通污水管道的直冲式厕所。为了保证有效，卫生设施的修建方式必须正确并得到适当维护。 来源机构/数据库：世界卫生组织/联合国儿童基金会联合监测方案（JMP）。 网址：http：//www. wssinfo. org/data－estimates/table.
一次能源强度	一国能源消费总量与国内生产总值（GDP）之间的比例，主要用购买力平价（PPP）的方式，反映一国生产一单位GDP所消耗的能源总量。该指标说明一国经济活动中对能源的利用程度，反映经济结构和能源利用效率的变化。单位为吨标准油/千美元（购买力平价法，2005年不变价）。 来源机构/数据库：国际能源署。 网址：https：//www. iea. org/publications/freepublications/publication/kwes. pdf.

（续表）

指标名称	指标含义与数据来源
人均二氧化碳（CO_2）排放量	二氧化碳是人为温室气体排放的主要来源。本指标的二氧化碳排放是指化石能源（煤炭、石油和天然气）燃烧所产生的排放，包括在消费固体、液体、气体燃料和天然气燃烧时，所产生的二氧化碳排放（单位为吨/人）。 来源机构/数据库：《化石燃烧 CO_2 排放（2012 版）》，国际能源署（IEA）。 网址：http：//www. iea. org/publications/freepublications/publication/name,32870,en. html.
PM10	测量大气中颗粒污染物浓度的一个指标，表示直径小于 10 微米（PM10）的细悬浮颗粒在大气中的浓度。PM10 能深入渗透呼吸道并导致严重的健康损害（单位为微克/米^3）。 来源机构/数据库：世界发展指标数据库（WDI），由世界银行农业和环境服务部估计。 网址：http：//data. worldbank. org/indicator/EN. ATM. PM10. MC. M3.
陆地保护区面积占土地面积比例	陆地保护区是指面积至少在 1000 公顷以上、被国家权威机构指定为限制公众进入的科学保护区、国家公园、自然纪念地、自然保护区或野生动物禁猎区、景观保护区以及目的主要为可持续利用的管理区。 来源机构/数据库：世界银行数据库。原始数据来源：联合国环境规划署和世界保护监测中心，根据各国政府提供的数据、国家立法和国际协定，由世界资源所编纂。 网址：http：//data. worldbank. org/indicator/ER. LND. PTLD. ZS.

（续表）

指标名称	指标含义与数据来源
森林面积占土地面积的百分比	森林面积是指由自然生长或人工种植且原地高度至少为 5 米的直立树木（无论是否属于生产性）所覆盖的土地，不包括农业生产系统中的立木（例如，果树种植园和农林系统）以及城市公园和花园中的树木。 来源机构/数据库：世界银行数据库；最终数据来源：联合国粮农组织。 网址：http：//data. worldbank. org/indicator/AG. LND. FRST. ZS.
获得改善饮用水源的人口占一国总人口的比例	改善饮用水源是指由于其自身结构或通过积极的干预，从而不受外界污染，尤其是不受排泄物污染的饮用水源。 来源机构/数据库：世界卫生组织/联合国儿童基金会联合监测方案（JMP）。 网址：http：//www. wssinfo. org/data – estimates/table.
濒危物种占所有物种的百分比	被国际自然保护同盟列为"极危""濒危"和"易危"3 个级别的动物物种（包括哺乳动物、鸟类、爬行动物、两栖动物、鱼类和无脊椎动物），占所有物种的百分比。 来源机构/数据库：联合国开发计划署；最终数据来源：世界自然保护联盟（2010）。 网址：http：//hdr. undp. org/en/reports/global/hdr2011/download.

为了使元素指标具有可比性，人类绿色发展指数所选用的指标全部采用相对指标，具体包括两类：一是强度相对指标。这类指标是一个统计量相对于另一个参照统计量（如人口、面积、体积等）的比值，它可以剔除各人口、面积等差异对总量性质统计指标的影响，如用于比较各国能源使用效率及气候变化等情况。二是结构形式指标。它反映部分与总体的关系，如用于衡量各国在森林面积、陆地保护区面积、生物多样性等方面的合理程度，或评价政府在改善饮用水、改善卫生设施等公

共领域的作用力度等。利用相对指标，还有利于不同量纲指标之间进行有效运算。

本文对世界 123 个国家的人类绿色发展指数进行了测评。首先要对 HGDI 测评国家的选择予以说明。测评国家的选择基于两个因素：首先是数据的完整性，进入测评的国家必须有 11 个及 11 个以上指标的数据，不足者难以列入；其次是对国际公认的非主权实体，包括属地、领地及其他地区，不作为国家纳入测评中。123 个参评国基本覆盖了世界上主要的发达国家和发展中国家。

表 4-3 世界 123 个国家人类绿色发展指数及排名

排名	国家	大洲	指数值	排名	国家	大洲	指数值
深绿色发展水平国家				20	法国	欧洲	0.745
1	瑞典	欧洲	0.830	21	波兰	欧洲	0.734
2	瑞士	欧洲	0.815	22	比利时	欧洲	0.729
3	斯洛伐克	欧洲	0.806	23	白俄罗斯	欧洲	0.725
4	德国	欧洲	0.801	24	意大利	欧洲	0.725
5	拉脱维亚	欧洲	0.791	25	马来西亚	亚洲	0.723
6	日本	亚洲	0.781	26	匈牙利	欧洲	0.715
7	挪威	欧洲	0.780	27	丹麦	欧洲	0.713
8	奥地利	欧洲	0.777	28	克罗地亚	欧洲	0.711
9	芬兰	欧洲	0.773	29	希腊	欧洲	0.706
10	哥斯达黎加	北美洲	0.770	30	哥伦比亚	南美洲	0.705
11	新西兰	大洋洲	0.766	31	爱尔兰	欧洲	0.703
12	卢森堡	欧洲	0.760	32	荷兰	欧洲	0.701
13	爱沙尼亚	欧洲	0.760	33	厄瓜多尔	南美洲	0.695
14	英国	欧洲	0.758	34	葡萄牙	欧洲	0.695
15	斯洛文尼亚	欧洲	0.752	35	以色列	亚洲	0.694
16	立陶宛	欧洲	0.751	36	巴拿马	南美洲	0.693
17	捷克	欧洲	0.748	37	塞浦路斯	欧洲	0.691
18	巴西	南美洲	0.748	38	智利	南美洲	0.688
19	委内瑞拉	南美洲	0.745	39	韩国	亚洲	0.688

（续表）

排名	国家	大洲	指数值	排名	国家	大洲	指数值
40	加拿大	北美洲	0.682	66	萨尔瓦多	北美洲	0.608
41	加蓬	非洲	0.676	67	菲律宾	亚洲	0.603
中绿色发展水平国家				68	新加坡	亚洲	0.602
42	保加利亚	欧洲	0.675	69	危地马拉	北美洲	0.601
43	阿尔巴尼亚	欧洲	0.673	70	吉尔吉斯斯坦	亚洲	0.599
44	马其顿	欧洲	0.672	71	土耳其	欧洲	0.593
45	多米尼加共和国	北美洲	0.671	72	乌克兰	欧洲	0.591
46	西班牙	欧洲	0.669	73	约旦	亚洲	0.591
47	洪都拉斯	北美洲	0.660	74	卡塔尔	亚洲	0.590
48	博茨瓦纳	非洲	0.657	75	越南	亚洲	0.585
49	亚美尼亚	亚洲	0.655	76	巴拉圭	南美洲	0.584
50	牙买加	北美洲	0.655	77	缅甸	亚洲	0.583
51	秘鲁	南美洲	0.653	78	伊朗	亚洲	0.576
52	波斯尼亚和黑塞哥维那	欧洲	0.652	79	摩洛哥	非洲	0.571
53	墨西哥	北美洲	0.643	80	乌拉圭	南美洲	0.567
54	冰岛	欧洲	0.639	81	斯里兰卡	亚洲	0.567
55	黎巴嫩	亚洲	0.636	82	玻利维亚	南美洲	0.564
56	泰国	亚洲	0.635	浅绿色发展水平国家			
57	阿塞拜疆	亚洲	0.628	83	印度尼西亚	亚洲	0.563
58	俄罗斯联邦	欧洲	0.628	84	阿尔及利亚	非洲	0.555
59	格鲁吉亚	亚洲	0.622	85	埃及	非洲	0.546
60	阿根廷	南美洲	0.620	86	中国	亚洲	0.544
61	美国	北美洲	0.620	87	加纳	非洲	0.540
63	澳大利亚	大洋洲	0.616	88	特立尼达和多巴哥	北美洲	0.536
64	罗马尼亚	欧洲	0.616	89	塞内加尔	非洲	0.531
65	尼加拉瓜	北美洲	0.612	90	乌兹别克斯坦	亚洲	0.520

（续表）

排名	国家	大洲	指数值	排名	国家	大洲	指数值
91	叙利亚	亚洲	0.518	108	巴基斯坦	亚洲	0.440
92	沙特阿拉伯	亚洲	0.514	109	津巴布韦	非洲	0.426
93	南非	非洲	0.509	110	刚果共和国	非洲	0.416
94	尼泊尔	亚洲	0.506	111	赞比亚	非洲	0.415
95	哈萨克斯坦	亚洲	0.506	112	科威特	亚洲	0.412
96	塔吉克斯坦	亚洲	0.505	113	安哥拉	非洲	0.409
97	利比亚	非洲	0.495	114	尼日利亚	非洲	0.407
98	贝宁	非洲	0.494	115	多哥	非洲	0.361
99	柬埔寨	亚洲	0.487	116	也门	亚洲	0.357
100	巴林	亚洲	0.481	117	肯尼亚	非洲	0.351
101	阿联酋	亚洲	0.477	118	苏丹	非洲	0.331
102	喀麦隆	非洲	0.474	119	坦桑尼亚	非洲	0.315
103	塔吉克斯坦	亚洲	103	120	海地	北美洲	0.272
104	科特迪瓦	非洲	0.464	121	刚果民主共和国	非洲	0.259
105	蒙古	亚洲	0.444	122	埃塞俄比亚	非洲	0.247
106	孟加拉国	亚洲	0.441	123	莫桑比克	非洲	0.227
107	土库曼斯坦	亚洲	0.441				

注：1. 本表排序根据人类绿色发展指数体系和各指标 2010 年数据测算而得。

2. 本表按人类绿色发展指数的指数值从高到低排序。

资料来源：世界银行、联合国环境规划署、联合国开发计划署、国际能源署、联合国粮农组织、世界卫生组织、世界保护监测中心、世界自然保护联盟等数据库。

参评的 123 个国家，按其绿色发展指数排序分为高、中、低三个等级。排名第 1 至第 41 位的国家为深绿色发展水平国家；排名第 42 至第 82 位的国家为中绿色发展水平国家；排名第 83 至第 123 位的国家为浅绿色发展水平国家。这三个等级的绿色发展水平分类是一种简单的相对排序分类，即一种非定义性的现象分类。

从以上测算结果及分布示意图还可以发现，各国人类绿色发展在时间阶段和空间层次上都具有鲜明的特征。人类绿色发展水平，往往与国家经济发展阶段高度相关。发达国家的人类绿色发展水平普遍较高，发展中国家的人类绿色发展水平相对较低。

人类绿色发展指数的理念与测算方法的提出，希望为落实《2030 年可持续发展议程》，希望在通过简明且易形成共识的指标对各国可持续发展进展进行测度与比较中，提供有益的思路与建议。

第三节
《中国落实 2030 年可持续发展议程国别方案》
与"十三五"规划

习近平总书记在国外访问时讲过：中国将致力于在未来 5 年使中国 7000 多万农村贫困人口全部脱贫，将把落实《2030 年可持续发展议程》纳入"十三五"规划。[①] 2016 年 3 月举行的第十二届全国人民代表大会第四次会议审议通过了"十三五"规划纲要，将《2030 年可持续发展议程》与中国国家中长期发展规划有机结合。"十三五"规划纲要明确提出"积极落实 2030 年可持续发展议程"，实现了可持续发展议程与国家中长期发展规划的有效对接。本节将重点把中国"十三五"规划与落实《2030 年可持续发展议程》进行比较。

一、《中国落实 2030 年可持续发展议程国别方案》的成就、机遇与总体路径[②]

《中国落实 2030 年可持续发展议程国别方案》共计 3.4 万余字，主要有五大部

---

① 习近平在二十国集团领导人第十次峰会第一阶段会议上的讲话（全文），引自网页：http://news.xinhuanet.com/politics/2015 - 11/16/c_1117147101.htm.

② 这里是根据《中国落实 2030 年可持续发展议程国别方案》第一、第二、第四部分的摘要。原文见外交部网站发布的文件全文：http://www.fmprc.gov.cn/web/ziliao_674904/zt_674979/dnzt_674981/qtzt/2030kcxfzyc_686343/P020161012715836816237.pdf.

分：一是中国落实千年发展目标的成就与经验；二是中国落实《2030 年可持续发展议程》的机遇与挑战；三是中国落实《2030 年可持续发展议程》的指导思想及总体原则；四是中国落实《2030 年可持续发展议程》的总体路径；五是 17 项可持续发展目标的落实方案。现将前三项的主要内容摘要简介如下：

1. 中国落实千年发展目标的成就与经验

中国在 21 世纪的头 15 年成功落实联合国千年发展目标，取得了令人瞩目的发展成就。国内生产总值从 2000 年的 10 万亿元人民币增长到了 2015 年的 68.55 万亿元人民币。中国的贫困人口从 1990 年的 6.89 亿下降到 2015 年的 0.57 亿，为全球减贫事业做出了重大贡献。

中国坚持发展是第一要务，不断创新发展思想和理念，制定并实施中长期国家发展战略规划，将千年发展目标全面融入其中。中国政府根据不同时期经济社会发展需要，以五年为周期制定国民经济与社会发展规划纲要，调动各种资源推动规划的落实。中国还制定了《中国农村扶贫开发纲要（2011—2020 年）》《国家粮食安全中长期规划纲要（2008—2020 年）》《国家中长期教育改革和发展规划纲要（2010—2020 年）》《卫生事业发展"十二五"规划》等一系列专项发展规划，有力推动了相关领域事业的发展。社会主义市场经济体制促使劳动、知识、技术、管理、资本等各方面的活力竞相迸发，推动中国经济保持快速健康增长，为成功落实千年发展目标提供了保障。中国政府相继颁布实施或修订了《义务教育法》《妇女权益保障法》《就业促进法》《劳动合同法》《环境保护法》等法律法规，从法律层面保障实施千年发展目标。中国政府根据实现可持续发展和千年发展目标需要，在经济、社会、环境保护等领域组织开展一系列试点示范工作，服务全国发展。中国政府始终秉持开放、共赢的姿态落实千年发展目标。15 年来，通过加强与国外政府机构、国际组织、企业、研究咨询机构、民间社会团体等的深层次、宽领域、多方式的交流与合作，共享各方的经验与教训，共同推动实现千年发展目标。

2. 中国落实《2030 年可持续发展议程》的机遇与挑战

作为全球最大的发展中国家，中国在落实《议程》的过程中，既面临难得的机遇，也面临艰巨的挑战。

从国际层面看，和平与发展仍然是时代的主题，各国相互联系、相互依存日益加深，休戚与共的人类命运共同体意识不断增强。世界新一轮科技革命和产业变革孕育兴起，一大批引领性、颠覆性新技术、新工具、新材料的涌现，有力推动着新经济成长和传统产业升级。南北合作和南南合作进入新阶段，以中国等新兴市场国家为代表的发展中国家整体实力不断增强，对国际事务的影响力显著提升，全面参与全球治理和国际发展合作面临新机遇。

与此同时，国际关系更加复杂，地缘政治因素日益凸显，难民危机、恐怖主义、公共卫生等非传统安全挑战频发，为国际社会落实可持续发展议程投下阴影。国际金融危机深层次影响仍在发酵，世界经济复苏缓慢，缺乏有力的新增长点。世界贸易组织主导的多边贸易自由化进程严重受阻，各种形式的贸易投资保护主义进一步抬头。全球治理体系仍需完善，发展中国家的代表性和话语权有待进一步提升。

从国内层面看，中国政治稳定，国家治理能力不断提升。"十三五"规划中明确提出以人民为中心的发展思想和创新、协调、绿色、开放、共享的发展理念，为中国落实《2030年可持续发展议程》、推进可持续发展提供了理论指引。中国经济保持中高速增长，新型工业化、信息化、城镇化、农业现代化深入发展，为落实可持续发展议程打下扎实基础。中国着力推进供给侧结构性改革，逐步加大重点领域和关键环节市场化改革力度，深化简政放权、放管结合、优化服务改革，由此带来的改革红利以及自主创新红利将为落实可持续发展议程提供强大动力。中国政府已将可持续发展议程与国家中长期发展规划有效对接，建立了国内落实工作的协调机制，将为落实可持续发展议程提供有力的制度保障。

与此同时，中国经济进入"新常态"，面临经济增速换挡、结构调整、新旧动能转换等多重挑战，在保持经济持续、稳定、健康增长上仍有不小压力，在脱贫攻坚、解决城乡和区域发展不平衡、补齐生态环境短板等方面还有大量工作要做。如何消除贫困、改善民生、化解社会矛盾、实现共同富裕、完善国家治理体系、提高治理能力，以及实现各地区、各层次、各领域间的协同发展仍是中国实现可持续发展议程面临的最大挑战。

3. 中国落实《2030 年可持续发展议程》的指导思想及总体原则

（1）战略对接：一是将 17 项可持续发展目标和 169 个具体目标纳入国家发展总体规划，并在专项规划中予以细化、统筹和衔接。比如，经济领域制定了《国家创新驱动发展战略纲要》《全国农业可持续发展规划（2015—2030 年）》《国家信息化发展战略纲要》；社会领域出台了《中共中央国务院关于打赢脱贫攻坚战的决定》《"健康中国 2030"规划纲要》；环境领域编制了《中国生物多样性保护战略与行动计划（2011—2030 年）》《国家应对气候变化规划（2014—2020 年）》等。二是推动省市地区做好发展战略目标与国家落实《议程》整体规划的衔接。三是推动多边机制制定落实《议程》的行动计划，提升国际协同效应。

（2）制度保障：一是推进相关改革，建立完善落实《议程》的体制保障；二是完善法制建设，为落实《议程》提供有力的法律保障；三是科学制定政策，为落实《议程》提供政策保障；四是明确政府职责，要求各级政府承担起主体责任。中国政府根据《议程》的任务要求，已经建立了落实可持续发展议程部际协调机制，43 家政府部门将各司其职，保障各项工作顺利推进。地方政府也将建立相应工作机制，推进开展落实工作。

（3）社会动员：一是提高公众认同和参与落实《议程》的责任意识；二是广泛使用传媒进行社会动员；三是积极推进参与性社会动员，发挥民间团体、私营部门、个人尤其是青少年的作用，进而就落实《议程》达成广泛共识。

（4）资源投入：一是聚焦财税体制改革、金融体制改革等，合理安排和保障落实发展议程的财政投入；二是创新合作模式，积极推动政府和社会资本合作，通过完善法律法规、实施政策优惠、优化政府服务、加强宣传指导等方式，动员和引导全社会资源投向可持续发展领域；三是加强与国际社会的交流合作。

（5）风险防控：一是推动经济持续、健康、稳定增长，为落实《议程》提供强大的经济支撑；二是全面提高人民生活水平和质量；三是着力解决好经济增长、社会进步、环境保护等三大领域平衡发展的问题；四是加强国家治理体系和治理能力现代化建设。

（6）国际合作：一是推动各国政府、社会组织以及各利益攸关方在落实《议程》中加强交流互鉴，取长补短，根据"共同但有区别的责任"原则推动可持续发展目标的落实。二是推动建立更加平等均衡的全球发展伙伴关系。坚持南北合作主渠道，推动发达国家及时、足额履行官方发展援助承诺。三是进一步积极参与南南合作。积极履行国际责任，为全球发展贡献更多公共产品，推动南南合作援助基金、中国—联合国和平与发展基金、应对气候变化南南合作基金、亚洲基础设施投资银行、金砖国家新开发银行等为帮助其他发展中国家落实《议程》发挥更大作用。继续推进"一带一路"建设和国际产能合作，实现优势互补。四是稳妥开展三方合作。

（7）监督评估：一是结合对落实"十三五"规划纲要及各专门领域的工作规划开展的年度评估，同步开展可持续发展议程落实评估工作。二是积极参与国际和区域层面的后续评估工作。支持联合国可持续发展高级别政治论坛发挥核心作用，配合其定期开展全球落实进程评估工作，欢迎联合国区域经济委员会和专门机构发挥积极作用。三是加强与联合国驻华系统等国际组织和机构的合作，定期编写并发布中国落实《议程》报告。

二、中国落实《2030 年可持续发展议程》目标的举措①

我国对《议程》目标的落实非常具体实在，不仅 17 个宏大目标全有对应，而且 169 个具体目标也全有具体落实对应的规定。本部分按第一节"2030 年可持续发展议程的意义"中第二部分"人类实现可持续发展的意义"所归纳的三个方面，即"促进经济可持续发展""推动社会可持续发展"和"助力环境与生态可持续发展"，将其中归类的具体提纲与中方的国别方案目标中的"中方落实举措"进行对照，足以看出中国政府落实《议程》的认真态度与扎实作风。限于《中国落实2030 年可持续发展议程国别方案》篇幅很长，这里只能先摘要反映，且将重点定位在有时限要求的目标内容上。

---

① 本部分内容主要摘编自《中国落实 2030 年可持续发展议程国别方案》第五部分"17 项可持续发展目标的落实方案"。原文见外交部网站发布的文件全文：http：//www.fmprc.gov.cn/web/ziliao_674904/zt_674979/dnzt_674981/qtzt/2030kcxfzyc_686343/P020161012715836816237.pdf.

1．促进经济可持续发展中方举措

《议程》是 15 年经济、社会和环境可持续发展的规划，中国落实此《议程》主要放在"十三五规划"的 5 年时间内。

促进持久、包容和可持续经济增长："十三五"期间，以供给侧结构性改革为主线，扩大有效供给，满足有效需求，加快形成引领经济发展新常态的体制机制和发展方式，确保经济保持中高速增长，产业迈向中高端水平。实施《中国制造 2025》战略，促进制造业朝向高端、智能、绿色、服务方向发展；落实《可持续消费和生产模式十年方案框架》。提高资源利用效率，到 2020 年，万元国内生产总值用水量比 2015 年下降 23%。到 2020 年，亿元国内生产总值生产安全事故死亡率比 2015 年下降 30%。实施《推进普惠金融发展规划（2016—2020 年）》，到 2020 年，建立与全面建成小康社会相适应的普惠金融服务和保障体系；到 2020 年，基本建成保障全面、功能完善、诚信规范的现代保险服务业。

促进具有包容性的可持续发展的工业：加快完善安全高效、智能绿色、互联互通的现代基础设施网络。到 2020 年，构建横贯东西、纵贯南北、内畅外通的综合运输大通道，新增民用运输机场 50 个以上，加快 300 万以上人口城市轨道交通成网，新增城市轨道交通运营里程约 3000 公里。扩大贫困地区基础设施覆盖面。实施《中国制造 2025》，大力推进技术改造，促进传统产业转型升级，推动制造业提质增效。升级水利、铁路、公路、水运、民航、通用航空、管道、邮政等基础设施，加快传统产业升级改造，推进工业用能低碳化，积极推广新能源，实施水资源利用高效化改造。加快实施《国家创新驱动发展战略纲要》，明确创新支撑发展的方向和重点，形成持续创新的系统能力。到 2020 年，进入创新国家行列，基本建成中国特色国家创新体系。

发展可持续农业、牧业和渔业：到 2020 年，全国粮食产量稳定在 6000 亿公斤以上，面粮油、肉蛋奶、果菜茶等供应充足。主要农产品质量安全总体合格率达到 97% 以上。健全针对困难群体的动态社会保障兜底机制，确保所有人全年都有安全、营养和充足的食物。到 2020 年，实现全国人均全年口粮消费 200 公斤、食用植物油 15 公斤。到 2020 年，5 岁以下儿童生长迟缓率控制在 7% 以下，低体重率降低在5%以下。到2020年，提高农业技术装备和信息化水平，提高农业生产力水平。到2020年，确保每年银行业金融机构实现涉农信贷投放持续增长，在具备条件的行政村推动实现基础金融服务"村村通"。执行《全国农业可持续发展规划（2015—2030年）》。到2020年，农业可持续发展取得初步成效，经济、社会、生态效益明显。到2020年，建设国家种质资源收集保存和研究体系，建设海南、甘肃、四川等国家级育制种基地和100个区域性良种繁育基地。

建成可靠和可持续的现代能源：到2030年，实现价廉、可靠和可持续的现代化能源服务在中国的全面覆盖。继续实施城市配电网建设改造，推进小城镇、中心农村电网改造升级，到2020年，全国农村动力电实现全覆盖。全面实施能源惠民工程，加快光伏扶贫项目和贫困地区能源开发项目建设。到2030年，非化石能源占一次能源消费比重达到20%左右。优化能源结构，提高化石能源利用效率，增加清洁能源消费比重，最终形成以非化石能源和天然气为主的能源结构。

建设包容、安全、资源使用效率高、有抵御灾害能力和可持续发展的城市：推动公共租赁住房发展。到2020年，基本完成现有城镇棚户区、城中村和危房改造任务。加大农村危房改造力度，对贫困农户维修、加固、翻建危险住房给予补助。实施公共交通优先发展战略，完善公共交通工具无障碍功能，推动可持续城市交通体系建设。2020年，初步建成适应小康社会需求的现代化城市公共交通体系。推进以人为核心的新型城镇化，提高城市规划、建设、管理水平。到2020年，通过城市群、中小城市和小城镇建设优化城市布局，努力打造和谐宜居、富有活力、各具特色的城市。制定城市空气质量达标计划，到2020年，地级及以上城市重污染天数减少25%。到2020年，城市建成区绿地率达到38.9%，人均公园绿地面积达14.6平方米。

2. 推动社会可持续发展中方举措

消除一切形式的贫困。到2020年，确保中国现行标准下的农村贫困人口全部实现脱贫，贫困县全部摘帽，解决区域性整体贫困问题。到2020年，建立健全更加公平、更可持续的社会保障制度，完善社会保险体系，实施全民参保计划，基本实现法定人员全覆盖。到2020年，对符合条件贫困户的有效贷款需求实现小额信贷全覆盖。对在贫困地区开发水电、矿产资源占用集体土地的，试行给原住居民集体股权的方式进行补偿。

确保健康的生活方式：到 2020 年，全国孕产妇死亡率降为十万分之十八，到 2030 年，力争下降到十万分之十二。到 2020 年，婴儿和 5 岁以下儿童死亡率分别降为 7.5‰和 9.5‰。到 2030 年，婴儿和 5 岁以下儿童死亡率力争控制在 5‰和 6‰。到 2020 年，诊断并知晓自身感染艾滋病的感染者和病人比例达 90% 以上，符合治疗条件的感染者和病人接受抗病毒治疗比例达 90% 以上，接受抗病毒治疗的感染者和病人治疗成功率达 90% 以上。到 2020 年，全国肺结核发病率下降到十万分之五十八，实现消除疟疾目标，乙肝母婴传播阻断成功率达到 95% 以上。到 2030 年，继续维持高水平的乙肝疫苗接种率。

确保包容和公平的优质教育：全面实行城乡九年免费义务教育制度，全面提高教育教学质量。到 2020 年，义务教育巩固率达到 95%，县内义务教育均衡发展基本实现，完善城乡义务教育经费保障机制。加快缩小城乡教育差距，努力实现城乡基本公共教育服务均等化，保障弱势群体平等接受义务教育的权利。扩大普惠性学前教育资源，鼓励普惠幼儿园发展，加强农村普惠性学前教育，重点保障中西部农村适龄儿童和实施全面两孩政策城镇新增适龄儿童入园需求。到 2020 年，实现全国学前三年毛入园率达 85%。完善学前教育资助制度，资助家庭困难幼儿、孤儿、残疾儿童等弱势群体儿童接受普惠性学前教育。加强幼儿园教师队伍建设。到 2020 年，高中阶段教育毛入学率达到 90%，高等教育毛入学率达到 50%，具有高等教育文化程度的人数比 2009 年翻一番。

实现性别平等：坚持男女平等基本国策。实施《中国妇女发展纲要》《中国儿童发展纲要》，保障妇女和女童在文化教育、劳动保障、婚姻家庭、社会福利、卫生保健等各方面权益，增强全社会性别平等意识，消除对妇女和女童一切形式的歧视和偏见。到 2020 年，制定和完善保障妇女平等参与经济发展的法规政策，确保妇女平等获得经济资源和有效服务，确保妇女享有与男子平等的土地承包经营权、宅基地使用权和集体收益分配权。

减少国家内部的不平等：坚持共享发展理念。到 2020 年，作出更有效的制度安排，注重机会公平，保障基本民生，使全体人民在共建共享发展中有更多获得感，实现全体人民共同迈入全面小康社会。积极加大与各方协调力度，完善金融基础设施建设，到 2030 年将移民汇款手续费减至 3% 以下，取消收费高于 5% 的汇款方式。

创建和平、包容的社会：保持对严重暴力犯罪的严打高压态势，依法严厉打击一切危害人民群众生命安全的犯罪行为。实施《儿童发展纲要（2011—2020 年）》，编制新一期《儿童发展纲要（2021—2030 年)》。落实《中华人民共和国未成年人保护法》，依法打击使用童工、强迫劳动、拐卖儿童等违法犯罪行为。做好儿童法律援助工作。到 2020 年，基本建成职能科学、权责法定、执法严明、公开公正、廉洁高效、守法诚信的法治政府。全面落实《中华人民共和国户口登记条例》《中华人民共和国居民身份证法》，确保我国所有公民依法登记户口，申领居民身份证。建立国家人口基础信息库。

3. 助力环境与生态可持续发展中方举措

应对气候变化及其影响：主动适应气候变化，在农业、林业、水资源等重点领域和城市、沿海、生态脆弱地区形成有效抵御气候变化风险的机制和能力。逐步完善预测预警和防灾减灾体系，加快实现气象灾害预警信息的全覆盖，全面提高适应气候变化的复原力建设。敦促发达国家就履行"到 2020 年，每年为发展中国家筹集 1000 亿美元气候资金"承诺制定明确的路线图和时间表，并对绿色气候基金进行切实注资。

保护、恢复和促进可持续利用陆地生态系统：保障重要湿地及河口生态水位，保护修复湿地与河湖生态系统，建立湿地保护体系和退化湿地保护修复制度，推进湿地合理利用。推进陆地自然保护区法制体系建设，提高森林等自然资源的保护性利用水平。开展河湖健康评估，保护水生态系统。到 2020 年，全国森林覆盖率提高到 23.04%，森林蓄积量达到 165 亿立方米。参与《联合国防治荒漠化公约》土地退化零增长目标设定的示范项目。

保护海洋和海洋资源：推进陆海污染联防联控和综合治理，开展入海河流污染治理和入海直排口清理整顿，严格控制船舶、海上养殖、海洋废弃物倾倒等海上污染，逐步开展重点海域污染物总量控制制度试点，逐渐提高一、二类水质标准的海域面积。实施基于生态系统的海洋综合管理，推进陆海污染联防联控和综合治理，综合施策，尽可能减少海洋酸化的影响领域和范围。到 2020 年，海洋保护区面积占中国管辖海域面积比例达到 5%，自然岸线保有率不低于 35%。到 2020 年，保持对非法、未报告和无管制捕捞活动打击力度，严禁一切对上述非法、未报告和无管制捕捞活动的补贴。

创建一个人与大自然和谐共处、野生动植物得到保护的世界：到 2020 年，构建生态廊道和生物多样性保护网络；实施生物多样性保护重大工程；强化自然保护区建设和管理，加大典型生态系统、物种、基因和景观多样性保护力度；加强生态系统保护与修复资金投入，开展全国大规模的物种资源本底调查工作；建立全国生物多样性观测网络体系；认真执行《中华人民共和国野生动物保护法》和加快完善《国家重点保护野生动物名录》，优化全国野生动物保护网络，强化野生动植物进出口管理，严厉打击象牙等野生动植物制品非法交易；修复和扩大濒危野生动植物栖息地，推进野生动物保护国际合作。

防止空气、土壤与水的污染：将落实"国家自主贡献"纳入国家战略和规划，制定《"十三五"控制温室气体排放工作方案》，把应对气候变化作为转变经济增长方式和社会消费方式，加强环境保护和生态建设的新的重要驱动力。积极推动城乡绿化建设，人均公园绿地面积持续增加。全面提升城市生活垃圾管理水平，全面推进农村生活垃圾治理，不断提高治理质量。制订城市空气质量达标计划，到 2020 年，地级及以上城市重污染天数减少 25%。实施农村饮水安全巩固提升工程，到 2020 年，中国农村集中供水率达到 85% 以上，自来水普及率达到 80% 以上。到 2030 年，确保人人普遍和公平获得安全和负担得起的饮用水。落实《水污染防治行动计划》，大幅度提升重点流域水质优良比例、废水达标处理比例、近岸海域水质优良比例。加强重点水功能区和入河排污口监督监测，强化水功能区分级分类管理。全面落实最严格的水资源管理制度，到 2030 年全国用水总量控制在 7000 亿立方米以下。

三、《中华人民共和国国民经济和社会发展第十三个五年规划纲要》生态环境保护工作的部署[①]

2016 年 3 月，十二届全国人大四次会议审议通过了《中华人民共和国国民经济和社会发展第十三个五年规划纲要》（以下简称《纲要》），这份纲要共有 20 篇 80 章 66000 多字。

1.《纲要》的意义

《纲要》紧紧围绕"五位一体"总体布局和"四个全面"战略布局，围绕树立和落实五大新发展理念，以提高发展质量和效益为中心，以供给侧结构性改革为主线，对未来五年的经济社会发展做出了全面的部署，提出了"十三五"时期经济社会发展的指导思想、主要目标、重要任务、重大举措和保障机制，集中阐明了国家发展战略意图，充分体现了十八大以来我们党治国理政的一系列新思想、新理念、新战略，充分体现了全国各族人民的共同愿景。可以说，这是一份改革创新、继往开来的规划，是决胜阶段、全面建成小康社会的规划，是为实现第二个百年奋斗目标、实现中华民族伟大复兴中国梦奠定更加坚实基础的规划。这份规划举世瞩目，反响热烈，影响深远。

《纲要》有很多的亮点，其中最核心的就是用创新的理念来规划发展、引领发展、推动发展，自觉把五大发展理念贯穿在《纲要》的全过程、各领域、各环节。特别是"规划纲要"把推动形成绿色生产生活方式、加快改善生态环境作为事关全面小康、事关发展全局的重大目标任务进行了部署。

2.《纲要》的绿色理念

《纲要》通篇贯穿了绿色发展的理念。绿色发展是永续发展的必要条件和人民对美好生活的重要体现，应着重解决两个问题：一个是解决当前经济发展和环境保

[①] 本部分选自 2016 年 4 月 19 日环境保护部部长陈吉宁在中宣部等六部委联合主办的"展望十三五"系列报告会上报告的第二部分。以改善环境质量为核心补齐生态环境突出短板——在"展望十三五"系列报告会上的报告（摘登），引自网页：http://www.mep.gov.cn/gkml/hbb/qt/201604/t20160421_335390.htm.

护协调的问题；二是要正确处理人与自然和谐的问题，特别是要落实总书记提出的"绿水青山就是金山银山"。

什么是绿色发展？绿色发展是一场涉及生产方式、生活方式、思维方式和价值观念的重大变革，它既是一个理念，也是具体的、生动的、广泛的。它超越了传统的工业化、现代化模式，改变了过去经济腿长、环境腿短的状况，引导我们的政府、企业家主动采取绿色的生产方式，鼓励我们的公众自觉践行绿色的生活方式，推动形成人人节约资源、保护环境的社会风尚。所以，这是中国发展理论的重大丰富和创新，也是人类发展的重大丰富和创新。《纲要》可以说本身就是一份绿色发展的《纲要》。大家细细研读可以发现，这个纲要全面体现了环境保护、绿色发展的要求：

从领域上看，绿色发展涉及的不仅仅是环保部门，它涉及我们经济社会发展的各个部门和全过程。比如说，在推动新型城镇化方面，《纲要》明确要求，要转变城市发展方式，加大"城市病"防治力度，不断提升城市环境质量；根据资源环境承载能力调节城市规模，实行绿色规划、设计、施工标准，实施生态廊道建设，建设绿色城市；开展生态文明示范村镇建设行动和农村人居环境综合整治行动。

从主体上看，推动绿色发展强调的不仅仅是靠我们政府一家唱独角戏，它强调的是要政府、企业、社会共同行动，《纲要》在政府方面提出了明确要求，在企业方面提出要实施工业污染源全面达标排放计划，要建立企业环境信用记录和违法排污黑名单制度，都很明确。在公众方面提出支持绿色等新型消费、绿色出行等。

从机制上来看，《纲要》强调怎么样在体制机制上通过一系列改革和新的制度设计，更好地解决保护和发展的矛盾，所以《纲要》做了一系列这方面的部署。比如说提出保护自然资源资产所有者权益，公平分享自然资源资产收益；建立健全生态环境性权益交易制度和平台；建立健全生态保护补偿、资源开发补偿等区际利益平衡机制，干部考核上也提出了建立环境质量目标责任制和评价考核机制等，从机制上也做了一个非常全面的部署。

从支撑上看，《纲要》在创新驱动方面，也进行了部署——怎样在技术上实现突破。比如，把煤炭清洁高效利用、京津冀环境综合治理都作为科技创新 2030 的重大项目，在优化现代产业体系方面也进行了部署。所以，可以说这些举措将从根本上降低污染物的排放强度和总量，提升我们治理污染物的能力和水平，这是一个总体部署的情况。

3.《纲要》提出的环境目标

目标就是按照全面建成小康社会的新目标的要求，规划纲要提出今后五年经济社会发展的主要目标，其中核心的一条就是生态环境质量总体改善，而且把它作为单独的一项，明确今后五年要实现生产方式和生活方式绿色低碳水平上升，能源资源开发利用大幅提高，碳排放总量等得到有效控制，主体功能区布局和生态安全屏障基本形成。在具体的指标中，资源环境指标总共有 10 项，这 10 项全部是约束性指标。所有约束性指标有 13 项，资源环境指标就占了 77%；所有指标共 25 项，资源环境指标占了 40%。所以，可以说生态环境保护在国家的目标中，分量大、任务重、约束高。

在环保约束性指标上，这次跟"十二五"也不同。这次，首次提出了跟我们公众密切相关的空气质量和地表水质量指标。"十二五"提的是总量指标，"十三五"明确提出了两项指标。也就是到 2020 年，全国地级及以上城市优良天数比例要超过 80%，PM2.5 未达标的地级及以上城市浓度下降 18%，全国地表水国控断面达到或好于 Ⅲ 类水体比例大于 70%，这些目标体现了我们要从好和差两个方面着力，体现了我们要保障公众享有基本安全的环境质量服务这样一个思路。比如，大气方面，坏的方面我们就要减少超标的这部分，好的方面，例如优良天数我们就要保住，不仅要保住，还要稳定提升。Ⅰ 类水如何保住，Ⅲ 类水怎么提高质量，劣 Ⅴ 类水怎么大幅度减少，这是一个非常明确的环境目标的要求。主要污染减排总量纳入约束性指标中，"十二五"有四项指标，"十三五"仍然明确有四项指标。《纲要》里边还有一些细分的指标，比如挥发性有机物等。这些指标的提出，综合考虑了公众对环境质量的期盼、环境指标的可行性和可达性、经济社会可承受等因素，以及我国人口高密度、产业高强度的客观情况。2015 年到 2020 年，我们既要积极作为，又不能操之过急，其中的指标要很努力地跳一跳，才能够达到。

4. 《纲要》加快改善生态环境部署的 6 个特点

《纲要》专篇阐述了加快改善生态环境，这一篇有近 6000 字，占整个《纲要》全文字数的 10%。在这一篇里明确提出，要以提高环境质量为核心，以解决环境领域突出问题为重点，加大生态环境保护力度，提高资源利用效率，为人民提供更多优质生态产品，协同推进人民富裕、国家富强、美丽中国。这一篇里在七个方面做了安排部署，有以下六个特点。

（1）突出源头预防。环境问题主要是发展带来的问题，所以一定要先预防，污染防治，防在前，治在后，防是第一位的。《纲要》提出要强化主体功能区作为国土空间开发保护基础制度的作用，这就是预防。对不同的区域要建立由空间规划、用途管制、差异化绩效考核等构成的空间治理体系。《纲要》在京津冀和长江经济带两大发展战略中，对环境保护做了特别的部署。比如说，京津冀要扩大环境容量和生态空间；长江经济带按照总书记提出的"不搞大开发、共搞大保护"的要求，提出坚持生态优先，把修复长江生态环境放在首要的位置，长江干流水质要达到或好于Ⅲ类的水平。

（2）突出节约与保护的协同。资源问题和环境问题是密切相关的，资源过度消耗就会带来污染问题。所以，《纲要》提出要梳理节约、集约、循环利用的资源观，推动资源利用方式的根本转变。特别在《纲要》里对用水、用能、用地提出了具体的不仅是强度上的约束，还提出了总量上的约束，我们叫强度和总量双控指标。

（3）突出环境治理。环境治理的核心就是要打好水、气、土三大战役。《纲要》明确了今后五年水、气、土污染防治的目标和任务，包括各种要求——减排的要求、各种设施的要求，比如说城市污水处理率，城市和县城要分别达到 95% 和 85% 以上。

（4）突出系统的保护。要把山、水、林、田、湖作为一个生命共同体、一个大系统来进行规划和保护。所以，《纲要》提出要坚持保护优先、自然恢复为主，全面提升各类资源、生态系统的稳定性和生态服务功能，筑牢生态安全的屏障，要维护生物的多样性。

（5）突出制度建设。制度是环境保护的基石，所以《纲要》在加强生态文明制度建设，完善生态环境保护制度，划定生态红线，建立森林、草原、湿地等总量管理制度，建立绿色的税收体系，建立生态价值评估制度等方面都做了部署。

（6）突出重大工程支撑。要通过重大工程来带动大治理、大保护。《纲要》提出工业污染源全面达标排放、大气环境治理、水环境治理、土壤环境治理、危险废物污染防治等六项环境治理保护要安排重点工程。另外，还在国家生态安全屏障保护修复、国土绿化行动、国土综合整治、天然林保护、防沙治沙和水土流失综合治理、湿地保护与恢复、濒危野生动植物抢救性等八项做了治理布局。

专　　栏

李克强在联合国主持2030年可持续发展议程主题座谈会①

中国国务院总理李克强2016年19日下午在纽约联合国总部主持"2030年可持续发展议程"主题座谈会做重要讲话，并发布《中国落实2030年可持续发展议程国别方案》。联合国秘书长潘基文、第71届联大主席汤姆森以及联合国各主要机构和重要国际组织负责人出席。

李克强表示，一年前，联合国发展峰会通过了《变革我们的世界：2030年可持续发展议程》。中国国家主席习近平向国际社会展示了中方与各国携手推进议程的意愿和决心。前不久召开的二十国集团领导人杭州峰会也承诺积极落实《2030年可持续发展议程》。推进可持续发展是解决全球性各类问题的根本之策。在世界经济复苏乏力、困难风险增加的今天，加快推进议程，具有非常重要的现实和长远意义。

李克强指出，要将消除贫困和饥饿等目标作为首要任务，推动经济强劲、可持续、平衡、包容增长作为支撑，在经济、社会、环境三大领域形成良性循环，走出一条经济繁荣、社会进步、环境优美的可持续发展之路。

李克强强调，强化全球发展伙伴关系，携手推动可持续发展，不仅是国际社会

---

① 李克强主持"2030年可持续发展议程"主题座谈会并发布《中国落实2030年可持续发展议程国别方案》，引自网页：http://news.xinhuanet.com/world/2016-09/20/c_1119595197.htm.

的道义责任，也将极大地提升全球整体发展水平。要坚持南北合作的主渠道地位，发达国家应落实援助承诺，支持发展中国家探索符合自身国情的发展道路。发展中国家之间应深入推进南南合作，努力实现联合自强。

李克强表示，中国是世界上人口最多的发展中国家，让 13 亿多人过上好日子，是推进现代化建设的根本目的。过去十五年，中国政府高度重视并率先实现联合国千年发展目标，在减贫、卫生、教育等领域取得了举世瞩目的成就。4 亿多人摆脱贫困，五岁以下儿童死亡率降低 2/3，孕产妇死亡率降低 3/4，织就了世界上最大的养老、医疗社会保障网。面向未来，中国已经全面启动落实 2030 年可持续发展议程工作，已经批准并将发布《中国落实 2030 年可持续发展议程国别方案》，为中国落实可持续发展议程提供行动指南。作为一个负责任的发展中国家，愿积极参与相关国际合作，不断加大对南南合作的投入，分享发展经验和发展机遇，同国际社会携手前行。

潘基文、汤姆森以及联合国开发计划署署长克拉克、环境署执行主任索尔海姆、粮农组织总干事格拉齐亚诺、教科文组织总干事博科娃，世界银行行长金墉、世界贸易组织总干事阿泽维多、国际货币基金组织总裁拉加德、世界卫生组织总干事陈冯富珍等先后发言。与会人士表示，《2030 年可持续发展议程》执行一年来取得积极进展。中国在落实可持续发展目标、消除贫困、应对气候变化、加强南南合作等方面发挥了引领和创新作用，特别是在二十国集团框架内积极推进可持续发展议程。中国重视可持续发展不仅体现在政策宣示，更落实在行动上。中国力促经济增长，既造福本国人民，也有助于其他国家发展。各国际机构愿进一步密切对华合作，推广中国发展经验，共同应对挑战，推动中国和全球可持续发展。

座谈会发表了新闻公报，就推进可持续发展目标全球落实工作、深化国际发展合作提出政策建议。

第十二章
推进经贸国际合作 激发可持续发展潜力

本章摘要：《2030 年可持续发展议程》强调，到 2030 年，在世界各地消除贫困与饥饿，保护地球及其自然资源，实现可持续、包容和持久的经济增长。为实现伟大目标，在此《议程》签署前，于 2015 年 7 月，经 193 个联合国会员国的协商同意，达成了《亚的斯亚贝巴行动议程》，旨在共同努力，推进全球的经贸合作，改革全球金融实践进而为经济、社会和环境可持续做出贡献。经贸国际合作包括广泛的内容，有 G20 合作，有亚太合作，有南北合作，有中国—东盟合作，特别引起世界关注的是南南合作。中国倡导的"一带一路"合作，已成为国际合作具操作性的有机组成部分。下面，我们从 3 个方面来分析经贸国际合作的进展。

第一节
推进经贸国际合作的新起点

落实联合国《2030 年可持续发展议程》，实现全球范围平衡发展，需要我们坚持协同联动，打造开放共赢的合作模式。人类已经成为你中有我、我中有你的命运共同体，利益高度融合，彼此相互依存。每个国家都有发展权利，同时都应该在更加广阔的层面考虑自身利益，不能以损害其他国家利益为代价。我们要坚定不移发展开放型世界经济，在开放中分享机会和利益、实现互利共赢。不能一遇到风浪就退回到港湾中去，那是永远不能到达彼岸的。① 本节从 4 个方面来阐述全球性和南北多方经贸合作的新进展。

一、坚持与推进经济全球化②

国家主席习近平于 2017 年 1 月 17 日出席瑞士达沃斯世界经济论坛 2017 年年会开幕式并发表了题为"共担时代责任　共促全球发展"的主旨演讲。他说：

> "这是最好的时代，也是最坏的时代"，英国文学家狄更斯曾这样描述工业革命发生后的世界。今天，我们也生活在一个矛盾的世界之中。一方面，物质财富不断积累，科技进步日新月异，人类文明发展到历史最高水平。另一方面，地区冲突频繁发生，恐怖主义、难民潮等全球性挑战此起彼伏，贫困、失业、收入差距拉大，世界面临的不确定性上升。对此，许多人感到困惑，世界到底怎么了？

> 要解决这个困惑，首先要找准问题的根源。有一种观点把世界乱象归咎于经济全球化。经济全球化曾经被人们视为阿里巴巴的山洞，现在又被不少人看作潘多拉的盒子。国际社会围绕经济全球化问题展开了广泛讨论。

> 今天，我想从经济全球化问题切入，谈谈我对世界经济的看法。困扰世界的很多问题，并不是经济全球化造成的。比如，过去几年来，源自中东、北非的难民潮牵动全球，数以百万计的民众颠沛流离，甚至不少年幼的孩子在路途中葬身大海，让我们痛心疾首。导致这一问题的原因，是战乱、冲突、地区动荡。解决这一问题的出路，是谋求和平、推动和解、恢复稳定。再比如，国际金融危机也不是经济全球化发展的必然产物，而是金融资本过度逐利、金融监管严重缺失的结果。把困扰世界的问题简单归咎于经济全球化，既不符合事

---

① 习近平主席在世界经济论坛 2017 年年会开幕式上的主旨演讲（全文）。引自网页：http：//news. xinhuanet. com/fortune/2017 – 01/18/c_1120331545. htm.

② 本部分内容选自"2017 习近平总书记在大沃斯世界经济论坛开幕式上的主旨演讲"的前半部分，源自新华社瑞士达沃斯 1 月 17 日电。

实，也无助于问题解决。

历史地看，经济全球化是社会生产力发展的客观要求和科技进步的必然结果，不是哪些人、哪些国家人为造出来的。经济全球化为世界经济增长提供了强劲动力，促进了商品和资本流动、科技和文明进步、各国人民交往。当然，我们也要承认，经济全球化是一把"双刃剑"。当世界经济处于下行期的时候，全球经济"蛋糕"不容易做大，甚至变小了，增长和分配、资本和劳动、效率和公平的矛盾就会更加突出，发达国家和发展中国家都会感受到压力和冲击。反全球化的呼声，反映了经济全球化进程的不足，值得我们重视和深思。

"甘瓜抱苦蒂，美枣生荆棘。"从哲学上说，世界上没有十全十美的事物，因为事物存在优点就把它看得完美无缺是不全面的，因为事物存在缺点就把它看得一无是处也是不全面的。经济全球化确实带来了新问题，但我们不能就此把经济全球化一棍子打死，而是要适应和引导好经济全球化，消解经济全球化的负面影响，让它更好惠及每个国家、每个民族。

当年，中国对经济全球化也有过疑虑，对加入世界贸易组织也有过忐忑。但是，我们认为，融入世界经济是历史大方向，中国经济要发展，就要敢于到世界市场的汪洋大海中去游泳，如果永远不敢到大海中去经风雨、见世面，总有一天会在大海中溺水而亡。所以，中国勇敢迈向了世界市场。在这个过程中，我们呛过水，遇到过漩涡，遇到过风浪，但我们在游泳中学会了游泳。这是正确的战略抉择。

世界经济的大海，你要还是不要，都在那儿，是回避不了的。想人为切断各国经济的资金流、技术流、产品流、产业流、人员流，让世界经济的大海退回到一个一个孤立的小湖泊、小河流，是不可能的，也是不符合历史潮流的。

人类历史告诉我们，有问题不可怕，可怕的是不敢直面问题，找不到解决问题的思路。面对经济全球化带来的机遇和挑战，正确的选择是，充分利用一切机遇，合作应对一切挑战，引导好经济全球化走向。

去年年底，我在亚太经合组织领导人非正式会议上提出，要让经济全球化进程更有活力、更加包容、更可持续。我们要主动作为、适度管理，让经济全球化的正面效应更多释放出来，实现经济全球化进程再平衡；我们要顺应大势、结合国情，正确选择融入经济全球化的路径和节奏；我们要讲求效率、注重公平，让不同国家、不同阶层、不同人群共享经济全球化的好处。这是我们这个时代的领导者应有的担当，更是各国人民对我们的期待。

……

国家不分大小、强弱、贫富，都是国际社会平等成员，理应平等参与决策、享受权利、履行义务。要赋予新兴市场国家和发展中国家更多代表性和发言权。2010 年国际货币基金组织份额改革方案已经生效，这一势头应该保持下去。要坚持多边主义，维护多边体制权威性和有效性。要践行承诺、遵守规则，不能按照自己的意愿取舍或选择。……我们要坚定不移发展开放型世界经济，在开放中分享机会和利益、实现互利共赢。不能一遇到风浪就退回到港湾中去，那是永远不能到达彼岸的。我们要下大气力发展全球互联互通，让世界各国实现联动增长，走向共同繁荣。

二、《亚的斯亚贝巴行动议程》为实现可持续发展提供财经助力

《亚的斯亚贝巴行动议程》是在埃塞俄比亚首都亚的斯亚贝巴举行的联合国第三次发展筹资问题国际会议，其核心内容是积极调动各国国内资源，目标是促进包容性经济增长、保护环境和推动社会包容、结束贫困和饥饿，实现全球的可持续发展。在成果文件中，各国就旨在扩大财政收入基础、提高税收征管、打击逃税和非法资金流动的一揽子措施达成了一致。这一历史性协议标志着一个国际发展合作的转折点。《亚的斯亚贝巴行动议程》在科技、基础设施、社会保障、卫生、微型及中小型企业、外国援助、税收、气候变化及针对最贫困国家的一揽子援助措施方面均提出了新举措，其中包括建立"技术促进机制"和"全球基础设施论坛"等。具体讲，《亚的斯亚贝巴行动议程》中包含 100 多个具体的措施，以支持可持续发展目标的落实，其中涉及发展融资的所有来源，并涵盖了在包括技术、科学、创新、贸易和能力建设等一系列问题上进一步加强国际合作的政策建议。本次会议的成果为推动 2015 年 9 月份纽约达成 2030 年全球可持续发展议程提供了有力的基

础，也助力了各国同年底在巴黎达成减少全球碳排放的协议。①

三、二十国集团落实《2030 年可持续发展议程》行动计划②

20 国集团的成员是美国、德国、法国、英国、意大利、加拿大、日本、澳大利亚、中国、俄罗斯、韩国、南非、巴西、印度、土耳其、阿根廷、印度尼西亚、墨西哥、沙特阿拉伯和欧盟，显然，这是一个南北合作的联盟。

2016 年 9 月 4 日至 5 日，二十国集团（简称 G20）领导人在中国杭州开会。习近平主席成功主持了二十国集团领导人杭州峰会。二十国集团领导人在杭州峰会上达成重要共识，要以创新为重要抓手，挖掘各国和世界经济增长新动力。会议旨在构建创新、活力、联动、包容的世界经济，并结合《2030 年可持续发展议程》《亚的斯亚贝巴行动议程》和《巴黎协定》，开创全球经济增长和可持续发展的新时代。会议通过公报及其三个附件：附件一，二十国集团创新增长蓝图；附件二，二十国集团落实 2030 年可持续发展议程行动计划；附件三，二十国集团深化结构性改革议程。

《二十国集团落实 2030 年可持续发展议程行动计划》对推进经贸国际合作，激发可持续发展潜力具有重要的实际意义。此行动计划以及其中的高级别原则，将推进全球落实 2030 年可持续发展议程目标和《亚的斯亚贝巴行动议程》。确认全球于 2015 年 9 月通过的具有普遍性、富有雄心的《2030 年可持续发展议程》，再次承诺遵守可持续发展议程确定的所有原则，并为落实可持续发展议程做出贡献。G20 将继续促进强劲、可持续和平衡增长，保护地球免于毁坏，并与低收入和发展中国家加强合作。G20 成员将确保它们的集体努力产生积极的全球影响，有助于有效落实可持续发展议程，平衡和协调推进可持续发展的三大领域。

行动计划工作范围：考虑到可持续发展议程的普遍性，G20 成员将通过在国家

---

① 摘编自记者张伟：《〈亚的斯亚贝巴行动议程〉达成共识》，《经济日报》，2015 年 7 月 17 日，第 4 版。

② 摘编自："二十国集团领导人杭州峰会公报"（2016 年 9 月 5 日）附件二"二十国集团落实 2030 年可持续发展议程行动计划"。引自网页：http://news.xinhuanet.com/world/2016-09/06/c_1119515149_6.htm.

和国际层面的国别和集体行动，采取大胆的变革举措为落实可持续发展议程做出贡献。G20 的集体行动将围绕"可持续发展领域"展开。这些领域包括基础设施，农业、粮食安全和营养、人力资源开发和就业、普惠金融和侨汇、国内资源动员、工业化、包容性商业、能源、贸易和投资、反腐败、国际金融架构、增长战略、气候资金和绿色金融、创新、全球卫生。行动计划所列举的这些"可持续发展领域"体现了 G20 当前和中长期承诺，将根据未来 G20 主席国的优先事项进行更新和调整。

加强 G20 可持续发展政策的一致性和协调性。G20 作为领导人级别论坛，可以制订落实行动计划所必需的、覆盖所有政府部门的举措。G20 框架下所有相关工作机制和工作组通过将《2030 年可持续发展议程》纳入各自工作，能够为落实行动计划做出贡献。G20 将制定综合举措，使其工作同《2030 年可持续发展议程》紧密融合，加强政策的一致性，为在三大领域落实《2030 年可持续发展议程》尽可能地做出最大贡献。每个 G20 主席国将设定推进落实行动计划的优先领域。G20 协调人将同财政副手一道，发挥领导作用，为各工作机制落实《2030 可持续发展议程》提供战略指导，并保证各工作机制间的协调和对话。发展工作组将继续在自身优先领域发挥领导作用，支持协调人推动 G20 可持续发展工作的开展，同其他工作机制加强配合，帮助其深化对自身重点工作的认识，以共同实现《2030 年可持续发展议程》的有关成果。发展工作组将通过其现有的问责框架，每年发布年度工作报告，每 3 年发布全面责任报告。报告将重点关注 G20 可持续发展集体行动落实情况。每个相关的工作组或工作机制对自身工作推进情况负责，并通过 G20 问责机制和程序跟进落实情况。每个相关工作组或工作机制可与发展工作组分享行动进展信息，为发展工作组编制问责报告提供支持。G20 确保建立一个连贯、合理、可信赖的问责机制，以支持发展工作组编制报告。

行动计划只是一个起点，它没有涵盖可持续发展目标涉及的所有领域，将根据未来 G20 主席国提出的倡议，新出现的需求、经验和挑战，例如移民和其他问题，做出更新和调整。行动计划是根据可持续发展议程制定的为期 15 年的"动态文件"。

参会各国对作为主席国的中国在积极推动二十国集团（G20）制定落实可持续发展议程的方面的贡献，给予了高度的评价。

四、国际经贸合作的新机构——亚洲基础设施投资银行[①]

中国是国际发展体系的积极参与者和受益者，也是建设性的贡献者。倡议成立亚洲基础设施投资银行，就是中国承担更多国际责任、推动完善现有国际经济体系、提供国际公共产品的建设性举动。2015年6月，50个意向创始成员国代表共同签署《亚洲基础设施投资银行协定》，另外7个国家随后在年底前先后签署。2015年12月，《亚洲基础设施投资银行协定》达到法定生效条件，亚投行正式宣告成立。亚投行以发展中成员国为主体，同时包括大量发达成员国，亚投行的进展在全球得到认可，欧洲的英、德、法、意决定加入亚投行成为创始成员国，加拿大作为G7（七国集团）成员国加入亚投行，这些举动彰显了各个国家对亚投行的信任。

表4-4　亚投行域内外成员初始认缴股本及其所占比例　（单位：百万美元）

域内成员	股份数量	认缴股本	所占比例	域内成员	股份数量	认缴股本	所占比例
澳大利亚	36912	3691.2	3.761%	蒙古	411	41.1	0.042%
阿塞拜疆	2541	254.1	0.259%	缅甸	2645	264.5	0.269%
孟加拉国	6605	660.5	0.673%	尼泊尔	809	80.9	0.082%
文莱	524	52.4	0.053%	新西兰	4615	461.5	0.470%
柬埔寨	623	62.3	0.063%	阿曼	2592	259.2	0.264%

---

① 本部分内容摘编自以下信息来源：习近平在亚洲基础设施投资银行开业仪式上的致辞（全文），引自网页：http://news.xinhuanet.com/world/2016-01/16/c_1117796389.htm；亚投行行长金立群：将继续推动绿色基础设施建设互联互通有大需求，引自网页：http://world.xinhua08.com/a/20161104/1668023.shtml；默歌：亚投行的成立与环保行业有什么关系，引自网页：http://news.inggreen.com/2539.html；记者周艾琳：《金立群首秀达沃斯：亚洲迎基建新时代》，《第一财经日报》，2016年1月25日第A05版；毛显强、汤维：《试水提速，亚投行怎样开展绿色金融》，《环境经济》，2015年第12期。

（续表）

域内成员	股份数量	认缴股本	所占比例	域内成员	股份数量	认缴股本	所占比例
中国	297804	29780.4	30.341%	巴基斯坦	10341	1034.1	1.054%
格鲁吉亚	539	53.9	0.055%	菲律宾	9791	979.1	0.998%
印度	83673	8367.3	8.525%	卡塔尔	6044	604.4	0.616%
印度尼西亚	33607	3360.7	3.424%	俄罗斯	65362	6536.2	6.659%
伊朗	15808	1580.8	1.611%	沙特阿拉伯	25446	2544.6	2.593%
以色列	7499	749.9	0.764%	新加坡	2500	250.0	0.255%
约旦	1192	119.2	0.121%	斯里兰卡	2690	269.0	0.274%
哈萨克斯坦	7293	729.3	0.743%	塔吉克斯坦	309	30.9	0.031%
韩国	37388	3738.8	3.809%	泰国	14275	1427.5	1.454%
科威特	5360	536.0	0.546%	土耳其	26099	2609.9	2.659%
吉尔吉斯斯坦	268	26.8	0.027%	阿联酋	11857	1185.7	1.208%
老挝	430	43.0	0.044%	乌兹别克斯坦	2198	219.8	0.224%
马来西亚	1095	109.5	0.112%	越南	6633	663.3	0.676%
马尔代夫	72	7.2	0.007%	未分配股份	16150	1615.0	1.645%
				域内成员合计	750000	75000.0	74.767%
域外成员	股份数量	认缴股本	所占比例	域外成员	股份数量	认缴股本	所占比例
奥地利	5008	500.8	0.510%	荷兰	10313	1031.3	1.051%
巴西	31810	3181	3.241%	挪威	5506	550.6	0.561%
丹麦	3695	369.5	0.376%	波兰	8318	831.8	0.847%
埃及	6505	650.5	0.663%	葡萄牙	650	65	0.066%
芬兰	3103	310.3	0.316%	南非	5905	590.5	0.602%
法国	33756	3375.6	3.439%	西班牙	17615	1761.5	1.795%
德国	44842	4484.2	4.569%	瑞典	6300	630	0.642%
冰岛	176	17.6	0.018%	瑞士	7064	706.4	0.720%

（续表）

域外成员	股份数量	认缴股本	所占比例	域外成员	股份数量	认缴股本	所占比例
意大利	25718	2571.8	2.620%	英国	30547	3054.7	3.112%
卢森堡	697	69.7	0.071%	未分配股份	2336	233.6	0.238%
马耳他	136	13.6	0.014%	域外成员合计	250000	25000	25.233%
				总计	1000000	100000	100.000%
				总计 *		98151.4	

数据来源：作者根据《亚洲基础设施投资银行协定》附件一计算得到。①

注："总计 *"表示不包括未分配股份。

亚投行的正式成立，对全球经济治理体系改革完善具有重大意义。它顺应了世界经济格局调整演变的趋势，有助于推动全球经济治理体系朝着更加公正合理有效的方向发展。在当前全球面临不确定性的时期，亚投行的作用显得更重要。亚投行将有效增加亚洲地区基础设施投资，推动全球一体化，为成员国提供更广泛、更包容的发展，力争"不让一个人落在后面"。亚投行参与成员的广泛性，使其能够成为推进南南合作和南北合作的桥梁和纽带。亚投行将动员私有资本参与投资，并将通过推动绿色基础设施的建设，助力巴黎峰会承诺目标的实现。

亚投行行长金立群介绍，受到关注的不应仅是规模，更应该是基建投资的新模式——廉洁、精简和绿色（clean，lean and green）。亚投行将以创新思维开展项目投资，不仅支持新能源和再生能源，还将积极推动环保节能型技术在传统能源项目中的推广和应用。亚投行将通过联合融资、政府与社会资本合作（PPP）等融资方式，以绿色债券、绿色信贷、绿色保险等金融创新手段引导更多公共和民间资本投资，支持环保、节能、清洁能源等绿色基础设施项目。

---

① 沈铭辉、张中元：《亚投行：利益共同体导向的全球经济治理探索》，《亚太经济》，2016 年第 2 期。

第二节

南南合作是《2030 年可持续发展议程》的重要组成内容

国际发展合作通常被划分为南北合作与南南合作，南北合作是发达国家与发展中国家间的合作，而南南合作则是发展中国家之间的合作。发展中国家已经成为全球增长的重要动力，南南合作已经成为国际发展合作的重要补充。南南合作已有几十年的历史。当然，南南合作不能替代南北合作和发达国家对发展中国家的援助。《2030 年可持续发展议程》为中国开展南南合作带来了机遇。与千年发展目标不同，南南合作的作用得到该议程的正式认可，中国将援助与贸易、投资相结合的南南合作方式也得到认可。2015 年后联合国发展议程高级别名人小组（High – Level Panel of Eminent Persons on the Post—2015 Development Agenda）中包含众多发展中国家成员，作为新兴经济体重要代表的中国和印度都发布了关于 2015 年后议程的官方立场文件，非洲国家也积极参与其中，并于 2014 年 2 月在乍得首都恩贾梅纳发布了非洲关于 2015 年后议程的共同立场。发展中国家的参与影响了《2030 年可持续发展议程》的最后确定，在第 17 项可持续发展目标"加强执行手段恢复可持续发展全球伙伴关系的活力"中，南南合作与三边合作的重要性得到了文件的正式肯定。[①]

一、南南合作是发展中国家联合自强的伟大创举

1974 年邓小平先生在联大会议发言中指出，中国是一个发展中国家，中国属于第三世界。40 多年过去了，中国虽然取得巨大发展成就，但仍然是发展中国家，对南南合作仍然重视如初。中方倡议召开这次圆桌会，就是希望推动南南合作向更

---

① 崔文星：《2030 年可持续发展议程与中国的南南合作》，《国际展望》，2016 年第 1 期。

高水平、更深层次发展。南南合作是发展中国家联合自强的伟大创举,是平等互信、互利共赢、团结互助的合作,帮助我们开辟出一条崭新的发展繁荣之路。伴随着发展中国家整体力量提升,南南合作必将在推动发展中国家崛起和促进世界经济强劲、持久、平衡、包容增长中发挥更大作用。南南合作是发展中国家联合自强的伟大创举,是平等互信、互利共赢、团结互助的合作,帮助我们开辟出一条崭新的发展繁荣之路。伴随着发展中国家整体力量提升,南南合作必将在推动发展中国家崛起和促进世界经济强劲、持久、平衡、包容增长中发挥更大作用,将推动全球经济治理改革,巩固多边贸易体制,推动多哈回合谈判早日实现发展授权,扩大同发达国家沟通交流,构建多元伙伴关系,打造各方利益共同体。①

在《亚的斯亚贝巴行动议程》中,重申了加强官方发展援助和"南南合作"的承诺,尤其是针对最不发达国家。发达国家重申了将其国民生产总值的 0.7% 用于官方发展援助的承诺,包括将国民总收入的 0.15% ~ 0.2% 作为对最不发达国家的官方发展援助;发达国家还承诺,扭转向最贫穷国家提供援助减少的趋势;欧盟承诺到 2030 年向最不发达国家提供的援助将增加到其国民总收入的 0.2%。此外,行动议程呼吁发达国家落实承诺,在 2020 年前通过各类渠道联合调集 1000 亿美元的资金,满足发展中国家在适应和减缓气候变化影响方面的需求。②

二、推进南南经贸合作③

背景:联合国《2030 年可持续发展议程》(以下简称《议程》)汲取了《千年发展目标(MDGs)》的经验教训,从过于强调社会部门转为强调经济、社会与环境三个维度的平衡。全球发展伙伴关系要求充分发挥新兴经济体、其他发展中国家、非政府组织、私营部门等其他行为体的作用,南南合作因此成为《议程》的

---

① 此处观点引自习近平 2015 年 9 月 26 日在纽约联合国总部出席并主持由中国和联合国共同举办的南南合作圆桌会上发表的讲话。记者杜尚泽、李秉新:《习近平在南南合作圆桌会上发表讲话阐述新时期南南合作倡议强调要把南南合作事业推向更高水平》,《人民日报》,2015 年 9 月 28 日,第 1 版。

② 记者张伟:《〈亚的斯亚贝巴行动议程〉达成共识》,《经济日报》,2015 年 7 月 17 日,第 4 版。

③ 本部分参考摘编自崔文星:《2030 年可持续发展议程与中国的南南合作》,《国际展望》,2016 年第 1 期。

重要推动力。南南合作对援助、贸易、投资等因素的协同作用的重视，以及对发展合作外延的扩展日益受到传统援助者的认可，这为南南合作话语权和影响力的提升提供了机遇。

南南合作致力于促进各国发展战略对接。各国要发挥各自比较优势，加强宏观经济政策协调，推动经贸、金融、投资、基础设施建设、绿色环保等领域合作齐头并进，提高发展中国家整体竞争力。要致力于实现务实发展成效。要以互联互通、产能合作为突破口，发挥亚洲基础设施投资银行、金砖国家新开发银行等新机制作用，集中力量做成一批具有战略和示范意义的旗舰和精品项目，产生良好经济、社会、环境效应，为南南务实合作增添动力。①

扩展经贸合作。应发展中国家的需要，《议程》对南南合作有了更深的理解。比如，发展援助一般理解为赠款和优惠贷款，而新的南南合作已"超越援助"。此前，发展中国家的产品出口面临着各种各样的贸易壁垒，包括关税、补贴、配额、标准和规定以及日益增多的安全检查。对更具包容性的全球化来说，贸易保护的减少至关重要。事实上，国际贸易的增加有助于减少贫困，因为它可以创造就业机会，增强竞争力，改善教育和卫生，并促进技术学习。外国直接投资也有助于缓减贫困，因为它有助于创造就业，提高教育水平，以及培训投资所在国的工人，并方便转移技术。长期以来，移民是贫困人口摆脱贫困的最重要手段，除有助于摆脱贫困外，移民还通过向国内亲属汇款而为减贫做出贡献。在一些汇款数额较大的地区，汇款额甚至超过了实际外国直接投资总额。《议程》中，促进出口、削减关税、促进投资、优惠幅度较小的贷款类型、学生奖学金、降低汇款成本及支持私营部门的发展等，均可成为合作内容，贸易、投资与迁徙等因素也被纳入发展合作中。

基础设施建设。《议程》的第 9 项目标"建设有韧性的基础设施，促进包容性的可持续工业化，推动创新"将基础设施建设单列出来，反映出国际社会对基础设

---

① 此处观点引自习近平 2015 年 9 月 26 日在纽约联合国总部出席并主持由中国和联合国共同举办的南南合作圆桌会上发表的讲话。记者杜尚泽、李秉新：《习近平在南南合作圆桌会上发表讲话阐述新时期南南合作倡议强调要把南南合作事业推向更高水平》，《人民日报》，2015 年 9 月 28 日第 1 版。

施的重要性所达成的新共识。基础设施落后成为发展中国家发展道路上的重大障碍。以非洲为例，其基础设施非常落后，未形成洲际交通运输体系，迄今，非洲只有一条横贯东西的铁路，而无一条纵贯南北的铁路。世界银行2010年的一份报告显示，非洲国家每年基础设施的资金缺口高达310亿美元。在基础设施国际合作方面，中国是非洲基础设施建设的重要参与者与合作方。早在20世纪60—70年代，中国就援建了著名的坦赞铁路。

成立金砖国家新开发银行①。金砖国家新开发银行成立于2015年7月，总部设在上海，由五个成员国巴西、俄罗斯、印度、中国、南非按均等20%比例出资建立，是历史上第一次由新兴市场国家自主成立并主导的国际多边开发银行。金砖国家新开发银行是金砖国家合作的重要成果。成立金砖国家新开发银行是为了支持金砖国家及其他新兴市场和发展中国家的基础设施建设和可持续发展项目，有利于与现有的多边和区域开发银行在促进基础设施建设及可持续发展方面相互补充，为金砖国家参与全球经济治理提供建设性平台，也有助于提高金砖国家在国际经济事务中的影响力和话语权。亚洲基础设施投资银行和金砖国家新开发银行是相互补充，相互促进，相得益彰，共同为全球增长和发展做出各自的贡献。

金砖国家新开发银行是全新的南南合作方式。21世纪以来，特别是国际金融危机后，发展中国家之间传统的南南合作关系正在发生根本性的变化，从穷国之间互通有无的贸易模式、简单的经济援助和政府间合作，向包括贸易、金融、投资、产业合作，甚至是全球治理等多方向拓展，被称为"新南南合作"。事实上，金砖国家新开发银行正是发展中国家在金融领域内一种全新的合作方式。统计数据显示，巴西、南非、俄罗斯和印度的基础设施缺口很大，而整个发展中国家更是面临每年约1.4万亿美元的基础设施资金缺口。金砖国家新开发银行（NDB）于2016年4月宣布第一批贷款项目，主要集中在可再生能源领域如水利、太阳能等。该银

---

① 请参阅2015年7月1日，外交部：亚洲基础设施投资银行和金砖国家新开发银行不存在一方主导而另一方次要的问题，引自网页：http://www.fmprc.gov.cn/web/fyrbt_673021/jzhsl_673025/t1277636.shtml；马岚：《"新南南合作"背景下金砖银行的作用和前景》，《商业经济研究》，2015年第8期；《金砖国家银行将首推环保项目推动向低碳经济转型》，引自网页：http://finance.huanqiu.com/cjrd/2016-03/8791877.html.

行还计划 2016 年在中国市场发行 30 亿～50 亿元人民币债券。募集到的资金有一部分将用于中国的项目，其他则通过货币互换的方式借给其他国家。

三、应对气候变化是中国引领南南合作的重要内容[①]

气候变暖会直接导致淡水资源的减少、海平面的上升和农业的减产。由于产业结构的差异，受冲击相对较大的就是发展中国家。南南环境合作的地区性机制不断涌现，发展中国家的区域主动性不断增强，绿色发展逐步成为区域合作的主流议题。中国和其他广大发展中国家面临相似的环境挑战，对全球可持续发展进程持有相近的看法和立场，对于环境合作有着共同的利益。中国虽然没有向其他发展中国家提供资金和技术支持的法定义务，但中国把应对气候变化视为南南合作和中国对外援助的新领域。中国坚持以"可持续发展"为基本导向，倡导南北合作与南南合作"共存并进"，确保平等互信、包容互鉴、合作共赢。作为南南环境合作的积极倡导者和支持者，中国一直积极参与全球层面的多边南南环境合作，在国际谈判中与 77 国集团协调立场，与发展中大国联合发声，与国际组织发展南南环境合作伙伴关系。

2015 年 9 月，在中国国家主席习近平访美期间，中美两国发表了《中美元首气候变化联合声明》，中方宣布出资 200 亿元人民币建立"中国气候变化南南合作基金"，支援其他发展中国家应对气候变化的能力。在巴黎气候变化大会上中方宣布，中国将于 2016 年在发展中国家开展合作项目，包括 10 个低碳示范区、100 个减缓和适应气候变化项目以及 1000 个应对气候变化培训名额合作项目。次月，在约翰内斯堡举行的中非合作论坛峰会上，中方提出愿在未来 3 年内同非方重点实施"十大合作计划"，提供总额 600 亿美元的资金支持。上述倡议均将环境合作和可持

[①] 本部分内容根据以下文章摘编：解振华：《南南合作是南北合作的重要补充》，引自网页：http://world.chinadaily.com.cn/2015 - 12/07/content_22653541.htm；海内外共话气候策略推动南南合作绿色发展，引自网页：http://www.chinanews.com/gn/2016/07 - 10/7933867.shtml；林毅夫：《南南合作推动绿色发展》，引自网页：http://gz.people.com.cn/n2/2016/0711/c194827 - 28647569.html；高翔：《中国应对气候变化南南合作进展与展望》，《上海交通大学学报》，2016 年第 1 期；周国梅等：《打造中国南南环境合作共同体》，《中国环境报》，2014 年 7 月 7 日；李霞等：《推动南南合作实现绿色发展》，《中国环境报》，2016 年 5 月 19 日。

续发展作为支持的重要内容。

近年来，中国在应对气候变化领域积极开展南南合作，帮助发展中国家提高应对气候变化能力，如提供沼气技术，增加小水电等清洁能源的利用，帮助亚非发展中国家利用当地水力资源，修建中小型水电站及输变电工程，在清洁能源、环境保护、防涝抗旱、水资源利用、森林可持续发展、水土保持、气象信息服务等领域，积极开展与其他发展中国家的合作，为 58 个发展中国家援建了太阳能路灯、太阳能发电等可再生能源利用项目 64 个，向 13 个发展中国家援助了 16 批环境保护所需的设备和物资，与格林纳达、埃塞俄比亚、马达加斯加、尼日利亚、贝宁、马尔代夫、喀麦隆、布隆迪、萨摩亚等 9 个国家签订了《关于应对气候变化物资赠送的谅解备忘录》，与南非、摩洛哥、埃及、安哥拉、肯尼亚签订了双边环境保护协定，为 120 多个发展中国家举办了 150 期环境保护和应对气候变化培训班，培训官员和技术人员 4000 多名。从 2011 年至 2016 年，中国政府除对外援助外，累计安排了 7.2 亿元人民币开展应对气候变化的南南合作。

中国政府于 2010 年成立的中国—东盟环境保护合作中心就是以推动南南环境合作为主要目的区域性合作机构。目前，在各方的努力下，中非环境合作中心、澜沧江—湄公河环境合作中心建设也取得了积极进展。利用中国政府的援助资金，中国与亚、非、拉美国家的环境能力建设合作均获得了有效的推动与发展。

四、中国推动南南合作向多领域更深层次发展[①]

南南合作是发展中国家间经济技术合作的一个重要机构，也是发展中国家自力更生、谋求进步的重要渠道，中国作为发展中国家的一员，是南南合作的积极倡导者和支持者。习近平强调，同广大发展中国家团结合作，是中国对外关系不可动摇的根基。中国是发展中国家一员，中国的发展机遇将同发展中国家共享。中方将把自身发展和发展中国家共同发展紧密联系起来，把中国梦和发展中国家人民过上美

---

① 此处观点引自习近平 2015 年 9 月 26 日在纽约联合国总部出席并主持由中国和联合国共同举办的南南合作圆桌会上发表的讲话。记者杜尚泽、李秉新：《习近平在南南合作圆桌会上发表讲话阐述新时期南南合作倡议强调要把南南合作事业推向更高水平》，《人民日报》，2015 年 9 月 28 日第 1 版。

好生活的梦想紧密联系起来，携手走出一条共同发展的康庄大道。

2015 年 9 月 26 日在纽约联合国总部由中国和联合国共同举办的南南合作圆桌会上，习近平宣布，为帮助发展中国家发展经济、改善民生，未来 5 年中国将向发展中国家提供"6 个 100"项目支持，包括 100 个减贫项目，100 个农业合作项目，100 个促贸援助项目，100 个生态保护和应对气候变化项目，100 所医院和诊所，100 所学校和职业培训中心。未来 5 年，中国将向其他发展中国家提供 12 万个来华培训和 15 万个奖学金名额，为发展中国家培养 50 万名职业技术人员。中国将设立南南合作与发展学院，并向世界卫生组织提供 200 万美元的现汇援助。在 2015 年举行的联合国发展峰会上，中方提出将设立"南南合作援助基金"，首期提供 20 亿美元，支持发展中国家落实 2015 年后发展议程。习近平强调，2015 年后发展议程为各国设置了更高的发展目标，提出了更高的发展要求。南南合作应该以落实 2015 年后发展议程为契机，在更高层次、更广范围、更宽领域上促进发展中国家发展。

圆桌会气氛友好热烈。与会各发展中国家领导人和国际组织负责人感谢中方召集这次圆桌会，完全支持习近平关于南南合作的主张和倡议。他们纷纷表示，中国正在国际事务中发挥领导作用，习近平主席在联合国发展峰会和此次南南合作圆桌会宣布的一系列重大务实举措，是中方重视南南合作、支持南南合作、贡献南南合作的具体行动。

第三节
"一带一路"：合作共赢建设清洁美丽世界[①]

中国积极推动"一带一路"建设与沿线国家落实《2030 年可持续发展议程》

---

① 本节所论及的三方面内容中若干思路源自李晓西、关成华、林永生：《环保在我国"一带一路"战略中的定位与作用》，《中国人口·资源与环境》，2016 年第 1 期。

紧密对接、相互促进，支持联合国各区域经济委员会和各专门机构为落实各自区域、各自领域的相关目标制定规划。2016 年 11 月 17 日，第 71 届联合国大会自安理会当年 3 月通过包括推进"一带一路"倡议内容的第 2274 号决议后，首次将"一带一路"倡议写入决议，得到 193 个会员国的一致赞同，体现了国际社会的普遍认同与支持。2017 年 5 月，中国将在北京主办"一带一路"国际合作高峰论坛，集聚各方智慧和力量，共商合作大计，共建合作平台，共享合作成果，为解决当前世界和区域经济面临的问题寻找方案，为实现联动式发展注入新能量，推动"一带一路"建设向更广领域、更深层次、更高水平发展，更好地造福各国人民。①

一、环保在"一带一路"倡议中的意义与定位

1. 意义

联合国 2015 年后议程计划涉及 17 个领域，169 个发展目标，与环保主题高度相关。无论是基础设施，还是国际产能合作，都应旗帜鲜明地提出环保先行。做好环保，建设绿色"一带一路"，不仅有助于促进战略的贯彻落实，还有助于在国际上提升中国发展道路、生态文明理念的软实力。

由于"一带一路"沿线的 60 多个国家，国情不同、文化背景不同，因此，在共同但有区别的原则下实现平等互利，实现包容性发展，就必须寻求和依靠最大公约数，而环保旗帜是全球共识，也是最没有争议的。

人文交流是心与心的交流，保护环境，是心心相通的事。在环保中，落实习主席提出的"共商、共建、共享"，推动可持续发展、改善民生，真正让合作各国的老百姓得到益处。这是平等包容、多元文化的体现，也是对联合国 70 周年、万隆会议 65 年精神与原则的弘扬。

2. 定位

"一带一路"中强调了政策沟通、设施联通、贸易畅通、资金融通、民心相通，

---

① 习近平主席在世界经济论坛 2017 年年会开幕式上的主旨演讲（全文），引自网页：http://news. xinhuanet. com/fortune/2017 - 01/18/c_1120331545. htm.

环保是渗透于"五通"之中的。环保在"一带一路"倡议中既可定位为绿色支撑、绿色引领、绿色融合，又具有服务"一带一路"倡议的特点，即服务国家经贸为主、科教文全方位走出去的战略，服务国家长短期阶段性安排，服务国家在运作机制上的现状。

环保既关系到沿线国家人民的福祉，又关系到资源型国家和地区的战略转型和产业升级，而环保产业既是公共产品提供者，又是战略新兴产业。"一带一路"倡议面临诸多环境风险，主要有：经济资源开发对生态的破坏；产业转移相伴的污染转移；经贸活动产生的固废危废垃圾；海上运输中的溢油污染；油气管道运输的土地占用与环境风险等。"一带一路"是绿色环保之路，绝对不是破坏环境之路，要维护合作国家的环境利益。环保是沿线国家最大公约数，绿色发展是国际共识的一面旗帜。环保产业是各国共享共惠的产业，环保与生态也是各国实现可持续发展的必由之路。根据国内经验，在绿色生产方面，应尽量避免使用有害原料，减少生产过程中的材料和能源浪费，要以绿色技术为保障，以整个产业链的"绿色化"为基础。从提高资源的利用率，减少废弃物排放量，并加强废弃物处理工作等，只有这样才能树立起企业及产品的绿色形象，推进产业的"绿色化"。

"一带一路"是以经济合作为重要内容，以地缘政治与国内发展为背景的重大战略。经贸为主，意味着经济类投资占有优势比例。企业、项目、资金、技术、市场等合作，将是最主要的内容。当然走出去形势会有新变化，比如，以前对外投资国开行、进出口银行等起很大作用，今后，金砖银行、亚投行、丝路基金将逐步发挥作用。但绿色金融体系建立，则是非常重要的。

二、实施绿色"一带一路"前进中面临的困难

"一带一路"涉及这么多国家，地缘政治复杂，经济发展水平差别也很大，"一带一路"沿线国家的生态环境极其复杂。在一定意义上讲，丝绸之路是国际沙尘、污染物的重要传输通道。陆上丝路有北、中、南三条主路，途经地带多雪山峻岭、戈壁沙漠。从陕西开始，到西亚地区非常容易产生沙尘暴。这些国家和地区干旱严重。中亚五国里面最大的咸海已经缩减三分之一，而且盐分很高，一旦刮风，

就会有严重的沙尘暴。在丝绸之路经济带区域中，荒漠化是制约中亚五国发展的重要因素。"海上丝路"重在港口设施，但基础设施远非一般企业所能承受，而商业银行一般又难以承担风险。"一带一路"诸多国家的法律存在巨大差异。这就需要熟悉各国环保法律与环保标准，在项目签署时就要有环保方面的准备。"一带一路"倡议实施中还会遇到不少因文化习俗、宗教信仰等方面存在差异进而形成的障碍。

2014 年，中国国家主席习近平提出了"一带一路"倡议。3 年多来，已经有100 多个国家和国际组织积极响应支持，40 多个国家和国际组织同中国签署合作协议，"一带一路"的"朋友圈"正在不断扩大。中国企业对沿线国家投资达到 500多亿美元，一系列重大项目落地开花，带动了各国经济发展，创造了大量就业机会。以中俄元首共同签署《关于丝绸之路经济带建设与欧亚经济联盟建设对接合作的联合声明》为标志，到蒙古国的"草原之路"、越南的"两廊一圈"、柬埔寨的"四角"战略、欧盟的"容克计划"，"一带一路"得到越来越多国家的支持。可以说，"一带一路"倡议来自中国，但成效惠及世界。[①] 但也要看到，有不少国家在支持并参与"一带一路"的同时，还有疑虑：一是中国的发展模式是高资源、高消耗发展 GDP，自身如何能做成绿色"一带一路"？二是中国企业是否会承担社会责任问题，中国企业国外投资大砍树林，大挖矿藏，已有国际社会上的影响，也不可低估。

三、"互动环保"与"自律环保"相结合

基于实施绿色"一带一路"面临的困难，我们提出了"互动环保"与"自律环保"相结合的理念。"互动环保"就是当中国的项目对外投资时，中国与合作伙伴国共同商定在东道国的环保标准与各自的责任。显然，互动环保的直接意义是中

---

① 本段论述内容摘引自习近平主席在世界经济论坛 2017 年年会开幕式上的主旨演讲（全文），引自网页：http://news.xinhuanet.com/fortune/2017-01/18/c_1120331545.htm；实现跨越共铸大同——展望 2017 年"一带一路"建设，引自网页：http://news.xinhuanet.com/politics/2017-01/08/c_1120267226.htm.

国在"一带一路"倡议过程中不能大包大揽，不能单向地做出环保投入的承诺，环保绿色要算账，要可承受，要承担由项目或工程引发的环保责任。互动环保的潜含义是：不能以我们是先进环保国家或环保企业自居，不要低估"一带一路"上很多发展中国家的环保水平，在没有经费投入的规划时不要轻易引导制定区域性环保合作协定等。"互动环保"要求熟悉并运用环境保护的国际惯例开展合作，要求吸引国际机构共同参与"一带一路"建设，要求"一带一路"倡议跟有关国家的区域合作战略对接，要求与相关各国在环保领域的合作应细化主题，要求借助与支持国外相关 NGO 配合工作。

"自律环保"则是中国政府与企业在规划与实施在"一带一路"上的项目投资或经贸合作时，一定要树立环保理念，有高的环保标准，有相应的配套人、财、物的准备，随时为履行相关的环保协议付出自己成功的努力。自律环保的潜含义则是：中国也是发展中国家，环保任务也非常重，环保中的不足之处相当多，问题也相当严重。实施"一带一路"倡议要倒逼自己提升国内环保水平，向各国学习，共同维护好一个共同的世界。"自律环保"要求帮助国内企业提高绿色环保意识与水平，及时发现和宣传外投企业绿色环保的成功事例或经验，设计并实施支持绿色外出工程的激励政策，修订、细化和完善对外投资环境行为指南，引导走出去的企业履行社会责任，绿色"一带一路"应从国内做起。

专　栏

联合国工业发展组织（UNIDO）——促进包容可持续的工业化[①]

2016 年是联合国可持续发展目标（SDG）开始实施的第一年，也是中国十三五规划实施的开局之年，在新工业革命向我们迎面而来之际，联合国工业发展组织（UNIDO）也迎来了成立 50 周年纪念日。

联合国工业发展组织成立于 1966 年，1985 年转为联合国专门机构，旨在促进工

[①] 摘编自：联合国工业发展组织总干事李勇于 2016 年 6 月 6 日为《绿色发展让世界更美好》文集所作的"序"。

业发展与国际合作。2013年，该组织第十五届大会通过的《利马宣言》赋予了该组织新的使命，即促进发展中国家和转型经济体实现包容与可持续工业发展。工业发展组织新的职能被2015年9月联合国大会通过的《2030年可持续发展议程》中的目标认可，并列为第九项目标，即"建设具备抵御灾害能力的基础设施，促进包容的可持续工业化以及推动创新"。

历史经验告诉我们，尽管各国发展水平有所差异，但工业化仍然是消除贫困、确保食品安全、防止社会两极分化的基本推动力量，而制造业是工业化的基石。2008年金融危机之后，各国（包括发达国家）重新审视制造业的重要性并制定相关政策来夯实制造业，提升制造业。

联合国工业发展组织在三大领域推动包容可持续工业发展：共创繁荣；提升经济竞争力；保护环境。在共创繁荣方面，工业发展组织鼓励农产企业和农村企业家创业、推动妇女和青年从事生产性活动，重视人的保障及灾后重建。在帮助成员国提升经济竞争力方面，工业发展组织则提供投资技术促进、中小企业发展创业、贸易能力建设和企业社会责任等服务。在保护环境方面，工业发展组织则主要通过高效低碳生产、推广生产性清洁能源以及实施多边环保协议等开展工作。工业发展组织的国际合作项目根据国家或地区具体情况，因地制宜开展活动。工业发展组织还提供一些跨领域的服务，如分析和政策咨询、标准制定和遵守、建立知识转移网络等。

自1972年中国恢复工业发展组织合法席位以来，中国与工业发展组织开展了卓有成效的合作。迄今，工业发展组织与中国政府共完成近400个项目，技术合作执行额达到2亿美元。通过工业发展能力建设项目，数以万计的中国技术人员提升了技能，数以百计的技术中心和机构增强了能力，推动了中国结构转型与包容可持续工业发展。与此同时，中国通过工业发展组织项目，也不断帮助其他发展中经济体实现包容可持续工业发展，加强南南合作，尤其是促进非洲国家工业化发展。

正如2013年国家主席习近平会见工业发展组织代表团时所提到的，中国同联合国工业发展组织的合作关系和中国改革开放进程同步，工业发展组织为中国改革开放特别是工业进步做出了积极贡献。习主席指出，工业发展组织倡导的包容与可持续工业发展理念与未来中国的重点发展领域完全吻合。中国正在推进新型工业化，愿学习与借鉴国际工业发展先进理念，同联合国工业发展组织加强合作。中国一贯支持国际发展事业，愿在南南合作框架内同联合国工业发展组织一道，本着互利共赢的原则，帮助其他发展中国家发展，继续为实现可持续发展目标做出贡献，共同促进世界发展繁荣。

当前，工业发展组织已与中国政府签署了战略合作框架，编写了国别合作方案，明确了今后以食品安全、绿色产业及国际合作为重点领域。回顾过去，工业发展组织与中国合作硕果累累；展望未来，前景光明，满怀希望。在中国政府的大力支持下，工业发展组织与中国的合作，围绕《中国制造 2025》、两化融合等优先领域，必将取得新成绩。同时，中国的最佳实践和成功经验，通过工业发展组织多边平台推广与传播，必将惠及全球发展中国家更多人民，联合国 2030 年根除贫困的宏愿也一定能够实现。

维也纳联合国城中国文化联谊会和联合国工业发展组织、联合国环境署绿色产业平台中国办公室合作编辑的《绿色发展让世界更美好》文集，作为纪念工业发展组织成立 50 周年的系列出版物之一，非常及时。这与工业发展组织未来发展方向契合，与中国经济实现转型升级契合。

古代哲学家老子提出"道法自然"，按今天的话说，就是只有遵循自然规律，才能实现"天人合一"，实现人与自然的和谐发展。

工发组织 50 年来的经验也表明，只有大家携手共进，走绿色发展之路，才会让我们居住的地球变得更加美好。是以为序。

第五篇

借力生态文明建设
创新环境、资源、生态管理
体制（展望未来）

第十三章
生态文明建设的意义、进展与挑战①

　　本章摘要：中国提出建设生态文明，创新性地引领了可持续发展。生态文明建设，就是要"坚持节约资源和保护环境基本国策，坚持节约优先、保护优先、自然恢复为主方针，立足我国社会主义初级阶段的基本国情和新的阶段性特征，以建设美丽中国为目标，以正确处理人与自然关系为核心，以解决生态环境领域突出问题为导向，保障国家生态安全，改善环境质量，提高资源利用效率，推动形成人与自然和谐发展的现代化建设新格局"②。本章主要从生态文明建设的意义、进展与挑战，分节进行了论述。

第一节
意义与进展

　　现在，我国环境生态问题还突出，实现可持续发展是个长期艰巨的过程。因

---

　　①　本节主要根据以下四个文件精神摘编：一是中共中央国务院印发的《生态文明体制改革总体方案》（共 56 条），引自网页：http：//www. mof. gov. cn/zhengwuxinxi/zhengcefabu/201509/t20150923_1472456. htm；二是《中共中央国务院关于加快推进生态文明建设的意见》（共 35 条），引自网页：http：//www. scio. gov. cn/xwfbh/xwbfbh/yg/2/Document/1436286/1436286. htm；三是中共中央办公厅、国务院办公厅印发的《关于设立统一规范的国家生态文明试验区的意见》及《国家生态文明试验区（福建）实施方案》，《人民日报》，2016 年 8 月 23 日，第 1 版；四是中共中央办公厅国务院办公厅印发的《生态文明建设目标评价考核办法》，引自网页：http：//news. xinhuanet. com/2016 - 12/22/c_1120169808. htm. 此外，还重点摘编自 2016 年 4 月 19 日环境保护部部长陈吉宁在中宣部等六部委联合主办的"展望十三五"系列报告会上的报告，引自网页：http：//www. mep. gov. cn/gkml/hbb/qt/201604/t20160421_335390. htm.

　　②　摘自与参考中共中央国务院印发的《生态文明体制改革总体方案》，引自网页：http：//www. mof. gov. cn/zhengwuxinxi/zhengcefabu/201509/t20150923_1472456. htm.

此，要继续以理念创新引领实践创新，用创新的理念来规划发展、引领发展、推动发展。在环境保护与可持续发展方面，不仅需要发展模式和科技创新，还需要有环保体制机制和管理方式的创新。我们将毫不动摇实施可持续发展战略，坚持绿色低碳循环发展，坚持节约资源和保护环境的基本国策。我们推动绿色发展，也是为了主动应对气候变化和产能过剩问题。今后5年，中国单位国内生产总值用水量、能耗、二氧化碳排放量将分别下降23%、15%、18%。我们要建设天蓝、地绿、水清的美丽中国，让老百姓在宜居的环境中享受生活，切实感受到经济发展带来的生态效益。①

一、在国际社会发挥引领作用

党的十八大把生态文明建设纳入中国特色社会主义事业"五位一体"总体布局，党中央、国务院就加快推进生态文明建设做出一系列决策部署，先后印发了《中共中央 国务院关于加快推进生态文明建设的意见》和《生态文明体制改革总体方案》。党的十八届五中全会提出，设立统一规范的国家生态文明试验区，为完善生态文明制度体系探索路径、积累经验。生态文明建设就是坚持尊重自然、顺应自然、保护自然，发展和保护相统一，"绿水青山就是金山银山"，山水林田湖是一个生命共同体的理念，遵循生态文明的系统性、完整性及其内在规律，以改善生态环境质量、推动绿色发展为目标，以体制创新、制度供给、模式探索为重点，完善生态文明制度体系，推进生态文明领域国家治理体系和治理能力现代化。

中国的生态文明战略富有创新性，不仅将社会、经济和环境相结合，还涵盖了政治和文化两个层面，以可持续发展、人与自然和谐为目标，将环境和人的生活方式紧密结合。生态文明是一种以生态保护为核心的生活方式，与人们的生活密切相关。中国生态文明建设自实施以来，环境治理成效显著，中国森林覆盖率从2001年占国土面积的16%增长到2013年的21%，预计到2020年将超过23%；中国新能源汽车产量在2011年至2015年短短四年间增长了45倍；截至2014年底，中国

---

① 习近平出席B20峰会开幕式并发表主旨演讲，引自网页：http://cpc.people.com.cn/n1/2016/0903/c64094-28689036.html? from=timeline&isappinstalled=1.

城镇节能建筑面积达 105 亿平方米，占城镇民用建筑面积的 38%，占比相当可观。中国生态文明建设的理念和实践可为全球可持续发展提供经验和借鉴，在管理体制方面的创新尤其具有国际借鉴意义。例如，根据不同地区的生态功能进行的国土空间统一规划、将生态环境纳入政府绩效考核体系以及官员的生态环境终身追责制度等。中国经济当前正处于转型升级的关键阶段，环境压力仍然很大，但从生态文明战略的实施到相关国际环境条约的谈判，中国政府一直在发挥积极作用。[①]

加快推进生态文明建设是加快转变经济发展方式、提高发展质量和效益的内在要求，是坚持以人为本、促进社会和谐的必然选择，是全面建成小康社会、实现中华民族伟大复兴"中国梦"的时代抉择，是积极应对气候变化、维护全球生态安全的重大举措。建设生态文明制度，要坚持把深化改革和创新驱动作为基本动力。充分发挥市场配置资源的决定性作用和更好发挥政府作用，不断深化制度改革和科技创新，建立系统完整的生态文明制度体系，强化科技创新引领作用，为生态文明建设注入强大动力。

二、生态文明建设推进环保工作积极进展

党的十八大以来，党中央、国务院把生态文明建设和环境保护摆在更加重要的战略位置，做出了一系列的重大决策部署，环保工作取得了积极进展。

1. 环保工作进展的 4 方面

一是污染治理的进程明显加快。相继实施了"大气十条""水十条"和"土十条"三个污染防治计划。到 2015 年底，我们的城镇污水日处理能力，从 2010 年的 1.25 亿吨增加到 1.82 亿吨，成为全世界污水处理能力最大的国家之一，我们城市污水处理率达到了 91%。我们累计完成 1.6 亿千瓦燃煤电厂超低排放改造，整个电厂的超低排放改造，东部计划 2017 年、中部计划 2018 年完成，全国计划 2020 年完成，届时将建成世界上最大的，并且在国际上具有标准引领性作用的清洁高效煤

---

① 联合国环境规划署高级经济专家盛馥来接受记者采访稿："中国生态文明战略为全球可持续发展提供借鉴"。引自网页：http://news.xinhuanet.com/tech/2016 – 05/27/c_1118946766.htm. 第二届联合国环境大会 2016 年 5 月 23 日至 27 日在肯尼亚首都内罗毕举行。

电体系。到 2015 年底，中央财政在农村环保专项资金上安排了 315 亿元，支持了 7.8 万个村庄开展环境综合整治，有 1.4 亿的农村人口直接受益。二是环境法治建设日益加强。2015 年是环保部的《中华人民共和国环境保护法》实施年。环保部加大了环保督政和公开约谈的力度，查处 8000 多件企业环保责任案件，共检查企业 117 万家次的环境保护，为近 30 万个企业完成了环保建档工作。三是环境制度和管理不断完善。2015 年中央密集出台了一系列关于生态文明体制机制的重大部署。有三份文件，一个是关于加快推进生态文明建设的意见，一个是生态文明体制改革总体方案，还有一个是"十三五"规划纲要。这三份文件都对今后的环境管理体制机制做了一系列的重大部署，形成了一系列机制体制改革"组合拳"。这里面包括环境督察，现已在河北开展第一个督察试点。生态环境损害责任追究；生态环境监测要上收权限，用三年的时间上收到国家；启动生态环境损害赔偿制度改革、自然资源资产负债表编制、自然资源资产离任审计等试点。这些工作依靠地方政府落实责任，体现党政同责。还有推进排污许可证、环评制度改革、动强制性环境保险等一系列的工作。①

2. 环保制度建设在加速

建设和健全生态文明制度体系是实现国家治理体系和治理能力现代化的重要组成部分，对进一步实现环保管理制度创新意义重大，且具体可行。因为这一制度体系包含了诸多关键性制度改革与建设的规划。

加快建立系统完整的生态文明制度体系，引导、规范和约束各类开发、利用、保护自然资源的行为，用制度保护生态环境。建立资源总量管理和节约制度，实施能源和水资源消耗、建设用地等总量和强度双控行动；强化各部门责任，加强部门间的协作。厘清政府和市场边界，推动落实企业的排污守法责任，探索建立不同发展阶段环境外部成本内部化的绿色发展机制，促进发展方式转变；健全环境资源司法保护机制等。要不断创新信息传播方式和社会参与方式，让每一个人成为生态文

---

① 摘选自：2016 年 4 月 19 日环境保护部部长陈吉宁在中宣部等六部委联合主办的"展望十三五"系列报告会上报告，引自网页：http://www.mep.gov.cn/gkml/hbb/qt/201604/t20160421_335390.htm.

明建设的监督者、实践者和受益者。借助于互联网、大数据、云计算、智能设备等技术，提升和创新管理方式。

建立健全国土空间规划和用途管制制度。以"多规合一"为契机，构建统一的空间规划基础信息平台，推动多部门规划信息的互通共享和业务管理的衔接协调，促进投资项目优化布局和并联审批，实现行政审批流程再造，提高行政效率，形成宜业宜居的空间规划管理制度环境，释放"多规合一"改革红利。建立建设用地总量和强度双控制度。简化用地指标控制体系，调整按行政区和用地基数分配指标的做法，强化城乡规划、土地利用总体规划和年度计划管控力度，从严控制新增建设用地总量。

健全环境治理和生态保护市场体系。培育环境治理和生态保护市场主体。探索利用市场化机制推进生态环境保护。建立吸引社会资本投入生态环境保护的市场机制，推广政府和社会资本合作模式，推行环境污染第三方治理、合同能源管理和合同节水管理。建立节能量、碳排放权交易制度，推动建立全国碳排放权交易市场。

建立多元化的生态保护补偿机制。完善流域生态保护补偿机制。妥善处理流域上下游之间、生态保护者和受益者之间的利益关系，强化流域生态保护补偿机制的激励与约束作用。

健全环境治理体系。完善流域治理机制。全面落实"河长制"，强化水资源保护、水域岸线管理、水污染防治、水环境治理等工作属地责任，实现水清、河畅、岸绿、生态。完善海洋环境治理机制。建立流域污染治理与河口及海岸带污染防治的海陆联动机制。建立农村环境治理体制机制。坚持城乡环境治理并重，建立农村环境整治财政投入机制和管理机制。健全环境保护和生态安全管理制度。实行垂直管理制度。建立完善的跨部门环保协调机制，建立权威、统一的环保督察制度和环境执法体制。

建立健全自然资源资产产权制度。加快推进自然资源调查成果收集整理等基础性工作，建立自然资源与地理空间基础数据库。探索研究水流、森林、山岭、荒地、滩涂等各类自然资源产权主体界定的办法。建立自然资源产权体系，创新自然资源全民所有权和集体所有权的实现形式，健全自然资源资产管理体制。

健全政绩考核制度。建立和完善生态文明建设目标评价体系。突出经济发展质量、能源资源利用效率、生态建设、环境保护、生态文化培育、绿色制度等方面指标，把资源消耗、环境损害、生态效益等指标纳入经济社会发展综合评价体系。完善体现不同主体功能区特点和生态文明要求的地方政府领导干部环境保护职责的政绩考核办法。建立领导干部自然资源资产离任审计制度。[①]

第二节
挑战与管理创新

一、挑战[②]

一是我们还处在工业化和城镇化快速发展的阶段，只要这个阶段没有完成，生态环境保护的压力就会持续地存在。未来二十年，我们城镇化率会达到 70% 左右，还有 3 亿人口要由农村转移到城市，这个转变也会带来污染的增加。二是我们当前经济下行压力加大，发展与保护的矛盾更加突出。环境要看增量。效率提升得快，环境问题才好解决，如果增量高于效率，提升给环境带来的仍然是巨大的压力。三是进一步推进污染治理和环境改善的任务复杂。二氧化硫排放、酸雨、有机物相对好处理，要解决二次污染的 PM2.5、氨氮、磷的问题就越来越难了。四是区域发展阶段有差别，解决污染统筹协调要求高。现在环保部审批的重化工项目中，中西部投资占全国 80%。五是国际社会，尤其是发达国家，要求我国承担更多的环境责任，国际的压力也在日益加大。

---

① "建制"这部分主要摘引自：中办国办印发的《关于设立统一规范的国家生态文明试验区的意见》及《国家生态文明试验区（福建）实施方案》，《人民日报》，2016 年 8 月 23 日，第 1 版。
② 摘选自 2016 年 4 月 19 日环境保护部部长陈吉宁在中宣部等六部委联合主办的"展望十三五"系列报告会上报告，引自网页：http://www.mep.gov.cn/gkml/hbb/qt/201604/t20160421_335390.htm.

二、五化管理①

在加快推进解决环境过程中通过五个方面，提升环境管理转型和创新环境治理的现代化水平。

系统化。就是按照生态系统的整体性、系统性及内在规律，统筹考虑自然生态各要素流域、区域、地上、地下、陆地、海洋，进行整体保护、宏观管控、综合治理。首先，是管理体制的整体化，我们正在试点建立跨区域的大气环境管理机构和全流域的环境监管执法机构，加强区域和流域的联防联控，同时建立和完善不同地区以及流域上下游之间的生态补偿机制，在一些重要生态功能区，推出山水林田湖大尺度的系统保护和修复计划，试点国家公园制度。其次，是管理手段的综合化。我们将加大法律、行政和经济手段的整合，特别是注重发挥市场机制的作用，把环境保护的要求更直接体现在价格、市场预期、市场交易中，带动绿色生产、绿色流通和绿色消费。

科学化。当前，绿色创新是最活跃的创新领域，一大批新技术、新材料、新工艺、新产品不断涌现，为我们解决今天的环境问题提供了新的方案和手段，同时观测、智能技术的发展也为我们更深刻地认识各种环境问题的机理、成因及其对人体健康的影响提供了新的手段。以环境管理和决策的科学化带动多学科交叉和研究的整体性、系统性集成，强化关键技术的突破导向。

法治化。近年来，中国以新的环境保护法的实施为标志，环境保护立法和执法取得明显进展，各项法律制度正在不断完善，我们开展了中国特色的中央环境保护督查，在已督查的 16 个省约谈 6300 多人，问责 6400 多人，2017 年将实现 31 个省份全覆盖，推动地方政府落实环境保护责任。

精细化。将区域流域污染类型进一步细分，落实到控制单元和网格，将各级责任分解横向到边、纵向到底，采取更有针对性的措施，提高环境监管的效率。我们已建成了由 1436 个站点、2767 个监测断面组成的国家空气和地表水质量监测网，

---

① 摘编自：2017 年 3 月 19 日环境保护部部长陈吉宁在中国发展高层论坛上的讲演，引自网页：http：//www.mep.gov.cn/xxgk/hjyw/201703/t20170320_408418.shtml.

正在建设国家土壤环境监测网络。省市县三级各类监测网络正在与国家网连接。精细化的有效手段是网格化管理，将行政区域和流域划分为若干环境监管网络，逐一明确责任人，落实监管方案，强化监管责任。

信息化。就是在环境保护中推进大数据、"互联网＋"、云计算等技术的应用和融合。目前，环保部正在实施生态环境大数据建设工程，构建覆盖全国的环境监管执法、环境质量和重点企业在线监测、环评审批和管理、重污染天气应急会商和应对等管理平台。

任重道远[①]：中国科学家在世界上首次提出可持续发展"拉格朗日点"原理，并依此定量计算了世界代表性国家实现可持续发展的时间表。根据科学家们计算出的时间表，目前世界上最早可以实现可持续发展的国家是挪威，大约在 2040 年；世界最大发达国家——美国进入可持续发展门槛的时间在 2068 年；世界最大发展中国家——中国进入可持续发展门槛的时间是 2079 年；世界最后实现可持续发展所定标准的国家是非洲的莫桑比克，大约在 2141 年。制定时间表的理论依据，是中国学者提出的抵达可持续发展"拉格朗日点"所需要的时间。什么是可持续发展的"拉格朗日点"？这本是天文物理中的一个概念，指对一个卫星而言，太阳和地球的引力都处于临界最弱，以至于卫星能够保持相对静止的特定交叉点。我们移植并重新定义这个概念以衡量可持续发展。在该点上，能够表现出三个平衡：人类活动强度与自然承载力的平衡（自然平衡）、环境与发展的平衡（经济平衡）、效率与公平的平衡（社会平衡）。三大平衡的理论解就归纳为寻求可持续发展的"拉格朗日点"。三大平衡都符合"拉格朗日点"时，才能判定一个国家基本迈进了可持续发展的门槛。

---

① 参见牛文元主编：《2015 世界可持续发展年度报告》，科学出版社，2015 年版。牛文元教授曾获"国际圣弗朗西斯环境奖"，2016 年 9 月 28 日牛文元先生去世，享年 77 岁。

中国主要资源消耗和污染物排放在世界上的排位

中国科学院可持续发展战略研究组从 1999 年开始，每年完成并出版一本关于可持续发展的年度报告，是可持续发展研究领域中年度系列报告最具可持续性的。从 2013 年起，系列报告开始连续 3 年关注我国生态文明建设并提出具有科学价值的年度报告。研究组组长兼首席科学家为王毅先生。表 5－1 选自其 2015 年的报告。

表 5－1　中国主要资源消耗和污染物排放在世界上的地位表

GDP 及主要资源消耗或污染物排放类别	中国	世界	中国占世界比重(%)	在世界排位
GDP 总量（亿美元）（2013）	92402.7	756218.6	12.2	2
人口总量（亿人）（2013）	13.57	71.25	19.1	1
能源消费 一次能源消费（百万吨油当量）（2013）	2852.4	12730.4	22.4	1
其中：石油（2013）	507.4	4185.1	12.1	2
天然气（百万吨油当量）（2013）	145.5	3020.4	4.8	4
煤炭（百万吨油当量）（2013）	1925.3	3826.7	50.3	1
核能（百万吨油当量）（2013）	25.0	563.2	4.4	5
水电（百万吨油当量）（2013）	206.3	855.8	24.1	1
可再生能源（百万吨油当量）（2013）	42.9	279.3	15.4	2
太阳能（百万吨油当量）（2013）	2.7	28.2	9.6	4
风能（百万吨油当量）（2013）	29.8	142.2	21.0	2
地热能、生物质能和其他能源（百万吨油当量）（2013）	10.4	108.9	9.6	4
水资源使用 年度淡水取用量（10 亿立方米）（2013）	554.1	3906.7	14.2	2
农业用水量（10 亿立方米）（2013）	358.0	2763.1	13.0	2
工业用水量（10 亿立方米）（2013）	128.6	691.3	18.6	2
生活用水量（10 亿立方米）（2013）	67.5	452.3	14.9	1

（续表）

GDP 及主要资源消耗或污染物排放类别		中国	世界	中国占世界比重（%）	在世界排位
污染物和温室气体排放	人为 SO_2 排放量（千吨）（2005）	32673.4	115507.1	28.3	1
	化石能源消费 CO_2 排放量（百万吨）（2013）	9524.3	35094.4	27.1	1
	化石能源使用和工业过程 CO_2 排放量（千吨）（2013）	10281178	35274106	29.1	1
	温室气体排放总量（千吨 CO_2 当量）（2012）	12454710.61	53526302.83	23.3	1
污染物和温室气体排放	甲烷排放总量（千吨 CO_2 当量）（2010）	1642258	7515150	21.9	1
	氧化亚氮（N_2O）排放量（千吨 CO_2 当量）（2010）	550296.8	2859834	19.2	1
	其他温室气体排放（包括 HFC，PFC，SF6）（千吨 CO_2 当量）（2010）	249362	1015443	24.6	2
	农业温室气体排放（千吨 CO_2 当量）（2012）	835348.95	5381510.21	15.5	1
	农业甲烷排放（千吨 CO_2 当量）（2012）	341287.13	2970207.44	11.5	2
	农业 N_2O 排放（千吨 CO_2 当量）（2012）	494061.82	2411302.77	20.5	1
	土地利用 N_2O 排放（千吨 CO_2 当量）（2012）	173.25	59612.82	0.29	30
	土地利用甲烷排放（千吨 CO_2 当量）（2012）	326	144641.51	0.23	36
	氮氧化物（NO_X）排放量（千吨）（模型估算，2008）	21684	106422.37	20.4	1
	二氧化硫排放量（千吨）（模型估算，2008）	41566	116978.99	35.5	1
	非甲烷挥发性有机物（NMVOC）排放量（千吨）（模型估算，2008）	22745	158981.29	14.3	1

（续表）

GDP及主要资源消耗或污染物排放类别		中国	世界	中国占世界比重(%)	在世界排位
土地退化	人为导致的土地退化面积（千平方公里）（20世纪90年代中期左右）	6886	88841	7.8	3
	荒漠化土地面积（万平方公里）	262.2（1994）	3618.4（90年代初期）	7.2	
	年土壤侵蚀量（亿吨）	45.2		20（左右）	
	年土壤侵蚀量（亿吨）	45.2	240	18.8	
	陆生生态系统年土壤侵蚀量（亿吨）	55.0	750	7.3	2**
	平均土地退化度（度）（1991）	7.87	2.11		1
	平均土壤侵蚀度（度）（1991）	0.49	0.85		94
受威胁动植物物种	受威胁哺乳类物种（种）（2014）	73	3246	2.2	6
	受威胁鸟类（种）（2014）	79	3625	2.2	6
	受威胁鱼类（种）（2014）	122	6870	1.8	7
	受威胁高等植物（种）（2014）	501	13583	3.7	4

本表来源：中国科学院可持续发展战略研究组：《2015中国可持续发展报告——重塑生态环境治理体系》，科学出版社，2015年版，第270-273页。

本表显示，挑战仍是严峻的，生态文明建设和环境保护任重道远，我们必须持续地努力！

第十四章
应对气候变化与大气污染的展望

本章摘要：当今时代，人类不仅面对气候变化的全球性挑战，传统的空气污染问题也在世界范围内困扰着越来越多的人口。本节研究的重点是"天"的问题。下面我们从全球关注气候变化问题、空气污染问题、决策部门的认识、对"大气十条"实施效果的评估与分析、主抓人类排放系统等问题，按照气候变化问题及大气污染影响与治理两大方面来进行论述。

第一节
全球关注气候变化问题

2015 年 11 月 30 日至 12 月 11 日，第 21 届联合国气候变化大会在巴黎举行。本次大会正式通过《巴黎协定》，标志着人类应对全球气候变化治理的努力也即将开启新的征程。会议内容包括：控制目标，检测机制，透明协议，气候资金和自主贡献。国家主席习近平于 2015 年 11 月 30 日在巴黎大会开幕式上发表题为《携手构建合作共赢、公平合理的气候变化治理机制》的重要讲话，提出了中国的控制目标。

《巴黎协定》创造了人类历史上多边国际条约不到一年即生效的最快纪录，于 2016 年 11 月 4 日生效，表明绿色低碳发展已成为全球潮流，也表明气候变化是人类有史以来最具共识的议题之一。《巴黎协定》的生效是全球气候治理多边进程的新起点，将引领全球进入绿色低碳发展的新阶段。《巴黎协定》较好地平衡了全球气候治理体系中发达国家和发展中国家的协商沟通机制，在国际减排责任的分摊上体现多因素的公平性，提出了达成共识的长期目标，即加强对气候变化威胁的全球应对；把升温控制在2℃以内，并为1.5℃目标努力；尽快达到排放峰值，并在21世纪下半叶实现净零排放。《巴黎协定》还通过了动态评估机制，以推动各国提高"国家自主贡献目标"的力度。"国家自主贡献"方案不是强制性分配温室气体减排量，而是由各国自己提出减排目标。

在《巴黎协定》的达成和落实上，中国发挥了关键性作用。中国政府积极参与《联合国气候变化框架公约》，坚持了"共同但有区别"原则、各自能力原则、预防原则、可持续发展原则和国际合作原则。作为应对气候变化的积极行动者，中国国家主席习近平在巴黎气候大会上全面阐释了全球气候治理的中国方案，为《巴黎协定》的达成发挥了引领性作用。在2016年11月7日至18日，第22届联合国气候变化大会在摩洛哥马拉喀什举行，就围绕《巴黎协定》落实涉及的多个议题展开讨论。中国政府遵循公开、透明、包容原则，平衡推进各议题谈判，同时重视各国2020年前采取行动应对气候变化，达成落实《巴黎协定》的一系列规划、安排。大会既是《巴黎协定》的落实，也是对中国提出的全球气候治理方案的深化。应对气候变化的挑战也是中美外交合作的重要成果。中美元首于2014年11月、2015年9月和2016年3月三度发表气候变化联合声明，并在G20杭州峰会期间共同发表中美气候变化合作成果文件。发达国家提出的每年提供1000亿美元的资金承诺起到一定促进作用。随着《巴黎协定》正式生效，中国迎来了新的机遇，当然也面临严峻的挑战。要在2030年或更早时间实现温室气体排放达标，需要付出巨大的努力。①

气候变化对我国农业、城市、交通、基础设施、南水北调工程、电网等能源设施等均产生了不利影响，未来水安全、生态安全、粮食安全、能源安全等在气候变化影响下会进一步复杂化。

---

①　张雁主持，张俊杰、王克、张志强、孙永平谈"全球气候治理：从中国方案到中国行动"，《光明日报》，2016年11月23日，第15版。

<table>
<tr><td align="center">专　　栏</td></tr>
</table>

气候变化框架公约的《巴黎协定》

这份《协定》计 12 页，列为《联合国气候变化框架公约》的"附件"，共有 29 个大条目，其中包括目标、减缓、适应、损失损害、资金、技术、透明度、总体盘点等，中文有 12000 多字。这里，简介主要条目①。

第一条

"公约"指 1992 年 5 月 9 日在纽约通过的《联合国气候变化框架公约》；"缔约方会议"指《公约》缔约方会议；本文件中的"缔约方"指本协定缔约方。

第二条

本协定旨在联系可持续发展和消除贫困的努力，加强对气候变化威胁的全球应对，包括：

（a）把全球平均气温升幅控制在工业化前水平以上低于 2℃ 以内，并努力将气温升幅限制在工业化前水平以上 1.5℃ 以内；（b）提高适应气候变化不利影响的能力，并以不威胁粮食生产的方式增强气候抗御力和温室气体低排放发展；（c）使资金流动符合温室气体低排放和气候适应型发展的路径。

第三条

作为全球应对气候变化的国家自主贡献，所有缔约方将保证并通报有力度的努力。

第四条

为了实现长期气温目标，缔约方应尽快达到温室气体排放的全球峰值；各缔约方应编制，并清晰、透明通报实现的进一步国家自主贡献计划；发达国家缔约方应当继续带头，努力实现全经济绝对减排目标，并向发展中国家缔约方提供支助；发展中国家缔约方应当继续加强它们的减缓努力，根据不同的国情，逐渐实现绝对减排或限排目标。

---

① 这里仅从 29 条中摘选了 23 条，且对每条内容根据编者个人理解进行了简化。本介绍仅具有初步了解的参考意义，请有需要的读者直接查找原《协定》的中英文本为正式的依据。

第五条

鼓励缔约方采取行动、政策、措施，减少毁林和森林退化造成的排放，增强森林碳储作用。

第六条

缔约方如果在自愿的基础上采取合作方法，并使用国际转让的减缓成果来实现国家自主贡献，避免双重核算，可建立一个机制，在可持续发展和消除贫困方面，以协调和有效的方式向缔约方提供综合、整体和平衡的非市场方法，进行减缓、适应、融资、技术转让和能力建设，加强公私部门参与执行国家自主贡献。

第七条

适应及对策是为保护人民、生计和生态系统而采取的气候变化长期全球应对措施的关键组成部分，具有地方、次国家、国家、区域和国际层面。承认发展中国家的适应努力。

第八条

避免、尽量减轻和处理与气候变化（包括极端气候事件和缓发事件）不利影响相关的损失和损害具重要性。据此，为加强合作可提供预警系统、综合性风险评估和管理、风险保险设施等。

第九条

发达国家缔约方应为协助发展中国家缔约方减缓和适应两方面提供资金。鼓励其他缔约方自愿提供或继续提供这种支助。

第十条

缔约方必须充分落实减少温室气体排放的技术开发和转让。

第十一条

应当加强发展中国家缔约方特别是能力最弱的国家的"能力建设"，缔约方的国家、次国家和地方层面均可。发达国家缔约方应当加强对发展中国家缔约方能力建设行动的支助。

第十二条

缔约方应酌情合作，采取措施，加强气候变化教育、培训、公共宣传、公众参与和获取信息。

第十三条

以促进性、非侵入性、非惩罚性和尊重国家主权的方式，设立行动和资助的透明度框架。《公约》下的信息包括国家信息通报、两年期报告和两年期更新报告、国际评估和审评等。

第十四条

2023年进行第一次全球总结，此后每五年进行一次。

第十五条

建立一个促进执行本协定规定、以专家为主的委员会。

第十六条

《巴黎协定》缔约方的《公约》缔约方会议应定期审评本协定的执行情况，并应在其授权范围内作出为促进本协定有效执行所必要的决定。

第十七条

依《公约》第八条设立的秘书处，也为本协定的秘书处，按《公约》规定行使职能。

第十八条

依《公约》第九条和第十条设立附属科学技术咨询机构和附属履行机构，也作为本协定附属科学技术咨询机构和附属履行机构。

第二十一条

本协定应在不少于55个《公约》缔约方，其合计排放占全球温室气体总排放量不少于55%的条件下，以及《公约》缔约方交存其批准、接受、核准加入文书之日后的第三十天起生效。

第二十二条

《公约》第十五条关于通过对《公约》的修正的规定应比照适用于本协定。

第二十五条

每个缔约方应有一票表决权。

第二十八条

自本协定对一缔约方生效之日起三年后，该缔约方可随时向保存人发出书面通知退出本协定。

第二十九条

本协定正本应交存于联合国秘书长，其阿拉伯文、中文、英文、法文、俄文和西班牙文文本同等作准。

2015 年 12 月 12 日订于巴黎

第二节
空气污染问题与气候变化问题同等重要

空气的污染问题也必须高度关注，这对所有人的生存都具重要意义，也是"天、地、人"中的"天"字号的内容。

2016 年 9 月 27 日，世界卫生组织（WHO）发布了最新的全球空气质量地图。根据卫星测量、大气输送模型和全球 100 多个国家、3000 多处城乡点的监测数据显示：世界上 92% 的人口都生活在 PM2.5 超标的地区！占有全球 40% 的人口的中国、印度、巴基斯坦和孟加拉国存在非常严重的空气污染，还有非洲的中部和北部。[①]

空气污染对健康有极大危害性，已成为全球性危机。据统计，空气室内外污染每年致使全球约 700 万人过早死亡。空气污染已经成为继高血压、饮食风险与吸烟之后对人类健康的第四大威胁。如不改变生产与使用能源的方式，预计到 2040 年全球每年因空气污染早亡人数将攀升至 740 万人。能源生产和利用是迄今最大的人为空气污染源。[②]

城市室外空气污染的最大"贡献者"包括机动车、小型制造商和其他行业、做

① 《雾霾治理与生态优化》，引自网页：http://mt.sohu.com/20161008/n469693220.shtml.
② 《国际能源署 IEA 发布〈2016 世界能源展望：能源与空气质量特别报告〉：能源转型是改善环境的最佳途径》，《中国能源报》，2016 年 7 月 4 日，第 9 版。

饭和取暖时的固体燃料燃烧、燃煤电厂。据气候和清洁空气联盟秘书处主任瓦德斯（Helena MolinValdés）在大会上①介绍，短期气候污染物主要来源于柴油发电机尾气、低效炉灶和传统制砖生产排放的烟尘、石油和天然气产品的泄漏和燃烧，以及固体废弃物中的排放。排放中的可吸入颗粒物（PM）是悬浮在空中的有机和无机复杂混合物，有固体和液体两种形态，它被认为是最具破坏性的空气污染物。大气颗粒物污染具有严重的健康危害，对呼吸系统、心血管系统、生殖系统等均有负面影响。长期暴露于含有大量可吸入颗粒物的环境中会导致心血管和呼吸道疾病，以及肺癌。每年有820万人死于由室内和室外空气污染所引起的非传染性疾病，环境所引起的疾病正侵害越来越多人的健康；在非洲，城市和特大城市的快速增长需要燃烧更多的化石燃料和传统生物质能，导致空气污染物的排放量增加。在非洲，室内空气污染导致每年约60万人过早死亡。据悉到2030年，非洲空气污染物排放量将占全球排放量的50%。减少空气污染可以降低人们患中风、心脏病、肺癌、慢性和急性呼吸道疾病的风险。在欧洲，交通所造成的空气污染成本为每年1370亿美元，而由10000台大型污染设施产生的污染成本为1400亿～2300亿美元。30亿人用固体燃料做饭和取暖，室内烟雾会对人体造成严重危害，5岁以下感染肺炎而过早死亡的儿童中，超过50%是由于家中的可吸入颗粒物。地表臭氧是另一个主要的空气污染物，损害人类健康和农作物生长。据悉，截至2030年，全球每年因地面臭氧污染损失的大豆、玉米和小麦作物可能高达170亿～350亿美元。②

---

① 第十七届世界清洁空气大会于2016年8月30日在韩国釜山开幕。引自孙钰：《综合提升中国与全球空气质量之路》，《环境影响评价》，2016年第5期。

② 《联合国发布空气污染、绿色经济、气候变化成本》，引自网页：http：//lyth. forestry. gov. cn/portal/thw/s/1799/content - 875314. html.

专　栏

"网格化"监管与工业烟囱直接监管相结合①

4年前，我曾率团考察了韩国环境公团排烟远程监控情况，了解到韩国大气污染防治系统的一些经验。② 近年来，看到京津冀大气污染持续严重，故把考察的相关情况反映一下，仅供参考。我的一条体会是，工业烟囱直接的监管可能是大气分片网格化监管中极有价值的部分。

一、韩国大气污染防治系统有关经验

20世纪90年代，工业化给韩国带来大气污染的威胁，为了拥有清新洁净的空气，环境部与环境公团利用信息技术共同开发了排烟远程监控系统（以下简称Clean SYS），对韩国部分烟囱进行了长期、持续的监测管理，取得了良好的效果。2004—2010年，韩国空气污染物排放量减少了19%，并且每个Clean SYS监控的烟囱中污染物的排放量都有所降低，改善了大气环境。

1. Clean SYS监控对象——工业烟囱

Clean SYS是一个多功能远程监控系统，以排放大气污染物的主要载体工业烟囱为监控对象，以可以测量的数据形式通过电信线路从现场传输给控制中心，科学利用空气污染统计数据来进行环境政策决策、排放交易基本框架和总排放量管制的目标，实现从管制驱动系统到预防导向系统的改革。具体而言，截至2012年12月底，韩国562家公司的1451个烟囱被列为监控目标。其中，首尔有434个烟囱在监控范围之内。在韩国所有烟囱数量中，Clean SYS监测烟囱的数量仅占全部的17%，但涵盖了全部排放量的70%。同时，Clean SYS对监测的目标都有一个设定的范围。被测项目主要包括污染物和其他项目两部分。其中，污染物主要包括灰尘、二氧化硫、氮氧化物、氯化氢、氟化氢、氨气、一氧化碳等七项，其他项目即氧气、温度和气

---

① 这是本书作者在2017年1月15日于北京市第四届第五次人代会上提交的建议稿："关于参考国外经验改进我市大气污染监管相关工作的建议"。

② 2013年5月11~17日，我率北京师范大学中国绿色发展指数课题组赴韩国进行考察访问，成员有张琦、赵峥、荣婷婷、王颖4位老师。调研报告发表在《全球化》杂志2013年9期。

流也在被测范围之内。Clean SYS 监测的主要目标为大气污染物排放超过 10 吨/年（以净化过程前的生成量计）的企业。在特定的行业中，会根据行业的特点对监控的目标进行具体的限制。

2. Clean SYS 管理机制

Clean SYS 的管理机构由环境部、监控中心与地方政府共同组成。为了不断完善环境监测系统，环保部将全国划分为特殊管制地区、大气环境管制地区和一般地区三个板块，并在韩国建设四个监测中心，分别为首都圈监测中心（仁川）、湖南地区监测中心（顺天）、岭南地区监测中心（蔚山）和中部地区监测中心（大田），形成了一套面向全国、区域合作的大气污染监测管理机制。Clean SYS 管理流程以数据为载体，经过"测量—存储与分析—传输—处理—反馈"五个环节形成一个循环系统。具体而言，首先每一个烟囱上会安装自动测试仪，从工业烟囱排放的污染物会被自动测量，数据以平均 5 分钟或者 30 分钟的频率存储，随后数据被发送至控制中心及一个自我监测系统，监控中心向政府、行政企事业单位等发送数据，用于维护、分析、统计或对行政排污收费的度量。

3. Clean SYS 技术支撑

Clean SYS 拥有一套监测污染物排放状况的科学系统，通过信息技术实现监控。一是数据收集和分析技术。通过这一技术，数据中心制成多种统计数据，实时统计被监测烟囱污染物排放状况。被监测企业可通过这些实时检测额数据妥善管理其排放污染物的状况。二是实时监控污染物排放技术。通过这一技术，行政机关、管制中心和企事业单位可以随时获得污染物排放状况的数据并进行监控，行政机关可以通过这些数据来检查企业的工业设施是否遵守排放标准，并基于收集的数据具体计算排污收费金额。三是发布预报和警报技术。当工业设施接近或超过许可的排污量时，当地政府和企事业单位等将通过自动发送的 ARS、信息和传真等方式获知情况，保证及时获得排污信息，这一功能可以预防、警告和降低大气污染物的排放。四是核实数据收集是否完全的技术。这一技术可以通过各个管理中心进行遥控命令，核实是否存在遗漏数据并将未收取的数据及时地传送到管理中心，确保 100% 的收信率。五是测试仪准确度的核查技术。从管理中心下达的监控命令通过有线、无线等

450

通信方式传到企事业单位的数据收集器。数据收集器按照传达的命令，将命令注入气体测试仪中，测试结果被传送到管理中心后确认测试仪是否正常运转，此命令可以保障测试资料的可信度和透明度。通过这五个技术的共同使用，确保了 Clean SYS 的科学运转，实现远程排烟监控。

4．Clean SYS 法律、法规

Clean SYS 是环保部、当地政府和集成监控中心共同负责的系统，为了使 Clean SYS 的管理和运转更加科学有序，政府通过一系列的法律、法规来约束和保护 Clean SYS。具体而言，Clean SYS 的法律基础包括清洁空气保护法第 32 条（测量设备的安装），清洁空气保护法执法条例第 17 条（Clean SYS 设施的安装和类型），清洁空气法执行法条例第 19 条（Clean SYS 监测中心的建立和运行），清洁空气保护法条例第 66 条（管理委员会）和环境部通知（Clean SYS 监测中心的功能及其运营）。所有这些法律、法规均为 Clean SYS 制定目标、实施监督以及制定空气质量管理政策等提供了依据。同时，政府可以依据这些法律、法规有效使用 Clean SYS 中监测的数据为行政管理数据，确认污染物的排放水平和体积，计算排污收费，用于制定相关的环境政策，为污染物排放水平控制提供可靠的法律保障。

二、对北京市政府及相关部门在大气污染监管治理上的建议

（1）大气污染治理目前刻不容缓，希望市政府及相关部门加紧调研世界先进经验，如上文所述韩国对烟囱等定点污染源的精细监管经验，针对京津冀地区具体情况，酌情改进现有管理模式。

（2）对现行大气污染监管中"网格化"管理模式加以改进，对目前市区两级分管、各区主责的管理模式的成功与不足进行总结，促进大气污染治理精细化管理。学习借鉴水污染治理中"河长制"的管理模式，增加工作抓手，明确管理机制和主责领导。

（3）针对目前输入性污染对北京重污染天气贡献较多的实际情况，建议我市相关部门牵头，协助周边省份对烟囱排放加大监管力度，加大科技投入，加大执法密度。

（4）目前北京市存在的雾霾及大气污染的产生与京津冀整体排放密切相关，因

此建议市级环保部门与华北其他省市加强联动协调，畅通沟通渠道，理顺工作模式，做到协同监控、协同精细监管、协同区域执法。

（5）希望借鉴上文中韩国 Clean SYS 系统中对分散污染源的实时、全程数据监测与数据汇总，建议由市级环保部门统筹数据分析、统一联动执法，做到对细颗粒物、氮氧化物、氨气、二氧化硫等全部污染物进行排放监测。

第三节
决策部门对大气污染治理的重视程度在不断提升[①]

我国国务院第一份对大气污染治理的文件是 1982 年。1982 年 4 月 6 日，国务院环境保护领导小组批准颁布《大气环境质量标准》。1987 年 9 月 5 日，第六届全国人大常委会二十二次会议讨论通过了《中华人民共和国大气污染防治法》，并以主席令第 57 号公布，自 1988 年 6 月 1 日起施行。1993 年 1 月 1 日，我国参加"全球环境监测系统"大气水质监测工作由卫生部移交国家环境保护局，定期向世界卫生组织报送监测数据。1995 年 8 月 29 日，第八届全国人大常委会十五次会议通过了《全国人大常委会关于修改〈中华人民共和国大气污染防治法〉的决定》及《中华人民共和国大气污染防治法（修正案）》。2010 年 5 月 11 日，国务院办公厅转发环境保护部等 9 部门制定的《关于推进大气污染联防联控工作改善区域空气质量的指导意见》。这是国务院出台的第一个专门针对大气污染防治的综合性政策文件。2012 年 2 月 29 日，温家宝总理主持召开国务院常务会议，同意发布新修订的《环境空气质量标准》，部署加强大气污染综合防治重点工作。可以看到，从 1982 年到 2012 年的 31 年时间里，最高决策层对大气治理的重视度在提升，大约出台了 5 份专门针对大气治理和环境空气的法规。

---

① 这部分资料源于本书附录"环保大事记"。

　　2013 年 9 月 10 日，国务院印发《大气污染防治行动计划》（简称"大气十条"），若从部署大气污染防治十条措施为一个阶段看，政策出台密度更大了，措施更强有力了。2014 年 1 月 7 日，为贯彻落实《大气污染防治行动计划》，环境保护部与全国 31 个省（区、市）签署了《大气污染防治目标责任书》，明确了各地空气质量改善目标和重点工作任务。除了明确考核 PM2.5 年均浓度下降指标外，目标责任书还包括《大气污染防治行动计划》中的主要任务措施。2014 年 12 月 22 日，第十二届全国人大常委会十二次会议审议了国务院关于提请审议《大气污染防治法（修订草案)》的议案。这是首次进行大规模修订。2015 年 4 月 24 日，全国政协在北京召开双周协商座谈会，就"推进京津冀协同发展中的大气污染防治"问题提出意见建议，俞正声主席主持会议并讲话。2015 年 7 月 20 日，李克强总理对大气污染防治工作作出重要批示，指出大气污染防治工作初见成效，相关各方做了大量工作。下一步环保部要与有关部门和地方继续加强协同配合，把防治措施一项一项落到实处。2015 年 8 月 29 日，经第十二届全国人大常委会十六次会议修订通过的《中华人民共和国大气污染防治法》正式颁布，自 2016 年 1 月 1 日起施行。2016 年 4 月 6 日，国务院环境保护领导小组批准颁布《大气环境质量标准》《中华人民共和国城市区域环境噪声标准》和《海水水质标准》，自颁布之日起实行。这是我国颁布的第一批环境质量标准。2016 年 5 月 20 日，中共中央政治局常委、国务院副总理张高丽出席在北京召开的京津冀及周边地区大气污染防治协作小组第六次会议暨水污染防治协作小组第一次会议并讲话。

　　决策部门对大气污染治理的重视程度不断提升，也意味着大气污染问题越来越突出，越来越严重，这是民众的普遍反映，也是客观的现实。"天更蓝"，成了中央领导同志和百姓的美好愿望和永恒话题。

第四节

对"大气十条"实施效果的评估与分析[①]

2013年9月，国务院颁布实施《大气污染防治行动计划》（以下简称"大气十条"），提出10条35项重点任务措施，明确要求：到2017年，全国地级及以上城市可吸入颗粒物浓度比2012年下降10%以上，优良天数逐年提高；京津冀、长三角、珠三角等区域细颗粒物浓度分别下降25%、20%、15%左右。

根据"大气十条"相关要求，中国工程院于2015年12月组织50余位相关领域院士和专家，开始对国务院"大气十条"贯彻执行情况和实施效果进行中期评估。评估所使用的数据以中国环境监测总站的业务化运行的数据为主，包括2013年全国74个重点城市、2014年全国161个城市和2015年全国地级以上的338个城市，对环境空气质量6要素（PM2.5、PM10、O_3、NO_2、SO_2和CO）连续在线监测，辅以中国科学院、中国气象局和部分高校共计28个同步观测站数据。

评估报告认为，2013—2015年全国城市空气质量总体改善，各污染要素浓度逐年下降，重度及严重污染天数降幅显著。评估认为，"大气十条"确定的治污思路和方向正确，执行和保障措施得力，空气质量改善成效已经显现。在大气环境质量方面，2015年全国338个地级以上城市中，近八成的城市空气质量超标，45个城市PM2.5的浓度超过了一倍。另一方面，相比于前几年，空气质量优良天数的比例有所提高，重度及以上污染天数比例有所下降。另据中国清洁空气联盟秘书处联合多位环境专家的分析显示，"大气十条"实施以来，全国城市空气质量总体确

[①] 这部分内容的摘编主要根据：《〈大气污染防治行动计划〉实施情况中期评估报告》，《中国环境报》，2016年7月6日，第2版；《厘清突出问题提出针对性建议——〈大气污染防治行动计划〉实施情况中期评估解读之一》，《中国环境报》，2016年7月6日，第2版；《中国清洁空气联盟发布"大气十条"实施情况分析报告》，《中国环境报》，2016年8月2日，第5版。

有改善，细颗粒物（PM2.5）、可吸入颗粒物（PM10）、二氧化氮（NO₂）、二氧化硫（SO₂）和一氧化碳（CO）年均浓度（CO 为日均值的第 95 百分位浓度）和超标率均逐年下降，大多数城市重污染天数减少。但不同区域变化有差别，有上升的区域和城市。近 3 年来，珠三角地区 PM2.5 污染明显改善。[①]

评估中，在分析各措施对减排量的贡献中发现，重点行业提标改造、产业结构调整和燃煤锅炉整治是对减排量整体贡献显著的措施。SO₂减排效果最明显的措施是重点行业提标改造、燃煤锅炉整治和产业结构调整，分别贡献 SO₂减排量的 39%、29% 和 22%；NOx 减排效果显著的措施有重点行业提标改造、产业结构调整和黄标车及老旧车辆淘汰与油品升级，分别贡献 NOx 减排量的 63%、20% 和 9%；PM2.5浓度下降贡献最为显著的措施是重点行业提标改造、产业结构调整、燃煤锅炉整治和扬尘综合整治，分别贡献了 PM2.5 浓度下降的 31.2%、21.2%、21.2% 和 15.2%。机动车的减排贡献在城市更为显著，以北京市为例，2013—2015 年北京共淘汰黄标车 122.2 万辆，NOx、PM 2.5 减排量为 3.47 万吨、0.26 万吨，分别贡献了两种污染物减排量的 71% 和 16%，说明"大气十条"在控制机动车污染方面是有效的。

评估报告同时认为，空气质量仍面临严峻挑战，细颗粒物冬季污染问题突出，夏季臭氧污染也有所抬头。而全国范围内，夏季臭氧浓度的攀升给我国大气污染的进一步治理提出了新的挑战。

有一个问题还需要分析，即：为什么理论分析取得治理成效结论与百姓直接感受不一致？[②] 有不少文章在探讨这个问题。具体原因这里初步可归纳为以下 5 点：一是用于评估的数据还存在不足，监测网络还有不齐备处，监测点位仍有缺漏，有些数据还需要有更系统的测度。二是存着企业和地方政府因经济利益而测报不准不

---

① 中国清洁空气联盟发布"大气十条"实施情况分析报告，《中国环境报》，2016 年 8 月 2 日，第 5 版。

② 这里分析归纳时参考的文章除上面所列的"中期评估报告"外，还有《对话国家环保局首任局长、山东人曲格平："改革利益集团是治霾关键"》，《齐鲁晚报》，2014 年 3 月 24 日，第 A04、第 A05 版；王跃思等：《北京市大气污染治理现状及面临的机遇与挑战》，《中国科学院院刊》，2016 年第 9 期。

实的情况，进行空气质量测报的单位或公司的数据真实性需要严格监管核查。三是形成不良空气的全要素分析还需要进一步完善，例如如何确定 VOCs（挥发性有机化合物）与 NOx（氮氧化物）的协同减排以降低大气臭氧浓度，如何严格区别过程数据（如一次来源与二次生成）与结果数据的报送，如何确认有限区域数据与区域间流动数据的关系等。四是气象条件在近两年没有对空气质量的改善起到"助推"作用，影响人们对空气质量年均值改善的直观感觉。五是老问题：截至目前，国内很多城市散煤燃烧、燃煤锅炉、道路扬尘、机动车污染、秸秆焚烧、农村垃圾问题严重；规模小、工艺差、环保设施不足、超标排放严重的"散乱污"企业，在城乡接合部扎堆分布、烟囱林立。这些环保老病，久拖难治，是空气雾霾的病根。

第五节
应对大气污染：主抓人类排放系统[①]

对于如何通过环保体制机制和管理方式的创新解决大气污染这个问题，我们做了大量研究，也提供了很多思路和措施。如果从借力生态文明建设角度，就是要重

---

① 这里分析归纳时参考的文章主要有张高丽：《在推动京津冀协同发展中有效治理大气污染》，引自网页：http://news.xinhuanet.com/politics/2015-05/19/c_1115339319.htm；环保部长陈吉宁赴河北保定督查大气污染防治，引自网页：http://news.ifeng.com/a/20170220/50714552_0.shtml；《〈大气污染防治行动计划〉实施情况中期评估报告》，《中国环境报》，2016年7月6日，第2版；环境保护部副部长赵英民在"大气污染防治媒体见面会"介绍有关情况，引自网页：http://www.mep.gov.cn/gkml/hbb/qt/201702/t20170223_397313.htm；郝吉明等：《应对气候变化与大气污染治理协同控制政策研究》，《中国环境报》，2015年11月11日，第2版；努尔·白克力出席达沃斯年会能源清洁化转型公共会议，引自网页：http://www.nea.gov.cn/2017-01/19/c_135996662.htm；《世界能源展望2016》中文版重磅发布：在世界能源转型中，中国因素越来越重要，引自网页：http://mt.sohu.com/20161202/n474771149.shtml；闫静等：《国外大气污染防治现状综述》，《中国环保产业》，2016年第2期。

视系统性、整体性和协同性①。本节从人类排放系统的角度进行归纳分析，此系统包括排放的主体、客体、途径、排放管理与吸纳排放这 5 个相互关联的子系统。

一、抓排放主体

以绿色发展为目标，加快能源和产业结构调整。在行业层面，推动火电、钢铁、建材、化工、石化、有色金属冶炼等重点行业的转型升级；针对水泥、玻璃、陶瓷等建材行业，发展多污染物协同控制新技术；增加天然气供应能力，全力保障国内天然气供应；大力发展非化石能源，加快发展风电和太阳能，推动核电安全发展；积极推动地热能、生物质能发展。加快重点输电通道的建设。

在企业层面，应推进燃煤电厂超低排放和节能改造，淘汰落后小火电机组，限期完成"散乱污"企业的清退工作，提高煤炭清洁化开发利用水平；应建设工业园区，统一企业的环境管理；加大燃煤电厂超低排放改造、散煤和"小散乱污"企业治理、中小锅炉淘汰等工作力度等。

在微观个体层面，应通过多种方式，建设防治大气污染的微观基础，形成人人自愿维护环境与生态的氛围，从根本上杜绝不爱惜环境、数据造假或在大气质量保护上博弈等问题。

二、抓排放客体

能源是有关大气污染的源头问题，大气污染主要来自于燃烧的能源。为此，必须全面推进能源革命，加快推进能源供给侧结构性改革，优化能源结构，努力构建清洁低碳、安全高效的现代能源体系。从全世界看，化石能源占比高达86%。② 目前中国煤能占比61%，因此要大力推动煤炭清洁化利用，加快推进清洁能源替代。

---

① 中共中央国务院印发的《生态文明体制改革总体方案》开宗明义讲：为加快建立系统完整的生态文明制度体系，加快推进生态文明建设，增强生态文明体制改革的系统性、整体性、协同性，制定本方案。引自网页：http://www.mof.gov.cn/zhengwuxinxi/zhengcefabu/201509/t20150923_1472456.htm.

② 此数据引自中国神华集团董事长张玉卓在 2017 年中国高层论坛年会 "《巴黎协定》：前进还是后退"分会场的讲演，引自网页：http://finance.ce.cn/rolling/201703/18/t20170318_21134822.shtml.

我国新能源发展迅速,风电装机已经达到了 1.5 亿千瓦,光伏装机已经达到 7700 万千瓦,都位列世界第一。我们要力争在 2030 年,非化石能源占一次能源消费比重达到 20%,2030 年前后碳排放达到峰值并争取尽早达峰[1]。

还需要调整主要污染物指标种类,纳入约束性指标,全面治理工业中挥发性有机物(VOCs)、NOx(氮氧化物)、元素碳(EC)、NH_3、黑炭、甲烷、氢氟碳化物和带排放性的多种工业原料或涂料,综合整治施工粉尘、渣土垃圾、餐饮油烟以及农牧业中氨气、施用化肥、燃烧秸秆等导致空气污染的各类客体。[2]

在"十三五"期间尽快组织实施国家清洁柴油机行动计划,加快成品油质量升级专项行动的实施,重点开展道路柴油车、工程机械、农业机械、船舶等关键柴油机领域的清洁化专项工程。

三、抓排放途径

排放的主要途径是致污客体如能源的燃烧。在解决排放客体的结构与清洁化的同时,对燃烧过程的排放要格外关注。这包括:煤电节能改造以实现煤炭清洁化利用;提升机动车船排放标准和燃油品质,鼓励使用清洁燃料和绿色出行;用排放量低的优质能源进行替代,如气电对煤的替代;提升柴油中硫含量排放标准等。加大挥发性有机物减排工作力度,规划 VOCs(挥发性有机化合物)与 NOx(氮氧化物)的协同减排。对重点源排放实施季节性排放限值,减少农村和城乡接合部大气污染物排放。

四、抓排放管理

这是一个非常关键也非常复杂的环节。解决大气污染的管理问题,首先要明确并落实中央和地方权责,形成有效的层级监管体系,确保区域和城市空气污染治理

---

① 努尔·白克力出席达沃斯年会能源清洁化转型公共会议,引自网页:http://www.nea.gov.cn/2017-01/19/c_135996662.htm.

② 中华人民共和国环境保护法,引自网页:http://www.npc.gov.cn/npc/xinwen/2016-12/25/content_2004993.htm.

措施落实。确保有效的监督、执行、评估和宣传。健全环境保护的法律法规，完善生态环境监管制度。应进一步完善相关的排放标准、法规。完善经济政策，健全价格、财税、金融等政策，激励、引导各类主体积极投身生态文明建设。将高耗能、高污染产品纳入消费税征收范围。基本形成源头预防、过程控制、损害赔偿、责任追究的生态文明制度体系。全面促进资源节约循环高效使用，推动利用方式根本转变。强化环境执法的手段工具，提高执法效率，加大执法力度。禁止无证排污和超标准、超总量排污。违法排放污染物、造成或可能造成严重污染的，要依法查封扣押排放污染物的设施设备。建立实施空气质量季度预警制度，明确空气质量改善的时间表和路线图。实施工业污染源全面达标排放计划，强化"高架源"监管。重点行业要满足特别排放限值要求，率先完成排污许可证发放工作。对于短寿命污染物，应基于减排的最佳实用技术规定相应的排放限值。制定工程机械、农业机械和海洋船舶排放削减的法规，力争到 2020 年达到国际水平。继续开展环保部专项督查，既包括督企，也包括督政。

加快淘汰落后产能和分散燃煤小锅炉，促进城市及周边区域燃煤热电厂、锅炉房的超低排放改造。结合城中村、城乡接合部、棚户区、小散商业网点改造，扩大城市无煤区范围，加强分散燃煤治理，严禁劣质散煤的销售和使用。结合建筑应用、分布式能源和智能电网，提高城市可再生能源利用水平。因地制宜地推动分布式太阳能、风能、生物质能、空气能、地热能等在城市供电、供热、供气、交通和建筑中的多元化、规模化应用。鼓励大型公共建筑、工业园区等建设屋顶分布式光伏发电。积极推广城市可再生能源建筑规模化应用示范、分布式光伏发电和新能源城市示范，大力发展低碳生态城市和绿色生态城区。加快发展清洁能源、小排量等环保型汽车，加快充电站、充电桩、加气站等配套设施建设。推动建筑节能和绿色建筑发展，减少城市建筑用能排放。进一步提高新建建筑节能标准水平，推进绿色建筑规模化发展。抓好散煤治理，在农村大力推行"以电代煤""以气代煤"。

五、抓排放吸纳

解决大气污染的关键，根本上在于绿色生态文明的建设。我们要尊重自然、顺应自然、保护自然，保护森林、草原、河流、湖泊、湿地、海洋和生物多样性，打造山水林田湖的生命共同体，增强生态系统循环能力，建设天蓝、地绿、水净的美好家园，人类才能永久获得生存最需要的清新空气。①

随着全新技术的问世，人类有望以更廉价、更安全的方式实施碳捕捉和碳封存。近些年提倡的"碳汇林"，是比较有影响力的一种排放吸纳的办法，然而还有其他的途径来促使我们解决大气问题。比如，在地下封存二氧化碳排放，而不再需要储存气体形式的二氧化碳。冰岛实验项目将二氧化碳用泵灌入地下，并使之迅速石化，这便是一种应对气候变化的全新方式，也是一种更廉价安全的方式。②

专　栏

"大气十条"简介③

随着我国工业化、城镇化的深入推进，能源资源消耗持续增加，大气污染防治压力继续加大。为切实改善空气质量，制定本行动计划。

奋斗目标：经过五年努力，全国空气质量总体改善，重污染天气较大幅度减少；京津冀、长三角、珠三角等区域空气质量明显好转。力争再用五年或更长时间，逐步消除重污染天气，全国空气质量明显改善。

具体指标：到2017年，全国地级及以上城市可吸入颗粒物浓度比2012年下降10%以上，优良天数逐年提高；京津冀、长三角、珠三角等区域细颗粒物浓度分别下降25%、20%、15%左右，其中北京市细颗粒物年均浓度控制在60微克/米³左右。

一、加大综合治理力度，减少多污染物排放

（1）加强工业企业大气污染综合治理。全面整治燃煤小锅炉。加快推进集中供

---

① 摘编自中共中央国务院印发《生态文明体制改革总体方案》的"生态文明体制改革的理念"一节，引自网页：http://www.mof.gov.cn/zhengwuxinxi/zhengcefabu/201509/t20150923_1472456.htm.

② 冰岛新技术可成功钙化二氧化碳，引自网页：http://www.mofcom.gov.cn/article/i/dxfw/jlyd/201606/20160601342484.shtml.

③ 全名为《大气污染防治行动计划》，全文近一万字，此文件国务院2013年9月10日向各省区下发后执行。这里为编者的节选，仅供读者快速大致知情服务，请有需要的读者直接查找原文件为正式依据。

热、"煤改气"和"煤改电"工程建设。推广应用高效节能环保型锅炉。逐步淘汰分散燃煤锅炉。加快重点行业脱硫、脱硝、除尘改造工程建设。推进挥发性有机物污染治理。

（2）深化面源污染治理。综合整治城市扬尘。开展餐饮油烟污染治理。

（3）强化移动源污染防治。提高公共交通出行比例，加强步行、自行车交通系统建设。提升燃油品质。到2017年，基本淘汰全国范围的黄标车。大力推广新能源汽车。

二、调整优化产业结构，推动产业转型升级

（1）严控"两高"行业新增产能。修订高耗能、高污染和资源性行业准入条件，明确资源能源节约和污染物排放等指标。严格控制"两高"行业新增产能，新、改、扩建项目要实行产能等量或减量置换。

（2）进一步提高环保、能耗、安全、质量等标准，加快淘汰落后产能。

（3）压缩过剩产能。加大环保、能耗、安全执法处罚力度，建立以节能环保标准促进"两高"行业过剩产能退出的机制。

（4）坚决停建产能严重过剩行业违规在建项目。

三、加快企业技术改造，提高科技创新能力

（1）强化科技研发和推广。加强灰霾、臭氧的形成机理、来源解析、迁移规律和监测预警等研究。加强大气污染与人群健康关系的研究。

（2）全面推行清洁生产。对钢铁、水泥、化工、石化、有色金属冶炼等重点行业进行清洁生产审核，实施清洁生产技术改造；到2017年，实现重点行业排污强度比2012年下降30%以上。

（3）大力发展循环经济。推进能源梯级利用、水资源循环利用、废物交换利用、土地节约集约利用，构建循环型工业体系。

（4）大力培育节能环保产业。着力把大气污染治理的政策要求有效转化为节能环保产业发展的市场需求，促进重大环保技术装备、产品的创新开发与产业化应用。

四、加快调整能源结构，增加清洁能源供应

（1）控制煤炭消费总量。制定国家煤炭消费总量中长期控制目标，实行目标责任管理。到 2017 年，煤炭占能源消费总量比重降低到 65% 以下。

（2）加快清洁能源替代利用。到 2015 年，新增天然气干线管输能力 1500 亿立方米以上，覆盖京津冀、长三角、珠三角等区域。积极有序发展水电，开发利用地热能、风能、太阳能、生物质能，安全高效发展核电。

（3）推进煤炭清洁利用。扩大城市高污染燃料禁燃区范围，逐步由城市建成区扩展到近郊。

（4）提高能源使用效率。积极发展绿色建筑。

五、严格节能环保准入，优化产业空间布局

（1）调整产业布局。所有新、改、扩建项目，必须全部进行环境影响评价；未通过环境影响评价审批的，一律不准开工建设。

（2）强化节能环保指标约束。提高节能环保准入门槛，健全重点行业准入条件。严格实施污染物排放总量控制。

（3）优化空间格局。强化城市空间管制要求和绿地控制要求，形成有利于大气污染物扩散的城市和区域空间格局。

六、发挥市场机制作用，完善环境经济政策

（1）发挥市场机制调节作用。本着"谁污染、谁负责，多排放、多负担，节能减排得收益、获补偿"的原则，积极推行节能减排新机制。

（2）完善价格税收政策。推进天然气价格形成机制改革，按照合理补偿成本、优质优价和污染者付费的原则合理确定成品油价格。

（3）拓宽投融资渠道。鼓励民间资本和社会资本进入大气污染防治领域。引导银行业金融机构加大对大气污染防治项目的信贷支持。中央财政设立大气污染防治专项资金。

七、健全法律法规体系，严格依法监督管理

（1）完善法律法规标准。加快大气污染防治法修订步伐。建立健全环境公益诉讼制度。研究起草环境税法草案，加快修改环境保护法。各地区可出台地方性大气污染防治法规、规章。

（2）提高环境监管能力。

（3）加大环保执法力度。推进联合执法、区域执法、交叉执法等执法机制创新。

（4）实行环境信息公开。国家每月公布空气质量最差的 10 个城市和最好的 10 个城市的名单。

八、建立区域协作机制，统筹区域环境治理

（1）建立区域协作机制。

（2）分解目标任务。

（3）实行严格责任追究。

九、建立监测预警应急体系，妥善应对重污染天气

（1）建立监测预警体系。

（2）制定完善应急预案。

（3）及时采取应急措施。

十、明确政府企业和社会的责任，动员全民参与环境保护

（1）明确地方政府统领责任。地方各级人民政府对本行政区域内的大气环境质量负总责。

（2）加强部门协调联动。环境保护部要加强指导、协调和监督，有关部门要制定有利于大气污染防治的投资、财政、税收、金融、价格、贸易、科技等政策。

（3）强化企业施治。企业是大气污染治理的责任主体，要按照环保规范要求，确保达标排放，甚至达到"零排放"，履行环境保护社会责任。

（4）广泛动员社会参与。倡导文明、节约、绿色的消费方式和生活习惯，在全社会树立"同呼吸、共奋斗"的行为准则，共同改善空气质量。

第十五章
土地污染及其治理的展望

本章摘要：土壤是经济社会可持续发展的物质基础，关系人民群众身体健康，关系美丽中国建设。保护好土壤环境是推进生态文明建设和维护国家生态安全的重要内容。土壤保护也是国际性的问题，2016 年 6 月 16 日联合国防治荒漠化和干旱世界日提出，要"护土复田，依靠人民"，实现土地退化零增长。当前，我国土壤环境总体状况堪忧，部分地区污染较为严重，已成为全面建成小康社会的突出短板之一。我们要牢固树立创新、协调、绿色、开放、共享的新发展理念，认真落实党中央、国务院决策部署，坚持预防为主、保护优先、风险管控，突出重点区域、行业和污染物，实施分类别、分用途、分阶段治理，严控新增污染，逐步减少存量，形成政府主导、企业担责、公众参与、社会监督的土壤污染防治体系，促进土壤资源永续利用。[①] 本章从全世界遇到的共同难题、我国土壤污染及现状、决策部门对土壤污染治理的重视程度、保修并举解决土壤污染等方面，分节进行了论述。

第一节
全世界遇到的共同难题——土壤污染[②]

由联合国粮农组织政府间土壤技术小组编写的《世界土壤资源状况》汇集了来

[①] 主要引自国务院《土壤污染防治行动计划》，引自网页：http：//www. gov. cn/zhengce/content/2016 – 05/31/content_5078377. htm.

[②] "世界土壤日"：粮农组织发布报告呼吁世界保护土壤资源，引自网页：www. un. org/sustainabledevelopment/zh/2015/12/粮农组织呼吁世界保护土壤资源.

自 60 个国家的 200 名土壤科学家的研究成果，报告长达 650 页。该书的出版恰逢 11 月 4 日的世界土壤日。2015 年被联合国定义为国际土壤年，这也是第一个国际土壤年。

该报告得出的重要结论是，世界上大多数土地资源状况仅为一般、较差或很差，而且更多实例显示，土壤条件恶化的情况超过其改善的情况。特别是，33% 的土地因侵蚀、盐碱化、板结、酸化和化学污染而出现中度到高度退化。生产性土壤的进一步流失将严重损害粮食生产和粮食安全，并加剧粮价波动，有可能使数百万人陷入饥饿和贫困。

报告重点论述了土壤功能面临的十大威胁：土壤侵蚀、土壤有机碳丧失、养分不平衡、土壤酸化、土壤污染、水涝、土壤板结、地表硬化、土壤盐渍化和土壤生物多样性丧失。侵蚀每年导致 250 亿~400 亿吨表土流失，导致作物产量、土壤的碳储存和碳循环能力、养分和水分明显减少。侵蚀造成谷物年产量损失约 760 万吨。如果不采取行动减少侵蚀，预计到 2050 年谷物总损失量将超过 2.53 亿吨，相当于减少了 150 万平方公里的作物生产面积，或印度的几乎全部耕地。土壤养分匮乏是土壤退化地区提高粮食产量和土壤功能的最大障碍。在非洲，除三个国家之外，其余国家每年从土壤中提取的养分都超过其通过使用化肥、作物秸秆、粪便等有机物返回土壤的养分。土壤中盐分的积累导致作物减产，甚至颗粒无收。人为因素引起的盐渍化影响了全球大约 76 万平方公里的土地——超过巴西的耕地总面积。土壤酸度是影响全球粮食生产的重要因素。世界上土壤盐渍化程度最高的地区是经历了森林砍伐和集约化农业的南美洲。水土流失、养分枯竭、土壤有机碳丧失、土壤板结等导致全球土壤状况迅速恶化。

导致土壤条件变化的主要原因是人口扩大和经济增长，而这些因素预计将在未来几十年里继续存在。该报告论述了在地球无冰陆地面积的 35% 已转用于农业的情况下，如何养活现已增至大约 73 亿的人口。其结果是，自然植被遭到清除后用于作物和畜牧生产的土壤很快受到侵蚀，而且土壤碳储存、养分和生物多样性急剧减少。城市化也是主要原因之一。城市和工业的快速增长使越来越多的土地退化，其中污染因素包括过量的盐、酸和重金属；重型机械使土壤板结；沥青和混凝土使土壤永久性密封。气温升高及相关极端气候事件，如干旱、洪水和风暴从不同方面给土壤的质量和肥力造成影响，包括减少土壤水分和破坏营养丰富的表层土壤，而且还加速了土壤侵蚀和海岸线后退。

该报告确定了四项行动重点：尽量减少最贫困地区的土壤进一步退化，并恢复已退化土壤的生产力；稳定全球土壤有机质储量，包括土壤有机碳和土壤生物；稳定或减少全球氮、磷肥的使用量，同时增加养分缺乏地区化肥的使用；提高我们对土壤条件状况和趋势的认识。

这些行动需要得到针对性政策的支持，包括：支持开发土壤信息系统，以监测和预报土壤变化；加强土壤方面的教育和认识，将土壤问题纳入正规教育和整个教学大纲——从地质学到地理学，从生物学到经济学；投资研发和推广，开展测试，传播可持续土壤管理技术和做法；采取适当有效的管理和鼓励措施，其中包括旨在遏制破坏性做法（如过度使用化肥、除草剂和杀虫剂）的税收。可以采用分区系统来保护优质农田不受城市化侵扰。可以通过补贴来鼓励人们购买对土壤危害较小的工具等投入物，同时对可持续作物和牲畜生产方法的认证可以提升产品的商业吸引力和价格。

土壤对于富有营养作物的生产至关重要，土壤的水过滤和净化能力可以达到每年数千万立方米。作为碳的主要储库，土壤还有助于控制二氧化碳和其他温室气体的排放，从而对气候调节起到根本作用。

报告最后强调：诸多证据表明，土地资源和功能的丧失是可以避免的。只要各国带头推广可持续管理做法和采用适当技术，这种趋势是可以逆转的。让全球共同促进以妥善治理土壤和健全投资为基础的可持续土壤管理，让人类的生命基础——土壤永葆健康。

第二节
我国土壤污染及现状[①]

　　土壤污染物大致可分为无机污染物和有机污染物两大类。无机污染物主要包括酸、碱、重金属，盐类，放射性元素铯、锶的化合物，含砷、硒、氟的化合物等。有机污染物主要包括有机农药、酚类、氰化物、石油、合成洗涤剂，以及由城市污水、污泥带来的有害微生物等。当土壤中含有害物质过多，超过土壤的自净能力，就会引起土壤的组成、结构和功能发生变化，微生物活动受到抑制，有害物质或其分解产物在土壤中逐渐积累通过"土壤→植物"，或通过"土壤→水"，间接被人体吸收，达到危害人体健康的程度，这就是土壤污染。土壤污染比空气污染和水污染可能更复杂，空气和水的污染会汇集到土壤中。

　　2014年4月17日下午公布了全国首次土壤污染状况调查结果，这是中国政府首次发布全国土壤污染调查数据。2005年4月至2013年12月，环保部与国土资源部开展了全国首次土壤污染状况调查。此次全国土壤污染调查覆盖了除香港、澳门特别行政区和中国台湾以外的陆地国土中的全部耕地及部分林地、草地、未利用地和建设用地。

　　根据公报，全国土壤总的点位超标率为16.1%。其中轻微、轻度、中度和重度污染点位比例分别为11.2%、2.3%、1.5%和1.1%。南方土壤污染重于北方，长三角、珠三角、东北老工业基地等部分区域土壤污染问题较为突出，西南、中南地

---

　　① 引处主要根据以下文章，恐有错失，仅供参考：中国首次发布全国土壤污染调查报告总体情况不容乐观，引自网页：http：//gb.cri.cn/42071/2014/04/18/7371s4508988.htm；2016年4月19日，环境保护部部长陈吉宁在中宣部等六部委联合主办的"展望十三五"系列报告会上的报告，引自网页：http：//www.mep.gov.cn/gkml/hbb/qt/201604/t20160421_335390.htm；巨大的蛋糕：土壤修复行业，引自网页：http：//www.toutiao.com/i6378973896481178114；我国土壤污染治理与修复将实行终身责任制受益股一览，引自网页：http：//stock.jrj.com.cn/hotstock/2017/01/20065721990871.shtml.

区土壤重金属超标范围较大。不少大中城市面临着大量的废弃的污染场地问题。

从土地利用类型看，耕地土壤的点位超标率高于其他土地利用类型，报告显示，19.4% 的耕地土壤点位超标。以 18 亿亩耕地面积计算，中国约 3.49 亿亩耕地被污染。林地和草地土壤的点位超标率分别为 10.0% 和 10.4%。①

公报显示，在点位超标的耕地中，轻微、轻度、中度和重度污染点位比例分别为 13.7%、2.8%、1.8% 和 1.1%。耕地土壤的主要污染物为镉、镍、铜、砷、汞、铅、滴滴涕和多环芳烃等。

公报还特别提出，在此次土壤污染调查中涉及的 55 个污水灌溉区中，有 39 个存在土壤污染。在 1378 个土壤点位中，超标点位占 26.4%，主要污染物为镉、砷和多环芳烃。

中国耕地土壤污染问题一直是各界关注的重点。在 2006 年，环保部公布的预估数据大大低于此次公报。彼时，据不完全调查，中国受污染的耕地约有 1.5 亿亩，另有污水灌溉耕地 3250 万亩，固体废弃物堆存占地和毁田 200 万亩。三者合计 1.85 亿亩，超过中国耕地总量的十分之一。

从污染类型看，以无机型为主，超标点位数占全部超标点位的 82.8%，有机型次之，复合型污染比重较小。从污染物超标情况看，镉、汞、砷、铜、铅、铬、锌、镍 8 种无机污染物点位超标率分别为 7%、1.6%、2.7%、2.1%、1.5%、1.1%、0.9%、4.8%；六六六（六氯环己烷）、滴滴涕、多环芳烃 3 类有机污染物点位超标率分别为 0.5%、1.9%、1.4%。

在调查的 690 家重污染企业用地及周边土壤点位中，超标点位占 36.3%，主要涉及黑色金属、有色金属、皮革制品、造纸、石油煤炭、化工医药、化纤橡塑、矿物制品、金属制品、电力等行业。调查的工业废弃地中超标点位占 34.9%，工业园区中超标点位占 29.4%。

---

① 另据肖菲：《土地污染：公开"国家机密"只是第一步》，《北京科技报》，2014 年 1 月 20 日，第 38 版。2013 年 12 月 30 第二次全国土地调查结果新闻发布会上透露，中国有 5000 万亩耕地已经受到中、重度污染而"不宜耕种"。作者介绍，早在 2011 年，环保部领导公开表示，中国受污染耕地约有 1.5 亿亩。环保部 2013 年发行的《土壤污染与人体健康》称，全国仅受重金属污染的耕地面积就达 3 亿亩。

在调查的 188 处固体废物处理处置场地中，超标点位占 21.3%，以无机污染为主，垃圾焚烧和填埋场有机污染严重。

调查的采油区中超标点位占 23.6%，矿区中超标点位占 33.4%，55 个污水灌溉区中有 39 个存在土壤污染，267 条干线公路两侧的 1578 个土壤点位中超标点位占 20.3%。

此外，重金属镉污染加重，全国土地镉含量增幅最多超过 50%。据调查结果显示，以镉、汞、砷、铜、铅、铬、锌、镍这 8 种重金属为主的无机物的超标点位，占了全部超标点位的 82.8%，其中又以镉污染占大头，达到 7%。镉的含量在全国范围内普遍增加，在西南地区和沿海地区增幅超过 50%，在华北、东北和西部地区增加 10%～40%。

2001 年至 2016 年，全国有超过 10 万家企业关停并转，产生了大量被遗弃的、高风险的污染场地。这些老工业基地包括金属冶炼厂、电镀厂、机械加工厂、钢铁厂、化工厂、农药厂等大量排放危险废弃物的企业，其中包括北京、沈阳这些大城市。据统计，目前，我国受采矿污染的土地面积 200 余万公顷，并且每年以 3.3 万～4.7 万公顷的速度递增。①

土壤污染不仅事关老百姓舌尖上的安全，而且关乎民众的身体健康。土壤的污染物最终都会通过食物进入人体，比如农药、重金属、放射性元素等。残留的农药转移到人体内，这些有毒有害物质在人体内不易分解，经过长期积累会引起内脏机能受损，使肌体的正常生理功能发生失调，造成慢性中毒，影响身体健康。特别是杀虫剂所引起的致癌、致畸、致突变"三致"问题，令人十分担忧。比如，2016 年就出现了常州外国语学校因操场土壤含毒的事件，致近 500 名学生出现血液指标异常、白细胞减少、皮炎、湿疹、支气管炎等异常症状。

---

① 本段引自刘晓慧记者：《土壤污染修复：需要准备什么》，《中国矿业报》，2016 年 4 月 27 日，第 4 版。此为对 2016 年 4 月 19 日至 4 月 22 日在南京召开的第五届中德环境论坛上发言述评。

专　　栏

台湾新北市垃圾焚化处理调研与思考①

如何处理好城乡垃圾，是土地保护、修复、再生的重要一环。现在看来，这个问题已经越来越突出了。下面就介绍一个典型案例。

2013 年 5 月 28 日，我在台湾"中华"经济研究院几位博士的陪同下，到新北市八里垃圾焚化厂进行了考察访问，同时与有关专家就台湾市容环境方面的近况进行了交谈，获益匪浅。

一、高水平的垃圾处理

八里垃圾焚化厂，位于台北西南方新北市八里区。土地面积约 3.5 公顷，厂房建筑面积有 18000 平方米。主要处理八里区等 6 个区 20 万人的家庭生活垃圾和一般事业废弃物，每日垃圾处理量达 1350 吨。

工厂负责人带领我们至现场厂区进行考察，了解了垃圾处理流程与厂内设备，后由导览人员领至掩埋现场参观，对垃圾处理有了一个全貌的认识。垃圾处理的流程是：先经由各乡镇清洁队垃圾车收集——进厂过磅——至垃圾倾卸区——倾倒垃圾至垃圾储存坑。吊车控制室人员借由操作吊车将垃圾投入焚化炉内燃烧——燃烧后产生热能，加热锅炉产生蒸汽——推动汽轮机组发电。与此同时，垃圾燃烧结束后形成稳定状态的底灰物质——输送机构送至工厂灰烬储坑暂存——许可之废弃物清除厂商运至最终处置场处理。而垃圾焚化所产生的废气——工厂设置的废气处理设施处理——符合排放标准的气体送至烟囱入口——于高度为 150 米的高空中再行排放。从这个流程中可以看到，垃圾处理的重点是废气、废水和臭味防治。

考察中我感受到这个厂在垃圾处理上水平很高，设备先进，效果良好。先说废气处理：这里共有三套旋风式集尘器、半干式洗涤塔、袋滤式集尘器等完整的废气

---

① 2013 年 5 月 24 日至 5 月 29 日受台湾"中华"经济研究院邀请，我参加了"中国大陆经济转型与政府角色"的国际研讨会。5 月 28 日该院大陆研究所副所长刘柏定博士和吴明泽博士陪同我考察了新北市八里垃圾焚化厂，受到了江厂长和黄课长的热心接待。我的学生徐妍在台湾攻读 MBA 第二硕士学位，也陪同前往，在此一并表示感谢。

处理装备，完全可以去除焚化垃圾过程中所产生的酸性气体及悬浮微粒，并经由多道处理程序确保气体合规排放，机械混烧式炉体焚化 24 小时连续运转，每天每套可处理 450 吨垃圾。再说废水处理：垃圾储坑中的垃圾渗水经收集喷入炉内燃烧以去除其中的有机物及臭味，同时设置了废水处理系统，对所有废水再度处理，再生水送入回收水槽，工厂达成废水零排放。最后说一下臭味防治：垃圾储坑所生臭气及沼气经由风扇抽入焚化炉内燃烧，同时借由该风扇的抽力使储坑内的压力略小于大气压力，以控制臭味外溢。同时，于垃圾倾卸平台上设计除臭系统，以消除垃圾车所带来的臭味。

随后，我们实地考察了垃圾填埋场。一层层填埋的垃圾被一层层纱网覆掩，填埋场谷地在日积月累中形成小山。据介绍，这里还能填埋垃圾 20 年。经过多年努力，先期的填埋场已成为鸟语花香、绿色葱葱、没有异味的生态园区，与淡水、十三行博物馆、台北港区、观音山等风景区连接成观光风景区，取名为"碳中和乐园"。园中还建了三座绿色环保小屋，市民可以预约来免费居住，享受低碳生活。八里厂生态环保园区同时产生沼气用于发电，已可保障园内用电所需。园中废水经过物理、化学处理后，成为中水。每天大约产生 150 吨中水，既用于园内植物浇灌，还协助洒水车用于新北市的马路冲洗。

二、台湾当局的相关措施

台湾当局高度重视垃圾与污水处理，推出了很多政策措施，这里简介几项：

1. 垃圾费随袋征收

台湾垃圾不落地的做法已广为人知，这里介绍一下其垃圾费随袋征收政策及其效果。政府行政法规要求回收垃圾必须使用统一的含垃圾费用的垃圾袋。台北市的垃圾专用袋售价是每升 0.45 元（新台币，下同）。随袋征收就是民众自行掌握垃圾费交纳机制，垃圾丢得越少，需用的垃圾袋就越少，垃圾费支出也越少。这项政策对减少垃圾量效果明显。以新北市为例。全面实施随袋征收政策后，百姓大包小包丢垃圾现象大为减少。据其环保局 2011 年民调统计，随袋征收实施前近 44% 的民众天天倒垃圾，现在只剩 23%，其中 30% 的民众习惯三天倒一次垃圾。新北市每天回收垃圾量由 2008 年的 2497 吨减为 2011 年的 1341 吨，日减量率达 46%，相当于每人每日垃圾量由实施前 0.58 公斤降低为 0.34 公斤。

2. 黄金里资收站政策

黄金里资收站政策，是指民众可用资源回收物兑换专用垃圾袋，回收物变卖所得再由里（区政府下设的一级行政组织）办公室反馈给当地居民。资收不仅使垃圾减量，还可减少垃圾费支出。新北市先期成立的 127 个黄金里资收站，回收物已达 3591 吨，回馈市民约 17 万包专用垃圾袋，折合市值约 1100 万元；而里长将回收物变卖所得，多用于里内各项建设、活动及奖助学金、急难救助等公务用途。2012 年底已建立了 200 处资收站。里民来换资收物时，还有义工辅导民众进行垃圾的正确分类。根据新北环保局估算，新北市民每户一年买专用袋费用约 429 元，若落实垃圾分类及资收，一年可获得 440 元，实现了不花分文处理垃圾。

3. 减并垃圾车清运路线

新北市为了降低垃圾处理成本，垃圾清运拟从每周 5 天减为 4 天，同时把现有 383 条清运路线整并为 250 条，预计可降低清运成本 5%，累计约 4 亿元。降低清运成本，垃圾袋费率就能跟着下降。整合清运路线后，还力求做到垃圾不在市区转运，直接运进焚化厂处理的环保新政策。过去乡镇市公所各自设立令人嫌恶的垃圾转运站、堆积场，即起要逐步废除。

4. 节能减污

新北市拟在垃圾处理上采取"垃圾焚化厂转型为能源中心"及"垃圾掩埋场挖除活化"两大措施。前者指增加垃圾中残存资源物再分选和回收利用的空间，提高垃圾转化为热能的基础来源。如果能转型为能源中心，焚化厂的产能产值将更高，电价将更便宜。而掩埋场挖除活化，是指将掩埋物挖除分选回收再利用。例如，可燃物焚化、玻璃、金属等资源回收物可以回收再利用，土石可以回填、覆土或运至土资场运用。垃圾掩埋场实施此计划将改善或去除掩埋场的负面环境影响，促进掩埋场土地循环利用，解决掩埋容积不足、新辟不易的困境。当然，此政策仍有异议，有人担心重新挖除活化，恐造成扬尘，工程车大量进出，有噪声的二次公害。

三、几点启示

1. 政府与民间结合的经营体制

台湾垃圾机构有多种类型，有公办公营，也有公办民营。八里垃圾焚化厂是公办民营。厂区建设是由行政院环保署投资兴建的，建成后移交给台北县政府，并由台北县环保局代管。1992 年中兴工程顾问股份有限公司通过竞标取得监督顾问公司资格，为期 5 年。1996 年至今，由新北市环保局委和中兴工程顾问股份有限公司拟定操作管理合约计划，并经由发包作业，由达和环保服务股份有限公司取得营运权，合约为期 15 年。达和环保服务股份有限公司是由台湾水泥股份有限公司与拥有一百五十年悠久历史的法国 Veolia Environment（威立雅环境）集团旗下专营废弃物管理的 Veolia Environmental Services（威立雅环境服务）公司合作，于 1992 年合资设立的。达和环保服务股份有限公司自成立以来，积极参与环保工作，秉持"质量保证、永续经营、服务社会"的理念经营，建立了良好的品牌形象。这种政府投资建厂，民营企业经营的模式，值得我们借鉴。

2. 废物资源化的经济效益

据座谈会上有关人士介绍，八里垃圾焚化厂最近三年才盈利。盈利主要是靠发电和售电，换言之，借由焚化垃圾时所产生的热能，得到附加的回收效益。这个厂每年预估可输售给台电集团 2.6 亿度电，按 20 世纪 90 年代的消费水平，这个电量可供 4 万户家庭的用电。此外，收获的还有按量收取的事业单位垃圾费，出售垃圾制成的产品如空心砖等。

3. 高度重视并实现污染处理类企业的敦亲睦邻

参观八里垃圾焚化厂最深的感悟是，污染处理类企业或称"嫌恶设施"应如何与周围的民众建立良好关系。台湾当局要求，焚化厂、掩埋场及污水处理厂，要从原来"邻避"场所转型为受欢迎的"邻庇"场所。为此，台湾当局在投资建设八里垃圾焚化厂时，就委托了国际知名设计师贝聿铭团队来规划设计主体建筑，仅此就投了 3 亿元新台币。全厂采取铝帷幕玻璃设计，前面高耸着 150 米的正方形烟囱，非常美观，远看如同一只大天鹅。而八里垃圾焚化厂为和附近居民建立良好关系，也做了大量有益的工作。例如，建设环保公园和生态湿地，利用废热水处理后建成达标的温水游泳池，用自己做的再生砖做成"登山健行步道"，以及建环保形象馆、听海小木屋、香草温室等。与此同时，工厂还每年出资一两亿元来回馈当地居民，如提供采购专用垃圾袋、看病的挂号费、学童营养费、农民买肥料补助、水电费补助、意外保险、丧葬补助、免费小区巴士等。这些做法，深受当地民众欢迎，原来反对建厂的民众现在变成了工厂的坚定支持者。

第三节

决策部门对土壤污染治理的重视程度在不断提升①

1985年9月18～23日，中国共产党全国代表会议在北京召开。会上通过的《中共中央关于制定国民经济和社会发展第七个五年计划的建议》中提出：要把改善生活环境作为提高城乡人民生活水平和生活质量的一项重要内容。要加强对空气、水域、土壤污染和噪声等公害的监测和防治，注意环境保护。这是首次在最高决策层提出监测和防治土壤污染问题，距今已有30多年的时间了。

2008年8月1日，国家环境保护总局决定，在全国组织开展土壤污染状况调查。

2012年10月31日，温家宝总理主持召开国务院常务会议，研究部署土壤环境保护和综合治理工作。

2013年1月28日，国务院办公厅印发《近期土壤环境保护和综合治理工作安排》（简称《安排》）。《安排》中提出到2015年全面摸清我国土壤环境状况，力争到2020年建成国家土壤环境保护体系工作目标，以及6项主要任务和6条保障措施。

2014年4月17日，环境保护部和国土资源部发布《全国土壤污染状况调查公报》，就历时8年进行的全国性土壤污染调查情况向公众披露。4月24日，第十二

---

① 这部分资料源于本书附录"环保大事记"；2016年的信息还来自"盘点2016年值得回顾的15个土壤新闻"，引用网页：http://hbw.chinaenvironment.com/zxxwnr/index.aspx? nodeid = 57&page = ContentPage&contentid = 89440.

届全国人大常委会八次会议审议通过了新修订的《中华人民共和国环境保护法》，自 2015 年 1 月 1 日施行。这次修订不仅将区域污染和流域污染，还将土壤污染等突出的环境问题纳入立法内容，同时，最严格的执法手段和政策也用立法的形式明确了。

2016 年是土壤保护引人关注的一年。3 月 10 日，环保部决定修订《土壤环境质量标准》（GB 15618—1995），第三次征求意见；5 月 13 日，国务院办公厅日前印发《关于健全生态保护补偿机制的意见》（简称《意见》）。《意见》指出，对在地下水漏斗区、重金属污染区、生态严重退化地区实施耕地轮作休耕的农民给予资金补助。5 月 31 日，国务院印发《土壤污染防治行动计划》（简称"土十条"）；6 月 21 日，农业部印发《耕地质量调查监测与评价办法》；8 月 3 日，财政部、环境保护部联合发布《土壤污染防治专项资金管理办法》；11 月 1 日，中央深改组会议审议通过了《建立以绿色生态为导向的农业补贴制度改革方案》；11 月 8 日，环保部针对《污染地块土壤环境管理办法（征求意见稿）》《农用地土壤环境管理办法（试行）（征求意见稿）》公开征集意见；11 月 17 日，农业部在贵州省召开耕地轮作休耕制度，600 万亩先行试点；11 月 23 日，由全国人大环境与资源保护委员会牵头起草的《土壤污染防治法》草案已拟定完成，将对外征求意见；12 月 29 日，据中国政府网消息，国务院批复了《全国土地整治规划（2016—2020 年）》，"十三五"期间，力争建成提高质量等级的 6 亿亩高标准农田。[①] 环保部、财政部、国土资源部、农业部、卫生计生委在强化顶层设计的基础上，共同组织编制了《全国土壤污染状况详查总体方案》。该方案经国务院同意后，已于 2016 年 12 月 27 日联合印发，这表明全国土壤污染状况详查工作已经启动，并要在 2018 年底前查明农用地土壤污染的面积分布及其对农产品质量的影响，2020 年底前要掌握重点行业企业用地中的污染地块分布及其环境风险情况。[②]

2017 年 1 月 18 日，环保部官网发布《污染地块土壤环境管理办法（试行）》

---

① 2016 年的信息还来自"盘点 2016 年值得回顾的 15 个土壤新闻"，引自网页：http：//hbw. chinaenvironment. com/zxxwnr/index. aspx？ nodeid = 57&page = ContentPage&contentid = 89440.

② 环保部：《全国土壤污染状况详查工作已经启动》，引自网页：http：//www. legaldaily. com. cn/Finance_and_Economics/content/2017 – 02/14/content_7012503. htm？ node = 75684.

（以下简称《办法》），《办法》自 2017 年 7 月 1 日起施行。《办法》规定了污染地块土壤环境治理与修复的实施路径，设立了地块土壤环境调查与风险评估制度、污染地块风险管控制度、污染地块治理与修复制度，明确了相关责任主体，提出了诸多具体的监管措施。土地使用权人应当按照本办法的规定，负责开展疑似污染地块和污染地块相关活动，并对上述活动的结果负责；"谁污染，谁治理"：造成土壤污染的单位或者个人应当承担治理与修复的主体责任；"主体变更、责任承继"：责任主体发生变更的，由变更后继承其债权、债务的单位或者个人承担相关责任；责任主体灭失或者责任主体不明确的，由所在地县级人民政府依法承担相关责任；土壤环境专业服务机构承担连带责任；土壤污染治理与修复实行终身责任制。①

2017 年两会上，国家环保部领导就解决土壤污染问题，介绍了环保部规划的"2233"工作部署。第一个"2"是两大基础。一是摸清家底，开展土壤污染的详查。现在我们对土壤的污染底数不清，已经公布的一些土壤污染超标率，是点位超标率，并不代表土壤污染的分布和状况。二是要建立健全法规标准体系，这是目前正在推动的一项工作。全国人大已经把土壤污染防治法列入 2017 年的立法计划，我们也正在抓紧制定相关标准。第二个"2"是两大重点：一是农用地分类管理；二是建设用地的准入管理。我国环保部发布了污染地块环境管理办法，明确了从风险管控的角度，监管什么，各方的责任是什么，是一个全过程的管理方案。目前，环保部正在跟农业部制定关于农用地的管理办法。第一个"3"是三大任务，对未污染、正受污染和已污染的土壤实施防治和风险管控措施。第二个"3"是加大三大保障，加大科技研发力度，发挥政府主导作用和强化目标考核。目前，我们已经建立了工作机制，有 12 个部门参加，形成了国家各部门和地方各省的工作方案。下一步，我们将落实污染详查的工作方案，出台法规标准。通过这些工作把"土十条"工作有序地落实下去。②

---

① 陈国强、张泉：环境律师解读《污染地块土壤环境管理办法（试行）》，引自网页：http：//mp. weixin. qq. com/s?__biz = MjM5MjIxMzY0MQ = = &mid = 2650377464&idx = 2&sn = 418a0783317c10e621daf4420c82c991&chksm = bea4931e89d31a08d678b2e5ff544e6f0adf51cc3cc38a06a175e03b580f4e6e05e3237cea8c &mpshare = 1&scene = 1&srcid = 04164C87U39zXofu85OO3pta#rd.

② 陈吉宁：《当前大气治理的方向和举措是对的，是有效的》，引自网页：http：//news. xinhua-net. com/politics/2017lh/2017 – 03/09/c_1120599220. htm.

第四节
应对土壤污染：大地神圣　保修并举

从生态文明建设角度看，就是要重视人与自然的关系。在应对土壤污染并进行治理上，我国对于环保体制机制和管理方式已公布了很多新规，这里想强调的是"尊重自然，双脚落地"。

从古至今，人类把大地都视同为"母亲"。但是，千年相处，大地无私奉献，人类追求发展，渐渐把这一理念淡化了。今天，到了人地系统面临危机之时，人类才在反思对"母亲"的关爱太少，报恩更欠。相比对空气的关注程度，似乎关注度减弱了不少。进一步分析，其中的深层原因是：与水体和大气污染相比，土壤污染具有滞后性，感官往往难以直接察觉，只能通过土壤样品分析、农作物检测，甚至人畜健康的影响研究来确定，这需要敏锐的感觉与判断，更需要时间。土壤污染具有累积性，污染物很难自动地迁移、扩散和稀释，而会在土壤中不断累积。正因为如此，土壤污染具有很强的隐蔽性。相当时间内，人类不知"大地母亲"已受伤，已重病，却还在索取、利用！

一、尊崇大地，保护土壤

要减少对大地的伤害，首先要知道"大地母亲"已经有病了！这就需要调研并使信息公开，让所有人、所有机构都来关心"大地母亲"。这方面不仅需要信息公开，还需要持续地、制度化地公开。我们高兴地看到，环保部在这方面有了非常明确和具体的规定。土壤污染调研结果的公开不仅对后期修复治理至关重要，而且对民众关爱土地和保护健康非常重要。建立一本标注何处有污染，有怎样的污染，是否需要治理，治理到何种程度的"土壤污染档案"，有利于减少对土壤的进一步伤害，也有利于减少对民众因不知情造成的身体伤害。

保护土壤，必须严格控制新增土壤污染。加大环境执法和污染治理力度，确保企业达标排放；严格环境准入，防止新建项目对土壤造成新的污染。完善垃圾处理设施防渗措施，加强对非正规垃圾处理场所的综合整治。科学施用化肥，禁止使用重金属等有毒有害物质超标的肥料，严格执行国家有关高毒、高残留农药使用的管理规定等。

保护土壤，必须强化被污染土壤的环境风险控制。对已被污染的耕地实施分类管理，采取土壤污染治理与修复，确保耕地安全利用；污染严重且难以修复的，应依法将其划定为农产品禁止生产区域。经评估认定对人体健康有严重影响的污染地块，不得用于住宅开发。

保护土壤，必须确定土壤环境保护优先区域。应将耕地和集中式饮用水水源地作为土壤环境保护的优先区域。治理土壤污染技术复杂，成本高昂，立即实施大面积的土壤修复比较困难，对于暂时无法修复的区域，应以禁止开发等控制方法为主。

保护土壤的同时，还应考虑提升土壤的质量。如果地球上所有耕地以有机的方式耕作，就能吸收大气中 41% 的温室气体，而牧地能吸收 71%。化学农业不能培育出吸收碳的肥沃土壤。[1]

保护土壤，责任已定得很清楚，现在需要责任主体的内在动力与外在压力相结合，不能以博弈来减轻甚至逃脱责任。

二、孝敬"母亲"，修复土壤

土壤修复是我们这一代人的责任。为了可持续的发展，为了一代代国人的福祉，我们必须承担这个艰巨的任务。大家知道，土壤修复很艰难，土壤污染途径多，原因复杂，重金属难以降解，许多有机化学物质的污染需要较长的时间才能降解，这些使得土壤治理成本高、周期长、见效慢、难度大。我国有待修复的土壤

---

[1] 《不是只有超人能拯救世界，有机农业也可以》，引自网页：http://mt.sohu.com/20150715/n416839449.shtml.

3.83 亿亩①，需修复的土壤规模巨大。

土壤修复具有相当程度的公益性，需要有政府资金投入，建立土壤污染防治投入机制。地方要加大土壤污染防治投入，在本级预算中安排一定资金用于土壤污染防治保证投入；中央集中的排污费等专项资金安排一定比例用于土壤污染防治。事实上，自 2010 年起中央财政就已设立重金属污染防治专项资金，2010 年为 10 亿元，2014 年为 20 亿元，2015 年为 37 亿元，2016 年激增至 90 亿元，但是仍存在项目分散、资金额度小、效益不明显等问题。比如，2015 年中央下达 37 亿元专项资金用于 30 个修复项目，平均每个项目资金额约为 1 亿元。② 据初步估测，现在土壤修复中的资金来源政府投入占到 51%，企业自筹投资占 22%，政府与企业联合投资占 18%。③

土壤修复具有相当大的市场机遇，是企业投资越来越看好的选项。据环保部通过运用国际通行模型对"土十条"影响做的预测评估，土壤修复市场带动的投资规模超过 5.7 万亿元。④ 另有估计，土壤修复市场价值可达 6 万亿元。其中耕地修复需要 3 万亿元，城市土壤修复需要 2 万亿元，而矿区土壤修复需要 1 万亿元。⑤ 2000—2006 年，我国的土壤修复开始进入探索阶段。此间，比较有名的土壤污染修复案例是 2004 年国内两家环保公司对北京地铁 5 号线开展的污染土壤修复治理。2006 年以后，国内才真正开始开展污染场地的修复治理。2012 年以后，土壤污染修复进入快速发展时期。有数据统计，2012 年以前，国内参与土壤修复的企业数不到 100 家。2013 年，参与土壤修复的企业达到 300 多家。2014 年，我国土壤修

---

① 数据引自岭南论坛：《一图读懂土地污染与土壤修复》，引自网页：http://huanbao.bjx.com. cn/news/20160529/737540.shtml.

② 刘晓慧：《土壤污染修复：需要准备什么》，《中国矿业报》，2016 年 4 月 27 日，第 4 版。

③ 数据引自岭南论坛：《一图读懂土地污染与土壤修复》，引自网页：http://huanbao.bjx.com. cn/news/20160529/737540.shtml.

④ 我国土壤污染治理与修复将实行终身责任制受益股一览，引自网页：http://stock.jrj.com. cn/hotstock/2017/01/20065721990871.shtml.

⑤ 数据引自岭南论坛：《一图读懂土地污染与土壤修复》，引自网页：http://huanbao.bjx.com. cn/news/20160529/737540.shtml.

复企业约有 500 家。而在 2015 年，这一数字增长至 900 家以上。① 根据专业人士的市场调研，2016 年土壤修复市场（不计入流域治理）容量较 2015 年翻番，大约为 90 亿元。而 2017 年，市场将持续释放，容量将增至 200 亿元。②

土壤修复需要政府与市场配合高点目标协调结合，实现供给侧的结构均衡。目前，国内污染土壤修复项目主要集中在城市中地段较好的建设用地上，即可规划再进行商业开发或住宅建设的储备土地。商业价值不高的农村污染土壤，以及矿山污染土壤，土壤修复进展很慢。③ 据估测，污染场地修复占 78.6%，而耕地修复仅占 7.1%。④

我们相信，随着"土十条"的出台，土壤防治的战役将正式揭幕。保护与修复"两条腿"会协调进行，土壤修复产业所占环保产业的比重会也从百分之几提升 10 倍或更多，"大地母亲"一定会容光焕发，再现活力与生机。但我们一定要记住，土地修复的根本出路在于创新，关键是要靠科技力量。解决我国耕地污染问题，只有走有中国特色自主创新道路，特别是科技创新之路，才有希望！

专 栏

"土十条"简介⑤

为切实加强土壤污染防治，逐步改善土壤环境质量，制定本行动计划。

工作目标：到 2020 年，全国土壤污染加重趋势得到初步遏制，土壤环境质量总

---

① 北京市环境保护科学研究院副院长姜林 2016 年 4 月 19 日至 4 月 22 日在南京召开的第五届中德环境论坛上发言。引自刘晓慧：《土壤污染修复：需要准备什么》，《中国矿业报》，2016 年 4 月 27 日，第 4 版。
② 危昱萍：《20 省份发布地方"土十条"2017 年土壤修复市场可达 200 亿》，《21 世纪经济报道》，2017 年 2 月 9 日，第 20 版。
③ 上海环境工程设计科学研究院有限公司董事长张益在 4 月 19 日至 4 月 22 日在南京召开的第五届中德环境论坛上发言。见刘晓慧：《土壤污染修复：需要准备什么》，《中国矿业报》，2016 年 4 月 27 日，第 4 版。
④ 数据引自岭南论坛：《一图读懂土地污染与土壤修复》，引自网页：http://huanbao.bjx.com.cn/news/20160529/737540.shtml.
⑤ 全名为《土壤污染防治行动计划》，引自网页：http://www.gov.cn/zhengce/content/2016-05/31/content_5078377.htm. 全文 1 万余字，此文件国务院 2016 年 5 月 28 日向各省区下发后执行。这里为编者的节选，仅供读者快速大致知情服务，请有需要的读者直接查找原文件作为正式依据。

体保持稳定，农用地和建设用地土壤环境安全得到基本保障。到 2030 年，全国农用地和建设用地土壤环境安全得到有效保障，土壤环境风险得到全面管控。

主要指标：到 2020 年，受污染耕地安全利用率达到 90% 左右，污染地块安全利用率达到 90% 以上。到 2030 年，受污染耕地安全利用率达到 95% 以上，污染地块安全利用率达到 95% 以上。

一、开展土壤污染调查，掌握土壤环境质量状况

（1）深入开展土壤环境质量调查。在现有相关调查基础上，以农用地和重点行业企业用地为重点，开展土壤污染状况详查，2018 年底前查明农用地土壤污染的面积、分布及其对农产品质量的影响；2020 年底前掌握重点行业企业用地中的污染地块分布及其环境风险情况。

（2）建设土壤环境质量监测网络。统一规划、整合优化土壤环境质量监测点位，2017 年底前，完成土壤环境质量国控监测点位设置，建成国家土壤环境质量监测网络。

（3）提升土壤环境信息化管理水平。利用环境保护、国土资源、农业等部门相关数据，建立土壤环境基础数据库，构建全国土壤环境信息化管理平台，力争 2018 年底前完成。

二、推进土壤污染防治立法，建立健全法规标准体系

（1）加快推进立法进程。配合完成土壤污染防治法起草工作。适时修订污染防治、城乡规划、土地管理、农产品质量安全相关法律法规，增加土壤污染防治有关内容。到 2020 年，土壤污染防治法律法规体系基本建立。

（2）系统构建标准体系。健全土壤污染防治相关标准和技术规范。

（3）全面强化监管执法。重点监测土壤中镉、汞、砷、铅、铬等重金属和多环芳烃、石油烃等有机污染物，重点监管有色金属矿采选、有色金属冶炼、石油开采、石油加工、化工、焦化、电镀、制革等行业，以及产粮（油）大县、地级以上城市建成区等区域。

三、实施农用地分类管理，保障农业生产环境安全

（1）划定农用地土壤环境质量类别。按污染程度将农用地划为三个类别，未污染和轻微污染的划为优先保护类，轻度和中度污染的划为安全利用类，重度污染的划为严格管控类，以耕地为重点，分别采取相应管理措施，保障农产品质量安全。

（2）切实加大保护力度。各地要将符合条件的优先保护类耕地划为永久基本农田，实行严格保护。农村土地流转的受让方要履行土壤保护的责任。严格控制在优先保护类耕地集中区域新建有色金属冶炼、石油加工、化工、焦化、电镀、制革等行业企业。

（3）着力推进安全利用。制定实施受污染耕地安全利用方案，降低农产品超标风险。强化农产品质量检测。到2020年，轻度和中度污染耕地实现安全利用的面积达到4000万亩。

（4）全面落实严格管控。加强对严格管控类耕地的用途管理，依法划定特定农产品禁止生产区域。研究将严格管控类耕地纳入国家新一轮退耕还林还草实施范围。到2020年，重度污染耕地种植结构调整或退耕还林还草面积力争达到2000万亩。

（5）加强林地草地园地土壤环境管理。严格控制林地、草地、园地的农药使用量，禁止使用高毒、高残留农药。

四、实施建设用地准入管理，防范人居环境风险

（1）明确管理要求。建立调查评估制度。分用途明确管理措施。自2017年起，各地根据建设用地土壤环境调查评估结果，逐步建立污染地块名录及其开发利用的负面清单，合理确定土地用途。

（2）落实监管责任。地方各级城乡规划部门、国土资源部门和环境保护部门，要加强审批管理、土地改变用途等环节的监管和对土壤环境状况调查、治理的监管。城乡规划、国土资源、环境保护等部门实行联动监管。

（3）严格用地准入。将建设用地土壤环境管理要求纳入城市规划和供地管理，土地开发利用必须符合土壤环境质量要求。

五、强化未污染土壤保护，严控新增土壤污染

（1）加强未利用地环境管理。按照科学有序原则开发利用未利用地，防止造成土壤污染。依法严查向沙漠、滩涂、盐碱地、沼泽地等非法排污、倾倒有毒有害物质的环境违法行为。

（2）防范建设用地新增污染。自2017年起，有关地方人民政府要与重点行业企业签订土壤污染防治责任书，明确相关措施和责任，责任书向社会公开。

（3）强化空间布局管控。根据土壤等环境承载能力，合理确定区域功能定位、空间布局。鼓励工业企业集聚发展，提高土地集约利用水平，减少土壤污染。

六、加强污染源监管，做好土壤污染预防工作

（1）严控工矿污染。有关环境保护部门要定期对重点监管企业和工业园区周边开展监测，数据及时上传到全国土壤环境信息化管理平台。严防矿产资源开发污染土壤。加强涉重金属行业污染防控。加强工业废物处理。

（2）控制农业污染。鼓励农民增施有机肥，减少化肥使用量。推广高效低毒低残留农药和现代植保机械。加强废弃农膜回收利用。强化畜禽养殖污染防治。加强灌溉水水质管理。

（3）减少生活污染。促进垃圾减量化、资源化、无害化。

七、开展污染治理与修复，改善区域土壤环境质量

（1）明确治理与修复主体。按照"谁污染，谁治理"原则，造成土壤污染的单位或个人要承担治理与修复的主体责任。

（2）制定治理与修复规划。各省（区、市）要以影响农产品质量和人居环境安全的突出土壤污染问题为重点，制定土壤污染治理与修复规划。

（3）有序开展治理与修复。各地要以拟开发建设居住、商业、学校、医疗和养老机构等项目的污染地块为重点，开展治理与修复。到2020年，受污染耕地治理与修复面积达到1000万亩。强化治理与修复工程监管。

（4）监督目标任务落实。各省级环境保护部门要定期向环境保护部报告土壤污染治理与修复工作进展；环境保护部要会同有关部门进行督导检查。

八、加大科技研发力度，推动环境保护产业发展

（1）加强土壤污染防治研究。整合高等学校、研究机构、企业等科研资源，开展土壤环境基准、土壤环境容量与承载能力、污染物迁移转化规律、污染生态效应、重金属低积累作物和修复植物筛选，以及土壤污染与农产品质量、人体健康关系等方面基础研究。

（2）加大适用技术推广力度。针对典型受污染农用地、污染地块，分批实施200

个土壤污染治理与修复技术应用试点项目，2020 年底前完成。完善土壤污染防治科技成果转化机制。

（3）推动治理与修复产业发展。鼓励社会机构参与土壤环境监测评估等活动。发挥"互联网＋"在土壤污染治理与修复全产业链中的作用。

九、发挥政府主导作用，构建土壤环境治理体系

（1）强化政府主导。按照"国家统筹、省负总责、市县落实"原则，完善土壤环境管理体制，全面落实土壤污染防治属地责任。

（2）发挥市场作用。通过政府和社会资本合作（PPP）模式，发挥财政资金撬动功能，带动更多社会资本参与土壤污染防治。

（3）加强社会监督。各省（区、市）人民政府定期公布本行政区域各地级市（州、盟）土壤环境状况。实行有奖举报，鼓励公众通过"12369"环保举报热线、信函、电子邮件、政府网站、微信平台等途径，对环境违法行为进行监督。

（4）开展宣传教育。制定土壤环境保护宣传教育工作方案。

十、加强目标考核，严格责任追究

（1）明确地方政府主体责任。

（2）加强部门协调联动。

（3）落实企业责任。

（4）严格评估考核。评估和考核结果作为土壤污染防治专项资金分配的重要参考依据。对失职渎职、弄虚作假的，予以诫勉、组织处理或党纪政纪处分；对构成犯罪的，要依法追究刑事责任。

第十六章
水体污染及其治理的展望

　　回顾历史，是水养育了人类，造就了文明。两河流域兴起了古巴比伦文明，尼罗河创造了古埃及文明，黄河是中华文明的发源地，海洋使古希腊文明一度辉煌。但今天，水却一步步成为人类生存的短板。1977 年，联合国警告全世界："水不久将成为一项严重的社会危机，石油危机之后的下一个危机是水。"① 在水资源短缺问题越发突出的同时，人们又在大规模污染水源。水安全已成为制约国家经济社会发展乃至国家安全的重要因素。为让人类牢记水的重要，每年 3 月 22 日被定为世界水日。② 在中国，水安全也已成为制约国家经济社会发展乃至国家安全的重要因素。为了中华文明的可持续发展，我们必须要大力推进生态文明建设，以改善水环境质量为核心，强化源头控制，水陆统筹、河海兼顾，系统推进水污染防治、水生态保护和水资源管理，形成"政府统领、企业施治、市场驱动、公众参与"的水污染防治新机制，为建设"蓝天常在、青山常在、绿水常在"的美丽中国而奋斗。③ 本章从全世界的共同关注、我国水污染及现状、决策部门对水污染治理的重视程度、构建水安全体系等方面分析了水体污染及其治理问题。

---

　　① 全球水资源现状，引自网页：www. gezhi. sh. cn/zuoping/renxuan/sheng. htm.
　　② 世界水日 3 月 22 日，引自网页：http：//www. un. org/zh/events/waterday/background. shtml.
　　③ 摘引自：国务院 2015 年 4 月 2 日《水污染防治行动计划》的"总体要求"。引自网页：ht-tp：//www. gov. cn/zhengce/content/2015 - 04/16/content_9613. htm.

第一节

全世界的共同课题——水安全

　　地球上的水是有限的。表面上看,似乎地球上水很多——海洋覆盖了地球 70% 的表面,但地球平均半径为 6370 千米。而地表水聚集成一个水球,半径才 700 千米,水总体为 13.86 亿立方千米;淡水资源聚集为水球,半径才 70 千米,只有 3500 万立方千米左右;扣除无法取用的冰川和高山顶上的冰冠,以及分布在盐碱湖和内海的水量,人类生活依赖的河流与湖泊里聚集的水球,半径才 28 千米,水量不到地球总水量的 1%。美国地质勘探局做了一张三个大小不同的蓝色水球对比图,形象表明了水相对人类是偏少的。①

　　联合国《2015 世界水资源开发报告》称:全球用水量在 20 世纪增加了 6 倍,是人口增速的两倍。从目前走势看,到了 2030 年,对水的需求和补水之间的差距可能高达 40%。届时,全球粮食需求将提高 55%,已占人类淡水消耗 70% 的农业用水将更加短缺。② 世界上至少有 80 个国家属于干旱或半干旱国家,约 40% 的世界人口受到同期性干旱的影响。全球气候变暖加剧了干旱,使越来越多的人离开祖辈繁衍生息的地方,成为“环境难民”。全球超过 50% 的城市和 75% 的耕地近年来经历着缺水的威胁。当前,全球大城市中约有 17 亿人口的用水依赖于城市水源集水区。但城市水源集水区中约 40% 的区域受到人为干扰和环境退化,威胁着城市水安全。来自农业生产等途径的营养物和沉积物污染提高了城市水处理成本。

　　水污染使缺水和水安全问题变得极其严重。水资源污染主要来自人类所有制造

---

　　① 此处用于摘编的材料有:地球上所有的水,引自网页:www. nasachina. cn/news/地球上所有的水. html;地球水资源,引自网页:http://baike. so. com/doc/6568704 - 6782466. html.
　　② 联合国粮农组织《2015 世界水资源开发报告》,引自中国社会科学院生态文明智库:《中国生态文明建设 2016 年鉴》,中国社会科学出版社,2016 年版,第 866 页。

排放的废水、废气和废渣。长期以来，人们放任污水横流，把大江小河当作城市"清洁器"，垃圾和废物直接排放到江河。全世界目前每年排放污水约为4260亿吨，造成55000亿立方米的水体受到污染，约占全球径流量的14%以上。另据联合国调查统计，全球河流稳定流量的40%左右已被污染。海洋污染的情况也是令人震惊的，各国特别是工业国家每年都向海洋倾倒大量废物，如下水污泥、工业废物、疏浚污泥、放射性废物等。在各种倾废中，倾倒放射性废物尤为令人担忧，一旦废物产生泄漏，其产生的生态灾难远远超过"二战"日本广岛核爆的程度。此外，海上石油污染形成海面油膜，影响海洋生物生存，所含有毒成分又通过食物链传递给人类，危害不容忽视。①

大自然保护协会（TNC）2017年1月的最新报告《保护水源惠及全球》研究分析全球超过4000个大城市的水源集水区后表明，81%的城市可通过在水源集水区实施生态治水措施（如农业最佳管理实践、保护森林、再造林等）提高水质，降低沉积物或营养物污染10%以上。生态治水措施还能减少碳足迹，减少气候变化对贫困人口可能造成的严重影响（包括干旱、洪水、火灾和水土流失），保护生物多样性，以及通过保护渔业和改善耕地来构建更具气候弹性、更健康的社区。大自然保护协会在世界各地运作和设计了近60个水基金。实践证明，水基金能整合政府和社会资源，有效保护水源集水区，保障水安全并提供多重效益，实现经济持续增长和保护自然遗产的双赢局面。②

联合国环境规划署在2017年世界水日提出报告"废水处理的挑战与机遇"，着眼于淡水资源的可持续管理，特别关注如何处理非洲城市的废水。报告认为，废水是宝贵的资源，尤其在当前越来越缺水的世界中，废水更不能白白浪费掉。如果处理得当，废水可回收并用于用水大户——农业或工业。③

---

① 全球水资源现状，引自网页：www. gezhi. sh. cn/zuoping/renxuan/sheng. htm.
② 大自然保护协会（TNC）2017年1月的最新报告《保护水源惠及全球》（Beyond the Source）。可上其官方网站：www. nature. org/beyondthesource.
③ 联合国环境规划署：《世界水日——废水处理的挑战与机遇》，引自网页：web. unep. org/stories/zh - hans/story/废水处理的挑战与机遇.

第二节
我国水污染及现状[①]

我国是一个水资源短缺、水旱灾害频繁的国家，如果按水资源总量考虑，水资源总量居世界第六位，但是我国人口众多，若按人均水资源量计算，人均占有量只有 2500 立方米，约为世界人均水量的 1/4，在世界排第 110 位，已经被联合国列为 13 个贫水国家之一。[②] 按我国水利水电规划设计总院水利专家最新的测算，全国年均缺水量约 500 亿立方米，具有可靠供水水源的城市比例仅为 65%。全国多年平均水资源总量为 28412 亿立方米，人均水资源量为 2026 立方米，仅为世界平均水平的 27%。

中国经济在过去数十年间得到了快速的发展和提升。与此同时，水问题也愈演愈烈，如水资源短缺、水生态损害、水环境污染、水风险加剧等。一些地区水资源开发已经接近或超过水资源承载力上限，污染负荷超出水体纳污能力，水生态空间挤占和生态功能退化，人为加剧水风险问题突出。

水环境污染问题突出。目前，中国城镇生活和工业废污水排放量达到 771 亿立方米，新增废污水主要来自城镇生活污水，废污水入河量估计达到 610 亿立方米。据统计，中国约三分之二的点源污染物集中汇入仅占全国纳污能力三分之一左右的河湖，污染物入河量超过纳污能力的水功能区个数占水功能区总个数的 35%。河流污染，湖泊水库富营养化严重，635 个被调查水库中 37.2% 的水库已经呈富氧化状态。中国城镇水污染防治的基础设施建设落后于快速发展的工业化和城镇化，大

---

① 除特别注明外，本部分内容主要摘引自：亚行技术援助项目——中国水利水电规划设计总院《中国水行业发展研究——中国水行业发展经验与挑战》，报告近 20 万字，于 2016 年 10 月定稿。这里特别感谢水利水电规划设计总院副院长、水资源政策专家组长李原园先生的全力支持。

② 《地球水资源》，引自网页：http://baike.so.com/doc/6568704-6782466.html.

量城镇污水未经任何处理或充分处理就排放到了地表水体之中。近年，随着城市快速扩张，中国城市污水排放量大幅增加，污水管网漏损、雨污分流不彻底、城市污水处理率和生活垃圾无害化处理率不高，使大量污水渗入地下。工业废水处理不足，重金属等有毒有害物质排放量依然较高，42个工业行业中，造纸、化工、纺织、农副食品加工4个行业的COD、氨氮排放量分别超过全国重点调查工业企业的55%。一些工业企业沿河设厂分布，甚至直接位于饮用水水源地上游。更有部分工业企业通过渗井、渗坑和裂隙排放、倾倒工业废水，造成地下水污染。

农业和农村污染治理任务繁重。中国农业现代化进程很大程度上是建立在高物质投入拉动基础上的，如水、化肥、农药的使用。中国的水生态、水环境已为此付出代价，也对水生生物产生危害。目前，我国单位面积化肥平均施用量达到每公顷495千克，是国际公认化肥施用安全上限每公顷225千克的2.2倍。中国单位耕地农药用量是美国的5倍以上。过量的农药使用不仅污染地表水和地下水，也威胁到粮食安全。目前，中国畜禽粪便年产生量已达到约20亿吨，高达25%~30%的量将进入水体。同时，农业是城市和工业再生水的用水大户。未经处理或部分处理的工业废水含有各种污染物，大量排放已污染河水，而又被大量用于灌溉，影响了作物和农产品质量。

水生态退化严重。由于人们不合理开发，中国湖泊普遍发生了湖面萎缩、水位下降、湖水咸化甚至消亡等退化问题。过度开发，侵占水生态空间，致使河道内生态用水不足，一些河湖生态退化突出。部分区域河湖湿地生态损坏已超过其临界状态，造成修复困难。全国年均地下水超采量和不合理开发利用量约200亿立方米，引发地面沉降、海水入侵等一系列环境地质问题。水旱灾害防御能力不足。部分重要江河防洪工程体系尚不完善，存在薄弱环节。中小河流尚未进行系统治理，部分已建工程建设标准偏低。

水资源利用效率不高。近年来，虽然中国水资源利用效率有较大幅度的提高，但整体用水效率仍然偏低。2014年，城市供水管网漏损率为15%，中国万元GDP用水量为96立方米（按当年价计），而英国、瑞典、丹麦和其他一些发达国家的先进水平均低于15立方米。我国平均农田灌溉水有效利用系数为0.53，较国际先进水平 0.6~0.7 也有差距。

水基本公共服务水平有待进一步提高。水源地原水水质得不到有效保障，全国地表水饮用水水源地水质达标率仅为 70% 左右。供水方面，城乡用水差距较大。部分城市存在供水水源单一问题，城镇水厂处理工艺、供水管网建设相对落后。县城、建制镇污水处理能力更有待进一步提高。2014 年，城市和县城污水集中处理率分别为 85.9%、80.2%，对生活污水进行处理的建制镇比例只有 21.7%。

水治理体系尚不完善。主要表现在水法规体系不完善且监管薄弱、机构设置不完善、公众参与不足、市场化经济手段运用不充分等方面，人为增加水资源与水环境压力及水安全风险的现象时有发生。纵观全国，黑臭水体治理的态势并不乐观。全国 2016 年底承诺达标水体 168 个，实际完成仅 4 个，尚处在方案制定阶段的有102 个，未启动的有 12 个。在两部委设立的全国城市黑臭水体整治信息发布平台（北京公众与环境研究中心，http：//www.hcstzz.com/）第四季度的报告中，1915条黑臭河中有 51 条完成了治理，396 条在治理过程中，1146 条还处于方案制定阶段，322 条根本没有启动治理。①

专　　栏

韩国首尔城市内河治理清溪川修复工程考察②

下面介绍一下我们在访韩期间，考察首尔城市内河清溪川治理修复工程的情况与经验。

清溪川是韩国首尔市中心的一条河流，全长 10.84 公里，总流域面积 59.83 平方公里。19 世纪五六十年代，由于城市经济快速增长及规模急剧扩张，清溪川曾被覆盖成为暗渠并建成为城市主干道，水质也因工业和生活废水的排放而变得十分恶劣，

---

① 这一段引自：1915 个黑臭水体仅 51 个完成治理整治行动落地推行不易，引自网页：https：//www.ishuo.cn/doc/ezkgdiqf.html.

② 此次考察有北京师范大学经济与资源管理研究院李晓西、张琦、赵峥、荣婷婷和王颖 5 位老师。调研报告发表在《全球化》杂志 2013 年 9 月。李晓西等：《韩国开展城市环境治理的经验与启示——韩国考察调研报告》，《全球化》，2013 年第 9 期。

交通拥堵、噪声污染等"城市病"现象十分突出。2003年7月1日，韩国首尔政府启动清溪川修复工程，历时两年正式竣工。对其做法，有5点肯定之处。

（1）清溪川修复工程揭示了人水和谐的生态型绿色都市的理念，创新了城市内河改造与修复的方式与方法。大城市究竟需不需要城市内河？如果需要，是在新址开发还是在原址修复？这是一个摆在许多城市施政者案头的问题。清溪川在修复工程开工以前，已经全部被混凝土路面所覆盖，道路宽50~80米，长约6公里，面上还建有宽16米、长5.8公里的双向四车道高架路，路面下则主要是污水管道、供水管道等32种地下埋设管线，实际上已经成为首尔城市主要的交通动脉和排污水道，污水排放、噪声、粉尘、拥堵等带来的污染问题已经相当突出，修复与改造势在必行。清溪川修复工程通过拆除高架路，将被覆盖的清溪川挖开，把地下水道重新建设成一条崭新的城市自然河道，并对河道重塑分为三个区段：上游以清溪川广场为中心，喷泉瀑布和高档写字楼相配，着重体现首尔现代都市特征；中游以植物群落、小型休息区为主，为市民和旅游者提供舒适的休闲空间；下游则主要是大规模的湿地，着重体现自然风光。总的来看，清溪川从上游到下游，形成了一条从都市印象到自然风光的城市内河生态水系，重新塑造一个人水和谐、自然环保的城市内涵，极大减少了污染，改善了环境。

（2）清溪川修复工程全程注重多元主体参与，改造与建设充分尊重和体现专家与公众意志。清溪川改造是政府、专家和市民共同努力的结果。在改造工程开始之初，首尔市政府就专门成立了清溪川复原项目中心，建立了由专家和普通市民组成的专门委员会，负责搜集市民意见，召开公众听证会，并提供咨询服务。在清溪川改造工程中，无论是拆除高架路和覆盖清溪川的水泥道路，还是恢复沿河的历史文物古迹等诸多举措，均是专家、公众和政府部门集体智慧的结晶。特别值得一提的是，清溪川修复工程还充分考虑到原有区域商家的利益，在开工前，政府就积极倾听商家意见，召开工程说明会、对策协议会及面谈会等会议4000多次，充分搜集意见。之后以这些意见为基础，采用先进施工方法，减少噪声和粉尘，降低停车和货物装卸场收费，对经营困难的小工商业者给予低息贷款，并对希望迁走的商人开发专门商街给予安置，形成了有助于商圈发展的对策。在尊重与参与的基础上改造和建设，使得清溪川修复工程整体进展顺利。

（3）清溪川修复工程兼顾水环境与交通环境治理，塑造了以人为先的城市公共交通模式。在清溪川修复工程开始以前，2002年平均每日经过清溪川路和清溪高架道路的车辆为168500多辆，很多首尔市民都担心拆除高架路将使首尔原本严重的交通拥堵状况更加恶化。但实际上，清溪川修复工程不仅考虑到了水环境治理所带来的城市生态效益，还通过水环境治理大力推动城市公共交通发展，将以疏导车流量为中心的城市交通模式转变为以公共交通和步行者为中心的交通管理模式。首尔政府通过在清溪川建立先进的公交信息管理控制中心，建造易于商家营业和市民步行的道路、增加专门的循环公交车线路，提高地铁运力，集中商业服务网点等措施，使市民不用远行或驾驶私家车，就能享受到便利的城市的综合服务功能，在水环境与交通环境治理的统筹兼顾中实现了城市交通以车为主向以人为主的转变。

（4）清溪川修复工程以古桥重建为纽带，在现代化的改造中传承与发展了城市文脉。清溪川横穿首尔中心城区，历史上清溪川就是连接首尔城市南北两岸的重要河道，是记录朝鲜时代百姓生活的代表性都市文化遗迹。其中，清溪川上的桥梁更是体现首尔城市文化与历史的重要载体。首尔600余年的历史发展中，在清溪川的干流上曾共建有广通桥、长通桥、水标桥等9座桥梁。历史上，每年的一定时期，人们都会以清溪川上的桥为中心，举行踏跷、花灯等活动。因此，桥梁的建设被列为清溪川修复工程的重要内容。通过努力，在清溪川上复原了广通古桥和水标桥，并新建了16座行车桥，4座步行专用桥，并以长通桥、永渡桥等古桥的名字重新命名了新建的桥，同时重现了水标桥踏跷、花灯展示等传统文化活动，并在拆除旧高架桥时，在下游河段有意留了三个"残留"高架桥墩，保持了首尔城市记忆的连贯性，这不仅有助于人们追忆被遗忘的首尔城市原貌，体会历史与现实的时空感，增强市民和游客对首尔城市精神的文化认同，也令清溪川承载和融合了600年首尔都市历史、水文化与现代文明，使现代内河改造工程在建设、传承与发展中延续了城市的文脉。

（5）清溪川修复工程以短期集中投入撬动长期城市发展，为城市持久繁荣提供了不竭动力。清溪川河道生态环境恢复工程全长5.84公里，还恢复和整修了22座桥梁，修建了10个喷泉、一座广场、一座文化会馆，总投入约3800亿韩元（约3.6亿美元）。在整个工程中，首尔政府考虑到筹措资金来源不足的情况，政府主要通过削减年度预算的方式来进行投入。尽管初期经济投入很大，但短期集中投入对城市经济长期拉动效应已经显现。例如，清溪川地区原有6万多家店铺和路边摊，主要从事低端批发零售商业服务业。自清溪川复原工程完工后，该地区则更多地承载了韩国艺术、商业、休闲和娱乐的功能，国际金融、文化创意、服装设计、旅游休闲等高附加值产业纷纷进驻，极大地加快了产业转型升级步伐，不仅大幅提升了该地区的发展动力和活力，也为实现首尔江南江北两岸发展均衡打下了良好的基础。同时，重新流淌的清溪川使首尔市的大气环境和空气质量得到很大改善，夏天清溪川周边的气温比全市平均气温低2℃~3℃，为广大首尔市民提供了良好的居住和生活环境，也提升了首尔作为国际大都市的城市竞争力、影响力和吸引力，为首尔集聚全球高端人才、创新资源、创富资本提供了强有力的支持。

第三节
决策部门对水污染治理的重视程度在不断提升

长期以来，国家决策与主管部门对水污染高度关注并不断提出治理法规。1984年5月11日，第六届全国人大常委会五次会议通过并发布《中华人民共和国水污染防治法》。1990年我国第一个流域性水污染防治协调机构——长江水污染防治协调委员会在上海正式成立。1992年国家环境保护局颁布了《关于在全国推行排放水污染物许可证制度的通知》。1992年国家环境保护局首次批准颁布《钢铁工业水污染物排放标准》等6项国家标准。1995年李鹏总理在第八届全国人大三次会议上做的《政府工作报告》中指出，要坚决治理污染，特别是治理危害严重的水污染和大气污染。1996年第八届全国人大常委会十九次会议审议并通过了《全国人大常委会关于修改〈中华人民共和国水污染防治法〉的决定》。2000年国务院发布

《国务院关于加强城市供水节水和水污染防治工作的通知》。同年，国家环境保护总局决定在 47 个环境保护重点城市实施集中饮用水水源地水质月报内部试报制度。2007 年温家宝总理主持召开国务院常务会议，讨论并原则通过《中华人民共和国水污染防治法（修订草案)》。2008 年国家主席胡锦涛签署第 87 号主席令，公布修订后的《中华人民共和国水污染防治法》。2008 年温家宝总理主持召开国务院常务会议，研究部署太湖流域水环境综合治理工作。2011 年国务院正式批复《全国地下水污染防治规划（2011—2020 年)》。2012 年 1 月 15 日，广西龙江河发生严重镉污染事件，污染河段长达约 300 公里。2013 年全国水污染事件频发，饮用水安全引热议。2013 年李克强总理主持召开国务院常务会议，部署推进青海三江源生态保护、全国五大湖区湖泊水环境治理等一批重大生态工程。

2015 年 4 月 16 日，国务院印发《水污染防治行动计划》（简称"水十条"）。

2015 年 7 月 1 日，中共中央总书记、中央全面深化改革领导小组组长习近平主持召开中央全面深化改革领导小组第十四次会议，审议通过了《环境保护督察方案（试行）》《生态环境监测网络建设方案》《关于开展领导干部自然资源资产离任审计的试点方案》和《党政领导干部生态环境损害责任追究办法（试行）》。2015 年 8 月 17 日，中共中央办公厅、国务院办公厅印发《党政领导干部生态环境损害责任追究办法（试行）》。2015 年 9 月 11 日，中共中央政治局会议审议通过《生态文明体制改革总体方案》，要求加快建立系统完整的生态文明制度体系，给子孙后代留下天蓝、地绿、水净的美好家园。

2016 年一年时间里，在党中央、国务院领导下，围绕解决生态文明建设和环境保护重大瓶颈制约，关于健全生态保护补偿机制、设立统一规范的国家生态文明试验区、全面推行河长制、生态文明建设目标评价考核办法等一系列重要改革制度先后出台。3 月，环境保护部办公厅向各省、直辖市发出《关于上报〈重点流域水污染防治"十三五"规划〉优先控制单元名单的函》，从全国 1800 多个控制单元中选择水质不达标、生态和供水功能突出、存在事故风险和水环境下降风险的控制单元中确认了 343 个水质需改善的控制单元，要求进行重点治理和保护。水利部、环境保护部等十部门联合召开视频会议，动员部署《关于全面推进河长制的意见》

贯彻落实工作。10月26日国务院印发《关于开展第二次全国污染源普查的通知》，决定于2017年开展第二次全国污染源普查。11月24日国务院印发《"十三五"生态环境保护规划》，提出了"十三五"生态环境保护的约束性指标和预期性指标，到2020年实现生态环境质量总体改善。最高人民法院、最高人民检察院、公安部、环境保护部在北京联合召开新闻发布会，通报《最高人民法院、最高人民检察院关于办理环境污染刑事案件适用法律若干问题的解释》。12月2日，全国生态文明建设工作推进会议在湖州召开，习近平总书记对生态文明建设作出重要指示。

2017年2月6日，水利部下发《关于开展2016年度实行最严格水资源管理制度考核工作的通知》①，考核指标增加了万元国内生产总值用水量降幅和重要水功能区污染物总量减排量两项，要求考核建立或推进的水资源管理制度，包括河长制度、取水许可与水资源论证等9项制度；重要饮用水水源地发生水污染事件应对不力，严重影响供水安全；违反相关法律法规，不执行水量调度计划。出现以上情况，将一票否决。

我们看到，中国决策层充分认识到必须大力改变传统的水资源开发利用和管理方式，提出必须立即实施全面和可持续的战略和行动，将水资源开发利用降低到可持续的水平，加强水生态系统修复，将水风险降低到可接受的水平，避免给后代带来灾难性后果，支撑21世纪中国可持续发展。

第四节
应对水污染：构建水安全体系

应对水短缺与水污染，扩大来源，减少支出，防止污染，需要防中保护，治中创新。

---

① 水利部关于开展2016年度实行最严格水资源管理制度考核工作的通知，引自网页：http：//www.mwr.gov.cn/zwzc/tzgg/tzgs/201702/t20170209_791247.html.

一、防治体制与方式创新

这里我们简析新加坡解决水资源上的创新①。新加坡作为一个水资源有限的城市国家，现在成功地实现了水资源的供给自足，堪称以自觉或不自觉运用生态文明理念解决水资源的奇迹。新加坡的水资源是人与自然合作的典范。它的水资源供应有以下四个来源——当地的集水区、进口水、再生水和脱盐水，均需要理解与尊崇自然。通过几十年的努力以及开创性的水处理和管理技术的广泛使用，新加坡已经大大减少了对马来西亚水资源的依赖。

扩大水来源：由于新加坡国土面积有限，所以维护水资源安全的重中之重是最大限度地从当地集水区收集雨水。新加坡年降雨量为2400毫米。现在，新加坡三分之二的土地已经实现了对这些雨水进行高效的收集和贮存。近几年，新加坡在市区修建了一片一万亩的集水区，现取名为滨海堤坝集水区，相当于新加坡总面积的六分之一。滨海堤坝集水区今天不仅仅是新加坡最大的、最城市化的集水区，还成了每年吸引大量游客的旅游景点。

节约水支出：为节省水资源，新加坡最低限度地干涉生态系统中固有的水循环模式。城市布局紧凑，旨在减少渗透性土壤的场地。新加坡充分地利用溪流和水库，完善了水循环系统。

创新水技术：新加坡利用创新的技术成果和反渗透膜的成本优势，使淡化水切实可行、更加经济。即使用16英寸的反渗透膜系统，将预处理的海水进行反渗透处理，再往纯净水中添加矿物质。今天，淡化水能满足新加坡25%的用水需求。对一个面临大海的国家来说，这意味着饮用水来源问题从根本上得以缓解。

---

① 新加坡国立大学东亚研究所研究员陈刚2015年10月27日在北师大"亚太绿色发展论坛"上的发言"新加坡清洁技术及可持续城市解决方案"。引自赵峥主编：《亚太城市绿色发展报告》，中国社会科学出版社，2016年版。

二、水安全体系及水行业发展目标

我国水利科学家们从生活水安全、生产水安全、环境水安全、生态水安全和水旱灾害防治 5 方面概括地提出了中国水行业的主要发展指标。[1]

生活水安全。到 2020 年，全面保障城乡居民饮水安全，贫困地区农村饮水安全保障程度显著提升，城镇自来水普及率达到 90%，城乡集中式饮用水水源地水质达标率达到 80%，城市多水源保障率达到 45%，安全及符合标准的农村自来水普及率达到 80%。到 2030 年，城乡居民用水安全保障程度进一步提高，城镇自来水普及率达到 95%，城乡集中式饮用水水源地水质达标率达到 95%，城市多水源保障率达到 60%，安全及符合标准的农村自来水普及率达到 90%。

生产水安全。到 2020 年，全国用水总量控制在 6700 亿立方米，城乡生产用水保障程度进一步提高；用水效率大幅度提高，万元 GDP 用水量降至 84 立方米，农田灌溉水有效利用系数达到 0.55。到 2030 年，全国用水总量控制在 7000 亿立方米，用水效率基本达到国际平均水平，万元 GDP 用水量降至 49 立方米，农田灌溉水有效利用系数达到 0.60。

环境水安全。到 2020 年，水环境质量得到阶段性改善，点源 COD 入河量控制比例降为 126%，点源氨氮入河量控制比例降为 121%，达到或优于 Ⅲ 类河长比例达到 70%；工业废水处理率、城镇污水处理率、农村废污水收集与处理率分别达到 88%、85% 和 30%。到 2030 年，力争水环境质量总体得到改善，点源 COD 入河量控制比例降为 99%，点源氨氮入河量控制比例降为 92%，达到或优于 Ⅲ 类河长比例达到 75%，工业废水处理率、城镇污水处理率、农村废污水收集与处理率分别达到 100%、93% 和 50%。

生态水安全。到 2020 年，水生态系统退化基本得到遏制，水生态空间占国土面积比例达到 12%，严重水土流失区占国土面积比例减少到 7%，河道内生态环境用水挤占比例降为 0.6%，地下水超采比例降为 7%。到 2030 年，水生态系统功能

---

[1]　摘引自亚行技术援助项目——中国水利水电规划设计总院《中国水行业发展研究——中国水行业发展经验与挑战》。

初步恢复，水生态空间占国土面积比例达到 14%，严重水土流失区占国土面积比例减少到 5%，河道内生态环境用水挤占和地下水超采基本得到退减。

水旱灾害防治。到 2020 年，水旱灾害损失率进一步降低，洪涝灾害损失率控制在 0.6% 以内，干旱灾害损失率控制在 0.8% 以内。到 2030 年，洪涝灾害损失率控制在 0.3% 以内，干旱灾害损失率控制在 0.5% 以内。

专　栏

"水十条"简介①

水环境保护事关人民群众切身利益，事关全面建成小康社会，事关实现中华民族伟大复兴的"中国梦"。当前，我国一些地区水环境质量差、水生态受损严重、环境隐患多等问题十分突出，影响和损害群众健康，不利于经济社会持续发展。为切实加大水污染防治力度，保障国家水安全，制定本行动计划。

主要指标：到 2020 年，长江、黄河、珠江、松花江、淮河、海河、辽河等七大重点流域水质优良（达到或优于Ⅲ类）比例总体达到 70% 以上，地级及以上城市建成区黑臭水体均控制在 10% 以内，地级及以上城市集中式饮用水水源水质达到或优于Ⅲ类比例总体高于 93%，全国地下水质量极差的比例控制在 15% 左右，近岸海域水质优良（一、二类）比例达到 70% 左右。京津冀区域丧失使用功能（劣于Ⅴ类）的水体断面比例下降 15 个百分点左右，长三角、珠三角区域力争消除丧失使用功能的水体。

到 2030 年，全国七大重点流域水质优良比例总体达到 75% 以上，城市建成区黑臭水体总体得到消除，城市集中式饮用水水源水质达到或优于Ⅲ类比例总体为 95% 左右。

一、全面控制污染物排放

（1）狠抓工业污染防治。全面排查装备水平低、环保设施差的小型工业企业。

---

① 全名为《水污染防治行动计划》，全文 1.5 万字，此文件由国务院于 2015 年 4 月 2 日向各省区下发后执行。引自网页：http://www.gov.cn/zhengce/content/2015-04/16/content_9613.htm. 这里为编者的节选，仅供读者快速大致知情服务，请有需要的读者直接查找原文件作为正式依据。

专项整治十大重点行业：造纸、焦化、氮肥、有色金属、印染、农副食品加工、原料药制造、制革、农药、电镀等行业，实施清洁化改造。集中治理工业集聚区水污染。

（2）强化城镇生活污染治理。加快城镇污水处理设施建设与改造。敏感区域（重点湖泊、重点水库、近岸海域汇水区域）城镇污水处理设施应于 2017 年底前全面达到一级 A 类排放标准。到 2020 年，全国所有县城和重点镇具备污水收集处理能力。

（3）推进农业农村污染防治。自 2016 年起，新建、改建、扩建规模化畜禽养殖场（小区）要实施雨污分流、粪便污水资源化利用。制定实施全国农业面源污染综合防治方案。敏感区域和大中型灌区，要利用现有沟、塘、窖等，净化农田排水及地表径流。在缺水地区试行退地减水。加快农村环境综合整治。

（4）加强船舶港口污染控制。依法强制报废超过使用年限的船舶。分类分级修订船舶及其设施、设备的相关环保标准。增强港口码头污染防治能力。

二、推动经济结构转型升级

（1）调整产业结构。根据流域水质目标和主体功能区规划要求，明确区域环境准入条件，细化功能分区，实施差别化环境准入政策。

（2）优化空间布局。充分考虑水资源、水环境承载能力，以水定城、以水定地、以水定人、以水定产。城市规划区范围内应保留一定比例的水域面积。

（3）推进循环发展。加强工业水循环利用。

三、着力节约保护水资源

（1）控制用水总量。健全取用水总量控制指标体系。严控地下水超采。未经批准的和公共供水管网覆盖范围内的自备水井，一律予以关闭。

（2）提高用水效率。把节水目标任务完成情况纳入地方政府政绩考核。抓好工业节水。加强城镇节水。发展农业节水。

（3）科学保护水资源。加强江河湖库水量调度管理。科学确定生态流量。

四、强化科技支撑

（1）推广示范适用技术。重点推广饮用水净化、节水、水污染治理及循环利用、城市雨水收集利用、再生水安全回用、水生态修复、畜禽养殖污染防治等适用技术。

（2）攻关研发前瞻技术。加快研发重点行业废水深度处理、生活污水低成本高标准处理、海水淡化和地下水污染修复、危险化学品事故等技术。

（3）大力发展环保产业。推进先进适用的节水、治污、修复技术和装备产业化发展。加快发展环保服务业。

五、充分发挥市场机制作用

（1）理顺价格税费。2020年底前，全面实行非居民用水超定额、超计划累进加价制度。深入推进农业水价综合改革。修订城镇污水处理费、排污费、水资源费征收管理办法，合理提高征收标准。依法落实节能节水税收优惠政策。

（2）促进多元融资。鼓励社会资本加大水环境保护投入。中央财政加大对属于中央事权的水环境保护项目支持力度，合理承担部分属于中央和地方共同事权的水环境保护项目。

（3）建立激励机制。鼓励节能减排先进企业、工业集聚区用水效率、排污强度等达到更高标准。积极发挥政策性银行等金融机构在水环境保护中的作用。实施跨界水环境补偿。

六、严格环境执法监管

（1）完善法规标准。加快水污染防治、海洋环境保护、排污许可等法律法规制修订步伐，研究制定节水及循环利用、饮用水水源保护、地下水管理、生态流量保障、船舶和陆源污染防治等法律法规。

（2）加大执法力度。完善国家督查、省级巡查、地市检查的环境监督执法机制，强化环保、公安、监察等部门和单位协作。严厉打击环境违法行为。

（3）提升监管水平。健全跨部门、区域、流域、海域水环境保护议事协调机制，探索建立陆海统筹的生态系统保护修复机制。

七、切实加强水环境管理

（1）强化环境质量目标管理。明确各类水体水质保护目标，逐一排查达标状况。

（2）深化污染物排放总量控制。完善污染物统计监测体系，将工业、城镇生活、农业、移动源等各类污染源纳入调查范围。

（3）严格环境风险控制。定期评估沿江河湖库工业企业、工业集聚区环境和健康风险，落实防控措施。

（4）全面推行排污许可。将污染物排放种类、浓度、总量、排放去向等纳入许可证管理范围。禁止无证排污或不按许可证规定排污。

八、全力保障水生态环境安全

（1）保障饮用水水源安全。强化饮用水水源保护。防治地下水污染。

（2）深化重点流域污染防治。编制实施七大重点流域水污染防治规划。各地可根据水环境质量改善需要，扩大特别排放限值实施范围。

（3）加强近岸海域环境保护。推进生态健康养殖。严格控制环境激素类化学品污染。

（4）整治城市黑臭水体。采取控源截污、垃圾清理、清淤疏浚、生态修复等措施，加大黑臭水体治理力度，每半年向社会公布治理情况。

（5）保护水和湿地生态系统。保护海洋生态。

九、明确和落实各方责任

（1）强化地方政府水环境保护责任。

（2）加强部门协调联动。

（3）落实排污单位主体责任。

（4）严格目标任务考核。将考核结果作为水污染防治相关资金分配的参考依据。对未通过年度考核的，要约谈省级人民政府及其相关部门有关负责人，提出整改意见。

十、强化公众参与和社会监督

（1）依法公开环境信息。综合考虑水环境质量及达标情况等因素，国家每年公布最差、最好的10个城市名单和各省（区、市）水环境状况。

（2）加强社会监督。公开曝光环境违法典型案件。健全举报制度，充分发挥"12369"环保举报热线和网络平台的作用。

（3）构建全民行动格局。倡导绿色消费新风尚，开展环保社区、学校、家庭等群众性创建活动，推动节约用水，鼓励购买使用节水产品。

第十七章
森林与生物多样性的展望

本章摘要：联合国《2030 年可持续发展议程》明确将保护森林、湿地、荒漠生态系统和生物多样性作为独立完整的目标之一；2015 年联合国森林论坛讨论了未来 15 年全球森林政策，对森林在消除贫困以及应对气候变化方面的关键作用达成共识。党的十八大和十八届五中全会明确提出我国要为维护全球生态安全做出新贡献，习近平总书记在巴黎气候大会上明确指出"中国 2030 年森林蓄积量比 2005 年增加 45 亿立方米左右"，这就要求林业在全球生态治理格局中扮演更加重要的角色。[①] 本章从全球关注森林与生物多样性、保护生物多样性与发展林业的进展与成效、挑战与任务、管理方式的创新思路等方面进行了分析。

第一节
全球关注森林与生物多样性

"生物多样性"是生物（动物、植物、微生物）与环境形成的生态复合体以及与此相关的各种生态过程的总和，包括生态系统、物种和基因三个层次。生物多样性是人类赖以生存的条件，是经济社会可持续发展的基础，是生态安全和粮食安全

---

① 全国生态保护"十三五"规划纲要，引自网页：http://www.scio.gov.cn/xwfbh/xwbfbh/wqf-bh/33978/20161212/xgzc35668/Document/1535185/1535185.htm.

的保障。① 生物多样性是发达经济体和发展中经济体的基石。没有极为丰富的健康的生物多样性，生计、生态系统服务、自然生境和粮食安全就有可能受到严重影响。以毁林为例，虽然停止毁林有可能带来失去农业和伐木机会的代价，但森林所提供的生态系统服务带来的惠益将远远超过这些代价。联合国粮农组织《2015世界森林资源评估报告》指出，伴随着全球人口数量增长和经济发展，1990年至2015年的26年间，世界森林覆盖率下降一个百分点，森林面积减少1.29亿公顷。2015年全球森林面积39.99亿公顷，森林覆盖率30.6%，其中天然林面积37.09亿公顷，人均森林面积0.6公顷。森林蓄积量4310亿立方米，单位面积蓄积量为每公顷108立方米。全球67%的森林集中在10个国家，中国列俄罗斯、巴西、加拿大和美国之后，位居第五。②

《全球生物多样性展望》估计，降低毁林率将带来每年1830亿美元的生态系统服务惠益。此外，发展中国家特别是亚洲国家中的很多家庭每年50%～80%的家庭收入来自非木材的森林产品。采取行动减轻对生物多样性的消极影响，能够支持广泛的社会效益，并为向更加可持续和包容的发展模式的社会经济过渡奠定基础。这一模式直接保障了生物多样性的经济价值，确确实实激励了决策者确保我们的森林、海洋、河流以及其中蕴含的极其丰富的物种得到负责任的管理。③

对一系列指标的推断显示出，按照目前的趋势，至少在2020年之前，保护生物多样性的压力将持续加剧，生物多样性状况将持续下降。尽管事实上社会对生物多样性丧失的应对措施大大提高，而且，鉴于国家计划和承诺在本十年剩余的时间内预期会持续增加。部分解释可能是，我们所采取的积极行动需要一定的时间才能产生可感知的积极影响。但也可能是因为应对措施不足以对抗压力，以致可能无法

----

① 中国生物多样性保护战略与行动计划（2011—2030年），引自网页：http：//www. zhb. gov. cn/gkml/hbb/bwj/201009/t20100921_194841. htm.

② 联合国粮农组织《2015世界森林资源评估报告》，引自中国社会科学院生态文明智库：《中国生态文明建设2016年鉴》，中国社会科学出版社，2016年版，第862－863页。

③ 联合国环境规划署执行主任阿奇姆·施泰纳在《全球生物多样性展望》（第四版）的前言，引自网页：http：//www. nies. org/news/detail. asp？ ID＝2294.

克服生物多样性丧失带来的日益增大的影响。①

　　世界自然基金会（WWF）发布的《2016 地球生命力报告》中指出，在对超过 3700 个物种中的 14000 余个脊椎动物种群进行跟踪调研发现，1970 年到 2012 年间，鱼类、鸟类、哺乳类、两栖类和爬行类动物种群数量已经减少了 58%，人类活动将会造成全球野生动物种群数量在 1970 年到 2020 年的 51 年间减少 67%。"野生动物正以前所未有的速度消失"，WWF 全球总干事马可·兰博蒂尼（Marco Lambertini）说："这不仅关系到物种。生物多样性是丛林、河流和海洋正常发展的基石，如果没有了物种，这些生态系统将会崩溃，所提供的新鲜空气、水资源、健康的食物和气候调节功能也会消失。为了人类的生存和繁荣，同时保护这个生机勃勃的星球，现在需要着手解决这一问题。"报告显示，对动物种群影响最大的因素均与人类活动直接相关。这些因素包括栖息地减少、环境质量下降以及过度猎杀野生动物。为满足不断增长的人口的粮食需求，造成了人类对于栖息地的破坏与对野生动物的过度猎杀。目前，农业生产占用了地球陆地总面积的三分之一和水资源使用总量的近 70%。报告还引用了全球足迹网络（Global Footprint Network）的一项研究结果。该研究表明，尽管我们只有一个地球，但人类正使用着 1.6 个地球的资源来满足每年所需要的产品和服务。②

　　重视森林、保护生态已经成为国际社会的广泛共识和各国发展的重大战略，成为维护全球生态安全、推进全球生态治理的必然选择。2020 年是将实现巴黎气候协议承诺的一年，同时也是检验在新的全球可持续发展目标下采取环境行动成果的时刻。如果践行承诺并采取行动，达成 2020 年全球生物多样性目标，将推动世界食物和能源体系改革，从而进一步加强全球野生物种保护。

---

　　① 《全球生物多样性展望》（第四版）摘要，引自网页：http://www.nies.org/news/detail.asp?ID=2294.

　　② 世界自然基金会（WWF）：《地球生命力报告：生物多样性锐减的风险和恢复力》，引自网页：ww.wwfchina.org/content/press/publication/2016/地球生命力报告 summary——final 中文，pdf.

第二节

保护生物多样性与发展林业的进展与成效

多年来，我国政府发布了一系列生物多样性保护的相关法律，主要包括野生动物保护法、森林法、草原法、畜牧法、种子法以及进出境动植物检疫法等；颁布了一系列行政法规，实施了一系列生物多样性保护规划和计划，成立了中国履行《生物多样性公约》工作协调组和生物物种资源保护部际联席会议，出版了《中国植物志》《中国动物志》《中国孢子植物志》以及《中国濒危动物红皮书》等物种编目志图书，对生物多样性保护与可持续利用项目给予价格、信贷、税收优惠。这些做法，对保护生物多样性与发展林业起到了重要作用。[①]

我国是世界上生物多样性最为丰富的 12 个国家之一：拥有森林、灌丛、草甸、草原、荒漠、湿地等地球陆地生态系统，以及黄海、东海、南海、黑潮流域大海洋生态系统；拥有高等植物 34984 种，居世界第三位；脊椎动物 6445 种，占世界总种数的 13.7%；已查明真菌种类 1 万多种，占世界总种数的 14%。[②] 在生态环境状况方面，森林覆盖率在稳步提高，现在已经上升到近 22%；2016 年，全国完成造林 678.8 万公顷，森林抚育 836.7 万公顷。河北省完成造林 34.8 万公顷，是近年完成最多的一年。四川省启动"大规模绿化全川行动"，完成营造林任务量是国家计划的两倍；重庆市实施三峡水库生态屏障区及重要支流植被恢复项目，长江两岸森林覆盖率达到 49%；广东省生态景观林带、森林进城围城等重点工程建设，新建、完善生态景观林带 1658 公里，新建森林公园 265 个。据国家林业局介绍，

---

① 中国生物多样性保护战略与行动计划（2011—2030 年），引自网页：http：//www.zhb.gov.cn/gkml/hbb/bwj/201009/t20100921_194841.htm.

② 中国生物多样性保护战略与行动计划（2011—2030 年），引自网页：http：//www.zhb.gov.cn/gkml/hbb/bwj/201009/t20100921_194841.htm.

2016 年，我国天然林资源保护工程完成造林 25.6 万公顷，中幼龄林抚育 175.3 万公顷，后备森林资源培育 12.1 万公顷，有效保护森林 1.15 亿公顷。全面停止天保工程区外所有天然林商业性采伐。国家林业局公布的大数据显示：2016 年，全国城市建成区绿地率达 36.4%；人均公园绿地面积达 13.5 平方米。截至 2016 年，全国经济林面积达 3588 万公顷，各类经济林产品总量达 1.7 亿吨，经济林种植与采集业实现产值 1.2 万亿元。[①] 联合国粮农组织《2015 世界森林资源评估报告》指出，"2010—2015 年，中国是世界上净增森林面积最多的国家，年均增加 154.2 万公顷"，还评论说，"到 2030 年，中国和印度、俄罗斯的森林面积将持续增长，其余多数国家的森林面积则保持相对稳定或有所减少"。[②] 全国建立了 147 万平方公里计 2740 个自然保护区，面积已经占到国土面积的 14.8%，高于全世界平均水平。根据国家林业局调查，中国已有 46 个国际重要湿地和 173 个国家级重要湿地。2014 年中国已建立内陆湿地自然保护区 30.8 万平方公里，建立了 428 处水产种质资源保护区。积极开展增殖放流工作，在水生生物多样性保护方面起到了重要作用。中国具有丰富的水生生物多样性，包括 4220 种水生植物、2312 种脊椎动物。大熊猫从濒危已经降为易危，朱鹮从极危降到濒危。[③]

① 2016 年情况引自章轲：《国土绿化大数据：城市绿地率 36.4%，人均公园绿地 13.5 平方米》，引自网页：http://www.yicai.com/news/5244307.html.
② 联合国粮农组织《2015 世界森林资源评估报告》，引自中国社会科学院生态文明智库：《中国生态文明建设 2016 年鉴》，中国社会科学出版社，2016 年版，第 862 – 863 页。
③ 摘编源自：2016 年 4 月 19 日环境保护部部长陈吉宁在中宣部等六部委联合主办的"展望十三五"系列报告会上的报告，引自网页：http://www.mep.gov.cn/gkml/hbb/qt/201604/t20160421_335390.htm；亚行技术援助项目——中国水利水电规划设计总院：中国水行业发展研究——中国水行业发展经验与挑战；章轲：《国土绿化大数据：城市绿地率 36.4%，人均公园绿地 13.5 平方米》，引自网页：http://www.yicai.com/news/5244307.html.

第三节

保护生物多样性与发展林业的挑战与任务

全球生态治理带来了林业发展和生物保护新机遇。但不能不看到，我国生态资源稀缺，生态系统退化严重，偿还欠债、守住存量、扩大增量的任务十分艰巨。生态安全形势依然严峻、脆弱。生物多样性退化的总体趋势尚未得到根本遏制，动植物栖息地大量丧失和碎片化，外来物种入侵危害严重等问题依然存在，资源过度利用、工程建设以及气候变化严重影响着物种生存和生物资源的可持续利用。水土流失、土地沙化等问题依然严重，流域生态破坏、自然岸线丧失、野生动植物自然栖息地减少等问题也在加剧。

一、生物多样性受威胁现状①

1. 气候变化

气候变化使生物物候、分布和迁移地发生改变，使一些物种在原栖息地消失。青海湖地区气候呈现暖干化趋势，与 20 世纪中期相比，豆雁等 26 种鸟从湖区消失。气候变化使有害生物的分布范围改变，危害加剧。气候变化使海洋生物的群落结构发生改变。我国黄海主要冷水动物种数和种群密度随水温的升高正在下降，黄海冷水底栖生物区系多样性较半世纪前显著减少。

2. 环境污染

环境污染物能产生多种毒性，阻碍生物的正常生长发育，使生物丧失生存或繁衍的能力。化肥、杀虫剂、除草剂的使用，也造成日趋严重的面源污染。中国管辖

---

① 前 3 条引自：环境保护部：《中国履行〈生物多样性公约〉第五次国家报告》，中国环境出版社，2014 年版；第 4、5、6 三条引自《中国生物多样性保护战略与行动计划（2011—2030 年）》，引自网页：http://cncbc.mep.gov.cn/zlxdjh/gjxd/wb/201506/t20150619_304115.html。

海域水环境状况总体较好，但近岸海域海水污染依然严重。海洋环境污染对海洋生物多样性造成严重损害，引起赤潮等多种海洋生态灾害。

3. 外来物种入侵

外来物种入侵是导致生物多样性丧失的主要原因之一。中国幅员辽阔，跨越近 50 个纬度、5 个气候带，多样的生态系统使中国更易遭受外来入侵物种的侵害，来自世界各地的大多数外来物种都可能在中国找到合适的生态环境。中国是世界上遭受外来入侵物种危害最严重的国家之一，目前有外来入侵物种 500 余种，松材线虫、湿地松粉蚧、松突圆蚧、美国白蛾、松干蚧、稻水象甲、美洲斑潜蝇、非洲大蜗牛等外来入侵物种对农林业生产、环境和生物多样性造成严重的不利影响。

4. 部分生态系统功能不断退化

我国人工林树种单一，抗病虫害能力差。90% 的草原发生不同程度退化。内陆淡水生态系统受到威胁，部分重要湿地退化。海洋及海岸带物种及其栖息地不断丧失，海洋渔业资源减少。大约 500 种淡水鱼类、57 种濒危水鸟中的 31 种受到湿地消失的威胁。

5. 物种濒危程度加剧

据估计，我国野生高等植物濒危比例达 15%～20%，其中，裸子植物、兰科植物等高达 40% 以上。野生动物濒危程度不断加剧，有 233 种脊椎动物面临灭绝，约 44% 的野生动物数量呈下降趋势，非国家重点保护野生动物种群下降趋势明显。

6. 遗传资源不断丧失和流失

一些农作物野生近缘种的生存环境遭受破坏，栖息地丧失，野生稻原有分布点中的 60%～70% 已经消失或萎缩。部分珍贵和特有的农作物、林木、花卉、畜、禽、鱼等种质资源流失严重。一些地方传统和稀有品种资源丧失。

二、林业生态保护与发展的挑战①

1. 生态修复难度增大

经过 30 多年大规模造林绿化，可造林地的结构和分布发生了显著变化。全国宜林地、疏林地，以及需要退耕的坡耕地、严重沙化耕地等潜在可造林地 4946 万公顷。其中，3958 万公顷宜林地中，有 67% 分布在华北、西北干旱、半干旱地区，有 12% 分布在南方岩溶石漠化地区，自然立地条件差，造林成林越来越困难，土地已经成为加快林业建设的主要制约因素；加之传统的劳动力、土地等投入要素优势逐步丧失，造林抚育用工短缺，劳动力和用地成本不断上涨，一些地方甚至出现了造林任务分解难、落实难问题。同时，林业发展方式较为粗放，重面上覆盖、轻点上突破，重挖坑栽树、轻经营管理，重数量增长、轻质量提升，重单一措施、轻综合治理，造成森林结构纯林化、生态系统低质化、生态功能低效化、自然景观人工化趋势加剧。全国森林单位面积蓄积量只有全球平均水平的 78%，纯林和过疏过密林所占比例较大，森林年净生长量仅相当于林业发达国家的一半左右。

2. 资源保护压力加大

随着经济社会发展和城镇化推进，一些地区林业资源破坏严重，保护的压力持续增加，出现了森林破碎化、湿地消失、物种灭绝等生态问题。2009—2013 年间违法违规侵占林地年均 200 万亩，2004—2013 年间湿地面积年均减少 510 万亩，沙化和石漠化土地占国土面积近 20%，有 900 多种脊椎动物、3700 多种高等植物受到生存威胁，过去十年年均发生森林火灾 7600 多起，森林病虫害发生面积 1.75 亿亩以上。全面保护天然林的任务十分繁重。生态空间受到严重挤压，生态承载力已经接近或超过临界点。生态危机不仅导致越来越多的健康问题、经济问题，还成为引发社会矛盾的燃点。生态破坏严重、生态灾害频繁、生态压力巨大已成为全面建成小康社会的最大瓶颈。

———————————

① 这 6 点引自：全国生态保护 "十三五" 规划纲要，引自网页：http://www.scio.gov.cn/xwf-bh/xwbfbh/wqfbh/33978/20161212/xgzc35668/Document/1535185/1535185.htm.

3. 体制机制缺乏活力

体制不顺、机制不活、产权界定不清是制约林业发展的深层次问题。国有林区和国有林场改革刚刚起步，面临困难较多，历史包袱沉重，改革动力不足，融入当地经济社会发展进程滞后，存在职工收入偏低、社会保障薄弱、产业转型困难等问题。集体林权制度改革存在经营权落实不到位、处置权设置不完整等问题，规模经营和新型经营主体发育迟缓，集约化、专业化、组织化、社会化程度不高。产权模式落后，投融资机制不活，社会资本陷入困境，改革红利远未释放。

4. 林业产品供给能力不足

森林、湿地等自然生态系统的生态产品供给和生态公共服务能力，与人民群众期盼相比还有很大差距。生态空间、生产空间、生活空间错配突出，人口密集区生态承载力不足，人们对身边增绿、社区休憩、森林康养的需求越来越迫切。生态体验设施缺乏，森林湿地难以感知，生态资源还未有效转化为优质的生态产品和公共服务，生态服务价值未充分显化和量化，我国生态服务已经成为与发达国家的最大差距。木材作为国家经济社会发展和人民生活不可或缺的战略物资，国内供应能力严重不足，对外依存度高，木本油料、森林食品、道地林药等非木林产品供需矛盾突出，高附加值产品比重低，林业巨大的生产潜力没有充分发挥。

5. 基础设施装备落后

我国相对集中连片的林区多位于"老少边穷岛"等地区，林区道路、供电、饮水、通信等基础设施建设和公共事业长期落后，多未纳入当地经济社会发展规划及投资计划，相关扶持政策难以落实，自我发展和更新能力丧失。林业生产机械化程度低，森林防火、野生动植物保护、资源管理、林业执法、有害生物防治等现代装备手段落后，协同创新平台和国家重点实验室严重缺乏，高新实用技术成果推广应用不足，品种创新和技术研发能力不高，科技进步贡献率远低于林业发达国家水平，林业人才队伍薄弱，基层站所基础设施落后。

6. 管理服务水平不高

林业治理体系尚不健全，该政府办的没有办到位，该放给市场的没有放到位，林业自然资源保护、公共资源配置、生态效益补偿、损害责任追究等制度尚不健全。长期以来，资源管制、营造林管理较为粗放，森林、湿地、荒漠、野生动植物等资源监测、保护修复等没有落在"一张图"和山头地块上，难以做到精准保护、精准建设。信息化建设滞后，林业大数据融合度低，互联网等现代先进技术应用不足，运用现代信息技术的主动性、融合性、创新性不够，服务林农群众的手段落后。

第四节
森林与生物：法自然之道，守人类之本

如何护林养林、保护生物多样性，各方建议与有关法规很多、很全。这里，从生态文明角度即人与自然和谐共处角度，提出一个大思路，就是"法自然之道，守人类之本"，并由此提出环保体制机制和管理方式的思路创新点。

按老子"人法地，地法天，天法道，道法自然"的论述，天、地、人归根到底要依循"自然"，这里的"自然"显然是一种内在的或说永恒的规律，一种源自自然本性的理念。这是中国古圣人老子的哲学思想，是东方智慧的高度体现。

我们在上几节讨论大气、土壤和水资源时，均内含一个"道"，即规范人的行为，保护大自然的洁净。在这里，当我们讲到人与生物的关系时，在一定程度上是在总结性地归纳这个"道"。法自然之道，关键在于确认人是自然之子，而不是自然之主宰。天地万物，均有其存在、发展的规律和权利，不论其是否有机或无机，均有着历史的记载。以自然之道看人类的行为，就会有正确的定位理念与规范的行动。

按此思路，就会引出人与自然尤其是与生物相处的三不原则：不抢占空间，不污染环境，不伤害生命。这是底线。进一步，扩展生物生存空间，改善生物生存环境，为生物提供更好的生存条件。

这个思路不仅来自中国的古老哲学，也可从最新的国际环境组织报告里体会。

我们看到，在联合国环境规划署 2016 年的《全球环境展望》（GEO－6）中，在"森林与生物多样性"的一节中，专门列出这样 4 个指标来判断森林和生物多样性进展：一是森林覆盖率；二是在安全生态环境范围内的鱼类资源比例；三是受保护的陆地和海洋面积比例；四是濒临灭绝物种的比例。[①] 显然，森林覆盖率和受保护的陆地和海洋面积比例，关系到生物生存空间；濒临灭绝物种的比例和鱼类资源比例，则关系到水生动物的保护或说不被伤害。"不受伤害"从一定意义上讲，也是对生存环境的要求。

下面，我们就从这三个方面来分析。因为相关资料很多，这里主要采用的是三份生物多样性的法规及三份林业保护与发展的法律和行政法规，可以说是用最新、最权威的行动规划来观察中国在此问题上的回答。[②]

一、不应抢占而应扩展生物生存空间

生物需要的第一条件是生存空间。人与生物和谐共处，最重要的是要为生物提供空间。这是世界各国共同的理念与做法，我国也依此理念在规定与安排。下面，根据保护的形式与功能的区别，把各种保护的区域简单归为 4 类。

1. 自然保护区

这里强调的是生物在天然条件下的生活与成长，这也是人类干预生物最少的一片区域。按《中华人民共和国野生动物保护法》中的规定，就是指野生动物的栖息地，是野生动物野外种群生息繁衍的重要区域。自然保护区是所有保护区的主体

---

① UNEP《全球环境展望》（GEO－6）"亚太区域评估报告 2016 年"，第 117－125 页，引自网页：http://web.unep.org/geo/assessments/regional－assessments/regional－assessment－asia－and－pacific.

② 本部分根据以下法规归纳编写：中华人民共和国野生动物保护法，引自网页：http://www.npc.gov.cn/npc/xinwen/2016－07/04/content_1993249.htm；中国生物多样性保护战略与行动计划（2011—2030 年），经国务院常务会议第 126 次会议审议通过，环境保护部 2010 年 9 月 17 日向各省市发文，引自网页：http://www.zhb.gov.cn/gkml/hbb/bwj/201009/t20100921_194841.htm；环境保护部：《中国履行〈生物多样性公约〉第五次国家报告》，中国环境出版社，2014 年版。林业方面的法规：林业发展"十三五"规划，引自网页：http://www.gov.cn/xinwen/2016－05/20/content_5074981.htm；全国森林经营规划（2016—2050 年），引自网页：http://www.gov.cn/xinwen/2016－07/28/content_5095504.htm；林业适应气候变化行动方案（2016—2020 年），引自网页：http://www.forestry.gov.cn/portal/thw/s/1823/content－889470.html.

部分。按我国规划，陆地自然保护区总面积占陆地国土面积的比例应在 15% 左右。现国家级自然保护区 400 余个，面积 94 万平方公里，占全国自然保护区总面积的 64%，占陆域面积约 10%。省级以上人民政府依法划定相关自然保护区域，保护野生动物及其重要栖息地。海洋保护区数量尤其是国家级海洋保护区数量截至 2012 年底，共建有各级、各类海洋保护区 200 多处，总面积达到近 9 万平方公里，占到中国主张管辖海域的 3%。

要指出的是，自然保护区中，有一些是因特殊物种而设立的。如在东北山地平原区，建设沼泽湿地和珍稀候鸟迁徙地、繁殖地自然保护区，保护东北虎、豹；在新疆地区，建设野生果树资源遗传多样性以及四合木、沙地柏等荒漠化地区特有物种的保护区；在青藏高原高寒区，重点保护冬虫夏草和藏羚羊、藏野驴、藏原羚、雪豹、岩羊、盘羊、黑颈鹤等高寒荒漠动物；在西南高山峡谷区，重点保护横断山地区的森林生态系统、大熊猫和羚牛等物种，以及松口蘑和冬虫夏草等；在中南西部山地丘陵区，重点保护桂西、黔南等石灰岩地区的动植物；在华东华中丘陵平原区，重点保护长江中下游沿岸湖泊湿地和局部存留的古老珍贵植物，以及珍稀濒危的鱼类资源等；在华南低山丘陵区，重点保护滇南西双版纳地区和海南岛中南部山地特有的灵长类动物、亚洲象、海南坡鹿、野牛等野生动物以及热带珍稀植物。

自然保护区已成为中国主体功能区中的关键区域，作为"禁止开发区"，有效保护了 85% 的野生动物种群和 65% 的高等植物群落，涵盖了 25% 的原始天然林、50% 以上的自然湿地和 30% 的典型荒漠地区，对维护中国生态安全以及促进经济社会可持续发展发挥了重要作用

但是，自然保护区的资源条件往往较差，是人迹相对较少的地带。比如，我国林业资源禀赋不足，森林覆盖率远低于全球 31% 的平均水平，人均森林面积仅为世界人均的 1/4，人均森林蓄积只有世界人均的 1/7；湿地率低于全球 8.6% 的平均水平，人均湿地面积仅为世界人均的 1/5。因此，提高以森林为代表的自然条件禀赋，是非常重要的。我国初步的目标是，到 2020 年森林覆盖率达 23% 以上，森林蓄积量达 165 亿立方米以上，湿地面积不低于 8 亿亩，50% 以上可治理沙化土地得到治理，森林、湿地和荒漠生态系统适应气候变化能力明显增强。

2. 国家公园保护区

这是一个非常重要的生物保护区。在这里，保护生态之余，还要让公众可观赏。人的活动相对较多，但会制定法规来约束，以使生物有较大的活动空间。比较有代表性的国家公园有三大类：一是国家森林公园，现我国约有 3000 处，国家级与省级占比约为 1∶2；二是国家湿地公园试点 100 余处；三是国家地质公园 140 余处。完善国家公园归属与管理体制是一个非常重要的任务，是处理好保护性与公益性的关键。

3. 生物资源保护基地

我国在保护野生生物种质资源和海洋生物遗传资源上均取得很大进展。植物园是实施植物物种资源迁地保护最主要的基地。据不完全统计，目前已建有各级各类植物园 200 个，引种、保存作物遗传资源，已收集保存了占中国植物区系 2/3 的 2 万个物种。为建立和完善国家植物园体系，建立了野生植物种质资源保育基地 400 多处。全国建立了 240 多个动物园和 250 处野生动物拯救繁育基地，对 138 个珍贵、稀有、濒危的畜禽品种实施重点保护。国家级水产种质资源保护区 368 个，面积 15.2 万多平方公里。

4. 多元化的小区保护

对生物多样性保护的另一个方面，是加强对自然保护区外分布的极小种群野生植物就地保护小区、保护点的建设，开展多种形式的民间生物多样性就地保护。现有自然保护小区至少 5 万处，国家级农业野生植物保护点近 200 个。此外，风景名胜区也承担着保护生物多样性的责任。还有一种动物的迁跨国界保护，如在乌苏里江、内蒙古达赉湖、内蒙古乌拉特、新疆阿尔泰、新疆夏尔希里、新疆红其拉甫山口、西藏珠峰、图们江下游等地区尝试建立跨国界保护区。

总之，依托自然保护区、国家公园、多元化的生物资源保护点、自然博物馆等，广泛宣传生物多样性保护知识，促进人与生物的和谐共处。

二、不应污染而应改善生物生存环境

加强对开发建设活动的环境管理，将生物多样性保护纳入国家、部门和地方相关规划，减少环境污染对生物多样性的影响。

1．林区力保

森林健康稳定，才能保护和丰富生物多样性。要禁止和停止采伐天然林，封育管护好天然林区。健全和落实天然林管护体系，形成远山设卡、近山巡护的合理布局。保护天然林实行省级人民政府负总责。森林总量和质量持续提高，使全国森林覆盖率达到23%以上，并向1/4的国土面积覆盖目标努力。森林生态系统稳定性显著增强，森林的生态服务和碳汇能力明显提升。继续实施退耕还林、退牧还草、"三北"防护林及长江流域等防护林建设。制定破坏林地和森林责任追究细则。

2．湿地管好

实行湿地资源总量管理，任务逐级分解落实到各地；将国际重要湿地、国家重要湿地和湿地公园纳入禁止开发区域，对江河源头、水源涵养区以及滨海湿地、高原湿地、鸟类迁飞网络湿地给予重点保护。继续实施京津风沙源治理、水土流失综合治理等重点生态工程，启动生物多样性保护重大工程。

制定湿地等生态损害责任追究标准和管理办法，加大生态环境损害赔偿和生态破坏处罚力度。

3．污染力排

扎实推进环境污染减排，将显著减少主要污染物排放总量作为经济社会发展的硬性约束性指标。继续实施"三河三湖"、三峡库区、长江上游、黄河中上游、松花江、珠江、南水北调水源地及沿线的水污染治理工程。深入推进江河湖泊污染治理，提高我国七大水系水质。

4．外侵严防

提高应对生物多样性新威胁和新挑战的能力。制定国家重点管理外来入侵物种名录和对外来入侵物种应急预案。建立外来入侵物种监测预警及风险管理机制，构建外来物种风险评估技术体系，积极防治外来物种入侵。跟踪新出现的潜在有害外来生物，制定应急预案，开发外来入侵物种可持续控制技术和清除技术，组织开展危害严重的外来入侵物种的清除。

5. 项目限控

严格建设项目环评，采取"区域限批""行业限批"等措施，拒批涉及高污染、高能耗、消耗资源性、低水平重复建设项目。严格禁止对自然保护区域、野生动物迁徙洄游通道产生影响的建设项目上马开工。负责环境影响评价的审批部门，对涉及国家重点保护野生动物的项目，必须征求国务院野生动物保护主管部门意见；当环境影响对野生动物造成危害时，野生动物保护主管部门应当会同有关部门进行调查处理；国家或者地方重点保护野生动物受到自然灾害、重大环境污染事故等突发事件威胁时，当地人民政府应当及时采取应急救助措施；外国人在我国对国家重点保护野生动物进行野外考察或者在野外拍摄电影、录像，应当经省、自治区、直辖市人民政府野生动物保护主管部门或者其授权的单位批准。进一步提高对自然保护区、森林公园、风景名胜区、自然遗产地、重要湿地、水产种质资源等生物多样性丰富区域的管护能力。

三、不应伤害而应保护和拯救生物的生命

根据中国生物多样性保护战略与行动计划，国家设立了生物安全管理办公室，成立了跨部门的动植物检疫风险分析委员会。

1. 拯救生命

开发濒危物种繁育、恢复和保护技术，优先实施极度濒危野生动物和极小种群野生植物保护工程，继续实施虎、藏羚羊、普氏原羚、扬子鳄、长臂猿、苏铁、兰科植物等珍稀濒危野生动植物的拯救工程，科学进行珍稀濒危野生动植物再引入。防病控源，加强有害病原微生物及动物疫源疫病监测预警体系建设，从源头控制其发生和蔓延。优化全国野生动物救护网络，完善布局，并建设一批野生动植物救护繁育中心。开展人工种群回归自然的试点示范，在哺乳动物、爬行动物、鱼类、鸟类以及极度濒危野生植物中选择 3~5 种实现自然回归，加强珍稀濒危野生动植物救护繁育和野化放归。防火防害，森林火灾受害率控制在 0.9‰ 以下，主要林业有害生物成灾率控制在 4‰ 以下，国家重点保护野生动植物保护率达 95%。

2. 禁猎禁渔

在相关自然保护区域和禁猎（渔）区、禁猎（渔）期内，禁止猎捕以及其他妨碍野生动物生息繁衍的活动，禁止猎捕、杀害国家重点保护野生动物；禁止以野生动物收容救护为名买卖野生动物及其制品；人工繁育国家重点保护野生动物，不得虐待野生动物。

3. 禁食禁售

禁止出售、购买国家重点保护的野生动物及其制品；禁止为食用而非法购买国家重点保护的野生动物及其制品；建立防范、打击野生动植物及其制品的走私和非法贸易的部门协调机制；进出口野生动物或者其制品的，由海关、检验检疫、公安机关、海洋执法部门依照法律、行政法规和国家有关规定处罚；构成犯罪的，依法追究刑事责任。濒危物种进出口管理办公室采用"进出口濒危野生动植物种商品目录"与海关联合确定管制范围，在强制性的许可证系统之外，有效利用行政许可及物种的技术性管控需求，建立一套行之有效的"物种证明"管理体系。但新种或未定名种较多的昆虫，分布地狭小、种群数量少的两栖爬行类等需要纳入管理之中。继续深化与美国、俄罗斯、印度、蒙古、越南、老挝、印尼、泰国等周边国家的履约及执法合作。同时，倡导有利于生物多样性保护的消费方式和餐饮文化。

为实现人与自然尤其是与生物相处的"三不"原则，完善相关法规是重要的。2016年，《中华人民共和国野生动物保护法》修订通过，但在生物多样性保护当中，野生动物保护只是很小的范畴。专家们建议：制定一部中国《生物多样性保护法》，以全方位、系统性地保护我国动植物、微生物及其赖以生存的生态环境，以及保护生物多样性。[1] 让环保民间组织参与制定法规，是很好的建议。

---

① 中国生物多样性保护与绿色发展基金会主办的《中华人民共和国生物多样性保护法（建议稿）》第一次起草研讨会2016年8月22日在京召开。环保组织呼吁出台《生物多样性保护法》，引自网页：www.jiemian.com/article/812307.html.

专 栏

环保部《全国生态保护"十三五"规划纲要》摘编

为贯彻落实《国民经济和社会发展第十三个五年规划纲要》，现制定《全国生态保护"十三五"规划纲要》① （以下简称《规划纲要》）。

一、全国生态保护基本形势

"十二五"时期，各级环保部门积极贯彻落实党中央、国务院关于生态保护工作的一系列重大决策部署，加大生态保护力度，在示范引领、系统保护、综合监管等方面取得积极进展，部分重点保护物种种群数量稳中有升。但总体上，我国生态恶化趋势尚未得到根本扭转，生态保护与开发建设活动的矛盾依然突出，生态安全形势依然严峻。

1. 工作进展

一是生态文明示范建设带动效应明显。全国 16 个省份开展了生态省建设，92 个市、县（区）获得国家生态建设示范区命名，126 个地区开展了生态文明建设试点工作，示范带动效果明显。二是生态功能保护基础进一步夯实。完成全国生态环境变化调查与评估（2000—2010 年），印发实施《全国生态功能区划（修编版）》。制定实施《生态保护红线划定技术指南》，在江苏、海南、湖北、江西、重庆、沈阳等地开展划定和管控试点，天津、江苏发布实施生态保护红线。在全国 25 个省份开展45 个流域生态健康评估试点。三是自然保护区综合监管得到加强。全国已建立各类自然保护区 2740 个（国家级自然保护区 428 个），约占陆地国土面积的 14.8%，超过 90% 的陆地自然生态系统类型、89% 的国家重点保护野生动植物种类得到保护。四是生物多样性保护决策与推进机制进一步完善。成立中国生物多样性保护国家委员会，发布实施《中国生物多样性保护战略与行动计划（2011—2030 年）》（以下简称《战略与行动计划》），启动"联合国生物多样性十年中国行动（2011—2020）"

---

① 2016 年 10 月 27 日，环境保护部给各省、自治区、直辖市印发了《全国生态保护"十三五"规划纲要》，原文 8000 余字，这里摘编选登 2000 余字。引自网页：http://www.scio.gov.cn/xwfbh/xwbfbh/wqfbh/33978/20161212/xgzc35668/Document/1535185/1535185.htm.

（以下简称"十年中国行动"），启动生物多样性保护重大工程。完成32个陆地生物多样性保护优先区域边界核定，发布"中国生物多样性红色名录——高等植物卷和脊椎动物卷"。

2．主要问题

一是生态空间遭受持续威胁。城镇化、工业化、基础设施建设、农业开垦等开发建设活动占用生态空间；交通基础设施建设、河流水电水资源开发和工矿开发建设，直接割裂生物生态环境的整体性和连通性。二是生态系统质量和服务功能低。低质量生态系统分布广，森林、灌丛、草地生态系统质量为低差等级的面积比例分别高达43.7%、60.3%、68.2%。全国土壤侵蚀、土地沙化等问题突出，城镇地区生态产品供给不足，生态系统缓解城市热岛效应、净化空气的作用十分有限。三是生物多样性加速下降的总体趋势尚未得到有效遏制。资源过度利用、工程建设以及气候变化影响物种生存和生物资源可持续利用。我国高等植物的受威胁比例达11%，特有高等植物受威胁比例高达65.4%，脊椎动物受威胁比例达21.4%；遗传资源丧失和流失严重，60%~70%的野生稻分布点已经消失；外来入侵物种危害严重，常年大面积发生危害的超过100种。四是环保部门统一监管的管理体制不健全，全社会共同监督的机制尚未建立。

二、指导思想和主要目标

1．指导思想

全面贯彻落实党中央、国务院关于生态文明建设总体部署和要求

2．基本原则

——把生态系统整体保护作为基本理念。

——把保障国家生态安全作为根本目标。

——把加强生物多样性保护作为工作主线。

——把加强生态统一监管作为主要手段。

——把生态文明示范建设作为主要载体。

3．主要目标

到2020年，生态空间得到保障，生态质量有所提升，生态功能有所增强，生物多样性下降速度得到遏制，生态保护统一监管水平明显提高，生态文明建设示范取

得成效，国家生态安全得到保障，与全面建成小康社会相适应。

具体工作目标：全面划定生态保护红线，管控要求得到落实，国家生态安全格局总体形成；自然保护区布局更加合理，管护能力和保护水平持续提升，新建30～50个国家级自然保护区，完成200个国家级自然保护区规范化建设，全国自然保护区面积占陆地国土面积的比例维持在14.8%左右（包括列入国家公园试点的区域）；完成生物多样性保护优先区域本底调查与评估，建立生物多样性观测网络，加大保护力度，国家重点保护物种和典型生态系统类型保护率达到95%；生态监测数据库和监管平台基本建成；体现生态文明要求的体制机制得到健全；推动60～100个生态文明建设示范区和一批环境保护模范城创建，生态文明建设示范效应明显。

三、主要任务

"十三五"时期，紧紧围绕保障国家生态安全的根本目标，优先保护自然生态空间，实施生物多样性保护重大工程，建立监管预警体系，加大生态文明示范建设力度，推动提升生态系统稳定性和生态服务功能，筑牢生态安全屏障。

1. 建立生态空间保障体系

（1）加快划定生态保护红线。制定发布《关于划定并严守生态保护红线的若干意见》。（2）推动建立和完善生态保护红线管控措施。（3）加强自然保护区监督管理。（4）加强重点生态功能区保护与管理。

2. 强化生态质量及生物多样性提升体系

（1）实施生物多样性保护重大工程。（2）加强生物遗传资源保护与生物安全管理。（3）推进生物多样性国际合作与履约。（4）扩大生态产品供给。

3. 建设生态安全监测预警及评估体系

（1）建立"天地一体化"的生态监测体系。（2）定期开展生态状况评估。（3）建立全国生态保护监控平台。（4）加强开发建设活动生态保护监管。

4. 完善生态文明示范建设体系

（1）创建一批生态文明建设示范区和环境保护模范城。（2）持续提升生态文明示范建设水平。编制生态文明建设示范区和环保模范城创建指南，指导各地生态文明建设实践。

四、保障措施

完善法律法规；健全体制机制；强化科技支撑；推动共同保护。

总之，到 2020 年，我们要构建起由自然资源资产产权制度、国土空间开发保护制度、空间规划体系、资源总量管理和全面节约制度、资源有偿使用和生态补偿制度、环境治理体系、环境治理和生态保护市场体系、生态文明绩效评价考核和责任追究制度等八项制度构成的产权清晰、多元参与、激励约束并重、系统完整的生态文明制度体系。①

全书结束语：

2005 年 8 月 15 日，时任浙江省委书记的习近平到安吉天荒坪镇余村考察，指出："绿水青山就是金山银山。"2012 年，由习近平担任起草组组长的党的十八大报告首次把"美丽中国"作为生态文明建设的宏伟目标写进了十八大报告。2016 年 3 月 10 日，习近平总书记参加十二届全国人大四次会议青海代表团审议时讲："我们要像保护眼睛一样保护生态环境，像对待生命一样对待生态环境。"② 2017 年 5 月 26 日，中共中央政治局就推动形成绿色发展方式和生活方式进行第四十一次集体学习时，习近平再次强调，推动形成绿色发展方式和生活方式，是发展观的一场深刻革命，要让中华大地天更蓝、山更绿、水更清、环境更优美。

绿色，是发展的路径；美丽中国，是生态文明的宏伟目标。我们相信，在以习近平同志为核心的党中央的坚强领导下，中华民族一定能完成建设生态文明、建设美丽中国的战略任务，让我们能"望得见山，看得到水，记得住乡愁"，为子孙后代拥有天蓝、地绿、水清的美好家园，谱写出绿色发展的新篇章，实现中华民族永续发展！

---

① 生态文明体制改革总体方案，引自网页：http：//www. gov. cn/guowuyuan/2015 – 09/21/content_2936327. htm.

② 2016 年 3 月 10 日，习近平总书记参加十二届全国人大四次会议青海代表团审议时讲话，引自网页：http：//news. cnr. cn/dj/20160329/t20160329_521734938. shtml.

参考文献

［1］2013 年 11 月 12 日中国共产党第十八届中央委员会第三次全体会议通过的《中共中央关于全面深化改革若干重大问题的决定》. http：//www. gov. cn/jrzg/2013 - 11/15/content_2528179. htm.

［2］21 世纪议程. 引自网页：http：//www. un. org/chinese/events/wssd/agenda21. htm.

［3］阿兰·兰德尔. 资源经济学：从经济角度对自然资源和环境政策的探讨. 北京：商务印书馆，1989.

［4］阿兰·V. 尼斯，詹姆斯·L. 斯威尼. 自然资源与能源经济学手册（三卷本）. 李晓西，史培军组织翻译、校订. 北京：经济科学出版社出版，2007、2009、2010.

［5］巴利·C. 菲尔德，玛莎·K. 菲尔德. 环境经济学. 大连：东北财经大学出版社，2010.

［6］芭芭拉·沃德，勒内·杜博斯. 只有一个地球：对一个小小行星的关怀和维护. 长春：吉林人民出版社，1997.

［7］鲍勃·霍尔，玛丽·李·克尔. 绿色指数：美国各州环境质量的评价. 北京师范大学经济与资源管理研究院译. 北京：北京师范大学出版社，2010.

［8］本书编写组.《中共中央关于制定国民经济和社会发展第十一个五年规划的建议》辅导读本. 北京：人民出版社，2005.

［9］布莱恩·爱德华兹. 绿色建筑. 沈阳：辽宁科学技术出版社，2005.

［10］蔡绍洪. 绿色低碳导向下的西部产业结构优化. 北京：人民出版社，2015.

［11］曹克瑜. 中国综合经济与资源环境核算体系研究初探. 经济研究参考，2001（2）.

［12］曹荣湘. 全球大变暖：气候经济、政治与伦理. 北京：社会科学文献出版社，2010.

[13] 曹瑞钰. 环境经济学. 上海：同济大学出版社，1993.

[14] 曾少军. 碳减排：中国经验：基于清洁发展机制的考察. 北京：社会科学文献出版社，2010.

[15] 陈阿江. 剧变：中国环境60年. 河海大学学报（哲学社会科学版），2012（4）.

[16] 陈琨. 简述联合国可持续发展世界首脑会议. 中国人口、资源与环境，2002（12）.

[17] 陈诗一. 节能减排、结构调整与工业发展方式转变研究. 北京：北京大学出版社，2011.

[18] 陈宗胜，任重，周云波. 中国经济发展奇迹的本质和特征研究——基于改革开放30年的路径演化分析. 财经研究，2009（5）.

[19] 成思危. 未来50年：绿色革命与绿色时代. 北京：中国言实出版社，2015.

[20] 城市绿色发展科技战略研究北京市重点实验室. 2014—2015城市绿色发展科技战略研究报告. 北京：北京师范大学出版社，2015.

[21] 程福祜. 环境经济学. 北京：高等教育出版社，1993.

[22] 迟福林. 第二次改革：中国未来30年的强国之路. 北京：中国经济出版社，2010.

[23] 迟福林. 历史转型的"十二五". 北京：中国经济出版社，2011.

[24] 迟福林. 转型闯关——"十三五"：结构性改革历史挑战. 北京：中国工人出版社，2016.

[25] 崔文星. 2030年可持续发展议程与中国的南南合作. 国际展望，2016（1）.

[26] 戴维·詹姆斯，赫伊布·詹森，汉斯·奥普斯科尔. 应用环境经济学. 王炎庠等译. 北京：商务印书馆，1986.

[27] 丹尼斯·米都斯等. 增长的极限. 长春：吉林人民出版社，1997.

[28] 邓玲等. 我国生态文明发展战略及其区域实现研究. 北京：人民出版社，2014.

[29] 樊纲，王小鲁，朱恒鹏. 中国市场化指数——各地区市场化相对进程2006年报告. 北京：经济科学出版社，2007.

[30] 范恒山. 中国政府行政管理体制改革的主要进展和重点任务. 经济研究参考，2006（74）.

[31] 范世涛，赵峥，周键聪. 专题一世界能源格局：四大趋势. 经济研究参考，2013（2）.

[32] 方竹正. 用科学发展观推进经济发展方式的转变——基于我国30年来经济发展方式转变的探析. 现代经济探讨，2009（1）.

[33] 费舍尔. 自然环境经济学——商品性和舒适性资源价值研究. 北京：中国展望出版社，1989.

[34] 冯并. "一带一路"全球发展的中国逻辑. 北京：中国出版集团、中国民主法治出版社，2015.

[35] 冯刚. 经济发展与环境保护关系研究. 北京林业大学学报（社会科学版），2008（7）.

[36] 付允，林翎. 循环经济标准化理论、方法和实践. 北京：中国质检出版社、中国标准出版社，2015.

[37] 高尚全. 新时期改革逻辑论. 北京：人民出版社，2015.

[38] 高翔. 中国应对气候变化南南合作进展与展望. 上海交通大学学报，2016（1）.

[39] 戈德史密斯. 生存的蓝图. 北京：中国环境科学出版社，1987.

[40] 辜胜阻. 城镇化转型的轨迹与路径. 北京：人民出版社，2016.

[41] 郭日生.《21世纪议程》：行动与展望. 中国人口·资源与环境，2012（5）.

[42] 国家环境保护局课题组. 公元2000年中国环境预测与对策研究. 北京：清华大学出版社，1990.

[43] 国家环境保护总局. 全国生态现状调查与评估综合卷. 北京：中国环境科学出版社，2005.

[44] 国家统计局，环境保护部. 中国环境统计年鉴：2009—2016. 北京：中国统计出版社，2009—2016.

[45] 国家统计局. 改革开放十七年的中国地区经济. 北京：中国统计出版社，1996.

[46] 国家统计局国民经济综合统计司. 新中国六十年统计资料汇编. 北京：中国统计出版社，2009.

[47] 国家统计局能源统计司. 中国能源统计年鉴：2009—2015. 北京：中国统计

出版社，2010—2015.

[48] 国务院. 中国 21 世纪议程：中国 21 世纪人口、环境和发展白皮书. 北京：中国环境科学出版社，1994.

[49] 国务院发展研究中心"绿化中国金融体系"课题组等. 发展中国绿色金融的逻辑与框架. 金融论坛，2016（2）.

[50] 国务院发展研究中心，施耐德电气. 以创新和绿色引领新常态：新一轮产业革命背景下中国经济发展新战略. 北京：中国发展出版社，2015.

[51] 过孝民，张慧勤. 环境经济系统分析——规划方法与模型. 北京：清华大学出版社，1993.

[52] 韩晶，王赟，陈超凡. 中国工业碳排放绩效的区域差异及影响因素研究——基于省域数据的空间计量分析. 经济社会体制比较，2015（1）.

[53] 韩晶. 中国工业绿色转型升级战略. 新华社内参，2011.

[54] 赫尔曼·E. 戴利，肯尼思·N. 汤森. 珍惜地球. 北京：商务印书馆，2001.

[55] 赫尔曼·卡恩，威廉·布朗，利昂·马特尔. 今后二百年——美国和世界的一幅远景. 上海：上海译文出版社，1980.

[56] 侯伟丽. 中国经济增长与环境质量. 北京：科学出版社，2005.

[57] 胡鞍钢. 中国：创新绿色发展. 北京：中国人民大学出版社，2012.

[58] 胡鞍钢. 中国大战略. 杭州：浙江人民出版社，2003.

[59] 胡必亮. 工业化与新农村. 重庆：重庆出版集团、重庆出版社，2010.

[60] 环境保护部. 开创中国特色环境保护事业的探索与实践——记中国环境保护事业 30 年. 环境保护，2008（15）.

[61] 环境保护部. 中国履行《生物多样性公约》第五次国家报告. 北京：中国环境出版社，2014.

[62] 环境保护部和国土资源部发布全国土壤污染状况调查公报，http：//www.zhb. gov. cn/gkml/hbb/qt/201404/t20140417_270670. htm.

[63] 黄晶. 里约会议之后的重要全球性环境问题. 世界环境. 1999（4）.

[64] 黄平，崔之元. 中国与全球化：华盛顿共识还是北京共识. 北京：社会科学

文献出版社, 2005.

[65] 黄亦妙, 樊永廉. 资源经济学：上下册. 北京：北京农业大学出版社, 1988、1989.

[66] 霍有光. 策解中国水问题. 西安：陕西人民出版社, 2000.

[67] 基础四国专家组. 公平获取可持续发展——关于应对气候变化科学认知的报告. 北京：知识产权出版社, 2012.

[68] 姜春云. 中国生态演变与治理方略. 北京：中国农业出版社, 2004.

[69] 蒋展鹏, 杨宏伟. 环境工程学. 北京：高等教育出版社, 2013.

[70] 杰里米·里夫金. 第三次工业革命——新经济模式如何改变世界. 北京：中信出版社, 2012.

[71] 经济合作与发展组织. 迈向绿色增长：给决策者的简介. 巴黎, 2011.

[72] 剧宇宏. 中国绿色经济发展研究. 上海：复旦大学出版社, 2013.

[73] 柯水发. 绿色经济理论与实务. 北京：中国农业出版社, 2013.

[74] 科学技术部社会发展科技司, 中国21世纪议程管理中心. 绿色发展与科技创新. 北京：科学出版社, 2011.

[75] 科学技术部社会发展科技司. 适应气候变化国家战略研究. 北京：科学出版社, 2011.

[76] 克莱夫·庞廷. 绿色世界史：环境与伟大文明的衰落. 北京：中国政法大学出版社, 2015.

[77] 雷明等. 中国资源·经济·环境绿色核算：1992—2002. 北京：北京大学出版社, 2010.

[78] 蕾切尔·卡逊. 寂静的春天. 北京：科学出版社, 2007.

[79] 李建平, 李闽榕, 王金南. 中国省域环境竞争力发展报告：2009—2010. 北京：社会科学文献出版社, 2011.

[80] 李金昌. 资源经济新论. 重庆：重庆大学出版社, 1995.

[81] 李俊生等. 中国自然保护区绿皮书——国家级自然保护区发展报告2014. 北京：中国环境出版社, 2015.

[82] 李克国. 环境经济学. 北京：科技文献出版社, 1993.

［83］李伟. 新常态下中国如何撬动经济增长. 北京：中国发展出版社，2015.

［84］李霞等. 推动南南合作实现绿色发展. 中国环境报，2016 - 05 - 19.

［85］李晓西，曾学文，赵少钦等. 中国经济改革30年：市场化进程卷. 重庆：重庆大学出版社，2008.

［86］李晓西，关成华，林永生. 环保在我国"一带一路"战略中的定位与作用. 中国人口资源与环境，2016（1）.

［87］李晓西，林卫斌等. "五指合拳"——应对世界新变化的中国能源战略. 北京：人民出版社，2013.

［88］李晓西，林永生. 中国传统能源产业市场化进程研究报告. 北京：北京师范大学出版社，2012.

［89］李晓西，潘建成等. 中国绿色发展指数报告——区域比较：2010—2015. 北京：北京师范大学出版社（2014为科学出版社出版），2010—2015.

［90］李晓西，夏光等. 中国绿色金融报告2014. 北京：中国金融出版社，2014.

［91］李晓西，刘一萌，宋涛. 人类绿色发展指数的测算. 中国社会科学，2014（6）.

［92］李晓西.《资源环境经济学》辞典. 北京：经济科学出版社，2016.

［93］李晓西. 绿色化突出了绿色发展的三个新特征. 光明日报，2015 - 05 - 20.

［94］李晓西. 中国：新的发展观. 北京：中国经济出版社，2009.

［95］李晓西等. 中国：绿色经济与可持续发展. 北京：人民出版社，2012.

［96］李佐军. 中国绿色转型发展报告. 北京：中共中央党校出版社，2012.

［97］厉以宁，J. Warford. 中国的环境与可持续发展：CCICED环境经济工作组研究成果概要. 北京：经济科学出版社，2004.

［98］厉以宁. 环境经济学. 北京：中国计划出版社，1995.

［99］连玉明. 绿色新政. 北京：中信出版集团，2015.

［100］联合国：变革我们的世界：2030年可持续发展议程. http：//www.fmprc.gov.cn/web/ziliao_674904/zt_674979/dnzt_674981/qtzt/2030kcxfzyc_686343/t1331382.shtml.

［101］梁思成. 中国建筑史. 天津：百花文艺出版社，2005.

[102] 梁云凤. 生态文明财经制度研究. 北京：经济科学出版社，2015.

[103] 林爱文，胡将军，章玲，张滨. 资源环境与可持续发展. 武汉：武汉大学出版社，2005.

[104] 林伯强. 现代能源经济学. 北京：中国财政经济出版社，2007.

[105] 林卫斌，方敏. 能源管理体制比较与研究. 北京：商务印书馆，2013.

[106] 林卫斌，苏剑，周晔馨. 新常态下中国能源需求预测：2015—2030，学术研究，2016（3）.

[107] 林卫斌. 中国能源发展"十二五"回顾及"十三五"展望. 北京：经济管理出版社，2016.

[108] 林毅夫，蔡昉，李周. 中国的奇迹：发展战略与经济改革. 上海：上海人民出版社，1994.

[109] 林永生. 中国环境污染的经济追因与综合治理. 北京：北京师范大学出版社，2016.

[110] 刘灿等. 当代马克思主义经济学研究报告2010—2013. 北京：社会科学文献出版社，2014.

[111] 刘昌明. 中国水资源现状评价和供需发展趋势分析. 北京：中国水利水电书版社，2001.

[112] 刘思华. 生态马克思主义经济学原理. 北京：人民出版社，2014.

[113] 刘思华等. 生态经济与绿色崛起. 北京：中国环境科学出版社，2012.

[114] 刘薇. 北京绿色发展与科技创新战略研究. 北京：中国经济出版社，2015.

[115] 刘伟. 经济发展和改革的历史性变化与增长方式的根本转变. 经济研究. 2006（1）.

[116] 刘一萌. 探索绿色生态农业新模式. 中国社会科学报，2016-02-26.

[117] 刘月，赵文武，张骁. 助推2030可持续发展议程环境目标落实——第二届联合国环境大会会议简述. 生态学报，2016（12）.

[118] 刘振亚. 全球能源互联网. 北京：中国电力出版社，2015.

[110] 卢俊卿等. 第四次浪潮：绿色文明. 北京：中信出版社，2011.

[120] 卢中原. 改革时代的经济学思考. 北京：人民出版社，2006.

[121] 鲁明中，张象枢. 中国绿色经济研究. 郑州：河南大学出版社，2005.

[122] 罗杰·珀曼等. 自然资源与环境经济学：第二版. 北京：中国经济出版社，2002.

[123] 吕薇等. 绿色发展：体制机制与政策. 北京：中国发展出版社，2015.

[124] 绿色金融工作小组. 构建中国绿色金融体系. 北京：中国金融出版社，2015.

[125] 马建堂. "一带一路"相关国家统计资料. 国家统计局，2015.

[126] 马骏. 中国绿色金融发展与案例研究. 北京：中国金融出版社，2016

[127] 马胜杰，姚晓艳. 中国循环经济综合评价研究. 北京：中国经济出版社，2009.

[128] 马中. 环境与自然资源经济学概论. 北京：高等教育出版社，2006.

[129] 毛显强，汤维. 试水提速，亚投行怎样开展绿色金融. 环境经济，2015（12）.

[130] 梅雪芹. 20世纪80年代以来世界环境问题与环境保护浪潮分析. 世界历史，2002（1）.

[131] 米勒. 人与环境：第13版. 北京：高等教育出版社，2004.

[132] 莫汉·芒纳星河. 使发展更可持续. 北京：中国社会科学出版社，2008.

[133] 尼古拉斯·斯特恩. 斯特恩报告. http：//www. hm – treasury. gov. uk/stern_review_report. htm.

[134] 倪兆球. 环境经济学. 广州：广东教育出版社，1995.

[135] 牛文元. 2016世界可持续发展年度报告. 北京：科学出版社，2017.

[136] 牛文元. 中国可持续发展总论. 北京：科学出版社，2007.

[137] 潘家华，李萌. "十三五"时期资源环境发展战略研究. 北京：社会科学文献出版社，2016.

[138] 潘家华. 中国的环境治理与生态建设. 北京：中国社会科学出版社，2015.

[139] 潘岳. 用环境经济政策催生"绿色中国". 学习月刊，2007（19）.

[140] 齐援军. 绿色GDP研究综述. 国宏研究报告，2004（12）.

[141] 钱纳里等. 工业化和经济增长的比较研究. 上海：上海三联书店，1989.

[142] 钱易，唐孝炎. 环境保护与可持续发展. 北京：高等教育出版社，2000.

[143] 邱寿丰. 探索循环经济规划之道：循环经济规划的生态效率方法及应用. 上海：同济大学出版社，2009.

[144] 曲格平. 工业生产与环境保护：上. 环境保护，1980（2）.

[145] 曲格平. 工业生产与环境保护：下. 环境保护，1980（4）.

[146] 曲格平. 工业生产与环境保护：中. 环境保护，1980（3）.

[147] 曲格平. 社会主义市场经济下的环境管理：上. 环境保护，1999（4）.

[148] 曲格平. 社会主义市场经济下的环境管理：下. 环境保护，1999（6）.

[149] 曲格平. 社会主义市场经济下的环境管理：中. 环境保护，1999（5）.

[150] 曲格平. 中国环境保护四十年回顾及思考：回顾篇. 环境保护，2013（5）.

[151] 曲格平. 中国环境保护四十年回顾及思考：思考篇. 环境保护，2013（6）.

[152] 全国人民代表大会环境与资源保护委员会法案室. 环境资源法律法规汇编. 北京：中国法制出版社，1997.

[153] 联合国环境规划署. 全球环境展望5：我们未来想要的环境. http：//web. unep. org/geo/sites/unep. org. geo/files/documents/geo5_chinese_0. pdf.

[154] 全球生物多样性展望：第四版. http：//www. nies. org/news/detail. asp？ID ＝2294.

[155] 任东明. 可再生能源配额制政策研究. 北京：中国经济出版社，2013.

[156] 邵晖. 我国区域协调发展的制度障碍. 经济体制改革，2011（6）.

[157] 盛馥来，诸大建. 绿色经济：联合国视野中的理论、方法与案例. 北京：中国财政经济出版社，2015.

[158] 石敏俊等. 中国经济绿色转型的轨迹. 北京：科学出版社，2015.

[159] 史正富. 超常增长：1979—2049年的中国经济. 上海：上海人民出版社，2013.

[160] 史忠良. 资源经济学. 北京：北京出版社，1993.

[161] 世界环境与发展委员会. 我们共同的未来. 长春：吉林人民出版社，1989.

[162] 世界银行. 2009世界发展指标. 北京：中国财政经济出版社，2009.

[163] 世界银行. 2011年世界发展指标. 北京：中国财政经济出版社，2011.

[164] 世界自然基金会. 地球生命力报告：生物多样性锐减的风险和恢复力. www. wwfchina. org/content/press/publication/2016/地球生命力报告 summary——final 中文. pdf.

[165] 世界自然基金会等. 中国生态足迹报告. 2015.

[166] 宋洪远，马永良. 使用人类发展指数对中国城乡发展差距的一种估计. 经济研究，2004（11）.

[167] 宋涛. 中国可持续发展的双轮驱动模式. 北京：经济日报出版社，2015.

[168] 宋晓梧. "十三五"时期我国社会保障制度重大问题研究. 北京：中国劳动社会保障出版社，2016.

[169] 宋旭光. 资源约束与中国经济发展. 财经问题研究，2004（11）.

[170] 孙鸿烈. 中国资源科学百科全书. 北京：中国大百科全书出版社，2000.

[171] 孙钰. 综合提升中国与全球空气质量之路. 环境影响评价，2016（5）.

[172] 汤姆·蒂坦伯格，琳恩·刘易斯. 环境与自然资源经济学：第 8 版. 北京：中国人民大学出版社，2012.

[173] 唐大为.《北京宣言》——团结行动的新篇章. 环境保护，1991（9）.

[174] 唐方方，李金兵，苏良. 气候变化与碳交易. 北京：北京大学出版社，2012.

[175] 唐绍祥，郭志，周新苗. 中国经济可持续发展研究：绿色核算与实证分析. 上海：上海交通大学出版社，2016.

[176] 滕藤. 中国可持续发展研究. 北京：经济管理出版社，2001.

[177] 田红娜. 中国资源型城市创新体系营建. 北京：经济科学出版社，2009.

[178] 佟贺丰等. 中国绿色经济展望——基于系统动力学模型的仿真分析. 北京：科学技术文献出版社，2015.

[179] 王金南，蒋洪强. 环境规划学. 北京：中国环境出版社，2014.

[180] 王金南，夏光等. 中国环境政策改革与创新. 北京：中国环境科学出版社，2008.

[181] 王金南等，绿色国民经济核算. 北京：中国环境科学出版社，2009.

[182] 王金南等. 中国环境规划与政策. 北京：中国环境出版社，2004—2015.

[183] OECD 环境经济手段丛书. 王金南等译. 北京：中国环境科学出版社，1996.

[184] 王诺等. 成本—效果分析/成本—效益分析方法在雾霾治理研究中的应用. 中国人口·资源与环境，2015（11）.

[185] 王秋艳. 中国绿色发展报告. 北京：中国时代经济出版社，2009.

[186] 王义桅. "一带一路"机遇与挑战. 北京：人民出版社，2015.

[187] 王跃思等. 北京市大气污染治理现状及面临的机遇与挑战. 中国科学院院刊，2016（9）.

[188] 威廉·J. 鲍莫尔，华莱士·E. 奥茨. 环境经济理论与政策设计：第二版. 严旭阳译. 北京：经济科学出版社，2003.

[189] 维也纳联合国城中国文化联谊会，UNIDO – UNEP 绿色产业平台中国办公室. 绿色发展让世界更美好. 北京：人民出版社，2016.

[190] 魏一鸣等. 能源经济学. 北京：科学出版社，2011.

[191] 吴敬琏，刘鹤，樊纲等. 走向"十三五"：中国经济新开局. 北京：中信出版社，2016.

[192] 吴敬琏. 论作为资源配置方式的计划与市场. 中国社会科学，1991（6）.

[193] 吴敬琏. 中国增长模式抉择. 上海：远东出版社，2006.

[194] 吴良镛. 人居环境科学导论. 北京：中国建筑工业出版社，2001.

[195] 吴玉萍，董锁成，徐民英. 面向21世纪可持续发展的世界经济动向—绿色经济. 中国生态农业学报，2002（2）.

[196] 吴正. 中国沙漠及其治理. 北京：科学出版社，2009.

[197] 西南财经大学发展研究院，环保部环境与经济政策研究中心课题组，李晓西，夏光，蔡宁. 绿色金融与可持续发展. 金融论坛，2015（10）.

[198] 解振华. 中国的环境问题和环境政策. 中国人口·资源与环境. 1994（3）.

[199] 夏光. 环境政策创新：环境政策的经济分析. 北京：中国环境科学出版社，2001.

[200] 香宝. 成渝经济区重点产业发展生态影响评价. 北京：中国环境出版社，2015.

[201] 徐崇温. 国外有关中国模式的评论. 红旗文稿, 2009（8）.

[202] 徐枫. 绿色金融发展与创新——基于广东调研. 北京：中国金融出版社, 2015.

[203] 徐晓峰, 李富强, 孟斌. 资源资产化管理与可持续发展. 北京：社会科学文献出版社, 1999.

[204] 薛进军. 中国低碳经济发展报告. 北京：社会科学文献出版社, 2011.

[205] 闫静等. 国外大气污染防治现状综述. 中国环保产业, 2016（2）.

[206] 严耕. 中国省域生态文明建设评价报告（ECI 2011）. 北京：社会科学文献出版社, 2011.

[207] 严行方. 绿色经济. 北京：中华工商联合出版社, 2008.

[208] 杨朝飞, 里杰兰德. 中国绿色经济发展机制和政策创新研究. 北京：中国环境科学出版社, 2012.

[209] 杨东平. 中国环境发展报告 2010. 北京：社会科学文献出版社, 2010.

[210] 杨家栋, 秦兴方. 可持续消费引论. 北京：中国经济出版社, 2000.

[211] 杨龙, 胡晓珍. 基于 DEA 的中国绿色经济效率地区差异与收敛分析. 经济学家, 2010（2）.

[212] 伊懋可. 大象的退却：一部中国环境史. 南京：江苏人民出版社, 2014.

[213] 于晓刚, 林扬, 陈羽昕. 中国银行业绿色信贷足迹. 北京：中国环境出版社, 2013.

[214] 张兵生. 绿色经济学探索. 北京：中国环境科学出版社, 2005.

[215] 张博, 刘庆, 潘浩然. 混合碳减排制度设计研究. 中国人口·资源与环境, 2016（12）.

[216] 张承惠, 谢孟哲. 中国绿色金融：经验、路径与国际借鉴. 北京：中国发展出版社, 2015.

[217] 张春霞. 绿色经济发展研究. 北京：中国林业出版社, 2002.

[218] 张敦富等. 环境经济. 北京：人民出版社, 1994.

[219] 张皓若. 辉煌的历程：中国改革开放二十年. 北京：中国商业出版社, 1998.

[220] 张江雪，蔡宁，杨陈. 环境规制对中国工业绿色增长指数的影响. 中国人口·资源与环境，2015（1）

[221] 张江雪. 基于绿色经济的中国技术创新绩效研究. 北京：经济日报出版社，2015.

[222] 张可兴，刘砺平：山西省社科院算出了我国第一个省级绿色GDP. http：//news.sina.com.cn/c/2004 - 08 - 18/14273427279s.shtml.

[223] 张坤民，潘家华，崔大鹏. 低碳经济论. 北京：中国环境科学出版社，2008.

[224] 张坤民. 中国环境保护事业60年. 中国人口·资源与环境，2010（6）.

[225] 张琦等. 中国绿色减贫指数报告2014. 北京：经济日报出版社. 2014.

[226] 张庆丰，罗伯特·克鲁克斯. 迈向环境可持续的未来：中华人民共和国国家环境分析. 北京：中国财政经济出版社，2012.

[227] 张生玲，李跃. 雾霾社会舆论爆发前后地方政府减排策略差异——存在舆论漠视或舆论政策效应吗. 经济社会体制比较，2016（3）.

[228] 张生玲，周晔馨. 资源环境问题的实验经济学研究新进展. 经济学动态，2012（9）.

[229] 张生玲等. 能源资源开发利用与中国能源安全研究. 北京：经济科学出版社，2011.

[230] 张世钢. 联合国环境规划署的前世今生. 世界环境，2012（5）.

[231] 张象枢等. 环境经济学. 北京：中国环境科学出版社，1994.

[232] 张叶，张国云. 绿色经济. 北京：中国林业出版社，2010.

[233] 张哲强. 绿色经济与绿色发展. 北京：中国金融出版社，2012.

[234] 张卓元. 十八大后经济改革与转型. 北京：中国人民大学出版社，2014.

[235] 张卓元. 中国经济学60年. 北京：中国社会科学出版社，2009.

[236] 赵峥. 亚太城市绿色发展报告——建设面向2030年的美好城市家园. 北京：中国社会科学出版社. 2016.

[237] 赵峥. 中国城市化与金融支持. 北京：商务印书馆，2011.

[238] 郑艳婷，徐利刚. 发达国家推动绿色能源发展的历程及启示. 资源科学，

2012（10）.

[239] 中国工程院和环境保护部. 中国环境宏观战略·研究综合报告篇. 北京：中国环境科学出版社，2011.

[240] 中国环境保护产业协会. 2014中国环境保护产业发展报告，2015.

[241] 中国环境保护产业协会. 2015中国环境保护产业发展报告，2016.

[242] 中国环境与发展国际合作委员会. 法制与生态文明建设研究，2016.

[243] 中国环境与发展国际合作委员会. 绿色转型的国家治理能力. 北京：中国环境出版社，2016.

[244] 中国环境与发展国际合作委员会. 区域平衡与绿色发展. 北京：中国环境出版社，2013.

[245] 中国科学院可持续发展研究组. 2000中国可持续发展战略报告. 北京：科学出版社，2000.

[246] 中国科学院可持续发展战略研究组. 2015中国可持续发展战略报告——重塑生态环境治理体系. 北京：科学出版社，2015.

[247] 中国科学院可持续发展战略研究组. 2012中国可持续发展战略报告——全球视野下的中国可持续发展. 北京：科学出版社，2012.

[248] 中国可持续发展研究会. 绿色发展：全球视野与中国抉择. 北京：人民邮电出版社，2014.

[249] 中国能源研究会. 中国能源展望2030. 北京：经济管理出版社，2016.

[250] 中国能源中长期发展战略研究项目组. 中国能源中长期（2030、2050）发展战略研究——电力·油气·核能·环境卷. 北京：科学出版社，2011.

[251] 中国人民大学气候变化与低碳经济研究所. 低碳经济：中国用行动告诉哥本哈根. 北京：石油工业出版社，2010.

[252] 易纲. 中国在绿色金融行动上走在了前面. 中国经济周刊，2016（36）.

[253] 中国社会科学院《城镇化质量评估与提升路径研究》创新项目组. 中国城镇化质量综合评价报告，2013.

[254] 中国社会科学院环境与发展研究中心. 中国环境与发展评论. 北京：社会科学文献出版社，2001、2004.

［255］中国社会科学院生态文明研究智库. 中国生态文明建设年鉴2016. 北京：中国社会科学出版社，2016.

［256］中国水利水电规划设计总院. 中国水行业发展研究报告，2016.

［257］中国资源科学百科全书编辑委员会. 中国资源科学百科全书：上下册. 北京：中国大百科全书出版社，2000.

［258］中华人民共和国环境保护部. 中国环境统计年报：2000—2015. 北京：中国环境科学出版社，2001—2016.

［259］中华人民共和国水利部. 中国水利统计年鉴：2009—2016. 北京：中国水利水电出版社，2009—2016.

［260］周国梅等. 打造中国南南环境合作共同体. 中国环境报，2014-07-07.

［261］周宏春. 低碳经济学：低碳经济理论与发展路径. 北京：机械工业出版社，2012.

［262］周生贤. 高度重视科学技术对环境保护的支撑保障作用. 中国环境报，2006-08-22.

［263］朱迪·丽丝. 自然资源：分配、经济学与政策. 北京：商务印书馆，2002.

［264］朱婧等. 绿色经济战略研究. 中国人口·资源与环境，2012（4）.

［265］朱利安·林肯·西蒙. 没有极限的增长. 成都：四川人民出版社，1985.

［266］朱利安·罗威等. 环境管理经济学. 王铁生译. 贵阳：贵州人民出版社，1985.

［267］朱利安·西蒙，哈尔曼·卡恩. 资源丰富的地球——驳《公元2000年的地球》，北京：科学技术文献出版社，1988.

［268］朱小静等. 哥斯达黎加森林生态服务补偿机制演进及启示. 世界林业研究，2012（12）.

［269］住房和城乡建设部. 中国城市建设统计年鉴：2008—2015. 北京：中国城市建设出版社，2009—2016.

［270］Charles D. Kolstad. *Intermediate Environmental Economics*. Oxford university press，2011.

［271］Charles W. Howe. *Natural Resource Economics：Issues，Analysis，and Policy*.

New York：John Wiley and Sons，1979.

［272］David J. Hess. *Good Green Jobs In A Global Economy*. The MIT Press，2012.

［273］European Environment Agency（EEA），*Environmental Indicator Report* 2012：*Ecosystem Resilience and Resource Efficiency in a Green Economy in Europe*，Luxembourg：Publications Office of the European Union，2012.

［274］Jennifer Clapp，Peter Dauvergne. *Path to a green world：The Political Economy of the Globle Environment*. The MIT Press，2011.

［275］Katharina Pistor，Martin Raiser，Stanislaw Gelfer. *Law and Finance in Transition Economies*. Economics of Transition，2000，8（2）.

［276］Michael E. Kraft. *Environmental Policy and Politics*. Integra Software Services，Ltd.，2011.

［277］Peter bartelmus. *The value of nature，valuation and evaluation in environmental accounting*. United nation's publication，1997.

［278］Peter Berck，Gloria Helfand. *The Economics of The Environment*. Pearson Education，Inc.，2011.

［279］Solomon U.. *A detailed look at the three disciplines，environmental ethics，law and education to determine which plays the most critical role in environmental enhancement and protection*. Environment，Development and Sustainability，2010，12（6）.

［280］The World Bank. *World Development Report* 2010：*Development and Climate Change*. https：//openknowledge. worldbank. org/handle/10986/4387.

［281］Tone Hedvig Berg，Aase Seeberg，&Miriam Kennet. *Green Economics Methodology*. The Green Economics Institute，2012

［282］UNIDO，UNU – MERIT. *Structural Change，Poverty Reduction and Industrial Policy in the BRICS*，2012.

［283］United Nation. *Integrated Environmental and Economic Accounting：An Operational Manual*. New York：United Nation，2000.

［284］Wenling Chen. *New Theory of Circulation*. American Technology Products，

INC. , 1998.

［285］ *World Commission on Environment and Development. Our Common Future.* Oxford: Oxford University Press, 1987.

［286］ WWF. *Living Planet: Species and spaces, people and places*, 2014.

［287］ Xiaoxi Li, Jiancheng Pan. *China Green Development Index Report* 2011. Springer, 2013.

［288］ Xiaoxi Li. *Human green development report* 2014. Springer, 2014.

［289］ Zhang, L. X. , Hu, Q. H. , Zhang, F. . *Input - output modeling for urban energy consumption in Beijing: Dynamics and Comparison.* Plos one, 2014, 9 (3).

环境保护大事记[①]

（1972—2016）[②]

1972 年

6 月 5 ~ 16 日，联合国在斯德哥尔摩召开人类环境会议，会议通过了《人类环境宣言》。周恩来总理在听取了代表团的汇报后表示，对环境问题再也不能放任不管了，应当把它提到国家的议事日程上来。决定召开一次全国性的环境保护会议，并设立工作机构管理这方面的事务。联合国人类环境会议不仅是世界环境保护的里程碑，也是我国环境保护事业的转折点。

6 月 12 日，国务院以国发〔1972〕46 号文件批转国家计委、建委《关于官厅水库污染情况的报告》。批示指出，对于关系到人民身体健康的水源和城市空气的污染问题，各地应尽快组织力量，进行调查，做出规划，认真治理。

6 月 23 日，根据周恩来总理的指示成立的我国第一个跨省市的"官厅水库水资源保护领导小组"在北京召开第一次会议。

9 月，周恩来总理在听取华北协作组汇报时指出："我们是社会主义计划经济，是为人民服务的，我们在搞工业建设的同时，就应该抓紧防治工业污染问题，绝不做损害子孙后代的事。"

---

① 大事记由环境保护部原污染物排放总量司统计处处长、现第二次全国污染源普查工作办公室综合组组长毛玉如博士编纂提供。

② 编制"大事记"的考虑是：1972 年，联合国在斯德哥尔摩召开的人类环境会议，不仅是世界环境保护的里程碑，也是我国环境保护事业的转折点。故本"大事记"以此为开始，以时间为脉络，由远及近，20 世纪 70—90 年代的事件适当简略，21 世纪的事件尤其是 2008 年环境保护部组建后的事件适当详述。本"大事记"本着尊重历史，客观记录历史上发生的事情。内容上不只是环保部门职能范围内的环境保护事件，且涵盖了党中央、国务院就环境保护做出的重大决策部署及重要讲话、环境保护相关法律法规制度的出台、重大环境事件、有历史意义的环境保护某个领域的第一次发生的事件等。

1973 年

6 月 12 ~ 22 日，联合国环境规划署第一届理事会在日内瓦举行。我国在第二十八届联大被选为联合国环境规划署理事国。

8 月 5 ~ 20 日，经国务院批准，第一次全国环境保护会议在北京召开，揭开了中国环境保护事业的序幕。会议审议通过了《关于保护和改善环境的若干规定（试行草案）》。8 月 19 日，在人民大会堂召开了万人大会，党和国家领导人李先念、华国锋、余秋里出席大会并讲话。

11 月 13 日，国务院以国发〔1973〕158 号文批准国家计委《关于全国环境保护会议情况的报告》和《关于保护和改善环境的若干规定（试行草案）》。从此，环境保护事业被提到了国家的议事日程上来。

11 月 17 日，国家计委、国家建委、卫生部批准颁布我国第一个环境保护标准《工业"三废"排放试行标准》（GBJ4 - 73），该标准自 1974 年 1 月 1 日起试行。

1974 年

1 月 30 日，国家计委、水电部以〔1974〕水电计字第 12 号文向国务院写了《关于加强江河水系管理，防止水源污染的报告》，对成立主要江河湖泊保护领导小组及其办事机构，提出了建议。

同日，国务院以国发〔1974〕11 号文件批转交通部关于《中华人民共和国防止沿海水域污染暂行规定》的报告。

9 月 22 日，联合国环境规划署首届执行主任莫里斯·斯特朗、副执行主任托尔巴应邀访华。

10 月 25 日，国务院环境保护领导小组正式成立，并召开第一次会议讨论通过了《环境保护规划要点和主要措施》和《国务院环境保护机构及有关部门的环境保护职责范围和工作要点》，余秋里组长主持了会议。12 月 15 日国务院环境保护领导小组以国环办字 1 号文印发了这两个文件。

1975 年

5 月 18 日，国务院环境保护领导小组以〔1975〕国环字 5 号文印发《关于环境保护的十年规划意见》及附件《1976—1980 年对有关方面环境保护的要求》。

1976 年

1 月 11 日，国务院批准派国务院环境保护领导小组办公室负责人曲格平为我国驻联合国环境规划署第一任常驻代表。

5 月 11 日，党中央、国务院批准国家计委、国家建委、国务院环境保护领导小组《关于加强环境保护工作的报告》。6 月 5 日，以国环字 7 号文件印发。

12 月，《北京西郊环境质量评价研究》全面完成并通过鉴定。这项课题是我国首次进行的区域性环境质量评价研究，从 1973 年开始，由北京市环保办组织贵阳地化所、北京市环保所等共同完成的。

1977 年

11 月，国务院环境保护领导小组办公室组成以曲格平为负责人的 1978—1985 年环境保护科学技术规划组，参加国家科委主持的 1978—1985 年国家长远科技规划的编制工作。

1978 年

3 月，第五届全国人大一次会议通过颁布的《中华人民共和国宪法》第十一条明确规定"国家保护环境和自然资源，防治污染和其他公害"，为我国环境保护法制奠定了基础。

10 月 16 日，国家计委、国家经委、国家建委和国务院环境保护领导小组联合发出《关于基建项目必须严格执行"三同时"的通知》，规定从 1979 年起，凡没有污染防治措施的项目，不予列入计划。

10 月 17 日，国家计委、国家经委和国务院环境保护领导小组以〔1978〕国环字 20 号文件联合下文，确定冶金部等 7 个部门的 167 个严重污染的工业企业为第一批污染限期治理项目。

12 月 31 日，中共中央以中发〔1978〕79 号文件转发了国务院环境保护领导小组《环境保护工作汇报要点》。

1979 年

9 月 13 日，第五届全国人大十一次常委会议原则通过了《中华人民共和国环境保护法（试行）》，以第五届全国人大常委会第 2 号令公布试行。从此，环境保护开始走上法制的轨道。

1980 年

11 月 26 日至 12 月 3 日，国务院环境保护领导小组办公室在北京召开了第一次全国环境保护统计工作座谈会，并以〔1980〕国环字 92 号文印发了座谈会纪要。要求各级环境保护部门要重视环境保护统计工作，认真组织贯彻执行环境统计报表制度。

1981 年

5 月 11 日，国家计委、国家经委、国家建委、国务院环境保护领导小组联合颁发《基本建设项目环境保护管理办法》。

1982 年

2 月 5 日，国务院以国发〔1982〕21 号文发布《征收排污费暂行办法》，自 1982 年 7 月 1 日起施行。

4 月 6 日，国务院环境保护领导小组批准颁布《大气环境质量标准》《城市区域环境噪声标准》和《海水水质标准》，自颁布之日起实行。这是我国颁布的第一批环境质量标准。

5 月 5 日，第五届全国人大常委会二十三次会议决定，将国家建委、国家城建总局、建工总局、国家测绘总局、国务院环境保护领导小组办公室合并，组建城乡建设环境保护部，部内设环境保护局，曲格平同志任局长。

8月23日，第五届全国人大常委会二十四次会议通过并颁布了《中华人民共和国海洋环境保护法》，自1983年3月1日起施行。

12月4日，第五届全国人大五次会议通过并颁布施行的《中华人民共和国宪法》明确规定"国家保护和改善生活环境和生态环境，防治污染和其他公害"，"国家保护自然资源的合理利用，保护珍贵的动物和植物，禁止任何组织或个人用任何手段侵占或者破坏自然资源"。

1983 年

4月13日，国务院以国发〔1983〕62号文发出《关于严格保护珍贵稀有野生动物的通令》。

11月25日，巴拿马籍"东方大使"号邮轮在青岛港中砂礁角触礁搁浅，造成青岛港及其附近沿海岸线的严重污染。外商赔偿人民币1775万元。

1983年12月31日至1984年1月7日，国务院召开第二次全国环境保护会议，将环境保护确立为基本国策。这次会议标志着我国环境保护工作进入一个新的发展阶段。

1984 年

5月8日，国务院以国发〔1984〕64号文件发出《关于环境保护工作的决定》。决定成立国务院环境保护委员会，主任由李鹏副总理兼任，办公室主任由环境保护局局长曲格平兼任。

5月11日，第六届全国人大常委会五次会议通过并发布《中华人民共和国水污染防治法》，自1984年11月1日起施行。

6月10日，城乡建设环境保护部、国家计委、国家科委、国家经委、财政部、中国人民建设银行、中国工商银行联合发出《关于环境保护资金渠道的规定的通知》，明确规定了环境保护资金的八条渠道。

9月20日，第六届全国人大常委会七次会议通过《中华人民共和国森林法》，自1985年1月1日起施行。

12月5日，国务院办公厅以国办发〔1984〕104号文发出《关于设立国家环境保护局的通知》，将城乡建设环境保护部环境保护局改为国家环境保护局，仍归城乡建设环境保护部领导，同时也是国务院环境保护委员会的办事机构。曲格平任局长。

1985年

3月6日，国务院发布《中华人民共和国海洋倾废管理条例》，自1985年4月1日起施行。

6月18日，第六届全国人大常委会十一次会议通过和发布《中华人民共和国草原法》，自1985年10月1日起施行。

8月24日，英国乌邦寺公园主人塔维斯托克侯爵赠送我国的22头麋鹿空运抵达北京，放养在南海子麋鹿园，麋鹿在我国已绝迹120年。

9月6日，第六届全国人大常委会十二次会议决定批准我国加入《防止倾倒废物及其他物质污染海洋的公约》。

9月18~23日，中国共产党全国代表会议在北京召开。会上通过的《中共中央关于制定国民经济和社会发展第七个五年计划的建议》中提出：要把改善生活环境作为提高城乡人民生活水平和生活质量的一项重要内容。要加强对空气、水域、土壤污染和噪声等公害的监测和防治，注意环境保护，特别是使重点城市和旅游区的环境有显著改善。在一切生态建设中，都必须遵守保护环境和生态平衡的有关法律和规定。

11月22日，经全国人大常委会批准，我国加入《保护世界文化和自然遗产公约》。

1986年

4月12日，第六届全国人大四次会议审议批准了我国国民经济和社会发展第七个五年计划，其中第五十二章为《环境保护》。

9月30日，国家环境保护局首次发布环境统计数据——1985年环境统计公报，决定今后每年公布一次。

1987 年

2月23~25日，世界各国议会联盟环境特别委员会会议在肯尼亚首都内罗毕召开，我国人大首次派团参加世界环境方面的会议。

5月22日，我国第一部保护自然资源和自然环境的纲领性文件——《中国自然保护纲要》由国务院环境保护委员会正式发布。

9月5日，第六届全国人大常委会二十二次会议讨论通过了《中华人民共和国大气污染防治法》，并以主席令第57号公布，自1988年6月1日起施行。

10月30日，《野生药材资源保护管理条例》发布，自1987年12月1日起实施。

1988 年

1月21日，第六届全国人大常委会二十四次会议审议通过了《中华人民共和国水法》，自1988年7月1日起施行。

3月25日，第七届全国人大一次会议开幕，时任李鹏代总理在《政府工作报告》中强调，要认真贯彻实行计划生育和环境保护这两项基本国策，并将环境保护列为今后五年要努力完成的十项主要任务之一。

4月9日，第七届全国人大一次会议审议通过，批准国务院机构改革方案。在国务院的机构设置中确定国家环境保护局为国务院直属机构。

5月3日，国务院任命曲格平同志为国家环境保护局局长。

7月28日，李鹏总理签发了国务院第10号令发布《污染治理专项基金有偿使用暂行办法》，自1988年9月1日起施行。

11月8日，第七届全国人大常委会四次会议审议通过并颁布了《中华人民共和国野生动物保护法》，自1989年3月1日起施行。

1989 年

2 月 21 日，联合国国际海事组织颁布了《防止船舶垃圾污染规则》，我国是该规则的 38 个缔约国之一，该规则于当日起对我国生效。

4 月 28 日至 5 月 1 日，国务院召开第三次全国环境保护会议，提出要加强制度建设，深化环境监管，向环境污染宣战，促进经济与环境协调发展。李鹏总理等党和国家领导人出席会议。

9 月 26 日，李鹏总理签署第 40 号令发布《中华人民共和国环境噪声污染防治条例》，自 1989 年 12 月 1 日起施行。

11 月 13 ~ 22 日，我国第一次由全国人大、全国政协和国务院环境保护委员会联合对环境保护工作进行视察，地点是福建省。

12 月 26 日，国家主席杨尚昆发布第 22 号令，公布了由第七届全国人大常委会十一次会议通过的《中华人民共和国环境保护法》，自公布之日起施行。

1990 年

1 月 8 日，经国务院领导批准，在国务院环境保护委员会下设立"气候变化协调小组"。

5 月 26 日，为保护长江水系，防治污染危害，经国家环境保护局批准，我国第一个流域性水污染防治协调机构——长江水污染防治协调委员会在上海正式成立。曲格平局长任主任委员。

6 月 22 日，李鹏总理签署国务院第 61 号令，发布了《中华人民共和国防治陆源污染物污染损害海洋环境管理条例》，自 8 月 1 日起施行。

6 月 25 日，李鹏总理签署国务院第 62 号令，发布了《中华人民共和国防治海岸工程建设项目污染损害海洋环境管理条例》，自 8 月 1 日起施行。

7 月 10 日，中央军事委员会主席江泽民发布命令，批准《中国人民解放军环境保护条例》，颁发全军实施。

12 月 5 日，国务院以国发〔1990〕65 号文发出《关于进一步加强环境保护的决定》。

1991 年

6 月 14—19 日，由中国政府发起的"发展中国家环境与发展部长级会议"在北京召开。李鹏总理出席了开幕式并发表了重要演讲。与会代表一致通过了《北京宣言》。

6 月 19 日，《关于消耗臭氧层物质的蒙特利尔议定书》缔约国第三次会议在肯尼亚内罗毕联合国环境署总部举行，中国决定加入经过修订的《蒙特利尔议定书》，自 1992 年 8 月 10 日起生效。

6 月 29 日，经第七届全国人大常委会十二次会议审议通过，《中华人民共和国水土保持法》颁布施行。

9 月 4 日，经第七届全国人大二十一次会议审议通过，决定批准《控制危险废物越境转移及其处置巴塞尔公约》，自 1992 年 5 月 5 日起生效。

10 月 30 日，第七届全国人民代表大会常务委员会第二十二次会议通过《中华人民共和国进出境动植物检疫法》，自 1992 年 4 月 1 日起执行。

12 月 3 日，首次将环境保护计划纳入全国的国民经济、社会发展年度计划。

1992 年

2 月 12 日，国务院批准颁布《中华人民共和国陆生野生动物保护实施条例》，自发布之日起施行。

4 月 21 日，中国环境与发展国际合作委员会在北京宣告成立，该委员会是经国务院批准，由中外知名学者、专家和高级政府官员组成，宋健同志任主席。

4 月 27 日，联合国环境规划署在日内瓦举行的第五次会议上，决定授予国家环境保护局局长曲格平"1992 国际环境奖"。这是联合国授予国际环境领域的最高荣誉。

4 月 28 日，国家环境保护局以（环管〔1992〕141 号）文件颁布了《关于在全国推行排放水污染物许可证制度的通知》。

5 月 7 日，国家环境保护局以（环科〔1992〕122 号）文件首次批准颁布《钢铁工业水污染物排放标准》等 6 项国家标准。

6 月 3 ～ 14 日，联合国环境与发展大会在巴西里约热内卢隆重开幕，大会通过了《里约宣言》《21 世纪议程》和《关于森林问题的原则声明》3 项文件。李鹏总理发表重要讲话。

7 月 28 日，经国务院批准，我国决定加入《关于特别是作为水禽栖息地的国际重要湿地公约》，指定黑龙江扎龙等 6 个自然保护区列入《国际重要湿地名录》。

10 月 12 日，中国共产党第十四次全国代表大会在北京召开。江泽民同志向十四大作的报告中把"加强环境保护"作为 90 年代改革和建设的十大任务之一。

1993 年

1 月 1 日，我国参加"全球环境监测系统"大气水质监测工作由卫生部移交国家环境保护局，定期向世界卫生组织报送监测数据。

同日，经国务院批准，《陆生野生动物资源保护管理收费办法》和《捕捉、猎捕国家重点保护动物收费标准》正式实施。

2 月 24 日，国家环境监测网在北京宣布成立。

3 月 29 日，第八届全国人大一次会议确定，增设环境保护委员会。曲格平任主任委员。

5 月 13 日，中共中央任命解振华同志为国家环境保护局党组书记。

5 月 27 日，国家环境保护局首次公开全国 3000 家重点工业污染企业名单。

8 月 1 日，李鹏总理签署第 119 号国务院令，发布《取水许可证制度实施办法》，自 9 月 1 日起施行。

同日，李鹏总理签署第 120 号国务院令，发布《中华人民共和国水土保持法实施条例》，自发布之日起施行。

8 月 4 日，李鹏总理签署第 124 号国务院令，发布《核电厂事故应急管理条例》，自发布之日起施行。

8 月 23 日，"中华环保世纪行"宣传活动组织委员会成立并举行第一次会议。李鹏总理为这次活动题词"保护环境，功在当代，利在千秋"。

1994 年

1 月 12 日，黑龙江省在哈尔滨市公开销毁自国务院发出《关于禁止犀牛角和虎骨贸易的通知》以来没收的犀牛角和虎骨。

2 月 19 日，我国政府同意接受《1972 年伦敦公约》缔约国协商会议 1993 年通过的《关于禁止在海上处置放射性废物和其他放射性物质的决议》《关于逐步停止在海上处置工业废物的决议》和《关于禁止海上焚烧的决议》，自 1995 年 2 月 20 日生效。

3 月 14 日，国家环境保护局发布自《行政诉讼法》和《行政复议条例》颁布以来，受理并作出处罚决定的首例环境行政复议决定书，决定维持山西省环境保护局对原平市热电厂违法环境保护法规的处罚决定。

3 月 22 日，第八届全国人大二次会议决定将全国人大环境保护委员会改名为全国人大环境与资源保护委员会。

3 月 25 日，李鹏总理主持召开国务院第十六次常务会议，讨论通过了《中国 21 世纪议程》，即《中国 21 世纪人口、环境与发展白皮书》。

6 月 13 ~ 14 日，经国务院环境保护委员会同意，原国家环境保护局会同相关部门发布了《中国生物多样性保护行动计划》。

8 月 18 日，李鹏总理签署国务院令第 162 号，发布了《基本农田保护条例》，自 1994 年 10 月 1 日起施行。

10 月 9 日，李鹏总理签署国务院令第 167 号，发布《中华人民共和国自然保护区条例》，自 1994 年 12 月 1 日起施行。

12 月 14 日，当今世界第一大水电工程——三峡大坝工程正式动工。

1995 年

3 月 18 日，李鹏总理在第八届全国人大三次会议上做的《政府工作报告》中指出，要继续贯彻经济建设与环境建设同步规划、同步实施、同步发展的方针，严格执行环境保护的法律法规，加强监督管理。坚决治理污染，特别是治理危害严重的水污染和大气污染。大力开展植树造林，加强水土保持，改善生态环境。

7 月 27 日，李鹏总理主持召开国务院第三十五次常务会议，讨论并原则通过了《中华人民共和国固体废物污染环境防治法（草案）》，自 1996 年 4 月 3 日起实施。

8 月 29 日，第八届全国人大常委会十五次会议通过了《全国人大常委会关于修改〈中华人民共和国大气污染防治法〉的决定》及《中华人民共和国大气污染防治法（修正案）》。

1996 年

4 月 5 日，国家环境保护局、农业部、财政部、国家统计局联合组成的"全国乡镇工业污染源普查领导小组"第一次会议在北京举行。

5 月 15 日，第八届全国人大常委会十九次会议审议并通过了《全国人大常委会关于修改〈中华人民共和国水污染防治法〉的决定》并于当日以中华人民共和国主席令第 66 号公布实施。会议同时批准我国加入《联合国海洋法公约》。

6 月 4 日，国务院新闻办发表我国政府第一本《中国的环境保护》白皮书。

7 月 10 日，李鹏总理主持召开国务院第四十七次常务会议，讨论并原则通过了《国务院关于环境保护若干问题的决定》，自 8 月 3 日印发。

7 月 15 ~ 17 日，第四次全国环境保护会议在北京召开，江泽民、李鹏、朱镕基等党和国家领导人参加会议并作重要讲话。江泽民强调必须始终把贯彻实施可持续发展战略作为一件大事来抓；提出保护环境是实施可持续发展战略的关键，保护环境就是保护生产力。

9 月 30 日，国务院发布《中华人民共和国野生植物保护条例》，自 1997 年 1 月 1 日起施行。

10 月 29 日，第八届全国人大常委会二十二次会议通过了《中华人民共和国环境噪声污染防治法》，自 1997 年 3 月 1 日起施行。

12 月 24 日，《行政处罚法》实施以来，环保行政处罚执法机关首次行政处罚听证会在南京举行。

1997 年

3 月 8 日，江泽民总书记主持召开中央计划生育和环境保护工作座谈会，江泽民总书记和李鹏总理分别发表重要讲话。

3 月 14 日，第八届全国人大五次会议审议并通过了经过修订的《中华人民共和国刑法》，在第六章第六节新增加了破坏环境资源保护罪的内容。

9 月 5 日，国家环境保护局在北京举行公布国家环境保护模范城市新闻发布会，并授予大连、深圳、厦门、珠海、威海 5 个城市为"国家环境保护局模范城市"称号。

11 月 24 日，《中国自然保护区发展规划纲要（1996—2010 年）》经国务院环境保护委员会审议通过，经国务院同意印发。

12 月 31 日，淮河流域工业企业污染源 1997 年底达标排放"零点行动"在山东省、河南省、江苏省、安徽省同时举行。

1998 年

1 月 1 日，由《中国林业报》更名的《中国绿色时报》创刊，第一版显要位置刊发 151 位院士签名的《行动起来，拯救黄河》呼吁书。江泽民总书记题写报名。

3 月 18 日，中共中央任命解振华同志为国家环境保护总局党组书记。

3 月 29 日，根据第九届全国人大第一次会议审议通过的《关于国务院机构改革方案的决定》，国家环境保护总局正式挂牌。

3 月 31 日，国务院任命解振华同志为国家环境保护总局局长。

9 月 17 日，我国新《刑法》实施以来的首例涉嫌"破坏环境资源保护罪"案在山西省运城市做出一审判决。

11 月 7 日，《全国生态环境建设规划》颁布并实施。

11 月 29 日，朱镕基总理签发第 253 号国务院令宣布，《建设项目环境保护管理条例》已经 11 月 18 日国务院第十次常务会议通过，现予以发布施行。

1999 年

3 月 18 日，清洁生产试点城市启动仪式在山西省太原市举行。太原市成为我国第一个清洁生产试点城市。

6 月 30 日，江苏省长江流域重点污染源达标排放"聚焦长江"行动结束。提前实现了国务院确定的"全国工业污染源要在 2000 年底实现达标排放"的目标。

11 月 19 日，经国务院 11 月 14 日批准，国家环境保护总局印发《中国逐步淘汰消耗臭氧层物质国家方案（修订稿）》。

12 月 25 日，第九届全国人大常委会十三次会议表决通过了《中华人民共和国海洋环境保护法（修正）》。同日，江泽民主席签署第 26 号主席令，自 2000 年 4 月 1 日起施行。

2000 年

3 月 12 日，江泽民总书记主持召开中央人口资源环境工作座谈会，江泽民总书记和朱镕基总理分别发表重要讲话。

8 月 8 日，中国常驻联合国代表王英凡在美国纽约联合国总部代表中国政府签署了《〈生物多样性公约〉的卡塔赫纳生物安全议定书》。

同日，沈阳市中级人民法院正式宣告，沈阳冶炼厂因严重污染环境、长期亏损且扭亏无望破产。这是迄今为止因环保问题关闭的第一家特大型国有企业。

11 月 13 日，国务院发布《国务院关于加强城市供水节水和水污染防治工作的通知》。

11 月 26 日，《全国生态环境保护纲要》印发。

12 月 28 日，国家环境保护总局决定在 47 个环境保护重点城市实施集中饮用水水源地水质月报内部试报制度。

2001 年

2 月 8 日，国家环境保护总局首次发布淮河流域重点断面水质自动监测周报，淮河流域重点断面水质的污染程度有所减轻；并发布了淮河流域、太湖流域的水质月报。

3 月 11 日，江泽民总书记主持召开人口资源环境工作座谈会，江泽民总书记和朱镕基总理分别发表重要讲话。

3 月 15 日，第九届全国人大四次会议通过《中华人民共和国国民经济和社会发展第十个五年计划纲要》，提出环境保护奋斗目标，要遏止生态恶化，加大环保力度，提高环境质量。

5 月 21～23 日，《持久性有机污染物（POPs）斯德哥尔摩公约》外交全权代表大会在瑞典斯德哥尔摩市举行，中国政府签署了该公约。

5 月 23 日，《农业转基因生物安全管理条例》公布并施行。

6 月 5 日，我国 47 个重点城市的"空气质量预报"开始在中央电视台一套节目中播出。

6 月 25 日，国务院批准建立全国环境保护部际联席会议制度。

2002 年

1 月 8 日，国务院召开第五次全国环境保护（电视电话）会议，朱镕基总理作重要讲话。

1 月 26 日，《危险化学品安全管理条例》以国务院 344 号令公布，自 3 月 15 日起施行。

1 月 30 日，国务院第五十四次常务会议通过《排污费征收使用管理条例》，自 2003 年 7 月 1 日起施行。

3 月 10 日，江泽民总书记主持召开人口资源环境工作座谈会，江泽民总书记和朱镕基总理分别发表重要讲话。

4 月 13 日，中国科学院院士刘东生荣获 2002 年度"泰勒环境奖"，成为获此殊荣的首位中国大陆科学家。"泰勒环境奖"是环境科学领域的最高奖，有"环境科学的诺贝尔奖"之称。

8 月 26 日至 9 月 4 日，可持续发展世界首脑会议在南非约翰内斯堡开幕，会议通过了《约翰内斯堡可持续发展承诺》和《可持续发展世界首脑会议执行计划》。朱镕基总理出席首脑会议并发表讲话，宣布中国已经核准《〈联合国气候变化框架公约〉京都议定书》。

10 月 16 ~ 18 日，全球环境基金（GEF）第二届成员国大会在北京国际会议中心召开。国家主席江泽民出席开幕式，并发表了题为《采取积极行动 共创美好家园》的重要讲话。会议通过了《北京宣言》。

12 月 25 日，国务院第 367 号令颁布了《退耕还林条例》。

12 月 27 日，南水北调工程开工仪式（主会场）在人民大会堂举行，朱镕基总理、温家宝副总理出席开工仪式。

2003 年

3 月 9 日，胡锦涛总书记主持召开中央人口资源环境工作座谈会，胡锦涛总书记和朱镕基总理分别发表重要讲话。

3 月 14 日，国务院批准我国加入《关于消耗臭氧层物质的蒙特利尔议定书哥本哈根修正案》。

4 月 17 日，中央政治局常务委员会召开会议专门研究非典型肺炎问题，全国开始全力应对非典型肺炎。非典疫情大规模暴发使人们更加关注环境污染治理、生态保护、人与自然和谐相处等问题。

6 月 16 日，温家宝总理签署第 380 号国务院令，公布《医疗废物管理条例》，此条例已经于 6 月 4 日国务院第十次常务会议通过。

6 月 28 日，第十届全国人大常委会三次会议表决通过了《中华人民共和国放射性污染防治法》。同日，国家主席胡锦涛签署第 6 号主席令，自 10 月 1 日施行。

9 月 1 日，《中华人民共和国环境影响评价法》正式开始实施。

9 月 24 日，根据《中华人民共和国清洁生产促进法》，国家环境保护总局决定在全国开展企业环境信息公开工作，以促进公众对企业环境行为的监督。

10 月 11 ~ 14 日，中国共产党第十六届中央委员会第三次全体会议提出，发展是以经济建设为中心、经济政治文化相协调的发展，是促进人与自然相和谐的可持续发展；提出"五个统筹"，其中包括统筹人与自然和谐发展；"五个坚持"，其中包括坚持以人为本，树立全面、协调、可持续的发展观，促进经济社会和人的全面发展。

2004 年

3 月 10 日，胡锦涛总书记主持召开 2004 年中央人口资源环境工作座谈会，胡锦涛总书记和温家宝总理分别发表重要讲话。

4 月，江苏铁本钢铁公司违法违规建设被查处，为配合宏观经济调控，国家加强了对重点行业和重大项目的环境管理审查。

5 月 19 日，经国务院第五十次常务会议审议通过，温家宝总理签署第 408 号国务院令，颁布《危险废物经营许可证管理办法》，自 7 月 1 日施行。

10 月 12 日，联合国秘书长科菲·安南参观了中国生态农业第一村——北京大兴留民营。

12 月 17 日，江苏通过立法明确：因控制不力造成下游水质超标，由有关政府进行适当的地区间补偿，该立法进一步明确和细化了地方政府应承担的环境责任。

12 月 29 日，国家主席胡锦涛签署第 31 号主席令，颁布修订后的《中华人民共和国固体废物污染环境防治法》，自 2005 年 4 月 1 日起实施。

同日，十届全国人大常委会十三次会议通过了全国人大常委会关于批准《关于在国际贸易中对某些危险化学品和农药采用事先知情同意程序的鹿特丹公约》的决定。

2005 年

1 月 13 日，国家环境保护总局发布关于停建中国长江三峡工程开发总公司等单位 30 个违法建设项目的通告，这是环评法实施以来首次大规模对外公布违法建设项目。

2 月 16 日，旨在遏制全球气候变暖的《京都议定书》正式生效。

3 月 12 日，胡锦涛总书记主持召开中央人口资源环境工作座谈会，胡锦涛总书记和温家宝总理发表重要讲话。

4月13日，国家环境保护总局就引起社会广泛关注的圆明园环境整治工程的环境影响举行公开听证。

5月19日，我国正式核准《生物多样性公约卡塔赫纳生物安全议定书》。

10月8~11日，中国共产党第十六届中央委员会第五次全体会议明确提出，要加快建设资源节约型、环境友好型社会，促进经济发展与人口、资源、环境相协调。

11月13日，中石油吉林石化公司双苯厂苯胺车间发生爆炸事故，导致江水严重污染，沿岸数百万居民的生活受到影响，甚至造成严重的国际负面影响。11月26日，温家宝总理赴哈尔滨视察松花江水污染现场。国家环境保护总局局长解振华为此辞职。5年间，国家为松花江流域水污染防治累计投入治污资金78.4亿元。

12月1日，中共中央任命周生贤同志为国家环境保护总局党组书记，国务院任命周生贤为国家环境保护总局局长。

12月3日，国务院发布《国务院关于落实科学发展观加强环境保护的决定》。

2006 年

3月14日，第十届全国人大四次会议批准了《关于国民经济和社会发展第十一个五年规划纲要》，环境保护成为国民经济和社会发展约束性指标，纲要要求在"十一五"时期，加快建设资源节约型、环境友好型社会，单位国内生产总值能源消耗降低20%左右，主要污染物排放总量减少10%。

3月21日，中央军委主席胡锦涛签署命令，颁布实施《中国人民解放军环境影响评价条例》，自10月1日起施行。

4月1日，胡锦涛等党和国家领导人来到北京奥林匹克森林公园，与首都各界群众代表一起参加义务植树活动。胡锦涛总书记在植树时强调，各级党委、政府要从全面落实科学发展观的高度，持之以恒地抓好生态环境保护和建设工作，着力解决生态环境保护和建设方面存在的突出问题，切实为人民群众创造良好的生产生活环境。要通过全社会长期不懈的努力，使我们的祖国天更蓝、地更绿、水更清、空气更洁净，人与自然的关系更和谐。

4月12日，《中华人民共和国濒危野生动植物进出口管理条例》公布，自 2006 年 9 月 1 日起施行。

4月17~18日，国务院在北京召开第六次全国环境保护大会。温家宝总理出席会议并发表重要讲话。

7月1日，世界上海拔最高的铁路——青藏铁路试运行全面启动。

8月1日，国家环境保护总局决定，在全国组织开展土壤污染状况调查。

9月7日，国家环境保护总局和国家统计局在京联合发布《中国绿色国民经济核算研究报告 2004》，这是中国第一份经环境污染调整的 GDP 核算研究报告。

11月9日，《OECD 中国环境绩效评估报告》新闻发布会在京召开，报告指出，中国在环境保护方面取得了令人瞩目的成绩，但已有环境努力的有效性和效率还不够高。

11月22日，财政部和环保总局联合公布《关于环境标志产品政府采购实施的意见》和首批《环境标志产品政府采购清单》。

2007 年

2月5日，北京的最高气温蹿升至 16℃，创下这个城市自 1840 年有气象资料以来历史同期的最高纪录。前所未有的暖冬成为这个冬天里全球热门话题。

4月11日，曾培炎副总理主持会议，审议并通过了第一次全国污染源普查方案，对下一步工作做出了部署。第一次全国污染源普查工作正式启动。

4月27日，国务院召开全国节能减排工作电视电话会议，温家宝总理发表重要讲话。

5月11日，中国环境宏观战略研究启动大会暨第一次领导小组会议在京召开，徐匡迪组长主持了会议。

5月29日，江苏省无锡市城区的大批市民家中自来水水质突然发生变化，并伴有难闻的气味，无法正常饮用。原因是作为当地饮用水源的太湖出现了大面积蓝藻，随后，滇池、巢湖蓝藻也相继暴发，沭阳等城市的自来水水源也受到污染，中国进入"水污染密集暴发阶段"。6 月 29~30 日，温家宝总理调研太湖污染及治理情况，并召开太湖、巢湖、滇池治理工作座谈会，强调要把治理"三湖"作为国家工程摆在更加突出、更加紧迫、更加重要的位置。

6 月 3 日，国务院印发《中国应对气候变化国家方案》。

6 月 27 日，深圳市环保局向人民银行深圳市支行移交了首批 114 家企业的环保信息，其中包括 37 家环保违法企业，开启了"绿色信贷"。7 月中旬，环保总局、人民银行、银监会联合出台了《关于落实环境保护政策法规防范信贷风险的意见》，对不符合产业政策和环境违法的企业和项目进行信贷控制，以绿色信贷机制遏制高耗能高污染产业的盲目扩张。

7 月 4 日，温家宝总理主持召开国务院常务会议，讨论并原则通过《中华人民共和国水污染防治法（修订草案）》，审议并原则通过《民用核安全设备监督管理条例（草案）》。

7 月 9 日，国家应对气候变化及节能减排工作领导小组第一次会议在北京召开。温家宝组长主持会议并讲话。

7 月 11 日，温家宝总理主持召开国务院常务会议，研究部署当前节能减排和应对气候变化工作。会议审议同意《2007 年各部门节能减排工作安排》《2007 年各部门应对气候变化工作安排》《单位 GDP 能耗统计指标体系监测体系和考核体系实施方案》。

10 月 9 日，温家宝总理签署 508 号国务院令，公布《全国污染源普查条例》。

10 月 15 日，中国共产党第十七次全国代表大会在北京召开。胡锦涛总书记在报告中强调，要深入贯彻落实科学发展观，促进国民经济又好又快发展，加快推进以改善民生为重点的社会建设，把环境保护摆上了重要的战略位置。

10 月 24 日，《全国生物物种资源保护与利用规划纲要》经国务院同意印发。

12 月 26 日，温家宝总理主持召开国务院常务会议，审议并原则通过水体污染控制与治理等 3 个国家科技重大专项实施方案。

2008 年

1 月 11~14 日，胡锦涛总书记在视察淮河时提出，让江河湖泊休养生息，恢复生机。

2月28日，国家主席胡锦涛签署第87号主席令，公布修订后的《中华人民共和国水污染防治法》。该法律已在第十届全国人大常委会三十二次会议上表决通过。

3月15日，第十一届全国人大一次会议五次全体会议表决通过了国务院机构改革方案，组建工业和信息化部、交通运输部、人力资源和社会保障部、环境保护部、住房和城乡建设部等部门。

3月17日，中共中央任命周生贤同志为环境保护部党组书记，国务院任命周生贤为环境保护部部长。

3月27日，环境保护部揭牌仪式在京举行，环境保护部部长周生贤揭牌。

4月2日，温家宝总理主持召开国务院常务会议，研究部署太湖流域水环境综合治理工作。

5月12日，四川省汶川县发生8.0级地震，环境保护部马上行动，全力以赴做好环境应急工作。

6月1日起，根据国务院办公厅下发的《关于限制生产销售使用塑料购物袋的通知》，全国范围内禁止生产、销售、使用超薄塑料袋，并实行塑料购物袋有偿使用制度，以减少"白色污染"。

7月18日，环境保护部、中国科学院公布《全国生态功能区划》。

8月8~24日，第29届奥运会举办城市空气质量优良率超过99%，北京空气质量优良率为100%，创造了有监测记载以来的月最高水平，绿色奥运由理念变成现实。

8月29日，第十一届全国人大常委会四次会议表决通过了《中华人民共和国循环经济促进法》，自2009年1月1日起施行。

9月6日，环境一号卫星A星、B星发射成功。卫星投入使用后，将实现灾害与环境的快速监测和预报。

11月9日，国务院出台10项扩大内需促进增长的措施，预计到2010年底投资约4万亿元，其中3500亿元将投向生态环境建设。

11月25日，昆明市公安局成立了环境保护分局，这一机构设置在全国尚属首次，主要是源于云南阳宗海砷污染事件。

2009 年

2 月 19 日，水体污染控制与治理科技重大专项实施启动会在北京召开。

2 月 20 日，因自来水水源受到酚类化合物污染，江苏盐城市大面积断水近 67 小时，20 万市民生活受到影响。事后，盐城市标新化工厂两名负责人因"投放危险物质罪"分别被判处 10 年和 6 年有期徒刑，这也是我国首次以这一罪名对环境污染事件作出刑事处罚。

6 月 5 日，环境保护部"010 – 12369"环保举报热线开通，受理各地群众对环境污染问题的举报。

6 月 11 日，金沙江中游水电开发项目等，被环境保护部叫停。这是自环境保护部升格以来，少有的一次将环保风暴刮向水电开发。

7 月 6 日，江苏省无锡市中级人民法院下达受理案件通知书，正式对中华环保联合会诉江苏江阴港集装箱有限公司环境污染侵权纠纷案立案审理。这被称为"环保社团组织环境公益诉讼第一案"，意味着我国由环保社团作为原告主体的环境公益诉讼全面启动。

8 月 12 日，温家宝总理主持召开国务院常务会议，审议并原则通过《规划环境影响评价条例（草案）》。8 月 17 日，温家宝总理签署第 559 号国务院令，自 10 月 1 日起施行。

8 月 18 日，陕西凤翔县接受检测的 1016 名儿童中，共查出 851 名儿童血铅超标，进而引发恶性群体性事件。随后，湖南武冈市被查出 1354 名儿童血铅超标，福建上杭县被查出 121 名儿童血铅超标。12 月下旬，广东清远市数十名儿童也被集体查出铅中毒。这些铅中毒事件均与当地企业的污染排放有关，重金属污染问题由此引起有关部门高度重视。

9 月 15 ~ 18 日，中国共产党第十七届中央委员会第四次全体会议又将生态文明建设提升到与经济建设、政治建设、文化建设、社会建设同等的战略高度，作为建设中国特色社会主义事业的有机组成部分，全面部署，整体推进。

11月25日，温家宝总理主持召开国务院常务会议，研究部署应对气候变化工作，决定到2020年中国单位国内生产总值二氧化碳排放比2005年下降40%～45%，作为约束性指标纳入国民经济和社会发展中长期规划，并制定相应的国内统计、监测、考核办法。这是中国根据国情采取的自主行动，是中国为全球应对气候变化作出的巨大努力。

12月5～7日，中央经济工作会议在京举行。胡锦涛总书记强调，严格控制对高耗能、高排放行业和产能过剩行业的贷款，着力提高信贷质量和效益；要强化节能减排目标责任制，加强节能减排重点工程建设，坚决管住产能过剩行业新上项目，开展低碳经济试点，努力控制温室气体排放，加强生态保护和环境治理，加快建设资源节约型、环境友好型社会。

12月7～18日，哥本哈根气候变化会议在丹麦举行。温家宝总理出席大会并发表了重要讲话。会议达成了不具法律约束力的《哥本哈根协议》。

12月26日，第十一届全国人大常委会十二次会议表决通过了侵权责任法、海岛保护法、关于修改可再生能源法的决定。

2010 年

1月27日，温家宝总理主持召开国务院常务会议，讨论并原则通过《国家环境保护"十一五"规划中期评估报告》。会议充分肯定了环保工作取得的进展。会议还听取了第一次全国污染源普查情况汇报。

3月5日，第十一届全国人大三次会议在北京召开，温家宝总理做政府工作报告，他指出我国节能减排和环境保护扎实推进。

4月14日，青海省玉树县发生地震后，环境保护部成立了以周生贤部长为组长的应急领导小组，并启动环境应急预案。

4月28日，温家宝总理主持召开国务院常务会议，部署进一步加大工作力度确保实现"十一五"节能减排目标。

5月1日至10月31日，第41届世界博览会在上海成功举行。以"城市，让生活更美好"为主题的上海世博会，展示了世界各国城市环境与经济社会协调发展的成功案例，完美诠释了低碳绿色理念和创新技术，引领未来城市向低碳、环保、绿色方向发展。

5 月 5 日，国务院召开全国节能减排工作电视电话会议，动员和部署加强节能减排工作。温家宝总理做了重要讲话，他强调，要切实把节能减排作为加强宏观调控、调整经济结构、转变发展方式的重要任务，本着对国家、对人民、对历史高度负责的精神，下更大的决心，花更大的气力，做更大的努力，确保实现"十一五"节能减排目标。中国政府网公布了《国务院关于进一步加大工作力度确保实现"十一五"节能减排目标的通知》，我国将从 14 个方面进一步加大工作力度，确保"十一五"实现单位国内生产总值能耗降低 20% 左右的目标。

5 月 11 日，国务院办公厅转发环境保护部等 9 部门制定的《关于推进大气污染联防联控工作改善区域空气质量的指导意见》。这是国务院出台的第一个专门针对大气污染防治的综合性政策文件。

5 月 28 日，安徽省固镇县委、县政府以影响发展环境为由，对到企业依法履行监管职责的 6 名环保局干部作出集体停职处理，造成恶劣社会影响。

6 月 9 日，环境保护部、人力资源和社会保障部、中华全国总工会共同主办的第一届全国环境监测专业技术人员大比武活动在京正式启动。

6 月 12 日，国务院常务会议审议并原则通过《全国主体功能区规划》。

6 月 29 日，最高人民法院印发《关于为加快经济发展方式转变提供司法保障和服务的若干意见》提出加强环保司法，环保部门可以代表国家提起诉讼索赔。

7 月 3 日，福建省紫金矿业集团有限公司紫金山铜矿湿法厂发生铜酸水渗漏，污水顺着排洪涵洞流入汀江，导致汀江部分河段严重污染，当地渔民的数百万公斤网箱养殖鱼死亡。隐瞒 9 天才进行公告，并因应急处置不力，导致 7 月 16 日再次发生污水渗透。10 月 8 日，福建省环保局对紫金矿业作出罚款 956.313 万元人民币的行政处罚决定，创下对污染企业的最高罚款纪录。

8 月 7 日，甘南藏族自治州舟曲县突降强降雨，引发泥石流，大量房屋被冲毁，泥石流阻断白龙江，形成"堰塞湖"。大量砍伐森林破坏植被，导致水土流失极为严重，是引发泥石流的重要因素之一。

8月25日，第十一届全国人大常委会分组审议刑法修正案（八）草案，建议修改《刑法》第三百三十八条重大环境污染事故罪的法律规定，调整犯罪构成条件，降低入罪门槛，增强可操作性。本次修正案将"危险废物"改为"有害物质"，扩大了犯罪行为类型。不再将财产损失或人身伤亡等作为犯罪要件，只要"严重污染环境"就构成犯罪。

9月15日，温家宝总理主持召开国务院常务会议，审议并原则通过《中国生物多样性保护战略与行动计划（2011—2030年）》。

10月15~18日，中国共产党第十七届中央委员会第五次全体会议提出，要加快建设资源节约型环境友好型社会、提高生态文明水平；坚持把建设资源节约型、环境友好型社会作为加快转变经济发展方式的重要着力点。

11月25日，环境保护部启动重点城市空气质量发布系统。

2011年

2月18日，国务院正式批复《重金属污染综合防治"十二五"规划》，浙江台州铅污染事件、云南曲靖铬渣事件、甘肃徽县血铅超标事件等相继发生，再度引发社会对重金属污染问题的关注。

3月11日，日本强震引发海啸，导致福岛核电站发生核泄漏，引发我国对核安全问题的关注。4~8月，由国家能源局、国家核安全局、中国地震局牵头开展全国核安全大检查。

6月4日，中海油合作方康菲公司蓬莱19-3油田发生溢油，事故持续数月，最终导致污染海洋面积6200平方公里，所波及地区的生态环境遭严重破坏，河北、辽宁两地大批渔民和养殖户损失惨重。国家海洋局于2012年4月27日宣布，康菲公司和中海油将支付总计16.83亿元的赔偿款，此数额创下了我国生态索赔的最高纪录。

7月19日，温家宝总理主持召开国家应对气候变化及节能减排工作领导小组会议，审议并原则同意"十二五"节能减排综合性工作方案，以及节能目标分解方案、主要污染物排放总量控制计划。

8 月 24 日，温家宝总理主持召开国务院常务会议，讨论并通过《全国地下水污染防治规划（2011—2020）》。

10 月 10 日，国务院正式批复《全国地下水污染防治规划（2011—2020 年)》。

12 月 20 日，国务院发布《国家环境保护"十二五"规划》。规划指出，要积极实施各项环境保护工程，优先实施 8 项环境保护重点工程。

12 月 20 ~ 21 日，李克强副总理出席第七次全国环境保护大会并发表重要讲话。大会贯彻落实国务院《关于加强环境保护重点工作的意见》和国家环保"十二五"规划，并取得"坚持在发展中保护、在保护中发展，积极探索环保新道路"这一标志性成果。会上，受国务院委托，环境保护部部长周生贤与各省（区、市）、新疆生产建设兵团和部分中央企业负责人签署"十二五"主要污染物总量减排目标责任书。

2012 年

1 月 15 日，广西龙江河发生严重镉污染事件，镉含量一度超《地表水环境质量标准》Ⅲ类标准约 80 倍，污染团顺江而下，污染河段长达约 300 公里，1 月 26 日进入柳州，这起污染事件对龙江河沿岸众多渔民和柳州 300 多万市民的生活造成严重影响。

2 月 29 日，温家宝总理主持召开国务院常务会议，同意发布新修订的《环境空气质量标准》，部署加强大气污染综合防治重点工作。

同日，环境保护部与国家质量监督检验检疫总局联合发布国家环境质量标准《环境空气质量标准》（GB3095—2012），环境保护部发布《环境空气质量指数（AQI）技术规定（试行)》。两项标准自 2016 年 1 月 1 日起在全国同步实施。12 月 1 日起，江苏、浙江、上海在全国率先统一发布环境空气质量指数（AQI）。

5 月 31 日，国务院常务会议审议并原则通过了全国民用核设施综合安全检查报告和《核安全与放射性污染防治"十二五"规划及 2020 年远景目标》。检查结果表明，总体上讲，我国核设施安全是有保障的，我国核设施发生类似福岛核事故的可能性极低。

6月20日，温家宝总理在巴西里约热内卢出席联合国可持续发展大会，并发表《共同谱写人类可持续发展新篇章》的演讲。大会围绕"可持续发展和消除贫困背景下的绿色经济"和"促进可持续发展的机制框架"两大主题展开讨论，全面评估20年来可持续发展领域的进展和差距，重申政治承诺，应对可持续发展的新问题与新挑战。120多个国家的国家元首或政府首脑出席大会。

7月11日，温家宝总理主持召开国务院常务会议，讨论通过《节能减排"十二五"规划》。

8月31日，《民事诉讼法》修正案在十一届全国人大常委会二十八次会议上获得通过。修正案增加了关于环境公益诉讼的规定：对污染环境等损害公共利益的行为，法律规定的机关和有关组织可以向人民法院提起诉讼。环境公益诉讼揭开历史新篇章。

10月31日，温家宝总理主持召开国务院常务会议，研究部署土壤环境保护和综合治理工作。

11月8～14日，中国共产党第十八次全国代表大会在人民大会堂举行。胡锦涛代表第十七届中央委员会向大会做了题为《坚定不移沿着中国特色社会主义道路前进，为全面建成小康社会而奋斗》的报告。十八大报告首次单篇论述生态文明，把生态文明建设提升到与经济建设、政治建设、文化建设、社会建设五位一体的战略高度。

12月31日，位于山西长治潞城市境内的潞安天脊煤化工厂发生苯胺泄漏入河事件。长治市通报称，泄漏在山西境内辐射流域约80公里，波及约2万人。2013年全国水污染事件频发，饮用水安全引热议。春节后，一些地方的环保局长被邀在受污染的河道内"游泳"。

2013 年

5月24日，中共中央政治局就大力推进生态文明建设进行第六次集体学习。习近平总书记在主持学习时强调，坚持节约资源和保护环境基本国策，努力走向社会主义生态文明新时代。

6 月 13 日，农业部批准了 3 种转基因大豆的进口，事件经过媒体曝光之后，引起公众对转基因食品安全的关注。

6 月 14 日，李克强总理主持召开国务院常务会议，部署大气污染防治十条措施，研究促进光伏产业健康发展。

6 月 17 日，最高人民法院和最高人民检察院出台《关于办理环境污染刑事案件适用法律若干问题的解释》，对环境污染犯罪明确了新标准，降低了入罪门槛，更加注重行为犯罪。

9 月 10 日，国务院印发《大气污染防治行动计划》（简称"大气十条"）。

9 月 18 日，李克强总理主持召开国务院常务会议，研究部署进一步加强政府信息公开工作，审议通过《城镇排水与污水处理条例（草案）》。10 月 2 日，李克强总理签署国务院令，自 2014 年 1 月 1 日起施行。

10 月 8 日，李克强总理主持召开国务院常务会议，审议通过《畜禽规模养殖污染防治条例（草案）》。

10 月 9～12 日，联合国环境规划署在日本熊本市主持召开《关于汞的水俣公约》外交全权代表大会。会议先后通过了《关于汞的水俣公约》文本和大会最后文件。

10 月 21 日，严重雾霾笼罩东北地区，哈尔滨成为首个因雾霾强制停课的城市。11 月 30 日至 12 月上旬，我国中东部地区发生大面积灰霾污染，上海实行限产限污，吉林和南京等地中小学停课。

11 月 9～12 日，中国共产党第十八届中央委员会第三次全体会议提出，建设生态文明，必须建立系统完整的生态文明制度体系，用制度保护生态环境。中央组织部 12 月印发《关于改进地方党政领导班子和领导干部政绩考核工作的通知》，明确干部绩效考核将不再以 GDP 论英雄。

11 月 22 日，青岛中石化输油管道爆炸，胶州湾海面被污染，这是中国石油化工史上一起罕见的特别重大事故。

12 月 12～13 日，中央城镇化工作会议首次召开。会议要求，紧紧围绕提高城镇化发展质量，高度重视生态安全，不断改善环境质量，减少主要污染物排放总量，控制开发强度，增强抵御和减缓自然灾害能力。

12 月 18 日，李克强总理主持召开国务院常务会议，部署推进青海三江源生态保护、建设甘肃省国家生态安全屏障综合试验区、京津风沙源治理、全国五大湖区湖泊水环境治理等一批重大生态工程。

2014 年

1 月 7 日，为贯彻落实《大气污染防治行动计划》，环境保护部与全国 31 个省（区、市）签署了《大气污染防治目标责任书》，明确了各地空气质量改善目标和重点工作任务。除了明确考核 PM2.5 年均浓度下降指标外，目标责任书还包括《大气污染防治行动计划》中的主要任务措施。

2 月 8 日，《全国生态保护与建设规划（2013—2020 年）》经国务院批准印发。

3 月 21 日，李克强总理主持召开节能减排及应对气候变化工作会议，推动落实《政府工作报告》，促进节能减排和低碳发展，研究应对气候变化相关工作。会议原则通过《2014—2015 年节能减排低碳发展行动方案》，研究讨论了我国应对气候变化的行动方案。

3 月 26 日，环境保护部在京召开中国履行斯德哥尔摩公约国家实施计划更新启动会，宣布《关于持久性有机污染物（POPs）的斯德哥尔摩公约》修正案对我国生效。

4 月 10 日 17 时，兰州市主城区自来水供水单位威立雅水务集团公司检测出，出厂水苯含量 118 微克/升，远超出国家限值的 10 微克/升。4 月 11 日凌晨 2 时，苯检测值为 200 微克/升。系中国石油天然气公司兰州石化分公司一条管道发生原油泄漏、污染了供水企业的自流沟所致。

4 月 17 日，环境保护部和国土资源部发布《全国土壤污染状况调查公报》，就历时 8 年进行的全国性土壤污染情况对公众披露。

4 月 24 日，第十二届全国人大常委会八次会议审议通过了新修订的《环境保护法》，自 2015 年 1 月 1 日施行。这次修订不仅将区域污染和流域污染，还包括将土壤污染等突出的环境问题纳入立法内容，并且最严格的执法手段和政策也用立法的形式明确。同时，首次提及，面对重大的环境违法事件，地方政府分管领导、环保部门等监管部门主要负责人将引咎辞职。

6 月 23～27 日，联合国环境大会首届会议在肯尼亚首都内罗毕开幕。

9 月 1 日，环境保护部《中国履行〈生物多样性公约〉第五次国家报告》由中国环境出版社出版。

11 月 1～12 日，北京市空气中各项污染物平均浓度均达到近 5 年同期最低水平。媒体和网民将这种难得一见的好天气称作"APEC 蓝"。

11 月 15 日，环保公益组织长沙曙光环保公益中心对外披露湘江流域重金属污染调查结果：郴州三十六湾矿区甘溪河底泥中，砷含量超标 715.73 倍；郴州三十六湾矿区甘溪村稻田中，镉含量超标 206.67 倍；岳阳桃林铅锌矿区汀畈村稻田铅含量最高值达 1527.8 毫克/千克（即每千克含有 1.5 克），超标 5.093 倍。

12 月 16 日，备受关注的一审被判赔 1.6 亿元的江苏泰州环保联合会诉 6 家化工企业非法处理废酸案二审开庭审理。这是国内迄今判赔数额最大的环境公益诉讼案。

12 月 22 日，第十二届全国人大常委会十二次会议审议了国务院关于提请审议大气污染防治法修订草案的议案。这是首次大规模修订。

2015 年

1 月 28 日，中央决定任命陈吉宁同志为中共环境保护部党组书记。

2 月 25 日，环境保护部华东环境保护督查中心对山东省临沂市主要领导进行了约谈，并且提出了限期整改要求，启动了新《环境保护法》实施后首场环保约谈。

2 月 27 日，国家主席习近平发布主席令：根据第十二届全国人大常委会十三次会议当天的决定，任命陈吉宁为环境保护部部长。

3 月 7 日，第十二届全国人大三次会议记者会上，环境保护部部长陈吉宁提出，决不允许戴着红顶赚黑钱，环境保护部下属 8 个环评单位今年将从环境保护部脱离。至此，一场自上而下的环评"红顶中介"摘帽风暴开始。各地环保部门重拳治理整顿"红顶中介"的步伐正在加快。

4月16日，国务院印发《水污染防治行动计划》（简称"水十条"）。

4月24日，第十二届全国人民代表大会常务委员会第十四次会议修正《中华人民共和国畜牧法》。

4月24日，全国政协在北京召开双周协商座谈会，就"推进京津冀协同发展中的大气污染防治"问题提出意见建议。俞正声主持会议并讲话。

7月1日，中共中央总书记、国家主席、中央军委主席、中央全面深化改革领导小组组长习近平主持召开中央全面深化改革领导小组第十四次会议并发表重要讲话。会议审议通过了《环境保护督察方案（试行）》《生态环境监测网络建设方案》《关于开展领导干部自然资源资产离任审计的试点方案》和《党政领导干部生态环境损害责任追究办法（试行）》。

7月20日消息，近日，李克强总理对大气污染防治工作作出重要批示。批示指出，大气污染防治工作初见成效，相关各方做了大量工作。下一步仍任重道远，环保部要与有关部门和地方继续加强协同配合，把防治措施一项一项落到实处，让蓝天更多，让群众满意。

8月12日晚，天津市滨海新区天津港务集团瑞海物流危险化学品堆垛发生火灾并爆炸，环境保护部部长陈吉宁立即委托副部长翟青率领环境应急人员和专家组，于13日凌晨赶赴现场，迅速查勘，了解事故发生后环境污染影响情况，并提出下一步环境应急要求。这一爆炸事件将环评问题推上风口浪尖。

8月17日消息，中共中央办公厅、国务院办公厅近日印发《党政领导干部生态环境损害责任追究办法（试行）》。

8月29日，经第十二届全国人大常委会十六次会议修订通过的《中华人民共和国大气污染防治法》正式发布，自2016年1月1日起施行。

8月20日至9月3日，启动中国人民抗日战争暨世界反法西斯战争胜利70周年纪念活动空气质量保障措施，北京的空气质量持续优良，PM2.5浓度水平创有观测记录以来连续5日浓度最低值。

9月11日，中共中央政治局召开会议，审议通过《生态文明体制改革总体方案》。近日，中共中央、国务院印发《生态文明体制改革总体方案》要求为加快建立系统完整的生态文明制度体系，加快推进生态文明建设，增强生态文明体制改革的系统性、整体性、协同性，树立发展和保护相统一的理念，发展必须是绿色发展、循环发展、低碳发展，平衡好发展和保护的关系，按照主体功能定位控制开发强度，调整空间结构，给子孙后代留下天蓝、地绿、水净的美好家园，实现发展与保护的内在统一、相互促进。

10月26~29日，第十八届五中全会审议通过《中共中央关于制定国民经济和社会发展第十三个五年规划的建议》，提出实行省以下环保监测监察执法垂直管理，地市级环保局实行以省级环保厅局为主的双重管理体制，县级环保局作为地市环保局的派出机构，不再单设。

11月4日，第十二届全国人民代表大会常务委员会第十七次会议修订通过《中华人民共和国种子法》，自2016年1月1日起施行。

12月7日晚，北京市空气重污染应急指挥部发布空气重污染红色预警，全市从12月8日7时至10日12时启动最高预警等级。这是北京自2013年《北京市空气重污染应急预案》通过以来首次启动红色预警。12月19日早7时，北京第二次启动红色预警。12月23日，天津和河南首次启动了重污染天气红色应急响应。

12月中旬，国家发改委公布了第二批PPP推介项目，共计1488个、总投资2.26万亿元，加上第一批次项目总投资已达到3.5万亿元。如果再加上财政部公布的两批次示范项目，PPP总投资额超过了4万亿元。PPP模式在各地全面展开，业内人士称之为"PPP元年"。

2016年

1月，经党中央、国务院批准，为落实《环境保护督察方案（试行）》，中央环保督察工作在河北省开始试点。7月和11月，中央环保督察组分两批对内蒙古、黑龙江、江苏、江西、河南、广西、云南、宁夏、北京、上海、湖北、广东、重庆、陕西、甘肃15个省（区、市）开展督察。

3月16日，第十二届全国人大四次会议表决通过《中华人民共和国国民经济和社会发展第十三个五年规划纲要》，提出创新、协调、绿色、开放、共享五大发展理念。

4月25日，在第十二届全国人大常委会二十次会议上，根据《中华人民共和国环境保护法》要求，受国务院委托，环境保护部部长陈吉宁就2015年度全国环境状况和环境保护目标完成情况作报告。今后，全国人大常委会将每年听取和审议国务院年度环境状况和环境保护目标完成情况的报告，将之作为每年例行开展的监督工作。

5月6日，国家林业局印发《林业发展"十三五"规划》。

5月31日，国务院印发《土壤污染防治行动计划》（简称"土十条"）。

7月1日，国家林业局办公室印发《林业适应气候变化行动方案（2016—2020年）》。

7月2日，第十二届全国人民代表大会常务委员会第二十一次会议修订《中华人民共和国野生动物保护法》，自2017年1月1日起施行。

7月6日，国家林业局印发《全国森林经营规划（2016—2050年）》。

7月7日新华社电：全国政协在北京召开第五十二次双周协商座谈会，围绕"加强农作物秸秆综合利用"建言献策。俞正声主持会议并讲话。

7月22日，中央全面深化改革领导小组召开第二十六次会议，审议通过《关于省以下环保机构监测监察执法垂直管理制度改革试点工作的指导意见》。

9月22日新华社电：近日，中共中央办公厅、国务院办公厅印发《关于省以下环保机构监测监察执法垂直管理制度改革试点工作的指导意见》。11月，经批准，河北省和重庆市作为试点省份开始实施这一改革。

10月26日新华社电：国务院印发《关于开展第二次全国污染源普查的通知》，决定于2017年开展第二次全国污染源普查。

11月4日，第十二届全国人大常委会二十四次会议在人民大会堂举行联组会议，结合审议《全国人大常委会执法检查组关于检查〈中华人民共和国环境保护法〉实施情况的报告》进行专题询问。张德江委员长出席联组会议。

11月10日，国务院办公厅印发《控制污染物排放许可制实施方案》。

11月24日，国务院印发《"十三五"生态环境保护规划》，提出了"十三五"

生态环境保护的约束性指标和预期性指标，其中约束性指标 12 项，到 2020 年实现生态环境质量总体改善。

12 月 2 日，全国生态文明建设工作推进会议在湖州召开，习近平总书记对生态文明建设作出重要指示。一年来，在党中央、国务院领导下，围绕解决生态文明建设和环境保护重大瓶颈制约，关于健全生态保护补偿机制、设立统一规范的国家生态文明试验区、全面推行河长制、生态文明建设目标评价考核办法等一系列重要改革制度先后密集出台，生态文明制度的四梁八柱正在逐步建立，生态文明体制改革加快推进。

12 月 2~4 日，按照环境保护部发布的影响范围和预警提示信息，京津冀及周边地区有 60 个城市统一启动预警响应，首次实现了区域高级别、大范围预警应急联动。结果显示：此次污染过程持续时间、发生严重污染级别城市数量均有明显下降。

12 月 13 日，水利部、环境保护部等十部门联合召开视频会议，动员部署《关于全面推进河长制的意见》贯彻落实工作。

12 月 25 日，第十二届全国人大常委会二十五次会议表决通过《中华人民共和国环境保护税法》，将于 2018 年 1 月 1 日起施行。

12 月 26 日，最高人民法院、最高人民检察院、公安部、环境保护部在北京联合召开新闻发布会，通报《最高人民法院、最高人民检察院关于办理环境污染刑事案件适用法律若干问题的解释》，自 2017 年 1 月 1 日起施行。

后 记

今天终于完成本书全稿，感到了负重努力后的轻松。丛书最初安排是编写生态文明或绿色经济发展的改革开放回顾，但新理念提出的时间相对较短。四十年回顾与展望，必须要增加环境保护史，因此增大了撰写与编改的工作量。一年半的时间里，全力投入，不敢懈怠，写作中困难确实不少。因为我从 20 世纪 80 年代开始参与经济体制改革，重点研究领域在宏观经济方面。2001 年来到北京师范大学，创建经济与资源管理研究院，才开始研究资源方面的问题。2009 年因主持学校可持续发展 985 基地，才开始绿色经济研究，此后主持出版了 6 本《中国绿色经济指数——区域比较》报告。显然，要写环保史方面的回顾与评价，挑战很大。本书提纲甚至书名半年时间才确定下来，且在不断变化和修改中。

如果本书为回顾改革开放四十年做出了一点贡献，首先要感谢国务院研究室老领导魏礼群主任和中国改革发展研究院迟福林院长，感谢本丛书的组织团队及广东经济出版社领导与编辑的辛勤劳动。

本书撰写过程中，得到多方面的支持与帮助。感谢中国环境保护与发展国际合作委员会的关心与支持。感谢国家环保部专家多年的交流与支持，感谢国际司的信任与课题委托，尤其感谢政策研究中心夏光主任及其团队的长期支持与合作。在撰写中，也深感国际组织尤其是联合国环境规划署和联合国工业发展组织专家提供的国际化信息与资料的宝贵价值。伦敦经济学院斯特恩教授多年的帮助，哈佛大学经济系库珀等教授的长期支持，联合国秘书长特别顾问萨克斯教授的鼓励，均使我受益匪浅。书中所引用的大量文献表明，众多从事环境保护与绿色发展的国内外专家，其丰硕的研究成果，是完成本书不可或缺的重要保障，一并致以谢意。

感谢北京师范大学几届领导和西南财经大学领导多年的关心与支持，为我提供了非常好的研究条件。特别要感谢北师大经济与资源管理研究院和西南财经大学发展研究院老师们与我的互相激励与长期合作，志同道合均体现在本书的若干调研报告中。

还要感谢年轻的研究生们。在本书写作过程中，蔡宁博士帮助做了相关图表，岳鸿飞、丰晓旭、张橦、王琪、周静、姚林、吴佳妮等同学帮助整理来自微信中的大量相关信息，岳鸿飞博士生还参与了相关调研及校对文稿，丰晓旭博士生帮助我统一规范了书稿的脚注和参考文献的格式，张橦博士生帮助翻译了一些资料。

感谢夫人王凤英承担了家里的各种劳务，为我写作提供了时间的支持！

借本书出版之际，对多年支持和关心我的所有老师、同仁和朋友表示衷心的感谢！

李晓西

2017 年 5 月 7 日于成都